国家级一流本科课程配套教材
陕西省 2020 年省级优秀教材

通信与导航专业系列教材

数据链理论与系统

（第 3 版）

吕　娜　主编

张岳彤　郑　博　侯　蓓　陈柯帆　张焕梅　编著

電子工業出版社
Publishing House of Electronics Industry
北京 · BEIJING

内 容 简 介

数据链是按照规定的消息格式和通信协议，利用调制解调、编解码、抗干扰、组网通信和信息融合等多种技术，以面向比特的方式实时传输格式化数字信息的地空、空空、地地战术通信系统。本书首先论述数据链的关键技术及其基本理论；然后分析三类典型数据链系统（战术数据链系统、协同数据链系统和宽带数据链系统）的技术及其作战应用；最后介绍数据链的网络化演进（航空网络）和作战应用的集群发展（航空集群），以及代表性技术（移动自组织网、航空自组网、软件定义网络和LDP通信技术等）。

本书结合编者多年的科研和教学实践，强调理论、技术和工程实际应用的综合性，既可作为高等院校教材，也可作为数据链技术研究和系统设计开发的工程技术人员参考用书。为满足新形态教学的需要，本书提供了丰富的拓展资源，在重要知识点处配备视频教学课程，学生通过扫描二维码即可观看学习。

图书在版编目（CIP）数据

数据链理论与系统 / 吕娜主编 ; 张岳彤等编著. 3版. -- 北京 : 电子工业出版社, 2025. 3. --（通信与导航专业系列教材）. -- ISBN 978-7-121-49927-2

Ⅰ. TN919.1

中国国家版本馆CIP数据核字第2025V5G084号

责任编辑：曲　昕
印　　刷：三河市良远印务有限公司
装　　订：三河市良远印务有限公司
出版发行：电子工业出版社
　　　　　北京市海淀区万寿路173信箱　　邮编：100036
开　　本：787×1 092　1/16　印张：24.5　字数：637.2千字
版　　次：2011年5月第1版
　　　　　2025年3月第3版
印　　次：2025年3月第1次印刷
定　　价：89.00元

凡所购买电子工业出版社图书有缺损问题，请向购买书店调换。若书店售缺，请与本社发行部联系，联系及邮购电话：（010）88254888，88258888。

质量投诉请发邮件至 zlts@phei.com.cn，盗版侵权举报请发邮件至 dbqq@phei.com.cn。

本书咨询联系方式：（010）88254468，quxin@phei.com.cn。

《通信与导航系列规划教材》编委会

《通信与导航系列规划教材》总序

互联网和全球卫星导航系统被称为20世纪人类的两个最伟大发明，这两大发明的交互作用与应用构成了这套丛书出版的时代背景。近年来，移动互联网、云计算、大数据、物联网、机器人不断丰富着这个时代背景，呈现出缤纷多彩的人类数字化生活。例如，基于位置的服务集成卫星定位、通信、地理信息、惯性导航、信息服务等技术，把恰当的信息在恰当的时刻，以恰当的粒度（信息详细程度）和恰当的媒体形态（文字、图形、语音、视频等），送到恰当的地点，送给恰当的人。这样一来，通信和导航就成了通用技术基础，更加凸显了这套丛书出版的意义。

由中国人民解放军空军工程大学信息与导航学院组织编写的 14 部专业教材，涉及导航、密码学、通信、天线与电波传播、频谱管理、通信工程设计、数据链、增强现实原理与应用等，有些教材在教学中已经广泛采用，历经数次修订完善，更趋成熟；还有一些教材汇集了学院近年来更新的科研成果，内容新颖，有较强的针对性。这套丛书既适合各类专业技术人员进行专题学习，也可作为高校教材或参考用书。希望这套丛书的出版，有助于国内相关领域学科的发展，为信息技术人才的培养做出贡献。

中国工程院院士 李德毅

前　　言

数据链是按照规定的消息格式和通信协议，以面向比特的方式实时传输格式化消息的战术信息通信系统。数据链作为数字化战场作战的“黏合剂”和“倍增器”，能够极大地提升预警探测、指挥控制和协同打击的作战效能。

若想深入认识数据链，需要了解相关信息通信理论和技术，更需要了解应用技术和集成系统，对技术和工程应用的综合要求较高。本书从培养应用型复合人才的角度出发，在介绍数据链基本概念和基本原理的基础上，重点围绕航空数据链的关键通信技术及航空数据链的典型应用系统进行全面论述。本书基于《数据链理论与系统》第 1 版和第 2 版的多年教学使用，综合近年来数据链技术、数据链系统的快速发展，对内容进行更新迭代而形成。

全书共 12 章，采用模块化结构，将知识内容分为绪论、技术、系统和发展四个模块。

模块一：绪论模块，总体性阐述数据链的概念和理论模型，包括第 1 章，重点介绍数据链本质内涵及技术体系。

模块二：技术模块，按照信息处理流程介绍数据链的关键技术，包括第 2 章～第 6 章。第 2 章介绍数据链的信号传播技术，第 3 章介绍数据链的波形技术，第 4 章介绍数据链的抗干扰技术，第 5 章介绍多址接入、路由等数据链的组网技术，第 6 章介绍数据链的网络管理技术。

模块三：系统模块，按照战术任务差异介绍三类典型数据链系统，包括第 7 章～第 11 章。第 7 章、第 8 章、第 9 章依次介绍 Link-4A、Link-11、Link-16、Link-22 等战术数据链系统，第 10 章介绍 IFDL、MADL、TTNT、CEC、WDL、WDLN 等协同数据链系统，第 11 章介绍 CDL、TCDL 等宽带数据链系统。

模块四：发展模块，展望未来作战需求下数据链的技术和应用演进趋势，包括第 12 章，重点介绍网络化驱动技术。

本书由吕娜主编，张岳彤、郑博、侯蓓、陈柯帆、张焕梅参编，全书由吕娜统稿。

在本书的编写和修订过程中，编者所在单位领导和同事给予了大力支持，提出了很多宝贵建议；另外，本书参考并引用了大量经典和新近数据链的文献资料。在此，向所有为本书的出版做出贡献的人们表示衷心感谢！

数据链的内涵和外延随着数字化战场的深化而不断发展，由于编者水平有限，加之时间仓促，书中难免存在疏漏和不当之处，敬请读者批评指正。编者邮箱：Lvnn2007@163.com 。

编　者

2025 年 2 月

目　录

第 1 章　绪论 1
1.1　数据链产生背景 1
1.2　数据链基本概念 4
1.3　数据链技术体系 6
1.4　数据链系统 22
1.5　关联概念辨析 30
本章小结 31
思考与练习 31
参考文献 32
第 2 章　数据链的信号传播技术 33
2.1　电波传播 33
2.2　数据链通信信道 48
2.3　天线 60
本章小结 73
思考与练习 73
参考文献 74
第 3 章　数据链的波形技术 76
3.1　数字调制技术 76
3.2　信息编码技术 89
3.3　差错控制技术 93
本章小结 107
思考与练习 107
参考文献 107
第 4 章　数据链的抗干扰技术 108
4.1　概述 108
4.2　扩展频谱技术 111
4.3　Link-16 数据链的扩频抗干扰 124
本章小结 127
思考与练习 127
参考文献 128
第 5 章　数据链的组网技术 129
5.1　相关概念 129
5.2　数据链多址接入技术 130
5.3　数据链路由技术 174
本章小结 183
思考与练习 184
参考文献 184
第 6 章　数据链的网络管理技术 187
6.1　网络管理基础 187
6.2　数据链中的网络管理 189
6.3　Link-11 数据链网络管理 194
6.4　Link-16 数据链网络管理 197
6.5　Link-22 数据链网络管理 210
本章小结 213
思考与练习 213
参考文献 214
第 7 章　Link-4A/Link-11 数据链系统 215
7.1　Link-4A 数据链系统 215
7.2　Link-11 数据链系统 224
本章小结 236
思考与练习 237
参考文献 237
第 8 章　Link-16 数据链系统 238
8.1　系统综述 238
8.2　Link-16 设备 240
8.3　JTIDS 波形 245
8.4　J 系列消息标准 249
8.5　Link-16 网络 253
8.6　系统功能 258
8.7　Link-16 应用系统 263

8.8 性能特点 271
本章小结 272
思考与练习 272
参考文献 273

第 9 章 Link-22 数据链系统 274

9.1 系统综述 274
9.2 系统结构 275
9.3 F/FJ 消息标准 277
9.4 Link-22 网络 280
9.5 性能特点 283
本章小结 285
思考与练习 285
参考文献 285

第 10 章 协同数据链系统 286

10.1 机间数据链系统 286
10.2 TTNT 数据链系统 293
10.3 CEC 数据链系统 309
10.4 武器数据链网络 315
本章小结 317
思考与练习 317
参考文献 318

第 11 章 宽带数据链系统 319

11.1 CDL 319
11.2 卫星广播分发系统 333
11.3 侦察卫星情报实时传输系统 335
本章小结 335
思考与练习 336
参考文献 336

第 12 章 数据链的发展 337

12.1 数据链的演进 337
12.2 航空网络 339
12.3 航空自组网 348
12.4 航空集群 358
12.5 SDN 365
12.6 LPI 通信技术 371
本章小结 382
思考与练习 382
参考文献 382

第 1 章 绪论

战场中侦察探测、决策指挥、目标打击等任务的实施，需要各类作战平台在保障自身武器装备性能的同时相互间战场态势统一共享，这已成为实时、高效、协同作战的必备条件。数据链是达成这个必备条件，实现战术数据在战场作战平台间自动、无缝流转的基础。数据链的出现，改变了战场的作战关系，极大地加速了战争的信息化演变。

本章主要阐述数据链的基本概念，介绍数据链的典型系统及其特点，通过辨析数据链技战术融合的本质内涵，构建研究、开发数据链的理论模型和技术体系框架。

1.1 数据链产生背景

数据链是军事作战需求和军事信息技术综合发展的产物。战争模式和作战理念的研究，推动了武器装备间战术信息交互需求的增长，促进了信息通信技术向武器装备的融入，从而催生了数据链。

1.1.1 技术发展的推动

数据链产生背景

通信信号按照物理参量的基本特征，通常分为模拟信号和数字信号两大类，其形式如图 1.1 所示。模拟信号是连续信号，在时间与幅度上均连续，其幅值在$[0,A_{max}]$区间连续变化，幅值个数无限，如图 1.1（a）所示。数字信号是离散信号，其幅值个数有限，可采用不同的幅值个数，即进制数不同，例如：二进制对应 2 个幅值 0、1，如图 1.1（b）所示；四进制对应 4 个幅值 0、1、2、3，如图 1.1（c）所示。

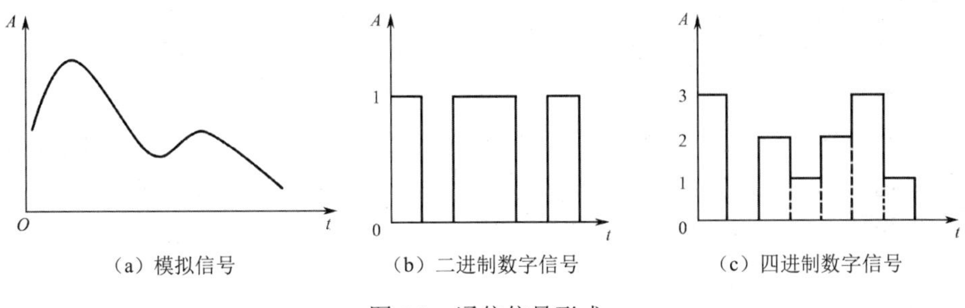

（a）模拟信号 （b）二进制数字信号 （c）四进制数字信号

图 1.1 通信信号形式

传输模拟信号的通信方式为模拟通信。相应地，数字通信是传输数字信号的通信方式。图 1.2 所示为通信系统模型。从图 1.2 可以看出：数字信号的离散特征便于信号的处理、存储和交换，可方便地实现信号加密、压缩编码、差错控制、多路复用及信号再生等，极大地提高了通信的有效性和可靠性；而模拟通信一般仅对信号进行调制。虽然数字通信系统占用频带宽，而且设备较模拟系统复杂，但随着信号处理技术和微电子技术的发展，数字通信已成为主要的通信传输方式。

20 世纪 40 年代，冯 • 诺依曼发明计算机后，计算机技术空前发展。结合计算机强大的数据处理能力、自动化能力，以及数字通信的传输能力，数据通信成了一种新的通信技术，获得了广泛的应用，典型应用系统如因特网（Internet）、无线局域网（Wireless Local Area Network，WLAN）和民用航空新航行系统（CNS/ATM）等。而在军事领域，将数据通信技术应用于军事通信的典型应用系统就是战术数据链。战术数据链系统的研制和使用，使作战战场发生了质的变化，数字化战场开始出现，作战模式从机械化战争转变为信息化战争。

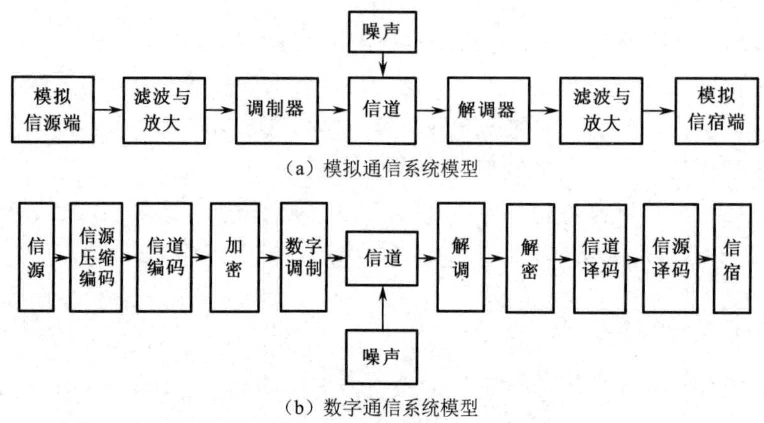

（a）模拟通信系统模型

（b）数字通信系统模型

图 1.2　通信系统模型

1.1.2　军事需求的牵引

在数据通信技术出现之前，战场作战平台间的战术信息传输以模拟通信为主，战场指挥员以话音方式向战斗机飞行员、战舰驾驶员或单兵下达作战命令，协调指挥战场作战。该阶段军兵种作战战场相对独立，各自完成较为单一的战术任务，传输信息以战术指挥指令为主，信息种类和信息数量少，模拟体制的话音通信方式基本上能满足作战需求。

随着时间的推移，作战战场逐步发生改变。以航空作战为例，首先从作战装备的性能发展来看，①执行作战任务的战斗机从二代螺旋桨飞机、三代喷气式飞机到四代隐身超声速飞机，其巡航速度、机动性能越来越高；②雷达等探测设备从二坐标雷达、三坐标雷达到相控阵雷达，其探测距离、探测跟踪目标数越来越大，探测精度也越来越高；③实施打击的导弹等武器从一般武器发展到精确制导武器，其探测、定位、跟踪目标的精度越来越高。其次从作战模式的发展来看，从军兵种独立作战到联合作战，从空中近距交战到超视距、防区外攻击，作战平台数量、作战距离越来越大，攻击目标类型越来越多。这些作战需求的变化，对战术信息的通信传输提出了新的要求，其关系对照如表 1.1 所示。

表 1.1　作战需求与战术信息通信需求关系对照

作战战场		作战需求	通信需求
作战装备	战斗机：二代→三代→四代	巡航速度↑　机动性能↑	实时性↑
	雷达：二坐标→三坐标→相控阵	探测距离↑　探测精度↑ 探测目标数↑	信息量↑ 信息内容↑　信息粒度↑
	武器：一般武器→精确制导武器	打击精度↑	实时性↑　信息粒度↑
作战模式	军兵种独立作战→联合作战 近距交战→超视距、防区外攻击	平台数量↑　作战距离↑ 目标类型↑	通信容量↑ 传输距离↑　信息类型↑
作战理念	平台优势→信息优势	态势感知能力↑	实时性↑　信息量↑

另外，相关资料指出，现代战争“先敌发现，先敌攻击”的条件在于信息优势。美国军方及战斗机飞行员认为，决定现代空战结果的主要因素，既不是飞机的灵活性，也不是武器的射程，而是在整个作战过程中获得和保持比敌方更全面、更准确的态势感知（Situation Awareness，SA）能力，即飞行员拥有动态的空中态势图，包括己方和敌方所有参战单元的位置、航向及航速等。信息优势需求同样对战术信息的通信传输提出了新的要求，如表1.1所示。

针对新的作战需求，模拟通信存在很大问题。以防空作战为例，存在问题如下。

（1）通信的信息类型有限。由于传输的战术信息以指挥控制指令为主，很少传输空情、地理环境、天气环境等信息，更无法传输图像；因此，飞行员获得的信息量很小。这将造成飞行员等作战人员对战场态势的掌握很有限，限制了飞行员作战能力的发挥。

（2）通信的信息量有限。模拟体制下多采用人工操作的方式处理和传输战术信息，此时作战人员成为“接口”。受限于人工处理、存储与显示能力，传输信息数量、传输信息内容、传输信息粒度明显受限。这将造成飞行员等作战人员对战场态势的掌握有限，同时飞行员既是飞机驾驶员又是作战员，任务繁重，将更进一步地限制了飞行员作战能力的发挥。

（3）通信信息处理速度有限。战术信息依靠作战人员进行人工处理，速度慢，无法实现自动处理和快速处理。

（4）通信的实时性有限。人工“接口”的存在及模拟通信设备的性能限制，使得一次通信时间在秒级以上。

（5）通信容量有限。通信容量的直接反映是指挥引导容量，其受话音通信设备和指挥人员人工指挥方式的限制，因此每个指挥控制台最多可以同时完成2～3批战斗机的指挥引导任务，指挥引导容量较小，无法组织实施大规模、多任务的空战。

（6）通信的距离有限。传输距离无法自动实现超视距，需要依靠地面通信网等其他通信装备的辅助才能实现。

话音通信与现代空战通信需求对比如表1.2所示。从表1.2中可以看出，模拟通信技术无法满足现代空战对实时性、信息种类、传输带宽、通信容量、抗干扰等通信传输性能的要求，这制约了作战效能的提升，需要新的通信技术。20世纪50年代开始发展的数据通信技术，具有强大的数据处理能力和自动化能力等优点，能够形成高速处理数据、自动传输数据的通信链路，从而提供新的数据通信性能，满足现代空战新的作战需求。采用数据通信技术进行态势共享，作战指挥的数据链因此产生。通信容量和通信效率远大于模拟话音通信，对战场整体作战效能的提升显著。

表1.2 话音通信与现代空战通信需求对比

对 比 项	话音通信性能	通 信 需 求
通信的信息类型	指挥控制指令、攻击目标	指令、态势、图像
通信的信息量	很低	较高
通信处理速度	人工处理，速度慢	自动、快速处理
通信的实时性	秒级以上	秒级以下
通信容量	≤3批飞机	>3批飞机
通信效果	指挥人员指挥控制能力低	指挥人员高效的指挥控制能力
	飞行员态势信息感知能力差	飞行员大量态势的实时感知能力
	飞行员作战能力发挥不充分	

资料显示，一架装备了Link-16战术数据链的英国“旋风”战斗机能同时击败4架只装备了话音通信设备的美国空军F-15C战斗机，而未装备数据链之前，由优秀的飞行员驾驶一架“旋风”战斗机也只能与一架F-15C战斗机打成平手。

20世纪90年代中期，美空军用只有话音通信的飞机与兼有话音通信和Link-16战术数据链的飞机进行对抗，以比较其在各种战术态势下（从1对1到8对16）在白天和夜间所有截击任务的效能。通过12 000多架次和19 000个飞行小时的对抗，美空军收集了大量的数据。飞机在白天作战的平均杀伤率从3.10∶1增加到8.11∶1，提高了2.61倍；在夜间作战的平均杀伤率从3.62∶1增加到9.40∶1，提高了2.59倍，杀伤率的增加超过了150%，作战效能提升明显。

可见，数据链是随着武器装备的发展、作战理念的变化、通信技术的发展而产生的，它也必将随着武器装备、作战理念及通信技术的发展而发展。因此，在对数据链的学习和研究中，应充分注重军事需求和通信技术的结合，两者相辅相成、密不可分。

1.2 数据链基本概念

1.2.1 数据链定义

数据链定义

表1.3给出了文献资料中对数据链较为常见的描述，分别从作战效能、战术功能、关键技术等不同角度对数据链进行阐述。根据数据链产生背景的分析可以看出，数据链将作战平台的武器系统与数据通信技术相融合，以提供满足任务需求的信息传输能力，支持多类作战平台共同实施战术任务。因此，数据通信技术是数据链的核心，信息通信是数据链的基本内涵；同时，数据链的输入和评判是作战需求，服务于作战是数据链的战术内涵。因此对数据链的认识，不能忽视其技战术融合和战技关联的特点，这从表1.3的数据链描述也可窥见一斑。

表1.3 数据链的多种描述

序号	对数据链的描述
1	数据链是武器装备的生命线，是战斗力的“倍增器”，是部队联合作战的“黏合剂”
2	数据链是现代战争的“神经网络”
3	数据链是获得信息优势，提高作战平台快速反应能力和协同作战能力，以及实现作战指挥自动化的关键
4	数据链是全球信息栅格的重要组成部分，也是实施网络中心战的重要信息手段
5	数据链是链接数字化战场上的传感器、指挥中心、武器平台、作战部队的一种信息处理、交换和分发系统
6	数据链通过无线信道实现作战单元数据信息的交换和分发，采用数字相关和信息融合技术来处理各种信息
7	数据链是采用无线电通信装备和数据通信规程，直接为作战指挥和武器控制系统提供支持、服务的数据通信与计算机控制密切结合的系统
8	数据链是采用网络通信技术和应用协议，实现机载、陆地和舰载战术数据系统（Tactical Data System，TDS）之间的数据信息交换，从而最大限度地发挥战术系统效能的系统
9	数据链是一种按照统一的数据格式和通信协议，以无线信道为主对信息进行实时、准确、自动、保密传输的数据通信系统或信息传输系统
10	数据链是一种链接各种作战平台、优化信息资源、有效调配和使用作战“资源”的信息系统
11	数据链采用无线网络通信技术和应用协议，可以实现海、陆、空三军TDS间的实时传输，使战区内各种指挥控制系统和各种作战平台无缝链接、融为一体，能最大限度地提高作战效能，实现真正意义上的联合作战

数据链的概念源于美军。美军称数据链为“通过单网或多网结构和通信介质，将两个或两个以上的指挥控制系统和（或）武器系统链接在一起，是一种适合传送标准化数字信息的通信

链路”——美军参联会主席令（CJCSI6610.01B，2003.11.30）。这说明数据链本质上基于战术通信。

从技术角度来看，由于数据链综合应用调制解调、信道编解码、无线通信组网、信息融合和信息安全等技术，形成地空、空空、地地战术通信系统，并按照特定的消息格式和通信协议实时分发战术数据。因此，数据链是一种分发战术信息的无线网络。从战术应用角度来看，如图 1.3 所示，指挥、控制、通信、计算机、攻击、情报、监视与侦察系统（C^4KISR）是数字化战场联合作战体系的组成单元，数据链就是 C^4KISR 单元间的信息传输“纽带”，是实现 C^4KISR 间通信的基础设施。数据链作为一种军事信息通信系统，构建并服务于数字化战场。

图 1.3　数据链的信息传输“纽带”作用

将数据链的技术内涵和战术内涵相结合，数据链就是基于数据通信技术、支持多个作战平台相互协同完成作战任务的一种战术信息通信系统。

1.2.2　数据链作用

数据链作用

在数据链出现之前，作战平台及装备的性能是影响作战效能的关键因素。数据链的应用，使独立的作战平台相互“链接”，平台间的关系由松耦合变为紧耦合，通过平台优势互补和资源共享，形成体系作战能力。

作用 1：（大量）信息共享，统一态势。

利用数据通信技术，使较大作战空间内的各类传感器平台快速生成和交互不同方向的多个目标探测信息，使指挥控制平台自动、实时处理并生成统一态势图，供战区内所有作战平台共享，从而形成信息优势。

作用 2：（高效、实时）战场指挥。

利用数据通信技术，改变了模拟通信体制下人工传递、人工处理等因素对指挥控制信息处理、生成及传输时效性的制约，通过自动生成指令和人工干预的结合，能够实现高效、实时的战场指挥控制，从而形成决策优势。

美军的 E-2T 预警机，若以人工话音引导战斗机，只能进行 1～3 批目标的拦截作业；但美军 E-2C 预警机利用数据链配合 F-14 战斗机，可同时进行 100 个以上目标的拦截作业。在信息化战争中采用数据链的武器装备显示了其强大的威力。

作用 3：（实时、精确）武器协同。

利用数据通信技术，在武器平台间实时交互协同信息，实现信息协同、干扰协同、航迹协同、火力协同等战术协同任务，从而形成打击优势。

因此，数据链以“黏合剂”的方式，依靠信息优势、决策优势、打击优势，最终成为整体作战效能的“倍增器”，达到“1+1>2”的效果。

多次实战证明，信息化作战平台加装数据链后，其作战效能都将大幅度提升。在英国和阿根廷的马尔维纳斯群岛争夺战中，数据链保障了英国海军远征马尔维纳斯群岛的成功；在叙利亚和以色列的贝卡谷地空战中，以色列空军通过数据链实现预警机对作战飞机的引导，击落叙利亚 81 架战斗机，而以色列军只损失 1 架战斗机；从海湾战争到伊拉克战争，美国的“爱国者”反导系统装备数据链后拦截率大增，由海湾战争中不足 10%增至伊拉克战争中的 40%，作战准备时间则从原来的 90 s 增加至 3 min；而在科索沃战争中，美军则利用数据链支持的 C^4ISR，实现了远程指挥作战行动。下面是两个应用数据链的典型战例。

1982 年贝卡谷地空战（战例 1）：叙利亚的米格-21 战斗机、米格-23 战斗机对战以色列的 F-15 战斗机、F-16 战斗机，双方飞机单机作战能力相差不大。但以色列空军首次使用预警机，并在预警机和战斗机上装备了数据链终端，形成数据链系统，通过一架预警机指挥飞机实时地进行空中探测、指挥引导，实现了多架 F-15 战斗机、F-16 战斗机的高度协同和准确配合，从而仅以损失 1 架飞机的代价，取得了摧毁叙利亚 19 个地空导弹阵地和 81 架战斗机的战果，产生了令人望而生畏的联合作战能力。

1991 年海湾战争美军导弹拦截作战（战例 2）：伊拉克空军的“飞毛腿”导弹发射 12 s 后，即被位于太平洋上空的美国国防支援计划（DSP）的导弹预警卫星发现，测算出的飞行轨道及预定着陆地区等数据与报警信息一起被迅速传递到位于澳大利亚的美国航天司令部数据处理中心；数据中心巨型计算机紧急处理这些数据，得到“飞毛腿”导弹的有效拦截参数；航天司令部通过卫星将这些参数传送给位于沙特阿拉伯的“爱国者”防空导弹指挥中心；防空导弹指挥中心装填拦截参数并发射“爱国者”导弹，整个过程需 3 min 左右的时间，而“飞毛腿”至少要飞行 4～5 min 才能到达预定目标的上空，从而为拦截导弹创造了条件。在这次战争中，伊拉克共发射了 80 余枚“飞毛腿”导弹，其中向沙特阿拉伯发射了 42 枚，向以色列发射了 37 枚，向巴林发射了 3 枚。但仅 1 枚命中目标，大部分导弹不是被“爱国者”拦截，就是因技术问题自爆。从某种意义上来说，“爱国者”拦截“飞毛腿”的成功，就是数据链的成功。

1.3 数据链技术体系

数据链的技术基础是数据通信，主要涉及通信原理和无线网络理论，数据链的设计与作战应用结合紧密，波形、组网技术及信息处理明显异于其他通信系统，有其鲜明的技战术融合特点。本节围绕数据链的通信内涵和战术内涵，提炼数据链的技战术特征，从数据链的架构模型（网络拓扑）、系统模型（分层参考模型）两方面，抽象凝练数据链的理论模型；在此基础上，从组成要素、传输业务、关键技术和性能指标等方面，对数据链的技术原理进行提炼，构建数据链技术体系框架，从而达到规范和指导数据链研究分析、设计实现的作用。随着数据链的发展，其技术体系将不断丰富。对于现实世界中的研究对象，往往需要先通过抽象、建模等手段形成一定理论模型后，再运用相适应的基础理论和技术原理进行研究。为了更好地研究和分析数据链，我们应建立其理论模型，将数据链的理论模型分为宏观和微观两种，分别在 1.3.1 节和 1.3.2 节中进行介绍。

1.3.1 数据链架构模型——网络拓扑

数据链服务于作战，它存在于类似图 1.3 所示的作战应用场景，链接场景中不同类型的作战平台，如传感器平台、指挥控制平台和武器平台等，处理各平台战术数据，在平台间交互和分发态势消息、平台消息和作战指令等战术消息。从研究数据链的角度，我们可以将应用场景中的数据链抽象为一定拓扑结构的通信网络，即将数据链链接的平台抽象为通信节点，将数据链传输的消息抽象为业务或信源，将数据链的消息传输抽象为节点间通信链路，将数据链的消息交互共享抽象为网络拓扑。网络拓扑从宏观角度凝练了研究分析数据链的理论模型。战术数据链和协同数据链的网络拓扑结构如图 1.4 和图 1.5 所示。其网络拓扑形成原理将在数据链技术篇详细介绍。

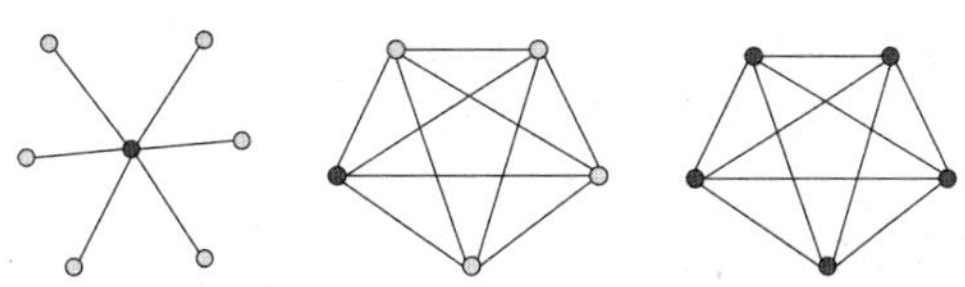

图 1.4　战术数据链的网络拓扑结构

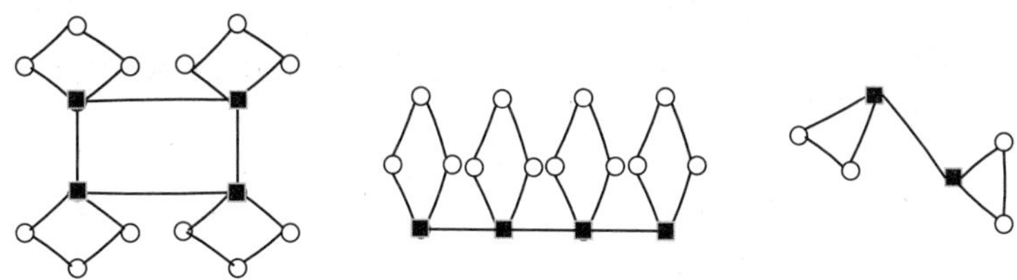

图 1.5　协同数据链的网络拓扑结构

1. 数据链链接的作战平台（通信节点）

载荷设备搭载于作战平台上并通过作战平台发挥作用。根据平台的作战应用，通常将 C^4KISR 系统中的作战平台分为传感器平台、指挥控制平台和武器平台。通过数据链，传感器、指挥控制与武器各平台之间可形成链接关系。

1）传感器平台

传感器平台是数据链系统的情报信息源，分为侦察监视和预警探测两大类平台，其可对特定区域实施持续侦察或目标警戒，以获取侦察监视、预警探测等情报信息。

侦察监视类传感器平台包括侦察机、无人机、气球、侦察卫星及技侦设备等，其示例如图 1.6（a）所示。该类平台的作用是：平时搜集、积累、掌握敌方的基本信息，为制定战略决策提供信息依据；战时及时发现、定位、识别和确认目标，以有效地支撑作战决策；战后评估打击效果。其基本任务是提取目标特征信息、进行数据处理。从战术层面上讲，它主要用来侦察敌方意图、作战编队、作战装备、作战能力、兵力部署、防御工事和障碍、作战特点、指挥机构和通信枢纽位置，以及作战地区的地貌、气象、水文等情况。

预警探测类传感器平台包括雷达和预警机等，对特定区域实施目标警戒。其基本任务是及早发现、识别和跟踪各种目标，为作战部队提供足够的预警时间。在和平时期，它可用于对周边国家的监视，或对某一特定地区的监控；在战争时期，多种预警探测传感器组成的防空预警网络可执行防空预警任务。

以预警机为例，它是一种特殊用途的飞机，其主要任务是对空中目标的警戒和对空中作战的指挥控制，以实现巡逻警戒、指挥控制等功能，是预警探测的重要组成部分。美国的 E-3 预警机示例如图 1.6（b）所示。

2）指挥控制平台

指挥控制平台是实施作战决策、指挥控制的核心，包括陆海空各级地面的指挥中心、机动指挥所，以及预警机等空中指挥平台。图 1.7 所示为地面指挥控制中心，指挥人员根据战场监控实施指挥控制。

传感器、指挥控制与武器各平台间的链接关系如图 1.8 所示。通过数据链，将分散在不同地理空间、不同类型的作战平台链接成一个作战整体，相互协作，共同完成作战任务。链接关系反映了各作战平台之间的战术组合关系，如分布在空中某一区域的飞机编队、分布在海上某一区域的舰艇编队等。数据链与作战平台的链接关系有两种：一是链接异类型平台，将异类型平台组网，例如，图 1.8 中椭圆链接的传感器平台、指挥控制平台和武器平台；二是链接同类型平台，将多个同类型平台组网，例如，图 1.8 中指挥控制平台的圆形代表链接多个指挥控制平台。

（a）侦察监视类："全球鹰"无人侦察机

（b）预警探测类：E-3 预警机

图 1.6　传感器平台示例

图 1.7　地面指挥控制中心

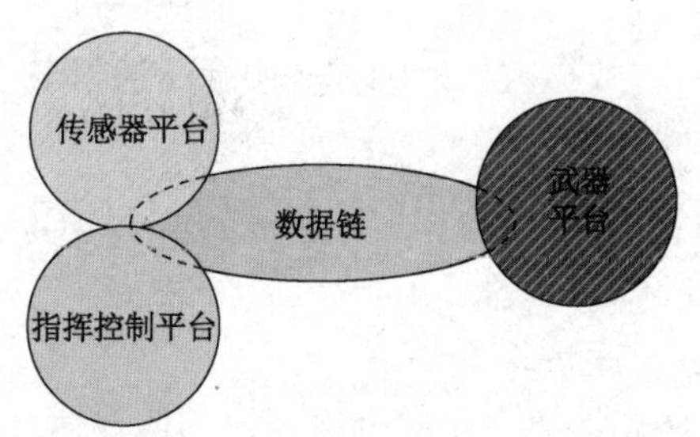

图 1.8　数据链与作战平台链接关系图

随着数据链技术的发展和新型作战平台的出现，数据链链接平台的种类将扩展，链接关系复杂度将增加，数据链网络的边界将延伸，信息化战场的作战域将扩展。

3）武器平台

武器平台包括陆基、海上、空中和天基武器平台，它是作战任务的具体执行者，用来实现拦截、攻击等不同作战任务。其中，陆基武器平台以坦克、战车、火炮和导弹为代表，海上武器平台以舰艇和潜艇为代表，空中武器平台则以各类飞机为代表。

美国的 F-22 战斗机、F-35 战斗机［见图 1.9（a）、（b）］为代表的第四代战斗机，是以隐身、超声速巡航、超机动性、高度综合的航电系统为主要特征的新一代空中武器平台。在未来战场中，各类新型无人战斗机［见图 1.9（c）］将被越来越广泛地应用。

（a）F-22 战斗机

（b）F-35 战斗机

（c）无人战斗机

图 1.9　武器平台示例

2. 数据链传输的消息（业务/信源）

平台载荷设备会产生不同类型的消息，如传感器平台雷达设备的目标探测消息、指挥控制平台指挥控制设备的作战指挥消息、武器平台报告自身状况的平台消息等。数据链将链接平台所产生的消息进行多平台共享传输，实现多平台消息统一。数据链在平台间传输的消息主要有战术消息和管理消息两大类。

1）战术消息

战术消息是数据链传输的主要消息，所占比重很大。战术消息产生于作战平台，与作战任务相关；不同的战术任务，其战术消息类型和内容不同。基本消息类型包括目标探测消息、态势消息、平台消息、指挥控制消息等。

传感器平台所获取的目标探测消息分为情报侦察消息和预警探测消息。情报侦察消息是对敌方阵地、战略要地及重要设施的探测消息，包括敌方兵力部署、武器配置、武器性能、地形地貌和气象情况等；预警探测消息是对警戒距离内全天候的目标探测消息，包括目标定位、目标参数、目标属性等。此外，态势消息是对目标探测消息融合处理后得到的相对更为精确的目标信息，如目标位置、航向、速度等；平台消息表示武器平台自身的状况参数，如本机位置、航向、速度、油量及挂载武器状态等；指挥控制消息是指挥人员对武器平台发送的引导控制指令，如左转、开加力、接敌等。

根据战术任务，战术消息还包括电子战、控制交接、战术协同等消息。数据链的任务功能越复杂，所传输的战术消息种类就越多。

2）管理消息

管理消息是维护数据链系统正常运行的消息，一般由管理控制中心产生，如网络管理消息和信息管理消息。网络管理消息对数据链通信网络进行初始化、模式控制、运行管理和维护；信息管理消息对情报消息进行合批、分批、变更等处理。

图 1.10 所示为数据链战术消息交互流程。传感器平台的目标探测消息通过数据链传输给指挥控制平台，经数据融合处理后生成战场的态势消息，通过数据链传输给武器平台；武器平台将自身的平台消息通过数据链传输给指挥控制平台；指挥控制平台根据态势消息、平台消息生成作战指令，通过数据链传输给武器平台。根据作战需要，传感器平台也可以直接将目标探测消息传输给武器平台。在图 1.10 中，同类平台间通过数据链也有战术消息传输，如协同消息、目标消息等，这些未在图中显示。

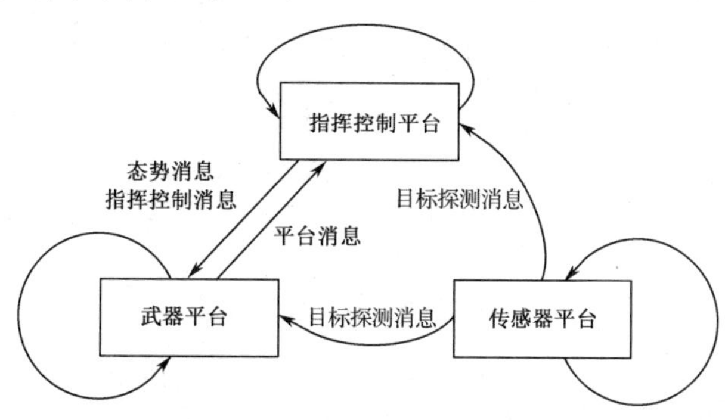

图 1.10　数据链战术消息交互流程

数据链消息具有以下特性：消息格式化，消息类型与作战应用密切相关，消息类型多样，消息类型可扩展，等等。

3. 数据链的信息处理交互

对作战平台生成的战术消息，数据链将基于“在恰当的时间，向需要的平台，提供合适的信息”的原则，综合采用消息处理、波形、组网等技术，形成平台间战术消息的传输链路和交互网络，为作战任务的协同实施提供可以满足需求的通信服务。本书后续章节将对相关通信技术进行详细阐述。

1.3.2 数据链系统模型——分层参考模型

网络拓扑模型从宏观角度描述了数据链平台间的通信关系，此外还需要对数据链信息交互过程中的不同处理流程进行更为精细的描述。基于模块化研究设计思想，我们可以将数据链采用不同通信技术实现的各种通信功能逻辑划分并抽象形成分层参考模型。分层参考模型从微观角度凝练了研究分析数据链的理论模型，以提供概念框架，形成系统组成关系、概念内涵、功能指标、接口规范、标准体系及设备分类的统一标准，为数据链需求分析、功能综合、系统设计及设备开发奠定技术基础。建立参考模型也为各种数据链系统之间实现互操作提供方便，为不同数据链设备的通用性、可重用性、可移植性，以及采用公共“部件”降低成本提供基础。

数据通信网络的经典参考模型为分层体系架构模型，有 OSI/RM 和 TCP/IP 两种分层标准。

1. OSI 参考模型

1977 年国际标准化组织（ISO）提出了网络体系结构标准框架，即著名的开放系统互连参考模型（Open Systems Interconnection/Referencc Model，OSI/RM）概念，并于 1983 年出版了相应的国际标准文件——ISO 7498。OSI 参考模型从低层到高层将网络体系结构分为 7 层：物理层、数据链路层、网络层、运输层、会话层、表示层和应用层，如图 1.11（a）所示。

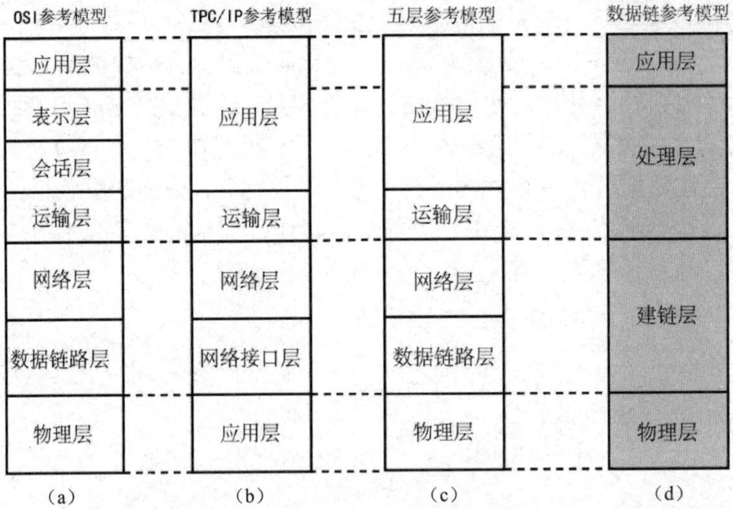

图 1.11 通信网络参考模型

（1）物理层（Physical Layer）：形成点到点的通信链路；透明传送比特流，不解析信息；需要考虑物理层接口的机械特性，即接口形式（RJ-45 网口，RS-232、RS-422、RS-485 串口，并口，特定电缆接口等）、电气特性（TTL 电平，232 电平、422 电平、485 电平，平衡/非平衡电平等）、功能特性（数据接口、物理设备控制接口）等。

（2）数据链路层（Data Link Layer）：将数据中加入控制信息组成数据帧（Data Frame），其中控制信息包括同步信息、地址信息、差错控制信息等；进行流量控制，以确保数据帧在点到点的通信链路上无差错、可靠地传输；进行信道接入控制，以确保不同节点数据帧的无冲突收发。

（3）网络层（Network Layer）：建立、维持和释放网络节点间的路径连接，进行网内、网间的路由选择、寻址和传输，并进行网间传输的速率匹配、流量控制，隔离参考模型上层与下层的技术相关性，形成端到端的网内/网间通信链路。

（4）运输层（Transport Layer）：确保数据帧在端到端的通信链路上无差错、可靠地传输，需要考虑端到端差错控制、流量控制，以及进程的复用与分用等。例如，流量控制的负载均衡问题，将应用层的高吞吐量载荷通过路由均匀地分配给多个网络或网络中的多条路径。

（5）会话层（Session Layer）：软件进程、线程间通信，提供应用程序间的通信。

（6）表示层（Presentation Layer）：数据格式定义和转换，如数据翻译（信息编码、加密、字符集翻译）、格式化（数据格式的修改和文本压缩）和语法选择（语法的定义和不同语言之间的翻译）。

（7）应用层（Application Layer）：提供用户应用进程接口。

OSI 参考模型的 1～3 层面向实际通信链路和通信网络，是通信信息可靠传输的基础，主要处理链路和网络通信的细节问题，它们一起向上层用户提供服务；4～7 层面向应用，主要针对端到端的通信，定义用户信息处理与用户进程间的通信协议，但不关心数据传输的底层通信实现细节。

2. TCP/IP 和五层参考模型

由于 OSI 参考模型以理论研究为主，缺乏实际设备，因此在工程应用中被 TCP/IP 参考模型所取代。TCP/IP 参考模型是美国国防高级研究计划局（DARPA）资助的分组交换网——ARPARNET 研究中的一项成果。TCP/IP 参考模型将网络体系结构分为 4 层，即网络接口层、网络层、运输层和应用层，如图 1.11（b）所示；各功能层的代表性协议如表 1.4 所示。

通常，通信网络研究中更多地将 OSI 参考模型和 TCP/IP 参考模型相结合，采用五层参考模型，即应用层、运输层、网络层、数据链路层和物理层，如图 1.11（c）所示。

表 1.4　TCP/IP 参考模型各层协议

功能层	协议
应用层	简单邮件传送协议（Simple Mail Transfer Protocol，SMTP） 文件传送协议（File Transfer Protocol，FTP） 远程登录协议（Telnet Protocol） 域名服务（Domain Name Service，DNS） 超文本传送协议（Hyper Text Transfer Protocol，HTTP） 简单网络管理协议（Simple Network Management Protocol，SNMP） 网络新闻传送协议（Network News Transfer Protocol，NNTP）
运输层	传输控制协议（Transmission Control Protocol，TCP） 用户数据报协议（User Datagram Protocol，UDP）
网络层	网际协议（Internet Protocol，IP） 互联网控制报文协议（Internet Control Message Protocol，ICMP） 地址解析协议（Address Resolution Protocol，ARP） 反向地址解析协议（Reverse ARP，RARP）
网络接口层	网络驱动软件、网络接口卡（Network Interface Card，NIC）

3. 数据链参考模型

根据组成结构和技术特点，参照相关文献和工程应用，数据链的参考模型如图 1.11（d）所示，它分为物理层、建链层、处理层和应用层 4 个协议层，协议层间有嵌入接口、消息接口和信号接口 3 类接口。根据图 1.11 中数据链参考模型与通信网络的其他参考模型的对应关系，可以看出：作为一种军事通信系统，数据链参考模型简洁高效，它将功能相近的功能层尽量合并，减少功能级数量，从而简化处理过程，提高处理效率。

图 1.12 所示为数据链参考模型中的信息流与接口，其给出了数据链与作战单元的关系，以及数据链参考模型的信息流关系及层间接口关系。

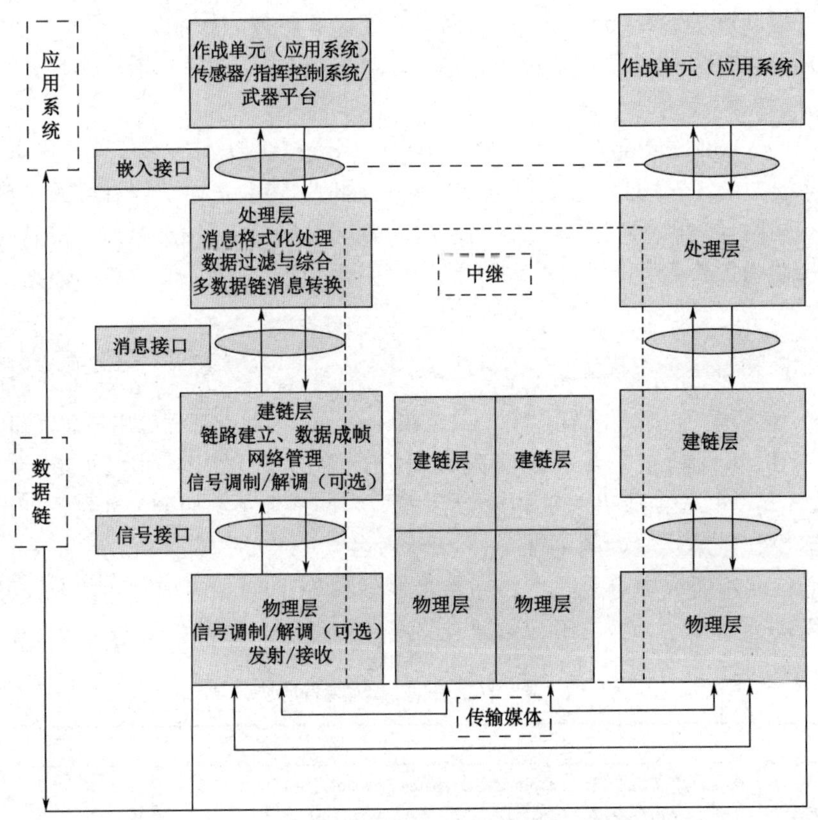

图 1.12 数据链参考模型中的信息流与接口

1）*协议层*

（1）处理层。处理层主要完成应用系统的有关功能，把传感器、导航设备和指挥控制等平台的战术信息格式化为标准消息，通过由建链层和物理层组成的数据链端机发送给武器平台；恢复和处理所接收到的格式化消息，转换为战术信息送到本平台武器系统的控制器或自动控制装置、指挥控制系统的显示装置或人机接口。处理层的主要功能包括数据过滤、综合、加/解密、航迹信息管理、时间/空间信息基准统一、报告职责分配、显示控制、消息格式形成等。在多数据链组网时，处理层还要实现多链互操作，包括时间/空间信息基准统一、各类消息转换、地址映射、消息转发等功能。

（2）建链层。建链层将处理层送来的格式化消息经过成帧处理后，送到物理层；同时，接收物理层所上传的比特流，经过分帧后，恢复成为格式化消息送到处理层进行处理。建链层功能包括形成传输帧结构、实现网络同步、差错控制、接口控制、信道状态监测和管理、传输加密、多址组网、地址管理等。

（3）物理层。物理层主要完成数字信号传输功能，而不对比特流的内涵进行处理。它将建链层送来的数字信号，经过变频放大后，向网内其他单元发送；同时，接收网内其他单元传来的信号，还原成数字信号，送到建链层进行进一步的处理。

2）接口

与通信网络的其他参考模型相比，数据链参考模型对其中功能层间的 3 类接口给出了明确的规定。

（1）嵌入接口。嵌入接口是数据链与应用系统之间的界面，此接口明确划分出数据链的通信和战术边界。其中应用系统包括传感器、武器控制系统、导航设备、自动驾驶仪、电子战系统、综合显示设备等作战平台载荷设备，这些设备都是数据链的信源/信宿，会产生规定类型的有效信息载荷——战术信息。嵌入接口的接口形式取决于具体应用系统，如 LAN 接口、1553B 接口等。

（2）消息接口。消息接口是处理层与建链层之间的界面，传送格式化消息。其中逻辑接口要求遵从消息格式交换标准，物理接口有串行和并行形式，如 EIA-232、EIA-422、LAN 接口、1553B 接口等。

（3）信号接口。信号接口是建链层与物理层之间的界面，透明传送二进制数字流。其接口形式根据物理层设备而异，如 EIA-422、LAN、1553B 接口等。

1.3.3　数据链组成要素

数据链组成要素

数据链本质上是具有一定拓扑结构的数据通信网络，由于其可以实现战术消息的高效、实时传输，从而支持相关战术任务的实施，因此，数据链的组成有明显的战术特点，这并不是数据通信系统组成的简单照搬。按照文献资料可知，传输设备、消息标准和通信协议是数据链通信网络的三大组成要素。

1. 传输设备

平台间点对点的传输链路是数据链通信的基础，链路中需要数据传输设备，通常为数据终端或电台，例如：Link-16 数据链的联合战术信息分发系统（Joint Tactical Information Distribution System，JTIDS）终端、多功能信息分发系统（Multi-function Information Distribution System，MIDS）终端、Link-11 数据链的 AN/USQ-125 数据终端，以及 HF/UHF 电台。

传输设备根据所选择的信道、功率、调制解调、编解码、抗干扰、加密算法及天线，产生满足数据链消息传输需求的数据链信号波形。不同的数据链有其相应的传输设备性能指标和波形标准。

2. 消息标准

消息标准是对数据链传输信息的帧结构、信息类型、信息内容、信息发送/接收规则的详细规定，形成标准格式，以利于计算机生成、解析与处理。消息中的有效载荷是战术消息，是数据链真正需要交互的信息；消息中的冗余载荷，如帧头、校验码、ID 号、信息类型码等，是正确传输必不可少的内容。

在数据通信中，数据有明确的定义：能被计算机处理的一种信息编码（或消息）形式。数据是预先约定且具有某种含义的一个数字或一个字母（符号）及数字字母的组合，如 ASCII 码（美国信息交换标准代码）。同样，数据链平台产生的战术信息也需要进行明确的规定，但它与数据通信中的数据定义方式有很大不同。在计算机网络中，由于有线信道的低误码率和高传输速率（10 Mbit/s 以上），因此数据的定义通常面向字节，如数字$(1)_D$表示为$(00000001)_B$。而数据链多为无线传输，无线信道的高误码率和有限带宽（kbit/s 量级），使数据链采用面向比特的方式规定战术消息格式，以提高信道利用率。下面举例说明。

在数据链消息标准中，信息内容由多个数据元素组成，如高度、速度、方位、平台 ID 号等。当数据链的数据元素以比特方式表示时，比特数的多少决定数据元素的粒度及消息帧的长度。以某航迹消息中的高度数据元素为例，假设高度的数值范围是−620～19 820 m，以 10 bit 表示，粒度为 20 m，具体表示如表 1.5 所示。

表 1.5　高度数据元素的数值表示示例

高度值/m	比特表示值	数 值 转 换	说　明
0	$(0000000000)_2$	0×20 m=0 m	
20	$(0000000001)_2$	1×20 m=20 m	
40	$(0000000010)_2$	2×20 m=40 m	
⋮	⋮	⋮	
19 800	$(1111011110)_2$	990×20 m=19 800 m	
19 820	$(1111011111)_2$	991×20 m=19 820 m	最大高度
	$(1111100000)_2$		初始预置值
−620	$(1111100001)_2$	（993−210）×20 m=−620 m	最小高度
−600	$(1111100010)_2$	（994−210）×20 m=−600 m	
⋮	⋮	⋮	
−40	$(1111111110)_2$	（1022−210）×20 m=−40 m	
−20	$(1111111111)_2$	（1023−210）×20 m=−20 m	

针对计算机处理，消息标准规定了某个形式的数值表示方法，需要相应代码量的格式处理和数值转换程序。例如，对空中目标进行探测，某个目标的航迹参数中高度数值为 4 000 m，则比特表示值为$(0011001000)_2$→200×20 m=4 000 m。

另外，数据通信中的数据定义适用于几乎全部的应用程序；但是，数据链的战术消息与作战任务（如防空、反潜、电子战等）密切相关，不同类型的数据链，其信息帧结构、信息类型、信息内容、数据元素粒度有较大差异，即消息标准不同。例如：Link-4A 数据链为 V/R 系列消息标准，消息长度固定；Link-11 数据链为 M 系列消息标准，消息长度可变；Link-16 数据链为 J 系列消息标准，消息长度按封装规定变化；Link-22 数据链为 F/FJ 系列消息标准，消息长度可变。因此，消息标准具有鲜明的数据链特点。

数据链消息格式的多样性是历史的产物，给后期多平台互联互通带来了很多问题，如格式转换处理的复杂、费时，转换过程中数据元素粒度的不匹配等。对于新型数据链，应强调消息标准的一致性和兼容性，以减少不必要的信息处理。

3. 通信协议

一个数据通信网络的正常运行，需要制定通信规则，明确信息的传输时序、传输流程、传输条件及传输控制方式。数据链通信协议是关于战术信息传输顺序、信息格式、信息内容及控制方面的规约，主要解决各种应用系统的格式化消息如何可靠地建立链路和有效地进行信息交互。它主要包括频率协议、波形协议、链路协议、网络协议、加密标准、接口标准、操作规程等。消息标准也是数据链通信协议之一，属于“语法”范畴。美军/北约（北大西洋公约组织）典型战术数据链的通信协议标准如表 1.6 所示。

表 1.6　美军/北约的主要数据链通信协议标准

数据链系统	通 信 标 准	消 息 标 准
Link-4A	STANAG 5504	MIL-STD-6004
Link-11	STANAG 5511	MIL-STD-6011
Link-16	STANAG 5516	MIL-STD-6016
Link-22	STANAG 5522	STANAG 5522

通信协议标准是便于人们阅读和理解的文档形式，应用程序代码是通信协议的实现形式。在数据链各节点加载应用程序并初始化后，各节点按照通信协议的操作控制和时序规定，自动生成、处理、交换战术信息，建立通信链路，形成一定拓扑结构的通信网络，满足作战任务实时、可靠的通信需求，实现作战任务。

1.3.4　通信业务

数据链的通信业务由作战任务确定，由作战平台任务载荷产生，消息标准对其类型、格式和内容做出了明确的规定。对于目前广泛使用的战术数据链，以战术消息、管理消息、话音及文本等低速业务为主，宽带数据链和协同数据链还有图像、视频等高速数据业务。数据链业务将逐步呈现多样化和综合化的趋势。

（1）数据。数据是数据链的主要通信业务类型，按照消息标准，将作战平台产生的数据处理为规定格式的战术消息和管理消息，占用通信带宽不高。例如，Link-4A 数据链提供数字化舰对空的战术通信，传输 12 种 V/R 系列消息，通信速率为 5 kbit/s；Link-11 数据链提供数字化地/海对空和空对空的战术通信，传输 16 种 M 系列消息，通信速率小于 3 kbit/s；Link-16 数据链提供数字化地、海、空的信息分发和战术通信，传输 14 大类 J 系列消息，基本通信速率为 28.8 kbit/s。另外，话音、字符、文字经过信源编码后，在数据链中也以数据业务的形式进行传输。

（2）话音。话音是战术通信中任务指令下发的常见业务类型，也是某些数据链的通信业务，如 Link-16 和 TTNT 数据链，通过语音编码技术将话音编码为数字信号，使数字话音与其他战术消息同时传输。数据链采用的 CVSD 语音编码速率为 32 kbit/s 或 16 kbit/s，LPC 语音编码速率更低。

（3）文本。对于一些特殊、紧急、提示性的战术消息，都要生成文本业务进行传输，在数据链中通常称之为自由文本消息。字母、符号、数字、控制符等字符编码（如 ASCII 码、BCD 码），以及汉字编码（如区位码）等，都属于文本业务。

（4）图像。图像业务是宽带数据链、协同数据链的重要业务类型，如武器数据链的目标电视图像、宽带数据链的目标侦察图像等。目标图像的实时获取和传输，是实现精确打击的必要条件。图像业务信息量大，通信带宽需求高，通常在 Mbit/s 以上，即使进行图像压缩等处理，通信带宽需求仍高于几百 kbit/s。

（5）视频。在持续或连续的目标监视过程中，将产生视频通信业务，其是宽带数据链的重要业务类型，通信带宽需求更高。

由于不同任务载荷的作战平台，即不同的数据链网络节点，所产生的业务种类、业务量大小和业务分布特性会有较大的差别。因此，在研究分析中需要结合任务载荷性能合理构建数据链的业务/信源模型。

1.3.5 数据链关键技术

基于数据通信技术的无线通信系统很多，如移动通信系统、无线局域网、车载网等，由于用户业务传输交互需求的差别，因此每个系统的关键技术各有侧重，甚至有较大区别。可见数据通信技术是“基础”或“普适”的技术，而数据链技术则具有“专用”技术的特点。在数据链技术的学习中，应注意从普适技术中正确选择，并深入研究适合数据链的专用技术。

数据链的关键技术主要分为信息处理技术、组网技术和信号传输技术，它们与参考模型功能层的关系如图 1.13 所示。本书主要介绍信号传输技术、组网技术和信息处理技术中的消息格式化技术。需要强调的是，选择数据链技术的前提条件，是作战任务对应的战术需求及其业务传输交互需求，数据链技术的研究必须紧密围绕其对应的战术。

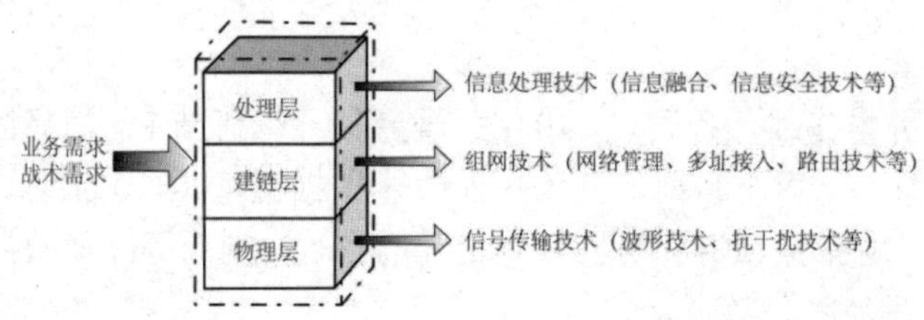

图 1.13 数据链关键技术与参考模型功能层的关系

1. 波形技术

通过选择合适的信源编码技术、信道编码技术、调制解调技术和天线技术，设计数据链传播的基础电波信号——波形，实现数据链信号在无线信道中点对点的传播。

数据链采用的信源编码技术有 CVSD、LPC 等话音压缩编码，信道编码技术有 RS（Reed Solomon）编码、LDPC 编码、检错编码、交织等，调制技术有 FSK、MSK、QPSK 等；战术数据链采用全向天线收发信号，宽带数据链和多数协同数据链采用定向天线收发信号，电波传播以视距传播为主。相关技术基础理论的详细介绍见第 2 章和第 3 章。具体技术应用分别在第 7～9 章不同数据链系统的波形部分介绍。

2. 抗干扰技术

与民用无线网络通信环境相比，数据链战场电磁环境的对抗性突出，人为干扰较多，必须选择通信抗干扰技术，以对抗敌方施放的无线电干扰，保证在有干扰的电磁环境下可靠通信。抗干扰技术的应用，使数据链的波形变得更复杂。

数据链采用的通信抗干扰技术以扩展频谱技术为主，多使用直接序列扩频、跳频和跳时技术，相关技术基础理论的详细介绍见第 4 章，具体技术应用在 Link-16、Link-22、TTNT 数据链系统波形部分介绍。

3. 组网技术

数据链的组网技术指数据链协调作战平台间战术信息无冲突且可靠通信的技术，确保不同平台业务在数据链网络中的按需传输，包括无线网络的多址接入技术、路由技术和网络管理技术。组网技术影响数据链网络性能。

数据链采用的多址接入技术有时分多址、轮询、随机竞争等。现有数据链中较少采用路由技术，多以中继形式在多址接入技术中实现。相关技术基础理论的详细介绍见第 5 章、第 6 章，对系统应用的介绍见第 7 章～第 11 章，具体技术应用分别在系统篇的各数据链网络部分介绍。

总的来看，20 世纪 90 年代之前研制应用的数据链，主要侧重于信号传输和信息处理技术的选择使用，强调数字化通信能力，其网络化通信的能力不强，突出表现就是缺少路由技术。20 世纪 90 年代之后，随着网络中心战理念的提出，新型数据链逐步强化网络化通信能力，开始采用路由技术，网络架构和网络管理也日趋复杂。

1.3.6　性能指标

数据链根据作战任务而设计，作战任务对信息传输的及时性、完整性和抗干扰性提出服务质量（Quality of Service，QoS）需求，这些需求通过所设计数据链的通信性能体现。

数据链的性能指标分两方面，其示意图如图 1.14 所示。一方面，从通信传输角度，分别体现各功能层数据传输的有效性、可靠性和抗干扰性等，各层实现功能不同，所关注的性能指标也不同。另一方面，从通信网络角度，体现整个数据链网络的吞吐量、容量及实时性等。传输性能指标与网络性能指标，共同反映数据链的通信性能，这些指标是评判分析数据链系统、设计数据链设备的依据。

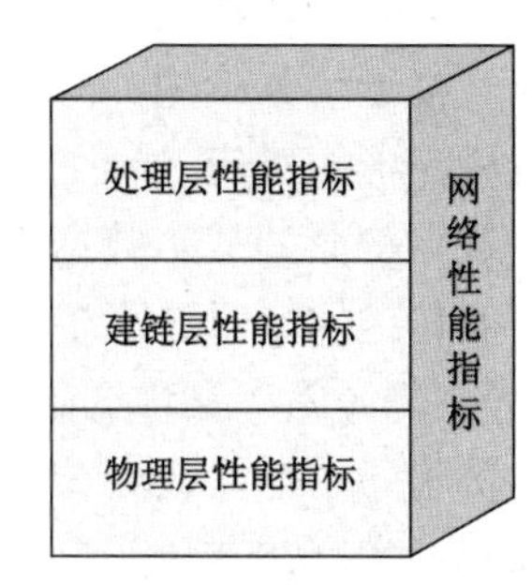

图 1.14　数据链性能指标示意图

本节描述数据链的基本性能指标。请注意，不同数据链由于应用场景、战术需求不同，其传输和组网机制存在一定差别，因此除基本性能指标外，每种数据链还有其特有的性能指标。限于篇幅，本书仅重点介绍和分析数据链的组网性能指标（详见第 5 章），具体可参见第 4 章抗干扰性能参数部分，以及第 5 章 MAC 协议分析部分。

1. 有效性

有效性包括数据传输“速度”的快慢和传输“效率”的高低。采用传输速率指标反映数据链战术数据传输“速度”，采用利用率指标反映数据链战术数据传输“效率”。

1）传输速率

传输速率是用来衡量数据在通信信道中的传输能力的，其大小由收发信机等传输设备决定，固定或根据信道质量在可选速率中选择。传输速率针对数据的具体含义，有比特传输速率、码元传输速率和消息传输速率等。数据链主要使用比特传输速率来表征数据链战术数据的传输能力。

（1）比特传输速率

比特是信息论中定义信源发出信息量的度量单位，也是通信网络中收发数据量的度量单位，一个比特代表二进制数字（Binary Digit）中的 1 或 0。在数据传输过程中，单位时间内传输二进制比特的个数称为比特传输速率，简称比特率，记为 R_b，单位为比特/秒（bit/s）。R_b 数值越大，通信信道上传输的信息量或数据量越多。

数据链采用面向比特的消息格式传输战术数据，R_b 为其传输速率描述指标。如 Link-16 数据链在不同抗干扰条件下有 28.8 kbit/s、57.6 kbit/s、115.2 kbit/s 等多种传输速率，Link-11 数据链有 2 250 bit/s 和 1 364 bit/s 两种传输速率，Link-4A 数据链的信息传输速率为 5 kbit/s，而 TTNT 数据链的传输速率达 2 Mbit/s。

（2）消息传输速率

比特数据按照格式规范在不同功能层传输时采用数据报文、分组、帧等消息形式，信源和信宿之间在单位时间内传输的平均消息数量称为消息传输速率，其单位随消息单位的不同而不同，有帧/s、报文/s、分组/s 等。当然，这些传输速率都可等效转换为比特传输速率。

数据链战术数据在消息格式处理后，统一以消息帧传输，也可用消息传输速率描述。如 Link-11 数据链，以 M 系列消息的消息帧为单位，数据传输设备能够产生两种消息传输速率，即 75 帧/s 和 45.45 帧/s。由于 Link-11 数据链每帧消息包含 30 bit 数据，换算后得出相应比特传输速率：75 帧×30 bit/帧=2 250 bit/s，45.45 帧×30 bit/帧=1 364 bit/s。

（3）码元传输速率

数据通信系统中，码元信号是携带数据信息的传输单元。码元信号用波形表示，一种码元与一种波形相对应，一个完整的波形表示信号电压和方向的一个变化过程。

数据链原始战术数据经各功能层处理后，以一定波形的码元信号组合在通信信道传输，单位时间传送的信号波形个数称为码元传输速率，简称码元速率，记为 R_B，其单位为波特（Baud 或 B）；码元速率又称调制速率、波形速率。

假设一个信号码元持续时间为 T_b，单位为 s，则 $R_B = 1/T_b$。码元速率与码元进制数无关，仅与码元宽度 T_b 有关。

比特率与码元速率之间有明确的关系，即

$$R_b = R_B \cdot H \tag{1.1}$$

式中，H 为每个符号所含的平均信息量。当各符号等概率出现时，H 取最大值 $\log_2 M$，其中 M 为码元的进制数。当 $M = 2$ 时，$H = 1\text{b}$，此时 R_b 和 R_B 在数值上相等，但两者的单位及表示意义不同。码元进制数越大，相同码元传输的比特信息量就越大。

2）带宽

在模拟通信和数字通信中，带宽（Bandwidth）都是一个重要的有效性指标。

（1）信号带宽

信号带宽指信号的频率范围，其等于信号最高频率与最低频率之差，即信号频带宽度，单位为 Hz。信号带宽根据所研究的问题又分为 3 种：① 3 dB 带宽，即下降 3 dB 时的带宽；② 等效带宽，即等效为矩形时的带宽；③90%带宽。

采用抗干扰技术的数据链波形，其信号带宽远大于常规通信信号带宽。例如，采用扩频波形的 Link-16 数据链，其信号带宽为 3 MHz。

（2）信道带宽

信道分为模拟信道和数字信道。

模拟信道带宽通常被称为频段带宽，限定允许通过该信道的信号下限频率和上限频率，可以理解为一个频率通带，单位为 Hz，由信道的物理特性决定。根据作战平台空间分布，数据链的通信频段有 HF、UHF、L 和卫星频段等，并对各频段带宽进行具体规定。如 Link-11、Link-

22 数据链的 UHF 频段带宽 225～400 MHz。

数字信道带宽指数据在通信介质中的传输速率，即传输介质每秒所能传输的数据量，其决定了信道中能不失真地传输脉冲序列的最高速率，单位是 bit/s，反映了信道的极限传输能力，即信道容量。

频段带宽和信道容量二者可通过香农（C.E.Shannon）定理互相转换，并且频段带宽越宽，信道容量越大。

无论采用何种物理介质，信道带宽都是有限的，这是由传输介质的物理特性和技术现状共同决定的。码元速率或比特率的增加，将导致带宽变宽，这在数据通信中称为帕金森定律，即用数据速率填充有效带宽。

3）利用率

利用率衡量数据通信传输效率，数据链原则上应该在满足可靠性和实时性要求的基础上，提高通信效率。

（1）信道利用率。

接入冲突等问题使网络节点的发送数据存在无法被正常接收（传输失败）的情况。数据链的信道利用率指在一定时间内，网络各节点在公共信道中能够正确传输数据的时间百分比，反映所有网络节点对共用通信资源的使用效率。信道利用率的大小，与数据链的组网技术密切相关。可参见第 4 章相关数据链的网络性能分析部分。

数据链网络的设计，以尽可能减少多个节点在共享信道中的数据传输冲突、合理分配、使用信道资源为目的，使信道利用率达到较优值。对于战术数据链，信道利用率主要是时间资源利用率；对于 TTNT 数据链，信道利用率是时间和频率的综合利用率。

（2）功率利用率。

功率利用率的高低用保证比特差错率小于某一规定值所要求的最低归一化信噪比（E_b/N_0）来衡量。战术数据链传输设备的发射功率相对固定，而协同数据链中逐步设计功率可调功能，以降低信号被侦测的概率。

（3）频带利用率。

频带利用率 η_B 指单位频带内的码元速率，即

$$\eta_B=R_B/B \ \ (\mathrm{B/Hz}) \tag{1.2}$$

由于 R_B 与 R_b 之间的明确关系，在比较不同系统的传输效率时，也可以定义频带利用率为

$$\eta_B=R_B/B \ \ [(\mathrm{bit/s})\cdot \mathrm{Hz}^{-1}] \tag{1.3}$$

频带利用率受数据链波形技术的影响较大，它反映数据链的波形性能。

2. 可靠性

传输可靠性的衡量指标主要是差错率，该指标反映数据传输质量，即数值越小则系统可靠性越高。差错率是一个统计平均值，对应不同的传输速率，有码元差错率、比特差错率和帧差错率。

1）码元差错率

码元差错率是指传输中发生差错的码元数与总发送码元数之比，简称误码率，记作 P_e，即

$$P_e = \text{错误码元数/发送码元总数} \tag{1.4}$$

2）比特差错率

比特差错率是指传输中发生差错的比特数与总发送比特数之比，简称误比特率（BER），

记作 P_{eb}，即

$$P_{eb} = 错误比特数/传输总比特数 \tag{1.5}$$

显然，在二进制情况下，$P_{eb}= P_e$。

3）帧差错率

以消息为单位，传输消息中的错误消息比率即帧差错率，简称误帧率，记作 P_{ef}。

数据链多采用误帧率作为衡量其消息传输质量的可靠性指标。传输不同业务、实现不同功能、用于不同战场环境的数据链系统对可靠性指标的要求是有差异的，不能笼统地认为误帧率越低越好。例如，协同数据链的可靠性要求高于战术数据链；指挥控制消息的误码率要低于态势消息。消息优先级越高，可靠性要求越高。

在相同条件下，提高传输速率会造成误帧率的增加，即数据链的有效性和可靠性指标相互影响。原则上应在满足可靠性指标要求的基础上，提高有效性。

3. 抗干扰性

数据链的作战应用特点，要求数据链传输信号必须具有抗干扰性。目前数据链主要采用扩频通信技术实现抗干扰，性能指标包括扩频通信系统的处理增益、干扰容限等，具体指标介绍参见第 4 章。

4. 实时性

数据链属于实时通信系统，对战术消息通信时延、交互时间要求相对严格。实时性是衡量数据链网络性能的重要指标。

1）通信时延

通信时延也称延迟，指数据链战术数据从发送端信源到达接收端信宿所经历的时间，主要由传播时延、发送时延、处理时延和等待时延四部分时延组成，如图 1.15 所示。

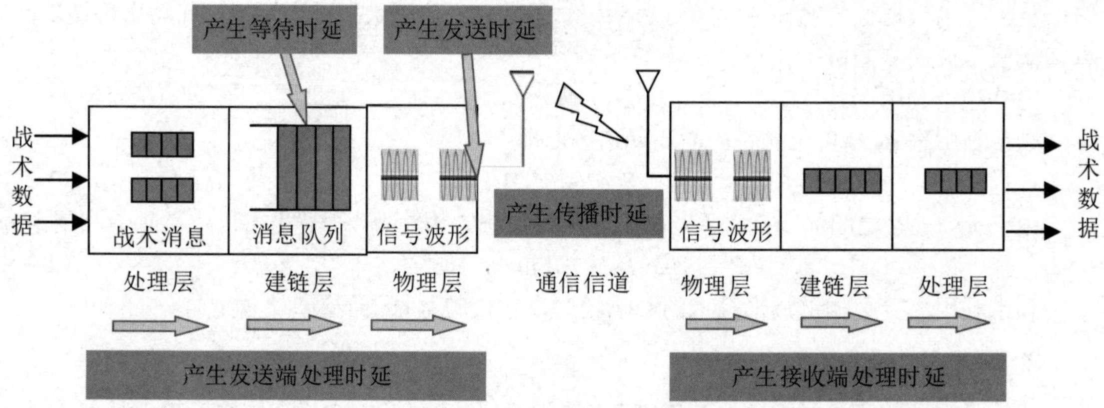

图 1.15　数据链通信时延组成

（1）传播时延：指数据链的一个码元信号在其信道中的传播时间，由收发端之间的通信距离 d 与电磁波的空间传播速度 c 决定。

（2）发送时延：数据链传输设备发送一个完整消息的时间，即从发送数据链消息帧的第一个比特算起，到该消息帧的最后一个比特发送完毕所需的时间。发送时延也称传输时延，由数据链消息格式、消息帧长度和设备传输速率决定，即

$$发送时延 = 消息帧长度/传输速率 \tag{1.6}$$

（3）处理时延：数据链战术数据在信源端—信宿端传输过程中，各数据链通信设备对数据处理时间的累积和。处理时延由数据链设备的硬件运算能力、软件复杂度、通信协议、信道质量等决定。

战术数据链的数据收发端通常直接通信，处理时延指发送设备对数据链战术数据的处理时间或数据链接收设备对数据链接收数据的处理时间，例如，消息的格式化，数据的组帧、拆帧，差错校验，调制解调、加/解密、编码等所需的时间。

协同数据链的数据往往需要多路径路由，处理时延除上述时延外，还要考虑路由设备的转发处理时延，如路由设备对接收数据的存储、路径查询、路由更新、转发数据处理，以及拥塞处理等所需的时间。

（4）等待时延：等待传输战术消息从进入消息队列到获取信道资源所经历的时间，也称排队时延，由数据链的网络拓扑、组网技术、数据量等决定，受到数据链的组网技术影响较大。

不同类型数据链的实时性要求等级不同。例如：宽带数据链图像传输的通信时延为分钟级；战术数据链是准实时系统，其通信时延为秒级；而协同数据链的实时性要求更高，其通信时延为毫秒级。

2）往返时间（Round-Trip Time，RTT）

数据链通信并非单向传输，而是收发双方通过数据交互实现通信握手及信息共享。从发送端发送数据，到发送端收到接收端确认应答的数据所经历的时间，称为往返时间。RTT 是发送端发送、接收端应答两个单向通信时延的综合。

RTT 与数据链的传输实时性和网络运行实时性都有关系。Link-11 数据链每次询问/应答的时间就是一个 RTT，RTT 的大小影响网控站的接入时延、轮询周期等参数；Link-16 数据链在网络正常运行前，利用 RTT 的往返计时完成精同步，从而启动 Link-16 数据链战术信息交互。

5. 吞吐量

吞吐量（Throughput）又称通过量，指单位时间内在一个方向上穿越一个连接段（或虚连接段）而成功传送的数据比特数。

吞吐量表示在单位时间内通过某个网络（或信道、接口）的数据量，是衡量数据链网络信息交互能力的性能指标，受网络的带宽或传输速率限制。例如，一个 100 Mbit/s 网络，其额定传输速率为 100 Mbit/s，该网络的吞吐量上限即 100 Mbit/s。

数据链的吞吐量分为单网吞吐量和多网吞吐量。当网络拓扑结构为单网时，其吞吐量（单网吞吐量）为全部网络节点成功传输的消息比特总数；当网络拓扑结构为多网时，其吞吐量为各个单网吞吐量的总和。

在移动通信等民用通信网络中，吞吐量指标越高越好，尽可能接近最大值。但数据链网络更强调可靠性和实时性，对吞吐量的需求与民用网络是不同的。

6. 网络规模

网络规模指数据链网络所能容纳的节点数量，也就是作战平台数，是衡量数据链网络支持作战力量能力的性能指标。网络规模的具体性能需求由数据链支持的作战任务决定，军兵种独立作战的数据链网络规模必然小于联合作战的数据链网络规模。如 Link-11 数据链的网络规模小于 10，而 Link-16 数据链的单网网络规模大于 100，机间数据链的网络规模小于 16。

1.4 数据链系统

数据链系统是数据链和与其链接的作战平台形成的一种作战系统，基于数据链的战术信息传输交互，作战平台相互协同，共同实现任务目标。实际上，在民用航空领域，也有采用数据通信技术服务于民航空中交通管制的数据链系统，如飞机通信寻址与报告系统（Aircraft Communications Addressing and Reporting System，ACARS）、甚高频数据链（VHF Data Link，VDL）模式 2/3/4 等。本节重点围绕军事战场中的数据链系统，对美国及俄罗斯的系统进行概括性总结，介绍数据链类型和典型应用系统。数据链系统首先应用于海军航空母舰战斗群舰载机与航空母舰之间和各舰载机之间的协同作战，后逐步推广应用到空军和陆军的各种作战飞机上。

1.4.1 系统类型

数据链类型

空战目标的达成，是对抗双方不断感知作战环境、获取战场态势信息，进而判断威胁、即时决策并采取相应行动的一个多阶段循环过程，即观察—判断—决策—行动（Observation Orientation Decesion Action，OODA）环路。在 OODA 环的不同作战阶段，数据链将链接不同作战平台，交互不同战术信息，形成不同类型的数据链系统，以完成 OODA 环相应阶段的任务功能。根据数据链系统的应用阶段和实现功能，本书将其类型划分为战术数据链（含专用数据链）、宽带数据链和协同数据链。

1. 战术数据链

战术数据链的研制始于 20 世纪 50 年代，应用于战术级作战区域，用来传输数据、文本及数字话音，提供平台间准实时的战场态势感知和战术信息分发，支持高效、实时的指挥引导。

战术数据链的数据以态势信息、平台信息和指挥引导信息为主，信息传输速率较低（kbit/s 量级），为窄带数据链。战术数据链多采用半双工的工作方式，工作频段主要有短波、超短波和 L/S 波段，以视距通信为主。

战术数据链是最早出现的一类数据链，其型号多、使用范围广，北约/西方国家战术数据链如表 1.7 所示，其中应用较为广泛的 Link-4A、Link-11、Link-16、Link-22 数据链将在本书第 7、8、9 章详细介绍。

表 1.7 北约/西方国家战术数据链

编　号	用　途	说　明
Link-1	地对地	北约用于 NADGE（NATO Air Defense Ground Environment，北约地面防空系统）的雷达情报数据传输
Link-2	地对地	其功能类似于 Link-1，用于北约陆基雷达站间的数据传输，现已停止发展
Link-3	地对地	类似于 Link-14 的低速电报数据链，用于某些防空预警单元
Link-4	空对地（空）	北约标准空对地（空）单向数据链
Link-4A	空对地（海）	美军称之为 TADIL C，标准空对地（海）双向数据链
Link-4B	地对地	地对地单元间通过地面线路进行通信的数据链
Link-4C	空对空	F-14 战斗机间空对空数据通信所用的数据链
Link-5	海对地	与 Link-11 特性相似的舰对岸通信数据链，Link-11 曾被称为 Link-5A，北约已放弃发展
Link-6	地对地	陆基指管中心、武器系统等连接用，现主要用于导弹系统管制
Link-7	地对空	空中交通管制

续表

编　号	用　途	说　明
Link-8	舰对地	与 Link-13 相似的舰对岸数据链，Link-13 曾被称为 Link-8A，北约已放弃发展
Link-9	地对地	防空管制中心/空军基地指挥拦截机紧急起飞用，北约已放弃发展
Link-10	海对海（地）	北约部分国家海军舰船用数据链，其功能类似于 Link-11
Link-11	海对海/地对空	北约标准舰对舰用数据链，也可用于舰对空连接，美军称之为 TADIL A
Link-11B	地对地	陆地单元使用的 Link-11，美军称之为 TADIL B
Link-12	海对海	美国海军 20 世纪 60 年代早期发展的 UHF 数据链，速率为 9 600 bit/s，1965 年放弃发展
Link-13	海对海	由法国、德国、比利时三个国家于 1962—1964 年间发展的舰对舰数据链，作为 Link-11 外的另一种选择，但 Link-13 在 1965 年海上测试成功后被放弃；Link-10 是以 Link-13 为基础而发展的
Link-14	海对海	低速单向电报数据链
Link-15	海对海	低速单向电报数据链，将数据从非 Link-11 装备舰艇送至 Link-11 数据链，速率为 75 bit/s，北约已放弃发展
Link-16	海对空对地	多用途保密抗干扰数据链，美军称之为 TADIL J
Link-22	海对海（地）对空	由 Link-16 衍生的 Link-11 替代型数据链
Link ES	海对海	Link-11 的意大利版本
Link G	空对地	类似于 Link-4 的空对地数据链，能以 VHF/UHF 频段传输数据和以 HF 频段传输话音，速率为 1200 bit/s
Link R	海对地	用于英国皇家海军司令部与海上单元间的数据连接
Link W	海对海	Link-11 的法国版本
Link X	海对海	北约国家使用的 Link-10 别名
Link Z	海对海	外销版 Link 14
ATDL-1	地对地	用于在陆基雷达站与防空导弹单元之间传输战术数据

1）战术功能综合

战术数据链经历了态势/情报共享型、指挥控制型、综合型三种类型的发展，战术功能逐渐综合。

（1）态势/情报共享型：以搜集和处理情报、传输战术信息、共享信息资源为主的战术数据链，如 Link-1、Link-2 和 Link-3。

（2）指挥控制型：以常规通信命令的下达，战情的报告、请示，勤务通信，以及空中战术行动的引导指挥等为主的战术数据链，如 Link-4、Link-4A 和 Link-4C。

（3）综合型：具有上述两种类型功能的战术数据链，如 Link-11、Link-16 和 Link-22。

2）联合协同应用

战术数据链最初以各军兵种独立研制和使用为主，如 Link-4A、Link-11 数据链，20 世纪 80 年代后开始研制三军联合使用的战术数据链，如 Link-16 数据链。在联合作战军事理念的牵引下，战术数据链逐步向支持三军联合作战和盟军协同作战的方向发展。

3）特殊领域应用

专用数据链是战术数据链的一类特殊分支，是针对某个特殊军事战术领域而研制的，如某个兵种、某型武器或某类平台，美军的专用数据链如表 1.8 所示。

表 1.8 美军的专用数据链

名　称	应用/功能
E-8 联合监视目标攻击雷达系统（JSTARS）专用监视控制数据链	E-8C 飞机与多个地面站间的监视控制数据链（SCDL）
制导武器系统专用数据链	提供武器引导的数据链，如中远程空空导弹、空对地武器
防空导弹系统专用数据链	地面防空兵使用的数据链
增强型定位报告系统（EPLRS）	陆军数据分发系统的主要组成部分，在军及军以下部队提供数据分发
态势感知数据链（SADL）	通过美国陆军的 EPLRS，将美空军的近距离空中支援飞机与陆军数字化战场整合，为空军飞行员提供陆空协同的战场态势图
协同作战能力（CEC）	美国海军新型宽带高速数据链，具有综合跟踪与识别、捕捉提示和协同作战三大功能，是战术数据链与宽带数据链的融合
自动目标移交系统（ATHS）	直升机用于近距离空中支援等对地任务的数据链

与战术数据链相比，专用数据链的功能和信息交换形式单一且固定，应用范围有限，通用性不高。例如，SCDL 是 E-8C“联合星”飞机上专用的数据链，用于链接 E-8C“联合星”飞机与机动地面站，将飞机上的报文和雷达获取的动目标及图像数据发送给地面站使用，并将地面站的服务请求传输到 E-8C“联合星”飞机，同时对地面站之间的数据进行中继。某型武器、平台退役，相应的专用数据链也将停止使用。

2. 宽带数据链

受限于战术数据链较低的数据传输速率，20 世纪 80 年代开始研制宽带数据链，以满足情报、监视、侦察（Intelligence Surveillance Reconnaissance，ISR）等图像信息的高速传输要求。宽带数据链用于各种侦察平台（如侦察机、无人机、卫星等）对战场区域的详细监视、侦察，为战场纵深及后续部队的攻击提供情报侦察信息的支持。

宽带数据链具有明显的高带宽特点，其速率最高可达 274 Mbit/s，一般为 10.7 Mbit/s 左右，多采用全双工的工作方式，工作频段主要有 C、S、X 和 Ku 波段。

美军研制的宽带数据链有通用数据链（Common Data Link，CDL）、战术通用数据链（Tactical Common Data Link，TCDL）和微型/小型无人机数据链等类型，本书第 11 章将详细介绍。

1）通用数据链

通用数据链用来链接指挥控制平台与空中平台，主要传输图像和情报信息，适合于“联合星”和“全球鹰”等大型战略装备。

2）战术通用数据链

战术通用数据链最初主要应用于战术无人机（TUAV），如“掠夺者”和“前驱”，后来逐渐应用于其他空中侦察平台，如“护栏”RC-12、“铆钉”RC-135、E-8、海军 P-3 飞机、陆军低空机载侦察（ARL）系统、“猎人”无人机、“先锋”无人机和陆军“影子 200”无人机等。

3）微型/小型无人机数据链

手持发射无人机比战术无人机级别更低，通常配备背负式地面站。以色列 Tadiran Spectralink 公司将“星链”（STARLink）和战术视频链路Ⅱ（Tactical Video Link Ⅱ，TVL Ⅱ）用于无人机，研制了微型/小型无人机数据链。

微型/小型无人机数据链与战术通用数据链性能相似。它将微型/小型无人机所获取的视频信息和遥感数据传输给地面、空中和海上的多个平台。地面设备可与飞行高度 10 km 以下的无人机通信，在 S 波段的工作距离为 19～50 km，在 C 波段的工作距离为 11～40 km。

3．协同数据链

协同数据链的研制晚于战术数据链、宽带数据链，20 世纪 90 年代后发展较快，是目前重点研究的一类数据链。协同数据链应用于多个作战单元相互协作以实现精确打击目标的任务，提供传感器间、传感器到射手的通信链路，支持协作单元间信息协同、干扰协同、航迹协同、火力协同等战术协同信息的可靠、实时交互。

协同数据链是一种高动态、大容量、低时延的数据链。其传输信息类型比战术数据链、宽带数据链更为多样，既有态势、指令等窄带战术数据，也有雷达探测、目标图像等宽带信息，对链路传输速率要求达 Mbit/s 量级；对信息传输要求比战术数据链、宽带数据链更严苛，实时性要求达到武器控制级（ms 量级），可靠性要求满足拒止环境通信需求；协同数据链的网络化特点比战术数据链、宽带数据链更突出，网络结构、组网方式的动态适应性、随机接入性要求高。由于协同任务、协同平台的不同，协同数据链类型较多，目前研究通常涵盖传感器协同数据链、时敏目标打击数据链、武器控制数据链等，典型代表如协同交战能力（Cooperative Engagement Capability，CEC）、战术瞄准网络技术（Tactical Targeting Network Technology，TTNT）、机间数据链（Intra-Flight Data Link，IFDL）/多功能先进数据链（Multifunction Advanced Data Link，MADL）、武器数据链（Weapon Data Link，WDL）/武器数据链网络（Weapon Data Link Network，WDLN）等，将在本书第 10 章详细介绍。

1.4.2　典型应用系统

本节以美国、俄罗斯为外军代表，介绍两国已装备使用的典型数据链系统。

1．美军战术数据链系统

自 20 世纪 50 年代后期，美国大力发展数据链，美空军装备和应用较为广泛的战术数据链系统有 Link-4A、Link-11、Link-16 和 Link-22，如表 1.9 所示。

表 1.9　美军战术数据链系统

类型		Link-4 系列			Link-11	Link-16	Link-22
		Link-4	Link-4A	Link-4C			
传输速率/（kbit/s）		0.6/1.2/0.3	5	—	2.25	28.8/57.6/115.2	12.6
通信频段		UHF			HF/UHF	L	HF/UHF
组网技术		—	轮询	—	轮询	TDMA	DTDMA
通信方式		半双工					
通信能力	保密	无			有	有	有
	抗干扰	无		有	无	有	有
	超视距	无			无	有	有
说明		地空单向	地空双向	空空	地空/空空	地/空/海	地空/空空

Link-4 系列数据链系统包括初期的 Link-4、改进型的 Link-4A（TADIL C）和 Link-4C，工作在 UHF 频段。其中，Link-4 是单向地空链路，其信息传输速率为 1 200 bit/s、600 bit/s 和 300 bit/s；Link-4A 是双向地空链路，其信息传输速率为 5 kbit/s；Link-4C 是空空链路，具有抗

干扰能力。

Link-11（TADIL A）数据链是美国海军于 20 世纪 60 年代研制成功的一种低速数据链，也是北约各成员国通用的标准海军战术数据链，后也应用于美国空军。Link-11 是地空以及空空通信的数据链，工作在 HF 频段或 UHF 频段，采用半双工、轮流询问/应答的主从工作方式，在网控站的管理下进行组网通信，其信息传输速率为 2 250 bit/s；具有保密功能，但无抗干扰能力。

Link-16（TADIL J）数据链是美国及北约其他成员国三军联合作战的主用数据链。与 Link-11 和 Link-4A 数据链相比，Link-16 数据链在波形设计、通信体制等方面进行了很大改进。Link-16 数据链工作在 L 波段（960～1 215 MHz），采用时分多址（TDMA）组网方式，传输速率可达 238 kbit/s；具有通信、导航、识别功能，同时具有保密、抗干扰和通信中继能力。

Link-22 数据链是美国及北约其他成员国为提高 Link-11 性能而联合开发的改进型数据链，最终将取代 Link-11 数据链。其工作频段与 Link-11 数据链相同，但采用 DTDMA 组网协议，信息传输速率可达 12.6 kbit/s，具有保密、抗干扰、超视距通信能力。

2. 俄罗斯数据链系统

俄罗斯于二战后开始发展本国数据链，典型的地空数据链系统有“蓝天”АЛМ-4、“蓝宝石”АЛМ-1、“彩虹”СПК-68 和 СПК-75 等，如表 1.10 所示。这些地空数据链系统功能与美军 Link 系列战术数据链系统相近，可以实现地空指挥引导，兼具态势感知共享。

表 1.10 俄罗斯/苏联航空数据链系统

类型		“蓝天”АЛМ-4	“蓝宝石”АЛМ-1	“彩虹”СПК-68	“彩虹”СПК-75
传输速率		72 bit/s	360 bit/s	19.2 kbit/s	19.2 kbit/s
通信频段		VHF	VHF	Ls	Ls
指令数		28	28	28	39
指令更新率		1.5 s	5/12/20 s	5/12/20 s	5/12/20 s
引导批次		3 批	12 批	12 批	30 批
抗干扰能力		无	无	大功率，定向	大功率，定向
工作方式		地空单向	地空单向	地空单向	地空双向
系统组成	地面台	Лазуръ-М	6ирюза	СПК-68 СА30	СПК-75
	机载设备	Р-800п211г6	Р-800п211г6	11г6/Ау-511	11г6/620П

说明：VHF：100～150 MHz，Ls：2.56～2.76 GHz。

苏联于二战之后首先研制出“蓝天”АЛМ-4 地空数传链。其工作频段为 100～150 MHz 的 VHF 频段，地面指挥可以通过蓝天系统向歼击机发出指挥与控制命令，其能同时控制 3 个批次的飞机，发射每条指挥电文共需时 1.5 s，机载设备只接收信息，对地面台不做任何应答。“蓝天”系统共有 20 个信道，采用调幅的连续波体制，数据传输速率为 72 bit/s。

20 世纪 60 年代苏联研制出“蓝宝石”АЛМ-1 系统。第二代的“蓝宝石”系统与“蓝天”相比，其功能和频段都保持不变，但可控制的飞机从 3 批提高到了 12 批。对每一批次飞机的指挥指令都有 5 s、12 s、或 20 s 三种更新率。蓝宝石系统的信道数目从 20 个提高至 40 个，采用调频-相移键控调制的连续波体制，数据传输速率也从 72 bit/s 提高到了 360 bit/s。

20 世纪 60 年代以后，苏联研制出 46и6 系统。“彩虹”СПК-68 是第一代 46и6 数据链系统，其技术体制相比于“蓝宝石”有了很大进步。首先，工作频率从 VHF 提高到了 2 560～2 760 MHz 的 Ls 频段，地面台采用连续圆周扫描的定向波束天线。当波束对准要实施控制的飞机时，地面台才会发射信号，这提高了系统的抗干扰能力和防窃听能力，但却需要预先知道飞机相对于地面台的方向，因此“彩虹”СПК-68 系统需要有二次雷达 CA30 的配合才能工作。为了进一步提高系统的传输可靠性和抗压制干扰能力，需要将地面台发射功率提高到兆瓦级，信号从连续波改为脉冲调幅信号。“彩虹”СПК-68 可同时引导 12 批飞机，有 20 个信道，对每一批次飞机的指挥指令有 5 s、12 s 或 20 s 三种更新率。为提高传输可靠性，每条消息中相同的控制命令重复 5 次。为了在波束照射飞机的时间段内发完消息，数据传输速率提高到了 19 kbit/s。

“彩虹”СПК-75 是第二代 46и6 数据链系统，在 СПК-68 基础上进行了改进。与“蓝天”АЛМ-4、“蓝宝石”АЛМ-1 和“彩虹”СПК-68 系统中地面台对空发射指挥命令，飞机不回传任何信息的单向控制不同，СПК-75 中飞机可通过机载敌我识别系统（IFF）应答机 620П 回传信息。地面台根据二次雷达所提供的信息对准要控制的作战飞机，当波束对准飞机时发出询问信号，机载设备收到询问信号后通过 620П 应答其标号，地面台收到应答后再发出控制命令，从而提高系统的防欺骗能力。控制命令的长度有 49 bit、77 bit 或 112 bit 三种，均包含差错校验位，与重复发射相比更为先进，从而提高了传输可靠性。当需要飞机发出回传时，地面发出 3 bit 的 ПВО 指令，可形成 8 种回传要求指令，飞机通过 IFF 通道传送如飞机高度、弹药储量、准备程度及油量等回传信息。地面台根据天线指向与回传信号的往返时间可以测算出飞机的方位和距离。

“彩虹”СПК-75 与“彩虹”СПК-68 工作频段相同，但信道增加到 31 个，可同时引导的飞机批数也从 12 批增加到 30 批，对每一批次飞机的指挥更新指令更新率不变，仍为每 5 s、12 s 或 20 s 一次。

1.4.3　系统组成及特点

1. 系统组成

数据链系统是技战术融合的系统，基于通信技术，服务于作战。结合实际装备使用情况，数据链系统基本组成框图可概括为图 1.16 所示结构。其中，TDS 表示数据链链接的作战平台，代表数据链系统的战术应用部分，多指指挥控制（Control & Command，C2）系统；其他框内部分代表数据链系统的通信部分，主要由硬件和软件两部分构成，即格式化消息、通信协议和传输设备 3 个基本要素。硬件部分包括消息处理器、加/解密模块、网络管理模块、网络控制器和信道传输设备（含波形信号处理器和收发信机）。

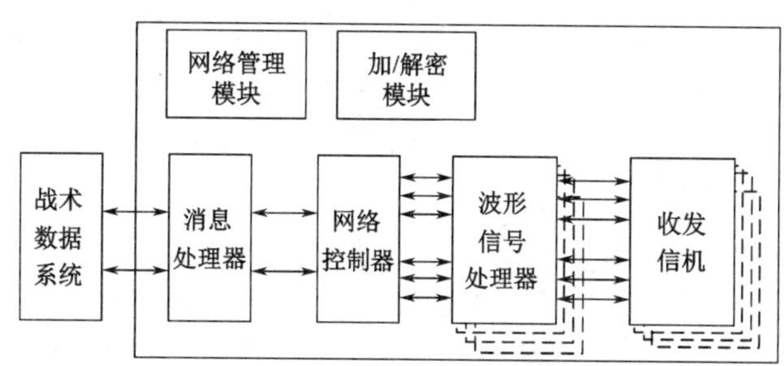

图 1.16　数据链系统组成框图

TDS 产生源信息，包括雷达、预警机等传感器平台所收集的信息、融合的态势信息，以及指挥员或操作员发出的各种数据；消息处理器将源信息编码为标准的格式化消息；加/解密模块负责对发送信息加密和对接收到的信息解密；网络控制器进行消息检错与纠错、信道接入控制和信息处理等，将格式化消息转变为符合通信设备传输要求的数据信号，或者与指挥控制系统、武器控制系统进行信息交换；信道传输设备完成信号波形的处理、生成和信号传输；网络管理模块对整个数据链通信网络进行规划、设计和运行控制。

图 1.16 是对多种已装备使用的战术数据链系统组成结构的通用性描述，主要根据系统的主要功能进行组成模块的划分。不同战术数据链系统，以及其他类型数据链系统，具体模块组织形式、组成模块名称会有一定差别。

2. 系统特点

数据链特点

数据链系统依托通信信道，在规定的周期内按规定的通信组网协议和消息格式，向指定的链接对象传输必要的战术数据信息。其基本特点主要表现在以下方面。

（1）实时的信息交换。实时性是数据链信息传输的首要性能，传输可靠性服从于实时性，在满足实时性的前提下才考虑可靠性的提高。实时性的获得需要综合考虑实际信道的传输特性，将信号波形、通信控制协议、组网方式和消息标准等环节作为一个整体进行优化设计。消息标准采用面向比特的方法，尽可能地压缩信息传输量，提高信息的表达效率；通信协议的设计高效、实用，将有限的无线信道资源优先传输等级高的重要信息；采用相对固定的网络结构和直达的信息传输路径，而不采用复杂的路由选择方法。

（2）格式化的战术信息。数据链具有一套相对完备的消息标准，其中规定的参数包括作战指挥、控制、侦察监视、作战管理、武器协调、联合行动等静态和动态信息的描述。信息内容格式化是指数据链采用面向比特定义的、固定长度或可变长度的信息编码，数据链网络中的成员对编码的语义具有相同的理解和解释，保证了信息共享无二义性。这样不仅提高了信息表达的准确性和效率，而且为战术信息的实时传输和处理节约了时间，为各作战单元的紧密链接提供了标准化的手段，还可以为在不同数据链之间信息的转接处理提供标准，为信息系统的互操作奠定基础。

（3）数字化的链接平台。在战术信息快速流动的基础上，链接对象之间通过数据链形成了紧密的战术关系。链接对象担负着战术信息的采集、加工、传递和应用等重要功能。要完成这些功能，链接对象必须具有较强的数字化能力和智能化水平，可以实现信息的自动化流转和处理，这样才能保证完成赋予作战单元的战术作战任务。数据链的紧密链接关系主要体现在两个层面：一是数据链的各个链接对象之间形成了信息资源共享关系；二是数据链的各个链接对象内部功能单元信息的综合，例如，飞机上可以将通信、导航、识别、平台状态等信息综合为一体。将指挥控制系统与武器平台在战术层面紧密交链是数据链的重要功能，链接关系紧密化便于形成战术共同体，大大延伸单个作战平台的作用范围，增强作战威力。因此，数据链是信息化战争条件下的“兵力倍增器”。

（4）多样化的传输方式。根据应用需求和具体作战环境，为适应各种作战平台的不同信息交换需求，保证信息快速、可靠地传输，数据链可以采用多种传输介质和方式。既有点到点的单链路传输，又有点到多点和多点到多点的网络传输，而且网络结构和网络通信协议具有多种形式；数据链可采用短波信道、超短波信道、微波信道、卫星信道，以及有线信道，或者这些信道的组合。

（5）半双工的工作方式。目前已装备使用的战术数据链通信主要采用同频半双工的工作方式。当某一用户讲话时，网内任一用户都能听到。用户在发信时不能收信，在收信时不能发信，通过开关实现收信和发信的转换。数据链要求数据通信收发转换时间为毫秒级，以不影响大量战术信息的实时传输。请注意，随着 TTNT 等协同数据链的逐步使用，数据链的这个特点将逐渐弱化。

1.4.4　战术应用

数据链系统有机链接战场中的不同战术单元，通过按需将各单元战术信息传输给系统中的其他单元，以保障信息化作战能力的形成，有效支撑体系协同，提高整体作战效能。

1）共享态势感知信息，促进指挥协同

现代战争是多平台的协同作战，而数据链是实现各参战平台协同的关键。通过数据链，指挥控制平台和大量的武器平台可近似实时地交互监视、作战指挥等信息，支持指挥控制平台对参战武器平台进行高效管理，同时提高各参战平台的态势感知能力，避免误伤友军。

2）地空协同防空

地空协同防空是数据链最早的应用之一，也是数据链诞生的促因。在 20 世纪 40 年代后期，一些军事发达的国家就意识到了机载雷达的局限性，并想到可以使用地面雷达站指挥协调战斗机，因此数据链就成了各国自动化防空预警系统的重要组成部分，并逐渐融入战术和战略空战体系。数据链的应用大大提高了防空战斗机截击效率，尤其对于那些机载雷达性能不高的国家，战斗机通过数据链来利用地面雷达网的探测数据进行作战，可有效提升战斗机的作战能力。

利用数据链进行的地空协同防空的典型做法：地面指挥员根据雷达数据通过数据链来指挥截击机，引导其飞向目标，并将所探测到的目标数据通过数据链发送给截击机飞行员。在这一过程中，截击机可以关闭其机载雷达，完全利用数据链传来的地面雷达数据进行作战。

4）准确拦截导弹

在海湾战争中，美军“爱国者”导弹成功拦截伊军“飞毛腿”导弹的作战案例，给出了拦截敌方导弹的数据链战术应用，如图 1.17 所示。具体描述参见 1.2 节数据链应用战例 2。

5）共享雷达侦察数据，实施静默攻击

现代先进战斗机除具备隐身能力和超声速巡航能力外，还配备了高速 IFDL，可实现作战编队内的目标和系统数据自动化共享。作战编队内的战斗机可直接获取编队内其他飞机主动雷达探测的实时信息，即使自己不开启雷达也能发动超视距攻击，为现代战斗机提供静默攻击战术，如图 1.18 所示。

图 1.17　利用数据链实施导弹拦截

图 1.18　利用数据链，编队战斗机实施静默攻击

当两架配备高速 IFDL 的先进战斗机组成作战编队执行任务时，可由僚机先开启主动探测雷达探测敌机；而长机则不开启主动雷达，利用自身的隐身特性进行超声速巡航，秘密逼近敌机。在进入机载空空导弹射程范围内之后，长机通过实时接收僚机的雷达探测信息，发射导弹，然后由僚机的雷达引导导弹实施攻击。而在这一过程中，长机自始至终都关闭自身的雷达，以防止被对方的雷达信号接收机接收到；因此敌机即使探测到我方的僚机，也会在机动到攻击范围之内以前就被我方长机所发射的导弹击落。

6）*缩短战术决策时间，打击稍纵即逝目标*

由于现代战场上的战场态势瞬息万变，短暂的延误就会造成重大的伤亡和任务的失败，因此迫切要求实现探测、指挥控制与打击平台的无缝、实时互联，以缩短探测→判断→决策→打击周期，而数据链是实现这一目标的重要纽带。高速机动的作战飞机通过机载数据链可以有效地提高作战效率，特别是在打击地面机动目标时，由数据链缩短“传感器到射手”的反应时间，可有效地打击稍纵即逝的目标。

最为典型的莫过于正蓬勃发展的无人作战飞机。无人作战飞机通过数据链将所获得的侦察数据发送至控制站，并接收来自数据链的指令；需要时立即发动攻击。在这一过程中，数据链可近似于实时地完成数据传输任务，使得探测、指挥控制和打击在极短的时间内完成。

7）*支持精确打击*

航空数据链在支持精确打击方面的应用由来已久，早在第二次世界大战末期，德国空军就尝试通过简单的无线电数据链控制炸弹来提高命中率。这类航空数据链的出现使得飞行员在投放弹药以后仍可通过数据链接收弹药头部光电传感器所发送的图像，并据此发送指令不断修正目标坐标。随着数据链技术的不断发展，一些军事发达国家已经可以做到一架飞机发射的导弹由另一架附近的飞机继续引导控制，并开始尝试让飞行员通过数据链控制多枚投放的弹药。可以预见，未来这类“聪明”弹药会越来越多，作战飞机的打击精确度也会越来越高。

1.5 关联概念辨析

为了更为全面地理解数据链，下面对与数据链有关联性的相关概念进行对比分析。

1）*数据链与数据通信技术的关系*

数据链作为数字化战场中链接作战平台的“信息纽带”，在技术层面，通信是其本质特性。数据链是基于数据通信技术产生和发展的一种通信系统，数据通信是数据链的技术理论基础，如图 1.19 所示。

数据链作为一种服务于作战的战术通信系统，它为所链接的作战平台提供“信息链路”，提供满足平台战术信息分发的通信 QoS。数据链采用的数据通信技术，是根据作战任务需求和作战环境要求而选择和设计的，其消息帧结构、传输波形、通信协议及性能指标等有别于 WLAN、移动通信等无线通信系统；它是一种专用通信系统，具有明显的军事应用特点。

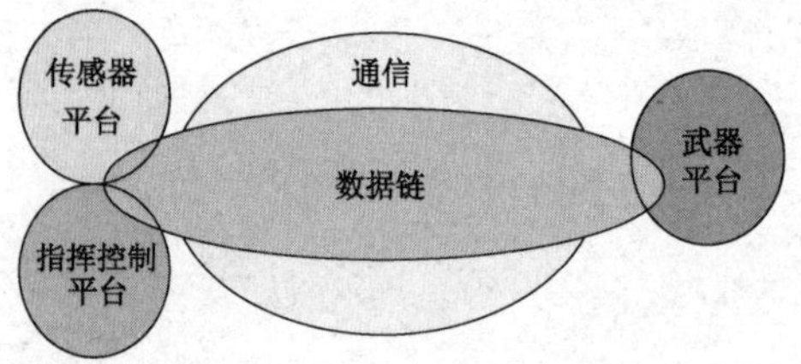

图 1.19 数据通信对数据链的技术支撑

2）数据链与通信网络的关系

数据链链接的平台数量通常不止一个，多数情况下需要链接一定数量的平台，在多个平台间进行信息分发。数据链是基于数据通信技术的一种无线通信网络，其网络体系架构、通信协议栈、组网技术、设备功能及组成结构等均遵循通信网络基础理论。

由于数据链的作战应用特点，其性能指标与计算机网络、民用无线通信网络又有差别，如强调实时性指标、弱化吞吐量指标。因此，数据链网络是一类专用网络，它采用的网络技术也是根据作战任务需求和作战环境要求来选择、设计的，如不采用 IP 技术、简化路由协议等。

由图 1.19 可见，数据链网络有两个层次，一个层次是异类型平台间的数据链通信网络，另一个层次是同类型平台间的数据链通信网络。这两个层次网络的组网技术存在差异性的主要原因是作战应用需求的不同。本书主要介绍异类型平台组网技术，重点是指挥控制平台与武器平台的组网。

3）数据链与数据链系统的关系

数据链与其链接的作战平台，共同形成数据链系统。数据链系统完成作战任务，实现系统功能。数据链为系统功能的实现提供了可靠且满足需求的通信保障，使各作战平台在数据链的链接下，能协同实现系统功能。

数据链系统是一个体系化作战应用系统，由分布在不同地理位置和一定作战空间的平台构成。数据链系统涉及武器装备、通信装备和作战人员，其中数据链是数据链系统的通信组成部分，作战人员和武器装备是数据链系统的应用组成部分；通过数据链，各个平台都实现了体系化应用。

本章小结

本章首先以空战为例，从作战理念和武器装备的发展变化，提炼出现代空战对战场通信传输的新需求，分析了话音通信技术存在的问题，说明数据链是军事作战需求和军事信息技术发展的产物，是数据通信技术应用于军事战场的产物。然后，本章建立了数据链的基本概念，从定义、作用等方面介绍了数据链的内涵，并与数据通信、通信网络及数据链系统等概念进行对比分析。在此基础上，本章凝练出了宏观和微观两个数据链理论模型，描述了数据链的组成要素、通信业务、关键技术和性能指标，构建了形成数据链技术体系框架，为数据链体系研究奠定了基础。最后，介绍了数据链的系统类型、系统特点及其战术应用，并概括总结了美军、俄罗斯典型航空数据链系统的发展情况、战术功能和技战术状态，为引出后续各章典型系统奠定了基础。

思考与练习

1-1　从通信技术角度，给出数据链定义。

1-2　举例说明数据链链接的平台类型，并分析数据链与平台间的关系。

1-3　画图说明数据链的战术信息交互流程。

1-4　分析说明两个数据链理论模型对研究设计的意义。

1-5　数据链的参考模型分为几层？有哪些接口？

1-6　简述数据链的关键技术。

1-7　列出数据链的基本性能指标。

1-8 对比分析通信原理与数据链性能指标的异同。

1-9 对比分析数据通信与数据链性能指标有哪些不同。

1-10 对比说明数据链的分类。

1-11 列举美军典型数据链系统，简述各自的通信性能。

1-12 简述俄罗斯典型数据链系统。

1-13 数据链系统有哪些特点？

1-14 举例说明应用数据链系统，能在哪些方面提升作战效果？

参考文献

[1] 张冬辰，周吉．军事通信：信息化战争的神经系统[M]．2 版．北京：国防工业出版社，2008.

[2] 王健．数据链在指控系统中的应用研究[J]．现代电子工程，2005（2）：30-33.

[3] 骆光明，杨斌，邱致和，等．数据链：信息系统连接武器系统的捷径[M]．北京：国防工业出版社，2008.

[4] 孙义明，杨丽萍．信息化战争中的战术数据链[M]．北京：北京邮电大学出版社，2005.

[5] 孙继银，付光远，车晓春，等．战术数据链技术与系统[M]．北京：国防工业出版社，2007.

[6] 梅文华，蔡善法．JTIDS/Link-16 数据链[M]．北京：国防工业出版社，2007.

[7] 刘翠海．美军战术数据链的发展及作战运用[J]．电讯技术，2007（5）：6-10.

[8] 曲磊．“数据链”在信息化战争中的作用[J]．国际资料信息，2009（7）：6-8.

第 2 章　数据链的信号传播技术

在第 1 章建立的数据链网络拓扑模型中，网络节点（作战平台）之间的通信链路是数据链确保战场信息流转的基础。通过各网络节点的数据链传输设备，生成数据链信号，经数据链天线的转换，以无线电波的形式在战场空间传输，从而形成数据链通信链路，保障数据链信号在信源端节点和目的端节点间的发送或接收。本章和第 3 章侧重数据链参考模型的物理层技术，按照数字通信系统信源和信宿之间的信号流程，分别从信号传播、通信天线和信号波形，介绍数据链信号传输技术的理论基础。本章主要介绍传播信号的通信信道，考虑到信道特点与天线特性的关系，同时还将介绍电磁信号转换的数据链通信天线。

2.1　电波传播

2.1.1　无线电波

无线电波是数据链主要的信号传播形式。根据物理学基本理论，无线电波本质上是一种电磁波，具有电磁波的特性。

1. 电磁波的描述

电磁波是空间传播的交变电磁场，通常用 3 个相互正交的矢量描述，即电场矢量（Electrical Vector）***E***、磁场矢量（Magnetic Vector）***H*** 和传播矢量（Propagation Vector）***v***，如图 2.1 所示。

在自由空间传播的均匀平面电磁波，电场矢量 ***E***、磁场矢量 ***H*** 和传播矢量 ***v*** 两两垂直；电磁波是横波，无线电波以横向电磁波形式在空间传播。

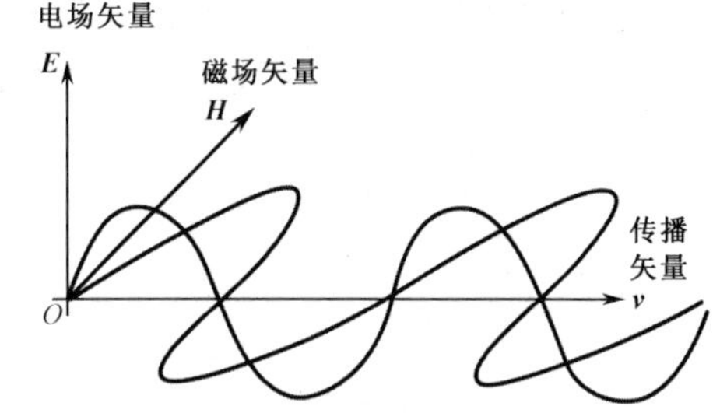

图 2.1　电磁波的矢量描述

实际空间的电磁波有 TE 波、TM 波和 TEM 波 3 种模式。TE 波指其电场矢量与传播矢量垂直，或者说其传播方向上没有电场矢量；TM 波指其磁场矢量与传播矢量垂直；TEM 波指其电场矢量和磁场矢量都与传播矢量垂直。

根据电场矢量 ***E*** 的空间变化关系，可以将电磁波分为水平极化、垂直极化、椭圆极化（圆极化是椭圆极化的一种特殊形式）3 种。水平极化是指电场矢量 ***E*** 在水平方向振动，垂直方向上的分量为 0；垂直极化是指电场矢量 ***E*** 在垂直方向振动，水平方向分量为 0；椭圆极化是指电场矢量 ***E*** 的端点沿椭圆旋转，水平和垂直方向分量都不为 0。

2. 电磁波的频段

电波频段划分

电磁波包括无线电波（3 Hz～3 000 GHz）、红外线（3 000 GHz～3.84×10^5 GHz）、可见光（3.84×10^5 GHz～7.7×10^5 GHz）、紫外线（7.7×10^5 GHz～3×10^7 GHz）、X 射线（3×10^7 GHz～3×10^{10} GHz），以及γ射线（3×10^{10} GHz～3×10^{14} GHz）等。

表 2.1 所示为无线电频段划分表（3 kHz 以下频段未列出）。但实际应用中，30～1 000 MHz

的电波常称为超短波，300 MHz 以上的电波常称为微波。微波在雷达和卫星通信中按照表 2.2 划分为更详细的频段。

表 2.1 无线电频段划分表

频段名称	频率范围	波段名称
甚低频（VLF）	3～30 kHz	甚长波
低频（LF）	30～300 kHz	长波
中频（MF）	300～3 000 kHz	中波
高频（HF）	3～30 MHz	短波
甚高频（VHF）	30～300 MHz	超短波（半波）
特高频（UHF）	300～3 000 MHz	分米波
超高频（SHF）	3～30 GHz	厘米波
极高频（EHF）	30～300 GHz	毫米波
至高频	0.3～3 THz	亚毫米波

表 2.2 微波频段划分表

频段（波段）名称	频率范围/GHz	频段（波段）名称	频率范围/GHz
L	1～2	K	18～26.5
S	2～4	Ka	26.5～40
C	4～8	Q	33～50
X	8～12.5	毫米波	>40
Ku	12.5～18		

注意：在频段的实际使用和理论划分中，有一定的偏差，属于正常情况。

3. 数据链通信频段

图 2.2 所示为国际电信联盟（International Telecommunications Union，ITU）对航空通信无线电频谱的规划图，其中包括了分配给导航、通信和监视的频谱，以及其他一些特殊服务的频谱。

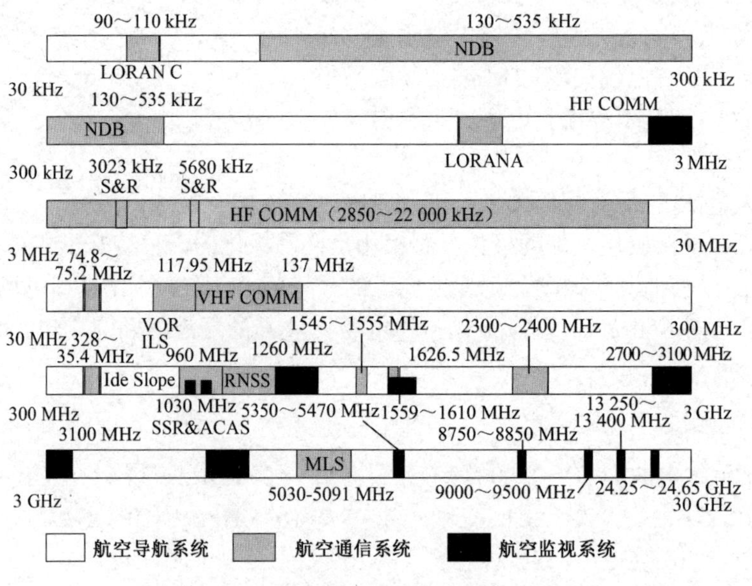

图 2.2 ITU 对航空通信无线电频谱的规划图

图 2.3 所示为 ITU 的民用和军事航空通信频谱规划图，其中覆盖了 Link-4A、Link-11、Link-16 数据链和民航新航行系统 VDL 等数据链的通信频段，以及 SINCGARS、HAVEQUICK、HF Mobile、AM(R)S 卫星通信、通信卫星 AMS 等的话音通信频段。

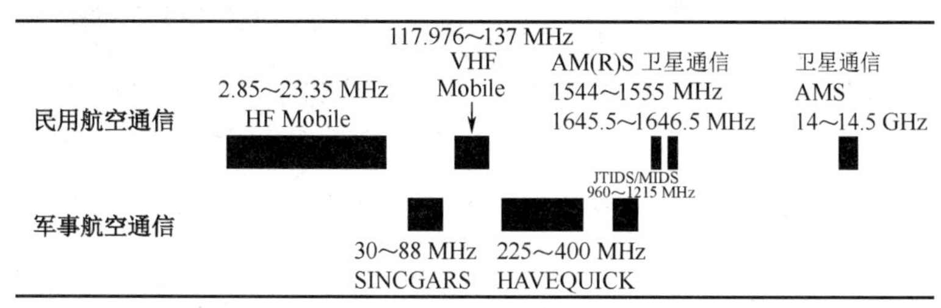

图 2.3　ITU 的民用和军事航空通信频谱规划图

通过上面的分析可知，数据链常用的通信频段包括短波通信频段、超短波通信频段和卫星通信频段。

1）短波通信频段

数据链通信中短波信号的传播方式主要为视距传播和天波传播，通信频率为 5～30 MHz。Link-11 数据链的超视距通信使用 HF 频段，但多用于岸与舰、舰与舰之间的平面通信，较少用于对空通信。

2）超短波通信频段

超短波通信在民用航空通信中称为 VHF 通信，在军事航空通信中涵盖 VHF 和 UHF 频段。超短波通信频段使用规定如表 2.3 所示。

表 2.3　超短波通信频段使用规定

频　段	类　别	频率/MHz
VHF	地空协同通信	30～88
	军民兼用超短波通信 （民航 VHF 通信）	108～156 （118～137）
	海空通信	156～174
UHF	军用超短波通信	225～400

最初，军用和民用超短波通信共用 VHF 的 108～156 MHz 频段，民航使用其中的 118～137 MHz，由航空管制部门协调。1947 年，美国将该 VHF 频段主要划归民用超短波通信使用，而将 UHF 频段划归军用航空战术通信使用，军用航空超短波通信的频段从 VHF 频段延伸到 UHF 频段。20 世纪 60 年代初，随着陆、海、空三军战术协同通信的发展，美军在近程空中支援飞机上装备了 30～76 MHz VHF 低段的调频电台（如 SINCGARS），用于陆军和空军的战术协同通信，随后将 156～175 MHz 用于海军和空军的战术协同通信。这种工作频段的划分，后来被部分西方国家的军方所采用。但是，以苏联为代表的部分东方国家，军用和民用航空超短波通信一直共用 VHF 频段，直到 20 世纪 80 年代，UHF 频段才被纳入军用航空超短波通信。

Link-4A 和 Link-11 数据链的对空通信使用 UHF 频段，民航新航行系统的 VDL 数据链使用 VHF 频段的 118～137 MHz。

美军将 L_x 波段中的 960～1215 MHz 频段用于 JTIDS 及 MIDS，作为三军联合作战的一个公共频段。JTIDS/MIDS 是 Link-16 数据链的主要通信设备。

3）卫星通信频段

世界相关组织规定卫星通信使用的频段为 136 MHz～275 GHz，其中有些频段划归其他领域使用。表 2.4 所示为卫星通信的常用频段。宽带数据链多采用卫星通信。

表 2.4 卫星通信的常用频段

频段名称	频率范围（下行/上行）
UHF	250 MHz/400 MHz（军用）；L：1.5 GHz/1.6 GHz
SHF	S：2 GHz/4 GHz；C：4 GHz/6 GHz；X：7 GHz/8 GHz（军用） Ku：11 GHz, 12 GHz/14 GHz；Ka：20 GHz/30 GHz
EHF	20 GHz/44 GHz（军用）

（1）UHF 频段：频率范围为 300～3 000 MHz。其中，225～400 MHz 主要用于航空的对空通信和地面移动通信，L 波段（1～2 GHz）用于移动卫星服务。

（2）SHF 频段：频率范围为 3～30 GHz。

SHF 频段低段：3.7～4.2 GHz 为下行频率，5.925～6.425 GHz 为上行频率，上行和下行带宽均为 0.5 GHz。主要用于电话通信、数据通信、电视广播等。

SHF 频段高段如下。

① X 波段：7.25～7.75 GHz 为下行频率，7.9～8.4 GHz 为上行频率，一般用于军事通信等特殊领域。

② K 波段：频率范围为 18～26.5 GHz，用于通信和家用直播电视。

③ Ku 波段：频率范围为 12.5～18 GHz，主要应用于 FSS 军事和广播卫星服务。10.95～11.2 GHz、11.45～11.7 GHz 为下行频率；14～14.3 GHz、14.3～14.4 GHz 为上行频率。

④ Ka 波段：频率范围为 26.5～40 GHz，主要用于 FSS 军事，17.7～21.2 GHz 为下行频率，27.5～31 GHz 为上行频率。该频段是未来大容量卫星通信系统的主要工作频段。

美军军用卫星通信使用的频段有 SHF 频段，其中包括军事专用的 X 波段，此外也利用 C 波段和 Ku 波段的民用频段。SHF 频段卫星主要供宽带用户使用，多用于群路传输中，今后也将更多用于战术用途。对于广大的战术/移动用户，以及关键的战略核部队用户，美军使用 UHF 频段。从 20 世纪 90 年代开始，美军就开发了 EHF 频段来实现卫星的抗干扰通信。

频段不同，则电波或无线电波在传播中受大气层的影响就不同，同时系统的传输容量、地球站和转发器的发射功率、天线的形状和大小，以及设备的复杂度也会不同。

2.1.2 自由空间的电波传播

自由空间是一个理想环境；它是电波传播分析的基础，是数据链传输信道的选择，以及收发信机、天线设计的基准和依据。多数情况下，数据链空地、空海或空空平台之间的无线电波传播可近似为自由空间传播。

1. 理想分析模型

对于自由空间电波传播的分析，通常采用如下理想模型。

（1）空间中介质均匀而且各向同性。

（2）无线电波以恒定速度（3×10^8 m/s）沿直线传播。

（3）传播中无反射、折射、绕射和散射等现象所引起的功率损耗。

（4）电波发射源是点源，体积无穷小（近似于 0）。

（5）点源发射功率均匀地在全部方向辐射，传播轨迹是一个向外扩展的球体。

2. 自由空间传播损耗

虽然自由空间无反射、折射、绕射和散射等现象所引起的功率损耗，但是由于自由空间的电磁波为球面辐射波，因此接收机无法完整接收整个球面的辐射功率，仅能部分接收，即存在能量扩散传播损耗。这种能量扩散所引起的发射功率与接收功率的差值，称为自由空间传播损耗。

根据上述理想模型，假设发射点为 T，接收点为 R，且接收点是以发射点为中心、半径为 d 的传播球面上的一点，即收发源相距 d。

接收点处的功率 P_R 满足弗里斯（Fries）传输方程，即

$$P_R = \frac{P_T G_T G_R \lambda^2}{(4\pi d)^2 L} \tag{2.1}$$

式中，P_T 为发射点发射功率；G_T、G_R 分别为发射天线与接收天线的增益；λ为波长；L 为与传播无关的系统损耗因子。

在式（2.1）中，假设天线增益为单位增益（$G_T=1$，$G_R=1$），且 $L=1$，则以分贝（dB）表示的自由空间传播损耗为

$$\begin{aligned} L_f(\text{dB}) &= P_T(\text{dBW}) - P_R(\text{dBW}) = 10\lg\frac{P_T(\text{W})}{P_R(\text{W})} \\ &= -10\lg\left[\frac{G_T G_R \lambda^2}{(4\pi d)^2}\right] = -20\lg\frac{\lambda}{4\pi d} = -20\lg\frac{c}{4\pi f d} \end{aligned} \tag{2.2a}$$

即

$$L_f(\text{dB}) = 20\lg(4\pi) + 20\lg(f/\text{Hz}) + 20\lg(d/\text{m}) - 20\lg[c/(\text{m/s})] \tag{2.2b}$$

数据链的通信距离和信号频率一般较高，以 km（千米）为距离单位、以 MHz（兆赫）为频率单位计算更为方便：

$$\begin{aligned} L_f(\text{dB}) &= 20\lg(4\pi) + [20\lg(f/\text{MHz}) + 120] + [20\lg(d/\text{km}) + 60] - 20\lg[c/(\text{m/s})] \\ &= 32.44\text{dB} + 20\lg(f/\text{MHz}) + 20\lg(d/\text{km}) \end{aligned} \tag{2.3}$$

自由空间传播损耗公式（2.3）是无线通信中的一个基本公式，是数据链的重要理论公式之一。式（2.3）说明，L_f 与通信距离和通信频率成正比。

3. 自由空间中场强与发射功率、接收功率的关系

在电波传播理论中，功率通量密度（Power Flux Density，PFD）定义为与全向辐射点源相距 d（km）处，单位面积传播球面上辐射功率的大小。自由空间电波的功率通量密度可表示为

$$\text{PFD} = P_T/(4\pi d^2) \quad 或 \quad \text{PFD} = E^2/Z_0 \tag{2.4}$$

式中，E 为与全向辐射点源相距 d（km）处，单位面积传播球面处的场强；Z_0 为自由空间阻抗，$Z_0=120\pi$。可见，由于能量扩散，传输距离越远，功率通量密度就越小，信号强度也就越小。

对 $P_T/(4\pi d^2)=E^2/Z_0$ 两边取对数，可得到场强与发射功率的关系为

$$20\lg[E/(\text{V/m})] = 10\lg(P_T/\text{W}) - 10\lg(4\pi) - 20\lg(d/\text{m}) + 10\lg(Z_0/\Omega) \tag{2.5a}$$

或：

$$E(\text{dB}\mu\text{V/m}) = 74.8\,\text{dB} + P_T(\text{dBW}) - 20\lg(d/\text{km}) \tag{2.5b}$$

将式（2.2a）和式（2.3）代入式（2.5b），可推导出场强与接收功率的关系为

$$
\begin{aligned}
E(\mathrm{dB\mu V/m}) &= 74.8\ \mathrm{dB} + L_{\mathrm{F}}(\mathrm{dB}) + P_{\mathrm{R}}(\mathrm{dBW}) - 20\lg(d/\mathrm{km}) \\
&= 74.8\ \mathrm{dB} + 32.44\ \mathrm{dB} + 20\lg(f/\mathrm{MHz}) + 20\lg(d/\mathrm{km}) + P_{\mathrm{R}}(\mathrm{dBW}) - 20\lg(d/\mathrm{km}) \\
&= 107.24\ \mathrm{dB} + 20\lg(f/\mathrm{MHz}) + P_{\mathrm{R}}(\mathrm{dBW})
\end{aligned} \tag{2.6}
$$

通过对接收点的场强测量，利用式（2.5）、式（2.6）可以估计该处的接收功率和发射源的发射功率。在工程应用中，这可用于分析天线不同辐射方向、不同传播距离的辐射功率的大小。

2.1.3 实际空间的电波传播

1. 传播方式

电波传播方式

不同频段的电波具有不同的传播特性，通常来说，随着电波频率的增加，其绕射能力逐渐变弱。f<2 MHz 的电波，沿物体（如地球）表面的绕射特性强，传播距离达数百至上千千米；2～30 MHz 的电波，低频段有一定沿物体表面的绕射特性，高频段有电离层反射特性；f>30 MHz 的电波，沿物体表面的绕射特性及电离层反射特性均消失，直线传播特性明显。根据电波传播特性，将无线电波传播方式分为视距传播、天波传播、地波传播、散射传播和波导模传播，其中前四种传播方式如图 2.4 所示。

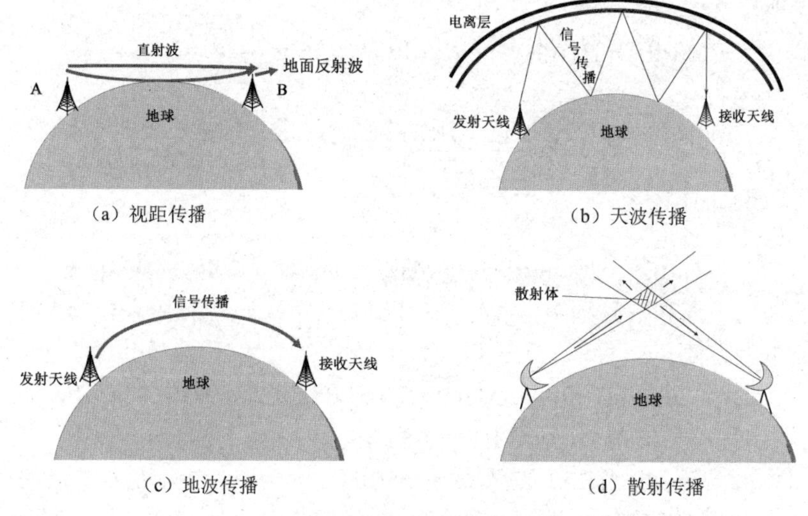

（a）视距传播　（b）天波传播　（c）地波传播　（d）散射传播

图 2.4　四种电波传播方式

1）视距传播

发射天线和接收天线处于视距范围内的电波传播，即为视距传播。如果传播路径上没有障碍物阻挡，则无线电波将沿直线方向形成视距传播。超短波和微波以视距传播为主。视距传播受地球曲率影响较大。显然，将天线架高（如架设在高山或高大建筑物上），将有效延伸视距传播的距离。

2）天波传播

由于太阳和各种宇宙射线的辐射，大气分子大量电离成带电粒子，因此形成了大气最外层的电离层。电磁波在地平面上向天空直线传播，进入电离层后由于密度不均匀而产生折射和反射回到地面较远距离，因此有时也称为电离层传播。

天波传播方式适合频率为 1.5～30 MHz 的电波反射传播。若频率过低，则会有很大的吸收损耗；若频率过高，则将穿越电离层不再反射。天波传播的优点是损耗小，从而可以利用较小的功率进行远距离通信。天波经电离层反射，一跳可达数千千米；如再经地面反射，则多跳传播可以到达地球上的任何地点。天波传播因受电离层变化和多径传输的严重影响而极不稳定，其信道参数随时间的变化而急剧变化，因此常常称之为时变信道或参变信道。电离层状态随着昼夜或季节的变化而变动，使天波传播不够稳定。

3）地波传播

无线电波沿地球表面传播的方式，称为地波传播。地波是垂直极化波，其水平极化波被大地的传导率短路。

地球表面的集肤效应对地波传播造成衰耗，并且其衰耗随电波频率的增加而迅速增大，因此地波传播频率小于 2 MHz，主要用于长波、中波传播。1.5～2 MHz 的短波也采用地波传播方式，但其传播距离只有几千米至几十千米。由于海水的电导率高于陆地，地波在海面上的传播衰耗小，其传播距离远大于在陆地上的传播距离，因此长波传播多用于海上通信。

地表面的电性能及地貌、地物等并不随时间的变化而很快变化，并且其基本上不受气候条件的影响，因此地波信号稳定。

4）散射传播

利用大气对流层中的散射体，以及流星陨落时在大气层中所形成的短暂电离余迹对电波的再辐射传播方式，称为散射传播。

散射传播单跳跨距达几百至几千千米，主要用于陆与岛、岛与岛之间的通信，“边、远、散”部队通信，应急通信，以及沙漠、湖泊、海湾、山丘地域的通信。散射传播主要用于军事领域而很少用于民用领域。

5）波导模传播

波导模传播指电波在电离层下缘和地面所组成的同心球壳形波导内的传播。长波、超长波或极长波利用这种传播方式能以极小的衰减进行远距离通信。

从前面的分析可以看出，电波传播中直射波、反射波和散射波并存，同时电波还会发生折射与绕射，电波传播方式复杂。根据数据链的作战需求，如战斗机航程、飞行高度等，选择合理的通信频率和电波传播方式，是数据链通信传输体制设计的基础。

2. 衰落特性

数据链信号传输衰落

1）衰落特性概述

与自由空间的电波传播相比，在实际空间中，电波的传播是在靠近地球的大气中进行的，各种地形地物及收发两端之间的相对运动，都会对其产生影响，使接收信号产生随机的起伏变化，这种现象称为衰落。衰落的影响归结起来主要有以下两个方面。

（1）大尺度衰落（Large-Scale Fading）。大尺度衰落的影响主要有路径损耗和阴影衰落两个因素。前者指在收发相对运动过程中，电波的传输路径不断发生变化，会造成路径损耗的变化。后者指在信号传输过程中，当遇到起伏的地形、建筑物等遮挡时，即使有衍射效应（阴影效应），也仍能够到达接收机；但当接收机在这些障碍物之间移动时，阴影衰落会使信号随地形起伏变化。由于以上这两个因素都是由收发之间在大范围内的相对运动造成的，因此称之为大尺度衰落。

（2）小尺度衰落（Small-Scale Fading）。小尺度衰落的影响主要有多径效应（Multi Path Effect）和多普勒效应（Doppler Effect）两个因素。

多径效应指信号从发射端可以通过多条反射路径到达接收端，经由不同路径到达接收机的信号除幅度衰减不同之外，还会存在一定的相位差。当收发相对运动时，收发两端微小的位置改变会造成各路径信号间的相对相位发生变化，从而使多径合成的接收信号的振幅、相位产生波动，这种现象称为多径衰落（Multi Path Fading）。

多普勒效应指收发两端的相对运动造成所传输的电波波长发生了变化。当收发两端相互接近时，电波被压缩，波长变得较短，频率变得较高（蓝移）；当收发两端相互远离时，则产生相反的效应，波长变得较长，频率变得较低（红移）。当收发两端产生相对运动时，收发位置的改变会造成信道衰落状态的变化。对于完全相同的信号，如果采用两副天线进行接收，则当两副天线间距超过一定值（本章参考文献[5]和[6]指出约为 0.4 倍波长）时，由于多径效应和其他传播因素的影响，因此接收到的两个信号可以被认为是统计无关的。也就是说，当移动到一个新的地貌空间点时，信道衰落状态发生了变化，其特性由该点的地貌决定。多普勒效应使得信道具有时变特性，收发双方的相对运动速度越快，信道的时变也就越快。

综合来说，多径效应使传输信号的能量散布在每条路径上，因为各条路径间具有不同的延迟，并且随着收发双方位置的改变路径和延迟情况也会发生变化，所以多径效应表征了信号传输的时间扩展特性；而对多普勒效应来说，收发双方的运动状态变化会使信号到达角度发生变化，这样多普勒频移也会不断变化。所谓多普勒频移，是指由传播中多普勒效应所造成的发射信号频率的漂移。由于多普勒效应使信号在功率谱上发生了色散，因此多普勒效应表征了信号传输的频域扩展特性。多径效应和多普勒效应的共同点在于，收发两端较小的位置改变（通常小于半个波长），就会使信号产生较大的波动，所以将它们称为小尺度衰落；而在小尺度范围内，大尺度衰落的变化非常缓慢，可以近似认为是常数。

在实际环境中，当无线通信跨越比较大的区域时，其信号必然同时受大尺度衰落和小尺度衰落的影响。

假设衰落信道的信道响应为$\alpha(t)\mathrm{e}^{\mathrm{j}\theta(t)}$，那么其幅值$\alpha(t)$是一个实值函数，可以分解为大尺度衰落分量（Large-Scale Fading Component）$m(t)$和小尺度衰落分量（Small-Scale Fading Component）的包络$r_0(t)$之积，即

$$\alpha(t) = m(t) \cdot r_0(t) \tag{2.7}$$

式中，$m(t)$是实值函数，并且变化较为缓慢，一般可以通过计算接收信号包络在 10～30 个波长上的平均值得到；而小尺度衰落的包络$r_0(t)$的变化较快，$r_0(t)$相邻零点幅值之间的天线位移通常是半个波长。图 2.5 和图 2.6 给出了大尺度衰落和小尺度衰落的相互关系。

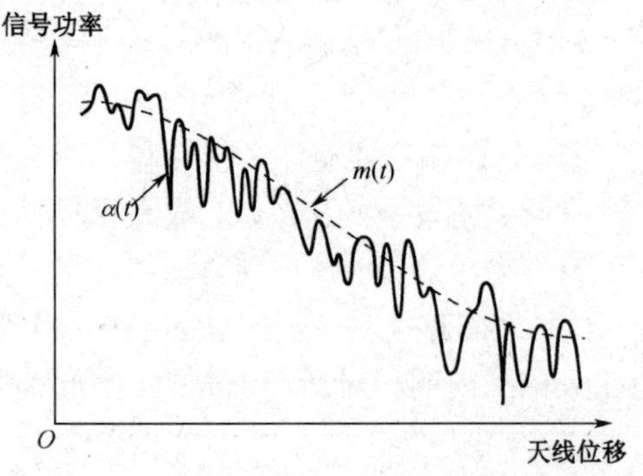

图 2.5　小尺度衰落叠加在大尺度衰落上

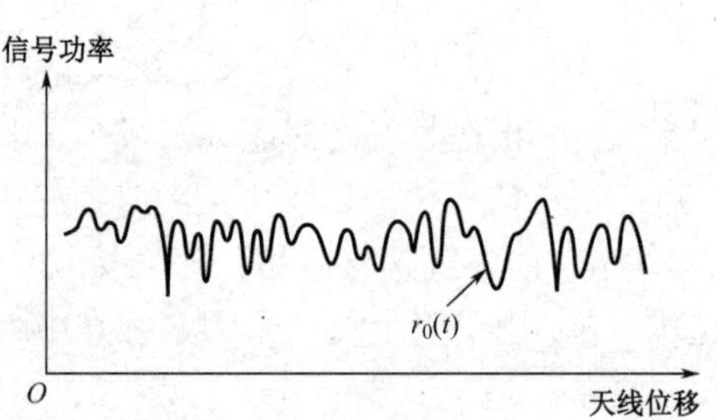

图 2.6　去除大尺度衰落影响后的小尺度衰落

在无线通信中，由于发射机发射出的电磁波，经过无线信道后，在大尺度衰落和小尺度衰落的共同作用下，信号会产生随机的起伏变化，并且信号进入接收机以后，还会受到接收机热噪声的影响，因此接收机需要在这样的条件下，尽可能准确地恢复出原始发送信息。

2）大尺度衰落

大尺度衰落模型分为路径损耗和阴影衰落两部分，它可以表示为

$$m(t) = L_{\mathrm{p}}[d(t)] \cdot \mathrm{SL}_{\mathrm{p}}(t) \tag{2.8}$$

式中，$m(t)$ 表示大尺度衰落；$L_{\mathrm{p}}[d(t)]$ 表示路径损耗；$\mathrm{SL}_{\mathrm{p}}(t)$ 表示阴影衰落。

$L_{\mathrm{p}}[d(t)]$ 是收发间距离 $d(t)$ 的函数，根据大量实测数据统计可得其经验公式为

$$L_{\mathrm{p}}[d(t)] = K \cdot \left[\frac{d(t)}{d_0}\right]^n \tag{2.9}$$

在式（2.9）中，d_0 是天线远场参考距离，该经验公式必须在 $d(t) \geqslant d_0$ 的情况下才有效。式（2.9）中的 n 是路径损耗指数，它取决于频率、天线高度和传输环境：如果信号是在自由空间中传播的，那么信号的传输服从倒数平方律，n 等于 2；如果存在非常强烈的波导现象（如城市的街道中），那么 n 可能小于 2；如果有障碍物，那么 n 的取值就会比较大。式（2.9）中的 K 是全向天线在距离 d_0 处的自由空间路径损耗，即

$$K = \left(\frac{4\pi d_0}{\lambda}\right)^2 \tag{2.10}$$

通过对大量的实测数据进行统计分析，$\mathrm{SL}_{\mathrm{p}}(t)$ 通常满足对数正态分布特性，即 $\mathrm{SL}_{\mathrm{p}}(t)$ 的概率密度函数为

$$p_{\mathrm{SL,p}}(x) = \frac{10/\ln 10}{\sqrt{2} \times 10\lg \sigma_{\mathrm{SL,p}}} \exp\left\{-\frac{\{10\lg x - 10\lg \mu_{\mathrm{SL,p}}\}^2}{2 \times (10\lg \sigma_{\mathrm{SL,p}})^2}\right\},\ x \in (0, \infty) \tag{2.11}$$

式中，$\mu_{\mathrm{SL,p}}$ 表示 $\mathrm{SL}_{\mathrm{p}}(t)$ 的均值；$\sigma_{\mathrm{SL,p}}$ 表示 $\mathrm{SL}_{\mathrm{p}}(t)$ 的标准差。式（2.11）表明，$\mathrm{SL}_{\mathrm{p}}(t)$ 的 dB 值服从正态分布。

综合考虑路径损耗和阴影衰落的影响，式（2.8）可以进一步表示为

$$m(t) = L_{\mathrm{p}}[d(t)] \cdot \mathrm{SL}_{\mathrm{p}}(t) = K \cdot \left[\frac{d(t)}{d_0}\right]^n \cdot \mathrm{SL}_{\mathrm{p}}(t) \tag{2.12}$$

若将式（2.12）写成 dB 值形式，则可以表示为

$$m(t) = 10\lg K + 10n\lg\frac{d(t)}{d_0} + \mathrm{SL}_{\mathrm{p}}(t) \tag{2.13}$$

式（2.12）与式（2.13）是无线通信中大尺度衰落的基本公式，如果更细致地分析数据链通信的电波传播特点，还需要进一步考虑以下因素：数据链在地空通信中，电波要穿越整个对流层。对流层对地空电路电波的传播影响严重程度与频率有关。对于 10 GHz 以上的频率，对流层的影响增加；由于频率的升高，因此氧气和水汽对电波的吸收损耗，降水对电波的散射损耗，以及降雨去极化的影响将变得十分重要，并且其严重程度随着频率的增加而增加。对于 10 GHz 以下的频率，这些传播效应是轻微的或不必考虑的，而只考虑空间散射损耗、对流层传播损耗、对流层闪烁及大气折射的影响即可。

（1）降雨衰减。降雨衰减（简称雨衰），是电波受雨滴的吸收和散射影响而产生的衰耗，它主要与雨滴的几何尺寸、降雨强度（降雨率，mm/h）、雨区范围、信号频率、极化方式等有

关。在Ka波段，雨衰是影响通信链路质量的最主要因素。

下雨对10 GHz以下的无线电波的散射和衰减比较轻微；但是对于10 GHz以上的无线电波，雨散射和雨衰减是强烈的。雨散射是全方位的，也就是说除当降雨出现在收发点之间的大圆路径上时才可能产生散射信号外，降雨远在大圆路径之外也可以引起电波的散射。雨散射信号的强度与频率、距离、雨强、雨粒的尺寸分布、雨高和收发天线的方向性有关。其他大气中的水凝体（雾、雪、雹）和沙尘只是对数十吉赫（GHz）频率的微波传播会有较大影响。

计算雨衰所需的参数有降雨率和无线电波的频率。由于大气的降雨只发生在底层大气中，而且雨强在传播路径上是不均匀的，因此还需要计算降雨的实际高度和等效路径长度。另外随着仰角的变化，电波经过底层大气的路径长度也不同，雨衰的大小也随之变化。

（2）大气吸收衰减。大气吸收衰减主要是由大气成分中的氧、水汽，以及由水汽凝聚而成的云、雾、雨、雪等对电波能量的吸收作用而造成的，它是大气温度、气压和湿度的函数，这些气象参数会随高度、地区、季节和时间不同而变化，其曲线如图2.7所示。

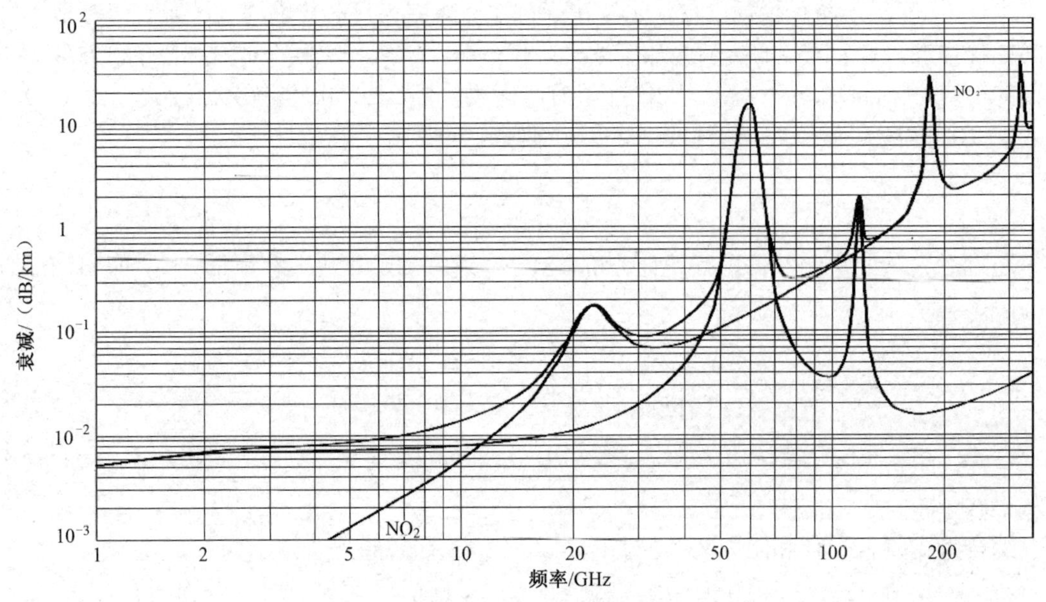

图2.7 大气吸收衰减曲线

（3）对流层闪烁。当电波通过折射率随机起伏的媒质后，会引起传输路径和传输时间的改变，使信号的幅度、相位，以及在接收天线处的射线到达角快速起伏变化，引起信号衰落，这种现象通常称为大气闪烁或大气多径衰落。

产生对流层闪烁的主要原因是低空大气层气象条件变化的随机性。首先，由于云、雾、雨、雪等成形或不成形的水分子运动，使大气层折射率随高度的不同而有较大的随机起伏变化，因此通常认为这可能是形成接收电平衰落的主要原因。其次，由大气随机变化引起的电波幅度和相位起伏在接收天线口面处产生扰动，破坏了平面波的条件，使实际天线增益低于自由空间增益，这种天线增益下降的现象随着天线口径尺寸的增加、在对流层中传播路径的增加而变得严重。此外，大气层中有时形成不稳定的层状结构对电波的反射、湍流团的散射作用等，也会形成多径传播，引起接收电平的衰落；但一般来说，这种散射波与直射波相比，其强度弱得多，不会引起信号电平的过大起伏。

（4）云雾衰减。虽然雨是影响微波传播的最重要的凝聚水，但云、雾、雪等也有一定的影响。云、雾通常由直径为 0.001～0.1 mm 的液态水滴和冰晶粒子群组成，它们对电波的衰减主要是由吸收引起的，其散射效应可以忽略不计。沿着传播路径的云、雾，使信号受到衰减量的大小与液体水的含量和温度有关。在 Ka 波段，ITU-R 给出的云、雾衰减表达式为

$$L_c = (0.4095 f L) / [\varepsilon''(1+\eta^2)\sin\theta] \text{（dB）} \tag{2.14}$$

式中，L 为云雾厚度（近似为 1 km）；f 为载波频率（GHz）；$\eta = (2+e')/e''$，e' 和 e'' 分别为水的介电常数的实部和虚部；θ 为仰角。

（5）波束扩散损耗。由于大气折射指数随着高度的增加而按指数规律降低，射线在低高度和低仰角上弯曲得比较厉害，而在高高度和高仰角上弯曲得比较轻微，从而引起射线波束的扩散，如图 2.8 所示，因此在射线路径上不同位置波束截面内的功率通量密度是不同的，这就是一种散焦效应。这种效应在 30 MHz～100 GHz 的频率范围内基本上与频率无关，而且仅当低仰角时，这种效应才会表现得较为明显。

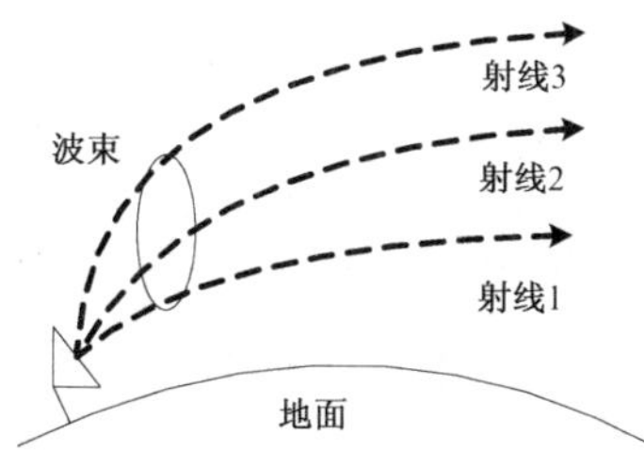

图 2.8　大气折射引起的射线波束的扩散

波束扩散损耗可用以下经验公式计算：

$$A_{bs}(\text{dB}) = \begin{cases} 2.27\ \text{dB} - 1.16\lg(1+\tan\theta), & \theta < 5^\circ \\ 0\ \text{dB}, & \theta \geqslant 5^\circ \end{cases} \tag{2.15}$$

式中，θ 为地空电路的视在仰角，可近似地用地空电路的真实仰角替代。

（6）大气衰减综合影响。由于上述所讨论的几种衰减均不是独立存在的，其相互之间有所关联，因此衰减不能进行简单的相加。根据 ITU-R 建议，总衰耗值 L_t 可以用式（2.16）进行计算：

$$L_t = L_c + L_o + L_w + \sqrt{L_r^{\ 2} + L_s^{\ 2}} \tag{2.16}$$

当上述各种衰减同时发生时，除较大的降雨可能会导致严重衰减外，在其他天气状况下，衰减随时间变化非常缓慢，这说明衰减只与天气情况有关。

3）小尺度衰落

因为在小尺度范围内，大尺度衰落基本上是保持不变的，所以在本小节关于小尺度模型的分析中，认为大尺度衰落所引起的幅度变化为常数，从而忽略其影响。

小尺度衰落模型分为多普勒频移和多径衰落两部分，下面对其进行展开描述。

（1）对于多普勒频移方面，众所周知的多普勒频移公式为

$$f_D = \frac{v}{c} f_c \cos\theta \tag{2.17}$$

式中，f_D 为多普勒频移；f_c 为载波频率；v 为相对运动速度；c 为光速；θ 为运动方向与电波传播方向的夹角。如果发射信号为

$$s(t) = \text{Re}\left\{g(t)\text{e}^{\text{j}2\pi f_c t}\right\} \tag{2.18}$$

则在多普勒频移的影响下，不考虑信号的多径效应、传播时延，以及接收机热噪声等其他因素，

所接收到的信号可以表示为

$$r(t)=\mathrm{Re}\left\{g(t)\mathrm{e}^{\mathrm{j}2\pi(f_{\mathrm{c}}+f_{\mathrm{D}})t}\right\} \tag{2.19}$$

式（2.18）和式（2.19）中，$\mathrm{Re}\{\bullet\}$表示复数的实部；$g(t)$表示基带信号波形，它是发射信号$s(t)$的复包络；f_{c}表示载波频率。在式（2.19）中，多普勒频移引起了一个时变的附加相移$\mathrm{e}^{\mathrm{j}2\pi f_{\mathrm{D}}t}$，并且此附加相移会随着时间的推移而不断发生变化。此外，在相对运动过程中，θ角的随机变化也会造成多普勒频移f_{D}的变化，与其相对应的多普勒功率谱等内容，将在航空信道模型中具体介绍。

（2）对于多径衰落方面，假设发射机和接收机之间一共有 N 条路径，则信道的冲激响应可以表示为

$$h(\tau,t)=\sum_{n=1}^{N}\alpha_n(t)\mathrm{e}^{\mathrm{j}\theta_n}\delta(\tau-\tau_n) \tag{2.20}$$

式中，$\alpha_n(t)$是第 n 条路径的归一化幅度衰落系数；τ_n是第 n 条路径的传输时延，如果最大多径时延为$\tau_{\max}$，那么$\tau_n\in[0,\tau_{\max}]$；$\theta_n=-2\pi f_{\mathrm{c}}\tau_n$是第 n 条路径的附加相移。

设$\bar{\alpha}_n(t)$为第 n 条路径的时变衰落系数，那么$\alpha_n(t)=\dfrac{\bar{\alpha}_n(t)}{\sum\limits_{i=1}^{N}\bar{\alpha}_i^2(t)}$满足$\sum\limits_{n=1}^{N}\alpha_n^2(t)=1$。在理论研究和计算机仿真中，通常将发射信号功率和信道冲激响应的功率归一化，这样根据 Parseval 定理可知接收信号的功率也为 1，只要修改噪声的方差，就可以方便地设置接收信噪比。

路径传输时延τ_n在区间$[0,\tau_{\max}]$上随机分布，其概率密度函数为$p_\tau(x),x\in[0,\tau_{\max}]$，那么对于指数函数$\mathrm{e}^{\mathrm{j}\theta_n}=\mathrm{e}^{-2\pi\mathrm{j}f_{\mathrm{c}}\tau_n}$来说，$\tau_n$的取值每间隔$\Delta x=1/f_{\mathrm{c}}$就会生成一个新的周期，而通常情况下载波频率$f_{\mathrm{c}}$与最大多径时延$\tau_{\max}$的乘积满足$f_{\mathrm{c}}\cdot\tau_{\max}\gg 1$，则有$\tau_{\max}\geqslant\Delta x$。对于$[0,\tau_{\max}]$上的概率密度函数$p_\tau(x)$，因为它在每个小区间$[\Delta x\cdot i,\Delta x\cdot(i+1)]$（$i=0,1,2,\cdots$）上的取值可以近似等于常数$p_\tau(\Delta x\cdot i)$，即$p_\tau(x)$在小区间$[\Delta x\cdot i,\Delta x\cdot(i+1)]$（$i=0,1,2,\cdots$）上服从均匀分布，所以指数函数$\mathrm{e}^{\mathrm{j}\theta_n}$的相位$\theta_n$在$[0,2\pi)$上服从均匀分布。此外，因为$\tau_n$每改变$1/f_{\mathrm{c}}$就会对$\mathrm{e}^{\mathrm{j}\theta_n}=\mathrm{e}^{-2\pi\mathrm{j}f_{\mathrm{c}}\tau_n}$产生 2π 的相位变化，对于一个工作在 900 MHz 的无线接收机来说，时延$1/f_{\mathrm{c}}$对应的传输距离为$c/f_{\mathrm{c}}\approx 33\,\mathrm{cm}$，说明任意两条传输路径只要有很小的相对传输时延变化，就会使相对相位产生显著的变化。在此情形下，当两条路径有 16.5 cm 的路径差时，两个到达信号就会有180°的相位差。所以，当多条路径合成以后，信号会产生较大的起伏变化，这就是由多径传播引起小尺度衰落的机理。

如果发射信号为$s(t)=\mathrm{Re}\left\{g(t)\mathrm{e}^{\mathrm{j}2\pi f_{\mathrm{c}}t}\right\}$，那么相应的接收信号可以表示为

$$r(t)=\mathrm{Re}\left[\sum_{n=1}^{N}\alpha_n(t)\mathrm{e}^{\mathrm{j}\theta_n}\mathrm{e}^{\mathrm{j}2\pi f_{\mathrm{c}}t}g(t-\tau_n)\right] \tag{2.21}$$

（3）综合考虑多径传播和相对运动的影响，每条路径上的多普勒频率$f_{\mathrm{D},n}$，都会造成额外的附加相位偏移。此时，信道的冲激响应可以表示为

$$h(\tau,t)=\sum_{n=1}^{N}\alpha_n(t)\mathrm{e}^{\mathrm{j}\theta_n}\mathrm{e}^{\mathrm{j}2\pi f_{\mathrm{D},n}t}\delta(t-\tau_n) \tag{2.22}$$

根据式（2.22），进一步考虑接收机热噪声$n(t)$的影响，可得到此时的接收信号为

$$
\begin{aligned}
r(t) &= \mathrm{Re}\left\{\left[h(\tau,t)g(t)\right]\cdot \mathrm{e}^{\mathrm{j}2\pi f_c t}\right\} + n(t) \\
&= \mathrm{Re}\left\{\left[\sum_{n=1}^{N}\alpha_n(t)\mathrm{e}^{\mathrm{j}\theta_n}\mathrm{e}^{\mathrm{j}2\pi f_{\mathrm{D},n}t}g(t-\tau_n)\right]\cdot \mathrm{e}^{\mathrm{j}2\pi f_c t}\right\} + n(t)
\end{aligned} \tag{2.23}
$$

在小尺度范围内，大尺度衰落$m(t)$近似为常数，它的变化通常可以忽略。此时通信传输的若干个符号，主要受小尺度衰落的影响。小尺度衰落对无线通信系统的影响至关重要，是研究物理层调制、编码和均衡等传输技术的基础，下面将会对小尺度衰落的衰落特性分类和常见模型进行进一步介绍。

（1）小尺度衰落的衰落特性分类。

① 频域特性划分。

根据最大多径时延 $t_{\max}$ 和信号码元周期 T_s 之间的关系，可以在频域上将小尺度衰落信道划分为频率选择性衰落（Frequency Selective Fading）信道和平坦衰落（Flat Fading）信道两种。

当 $t_{\max}>T_s$ 时，因为码元的时间扩展超出了单个码元的持续时间，造成码间干扰（ISI），且从频域角度看，此时信道响应在通带内是不平坦的，信道对发射信号的不同频率分量增益是不同的，呈现出频率选择性，所以称此信道为频率选择性衰落信道。克服 ISI 的常见手段是采用信道估计与均衡技术：通过估计器获得信道的冲激响应，再利用信道估计的结果，用均衡器将分散的码元能量聚集到原码元时间内，均衡器实质上就是信道的逆滤波器，如果信道是频率选择性衰落信道，均衡器会增强小振幅的频率分量并且衰减大振幅的频率分量。

当 $t_{\max}<T_s$ 时，则称该信道为平坦衰落信道。这种情况下，由于一个码元的所有多径分量在码元持续时间之内到达，因此信号是不可分解的。信号的时间扩展虽然仍会造成相邻码元之间的重叠，但是并不严重。因为不可分解的多径分量叠加也会降低信噪比，所以平坦衰落信道有时也会出现一定的频率选择性衰落。为了减小这种情况下的性能损失，通常需要提高发射功率或采用信号分集和纠错编码技术。

对于多径传输所引起的信道频率选择性衰落，除最大多径时延 $t_{\max}$ 外，相干带宽（Coherence Bandwidth）f_0 也是描述系统性能的一个重要参数；它是一个频率范围的统计量，在该带宽范围内，能通过信号的所有频率成分，并具有等量的增益和线性相位。因此，相干带宽表示这样一个频率范围，即在该范围内，信道冲激响应的谱分量的幅值具有很强的相关性；对于通过该范围的发射信号，信道对其不同频率成分的影响是相似的。通常，f_0 和 $t_{\max}$ 之积为常数，可以通过式（2.24）来简单地估算相干带宽：

$$
f_0 \approx 1/t_{\max} \tag{2.24}
$$

假设发射信号的带宽为B，如果 f_0 满足 $f_0 < B \approx 1/T_s$，则该信道是频率选择性衰落信道；如果满足 $f_0 > B \approx 1/T_s$，则该信道是平坦衰落信道。

② 时域特性划分。

收发之间的相对运动会造成传播信道的改变，从而使信道具有时变特性。若发送的是连续波信号，这种时变性会使接收信号的幅度和相位发生变化。如果信道是平稳的，则当运动停止时，接收信号的幅值和相位保持不变，此时信道表现出时不变性；但是当运动重新开始时，则信道又表现出时变性。由于信道特征与发射机、接收机的位置有关，因此其时变性等同于空间变化特性。本节前面曾提到，对于完全相同的信号，当采用两副天线进行接收，且两天线之间的位移超过一定数值时，所接收到的信号是统计无关的。因此，若给定相对运动的速度，则很容易将这个空间变化的位移转换为时间（相干时间）。

信道的相干时间 T_0 指的就是信道响应基本保持不变的最大时间范围，它的倒数 $1/T_0$ 称为信道的衰落速率。T_0 与多普勒频移 f_D 之积为常数，通常有以下经验公式：

$$T_0 = \frac{\lambda/2}{v} = \frac{0.5}{f_D} \tag{2.25}$$

式中，λ 表示信号波长；v 表示移动速度。因为小尺度衰落的相邻两个零点之间的间距通常约为 $\lambda/2$，经验公式（2.25）采用以速度 v 穿越半个波长的时间来估算 T_0。

根据信道的相干时间 T_0 和传输符号码元周期 T_s 之间的关系，可以在时域上将小尺度衰落信道划分为快衰落（Fast Fading）信道和慢衰落（Slow Fading）信道两种。

当 $T_0<T_s$ 时，信道的相干时间小于码元周期，称该信道是快衰落信道。快衰落信道的衰落特性将在一个码元周期内改变数次，从而引起基带脉冲波形的失真，这将导致不可减小的差错率。这种基带脉冲波形的失真将会导致接收机的锁相环失效，加大匹配滤波器的设计难度。为了克服快衰落的影响，通常需要增加系统的传输速率（减小符号周期），使相干时间 T_0 至少为符号周期 T_s 的 100～200 倍。

当 $T_0>T_s$ 时，信道的相干时间大于码元周期，称该信道是慢衰落信道。在慢衰落信道中，信道状态在一个码元周期内保持不变，传输的码元就不会出现脉冲失真。目前，大多数的陆地移动通信系统都可以满足慢衰落信道的条件；但是对于航空通信系统来说，由于飞行器的高速移动，因此慢衰落的条件不一定能够满足或只能满足相干时间 T_0 是码元周期 T_s 的数倍到数十倍。当相干时间 T_0 不是远大于码元周期 T_s 时，在实际应用中会存在如下影响传输效率的问题。

通常，通信系统所发送的一帧信号是由导频和数据两部分组成的。导频的功能之一就是信道估计，其后续的数据传输部分，就可以利用信道估计的结果，对接收信号进行信道均衡，以正确恢复原始发送数据。这就要求在一帧信号的时间内，信道衰落特性基本保持不变，帧长度必须小于信道的相干时间 T_0；否则，信道衰落特性将发生变化，将导致基于导频的信道估计结果和数据传输阶段的实际信道响应之间存在很大的误差，使接收端无法正确恢复数据。为了获得较好的信道估计效果，导频符号所占的时间应该不小于信道最大多径时延 t_{max}，如果高速运动导致相干时间 T_0 变短，那么留给后续数据传输的时间也将会变短，从而将降低整个系统的传输效率。因为信道估计所需的导频开销比较大，所以这种情形在信道最大多径时延较大时或在多天线通信系统中尤为明显。

③ 小尺度衰落的衰落特性小结。

由多径传播引起的时间扩展和由运动引起的信道时变，其机制在时域描述和频域描述上是一一对应的，通常称其为对偶机制。

在时域，根据最大多径时延 τ_{max} 和码元周期 T_s 之间的关系，将信道划分为频率选择性衰落信道和平坦衰落信道；相应地在频域，根据信道衰落速率 $1/T_0$ 与码元速率 $1/T_s$ 之间的关系，可以将信道划分为快衰落信道和慢衰落信道。

在频域，根据相干带宽 f_0 和信道带宽 B（$B \approx 1/T_s$）之间的关系，将信道划分为频率选择性衰落信道和平坦衰落信道；相应地在时域，根据信道相干时间 T_0 和码元周期 T_s 之间的关系，可以将信道划分为快衰落信道和慢衰落信道。

为了有利于通信信号的传输，我们总是希望避免出现频率选择性衰落和快衰落，这就要求 $\tau_{max}<T_s<T_0$。随着通信技术的发展，信息传输速率越来越快，也就是码元周期 T_s 越来越小，通常都能满足 $T_s \ll T_0$，即信道是慢衰落的；但是在这种情况下，$\tau_{max}<T_s$ 不能满足，信道就会发生频率选择性衰落。目前，对抗频率选择性衰落的主要方法有均衡技术、正交频分复用（OFDM）

技术、跳频技术等。

值得注意的是，有关小尺度衰落的频域和时域的特性划分，是以码元周期 T_s 或码元速率 $1/T_0$ 为参照的。同样的传输信道，对于码元速率较高的通信系统是频率选择性衰落信道；而对于码元速率较低的通信系统来说，也许就是一个平坦衰落信道。因此，必须以具体的系统参数为参照，才能对信道的衰落特性做出准确的判断和归类。

（2）常见小尺度衰落模型。

对于综合考虑多径传播和多普勒效应后的信道冲激响应式（2.22），如果各条路径的信道衰落相互独立并且衰落系数大致相等，则当路径数较多时，有

$$h(\tau,t)=\lim_{N\to\infty}\frac{1}{\sqrt{N}}\sum_{n=1}^{N}\mathrm{e}^{\mathrm{j}\theta_n}\mathrm{e}^{\mathrm{j}2\pi f_{\mathrm{D},n}t}\delta(\tau-\tau_n) \tag{2.26}$$

式（2.26）就是 Bello 于 1963 年提出的广义平稳非相干散射（Wide Sense Stationary Uncorrelated Scattering，WSSUS）模型。由于该模型适合描述均匀散射且各散射路径的信号互不相关的情形，它能够较好地表征非视距传输的无线信道特性，因此得到了广泛的应用。由式（2.26）及各路径相互独立的条件，容易证明 $h(\tau,t)$ 的均值为零，其自相关函数的取值与时间 t 无关，与时间差Δt 有关，满足广义平稳的要求。

对于式（2.26）来说，由于各条路径相互独立，并且具有相同的概率分布，因此当路径数目较多时，根据中心极限定理，$h(\tau,t)$ 可以视为均值为零的复高斯随机过程，其包络 $r_0(t)$ 服从瑞利分布（Rayleigh Distribution），其相位 $\theta(t)$ 在区间 $[0, 2\pi)$ 上服从均匀分布。其包络 $r_0(t)$ 和相位 $\theta(t)$ 的概率密度函数分别为

$$p_{r_0,\mathrm{Rayleigh}}(x)=\frac{2x}{c^2}\exp\left(-\frac{x^2}{c^2}\right),\quad x\in[0,+\infty) \tag{2.27}$$

$$p_0(x)=\frac{1}{2\pi},\quad x\in[0,2\pi) \tag{2.28}$$

虽然 $r_0(t)$ 和 $\theta(t)$ 随时间动态变化，但它们在任何时刻的取值，都来自取值区间全体，可以认为它们的概率密度独立于时间。在式（2.27）中，c^2 表示信道冲激响应的功率；对于式（2.26）所描述的 WSSUS 信道模型，因为对功率进行了归一化，所以有 $c^2=E[|h(t,\tau)|^2]=1$。

WSSUS 信道描述了多径信道存在大量散射而没有直射路径的情形，其包络服从瑞利分布。当信道的包络为瑞利分布时，信道的衰落类型通常称为瑞利衰落（Rayleigh Fading）。此外，实际应用中还存在另一种常见的情形，就是多径信道除大量的散射路径之外，还有一条较强的直射路径，此时信道冲激响应的相位仍然服从均匀分布，但是它的包络服从莱斯分布（Rice Distribution），这种衰落称为莱斯衰落（Rice Fading）。在莱斯衰落条件下，信道冲激响应 $h(\tau,t)$ 的包络 $r_0(t)$ 的概率密度函数为

$$p_{r_0,\mathrm{Rice}}(x)=\frac{2x}{c^2}\exp\left(-\frac{x^2+a^2}{c^2}\right)\mathrm{I}_0\left(\frac{2x}{c^2}\cdot a\right),\quad x\in[0,+\infty),a\geqslant 0 \tag{2.29}$$

式中，a 表示直射分量的幅度；c^2 表示散射分量的功率；$\mathrm{I}_0(\cdot)$表示零阶第一类修正贝塞尔函数。为了将莱斯信道的冲激响应也进行功率归一化，则有 $a^2+c^2=1$。通常，用莱斯因子 K_{Rice} 表示直射路径与散射路径的功率之比：

$$K_{\mathrm{Rice}}=\frac{a^2}{c^2} \tag{2.30}$$

式（2.30）也经常写成分贝（dB）形式，有 $K_{\text{Rice}} = 10\lg\frac{a^2}{c^2}\,(\text{dB})$。

根据 $a^2 + c^2 = 1$ 及式（2.30），可以用莱斯因子 K_{Rice} 对 a 和 c 分别进行计算：

$$a = \sqrt{\frac{K_{\text{Rice}}}{K_{\text{Rice}} + 1}} \tag{2.31}$$

$$c = \sqrt{\frac{1}{K_{\text{Rice}} + 1}} \tag{2.32}$$

考察极限 $\lim\limits_{K_{\text{Rice}} \to 0} a = 0$，$\lim\limits_{K_{\text{Rice}} \to 0} c = 1$，当莱斯因子 K_{Rice} 趋于0时，信道没有直射分量而只有散射分量，信道衰落的包络将趋于瑞利分布。考察极限 $\lim\limits_{K_{\text{Rice}} \to 0} a = 1$，$\lim\limits_{K_{\text{Rice}} \to 0} c = 0$，信道只有直射分量而没有散射分量，发射信号只会受直射路径的多普勒频移和接收机热噪声的影响；此时如果收发相对静止，莱斯信道将退化为加性高斯白噪声（Additive White Gaussian Noise，AWGN）信道。（上面是通过物理意义对莱斯因子 K_{Rice} 的两种极端取值进行分析得出的结论，如果从数学角度出发，也可以分别证明 $\lim\limits_{K_{\text{Rice}} \to 0} p_{r_0,\text{Rice}}(x) = p_{r_0,\text{Rayleigh}}(x)$，$\lim\limits_{K_{\text{Rice}} \to 0} p_{r_0,\text{Rice}}(x) = \delta(x-1)$，感兴趣的读者可以自行推导验证。）

因为莱斯信道可以表征视距传输条件下同时具有大量散射路径的无线信道特性，这和航空超短波通信的环境相吻合，所以航空超短波信道通常被建模成莱斯信道模型，对此我们将在2.2.2节中具体介绍。

2.2 数据链通信信道

不同的数据链应用，其通信频段、通信方式、通信环境也会不同，无线信道也具有不同的信道特征，会对数据链信号的传输性能产生不同的影响。数据链根据作战任务，选择适当的信道来满足战术信息传输要求。数据链的信号传输技术要去适应通信信道条件才能获得更好的性能。

信道是通信信号的传输媒质，一般用传输信号的频段来描述信道。数据链使用的无线信道根据频段分为超短波信道、短波信道和卫星信道等。在数据链收发信机中，基带信号被载波调制到不同频段，信道带宽表示的是载波的范围。

实际应用时，根据网络规划或频谱管理规划，将信道划分为多个子信道，即在信道频段内选择有一定间隔的频率，称为工作频率或工作频点。这些工作频率随作战/训练场景及任务的变化而不同，甚至在单次作战/训练中也会变化，以防止干扰己方其他通信设备或对抗敌方的干扰。

2.2.1 短波信道

短波信道

按照国际电信联盟的划分，短波是指波长为10～100 m（频率为3～30 MHz）的电磁波，利用短波进行的无线电通信称为短波通信，又称为高频（HF）通信；但人们通常把中波的高频段（1.5～3 MHz）也归到短波波段中去，现有的许多短波通信设备，其频率范围一般为1.5～30 MHz。

1. 短波电波传播

短波的电波传播有两种基本形式：地波传播和天波传播，如图2.9所示。其中，地波又可以由地表面波、直接波和地面反射波三种分量构成，地表面波沿地球表面传播，直接波为视距传输，地面反射波是经地面反射传播的；天波传播是指电波经电离层反射后到达地面接收点的一种传播方式，其距离可达数百至上千千米。

1）地波传播

短波地波受地面吸收而衰减的程度，要比长波和中波大。其传播的情况主要取决于地面（包括电波能够穿透的地层）的电气特性；地形起伏、地表植被及建筑物等，对地波传播都有很大影响。地波在导电性能良好的海面上传播时，衰减较小；反之，地波在干燥的沙地上或地形起伏很大的山区传播时，衰减则很大。由上可知，短波地波只适用于近距离通信，使用其低端频率（1.6～5 MHz），海面通信距离最远可达（或略超过）1 000 km，陆地通信距离只有几十千米。

由于地表的地貌、地物和土壤的电气参数都不会随时间很快地发生变化，而且基本上不受气象条件的影响，因此地波传播几乎不存在日变化和季变化；并且利用地波通信，不需要像天波那样，为了维持链路通畅而经常改变工作频率。地波信号稳定，色散效应很小。短波地波传播大多用于海上船与舰之间或舰与岸之间的通信链路；陆地上的短距离链路，也常常使用地波。

2）天波传播

（1）电离层结构。

从地面到 1 000 km 的高空区域有各种气体存在，这一区域称为大气层。在接近地面的空间里，由于对流作用，因此其成分基本稳定，是各种气体的混合体；在离地面 60～80 km 的高空，对流作用很小，不同成分的气体不再混合在一起，而按质量的不同分成若干层，就每一层而言，由于重力作用，因此分子或原子的密度是上疏下密的。大气层在太阳辐射能的作用下，分子或原子中的一个或若干个电子游离出来成为自由电子而发生电离，使高空形成了一个厚度为几百千米的电离现象显著的区域，这个区域称为电离层。电离层电子密度呈不均匀分布，按照电子密度随高度变化的情况，依次分为：D 层、E 层、F1 层和 F2 层，其示意图如图 2.10 所示。

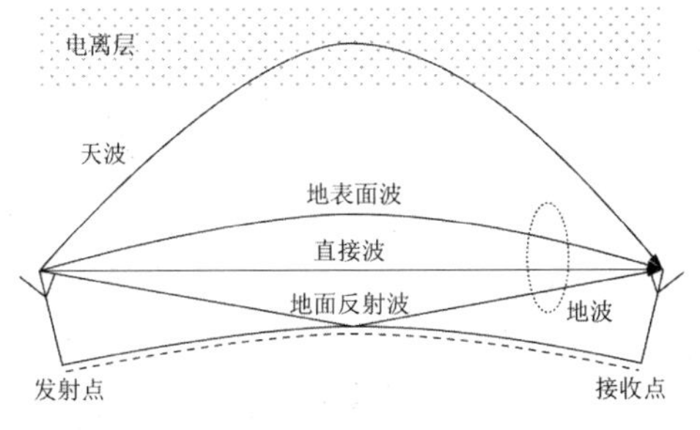

图 2.9　短波电波传播示意图

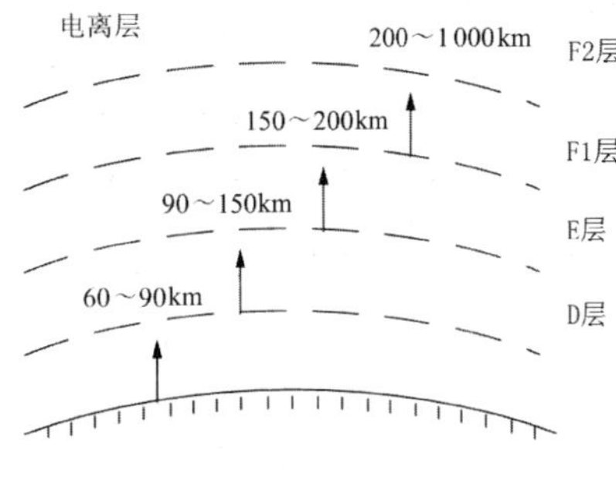

图 2.10　电离层分布示意图

D 层：D 层是最低层，出现在距地面 60～90 km 的高度处，最大电子密度发生在 70 km 处。因为 D 层出现在太阳升起时，而消失在太阳降落后，所以在夜间，不再对短波通信产生影响。因为 D 层的电子密度不足以反射短波，所以短波以天波传播时，将穿过 D 层。不过，在穿过 D 层时，由于电波将遭受严重的衰减，频率越低，衰减越大，并且在 D 层中的衰减量将远远大于 E 层、F 层，因此 D 层为吸收层。在白天，D 层决定了短波传播的距离，以及为了获得良好的传播所必须具有的发射机功率和天线增益。不过研究表明，D 层在白天有可能反射频率为 2～5 MHz 的短波。在 1 000 km 距离的信道试验中，通过测量所得到的衰减值和计算值比较一致。

E 层：E 层出现在距地面 90～150 km 的高度处，最大电子密度发生在 110 km 处，在白天认为基本不变。在通信线路设计和计算时，通常都以 110 km 作为 E 层高度。和 D 层一样，E 层出现在太阳升起时，而且在中午电离达到最大值，之后逐渐减小，在太阳降落后，E 层实际上对短波传播已不起作用。在电离开始后，E 层可以反射频率高于 1.5 MHz 的电波。

ES 层：ES 层称为偶发 E 层，是偶尔发生在地球上空 120 km 高度处的电离层。ES 层虽然偶尔存在，但是由于它具有很高的电子密度，甚至能将高于短波波段的频率反射回来，因此在目前的短波通信中，许多人都希望能选用它来作为反射层。当然 ES 层的采用应十分谨慎，否则有可能使通信中断。

F 层：对短波通信来讲，F 层是最重要的，在一般情况下，远距离短波通信都选用 F 层作为反射层。这是由于其比其他导电层具有更高的高度，传播距离更远，因此习惯上称 F 层为反射层。F 层分为 F1 层和 F2 层，F2 层的电子密度最大，F1 层次之。

（2）天波传播模式。

电波到达电离层，可能发生三种情况：被电离层完全吸收、折射回地球、穿过电离层进入外层空间，这些情况的发生与频率密切相关。低频端的吸收程度较大，并且随着电离层电离密度的增大而增大。

单跳天波传播示意图如图 2.11 所示。电波进入电离层的角度称为入射角，入射角对通信距离有很大的影响。对于较远距离的通信，应用较大的入射角，反之应用较小的入射角。但是，如果入射角太小，则电波会穿过电离层而不会折射回地面；如果入射角太大，则电波在到达电离密度大的较高电离层前会被吸收。由此可知，入射角应选择在保证电波能返回地面而又不被吸收的范围。

以上讲的是单跳模式，即经过一次电离层反射。在天波传播中，往往存在着多跳模式，多跳天波传播示意图如图 2.12 所示。图中，电波经过两次 F 层反射（两跳），称为 2F 模式。在不同通信距离时，存在不同的传播模式。在短波传播中，存在地波和天波均不能到达的区域，这个区域通常称为盲区（静区）。

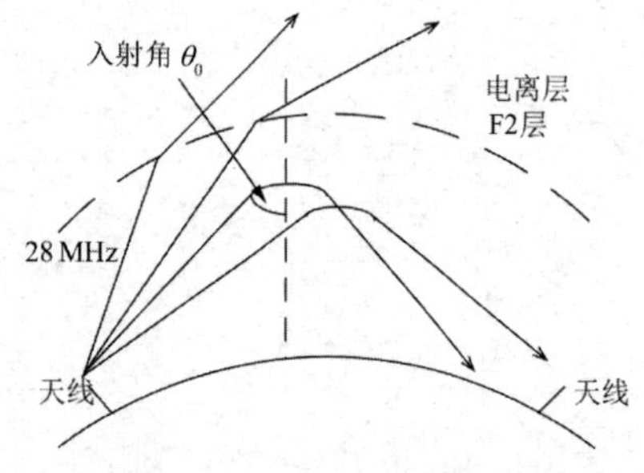

图 2.11　单跳天波传播示意图

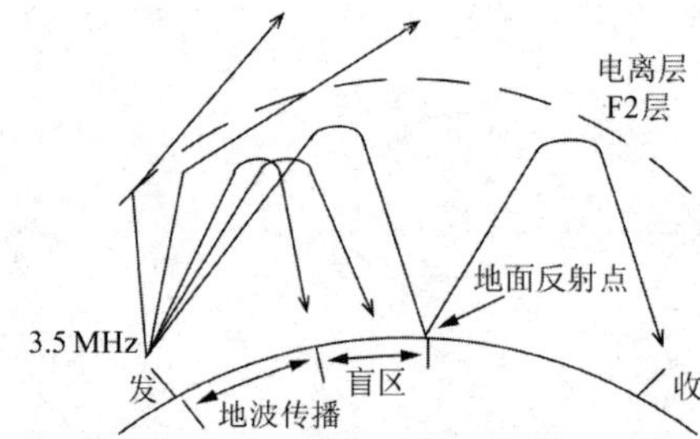

图 2.12　多跳天波传播示意图

在短波对空通信中，在距机场 50～100 km 处常发生通信中断，这就是盲区的存在所导致的结果。缩小盲区的办法是选用高仰角天线减小电波到达电离层的入射角，同时选用较低的工作频率，以使电波在入射角较小时不至于穿透电离层。

2. 短波信道的特性

1）信道拥挤

短波波段信道拥挤，频带窄，因此要采用特殊的调制方式，如单边带（SSB）调制。这种调制比调幅（AM）节省了一半带宽，并且由于其抑制了不携带信息的载波，因此还节省了发射功率，目前短波通信装备均采用单边带调制。但短波信道的时变和色散特性，使通信可用的瞬时频带较窄，限制了传输速率。

2）传播损耗

短波信道的总传播损耗包括自由空间基本传播损耗，电离层的偏移、非偏移吸收损耗，以及极化耦合损耗、多跳地面反射损耗、极区吸收损耗、ES 层附加损耗等。但目前实际能计算的损耗只有三项，即自由空间基本传播损耗、电离层非偏移吸收损耗和多跳地面反射损耗；而其他各项损耗，以及为以上各项损耗的逐日变化所留的余量不易明确计算，统一称为附加系统损耗。所以，电离层传播损耗可表示为

$$L_b(\mathrm{dB}) = L_p + L_i + L_g + Y_p \tag{2.33}$$

式中，L_p 为自由空间基本传播损耗；L_i 为电离层吸收损耗；L_g 为多跳地面反射损耗；Y_p 为附加系统损耗。

上述四项中，最主要的一项是 L_p，它是电波从发射端向远方传播时，随着波束截面逐渐扩大，能量发生扩散所致的。L_i 随着电离层反射次数的增加而增加。L_g 只是在多跳传输时才有，天线的地面损耗已在天线增益内扣除，L_g 内不包括。在电波传播过程中还有一些能量损耗目前不易明确计算，这些损耗根据经验统计集中为附加系统损耗 Y_p。

自由空间基本传播损耗是无线电波离开发射天线以后因几何扩散而引起的能量损耗。最简单的天波传播情况，是假定地面和电离层都是平的，而且是镜面反射的。在这种情况下，能量密度随射线路径距离的平方减小。自由空间基本传播损耗的具体计算参见 2.1.2 节。对于长距离传输，包括单跳和多跳路径，其有效几何路径长度基本上与地面大圆距离呈线性关系。

电离层吸收可以分成非偏离吸收和偏离吸收两部分。非偏离吸收是指电波在 D 层传播不出现折射时的吸收，它是电离层吸收的主要部分。偏离吸收是指电波在 E 层或 F 层反射区的吸收；偏离吸收很小（≤1 dB），一般可以忽略。电离层吸收的程度与太阳黑子数、反射点的太阳天顶角、季节、工作频率、磁旋频率和辐射仰角等参数有关，理论计算十分困难。在工程应用中通常采用半经验公式进行计算。

多跳地面反射损耗是电波经地面反射发生的。这种损耗只有两跳以上并经地面反射的传播方式才有。

附加系统损耗是为了补偿信号强度逐日起伏而考虑的余量。对大量实测数据分析的结果表明，附加系统损耗的分布是地磁纬度、季节、本地时间和路径长度的函数。在工程计算中，附加系统损耗也可以简单地按 CCIR 339 号建议中的信号强度起伏因子取为 14 dB。

此外，由于高频馈线系统存在功率损耗，因此发射机馈送到发射天线上的功率实际上总是低于其额定输出功率的。高频馈线系统损耗包括馈电线本身因辐射、反射、衰减等现象所引起的损耗，还包括天线开关和平衡不平衡变换器等高频设备所引起的介入损耗。

高频馈线系统功率损耗的主要原因是能量的反射和衰减。在进行链路系统设计时，必须充分估计这两方面所造成的功率损耗。

为使发射天线能够尽量多地将发射机输出的信号能量发射出去，或者使接收天线能够尽量多地将接收到的信号能量传送到接收机，天线输入阻抗应尽可能地与馈电线的特性阻抗相匹配。在短波通信中经常使用宽带天线，由于宽带天线的输入阻抗随频率的变化而变化，因此在选择和设计天线时，应设法减小天线输入阻抗随频率变化的程度。

3）多径时延

由发射地点发出的电波总是经几条不同路径到达接收地点。由于各条路径的长度不一样，

因此到达接收地点所需要的时间自然也不同。

在短波信道上，多径时延有下列特征：随着工作频率偏离 MUF 的增大而增大；和通信距离有密切关系；随时间的变化而变化。

多径时延随时间的变化而变化的原因是电离层的电子密度随时间的变化而变化，从而使 MUF 随时间的变化而变化。电子密度变化越急剧，多径时延的变化也越严重。通常在黎明时分，电子密度的变化最大。多径时延除随日、小时变化外，由于电离层的结构还存在着较快的随机起伏，因此也存在着快变化，甚至在零点几秒的时间区间内都会发生变化。因此严格地讲，应采用统计平均值来描述多径时延。多径时延在频域上的反映就是频率选择性衰落。

在短波通信中比较常用的抗衰落方法：采用不易受衰落影响的调制技术；采用分集接收技术；增大等效发射功率；选用接近 MUF 的频率，把多径效应控制到最小；采用自适应天线阵，以克服多径效应。

4）多普勒频移

当电离层的高度快速变化时，多普勒效应的关系使天波信号的频率（或相位）发生变化。当电离层反射点的高度降低时，路径长度相应缩短，此时发射频率似乎提高了Δf；反之，当电离层反射点的高度升高时，路径长度增大，发射频率似乎降低了Δf。这种所谓的多普勒频移，在电离层处于寂静状态时（一般是夜间）为 1～2 Hz 甚至 1 Hz 以下；在日出和日落期间则比较大，可达几赫兹（Hz）；而在电离层骚扰时最严重，可能达到十几赫兹或几十赫兹。

多普勒频移实际上也常常由短波传播的多径效应所引起。当出现多普勒频移时，信号频谱产生畸变。从时间域观察，这种现象表示短波天波的传播存在时间选择性衰落。

多普勒频移与衰落速率、信噪比的大小有关，衰落速率越高和信噪比越低，频移或相位起伏就越严重。多普勒频移也与工作频率有关，当工作频率较高而且接近 MUF 时，多径效应减小，从而频移或相位起伏也减小。多普勒频移对短波通信质量的影响，不仅会引起信号失真，而且严重限制电报和数据传输的速率。

5）相位起伏与频谱扩散

信号相位起伏是指相位随时间的不规则变化。引起信号相位起伏的主要原因是多径传播。此外，电离层折射率的随机变化和电离层不均匀体的快速运动，都会使信号的传输路径长度不断变化，从而出现相位的随机起伏。根据实测结果得出：信号衰落率越高，信噪比越低，相位起伏就越大。

如果在电离层信道输入一正弦波信号，那么即使不存在热噪声之类的加性干扰的作用，经多径衰落信道后，输出信号波形的幅度也可能随时间而变化，也就是衰落对信号的幅度和相位进行了调制。此时，信道输出信号的频谱比输入信号的频谱有所展宽，这种现象称为频谱扩散。

当信号的相位随时间变化时，必然产生附加的频移。无线信道中的频率偏移主要是由收发双方的相对运动引起的。必须指出，当只存在一根射线时，也就是在单一方式传播的条件下，由于电离层经常性的快速运动和反射层高度的快速变化，使传播路径的长度不断地变化，信号的相位也随之产生起伏不定的变化。若从时间域的角度观察这一现象，就意味着短波的传播中存在时间选择性衰落。

2.2.2 超短波信道

超短波信道

航空超短波通信主要为飞机提供在高速移动条件下的空对空和空对地的信

息传输，它在航空交通管制、航空多媒体接入，以及军事领域的监视、侦察和联合作战等方面均发挥着重要的作用；超短波是数据链的主要通信频段，覆盖 Link-4A/Link-11 数据链的 UHF 通信频段（225～400 MHz），以及 Link-16 数据链的 L 通信频段（960～1215 MHz）。

因为航空器的移动速度要比地面终端的移动速度快得多，所以与陆地无线信道相比，航空超短波信道表现出比陆地无线信道更强的多普勒频率扩展，从而具有更快的时变特性。此外，航空超短波信道的最大多径时延通常与飞行器的高度成正比，因此其信道比陆地无线信道具有更大的多径时延。以上因素导致航空超短波通信系统的同步、信道估计及均衡等信号处理的难度增加。

1. 超短波通信的特点

综合来说，航空超短波信道主要有以下特点。

（1）电波以视距传播方式为主，受地球曲率的影响，其通信距离主要与收发双方的天线高度相关。根据几何学推导，取地球半径 $R_0 \approx 6\,370\ \text{km}$ ，很容易得出视距传播的极限距离：

$$d_{\max} \approx k(\sqrt{h_1} + \sqrt{h_2}) \tag{2.34}$$

式中，$d_{\max}$ 为视距传播的极限距离（km）；h_1、h_2 为收发两端的天线高度（m）；k 为常数，通常取 $k = 3.57$ ，考虑大气波导等因素时 $k = 4.12$ 。

（2）在视距传播条件下，信道较为稳定，通信质量较好；但在传输过程中容易受到飞行器自身及地形地物的影响。

（3）信号在传输过程中，存在较大的多普勒频移和多径时延。

2. 超短波信道模型

航空超短波通信作为一种无线通信方式，对其信道特征的描述与对常规无线信道特征的描述相同。下面主要针对航空超短波信道的小尺度建模进行介绍。

目前关于超短波信道的小尺度衰落建模，最为经典的数学模型是 2002 年由 Haas 归纳的航空超短波信道模型。该模型考虑了飞机在飞行、起降、滑行和停泊四种不同场景下，各自具有的不同信道特征。这四种不同场景下的信道建模，可以统一放在莱斯信道模型的框架下进行描述，只是信道的各种特征参数有所差别。

例如，对于飞行场景和起降场景，这两种情形下飞机处于高空中，信道通常都具有一条直射波和若干散射波，因为存在视距传播，所以直射波能量很强，莱斯因子的典型值为 15 dB 左右；对于滑行场景，因为飞机的高度比较低，所以散射路径能量变强，莱斯因子的典型值约为 6.9 dB；对于停泊场景，直射波基本消失，整个通信信道以大量散射波为主，莱斯因子趋于零，莱斯信道将退化为瑞利信道。

对于上述四种场景，除了莱斯因子，其他参数（如多径时延分布、最大多径时延、多普勒功率谱分布等）也会有所不同。因为滑行场景和停泊场景与陆地移动无线通信信道类似，所以下面主要对飞行场景和起降场景下的航空信道模型进行介绍，而滑行、停泊场景的相关内容请查阅本章参考文献[4]。

1）飞行场景的航空信道模型

飞行场景模型适用于描述飞机与地面之间的地空通信，或者在空中两架飞机之间的空空通信。在飞行场景下，包含一条能量较强的直射路径和若干散射路径，由于各散射路径的时延大致相等，因此也将此情形下的信道模型称为两径模型：一条是直射路径，另一条是服从瑞利分布的散射路径。在飞行场景下，莱斯因子的取值通常在 2～20 dB 之间，其典型值为 15 dB。

下面从多普勒效应和多径效应两方面分别对飞行场景的信道模型进行描述。

（1）飞行场景的多普勒效应。直射路径的多普勒频移可以用式（2.17）进行计算，而散射的各路径到达角度，与常规的无线移动通信有所不同。

在常规无线移动通信中，散射电波的到达角度在二维平面内通常是全向分布的，相应的多普勒功率谱描述方法，是1968年Clarke推导得出的经典二维全向散射多普勒功率谱函数（有时也被称为Jake分布）：

$$p(f_{\mathrm{D,max}})=\begin{cases}\dfrac{1}{\pi f_{\mathrm{D,max}}\sqrt{1-(f_{\mathrm{D}}/f_{\mathrm{D,max}})^2}}, & |f_{\mathrm{D}}|<f_{\mathrm{D,max}}\\ 0, & \text{其他}\end{cases} \tag{2.35}$$

式中，$f_{\mathrm{D,max}}$表示最大多普勒频移。定向二维散射的多普勒功率谱如图2.13（a）中的虚线所示。

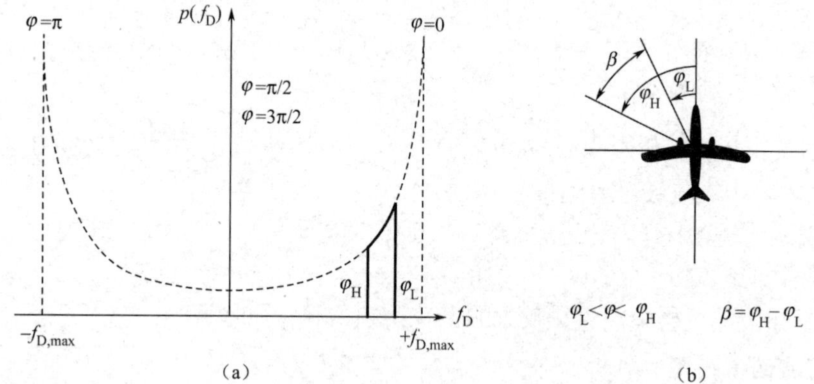

图2.13 定向二维散射的多普勒功率谱

在航空信道的飞行场景下，受收发间距离较大及地球曲率的影响，散射波到达角度不是全向分布的，而是主要集中在一个角度为β的窄波束范围内，如图2.13（b）所示。所有散射波到达角度在β内服从均匀分布，并且β的取值会随着收发间距离的增加而减小，其典型值是3.5°。这种定向二维散射的多普勒功率谱，是全向散射多普勒功率谱函数的一部分（见图2.13（a）中φ_{H}和φ_{L}之间的实线），可以通过均匀分布的前提条件，以及对式（2.36）两种情形、最小到达角度φ_{L}和最大到达角度φ_{H}进行函数变换得到，其具体表达式需要在下面三种情形中做出选择。

情形一，当$0\leqslant\varphi_{\mathrm{L}}<\varphi_{\mathrm{H}}\leqslant\pi$时：

$$p(f_{\mathrm{D,max}})=\begin{cases}\dfrac{1}{(\varphi_{\mathrm{H}}-\varphi_{\mathrm{L}})f_{\mathrm{D,max}}\sqrt{1-(f_{\mathrm{D}}/f_{\mathrm{D,max}})^2}}, & f_{\mathrm{D,max}}\cos\varphi_{\mathrm{H}}<f_{\mathrm{D}}<f_{\mathrm{D,max}}\cos\varphi_{\mathrm{L}}\\ 0, & \text{其他}\end{cases} \tag{2.36a}$$

情形二，当$\pi\leqslant\varphi_{\mathrm{L}}<\varphi_{\mathrm{H}}\leqslant 2\pi$时：

$$p(f_{\mathrm{D,max}})=\begin{cases}\dfrac{1}{(\varphi_{\mathrm{H}}-\varphi_{\mathrm{L}})f_{\mathrm{D,max}}\sqrt{1-(f_{\mathrm{D}}/f_{\mathrm{D,max}})^2}}, & f_{\mathrm{D,max}}\cos\varphi_{\mathrm{L}}<f_{\mathrm{D}}<f_{\mathrm{D,max}}\cos\varphi_{\mathrm{H}}\\ 0, & \text{其他}\end{cases} \tag{2.36b}$$

情形三，在其他情况下，需要根据取值的可能性对式（2.36a）和式（2.36b）进行综合加权。

（2）飞行场景的多径效应。经测试，对于地空通信链路，在直射路径和散射路径的路程差$\Delta d=60\ \mathrm{km}$时，相应的最大多径时延$\tau_{\max}\approx 200\ \mu\mathrm{s}$；对于空空通信链路，在直射路径和散射路

径的路程差 $\Delta d = 300$ km 时，相应的最大多径时延 $\tau_{max} \approx 1$ ms 甚至更高。

Haas 在本章参考文献[4]中给出了在飞行场景下利用飞机的飞行高度 h 来估算最大多径时延 τ_{max} 的简单方法。因为在飞行场景下，通信双方之间的距离较远，所以可以运用简单的几何学分析，得出路程差 Δd 和飞机高度 h 之间的关系：对于地空通信链路，$\Delta d \approx h$；对于空空通信链路，$\Delta d \approx 2h$。利用路程差 Δd 和光速 c，可以估算出最大多径时延 $\tau_{max} \approx \Delta d/c$。假设飞机的飞行高度为 $h = 10$ km，那么就可以估算出，对于地空通信链路 $\tau_{max} \approx 33\ \mu s$，而对于空空通信链路 $\tau_{max} \approx 66\ \mu s$。需要注意的是，这种估算方法估算出的是典型值，并没有考虑大气波导现象的影响。根据本章参考文献[4]，可以得出结论：在航空信道的飞行场景下，最大多径时延 τ_{max} 与飞行高度 h 成正比。

2）起降场景的航空信道模型

起降场景模型适用于描述飞机与地面之间在起飞或者降落阶段的地空通信。飞机在起飞和降落阶段，主要和机场的塔台进行通信，起飞和降落阶段的信道模型参数基本相同，只是两种情形的多普勒频移恰好是反向的。起降场景与飞行场景的相同之处在于，两者都具有一条能量较强的直射路径和若干散射路径；不同之处在于，飞行场景的各散射路径时延大致相等，而起降场景的散射路径时延特性服从指数分布。在起降场景下，莱斯因子的取值通常在 9～20 dB 之间，其典型值仍为 15 dB。下面从多普勒效应和多径效应两方面分别对起降场景的信道模型进行描述。

（1）起降场景的多普勒效应。在起降场景下，由于飞机的运动方向与直射波的传播方向基本相同，因此可以利用式（2.17）对直射路径的多普勒频移进行计算，角度取值为 $\theta = 0^\circ$ 或者 $\theta = 180^\circ$。对于散射路径，因为此时收发距离比较近，所以散射路径的波束宽度变大，通常角度 β 的取值为 180°，最小和最大到达角度的典型取值为 $\varphi_L = -90^\circ$，$\varphi_H = 90^\circ$。

（2）起降场景的多径效应。起降时，飞机与机场仍有一定的距离，此时散射路径的最大多径时延典型值为 $\tau_{max} \approx 7\ \mu s$，相当于 $\Delta d \approx 2\,100$ m 的路程差，散射路径的时延服从指数分布：

$$p(\tau) = \begin{cases} \dfrac{\exp(-\tau / \tau_{slope})}{\tau_{slope}[1 - \exp(-\tau_{max} / \tau_{slope})]}, & 0 < \tau \leqslant \tau_{max} \\ 0, & \text{其他} \end{cases} \tag{2.37}$$

在起降场景下，式（2.37）中的 $\tau_{slope} = 1\ \mu s$，散射路径的时延在区间 $(0, \tau_{max}]$ 上呈指数分布。

3）航空信道的仿真方法简介

上面给出了航空信道在飞行、起降两个场景下的信道模型，下面对其信道参数的仿真方法进行简要介绍。

第一步，根据信道莱斯因子的取值，利用式（2.31）和式（2.32）来分别确定直射路径和散射路径的幅度系数。

第二步，直射路径的多普勒频移可以用式（2.17）计算得出。

第三步，散射路径是由式（2.26）构成的 WSSUS 模型，综合考虑仿真的运算量和模型的准确程度，散射路径数 N 的取值不宜过大或者过小，通常情况下取 $N = 7$～10 即可。对于每条路径上的传输时延 τ_n、附加相移 θ_n、多普勒频移 $f_{D,n}$，因为它们的概率分布均为已知，所以可以利用计算机产生相应概率分布的随机参数。

信道模型参数生成以后，如果要利用它对通信信号传输进行仿真，需要进一步将模型离散化，将原本的连续函数变为离散函数。这时就需要根据奈奎斯特采样定理等相关知识，来确定整个仿真的采样率，其相应的时域和频域仿真方法请读者查阅相关文献。

2.2.3 卫星信道

自 1965 年第一颗国际通信卫星投入商用以来，卫星通信得到了迅速发展。随着数据链通信传输距离需求的不断增加，卫星通信远距离、大容量的传输优势已逐渐在数据链的距离扩展中得到应用，如美军的联合距离扩展 JRE、卫星战术数据链 S-TADIL J 和英军的卫星战术数据链 STDL。同时，军事侦察、监视及情报信息的获取和远距传输，也大量依靠通信卫星。

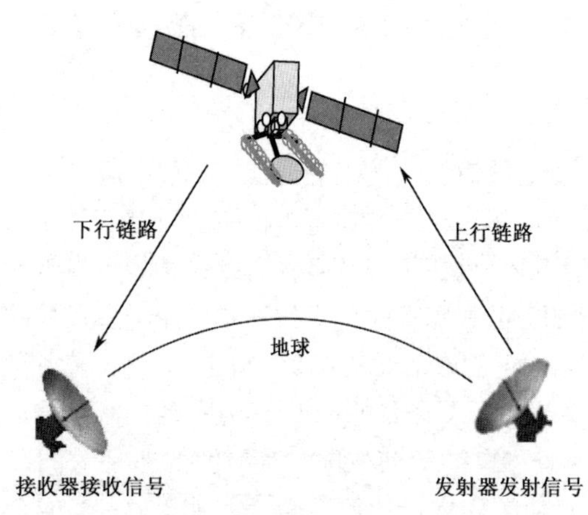

图 2.14　卫星通信示意图

卫星通信利用人造地球卫星运载的中继通信站进行中继，实现卫星天线波束覆盖范围内的地球上（地面、水面和低层大气中）的通信站之间的远距离无线通信，卫星通信示意图如图 2.14 所示。多个波束覆盖不同范围的地域，可以实现多个地球通信站之间的相互通信。卫星通信线路主要有上行链路、下行链路和卫星转发器。上行链路由地面发射站至卫星；下行链路由卫星至地面接收站；卫星中继设备又称卫星转发器。某一天线波束覆盖区域内的地面发射站所发送的信号，经上行链路被卫星转发器接收并进行变频、放大甚至处理，转换为下行信号，然后经下行链路由另一天线向其波束覆盖区域内的地面站转发。

1. 卫星通信的特点

与其他通信技术相比，卫星通信技术有着与众不同的特点，主要表现在以下几个方面。

（1）通信距离远，通信成本不受距离影响。卫星能为相距 18 000 km 的两个地面站提供直接通信。卫星通信的建站费用和运行费用不因通信站之间的距离远近及两站之间地面上的自然条件恶劣程度而改变，在进行远距离通信时，这比地面微波中继、电缆、光缆、短波通信等通信手段有明显的优势。

（2）覆盖地域广，通信的灵活性大。卫星通信是大面积覆盖，从理论上讲一颗静止卫星最大能覆盖 42.4%的地球表面积。由于卫星覆盖区域很大，而且在这个范围内的地球站基本上不受地理条件或通信对象的限制，有一颗在轨道上的卫星，就相当于在全国铺设了可以通过任何一点的无形的电路，因此使通信线路具有很大的灵活性。

（3）具有多址连接特性，可实现多点对多点通信。大部分通信手段通常只能实现点对点通信。例如，在地面微波通信中，只有在干线或分支线路上的中继微波站才能参与通信，线路以外的其他微波中继站点均无法利用它通信。而在卫星通信中，可以实现多点对多点通信，让地球站之间共用同一颗卫星进行双边或多边通信，也称为多址通信。多址连接的意思是同一个卫星转发器可以连接多个地球站，多址技术是根据信号的特征来分割信号和识别信号的，信号通常具有频率、时间、空间等特征。卫星通信常用的多址连接方式有频分多址、时分多址、码分多址和空分多址，另外频率再用技术也是一种多址方式。

（4）传播稳定可靠，通信质量高。卫星通信的电波主要在大气层以外的宇宙空间传输，宇宙空间接近真空状态，可看作均匀介质，电波传播比较稳定，不易受到自然条件和其他干扰的影响，信道近似为恒参信道，传输质量高，链路可用度通常都在 99%以上；卫星通信具有自发自收的能力，便于进行信号监测，确保传输质量。此外，传统的卫星通信可能会受恶劣天气（如特大暴雨、大冰雹、暴雪和日凌等）的影响；经过不断发展和成熟，现阶段的卫星通信已使用 Ku 波段和高功率卫星，相对于传统的 C 波段卫星来说，Ku 波段和高功率卫星已经大大提高了对天气和日凌的抗干扰能力。目前，用于因特网接入的卫星通信可以确保数据信息在传输时有较强的稳定性。

（5）可用频率范围大（频带宽）。由于卫星通信使用微波频段，因此信号所用带宽和传输容量要比其他频段大得多。目前，卫星通信带宽可达 500～1 000 MHz。一颗卫星的容量可达数千路甚至上万路电话，并且可以传输高分辨率的照片和其他信息。表 2.5 所示为卫星通信不同波段的应用范围。

表 2.5　卫星通信不同波段的应用范围

波　段	频率范围/GHz	总带宽/GHz	应 用 范 围
L	1～2	1	移动卫星服务（MSS）
S	2～4	2	MSS、NASA、太空研究
C	4～8	4	固定卫星服务
X	8～12.5	4.5	FSS 军事、地面地球探索和气象卫星
Ku	12.5～18	5.5	FSS 军事、广播卫星服务（BSS）
K	18～26.5	8.5	BSS、FSS
Ka	26.5～40	13.5	FSS

2. 卫星信道的特性

卫星通信的空间环境与地面通信的环境完全不同。在地面通信中，无线电波只受当地贴近地面的低层大气和当地地形地物的影响。对于空间站与地球站之间的卫星通信而言，无线电波要同时穿越电离层、同温层和对流层，因此地面与整个大气层的影响同时存在。卫星信道有着区别于其他信道的独有特性。

1）大气影响

通常把地球周围的大气层分为对流层、同温层和电离层。每一大气层的物理差别造成了每层电流传播的不同特性及不同影响。总之，在卫星通信中因跨越距离大而影响电波传播的因素有很多。表 2.6 所示为卫星通信中的传播问题。

表 2.6　卫星通信中的传播问题

传 播 问 题	物 理 原 因	主 要 影 响
衰减和天空噪声增加	大气气体、云、雨	10 GHz 以上频率
信号去极化	雨、冰结晶体	C 波段和 Ku 波段的双极化系统（取决于系统结构）
折射和大气多径	大气气体	低仰角跟踪和通信
信号闪烁	对流层和电离层折射扰动	对流层：低仰角和 10 GHz 以上频率 电离层：10 GHz 以下频率
反射多径和阻塞	地球表面及地球上的物体	卫星移动业务
传播时延变化	对流层和电离层	精确的定时、定位系统、TDMA 系统

2）传播损耗

卫星信道传播损耗的计算要根据卫星链路所处环境的不同而有所区别。就空间站与空间站之间的卫星通信而言，其传播环境完全可以认为是自由空间。在研究该段卫星通信链路的传播损耗时，应首先研究自由空间的损耗，这部分损耗在整个传播损耗中占绝大部分。至于其他因素引起的损耗，可以在考虑自由空间损耗的基础上加以修正。

但是，计算地空电路的传播损耗时要考虑以下各项因素：空间扩散损耗，氧气和水汽的吸收损耗，雨衰减，对流层闪烁衰落，波束扩散损耗，去极化效应，以及与站址分集改善等相关的因素。

大气气体的吸收损耗与频率和地面水汽密度有关。特别要考虑地空倾斜路径，在这种路径上氧气和水汽的吸收损耗都与仰角有密切的关系，必须进行比较复杂的仰角修正。另外，由于大气气体的密度是沿高度呈指数递降的，因此大气等效高度或等效路径长度的计算也很重要。

卫星信道的雨衰减与无线电波的频率、电波的极化、地空电路的仰角、地球站的经纬度和地球站所在地点的降雨情况有关。

3）多普勒频移

当卫星与用户终端之间、卫星与基站之间、卫星与卫星之间存在相对运动时，接收端所收到的发射端载频的频移，即多普勒效应所引起的附加频移，称为多普勒频移。多普勒频移对采用相关解调的数字通信危害较大。

对于地面移动通信，当载波频率为900 MHz、移动台速度为50 km/h时，最大多普勒频移约为41.7 Hz。非静止轨道卫星通信系统的最大多普勒频移远大于地面移动通信情况，可达几十千赫，因此必须考虑对其进行补偿，处理方法如下。

（1）终端—卫星闭环频率控制。该方法能进行精确的频移控制，但需要复杂的设备。

（2）星上多普勒频移校正。该方法不需要终端参与，设备较简单，但在一个覆盖区内存在接收频差；高椭圆轨道系统多普勒频移较小，一般只需增大信道间的保护带宽即可。

（3）链路接收端的预校正。

（4）链路发送端的预校正。

多普勒频移在LEO通信系统中是有害成分，在定位系统中却是有用的信息源。若已知卫星精确位置，则根据多普勒频移可进行地面定位。

4）传播时延

固定卫星业务系统的总传播路径时延，在很大程度上取决于卫星的高度，以及采用单跳还是多次跳接构成的卫星链路。地球站与卫星间的单向传输时延为

$$t=\frac{\sqrt{R^2+R_{\mathrm{E}}^2-2RR_{\mathrm{E}}\cos\alpha}}{c} \tag{2.38}$$

式中，R_{E}为地球的等效半径；$R=R_{\mathrm{E}}+h$，h为卫星的高度；c为光速；α为卫星方向和地球站间的地球球心的张角。当卫星处在地球球顶上方时，时延最小；当卫星处在地球站可看见的地平线上时，时延最大。

在非地球静止卫星通信系统中，由于地球站和卫星间的距离随时间变化，因此这种情况下的传输时延也在随时间变化；但这个变化一般不会超过20 ms。传输时延的变化对时分多址通信系统具有重要的意义。这种时延的变化将会使地球站之间的同步传输出现困难。在卫星通信中，我们关心的往往不是地球站—卫星—地球站之间时延的数值，而是两个以上地球站到卫星的传输时延的差，即差分传输时延。

5）信道噪声

卫星通信线路和其他无线电通信线路一样，其通信质量的好坏取决于接收系统输入端的信号载波功率和噪声功率的比值，而不单纯取决于信号载波功率的绝对值。卫星通信线路上无

线电波经过远距离的空间传播后，信号功率衰减很大，到达地球站或卫星接收天线时已十分微弱，同时在传播过程中还会引入各种噪声。因此，为了保证接收系统输入端信号载波功率和噪声功率的比值，将接收系统的噪声降低到最低程度极为重要。

接收系统的噪声可分为内部噪声和来自各种噪声源的外部噪声。其中，有些噪声是由天线从其周围辐射源的辐射中所接收到的，如宇宙噪声、大气噪声、降雨噪声、太阳噪声、天线噪声、地面噪声等；有些噪声则是伴随信号一起从卫星发出被接收端地球站接收到的，包括发射端地球站、上行线路、卫星接收系统的热噪声，以及多载波工作时卫星及发射端地球站的非线性器件产生的互调噪声；还有些噪声是干扰噪声，不过其频谱在 120 MHz 以下，这对工作于微波波段的卫星通信来说其影响可忽略不计。

（1）宇宙噪声。宇宙噪声主要包括银河系辐射噪声、太阳射电辐射噪声，以及月球、行星和射电点源的射电辐射噪声。频率在 1 GHz 以下时，因银河系辐射噪声影响较大，故一般将银河系噪声称为宇宙噪声。银河系噪声在银河系中心的指向上达到最大值，通常称之为指向热空；而在天空其他某些部分的指向上则是很低的，故称之为指向冷空。宇宙噪声是频率的函数，在 1 GHz 以下时，它是天线噪声的主要部分。

对于固定卫星业务所使用的频段，宇宙的背景成分对天线噪声温度的影响很小；但要考虑宇宙中的某些离散的辐射源，包括太阳、月亮，以及一些较强的射电星云（如仙后座 A、金牛座 A、天鹅座 A 和猎户座 A 等）。我们可以把这些星座辐射的噪声当成一个比较恒定的信号源，有意识地利用它进行地球站天线和品质因数的精密测量。但是当地球站天线到卫星的指向角度与到太阳、月亮的指向角度非常接近，甚至在一条直线上时，太阳和月亮的系统噪声就会给地球站带来严重的影响，以致造成通信中断。

（2）大气噪声。大气层对穿过它的电波，在吸收能量的同时，也会产生电磁辐射，从而形成噪声，其中主要是水蒸气和氧分子构成的大气噪声。大气噪声是频率的函数，在 10 GHz 以上时显著增加；此外，它又是仰角的函数，仰角越低，穿过大气层的途径越长，大气噪声对天线噪声温度的贡献也就越大。

（3）降雨噪声。降雨和云、雾在引起电波损耗的同时还产生噪声，即所谓的降雨噪声，它对天线噪声温度的贡献与雨量、频率、天线仰角有关。

（4）地面噪声。对微波来说，地球是一个较好的吸收体，是个热辐射源。从卫星向地球看，平均噪声温度约为-19.15℃。地球站天线，除由其旁瓣、后瓣接收到直接由地球产生的热辐射外，还可能接收到经地面反射的其他辐射。当仰角不高时，地面噪声中对天线噪声测试贡献最大的是副反射面的溢出噪声，这是指卡塞格林天线（卫星通信地球站工作在 1 GHz 以上频段时，使用较多的就是这种天线或其变形）馈源喇叭的辐射波束主瓣边缘的相当一部分及其旁瓣是越过副反射面的；当仰角（小于 30°）不高时，它们接收地面热噪声的量是相当大的。

（5）干扰噪声。干扰噪声主要来自地面或空间的其他干扰源，例如：用于工业、科学和医疗的设备产生的辐射干扰；各种电气器械和装置（包括电力及电信分配网络）产生的辐射干扰；地面通信电台和中继系统发射机带外发射、杂散发射等；空间通信业务与地面无线业务之间共用同一频段相互产生的干扰；多个空间通信业务共用同一频段时相互间产生的干扰；宇宙空间的天电干扰和雷电干扰等。

前面讲述了卫星信道的传播特性，针对卫星信道不同传播特性的解决措施如表 2.7 所示。

表 2.7 卫星信道不同传播特性的解决措施

传播特性	解决措施
多普勒效应	工作频率可适当选低一些；普遍采用差分调制，并且不用相干检测；解调器具有校正多普勒效应的功能；应尽可能地在高仰角状态下接收信号
多径衰落	采用交织编码与卷积编码相结合的措施；极化成形的措施；还可以采用多单元天线与空间分集、移动站在小范围内选择场地、重复发送与多数判决等措施来减小多径衰落的影响
电离层闪烁	时间分集或编码分集，包括重复发送与多数判决措施

2.3 天线

天线在无线电系统中的功能，一是能量转换，二是定向辐射或接收。RF 电信号经天线转化为电磁波。为了提高电磁波的发射和接收效率，天线理论对天线尺寸有一定的规定，要求在 $\lambda/10 \sim \lambda/4$ 之间（λ为电磁波波长）。很明显，为了减小天线尺寸，电磁波频率应较高。

2.3.1 基本天线理论

天线原理

1. 天线类型

天线按用途分为通信天线、广播天线、电视天线、雷达天线、导航天线等；按工作波长分为长波天线、中波天线、短波天线、超短波天线和微波天线等；按使用方法分为发射天线、接收天线和收发共用天线等；按方向特性分为强方向性天线、弱方向性天线、定向天线、全向天线等；按极化特性分为线极化天线（垂直极化、水平极化）、圆极化（左旋和右旋圆极化）天线、椭圆极化天线等；按频率特性分为窄、宽和超宽频带天线等；但更多的是按结构分为线天线和面天线两大类。根据天线外形形状又分为 T 形天线、P 形天线、V 形天线、菱形天线、螺旋天线、环形天线、喇叭天线、反射抛物面天线，以及微带天线、单脉冲天线和相控阵天线等。

通常根据天线的形状、结构、材质和加工工艺，将通信天线分为线天线、反射面天线、微带天线、阵列天线和智能天线。

线天线是由金属导线构成的一段线，包含单极子天线、偶极子天线、倒 F 天线、螺旋天线等。线天线应用于短波、超短波频段，其特点是增益低、制造简单。

反射面天线包含抛物面天线和背射天线两大类。反射面天线的优点是高效率、高增益，在这一点上是任何其他类型的天线所无法比拟的。

微带天线由金属贴片、介质基板和导电地板组成，一般采用制造集成电路的印制技术来加工，又称为印制天线。其主要优点是体积小、质量轻、低轮廓、造价低、易于与安装载体共形和便于与电子设备集成等。微带天线可单独作为辐射器使用，也可作为阵列天线中的单元。

阵列天线是由阵元按照一定的阵式组成的天线。阵元位于同一直线上的阵列天线叫作线阵天线，阵元位于同一平面上的叫作面阵天线，位于一个空间的叫作空间（三维）阵列天线。阵列天线的主要优点是通过拼阵来提高天线的增益和满足辐射特性的特殊要求。

智能天线是将信号处理技术、自动控制技术融入天线而发展起来的一种新型天线，它可以自动、实时地适应周围电磁环境的变化，在抗干扰和提高通信容量方面有特殊作用。

2. 天线参数

天线质量的优劣取决于天线的性能，表征天线性能的主要技术指标有极化方式、辐射方向图、增益、输入阻抗、前向-后向比等。另外，天线具有互易性，同一设计既可用作发射天线也可用作接收天线，具有相同的性能和增益。在无线通信中，通常一副天线既用于发射，也用于接收。

1）方向性

方向性表示天线向一定方向集中辐射电磁波的能力，即定向辐射的能力。常用下列参数判断天线的方向性。

（1）方向图。方向图表示天线在不同方向上辐射场的相对大小，即场强与方向之间的关系。天线在辐射和接收电磁波的时候具有方向性，辐射方向图就是为了描述和定量化天线在不同方向上的辐射情况，以极坐标系统中的曲线图来表示相对于天线不同方向上的电场强度或功率密度。

通信系统中常见的方向图是全向波束方向图（见图 2.15）和笔形波束方向图（见图 2.16）。全向波束方向图的水平面是一个圆，垂直面内有一定方向性以提高天线增益。全向波束天线广泛应用于移动通信、电视和广播系统中。笔形波束方向图多应用于需要高增益天线的场合，它的主瓣仅包含在一个很小的空间立体角内。这种波束一般是绕其波瓣最大值方向旋转对称的，但优势横截面呈椭圆状的仍称为笔形波束。笔形波束方向图多应用于远程微波通信系统中。图 2.17 所示为半波偶极子天线的辐射图，它属于全向波束方向图，同心圆上标示的值是功率密度（dB）。

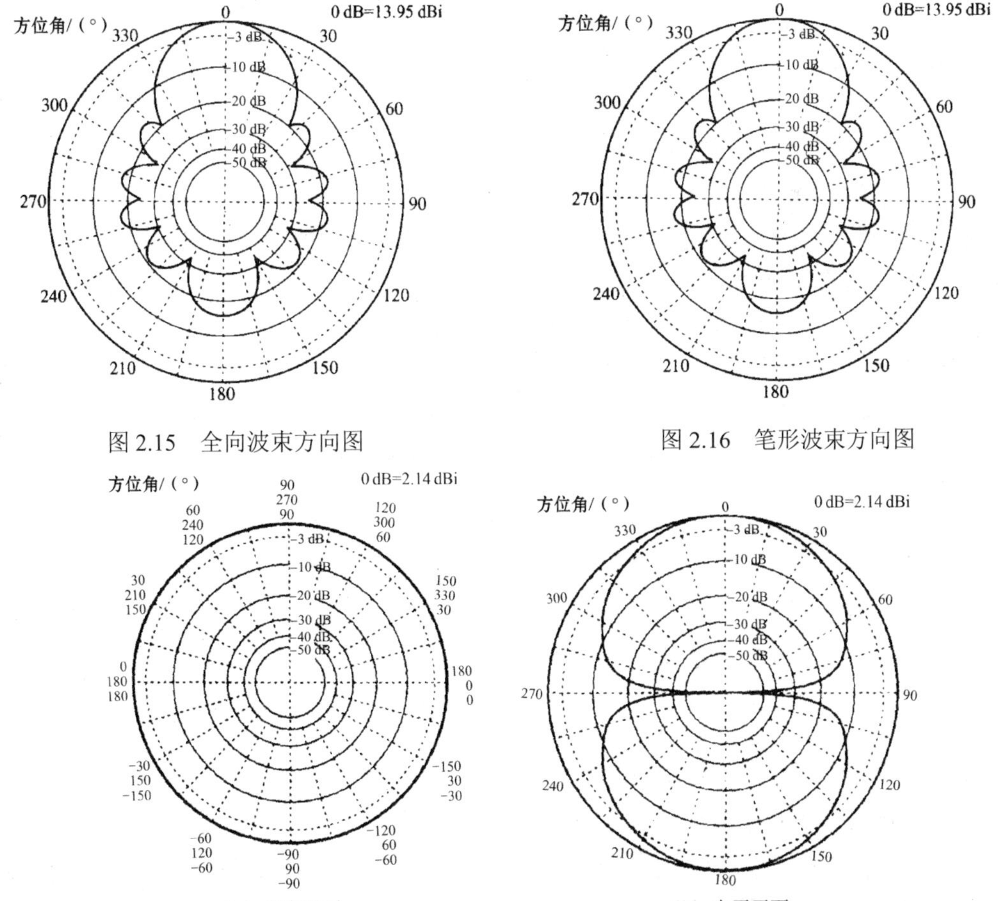

图 2.15　全向波束方向图

图 2.16　笔形波束方向图

（a）垂直平面

（b）水平平面

图 2.17　半波偶极子天线的辐射图

（2）主瓣宽度 $2\theta_{0.5}$ 与前向–后向比 F/B。图 2.18 所示为定向天线的方向图，在 0° 方向（最大辐射方向）有一个主波束，称为主瓣（也可能会出现多个主瓣），还有若干个副瓣。

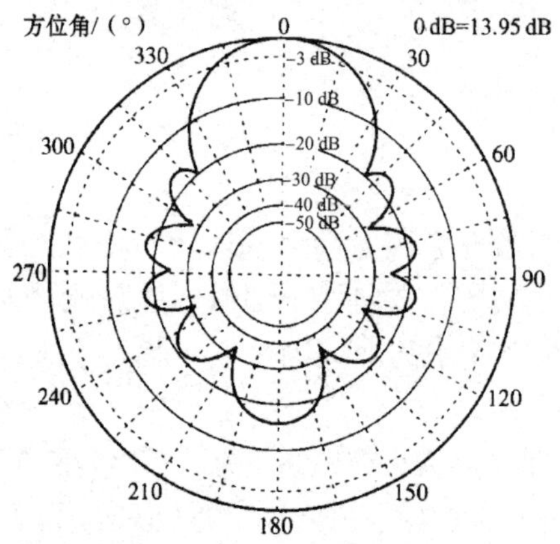

图 2.18　定向天线的方向图

天线的主瓣宽度是定向天线常用的一个重要参数，它被定义为天线辐射图中主瓣波束上两个半功率点（低于峰值 3 dB）之间的夹角。显然，主瓣宽度越窄，天线方向性越强。

对于传播和接收来说，主瓣聚集的能量最大，也称前向波瓣。与前向波瓣方向相反的波瓣，称为后向波瓣。前向波瓣与后向波瓣的功率密度之比称为前向–后向比（F/B），它表示天线对后瓣抑制的好坏：

$$F/B=20\lg（主瓣最大场强/副瓣最大场强） \tag{2.39}$$

图 2.18 中的前向–后向比为 15 dB。

（3）方向性系数 D。方向性系数定义为天线在最大辐射方向的电场强度平方与辐射功率相同的各向均匀辐射天线的电场强度平方之比，即最大辐射方向的功率通量密度与辐射功率相同的各向均匀天线的辐射功率通量密度之比。它一般指最大辐射方向的方向性系数。

（4）增益系数 G。增益系数是方向性系数与效率的乘积（$G = D\eta$）。它主要指天线方向性增益，用来衡量天线在特定方向收发信号的能力，通常指最大辐射方向的增益。增益系数是天线辐射能量的集中程度和天线能量转换效能的总的体现，它与波瓣宽度成反比。增益系数表示天线对输入功率的参考放大倍数：增益越高，相同通信条件下所需的发射功率越低；增益越高，电波传播的距离越远。

增益系数 G 是功率比值，是无量纲量，通常以分贝形式表示：

$$G(\text{dB})=10\lg G \tag{2.40}$$

根据参考天线在天线理论分析和实际应用中的不同选取，具体分贝形式有 G(dBi)或 G(dBd)。理论分析多采用全向理想点源作为参考天线，以 G(dBi)表示增益大小；而实际应用中多采用半波振子作为参考天线（此时 $f<1$ GHz），以 G(dBd)给出增益值。由于半波振子天线 G(dBi)= 2.15 dB（1.64 倍），因此有下列换算关系：

$$G(\text{dBi}) = G(\text{dBd}) + 2.15\ \text{dB} \tag{2.41}$$

2）辐射功率 P_r 与天线效率 η

理论上，要求发射机输入天线的功率全部被辐射出去，但实际天线存在损耗。辐射功率 P_r 表示天线向空间辐射的电磁波功率，等于发射机输入天线的功率 P_i 与天线功率损耗 P_j 之差，即 $P_r = P_i - P_j$。

天线效率η用来衡量天线功率损耗的大小，它等于辐射功率与天线输入功率之比：

$$\eta = (P_r/P_i) \times 100\% \tag{2.42}$$

3）天线阻抗

天线阻抗有输入阻抗 R_i、辐射电阻 R_r 和损耗电阻 R_l，并且 $R_i = R_r + R_l$。

天线输入阻抗 R_i 定义为天线输入端的电压与电流之比；它等效为发射机或接收机的负载，可表征天线与收发信机的匹配情况。在实验室测试收发信机性能时，可以用与 R_i 数值相等的等效负载代替天线。

因天线向空中辐射功率而引起的输入电阻，称为辐射电阻 R_r；它定义为辐射功率与天线馈入点电流平方的比值。R_r 表征天线辐射能力或接收能力的强弱。在辐射电阻上消耗的功率和辐射的功率是相等的。因此，可以用辐射电阻替代天线。

损耗电阻 R_l 是天线系统损耗功率的等效电阻，主要包括接地电阻、电源放电、不良的绝缘材料、涡电流等，它们造成地电流损耗、导体中的热损耗、绝缘介质中的介质损耗等。

数据链工作于高频（HF）以上频率，天线阻抗不易测量确定；工程中多采用驻波系数（VSWR）表征天线与收发信机的匹配情况。VSWR 与反射系数、传输功率、反射功率的关系如表 2.8 所示。

表 2.8　VSWR 与反射系数、传输功率、反射功率的关系

VSWR	反射系数	传输功率/%	反射功率/%
1	0	100	0
1.05	0.025	99.94	0.06
1.1	0.045	99.77	0.23
1.15	0.07	99.51	0.49
1.2	0.09	99.18	0.82
1.5	0.2	96	4
2.0	0.34	89	11
2.5	0.43	81.5	1805
3.0	0.5	75	25
4.0	0.6	64	36
5.0	0.67	56	44

4）频带宽度

当工作频率变化时，天线的各种电参数不超过允许变动值的频率范围，称为天线的频带宽度。

5）极化

极化指电场矢量在空间的取向，是无线电波传播的一个重要概念。天线的极化是指在最大辐射方向上的电场矢量的取向。天线的极化必须和它辐射的电磁波的极化一致。电波的极化方式分为垂直极化、水平极化和圆极化。电场矢量 $\boldsymbol{E}$ 垂直于地球表面的为垂直极化；平行于地球表面的为水平极化；圆极化是垂直极化和水平极化的混合，电场矢量 $\boldsymbol{E}$ 在两个平面之间循环出现并沿着传播轴前进。与它们相对应的天线，分别称为垂直极化天线、水平极化天线、左旋或右旋圆极化天线、左旋或右旋椭圆极化天线。接收天线和发射天线的极化方向必须一致，否则将影响接收效果。

电波的特性决定了水平极化传播的信号在贴近地面时，会在大地表面产生极化电流，极化电流因受大地阻抗影响产生热能而使电场信号迅速衰减；而垂直极化方式则不易产生极化电流，从而避免了能量的大幅衰减，保证了信号的有效传播。因此，无线通信系统通常使用垂直极化，用于便携式天线和移动天线。

数据链中的天线

2.3.2 数据链中常用的天线

常用的数据链天线，按使用频率分为短波天线、超短波天线和卫星天线，按方向性分为全向天线和定向天线，按设备分为地面台站天线和机载天线。

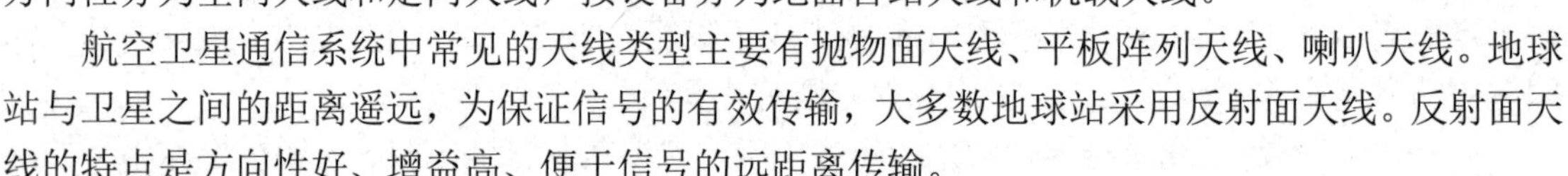

航空卫星通信系统中常见的天线类型主要有抛物面天线、平板阵列天线、喇叭天线。地球站与卫星之间的距离遥远，为保证信号的有效传输，大多数地球站采用反射面天线。反射面天线的特点是方向性好、增益高、便于信号的远距离传输。

1. 地面设备天线

1）鞭状天线

鞭状天线（也叫作鞭形天线、鞭天线）属于宽带天线，其根部采用不平衡阻抗变换器，使天线获得了稳定而优良的电波辐射特性，具有宽带全向、免调谐、安装简单、架设方便、占地面积小等特点。

鞭状天线是最简单的铅垂接地天线，通常由几节金属杆组成；由于其结构简单，使用方便，因此广泛应用于短波和超短波数据链通信中。鞭状天线的长度：便携台最高为 1.5～2 m，车载台一般为 4～5 m。鞭状天线是一根金属棒，如图 2.19 所示，从棒的底部进行馈电；为了携带方便，可将金属棒分成数节，节间可采用螺接、拉伸等连接方法。

由于鞭状天线的实际长度往往低于其谐振频率，特别是在短波波段，这就使天线在匹配、带宽、效率等方面的电特性变得很坏。通常，解决这个问题的办法是给鞭状天线加负载，即在鞭状天线上加顶或加线圈，如图 2.20 所示。

在鞭状天线的顶端加装由若干金属片组成的“星状”或其他形状的装置，如图 2.20（b）所示，以增大天线的有效高度。另外，也可采用在鞭状天线的上部加接线圈的方法，增大天线的有效高度，如图 2.20（c）所示。由于鞭状天线的高度一般都小于 1/4 波长，输入阻抗呈容性，并且越接近顶端，容抗越大；接入线圈后，可部分抵消该点的容抗，使天线上线圈接入点以下的电流增大，从而增大了天线的有效高度。

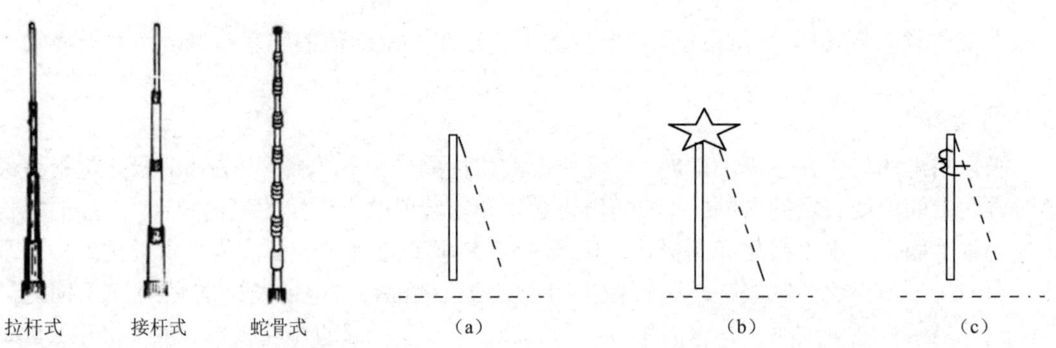

图 2.19　鞭状天线

图 2.20　在鞭状天线上加顶或加线圈

无论是加顶电容还是加电感线圈，统称为对鞭状天线加负载。为了增加天线的工作频带，有时也采用电阻加负载的方法。实际上，对天线加负载并不是只能采用上述的集总参数元件，也可以采用把电抗分布于整个天线的方法。例如，以直径很小的螺旋线取代直导线做成鞭状天线，其辐射特性与直立鞭状天线一样。

2）扇锥天线

扇锥天线（见图 2.21）是将天线幕搭建成扇锥结构，以有效改善天线的阻抗特性，提高天线效率；它具有频段宽、免天线调谐、全向、承载功率大、占地面积小等特点。由于扇锥天线的方向特性随频率的变化符合短波天波通信对天线的要求，因此它是短波数据链通信地面固定台站的首选天线。扇锥天线由天线体、铁塔及拉线组成。其天线体由两个扇锥面构成，自身输入阻抗约 300 Ω；当需要用 50 Ω的电缆馈电时，可以接入 300 Ω/50 Ω阻抗变换器。扇锥天线的架设高度为 20～24 m。

图 2.21　扇锥天线

3）三线/四线宽带天线

三线/四线水平宽带天线是一种性能优良的短波天线，在近、中、远各种距离都能够保持良好的通信效果。三线/四线宽带天线是由三组/四组平行金属合金线构成的一对仿真粗振子，具有辐射效率高、天线阻抗变化平稳、电压驻波比小等特点。三线/四线宽带天线可以免天调，其增益为 3～5 dBi，可工作在 2～30 MHz，抗风能力强，形态和结构合理，性能稳定，有水平和倒 V 两种架设方式，如图 2.22 所示。水平架设适用于点对点和点对扇面的定向通信，水平极化；倒 V 架设是 360° 全向辐射，在较低频率下还能够产生高仰角辐射，兼顾近、中、远各种距离通信，同时还兼顾各种极化方式，适合用作地面设备的中心站天线。

（a）水平三线天线

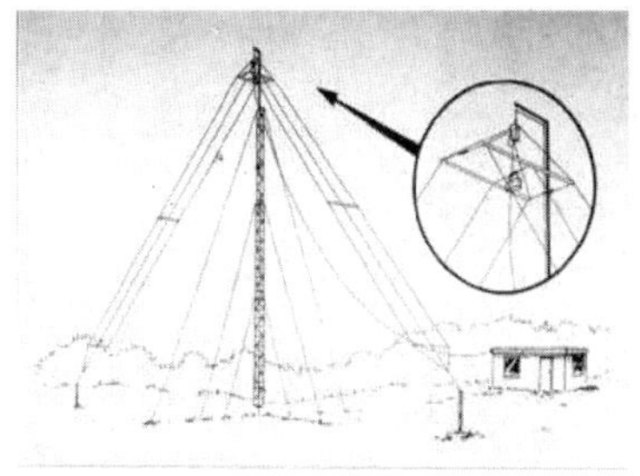

（b）倒 V 三线天线

（c）水平四线天线

图 2.22　三线/四线宽带天线架设方式

4）盘锥天线

盘锥天线是一种典型的航空超短波对空通信天线，它由超短波波段的鞭状天线演变而来，如图 2.23（a）所示，其同轴馈线的芯线穿出金属板作为天线，外皮则接在金属板上。由于圆板不是无限大，因此使天线的最大辐射方向略向上仰起。为了使最大辐射方向指向水平方向，可将圆板扳向下方，做成锥面，如图 2.23（b）所示。假设将此图的 $\lambda/4$ 的垂直天线改为直径为 $\lambda/4$ 的圆盘，就演变为盘锥天线，如图 2.23（c）和（d）所示。为了减小质量和对风的阻力，以便于使用，可使锥体部分改用多根金属杆，构成一个可像伞一样撑开和收拢的超短波对空通信所用的实际盘锥天线，如图 2.23（e）所示。当盘锥天线用 50 Ω 的同轴线馈电时，选择 $2\theta_0 = 60^\circ$，可得到最好的阻抗频带特性。

盘锥天线辐射垂直极化波，它的方向图大致与自由空间对称振子的方向图相同，即在水平面内为一圆，在垂直面内为 8 字形，如图 2.23（f）所示。

盘锥天线一般用于超短波频段，有时也用于短波频段，盘锥天线实物图如图 2.24 所示。例如，图 2.25 所示的单极盘锥复合天线在整个短波频段 3～30 MHz 内可与 50 Ω 同轴电缆实现良好的匹配。圆锥底的直径和圆锥截面的弦长都是 1/4 自由空间波长，圆盘的直径是圆锥底面直径的 0.68 倍；圆盘与圆锥之间的空间距离在 14 MHz 时是 15.6 cm，在 144 MHz 时是 26 cm，以此可推测出任一频率的间隔值。制作时，可用金属板、金属网或底部的编织，或以间隔不超过 1/50 波长的导线来制作圆锥。

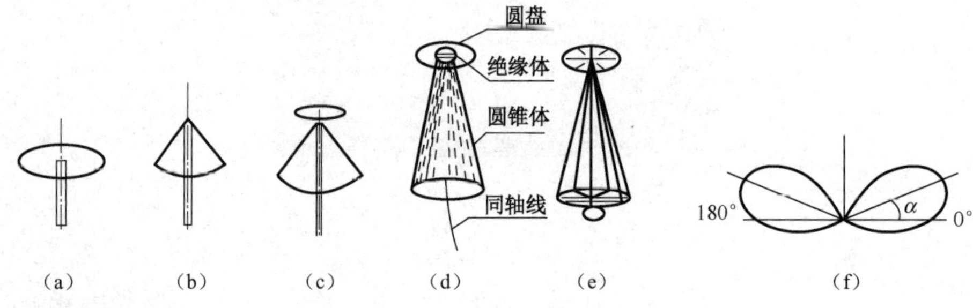

图 2.23 盘锥天线及其形成过程

图 2.24 盘锥天线实物图

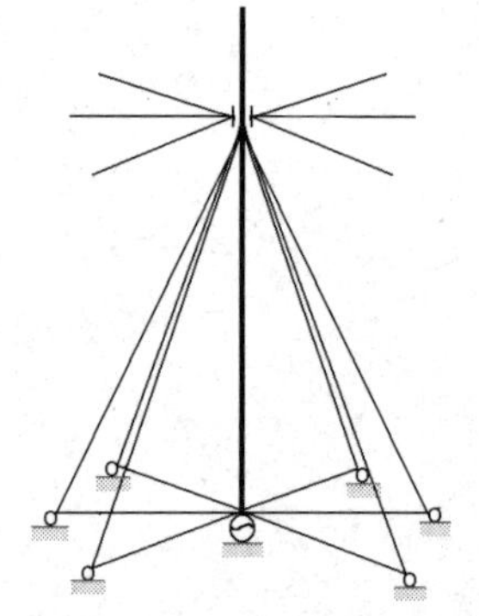

图 2.25 单极盘锥复合天线

盘锥天线的技术指标如表 2.9 所示。

表 2.9 盘锥天线技术指标

频率范围	驻波比	承受功率	接口形式	净　重	尺　寸
100～400 MHz	2.5：1	300 W	N-Female	10 kg（max）	Φ1180 mm × 920 mm

图 2.26、图 2.27 和图 2.28 所示分别是频率为 100 MHz、250 MHz 和 400 MHz 的盘锥天线的水平和垂直方向图。可以看出，采用不同频率的盘锥天线，其增益略有差别，具体如表 2.10 所示。

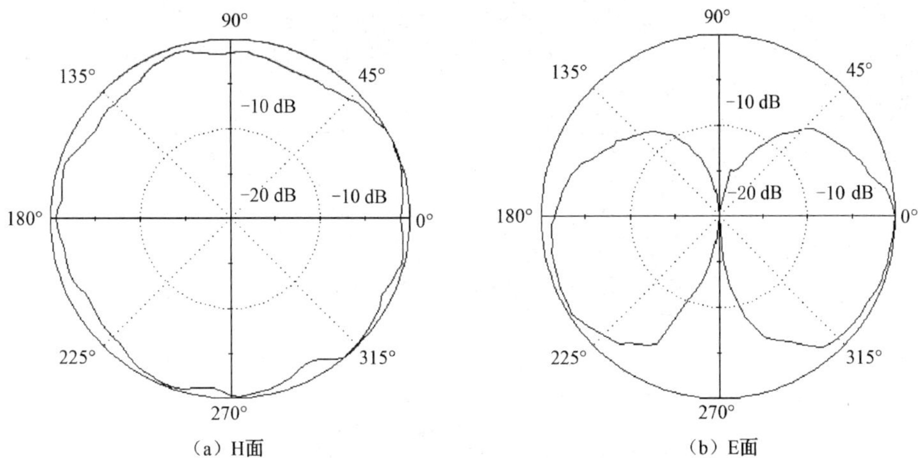

（a）H面　（b）E面

图 2.26　频率为 100 MHz 的盘锥天线方向图

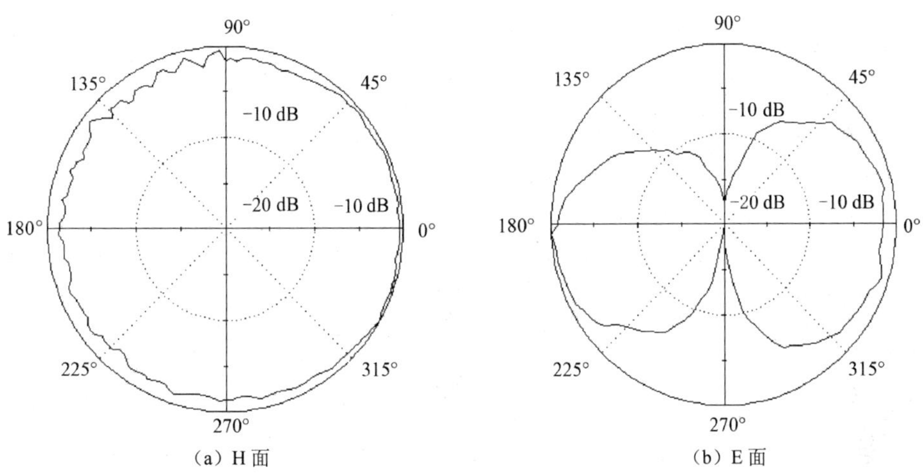

（a）H 面　（b）E 面

图 2.27　频率为 250 MHz 的盘锥天线方向图

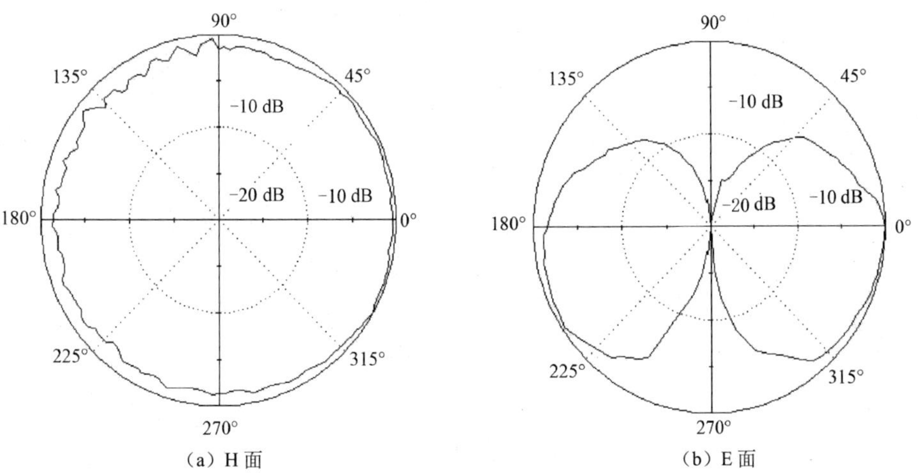

（a）H 面　（b）E 面

图 2.28　频率为 400 MHz 的盘锥天线方向图

表 2.10　不同频率的盘锥天线的增益

频率/MHz	100	250	400
增益/dBi	1.5	1.7	2

通过改变结构，也可以做成如图 2.29 所示的各种变形盘锥天线。

图 2.29　各种变形盘锥天线

由于这些天线结构设计简单，装配容易，其宽带特性又具有吸引力，因此广泛应用于甚高频和超高频频段的航空通信。

5）反射面天线

（1）抛物面天线。抛物面天线是一种重要的天线类型，它通常用于地面微波通信和卫星通信。穿过抛物面，在平行于轴的横截面形成一个抛物线，与轴正交的截面形成一个圆周，如图 2.30（a）所示。该曲面具有如下特性：如果将电磁能源置于抛物面的焦点，且抛物面的表面是一个可反射的面，则经抛物面反射出去的波平行于抛物面的轴。图 2.30（b）所示为横截面内的这种反射效果。从理论上说，这种反射效果所产生的是没有散射的平行波束。在实际情况中，由于能量源不止一处，因此还会有一些散射现象存在。图 2.30（c）所示为抛物面反射天线的典型辐射模式。

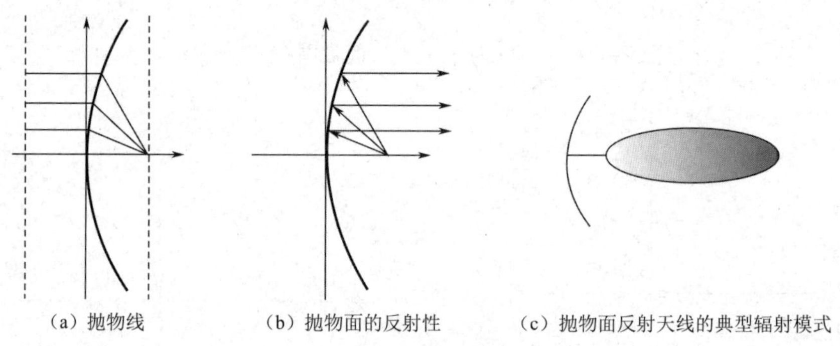

（a）抛物线　（b）抛物面的反射性　（c）抛物面反射天线的典型辐射模式

图 2.30　抛物面反射天线

频率为 12 GHz 时不同直径抛物面天线的波束宽度如表 2.11 所示。天线的直径越大，波束越加定向。

表 2.11　不同直径抛物面天线的波束宽度（f =12 GHz）

天线直径/m	0.5	0.75	1.0	1.5	2.0	2.5	5.0
波束宽度	3.5	2.33	1.75	1.166	0.875	0.7	0.35

抛物面天线是一种单反射面天线，它利用轴对称的旋转抛物面作为主反射面，将馈源置于

抛物面的焦点 F 上，馈源通常采用喇叭天线或喇叭天线阵列，其工作原理及实物图如图 2.31 所示。发射时信号从馈源向抛物面辐射，经抛物面反射后向空中辐射。由于馈源位于抛物面的焦点上，因此电波经抛物面反射后，沿抛物面的法向平行辐射。接收时，经反射面反射后，电波汇聚到馈源，馈源可接收到最大信号能量。抛物面天线的优点：结构简单，比双反射面天线便于装配。抛物面天线的缺点：天线噪声温度较高；由于采用前馈，会对信号造成一定的遮挡；在使用大功率功放时，功放质量所带来的结构不稳定性必须被考虑。

（2）卡塞格林天线。卡塞格林天线是一种双反射面天线，它由两个反射面和一个馈源组成，其工作原理及实物图如图 2.32 所示。主反射面是一个旋转抛物面，副反射面为旋转双曲面，馈源置于旋转双曲面的实焦点 F_1 上，抛物面的焦点与旋转双曲面的焦点重合，都位于点 F_2 上。从馈源辐射出来的电磁波被副反射面反射到主反射面，在主反射面上再次被反射。由于主反射面的焦点与副反射面的焦点重合，经主副反射面的两次反射后，电波平行于抛物面法向方向定向辐射。对经典的卡塞格林天线来说，副反射面的存在遮挡了一部分能量，使得天线的效率降低，能量分布不均匀，必须进行修正。修正型卡塞格林天线经天线面修正后，天线效率可提高到 0.7～0.75 dB，而且能量分布均匀。目前，大多数地球站采用的都是修正型卡塞格林天线。卡塞格林天线的优点：天线的效率高，噪声温度低，馈源和低噪声放大器可以安装在天线后方的射频箱里，这样可以减小馈线损耗所带来的不利影响。卡塞格林天线的缺点：副反射面及其支干会造成一定的遮挡。

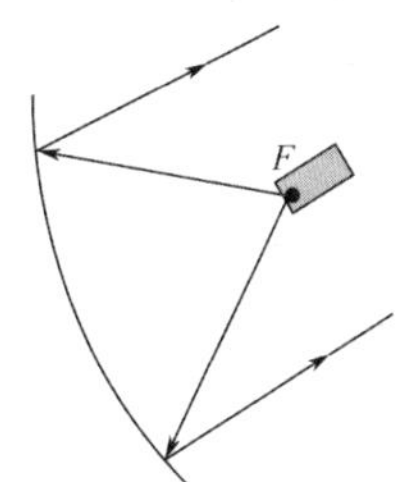

图 2.31　抛物面天线工作原理及实物图

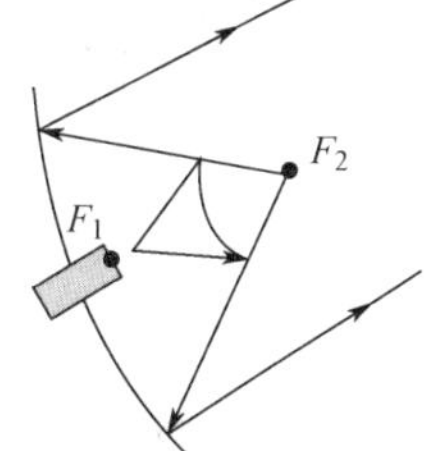

图 2.32　卡塞格林天线工作原理及实物图

（3）格里高利天线。格里高利天线也是一种双反射面天线，由主反射面、副反射面及馈源组成，其工作原理及实物图如图 2.33 所示。与卡塞格林天线不同的是，它的副反射面是一个椭球面。馈源置于椭球面的一个焦点 F_1 上，椭球面的另一个焦点 F_2 与主反射面的焦点重合。格里高利天线的许多特性都与卡塞格林天线相似，不同的是椭球面的焦点是一个实焦点，所有波束都汇聚于这一点。

（4）环焦天线。环焦天线由主反射面、副反射面和馈源喇叭三部分组成，其工作原理及实物图如图 2.34 所示。主反射面为部分旋转抛物面，副反射面由椭圆弧 $\overset{\frown}{CB}$ 绕主反射面轴线 OC 旋转一周后构成，馈源喇叭位于旋转椭球面的一个焦点 M 上。由馈源辐射的电波经副反射面反射后汇聚于椭球面的另一焦点 M'，由于 M' 是抛物面 $\overset{\frown}{OD}$ 的焦点，因此经主反射面反射后的电波平行射出。由于天线是绕机械轴的旋转体，因此焦点 M' 构成一个垂直于天线轴的圆环，此天线称为环焦天线。环焦天线的设计可消除副反射面对电波的阻挡，也可基本消除副反射面对馈源喇叭的回射；馈源喇叭和副反射面可设计得很近，这样有利于在宽频带内降低天线的旁瓣和驻波比，提高天线效率。缺点是主反射面的利用率低，图 2.34 中 AA' 间的区域没有作用。

无论是抛物面天线，还是卡塞格林天线，都有一个缺点：总有一部分电波能量被副反射面遮挡，造成天线主瓣增益下降，旁瓣增益增高。可以使用天线偏馈技术解决这个问题。所谓偏馈天线，就是将馈源和副反射面移出天线主反射面的辐射区，这样就不会遮挡主波束，从而提高天线效率，降低旁瓣电平。偏馈天线工作原理及实物图如图 2.35 所示。偏馈天线广泛应用于口径较小的地球站。这类天线的几何结构比轴对称天线的结构要复杂得多，特别是双反射面偏馈天线，其馈源、焦距的调整要复杂得多。

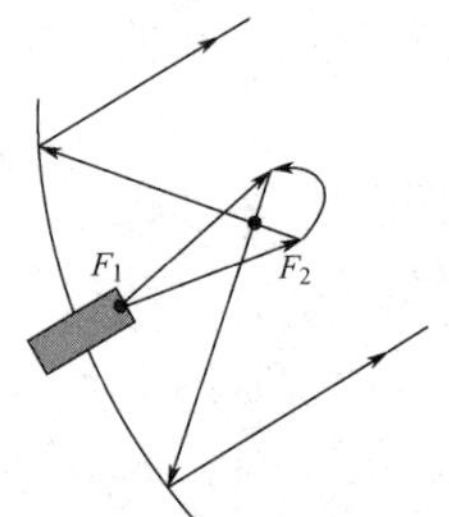

图 2.33　格里高利天线工作原理及实物图

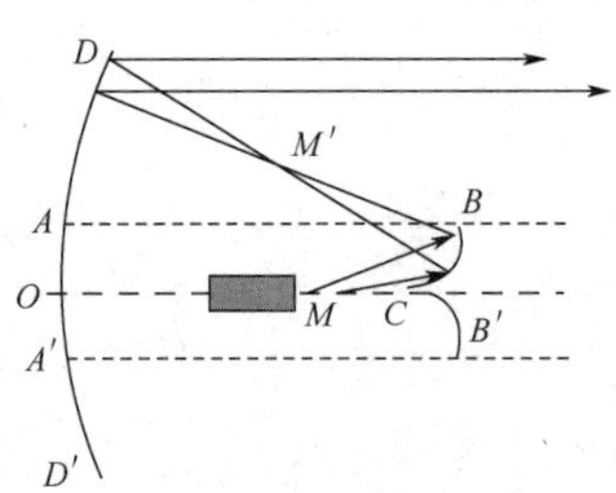

图 2.34　环焦天线工作原理及实物图

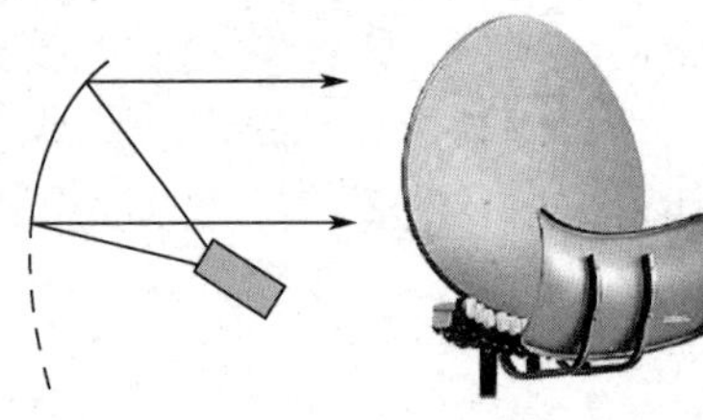

图 2.35　偏馈天线工作原理及实物图

2. 机载天线

1）拉线天线

拉线天线也称导线天线或钢索天线，是一种机载短波天线。飞机的远距离通信，比如在某些低速和亚声速飞机上，仍然采用结构简单、效率高的拉线天线。拉线天线主要有Γ形、T形、斜拉式三种，其中第三种是较为普遍采用的一种。例如，国产的 Y7 飞机与 H6 飞机上，安装的是无桅杆的倾斜式钢索天线。经过多年使用和改进，这种天线在各种场合下维护简便，方向图也较好，一直被飞机设计师们优先选用。这种天线以典型的导线天线作为馈电终端（位于机身的下半部分），另一端与机尾或接地小飞机绝缘，兼具闪电保护功能。但对于更高性能的喷气式飞机来说，这种天线会产生气动阻力，这就要求相对于机身的读出角度最小。拉线天线的优点是花费低，易于根据飞机的设计进行安装、改造；缺点是安装在飞机外部，易于受损，气动阻力较大。

2）刀形天线

超短波波段的机载天线，其常见形式为刀形天线，其实物图如图 2.36 所示。它是一种宽带天线，其截面为流线型，外形为军刀状。刀形天线通常用于快速、高性能的喷气式飞机，巡航速度在 1 000 km/h 以内的飞机都可以使用，包括民用客机、运输机和战斗机。刀形天线的馈线采用同轴电缆，属于终端馈电方式；它是 1/4 波长的天线，其特性阻抗为 50 Ω，驻波比为 2.5，额定功率为 50 W；它属于垂直极化，水平方向辐射场是全向的。

VHF 通信的刀形天线通常安装在机身顶部及机身底部，以便实现全方位覆盖，机载刀形天线位置图如图 2.37 所示。

有时会把多副天线集成在天线上的物理套筒中，目的是减少占用空间或使天线外部的杂波最小化，以降低出现天线簇的概率。典型的机载超短波刀形复合天线如图 2.38 所示。

图 2.36 刀形天线实物图

图 2.37 机载刀形天线位置图

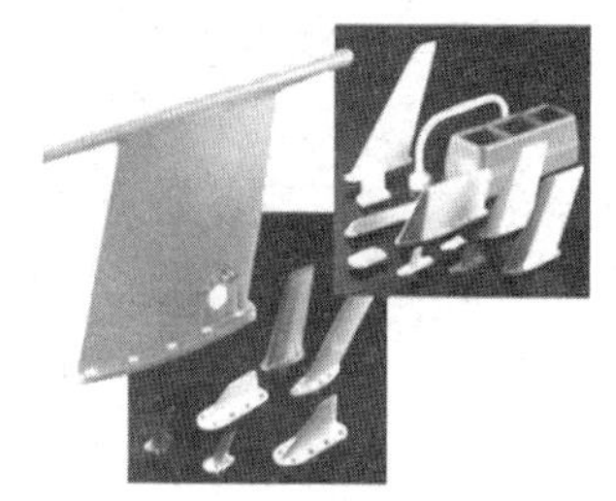

图 2.38 刀形复合天线

3）平板阵列天线

平板陈列天线采用阵列天线技术，将几十个、上百个甚至上千个天线单元集成在一块平板上，以获得较高的增益。平板陈列天线的天线单元种类很多，常用的有微带贴片、波导缝隙、喇叭天线等。平板陈列天线剖面低，易于小型化设计；其波束可赋形，可设计为多波束；它与抛物面天线相比，易实现共形设计。

高空移动平台的运动特性、气动特性及配重限制，使其对天线的尺寸、质量、功耗提出了严格的要求，抛物面天线无法满足。平板阵列天线在地面、海上及空中平台都有使用，但更适用于高空移动平台。平板阵列天线早期主要应用于机载雷达，近年来逐步应用于机载通信。20 世纪 90 年代初，平板陈列天线技术最先引入机载卫星通信领域，机载平板卫星天线应用于大型、低速飞行平台与卫星间的“动中通”；目前，已经有应用于小型、高速飞行平台的“动中通”。

对于机载平板卫星天线，一方面，为保证其与卫星的通信链路不被机体遮挡，通常安装在飞机机背靠机头位置；另一方面，由于飞机飞行姿态变化大，机载卫星通信属于快速移动通信范畴，因此平板卫星天线应具备快速捕星和跟踪技术，由伺服控制单元驱动天线实时补偿飞机的摇摆速度和加速度变化，以保持天线对卫星的稳定跟踪。

根据天线伺服控制技术，机载平板卫星天线有机械式 Ku/Ka 天线、机械分段阵列天线、相控阵天线等多种形态。

机械式 Ku/Ka 天线（如松下航电、Aerosat、Tcom、ROW44 等天线），采用水平、垂直机械伺服系统实现天线精准对星。由于机械式平板卫星天线使用马达等机械部件，其设备可靠性与纯电子部件相比大大降低，同时在接近赤道地区由于机械式天线对星波形会产生畸变，导致邻星干扰增加，往往通过降低发射功率的方式来确保干扰水平可控，因此通信速率大打折扣。图 2.39 所示为机械式机载平板卫星天线示例。

图 2.39 机械式机载平板卫星天线示例

机械分段阵列天线（如美国 GoGo 的 2Ku 天线）使用了新一代的机载天线设计技术，它与物理指向目标卫星不同，可以通过机械旋转的一系列具有共振特性的内部板，在所需方向上创造光束。与机械式卫星天线相比，机械分段阵列天线在水平面上仍采用机械方式，但在垂直面上采用电子调整方式，从而降低了天线厚度，使天线雷达罩迎风面更小，气流特性更好；又由于是电子调整，在赤道等低纬度地区，天线辐射图可以更加精准，邻星干扰可控，同时由于发射天线和接收天线是分开的，因此使 2Ku 天线的速率比传统机械式天线更高，基本达到了双倍的能力。

相控阵天线技术采用电子方法实现天线波束指向在空间转动或扫描。相控阵天线的最大特点，在于其波束方向的改变是电子扫描，而非传统的机械扫描。电子扫描响应速度快，波束方向改变迅速，无惯性，非常适合高速运动载体的通信；相控阵天线可赋形，满足各种辐射方向图的设计要求。因此，平板相控阵天线更加适合高速飞行载体上的“动中通”系统。

下面介绍几种典型的平板相控阵天线。

（1）StealthRay 低抛面相控阵天线。StealthRay 系列天线是 Ku 波段低剖面、双向“动中通”相控阵天线，是美国 Raysat Antenna Systems（RAS）公司的产品。RAS 公司在 1997 年获得了相控阵技术专利，并将其应用于卫星通信天线的开发之中。StealthRay 系列最新产品 StealthRay 5000 的外形如图 2.40 所示，尺寸为 115 cm × 90 cm × 21 cm，其跟星性能极为优良。该天线面为微带阵列结构，共四片，两片接收、两片发射，采用分片式布局，以压低天线高度；射频方面采用极化自适应和空间波束合成技术；发射增益为 29 dBi，接收增益为 28 dBi。

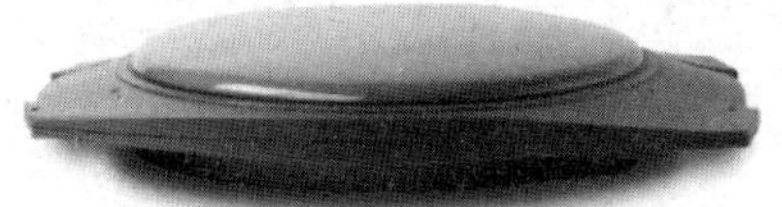

图 2.40 StealthRay 5000 的外形

（2）Mijet 平板相控阵天线。Mijet 系列天线是以色列 Starling-com 公司的产品，它是 Ku 波段“动中通”天线，其剖面低、增益高、性能好。Mijet 天线安装于载机脊背，如图 2.41 所示，天线直径为 76 cm，高度为 15 cm，质量为 50 kg。Mijet 天线内部结构如图 2.42 所示。该天线采用分片结构，一片发射、两片接收；天线面采用微带阵列结构；EIRP= 42 dBW，G/T=11 dB/K。

图 2.41 载机脊背上的 Mijet 平板相控阵天线

图 2.42 Mijet 天线内部结构

（3）EL/K 1891 机载相控阵“动中通”天线。这款天线是以色列航空工业集团公司的产品，用在“阿帕奇”直升机上，如图 2.43 所示。它提供 X/Ku 波段“动中通”卫星通信，以及低速率数据传输。该天线采用波导缝隙结构，收发单元各 70～80 个，EL/K 1891 天线内部结构如图 2.44 所示。

图 2.43 “阿帕奇”直升机上的 EL/K 1891 天线

图 2.44 EL/K 1891 天线内部结构

近年来，国内机载相控阵通信天线也在积极研发中。在卫星“动中通”领域，中国电子科技集团公司第五十四研究所尝试采用波导缝隙技术开发 Ku 波段平板“动中通”相控阵天线，并于 2007 年申请了天线面的专利。中国电子科技集团第五十一研究所仿照 StealthRay 2000，研发了一款低抛面相控阵天线，但仅限于接收。2016 年星展测控科技股份有限公司在第 18 届中国卫星应用大会上展出了 UT300、UT450 Ku 波段机载“动中通”天线，以及该公司最新研制的 0.45 m Ku 波段相控阵天线——PA450，如图 2.45 所示。PA450 是一款一维相扫相控阵天线，可应用于机载移动通信领域。但总的来说，这些天线尚未实现极化自适应调整，只能通过旋转天线面来调整极化，距离低剖面平板或相控阵“动中通”天线的实际应用还有很长的路要走。

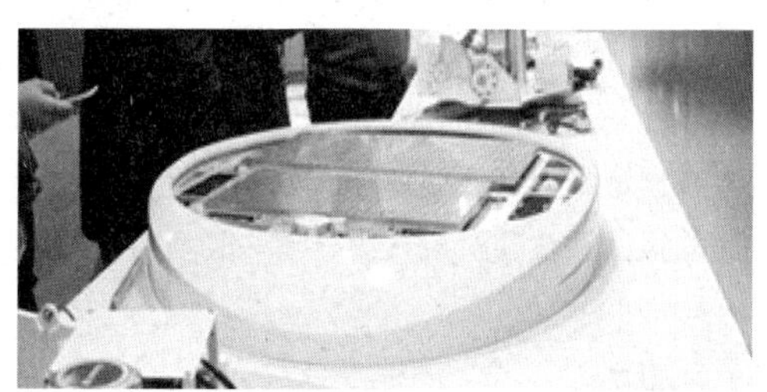

图 2.45 PA450 相控阵天线

本章小结

本章介绍了数据链通信传输信道的基础知识，首先，总结了数据链电磁波信号传播的基本理论，介绍了数据链的无线电频谱规划，分析了电磁波在自由空间和实际空间中的传播特性；其次，在此基础上，按照数据链的通信频段划分，介绍了超短波、短波，以及卫星通信及其信道特点，重点分析了超短波信道的衰落等特性和信道模型；最后，总结了天线类型、参数等基本内容，分类介绍了数据链的地面天线和机载天线。

思考与练习

2-1 简述 ITU 对民用和军事航空通信频谱的规划。

2-2 自由空间电波传播的分析所采用的理想模型有哪些假设？

2-3 当通信距离为 300 km 时，Link-16 和 Link-11 数据链的自由空间传播损耗是多少？

2-4 Link-16 数据链有多种网络参与组（NPG）对应不同的战术功能。其中，初始入网 NPG 与战斗机-战斗机 NPG 的网络成员不同，通信距离不同。初始入网 NPG 包括指挥控制平台、飞机/舰艇等所有成员，通信距离远，假设为 300 km；战斗机-战斗机 NPG 以战斗机成员为主，通信距离近，假设为 25 km。如果发射功率可调，两种 NPG 保持正常通信的发射功率有什么差异？

2-5 假设 Link-11 数据链中的多架战斗机与一架预警机进行通信。战斗机与预警机的距离最远为 300 km，战斗机之间的距离最近为 25 km。在此情况下，当某架战斗机发送数据时，预警机与其他战斗机的接收功率相差多少？

2-6 表 2.12 所示为 ICAO 提供的全向天线接收点场强与接收功率的对应关系数据（场强取值为 0～100 μV/m），举例说明各符号的意义及它们之间转换关系。

表 2.12 ICAO 提供的全向天线接收点场强与接收功率的对应关系数据

μV/m	dBμV/m	dBW	dBm
100	40	–105.76	–75.76
75	38	–108.26	–78.26
50	34	–111.78	–81.78
25	28	–117.80	–87.80
20	26	–119.74	–89.74
0	20	–125.76	–95.76

2-7 ICAO 规定，VHF 航空通信所需的最小场强在机载接收天线端是 75 μV/m（对于地面系统为 20 μV/m），这相当于多少 dBμV/m?

2-8 针对卫星通信和超短波航空通信，请分别给出相应的自由空间传播损耗公式（分贝形式）。

2-9 说明自由空间中场强与发射功率、接收功率的关系。

2-10 画图说明等效地球半径因子和等效地球半径。

2-11 电波传播方式有哪些？战术数据链采用其中哪种方式？

2-12 举例说明数据链设备所使用的地面天线和机载天线有哪些类型。

2-13 简述超短波通信的特点。

2-14 分析超短波信道的衰落特性与模型。

2-15 简述短波信道的特点。

参考文献

[1] 曹祥玉，高军，曾越胜，等. 微波技术与天线[M]. 西安：西安电子科技大学出版社，2008.

[2] 寇明延，赵然，熊华钢，等. 现代航空通信技术[M]. 北京：国防工业出版社，2011.

[3] 曹祥玉，高军，郑秋容. 天线与电波传播[M]. 北京：电子工业出版社，2015.

[4] HAAS E. Aeronautical channel modeling[J]. IEEE Transactions on Vehicular Technology, 2002，51（2）：254-264.

[5] AMOROSO F. Use of DS/SS signaling to mitigate rayleigh fading in a dense scatterer environment[J]. IEEE Personal Communications, 1996, 3（2）：52-61.

[6] CLARKE H R. A statistical theory of mobile-radio reception[J].Bell Syst. TechnicalJournal，1968, 47（6）：957-1000.

[7] BELLO P A. Characterization of randomly time-variant linear channels[J]. IEEE Transactions on Communications. Systems, 1963, 11（4）：360-393.

[8] GANS M J. A power-spectral theory of propagation in the mobile-radio environment[J]. IEEE Transactions on Vehicular Technology, 1972, 21（1）：27-38.

[9] 罗一锋，李含辉，黄继进．超短波通信链路分析[J]．现代电子技术，2006（9）：41-44.

[10] 杨大成．移动传播环境：理论基础、分析方法和建模技术[M]．北京：机械工业出版社，2003.

[11] 马存宝．民机通信导航与雷达[M]．西安：西北工业大学出版社，2004.

[12] 韦惠民，李白萍．蜂窝移动通信技术[M]．西安：西安电子科技大学出版社，2002.

[13] 谢益溪．无线电波传播：原理与应用[M]．北京：人民邮电出版社，2008.

[14] 王秉钧，王少勇，田宝玉，等．现代卫星通信系统[M]．北京：电子工业出版社，2004.

[15] 李建东，郭梯云，邬国扬．移动通信[M]．5 版．西安：西安电子科技大学出版社，2022.

[16] 邮电部北京设计院，上海邮电设计院．电信工程设计手册（12）[M]．北京：人民邮电出版社，1991.

[17] 胡中豫．现代短波通信[M]．北京：国防工业出版社，2005.

[18] 沈琪琪，朱德生．短波通信[M]．西安：西安电子科技大学出版社，1989.

[19] 李小将，李志德，极健，等．临近空间装备体系概念及关键问题研究[J]．装备指挥技术学院学报，2007（4）：72-77.

[20] 许群，王云香，刘少斌，等．飞行器共形天线技术综述[J]．现代雷达，2015，37（9）：50-54.

[21] 于涌，王淑平．临近空间飞行器光电载荷[J]．光机电信息，2008（3）：30-36.

第 3 章　数据链的波形技术

由于空间信道的开放性和有限性，信道环境和干扰方式复杂，导致数据链通信可靠性降低，因此数据链信号波形需要采用高效的数字调制技术、信息编码技术和差错控制技术，以降低误码率，达到较好的通信效果。本章承接第 2 章，将继续介绍数据链信号传输技术理论基础，围绕调制技术和编码技术，重点介绍数字调制技术和差错控制技术的原理、性能，以及它们在相应数据链系统中的应用。

3.1　数字调制技术

在通信中，基带信号可以在传输距离相对较近的情况下直接发送，但如果要进行远距离传输，特别是在无线信道上传输时，则必须经过调制将信号频谱搬移到高频处才能在信道中传输。为了使数字信号在有限带宽的高频信道中传输，必须对数字信号进行载波调制。同模拟调制一样，数字调制也有三种基本的调制方式：幅移键控（ASK），频移键控（FSK）和相移键控（PSK）。但由于这三种调制技术的传输效率低，无法满足无线通信的要求，为此又出现了一些抗干扰性能强、误码性能好、频谱利用率高的新调制技术，如正交相移键控（QPSK）、正交调幅（QAM）和最小频移键控（MSK）等方式。

数字调制

由于数据链应用场景的特殊性，既需要在有限的带宽条件下高效地传输数据，又要能够适应复杂的信道环境变化，这就需要采用一些性能更好的调制技术。本节将具体介绍在数据链系统中常用的数字调制技术。

3.1.1　BPSK、π/4-DQPSK 和 8PSK

在 PSK 中，数据是通过载波信号的相位偏移来表示的。

1. BPSK

1）BPSK 信号的产生

在二进制相移键控（BPSK）中，载波的相位随调制信号“1”或“0”而改变，通常用相位 0° 和 180° 来分别表示“1”或“0”。BPSK 调制信号通常也称为双极性信号（Antipodal Signaling），在 AWGN 信道中能够获得更好的误码性能，频谱效率是 1(bit/s)/Hz。BPSK 信号的表示式为

$$s_{\mathrm{BPSK}}(t)=\begin{cases}\sqrt{\dfrac{2E_{\mathrm{b}}}{T_{\mathrm{b}}}}\cos(2\pi f_{\mathrm{c}}t+\theta_{\mathrm{c}}), & 0\leqslant t\leqslant T_{\mathrm{b}}，表示“1” \\ -\sqrt{\dfrac{2E_{\mathrm{b}}}{T_{\mathrm{b}}}}\cos(2\pi f_{\mathrm{c}}t+\theta_{\mathrm{c}}), & 0\leqslant t\leqslant T_{\mathrm{b}}，表示“0”\end{cases} \tag{3.1}$$

或写为

$$s_{\mathrm{BPSK}}(t)=a(t)\sqrt{\frac{2E_{\mathrm{b}}}{T_{\mathrm{b}}}}\cos(2\pi f_{\mathrm{c}}t+\theta_{\mathrm{c}}) \tag{3.2a}$$

$$E_b = 0.5A_c^2T_b \tag{3.2b}$$

式中，T_b为码元宽度；$a(t)$为调制信号。

BPSK 是双极性非归零码的双边带调制，由于其调制信号没有直流分量，因此是抑制载波的双边带调制。因此，BPSK 的调制器可以采用相乘器（⊗），如图 3.1 所示；也可以用相位选择法来实现，如图 3.2 所示。

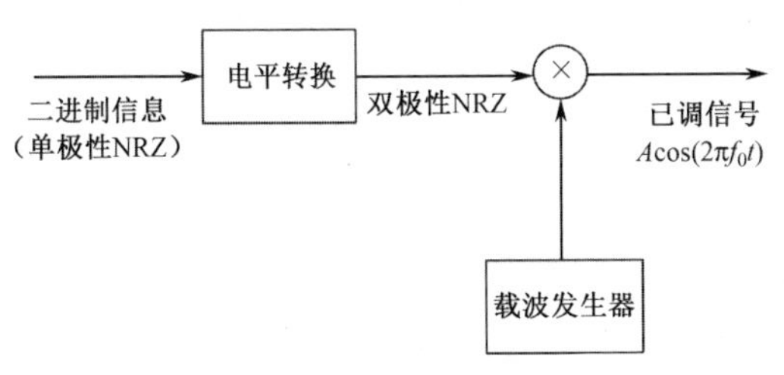

图 3.1　相乘法 BPSK 调制器

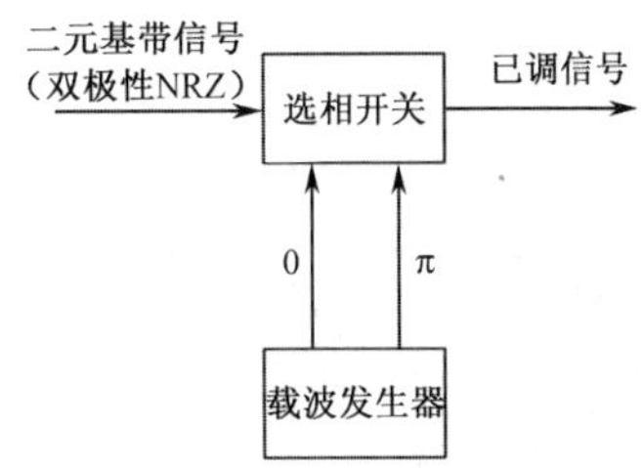

图 3.2　相位选择法 BPSK 调制器

2）功率谱

BPSK 信号的表达式可以写为

$$s_{\text{BPSK}}(t) = \text{Re}\{g_{\text{BPSK}}(t)\exp(\text{j}2\pi f_c t)\} \tag{3.3}$$

式中，g_{BPSK}为信号复包络，$g_{\text{BPSK}} = \sqrt{\dfrac{2E_b}{T_b}}a(t)\text{e}^{\text{j}\theta_c}$。所以，BPSK 的功率谱密度（PSD）$P_{\text{BPSK}}$为

$$P_{\text{BPSK}} = \frac{E_b}{2}\left[\left(\frac{\sin\pi(f-f_c)T_b}{\pi(f-f_c)T_b}\right)^2 + \left(\frac{\sin\pi(-f-f_c)T_b}{\pi(-f-f_c)T_b}\right)^2\right] \tag{3.4}$$

根据式（3.4）可以得到 BPSK 信号的功率谱密度曲线如图 3.3 所示。

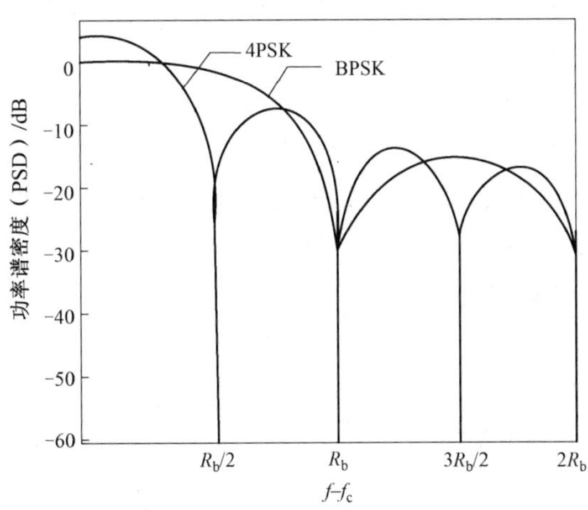

图 3.3　BPSK 信号的功率谱密度曲线

3）解调方式

BPSK 解调只能采用相干解调。相干解调需要一个和发送端同频同相的本地载波，此载波应由接收端的载波电路提取。BPSK 信号解调框图如图 3.4 所示。

如果信道无多径传输出现，则接收端的 BPSK 信号可表示为

$$s_{\text{BPSK}}(t)=a(t)\sqrt{\frac{2E_{\text{b}}}{T_{\text{b}}}}\cos(2\pi f_{\text{c}}t+\theta_{\text{c}}+\theta_{\text{ch}})=a(t)\sqrt{\frac{2E_{\text{b}}}{T_{\text{b}}}}\cos(2\pi f_{\text{c}}t+\theta) \qquad (3.5)$$

式中，θ_{ch}是与信道时延有关的相位，$\theta=\theta_{\text{c}}+\theta_{\text{ch}}$。

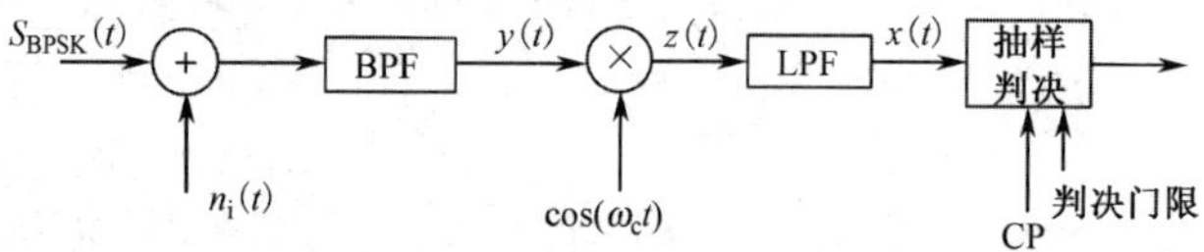

图 3.4　BPSK 信号解调框图

4）BPSK 信号的特点

BPSK 信号在接收端需要用与发送端同频同相的载波作为基准相位；常出现“倒π现象”或“反相工作”现象。

由于 BPSK 方式容易产生相位模糊，造成反相工作，因此在实际应用中一般不采用该方式。

2. π/4-DQPSK

通过分析式（3.3）可以看出 BPSK 只使用了调制复包络中的一条通道，如果在另一条通道中发送额外的信息可以使这种调制方式的频谱效率加倍，这种同时在复包络的两条正交通道上进行 BPSK 调制的方式称为 QPSK 调制。QPSK 调制与 BPSK 调制具有相同的特性，为了解决“反相工作”的问题，通常采用差分 QPSK 调制，即 DQPSK。

对于 BPSK 调制来说，当基带信号从“0”跳到“1”（或从“1”跳到“0”）时，相位会有 180° 跳变。与 BPSK 相同，QPSK 调制有 4 种允许的相位变化，信号相位同样会产生 180° 跳变，这样的信号通过带通滤波器后会有包络起伏的现象，从而出现包络零点。若设法减小 PSK 信号在码元转换时刻的相位跳变量（如最大跳变量±135°），就可以减小已调信号通过带通滤波后的包络起伏，也就不会出现那么多的高频旁瓣。π/4-DQPSK 就是设法使 QPSK 信号相邻码元转换时刻无 180° 相位跳变的改进方式。

1）π/4-DQPSK 信号的产生

π/4-DQPSK 调制是一种精心设计的 DQPSK 调制技术，它的最大相位跳变值为 135°，因此π/4-DQPSK 信号保持恒包络的性能比 QPSK 好。π/4-DQPSK 最吸引人的特性是它能够进行非相干解调，这将大大简化接收机的设计。通常，π/4-DQPSK 采用差分编码，以便当恢复载波中存在相位模糊时，实现差分检测或相干解调。图 3.5 所示为π/4-DQPSK 调制原理框图。

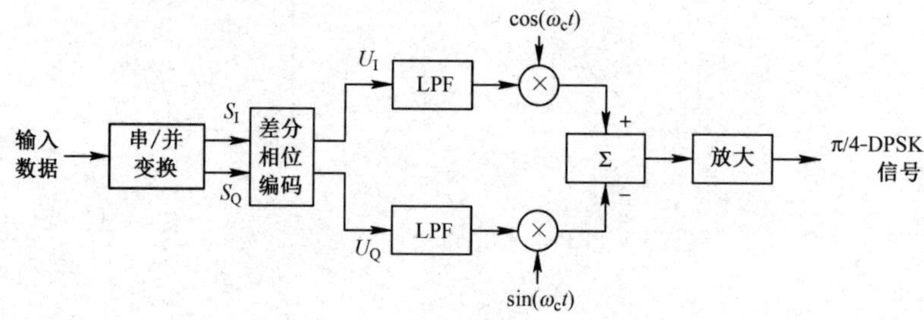

图 3.5　π/4-DQPSK 调制原理框图

设已调信号为$s(t)=\cos\left[\omega_{\text{c}}t+\theta_k\right]$，其中$\theta_k$为 $kT\leqslant t\leqslant(k+1)T$ 间的附加相位，则 $s(t)$ 可展开为

$$s(t)=\cos\theta_k\cos(\omega_{\text{c}}t)-\sin\theta_k\sin(\omega_{\text{c}}t)$$

式中，θ_k 为当前码元的相位，它是前一码元附加相位 θ_{k-1} 与当前码元相位跳变量 $\Delta\theta_k$ 之和，即 $\theta_k = \theta_{k-1} + \Delta\theta_k$。

设当前码元两正交信号分别为

$$U_{\mathrm{I}}(t) = \cos\theta_k = \cos(\theta_{k-1} + \Delta\theta_k) = \cos\Delta\theta_k \cos\Delta\theta_{k-1} - \sin\Delta\theta_k \sin\Delta\theta_{k-1}$$

$$U_{\mathrm{Q}}(t) = \sin\theta_k = \sin(\theta_{k-1} + \Delta\theta_k) = \cos\Delta\theta_k \sin\theta_{k-1} + \sin\Delta\theta_k \cos\theta_{k-1}$$

令前一码元两正交信号幅度为 $U_{\mathrm{Qm}} = \sin\theta_{k-1}$，$U_{\mathrm{Im}} = \cos\theta_{k-1}$，则有

$$U_{\mathrm{I}}(t) = U_{\mathrm{Im}} \cos\Delta\theta_k - U_{\mathrm{Qm}} \sin\Delta\theta_k$$

$$U_{\mathrm{Q}}(t) = U_{\mathrm{Qm}} \cos\Delta\theta_k + U_{\mathrm{Im}} \sin\Delta\theta_k$$

表 3.1 所示为双比特信息 I_k、Q_k 与相邻码元间相位跳变 $\Delta\theta_k$ 之间的对应关系。

表 3.1　I_k、Q_k 与 $\Delta\theta_k$ 的对应关系

I_k	Q_k	$\Delta\theta_k$	$\cos\Delta\theta_k$	$\sin\Delta\theta_k$
1	1	$\pi/4$	$1/\sqrt{2}$	$1/\sqrt{2}$
−1	1	$3\pi/4$	$-1/\sqrt{2}$	$1/\sqrt{2}$
−1	−1	$-3\pi/4$	$-1/\sqrt{2}$	$-1/\sqrt{2}$
1	−1	$-\pi/4$	$1/\sqrt{2}$	$-1/\sqrt{2}$

由表 3.1 可见，π/4-DQPSK 信号码元转换时刻的相位跳变量只有±π/4 和±3π/4 四种取值，而不可能产生像 QPSK 信号那样的±π 相位跳变，使信号的频谱特性得到较大的改善。同时也可以看到，U_{Q} 和 U_{I} 只可能有 0、±1、$\pm 1/\sqrt{2}$ 五种取值，且 0、±1 和 $\pm 1/\sqrt{2}$ 相隔出现。

π/4-DQPSK 调制是限制码元转换时刻相位跳变量的一种调制方式。与 QPSK 只有四个相位点不同，在π/4-DQPSK 中已调制信号的相位被均匀分配为相距π/4 的八个相位点。八个相位点被分成两组，已调信号的信号点从相互偏移π/4 的两组 QPSK 星座中选取。图 3.6 所示为π/4-DQPSK 信号的星座图，图中包含两个星座和一个合成的星座，两个信号点之间的连线表示可能的相位跳变。在两个星座间切换，对每个连续比特要保证其码元间至少有一个π/4 整数倍的相位变化，这使接收机能进行时钟恢复和同步。

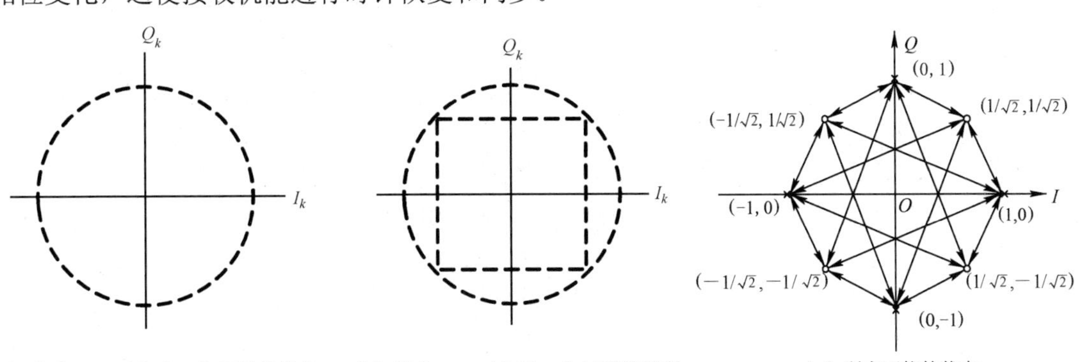

（a）当 $\theta_{k-1} = n\pi/4$ 时，θ_k 可能的状态　（b）当 $\theta_{k-1} = n\pi/2$ 时，θ_k 可能的状态　（c）所有可能的状态

图 3.6　π/4-DQPSK 信号的星座图

2）功率谱

π/4-DQPSK 信号的功率谱密度曲线如图 3.7 所示。

由图 3.7 可以看出，π/4-DQPSK 具有频谱特性好、功率效率高等特点，可以在 25 kHz 带宽内传输 32 kbit/s 的数字信息，从而提高频谱利用率。

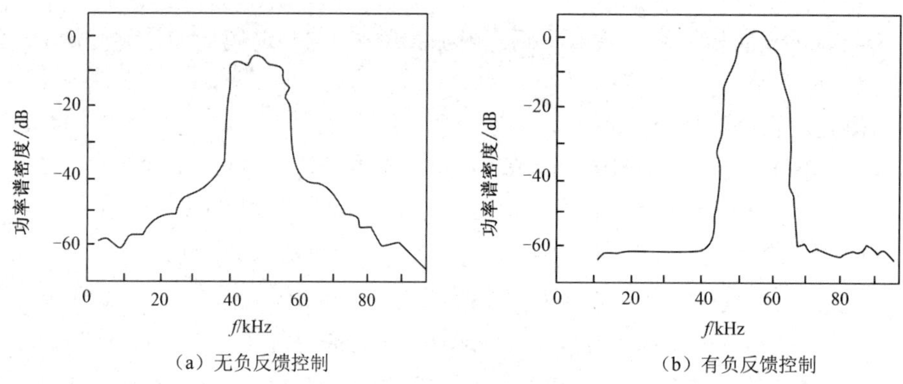

图 3.7 π/4-QPSK 信号的功率谱密度曲线

3）解调方式

π/4-DQPSK 可以采用相干解调；也可以采用非相干解调，以避免相干检测中相干载波的相位模糊问题。其非相干解调使得接收机大大简化，这也是π/4-DQPSK 调制在航空数据链系统和卫星通信中被广泛应用的原因之一。π/4-DQPSK 解调框图如图 3.8 所示。

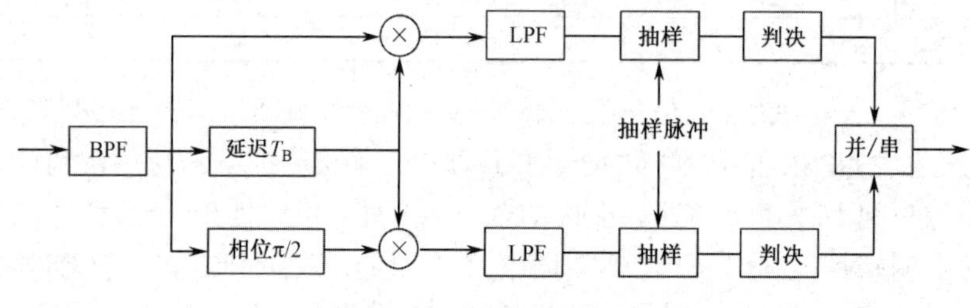

图 3.8 π/4-DQPSK 解调框图

4）π/4-DQPSK 信号的特点

由于π/4-DQPSK 的最大相位跳变量为±135°，因此其通过带通滤波器后的信号有较小的包络起伏；它可采用相干解调，也可采用非相干解调，其非相干解调使得接收机大大简化。

实践证明，π/4-DQPSK 信号具有频谱特性好、功率效率高、抗干扰能力强等特点，因此在数据链通信系统中得到应用。

例如，Link-11 数据链采用了π/4-DQPSK 调制解调技术。24 bit 战术数据加密、纠错编码后形成 30 bit 数据，按顺序分成 15 对，每对二进制数据可表示 4 种不同的状态（00，01，10，11）。然后 15 对数据与 15 个不同的单音频信号进行调制，每个单音频信号均采用π/4-DQPSK 调制方式对两位二进制数据进行调制，再加上一个多普勒校正单音，将得到一个多音频 QPSK 基带信号，代表 30 bit 数据。Link-11 数据链在 HF 频段使用 SSB 调制方式，在 UHF 频段采用 FM 方式。这样，接收机的接收信号是短波频段包含 16 个单音频信息的 SSB 信号，或者是超短波频段包含 16 个单音频信息的 FM 信号。接收机对收到的合成信号进行多路解调，获得 30 bit 发送数据，校验、解密后恢复 24 bit 战术数据。

Link-11 数据链采用多音并行体制，其基本原理是将待传输串行数据分组后转换为并行数据，同时与多个正交的单音（副载波）进行 PSK 调制后并行发送，以多路低速数据传输实现高速数字传输。

（1）多音并行体制常采用 M 进制的差分相移键控（DPSK）调制方式，每个单音的一个码元传输 $\log_2 M$ bit 数据。Link-11 数据链采用π/4-DQPSK，则每个单音传输 2 bit 数据信息。

（2）多音并行体制码元长度的选择需要同时考虑码间干扰和多普勒频率扩展的影响。最佳码长通常在 10～25 ms 之间，由式（3.6）近似确定，即

$$T = \sqrt{3M/(4D)} \tag{3.6}$$

式中，M 为多径扩展；D 为单音多普勒频率扩展。Link-11 数据链的码元长度有 13.33 ms 和 22 ms 两种。在信号传输速率不变的情况下，提高码元速率可以减小单音数量和信号占用带宽；在发射功率不变的条件下，可提高单音功率，进而提高系统的信噪比，降低误码率。

（3）多音并行体制的单音包括数据单音、多普勒单音和同步单音。数据单音作为副载波用于 DPSK 调制；多普勒单音作为导频校正频偏；同步单音作为帧同步基准。Link-11 数据链的单音频率如表 3.2 所示，各单音频率值按照式（3.7）计算，即

$$f = (2n+1)\times 55\ \text{Hz} \tag{3.7}$$

表 3.2　Link-11 数据链的单音频率

单 音 编 号	n	频率/Hz	单 音 编 号	n	频率/Hz
1	5	605	9	15	1705
2	8	935	10	16	1815
3	9	1045	11	17	1925
4	10	1155	12	18	2035
5	11	1265	13	19	2145
6	12	1375	14	20	2255
7	13	1485	15	21	2365
8	14	1595	16	26	2915

表 3.2 中频率为 605 Hz 的单音在 Link-11 数据链中叫作多普勒单音，用来校正频率误差。Link-11 数据链在数据报头中连续发送 5 个未调制的多普勒校正音，解调器通过检测该音的相位变化，来估计多普勒频偏值，并产生频偏校正因子对接收信号进行频偏校正。

3. 8PSK

1）8PSK 信号的产生

在 8PSK 中，载波频率承载有 8 个可能值，$\theta_i = 2(i-1)\pi/8$，调制波形表达式为

$$s_i(t) = \sqrt{\frac{2E_s}{T_s}}\cos\left(2\pi f_c t + \frac{2\pi}{M}(i-1)\right),\quad 0\leqslant t\leqslant T_s,\ i = 1, 2, \cdots, 8 \tag{3.8}$$

式中，$E_s = \log_2 M\cdot E_b$，E_b 是每比特的能量；$T_s = \log_2 M\cdot T_b$，T_b 是比特周期端。式（3.8）可以用正交象限形式重写为

$$s_i(t) = \sqrt{\frac{2E_s}{T_s}}\cos\left[(i-1)\frac{2\pi}{8}\right]\cos(2\pi f_c t) - \sqrt{\frac{2E_s}{T_s}}\sin\left[(i-1)\frac{2\pi}{8}\right]\sin(2\pi f_c t),\quad 0\leqslant t\leqslant T_s,\ i = 1, 2, \cdots, 8$$

通过选择基带信号，$\Phi_1(t) = \sqrt{\frac{2}{T_s}}\cos(2\pi f_c t)$，$\Phi_2(t) = \sqrt{\frac{2}{T_s}}\sin(2\pi f_c t)$，8PSK 信号表达式为

$$s_{8PSK}(t) = \left\{\sqrt{E_s}\cos\left[(i-1)\frac{2\pi}{8}\right]\Phi_1(t) - \sqrt{E_s}\sin\left[(i-1)\frac{2\pi}{8}\right]\Phi_2(t)\right\},\quad i = 1, 2, \cdots, 8 \tag{3.9}$$

为了提高传输的可靠性，一般多进制调制符号所携带的比特信息均采用格雷（Gray）映射，8PSK 调制符号和比特映射之间的关系如图 3.9 所示。由于采用了格雷映射，相邻符号所携带

的信息只相差 1 bit（比特）。图 3.10 所示为 8PSK 所有符号之间的转移关系，称为矢量图。

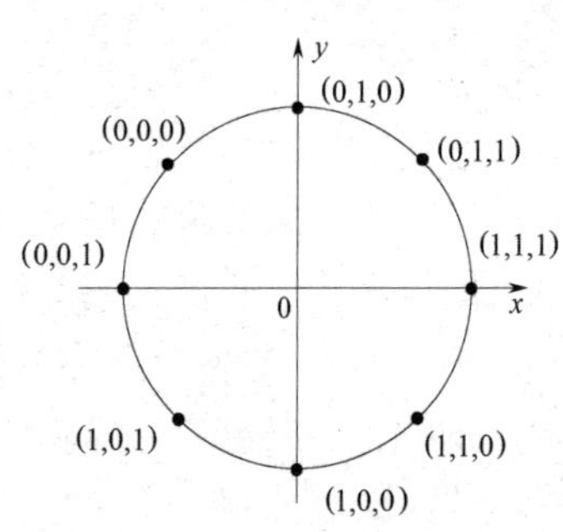

图 3.9　8PSK 的符号与比特映射关系

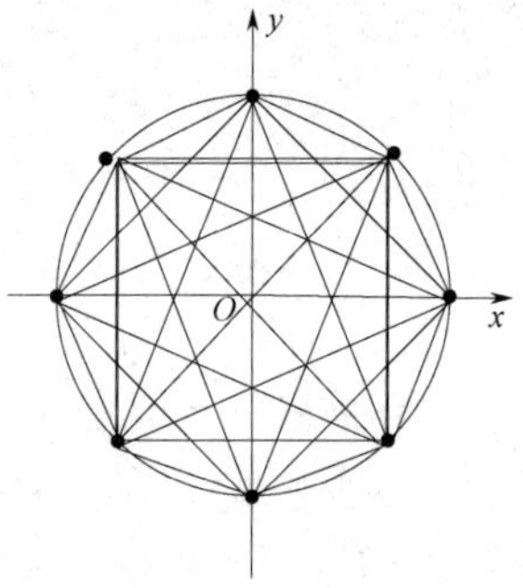

图 3.10　8PSK 调制的矢量图

2）功率谱

8PSK 的功率谱密度可以按照与 BPSK 和 QPSK 相同的方式来表示。信息位的持续时间 T_s 和比特位的持续时间 T_b 的关系为

$$T_s = \frac{T_b}{\log_2 M}$$

具有矩形脉冲的 8PSK 功率谱密度可表示为

$$P_{\text{SPSK}} = \frac{E_s}{2}\left[\left(\frac{\sin\left[\pi(f-f_c)T_s\right]}{\pi(f-f_c)T_s}\right)^2 + \left(\frac{\sin\left[\pi(-f-f_c)T_s\right]}{\pi(-f-f_c)T_s}\right)^2\right] \tag{3.10}$$

根据式（3.10）可以得出 8PSK 信号的功率谱密度曲线如图 3.11 所示。

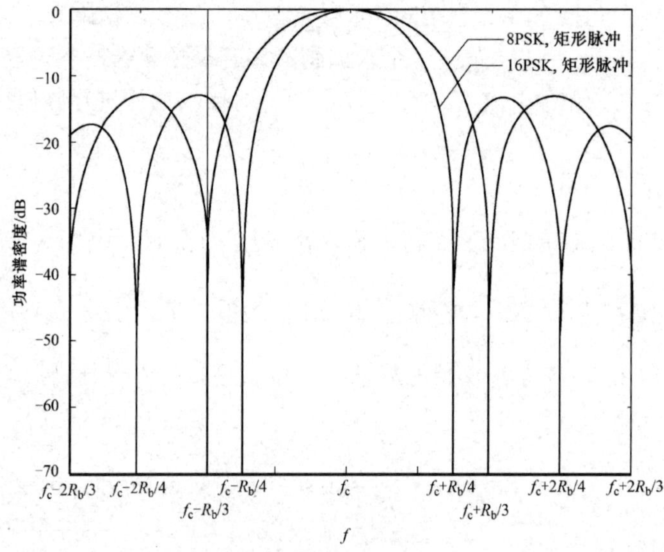

图 3.11　8PSK 信号的功率谱密度曲线

3）解调方式

与 BPSK、QPSK 调制一样，8PSK 也有两种解调方式：相关检测和非相关差分检测（进行差分编码）。

4）8PSK 信号的特点

8PSK 提供了较高的数据吞吐量；解调设备简单。在航空通信和卫星通信中，由于 8PSK

对接收端设备的体积和质量有较高的要求；而在保证较高数据率和传输可靠性的条件下，8PSK 解调设备相对简单，因此在 Link-22 战术数据链中得到了应用。

3.1.2　MSK

前面已经提到，π/4-DQPSK 虽然消除了 BPSK 信号中的 180° 相位跳变，但并没有从根本上解决包络起伏的问题。一种能够产生恒定包络、连续信号的调制称为最小频移键控（MSK）。MSK 是 2FSK 的一种特殊情况，它具有正交信号的最小频差，在相邻符号交界处相位保持连续。

1）MSK 的原理

MSK 调制是一种恒包络调制，这是因为 MSK 属于二进制的连续相位移频键控（CPFSK）的一种特殊情况，它不存在相位跃变点，所以在带限系统中能保持恒包络特性。恒包络调制具有以下优点：极低的旁瓣能量；可使用高效率的 C 类高功率放大器；容易恢复用于相干解调的载波；已调信号峰平比低。MSK 的频差是满足两个频率相互正交（相关函数等于 0）的最小频差，并要求 FSK 信号的相位连续，其频差 $\Delta f = f_2 - f_1 = 1/(2T_b)$，即调制指数为 0.5。

MSK 在仅适度降低差错性能的情况下提供了比二进制频移键控（BFSK）更优的带宽效率。多进制频移键控（MFSK）可以看成二进制频移键控的一种形式。对于多进制频移键控，一个位时间内传送的信号是

$$s(t)=\begin{cases}\sqrt{\dfrac{2E_b}{T_b}}\cos\left[2\pi f_1 t+\theta(0)\right] & \text{二进制数1}\\ \sqrt{\dfrac{2E_b}{T_b}}\cos\left[2\pi f_2 t+\theta(0)\right] & \text{二进制数0}\end{cases} \tag{3.11}$$

式中，E_b 是每位传输的信号能量；T_b 是位持续时间；$\theta(0)$ 表示在时间 t=0 时的相位值。MSK 的一个重要特性是：它是称为二进制的 CPFSK 的 FSK 的一种形式，其相位在从一个位时间到下一个位时间的转换过程中是连续的。MSK 调制原理框图如图 3.12 所示。

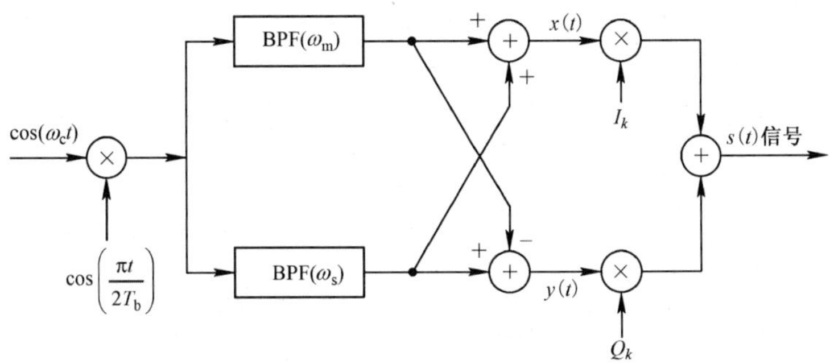

图 3.12　MSK 调制原理框图

2）功率谱

MSK 信号不仅具有恒包络和连续相位的优点，而且其功率谱密度特性也优于一般的数字调制器。MSK 信号功率谱密度的表达式为

$$W(f)_{\text{MSK}} = \frac{16A^2T_b}{\pi^2}\left\{\frac{\cos[2\pi(f-f_c)T_b]}{1-[4(f-f_c)T_b]^2}\right\}^2 \tag{3.12}$$

MSK 信号的功率谱密度曲线如图 3.13 所示。可以看出，MSK 信号的主瓣比较宽，第一

个零点在 0.75/T_b 处，第一旁瓣峰值比主瓣低约 23 dB，旁瓣下降比较快。MSK 调制方式已在一些通信系统中得到应用。但是，就移动通信系统而言，通常要在 25 kHz 的信道间隔中传输 16 kbit/s 的数字信号，邻道辐射功率要求低于−80～−70 dB，显然 MSK 信号不能满足。而另一种数字调制方式 GMSK 能很好地满足这些要求。

对于 MSK，两个频率必须满足如下公式，即

$$f_1 = f_c + \frac{1}{4T_b}; \quad f_2 = f_c - \frac{1}{4T_b} \tag{3.13}$$

可以证明，以上两频率之间的这段空隙是可以使用的，且允许接收器能成功地检测信号的最小值。这就是为什么在 MSK 中使用术语“最小（Minimum）”的原因。

各种可能的输入序列所对应的所有的 MSK 相位轨迹如图 3.14 所示。

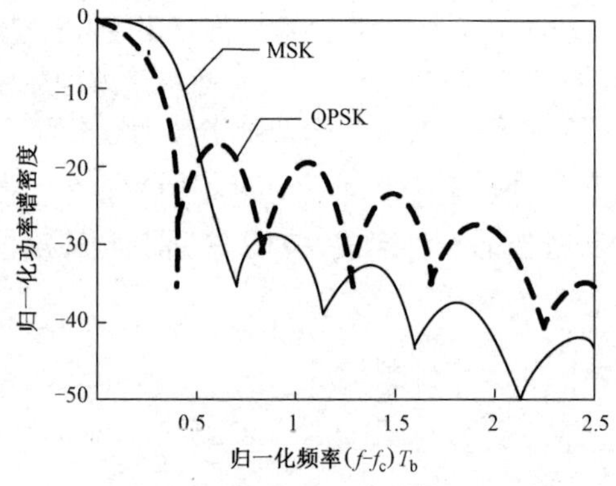

图 3.13 MSK 信号的功率谱密度曲线

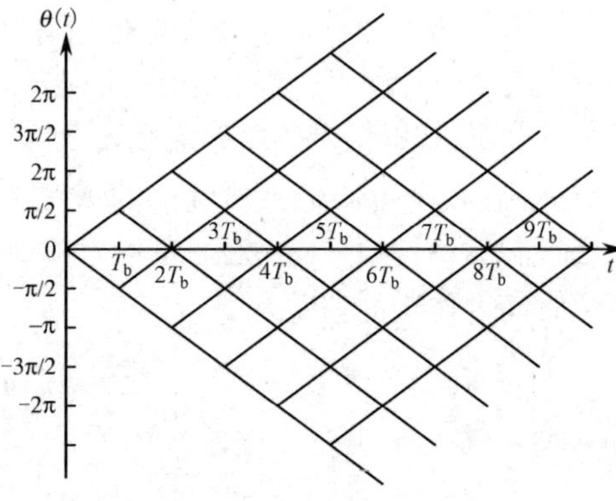

图 3.14 MSK 相位轨迹

由于 MSK 信号在比特转换时不存在相位的急剧变化，因此当为了满足带宽要求而频带受限时，MSK 信号的包络不会有过零的现象。即使频带受限，其包络仍然能够尽量地保持恒定；可以在接收机端使用硬限幅消除包络上的微小变化，而不致引起带外功率的上升。因幅度是恒定的，故 MSK 信号可以使用非线性放大器进行放大。

3）解调方式

MSK 信号的解调与 FSK 信号相似，可采用相干解调，也可以采用非相干解调。MSK 解调框图如图 3.15 所示。

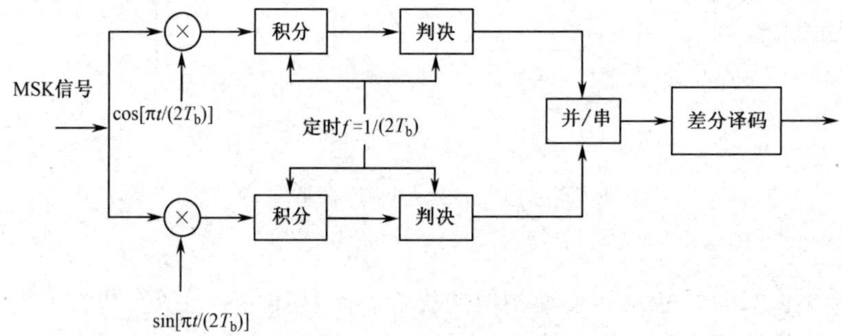

图 3.15 MSK 解调框图

4）MSK 信号的特点

MSK 是一种恒包络调制，具有恒定的振幅；在码元转换时刻，信号的相位是连续的，无跳变；MSK 具有较高的频谱利用率；误码率（误比特率）低；其频谱在主瓣以外的衰减很快，

对邻道干扰小。除此之外，MSK 还有很多优点，如解调和同步电路简单等。因此，MSK 广泛应用于移动通信系统。

Link-16 数据链中采用 32 位伪随机码与载频进行 MSK 扩频调制，扩频带宽为 3 MHz（收发信机或 HPA 发送 3 MHz 带宽的扩频信号，脉冲功率带宽为 3.5 MHz）。载波波形通过对 5 Mbit/s 载波频率进行连续相位调制而产生。这种调制使用 32 位的伪随机发射码元作为调制信号，等效码速率为 5 MHz（每 bit 的持续时间为 200 ns）。调制过程中使用了两个频率，这两个频率周期每 200 ns 相差半个波长，因此在 200 ns 周期末端由一个频率转换到另一个频率，相位连续。

由于使用伪随机序列作为辅助调制信号，展宽了脉冲功率谱带宽。直接序列扩频的结果使信号的功率谱密度下降，从而使敌方的侦察系统难以检测到（低截获率），同时也降低了对其他用户的同频道干扰。

为了进一步提高 MSK 信号的性能，可以在 MSK 调制之前插入高斯低通滤波器，这种调制方式称为 GMSK 调制。由于 GMSK 信号具有更好的频谱利用率和更小的带外辐射，因此它在无线通信中得到了广泛应用。

总之，MSK 调制技术与 FSK、PSK 调制技术相比，具有频谱利用率高、误码率低，以及频谱在主瓣以外的衰减很快等特点。MSK 调制技术是 Link-16 数据链具有保密、大容量、抗干扰等性能的原因之一，美军 TTNT 数据链系统使用了 GMSK 调制。

3.1.3　QAM

1）QAM 调制的原理

正交调幅（QAM）是一种用在某些无线标准中流行的模拟信号传输技术。这种调制技术是 ASK 和 PSK 的技术组合，可以看作 QPSK 的一种逻辑扩展。QAM 利用了这样的一个事实，在同一个载波频率上同时发送两个不同的信号是可能的，这只需使用载波频率的两个副本，其中的一个相对于另一个有 90° 的偏移就可以做到。在 QAM 中，每个载波都用 ASK 调制，使两个独立的信号跨同一媒体同时传输；在接收器端，两个信号被解调，组合的信息流被还原成原来的二进制输入流。

QAM 传输的信号可以表示为

$$s(t) = d_1(t)\cos(2\pi f_c t) + d_2(t)\sin(2\pi f_c t)\,,\quad 0 \leqslant t \leqslant T_s \qquad (3.14)$$

式中，T_s 为码元宽度。式（3.14）由两个相互正交的载波构成，因每个载波被一组离散的振幅 $d_1(t)$、$d_2(t)$所调制，故称这种调制方式为正交振幅调制。QAM 调制框图如图 3.16 所示。

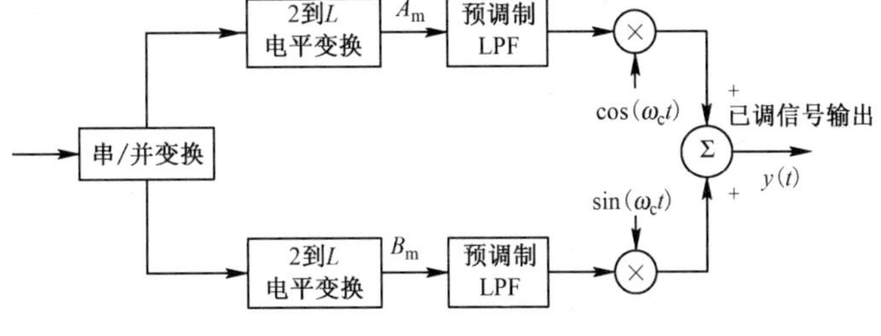

图 3.16　QAM 调制框图

输入是速率为 R bit/s 的二进制数字流。通过捕获交替的位将该数字流转换为上下两路分离的位流，每一路的速率均是 $R/2$ bit/s。在图 3.16 中，通过用载波乘以位流，上面一路的位流是在频率为f_c的载波上使用ASK调制。这样，二进制数0可以用载波不存在来表示，二进制数1就可以用具有固定振幅的载波的存在来表示。将同样的载波偏移90°，再使用ASK调制为图3.16中下面一路的二进制位流。随后，两个被调制的信号叠加到一起再传输出去。

2）功率谱

QAM信号的功率谱取决于I和Q两路基带信号的功率谱，QAM已调波带宽为基带信号带宽的两倍。QAM信号的主辩比较窄，占用带宽少，旁辩分量下降较快，邻道辐射功率低，使邻道干扰小，降低了码间干扰出现的概率，从而显示出了良好的频谱特征。

为了研究连续相位技术对QAM调制性能的影响，可以利用计算机进行模拟仿真实验。图3.17所示为16QAM信号的功率谱密度曲线，即普通16QAM调制和连续相位16QAM调制的频谱对比图，其中横轴表示归一化频差$(f-f_c)T_b$，纵轴表示功率谱密度。对比图中各谐波分量，除主峰和第1谐波峰不变外，第2、第3、第4峰分别下降了1.27 dB、8.19 dB和15.7 dB。从第5峰开始均下降20 dB以上；从整体上比较，二者的平均功率之比为2:1左右。由于有用信息主要存在于主峰及其附近区域，现在主峰和第1谐波峰与普通QAM调制时一样，因此说明相位连续技术在压缩频带的同时，有用信息不会因此而丢失。

3）解调方式

QAM信号的解调框图如图3.18所示，其采用正交相干解调法。首先接收端接收到的信号分两路进入两个正交的载波相干解调器，经相干解调后，在输出端得到两个独立的基带信号；再对其进行判决；最后经并/串变换后得到恢复的二进制信号。

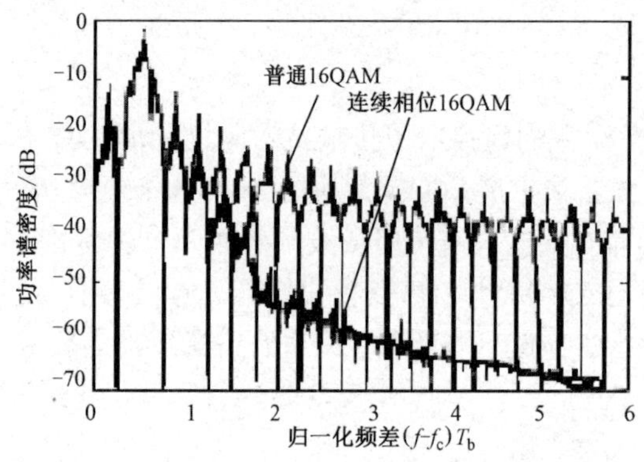

图3.17　16QAM信号的功率谱密度曲线

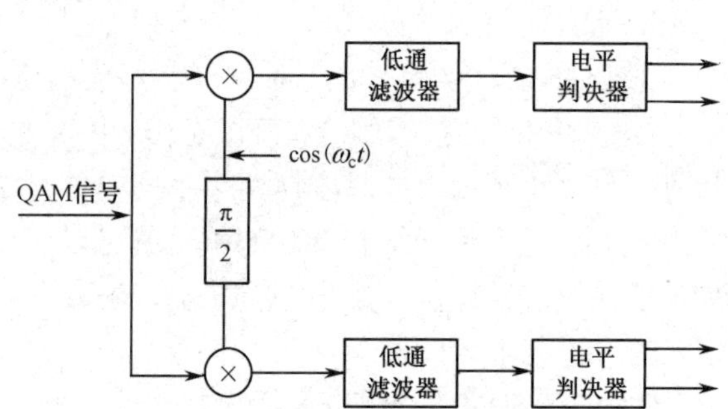

图3.18　QAM信号的解调框图

4）QAM信号的特点

QAM调制信号在码元转换时刻有相位跳变；频谱的旁瓣分量比连续相位的调制信号要高；在同一个载波频率上可同时发送两个不同的信号；在最小距离相同的条件下可实现更高的频带利用率。

前面提到过在Link-22数据链中使用了8PSK调制技术，但是当对数据传输速率的要求高过8PSK能提供的上限时，一般采用QAM调制方式。Link-22数据链就使用了其中的16QAM、32QAM和64QAM调制方式。因为QAM的星座点比PSK的星座点更分散，星座点之间的距离更大，所以能提供更好的传输性能。

为了说明MQAM比MPSK具有更好的抗干扰能力，图3.19和3.20分别所示为16PSK星座图和16QAM星座图。先假设二者的信号最大功率相等，则相邻信号点的距离d_1、d_2分别为

$$16\text{PSK}：\quad d_1 = 2A\sin\frac{\pi}{16} \approx 0.39A$$

$$16\text{QAM}：\quad d_2 = \frac{\sqrt{2}A}{\sqrt{16}-1} \approx 0.47A$$

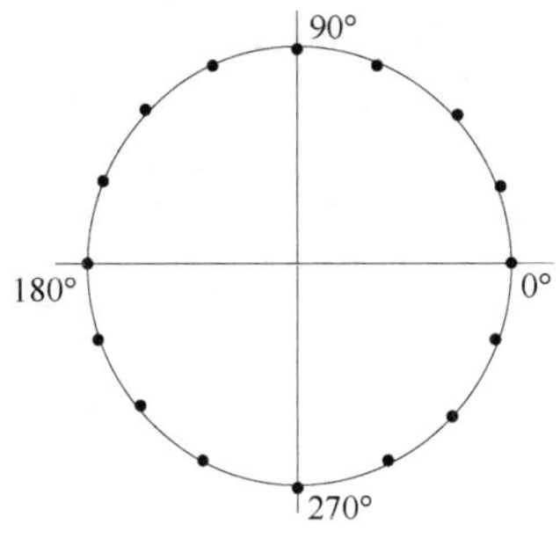

图 3.19　16PSK 星座图

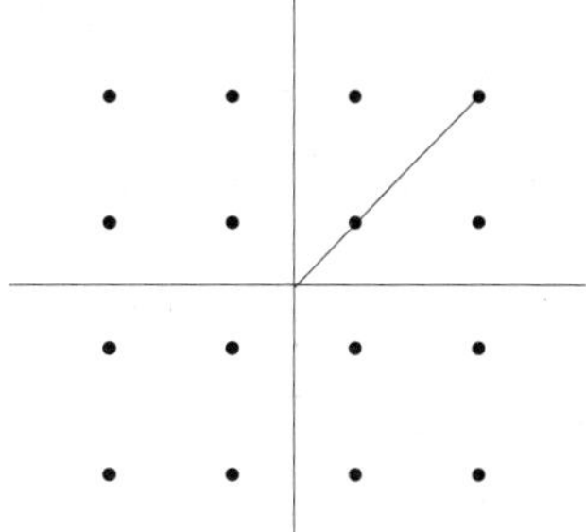

图 3.20　16QAM 星座图

结果表明，$d_2 > d_1$。可见，在平均功率相等的条件下，16QAM 相邻信号的距离超过 16PSK。星座图中，由于两个信号点距离越大，要分开两个可能信号点就越容易办到。因此，16QAM 方式的抗噪声干扰能力优于 16PSK。

但是，因 QAM 星座点的幅度不是完全相同的，所以它的解调器要能同时正确地检测相位和幅度，不像 PSK 解调只需检测相位，这也增加了 QAM 解调的复杂性。

3.1.4　TCM

在传统的航空传输系统中，编译码器和调制解调器是两个主要组成部分，它们各自独立进行设计。纠错编码需要增加冗余度，相应地会降低信息传输速率。在功率受限的信道中，功率利用率可用频带利用率来换取；在频带受限的信道中，则可通过加大调制信号集来为纠错编码器提供所需的冗余度，以避免信息传输速率因纠错编码而降低。但若调制和编码仍按传统的相互独立方法进行设计，则不能得到令人满意的效果。例如，对于无纠错编码的 QPSK 调制和码率为 2/3 的卷积编码，以及采用硬判决 Viterbi 译码的 8PSK 调制，若信息速率相同，则在相同的信噪比条件下，编码 8PSK 系统的误码率远远大于无编码 QPSK 系统。要使误码率达到 10^{-5}，则在发送端需要采用约束长度为 6、最小距离为 7 的 2/3 卷积码，在译码接收端需要采用复杂的 64 状态 Viterbi 译码器，这样设备的复杂性就大大增加了。这种问题是由上述编码 8PSK 系统在接收端信号进行独立的硬判决造成，这将使接收信息产生不可恢复的损失。如果在接收端采用软判决的 Viterbi 译码，那么就可以部分解决这个问题。软判决 Viterbi 译码是一种最大似然译码，通常错误最可能发生在具有最小平方欧几里得距离（简称欧氏距离）的两个序列之间。

实际上，最佳的编码调制系统采用以编码序列欧氏距离为调制设计的度量。它要求将编码器和调制器当作一个整体进行综合设计，使编码器和调制器级联后产生的编码信号序列之间具有最大的自由欧氏距离。1974 年 Massey 根据 Shannon 信息论证明了将编码和调制作为一个整体考虑时的最佳设计，可大大改善系统性能。

1982 年 Ungerbock 首次提出了网格编码调制（Trellis-Coded Modulation，TCM）的概念。他设计了利用码率为 $m/(m+1)$ 的格状码（卷积码）并将每一码段映射为 2^{m+1} 个调制信号点的集合中一个信号的联合编码调制设计方案，在接收端解调后经过反映射变换为接收的卷积码序列，并送入软判决 Viterbi 译码器。这个方案在不增加传输功率和带宽的前提条件下可获得

3～6 dB 的功率增益。由于调制信号和卷积码都可看成网格码，因此这种联合设计方案称为网格编码调制技术。

TCM 技术自提出以后就得到了广泛研究和应用。1984 年 L. F. Wei 针对信道中的各种干扰因素对相位的影响，提出了克服相位模糊的旋转不变码。从理论上分析，3 dB 以内的编码增益可以通过增加网格码编码寄存器的状态数来得到；但是当状态数增加到一定程度后，编码增益的增加会变得非常缓慢，而实现电路的复杂性却在呈指数形式增长，实现电路的复杂性几乎抵消了由增加状态数而带来的编码增益。于是 Forney 等人提出了带限信道上的多维 TCM 技术。此外，还有人提出调制与分组码相结合的 BCM 技术等。由于网格编码调制可以得到具有最大欧氏距离的码序列，因此在多进制调制场合中获得了广泛应用，如计算机上使用的调制解调器、卫星通信及一些移动通信系统等。Turbo 码作为级联卷积码，也可以与调制联合设计，即实现 Turbo-TCM。

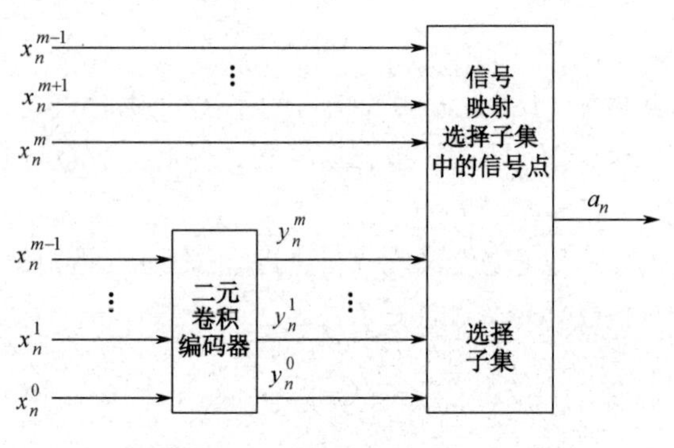

图 3.21　TCM 的一般编码结构

在 TCM 系统中为了不增加信号的频带宽度，需要以调制信号集的扩张来提供编码所需的冗余度。同时，编码必须使信号点之间的欧氏距离而非汉明距离最大。TCM 系统一般由卷积编码器和符号映射器两部分组成，其一般编码结构如图 3.21 所示。其中编码器采用码率为 $m/(m+1)$ 的最优汉明距离卷积码，符号映射为格雷映射。

编码器在每个调制间隔传送 m' 个比特，选取其中 $m \leqslant m'$ 个比特进行码率为 $m/(m+1)$ 的二进制卷积编码，得到的 $m+1$ 个比特用于选择集合划分形成的子集，其他 $m'-m$ 个比特用于选择相应子集中的信号点。

集分割是 TCM 方案构造的核心。所谓集分割，就是将信号集划分成包含信号点数相同的较小子集，并使分割得到的子集内的信号点之间的最小空间距离得到最大限度的增加。每次分割都是将一个较大的信号集分割成较小的两个子集的过程，每经过一次分割，子集内的信号点之间的距离也相应地增加。其中，子集中信号点之间的距离可以用 Δ_i（$i=1,2,\cdots,n$）表示。分割持续进行 $m+1$ 次，直到 Δ_{m+1} 等于或大于 TCM 方案设计所需的自由距离。此时，TCM 码的自由欧氏距离表示为

$$d_{\text{free}} = \min\{\Delta_{m+1}, d_{\text{free}}(m)\} \tag{3.15}$$

式中，$d_{\text{free}}(m)$ 表示 TCM 格状图中非并行转移的最小距离。当 $m=m'$ 时，每个信号集中仅包含一个信号。

TCM 最优码的网格图应遵循以下规则。

（1）始于同一状态的转移分支对应的信号应属于第 i 级分割后的子集。这保证了从同一状态分离的不同分支之间的距离大于或等于 Δ_i。

（2）到达同一状态的转移分支对应的信号应属于分割后的同一个子集。这保证了到达同一状态的不同分支间的距离大于或等于 Δ_i。

（3）并行转移对应于 $m+1$ 级集分割后的子集。这保证了并行转移间的距离大于或等于 Δ_{m+1}。

这 3 条规则保证了当序列分离和合并后，它们之间的最小距离达到最大。

一些通过计算机搜索得到的最优网格编码调制的卷积码生成多项式如表 3.3 所示。当卷积码的约束长度继续增加时，性能提高不多，而译码复杂度迅速增加，得不偿失。这时采取提高发射功率等办法更有效。

表 3.3　最优网格编码调制的卷积码生成多项式

约束长度	$g_0(D)$	$g_1(D)$	$g_2(D)$
3	11	2	4
4	23	4	16
5	45	16	34
6	103	30	66
7	277	54	122
8	435	72	130

3.2　信息编码技术

3.2.1　差分脉码调制

一般的脉冲编码调制（Pulse Code Modulation，PCM）方式中对样值信号编码都是按样值幅度独立进行的，即使相关性较强的相邻两个样值也是如此。由于是对样值幅度独立编码，因此每一编码码组允许的信号动态范围就是原语音信号的动态范围。而这一幅度范围较大，若要保持一定的编码精度，就需要较多的编码位数。

利用信号的相关性找出可以反映信号变化特征的一个差值进行编码，这就是所谓的差分脉码调制（DPCM）。根据相关性原理，这一差值的幅度范围一定小于原信号的幅度范围。因此，在保持相同量化误差的条件下量化电平数就可以减少，而编码位数也随之减少，进而压缩编码速率。差值编码一般是以预测的方式来实现的。所谓预测，就是指当知道了有冗余性（相关性）信号的一部分时就可以对其余部分进行推断和估计。具体地说，如果知道了一个信号在某一时刻以前的状态，就可以对它的未来值进行估值。

由于语音信号的相邻抽样点之间有一定的幅度关联性，因此可以根据前些时刻的样值来预测现时刻的样值，只需要传输预测值和实际值之差，而不需要每个样值都传输。这种方法就是预测编码。

语音信号的样值可分为可预测和不可预测两部分，可预测部分由过去的一些权值加权后得到，不可预测的部分可看成预测误差。这样，在数字通信中，就不必直接传送原始语音信号序列，而只传送差值序列即可。因为差值序列的信息可以代替原始序列中的有效信息，而差值信号的能量远小于原样值，所以这样就可以使量化电平数减少，从而大大压缩码率。在接收端，只要把差值序列叠加到预测序列上，就可以恢复原始序列。

图 3.22 所示为 DPCM 系统原理框图。其中，输入端抽样信号为 $x(n)$，接收端重建信号为 $\hat{x}(n)$，$d(n)$ 是输入信号与预测信号 $\tilde{x}(n)$ 的差值，$\hat{d}(n)$ 为量化后的差值，$c(n)$ 是 $\hat{d}(n)$ 经编码后输出的码字。

编码器中的预测器与译码器中的预测器完全相同。因此，在无传输误码的情况下，译码器输出的重建信号 $\hat{x}(n)$ 与编码器的 $\hat{x}(n)$ 完全相同。

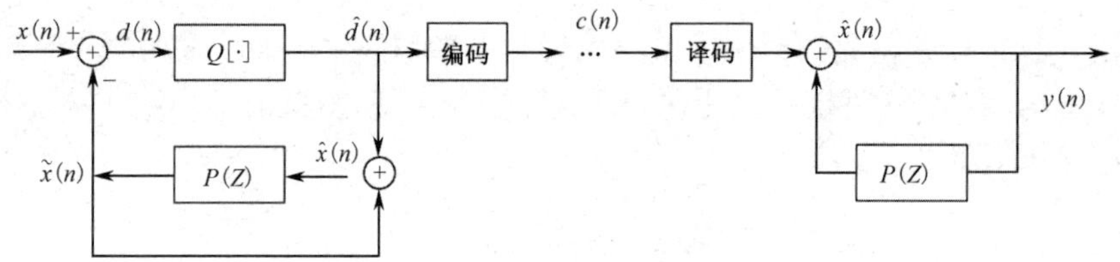

图 3.22 DPCM 系统原理框图

DPCM 的总量化误差 $e(n)$ 定义为译码器输出的重建信号 $\hat{x}(n)$ 与输入信号 $x(n)$ 之差，即 $e(n)=\hat{x}(n)-x(n)$，由于有

$$d(n)=x(n)-\tilde{x}(n) \tag{3.16a}$$

$$\hat{x}(n)=\tilde{x}(n)+\hat{d}(n) \tag{3.16b}$$

可得

$$e(n)=\hat{d}(n)-d(n) \tag{3.17}$$

可知，在 DPCM 系统中，总量化误差只和差值信号的量化误差有关。预测原理如图 3.23 所示，这是典型的线性预测方式，预测值跟踪输入信号抽样值变化。

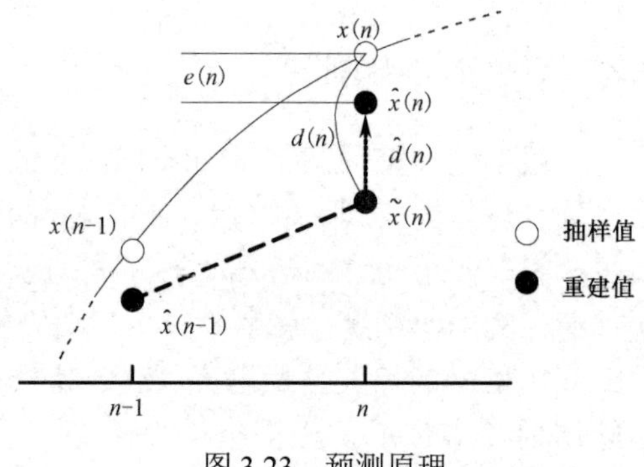

图 3.23 预测原理

3.2.2 增量调制

增量调制（DM）是差分脉码调制的一个重要特例，也称为 1 bit 量化的差值编码。在增量调制系统中，其抽样频率要比 PCM 高得多，叫作过抽样。增量调制可根据量化阶距Δ的取值是否为常数，分为线性增量调制（LDM）和自适应增量调制（ADM）等。

当Δ为常数时，系统估值或系统恢复值以线性变化的趋势跟踪输入信号，称之为线性增量调制。其优点是系统简单，容易实现，采用 1 bit 编码，收发不需要同步；但由于其Δ的动态范围很小，因此其传输质量不高，使其发展受到限制。

改进Δ动态范围的方法有很多，其基本原理是采用自适应方法使Δ的大小随输入信号的统计特性变化而跟踪此变化。如果Δ能随信号瞬时压扩，则此增量调制称为自适应增量调制（ADM）。这是一种自动调节量阶的增量调制，它采用量阶自动调节的办法来适应信号斜率的变化，以避免斜率过载的影响。如果输入信号斜率增大，则量阶也相应增大；如果输入信号斜率减小，则量阶也就减小。所以，ADM 具有动态范围大的优点。若量阶Δ随音节时间间隔（5～20 ms）中信号平均斜率变化，则称为连续可变斜率增量调制（CVSD）。由于这种方法中的信号斜率是根据码流中连“1”或连“0”的个数来检测的，因此又称之为数字检测、音节压扩的自适应增量调制，简称数字压扩增量调制。

数字压扩增量调制与普通增量调制相比，其差别在于增加了连“1”连“0”数字检测电路和音节平滑电路。其自适应信息（控制电压）是从输出码流中提取的，接收端不需要发送端传送专门的自适应信息就能自适应于原始信号，因此其电路实现起来比较容易。数字压扩增量调制原理框图如图 3.24 所示。

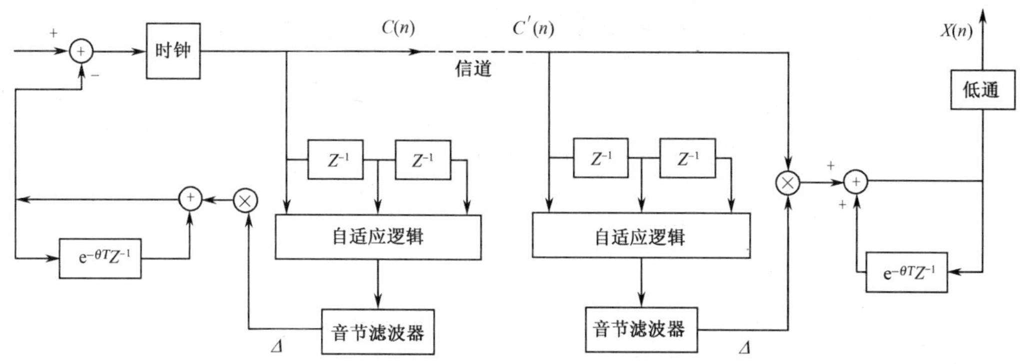

图 3.24　数字压扩增量调制原理框图

CVSD 编码器的主要部分是比较器、量化器、压扩器和预测滤波器。

比较器使带限的输入语音和预测滤波器输出的预测信号之间产生出一个误差信号。由于 1 bit 量化器根据所需的时钟（或传输）速率对误差信号抽样，因此每个误差抽样的极性将是编码器的输出信号。

量化器的阶距受一个音节压扩器控制，它包括一个 3 bit 或 4 bit 的移位寄存器，一个比较器和一个简单的在 40 Hz 上具有 3 dB 衰耗点的 RC 低通滤波器。

压扩器的逻辑：如果压扩器检测到连续 3 个或 4 个为 1 或 0 的码元，就会产生一个 V 脉冲，于是会激励音节滤波器；否则它不产生脉冲，而受编码器输出的二进制信号控制，其极性的音节滤波器的输出将是预测器的输入。预测器实际上是一个在 16 Hz 以上具有 3 dB 衰耗点的积分器。

CVSD 译码器实际上是编码器的反馈回路。

3.2.3　线性预测编码

以语音模型为基础，在发端分析提取表征音源和声道的相关特征参数，通过量化编码将这些参数传输到收端，收端再应用这些特征参数，重新合成为语音信号的过程，称为语音信号的分析合成。实现这一过程的系统称为声码器。声码器的传输数码率可压缩到 4.8 kbit/s 以上，主要应用于窄带语音通信。

自从 1939 年美国贝尔实验室的 Homer Dudley 发明了世界第一个声码器以来，现在已有不同的声码器系列，如线性预测编码（LPC）声码器、通道声码器、相位声码器、同态声码器等。不过，研究最多、发展最快的还是 LPC 声码器。因此，本节主要讨论 LPC 声码器。

1）LPC 声码器的基本原理

若将语音分成清音、浊音两大类，则根据语音线性预测模型，清音可以模型化为随机白噪声所激励，而浊音的激励信号为准周期脉冲序列，其周期为基音周期。这样，由语音短时傅里叶分析及基音提取方法，能逐帧将语音用少量特征参数表示，如用清/浊音判决、基音周期 T_{p}、语音信号模型预测参数（$\{a_i\}$，$i=1,\cdots,M$）和增益 G 来表示。因此，当语音信号模型阶数为 M、帧宽为 N 时，一帧内 N 个原始语音抽样完全能用上述的 $M+3$ 个特征参数来代表，即只需用少量的数码来表示。

图 3.25 所示为 LPC 声码器的基本原理框图。在发端，对语音信号样值 $s(n)$逐帧进行线性预测分析，并进行相应的清/浊音判决和基音提取。分析前预加重是为了加强语音谱中的高频

共振峰，使语音短时谱及线性预测分析中的余数谱变得更为平坦，从而提高预测模型参数估值的精确度。线性预测大多采用自相关法；为了减少截断对参数估值的影响，一般采用汉明窗。

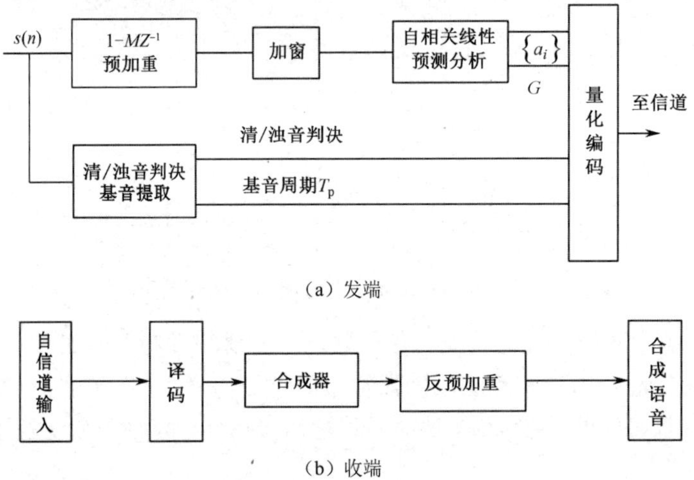

（a）发端

（b）收端

图 3.25　LPC 声码器的基本原理框图

在收端，由假定的语音生成模型组成合成器，由从发端传来的特征参数来合成语音。LPC 声码器中的合成器如图 3.26 所示。其中，$\{\hat{a}_i\}$是控制参数，控制语音产生模型（AR 模型，即 IIR 滤波器）的频率特性形状；激励信号 $\hat{e}(n)$ 由收端传送来的 $u\hat{v}/v$、$\hat{T}_{\mathrm{p}}$ 及 $\hat{G}$ 控制合成。由短时傅里叶分析可知，由于在发端只需每隔 1/2 窗（$N/2$ 个抽样）分析一次，从而使特征参数的抽样率为原始抽样率的 $2/N$。因此，在合成器中必须将 $\hat{G}$、$\{\hat{a}_i\}$用内插的方法由预测分析时的低抽样率恢复到原始抽样率 f_{s}。

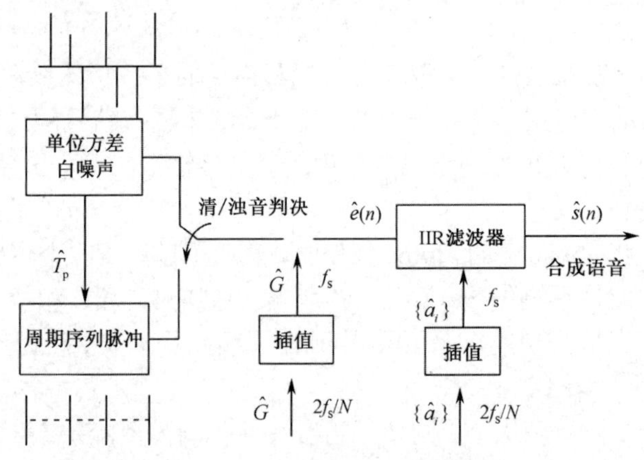

图 3.26　LPC 声码器中的合成器

2）LPC 声码器的缺点

LPC 声码器利用了语音模型，在能够保证可懂度的情况下，大幅度地降低传输码率。然而，由此也引入了一些缺点：损失了语音自然度；降低了方案的可靠性；易引起共振峰位置失真；带宽估值误差大。

尽管 LPC 方法有一些缺点，但其合成简单、可自动进行系数分析等的优点仍能有较大的吸引力。在实践中，针对它的缺点，相关人员提出了许多改进方案，使它更趋于实用化。

3.3　差错控制技术

在无线通信中数据准确无误的传输是基本要求，但数字信号在传输过程中，受到的干扰会使信号码元波形变坏，并且传输到接收端后可能发生错误判决。由乘性干扰（如信道线形畸变等）所引起的码间干扰，通常可以采用均衡的办法来基本消除；而加性干扰的影响，则需要通过其他途径来解决。通常，在设计航空通信系统时，首先应从合理地选择调制解调方法、加大发送功率、扩展信道频带等方面考虑，使加性干扰的影响尽可能小，使信道误比特率在允许范围之内。当不能满足这一要求时，就需采用差错控制。

近年来，数字通信的迅速发展，促进了差错控制编码在航空通信系统中的研究。差错控制编码又称信道编码，是提高数字传输可靠性的一种技术。基本思想是通过对信息序列进行某种变换，使原来彼此独立、相关性极小的信息码元产生某种相关性，在接收端就可以利用这种规律性来检查并纠正信息码元在信道传输中所造成的差错。

从差错控制角度看，按加性干扰所引起的错码分布规律的不同，信道可以分为三类，即随机信道、突发信道和混合信道。

在随机信道中，错码的出现是随机的，且错码之间是统计独立的。例如，由高斯白噪声引起的错码就具有这种性质。因此，当信道中加性干扰主要是这种噪声时，就称这种信道为随机信道。

在突发信道中，错码是成串集中出现的，也就是说，在一些短促的时间区内会出现大量错码，而在这些短促的时间区间之间却又存在较长的无错码区间，这种成串出现的错码称为突发错码。由于产生突发错码的主要原因是脉冲干扰和信道中的衰落现象。因此当信道中的加性干扰主要是脉冲干扰时，就称这种信道为突发信道。

把既存在随机错码又存在突发错码的信道，称为混合信道。

对于不同类型的信道，应采用不同的差错控制技术。

3.3.1　差错控制方法

本节介绍常用的差错控制方法。

1. 前向纠错（FEC）

FEC 方法（见图 3.27）在发送端发送能够纠错的码，接收端在收到的信码中不仅能对接收的码字自动检测错误，而且还能够纠正信道传输引入的错误。对于二进制系统，如果能够确定错码的位置，就能够纠正它。FEC 方法的优点是不需要反馈信道的同时，能进行一个用户对多个用户的同时通信，特别适用于移动通信。FEC 方法译码实时性较好，控制电路也比较简单；但是译码设备比较复杂，同时纠错码的选择还应该考虑到信道的干扰情况。为达到一定的误码率要求，通常这种方法的编码效率都比较低。

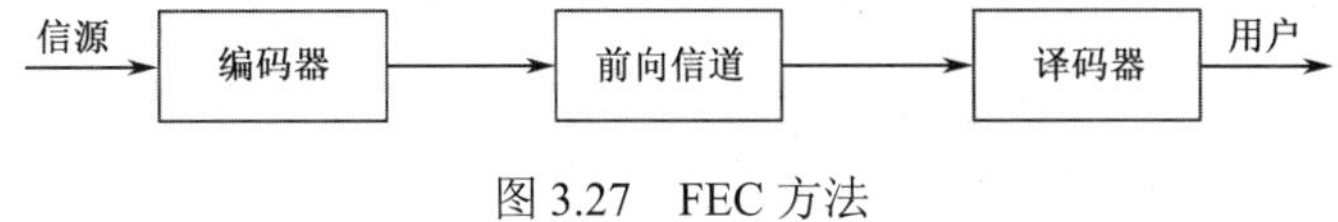

图 3.27　FEC 方法

2. 自动重传请求（ARQ）

ARQ 方法（见图 3.28）在发端发出具有检错能力的码，接收端则根据编码规则将收到的信码进行判决，若认为有错，即设法通知发送端重发，直到正确收到为止。所谓检测出错码，是指在若干接收码元中知道有一个或一些是错的，但不一定知道错码的准确位置。在ARQ方法下，相同冗余码字的检错能力要远高于其编码的纠错能力，可以采用比较简单的检错码提高编码效率。ARQ方法需要有反馈信道，控制电路比较复杂，并且译码的实时性较差。

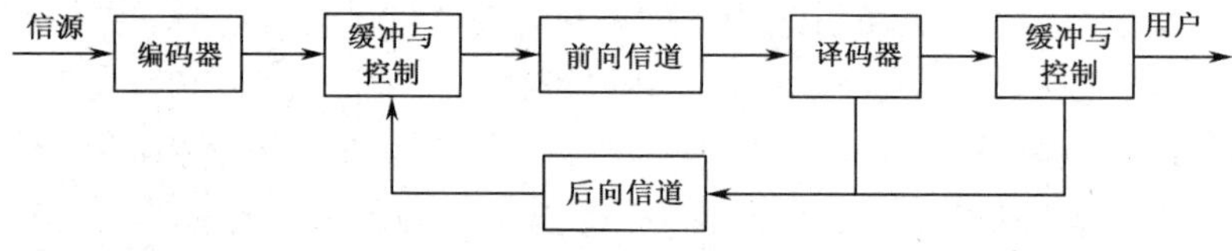

图3.28 ARQ方法

ARQ协议可分为三种，即停等式ARQ、回退n帧ARQ，以及选择性重传ARQ。其中后两种协议是滑动窗口技术与请求重发技术的结合，由于窗口尺寸开到足够大时，帧在线路上可连续地流动，因此又称为连续ARQ协议。三者的区别在于对出错的数据报文的处理机制不同。

（1）在停等式ARQ中，数据报文发送完成后，发送方等待接收方的状态报告。如果状态报告报文发送成功，则发送后续的数据报文；否则，重传该报文。停等式ARQ的发送窗口和接收窗口大小均为1，发送方每发送一帧之后就必须停下来等待接收方的确认返回，仅当接收方确认正确接收后再继续发送下一帧。该方法所需的缓冲存储空间最小，缺点是信道效率很低。

（2）在回退n帧ARQ中，当发送方接收到接收方的状态报告指示报文出错后，发送方将重传过去的n帧报文。回退n帧ARQ的发送窗口大于1，接收窗口等于1。允许发送方连续发送信息帧，但一旦某帧发生错误，必须重新发送该帧及其后的n帧。这种方式提高了信道的利用率，但允许已发送有待于确认的帧越多，可能要退回来重发的帧就越多。

（3）在选择性重传ARQ中，当发送方接收到接收方的状态报告指示报文出错后，发送方只重新传送发生错误的报文。选择性重传ARQ的发送窗口和接收窗口都大于1。发送方仅重新传输发生错误的帧，并缓存错误帧之后发送的帧；与回退n协议相比，减少了帧出错之后正确帧都要重传的开销。

上述三种ARQ协议的复杂性递增，效率也递增。

无线信道存在大量的随机干扰和突发干扰，需要采用差错控制技术对源信息进行纠检错。航空数据链对信息传输的实时性要求较高，其纠错编码方式应优先选择FEC编码，在纠错能力不足时再选择检错并进行ARQ。在Link-16数据链中采用奇偶校验和强纠错能力的RS编码实现冗余编码，以获得高处理增益，提供可靠的无线传输。

按照J系列固定格式消息标准，TDS生成战术信息，即70 bit每个消息字。消息字首先进行检错编码，生成5 bit每个消息字的奇偶校验码，构成每个消息字75 bit的检错编码信息。Link-16数据链消息检错编码流程如图3.29所示。

3个消息字210 bit（70 bit×3）与消息报头中的15 bit（源航迹号，报头中4～18位数据）共计225 bit数据，采用生成多项式$G(x)=1+x^{12}$，进行（237，225）编码，生成12 bit的奇偶校验码。将其分为3组，每组4 bit，然后在每组的高位添加“0”数据形成每组5 bit的奇偶校验码，分别与3个消息字组合形成75 bit检错编码消息，Link-16数据链检错编码消息格式如图3.30所示。

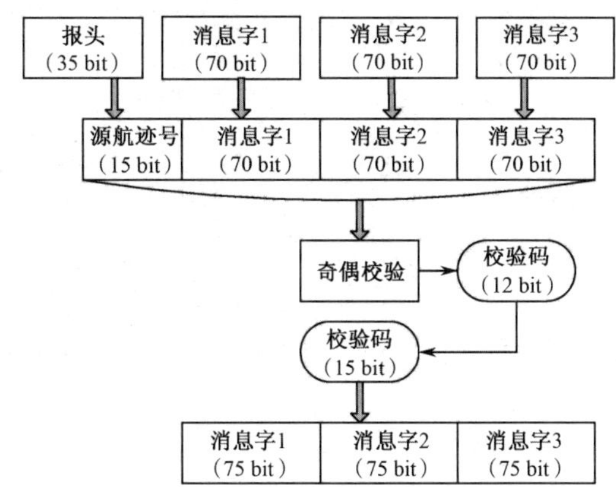

图 3.29　Link-16 数据链消息检错编码流程

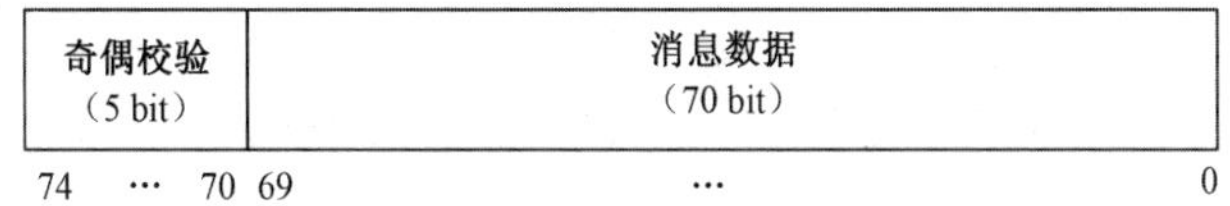

图 3.30　Link-16 数据链检错编码消息格式

3. 信息中断（IRQ）

IRQ 方法（见图 3.31）是接收端将收到的信码原封不动地转发回发送端，并与原发送信码相比较，如果发现错误，则发送端再进行重发。IRQ 方法的原理和设备都比较简单，需要有双向信道。因为每一信码都相当于至少传送了两次，所以传输效率较低。

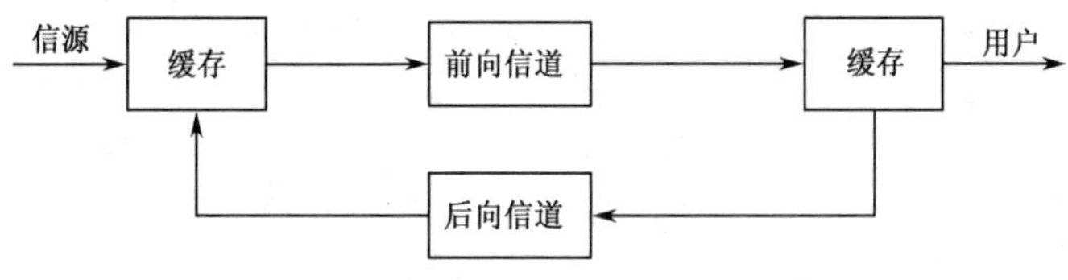

图 3.31　IRQ 方法

4. 混合纠错（HEC）

HEC 方法（见图 3.32）是 FEC 方法和 ARQ 方法的结合。发送端发送的码不仅能够检测错误，而且还具有一定的纠错能力。接收端译码器收到信码后，如果错误是在码的纠错能力以内，则接收端自动进行纠错；如果错误很多，超过了码的纠错能力但尚能检测时，接收端则通过反馈信道给发送端发送要求重发的指令，发送端把错误的信码再次重传。由于 HEC 方法能使通信系统的误比特率达到很低，因此近几年来其得到了广泛应用。

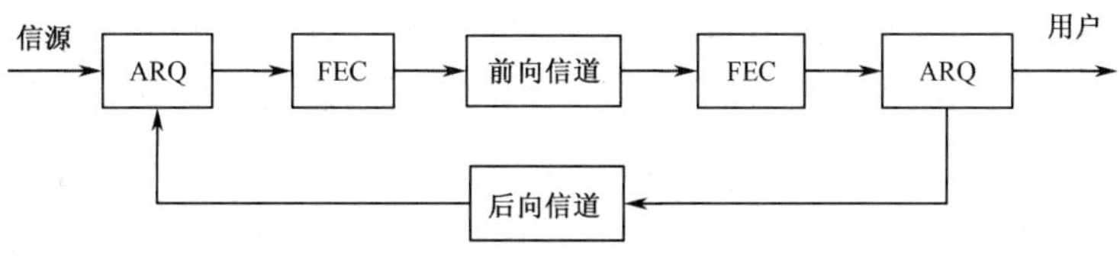

图 3.32　HEC 方法

在无线信道这种复杂的环境中传输信号，会发生随机差错和突发性差错，这就需要利用差错控制方法来发现并纠正错误。在实际应用中就是通过差错控制编码来实现的。差错控制编码的类型很多，大致可以分为检错码、线性分组码和卷积码。近些年还出现了一些新的、高效的编码技术，如 Turbo 码。

3.3.2 循环码

循环码是线性分组码中最重要的一种子类，是分组码中的典型代表，是目前比较成熟的一类码。它是在严密的代数学理论基础上建立起来的，它的编码和译码设备都不太复杂，且检（纠）错的能力较强，目前它在理论上和实践上都有了较大的发展。循环码除了具有线性码的一般性质，还具有循环性，即循环码中任一码组循环 1 位（将最右端的码元移至最左端，或反之）以后，仍为该码中的一个码组。

循环码是一种无权码，其编排的特点是相邻两个数码之间符合卡诺图中的邻接条件，即相邻两个数码之间只有一位码元不同，码元就是组成数码的单元。循环码的优点是没有瞬时错误，所谓错误是指在数码变换过程中，速度有快有慢，因此中间经过其他一些数码形式，这些数码形式称为瞬时错误。这在某些航空系统中是不允许的，为此希望相邻两个数码之间仅有一位码元不同，即满足邻接条件，这样就不会产生瞬时错误。循环码就是这样一种编码，它可以在卡诺图中依次循环得到。

循环码具有许多特殊的代数性质，这些性质有助于按照要求的纠错能力系统地构造这类码，并简化译码算法，而且目前发现的大部分线性码都与循环码有密切关系。循环码还有易于实现的特点，很容易用带反馈的移位寄存器实现。正是由于循环码具有码的代数结构清晰、性能较好、编译码简单和易于实现的特点，因此在目前的计算机纠错系统中所使用的线性分组码几乎都是循环码。循环码不仅可以用于纠正独立的随机错误，而且也可以用于纠正突发错误。常用的 BCH 码、RS 码，以及 Golay 码都可以归纳或变换为循环码的形式。

在描述循环码之前，先看以下例子。设（7，4）汉明码 $\boldsymbol{C}$ 的生成矩阵和校验矩阵为

$$\boldsymbol{G}=\begin{bmatrix}1&0&0&0&1&0&1\\0&1&0&0&1&1&1\\0&0&1&0&1&1&0\\0&0&0&1&0&1&1\end{bmatrix};\quad \boldsymbol{H}=\begin{bmatrix}1&1&1&0&1&0&0\\0&1&1&1&0&1&0\\1&1&0&1&0&0&1\end{bmatrix} \tag{3.18}$$

于是可以得到相应的 16 个码组：（1000101）（0001011）（0010110）（0101100）（1011000）（0110001）（1100010）（0100111）（1001110）（0011101）（0111010）（1110100）（1101001）（1010011）（1111111）（0000000）。

由上述这些码组可以看到，如果 $\boldsymbol{C}_i$ 是 $\boldsymbol{C}$ 的码组，则它的左右移位都是 $\boldsymbol{C}$ 的码组，具有这种特性的线性分组码称为循环码。循环码具有以下一些性质。

（1）封闭性（线性），即任何许用码组的线性和还是许用码组。由此性质可以知：线性码都包含全零码，且最小码重就是最小码距。

（2）循环性，即任何许用的码组循环移位后的码组还是许用码组。

虽然分组码在理论分析和数学描述方面已经非常成熟，并且在实际的航空通信系统中也已经得到了广泛的应用，但分组码固有的缺陷还是大大限制了它的进一步发展。首先，由于分组码是面向数据块的，因此在译码过程中必须等待整个码字全部接收完成之后才能开始进行译码。在数据块长度较大时，所引入的系统延迟是非常大的。其次，分组码要求精确的帧同步，即需要对接收码字或帧的起始符号时间和相位精确同步。另外，大多数基于代数的分组码的译码算法都是硬判决算法，而不是对解调器输出未量化信息的软译码，从而造成了一定程度的增

益损失。对硬判决译码而言，信道输出可以是二元的或者离散的；而对软判决译码而言，信道输出必须是连续的。为了进一步提高译码性能，应要求连续值的信道输出。由此可知，分组码的译码错误概率相对来说是比较大的，尤其是在信噪比比较小的情况下，分组码的纠错能力很差。可以说，在低信噪比条件下，分组码的性能由码字本身的特性和硬判决译码的性能共同决定。虽然也可以实现分组码的软判决译码，但译码的复杂性通常都是比较大的，基本上译码的复杂性随着码字长度的增加呈指数形式增长。

其实，分组码所存在的固有缺点是可以通过采用其他的编码方法来改善的。这种编码方法就是卷积码。

3.3.3 卷积码

在一个二进制分组码（n_0，k_0）当中，包含 k_0 个信息位，码组长度为 n_0，每个码组的 n_0-k_0 个校验位仅与本码组的 k_0 个信息位有关，而与其他码组无关。为了达到一定的纠错能力和编码效率（k_0/n_0），分组码的码组长度 n_0 通常都比较大。编译码时必须把整个信息码组存储起来，由此产生的延迟随着 n_0 的增加而线性增加。为了减小这个延迟，人们提出了各种解决方案，其中卷积码就是一种较好的信道编码方式。

卷积码是 1955 年由麻省理工学院的伊莱亚斯（Elias）提出的。卷积码与分组码的不同在于：分组码在编码之前先将信息序列按照一定的数据块长度分组，然后对每一组信息进行独立编码，即对于（n_0，k_0）分组码来说，码字中的 n_0-k_0 个校验码元仅与本码字的 k_0 个信息码元有关，而与其他码字的信息码元无关。同样在分组码译码时，也是针对每一个接收码字进行独立译码的，在一个接收码字内部提取译码相关信息，而与其他码字无关。在卷积码中则充分利用了各个信息块之间的相关性。通常卷积码记为（n，k）码，其中 n 为码长，k 为信息码元个数。卷积码的编码过程是连续进行的，依次连续地将每 k 个信息码元输入编码器，得到 n 个码元，得到的码元中的 $n-k$ 个校验码元不仅与本组的 k 个信息码元有关，而且还与以前的 N-1 个时刻输入编码器的信息码元有关，编码过程中相互关联的码元为 nN 个。因此，这 N 时间内的码元数目 nN 通常被称为这种码的约束长度，卷积码的纠错能力随着 N 的增加而增大。同样，在卷积码的译码过程中，不仅要从此刻收到的码组中提取译码信息，而且还要充分利用以前或以后各时刻收到的码组，从这些码组中提取译码信息，译码也是可以连续进行的。此外，卷积码中每组的信息位（k）和码长（n）通常也比分组码的信息位（k_0）和码长（n_0）要小，特别适宜于以串行形式传输信息，减小了编码延迟。由此可知，在系统条件相同的情况下，在达到相同译码性能时，卷积码的信息块长度和码字长度较小，相应的译码复杂性也小一些。

卷积码是将发送的信息序列通过一个线性的、有限状态的移位寄存器而产生的码。通常，该移位寄存器由 K 级（每级 k 比特）和 n 个线性的代数函数生成器组成，卷积编码器如图 3.33 所示。二进制数据移位输入编码器后，将沿着移位寄存器每次移动 k 比特位。每个 k 比特长的输入序列对应一个 n 比特长的输出序列。

卷积码是一类非常有前途的编码方法，虽然卷积码没有像分组码那样完善、严密的数学分析工具，但可以通过计算机搜索来得到性能较好的卷积码。由于在满足一定性能要求的前提下，卷积码的码组长度要比分组码的码组长度小一些，因此卷积码的译码要相对容易一些。而且卷积码的译码可以充分利用解调器输出的软判决信息。

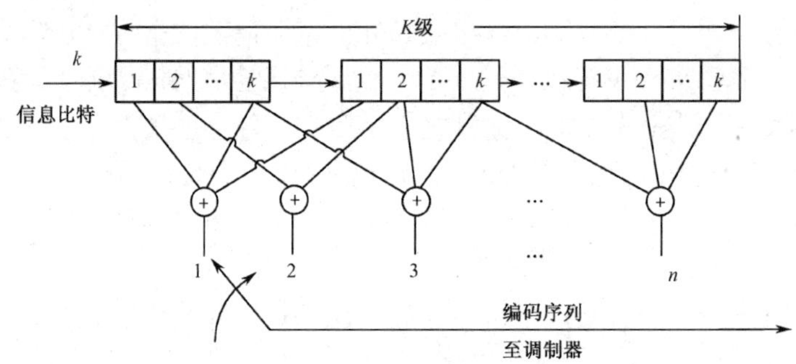

图 3.33 卷积编码器

在 Viterbi 译码算法提出之后，卷积码在通信系统中得到了极为广泛的应用。其中约束长度为 7，码率为 1/2 bit/s 和 1/3 bit/s 的 Odenwalder 卷积码已经成为商业卫星通信系统中的标准编码方法。在“航海家”和“先驱者”等太空探测器上也都采用了卷积码作为其差错控制编码方法。

3.3.4 CRC 码

循环冗余校验码（CRC 码）是数据通信领域中最常用的一种差错校验码，其特征是信息字段和校验字段的长度可以任意选定。

1. 生成 CRC 码的基本原理

任意一个由二进制位串组成的代码都可以和一个系数仅为“0”和“1”取值的多项式一一对应。

2. CRC 码集选择的原则

若设码字长度为 N，信息字段为 K 位，校验字段为 R 位（$N=K+R$），则对于 CRC 码集中的任一码字，存在且仅存在一个 R 次多项式 $g(x)$，使得

$$V(x)=A(x)g(x)=xRm(x)+r(x) \tag{3.19}$$

式中，$m(x)$ 为 $K-1$ 次信息多项式；$r(x)$ 为 $R-1$ 次校验多项式；$g(x)$ 为生成多项式，即

$$g(x)=g_0+g_1x^1+g_2x^2+\cdots+g_{R-1}x^{R-1}+g_Rx^R \tag{3.20}$$

发送方通过指定的 $g(x)$ 产生 CRC 码字，接收方则通过该 $g(x)$ 来验证所收到的 CRC 码字。

3. CRC 校验码软件生成方法

借助于多项式除法，其余数为校验字段。例如，信息字段代码为 1011001，对应 $m(x)=x^6+x^4+x^3+1$，假设生成多项式为 $g(x)=x^4+x^3+1$，则对应 $g(x)$的代码为 11001，$x^4m(x)=x^{10}+x^8+x^7+x^4$ 对应的代码记为 10110010000。

采用多项式除法，得余数为 1010，即校验字段为 1010。

发送方发出的传输字段为：1011001　　　1010

　　　　　　　　　　　　信息字段　　　校验字段

接收方使用相同的生成码进行校验。接收到的字段/生成码（二进制除法）如果能够除尽，则正确，给出余数的计算步骤。除法没有数学上的含义，而是采用计算机的模二除法，即除数和被除数进行异或运算。进行异或运算时除数和被除数最高位对齐，按位异或：

（10110010000）　⊕　（11001）= 01111010000

（1111010000 ）　⊕　（11001）= 0011110000
（11110000　　）　⊕　（11001）= 00111000
（111000　　　）　⊕　（11001）= 001010

利用 CRC 进行检错的过程可简单描述为在发送端根据要传送的 k 位二进制码序列，以一定的规则产生一个校验用的 r 位监督码（CRC 码），附在原始信息后边，构成一个新的二进制码序列共 $k+r$ 位，然后发送出去。在接收端，根据信息码和 CRC 码之间所遵循的规则进行检验，以确定传送中是否出错。这个规则在差错控制理论中称为“生成多项式”。

3.3.5 RS 码

RS 码（Reed-Solomon 码）是一类具有很强纠错能力的多进制 BCH 码，是 20 世纪以来信道纠错码编码技术中应用较为广泛的一种码型，它能同时用于纠正随机差错和突发差错，尤其是对后者的纠正有很突出的成效。1960 年，麻省理工学院林肯实验室的 I. S. Reed 和 G. Solomon 提出 RS 码。由于 RS 码具有优越的纠错能力，因此被广泛应用于工程实践中（如数字电视、数字音频、数字图像等），以及数字通信系统中（如卫星通信、深空探测、AT-SC、DAB、DVB 等应用）。

研究者在数字通信中都希望尽可能地提高纠错码的译码性能，同时降低译码算法的计算复杂度，并带来较少的译码延迟等。然而，RS 码所具有的优越性能却是建立在增加译码延迟的基础之上，鉴于此，对译码延迟进行改进的译码算法将起重要的作用。例如，在需要较高传输实时性的深空通信中将 RS 码作为外码，这样能改善译码延迟问题，使得通信的实时性更强，通信质量更高。

众所周知，（n，k）RS 码有时域编码和频域编码两种，其中信息多项式 $m(x)$和剩余多项式 $r(x)$分别表示为

$$m(x)=m_0+m_1x+m_2x^2+\cdots+m_{k-1}x^{k-1} \tag{3.21}$$

$$r(x)=Q_0+Q_1x+\cdots+Q_{n-k-1}x^{n-k-1} \tag{3.22}$$

RS 码的编码过程首先是由生成多项式 $g(x)$ 得到系统生成矩阵 $\boldsymbol{G}$，时域编码可由基本的编码公式 $C(x)=m(x)G(x)$ 得到码字。图 3.34 所示为 RS 码时域编码原理框图。而频域编码相对较复杂，码字多项式 $C(x)$ 的 x^{n-1} 至 x^{n-k} 项的系数对应于序列的信息位，而其余位则代表校验位。公式为

$$m(x)x^{n-k}+r(x)\equiv 0[\bmod g(x)] \tag{3.23}$$

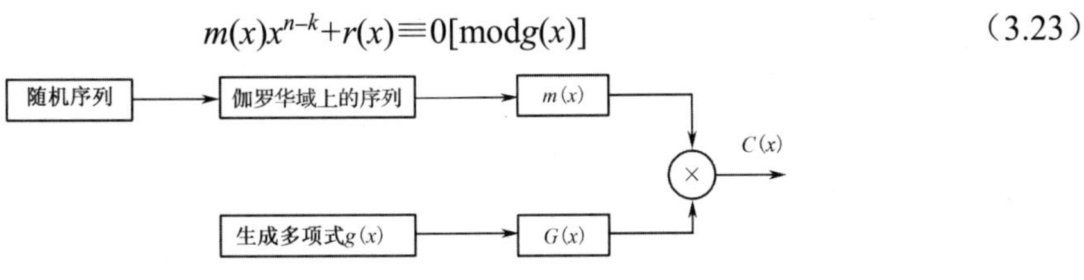

图 3.34　RS 码时域编码原理框图

求解由式（3.22）和式（3.23）构成的方程组，求得 $n-k$ 个未知数 $Q_0, Q_1, \cdots, Q_{n-k-1}$，即编码后的校验位。最后，将生成的校验码追加到信息码后得到编码码字公式为

$$C(x)=m(x)x^{n-k}+r(x) \tag{3.24}$$

RS 码具有最大的汉明距离，对于纠突发错误特别有效；因此，与其他类型的纠错码相比，在冗余符号相同的情况下，RS 码的纠错能力最强。为此，在战术数据链的通信系统中，采用

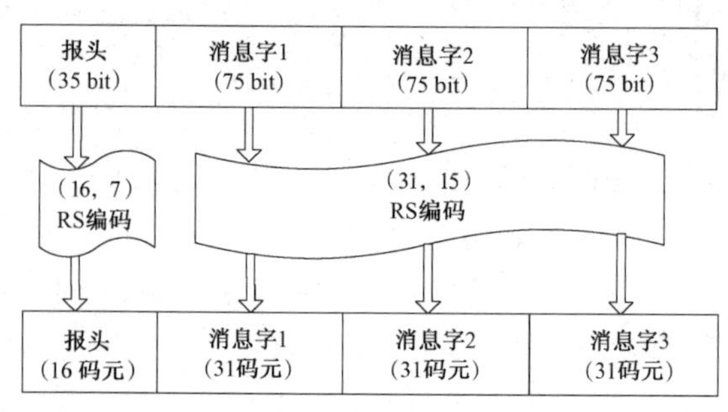

图 3.35 Link-16 FEC 编码流程

了 RS 码纠错编码方法。

Link-16 数据链在检错编码的基础上，采用强纠错能力的RS码对消息进行FEC编码，其流程如图3.35所示。对于35 bit报头，5 bit一组（称为一个码元），分为7组，对7个码元进行（16，7）RS编码。对于75 bit消息字，也是5 bit一组，分为15组，对15个码元进行（31，15）RS编码。

根据RS码的纠错能力，可以分析得到Link-16数据链的RS编码的纠错能力：（16，7）RS编码纠正错误比特数 $n\leqslant4$，（31，15）RS编码纠正错误比特数 $n\leqslant8$。可见，Link-16数据链采用RS编码，在信道条件较差的情况下，即使一半的传输信息发生误码，接收端仍能恢复原始信息。

3.3.6 Turbo 码

虽然软判决译码、级联码和编码调制技术都对信道码的设计和发展产生了重大影响，但是其增益与香农理论极限始终都存在2～3 dB的差距。因此，在Turbo码提出以前，信道截止速率 R_0 一直被认为是差错控制码性能的实际极限，香农极限仅仅是理论上的极限，是不可能达到的。

1993年，在瑞士日内瓦召开的国际通信会议上，两位任教于法国图卢兹大学的教授C. Berrou、A. Glavieux和他们的缅甸籍博士生P. Thitimajshima首次提出了一种新型信道编码方案——Turbo码，由于它很好地应用了香农信道编码定理中的随机性编译码条件，因此获得了几乎接近香农理论极限的译码性能。仿真结果表明，在采用长度为65 535的随机交织器，并且进行18次迭代译码的情况下，当信噪比 $E_b/N_0\geqslant0.7$ dB并采用BPSK调制时，码率为1/2的Turbo码在AEGN信道上的BER不高于 10^{-5}，达到了与香农极限仅相差0.7 dB的性能。

Turbo码又称为并行级联卷积码，它巧妙地将卷积码和随机交织器结合在一起，在实现随机编码思想的同时，还通过交织器实现了由短码构造长码的方法，并采用软输出迭代译码来逼近最大似然译码。可见，Turbo码充分利用了香农信道编码定理的基本条件，因此得到了接近香农极限的性能。

到目前为止，Turbo码在现有信道编码方案中是最好的，尚未有任何一种编码方案能与其相比拟。Turbo码一出现，就在编码理论界引起了轰动，成为自信息论提出以来重大的研究进展。但由于几位发明者仅给出了一定参数下的计算机仿真结果，而没有进行严格的理论分析和解释，因此近些年在编码界掀起了Turbo码的研究热潮。Turbo码的出现为编码理论和实践带来了一场革命，标志着长期将信道截止速率 R_0 作为实际容量的历史的结束，同时Turbo码还改变了人们设计信道码的传统观点，使信道编码理论与技术的研究进入了一个崭新的阶段。由于C. Berrou等人主要从事通信集成电路研究，因此他们将采用软输出Viterbi算法（Soft Output Viterbi Algorithm，SOVA）的译码器看作信噪比放大器，从而将电子放大器中的反馈技术应用于串行级联的软输出译码器，并且为了使两个译码器在相同的时钟频率下工作，以简化时钟电路设计，就提出了并行级联方式，进而发明了Turbo码。

Turbo 码以其优异的性能，促进了 ECC 技术水平的提高，引起了理论界与实际工作者的广泛关注。Turbo 码的这种巨大前景，使其已经成为通信研究的前沿。Turbo 码的优良性能在宇航和卫星通信领域中的体现是，它能使宇航飞行器和卫星发射信号的功率大大降低，同时又使接收性能提高。这样可以减少宇航飞行器和卫星的用电量，提高它们的寿命，从而降低成本。在对时延要求不高的深空通信系统中，也广泛使用 Turbo 码进行差错控制。例如，美国发射的“火星探路者”“火星极地登陆者”等使用的都是 Turbo 码。

国内外已有相关领域的学者在研究 OFDM 系统中 Turbo 码的性能。Hoshyar、Jamali 和 Bahai 研究分组无线系统，用 Turbo 码代替 IEEE 802.11a 中的卷积编码，与卷积码相比，在衰落信道中的误帧率性能提高了 2 dB。Torabi 和 Soleymani 研究了 Turbo 码的 OFDM 系统在无线局域网中的应用，采用 Turbo 码编码的 OFDM 系统大大提高了误码率性能，有效地克服了符号间干扰（ISI）和子载波间干扰（Inter-Canter Interference，ICI），从而缩短了循环前缀的长度，提高了频带利用率。王强等人研究了差分 Turbo-OFDM 在短波数据通信中的应用，该系统具有较高的频率利用率，可以有效地抑制短波信道中多径时延、频率选择性衰落、人为干扰与噪声所带来的影响。研究结果显示，该体制提高了短波通信的误码性能。

1. Turbo 码编码

Turbo 码编码在 AWGN 信道中具有与香农限制相近似的性能。一个标准二进制 Turbo 码编码器是由两个反馈的分量编码器通过一个随机交织器并行连接而成的，编码后的校验位经过删余阵，从而产生不同码率的码字。典型的 Turbo 码编码器结构如图 3.36 所示。

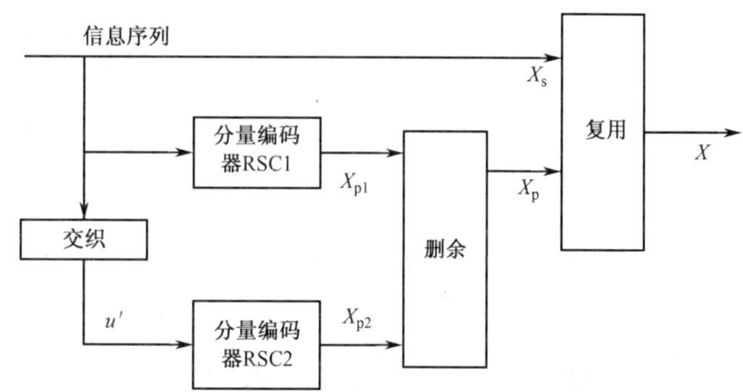

图 3.36　典型的 Turbo 码编码器结构

分量码一般选择为递归系统卷积码（Recursion System Convolution，RSC），当然也可以是分组码、非递归卷积码，以及非系统卷积码。经过分析可知，分量码的最佳选择是递归系统卷积码。通常，两个分量码采用相同的生成矩阵，当然分量码也可以是不同的。

2. Turbo 码译码

由于 Turbo 码是由两个或多个分量码经过不同交织器后对同一个信息序列进行编码的，对于任何单个传统编码，通常在译码器的最后得到硬判决译码比特，然而 Turbo 码译码算法不应局限于在译码器中通过的是硬判决信息。为了更好地利用译码器之间的信息，译码算法所用的应当是软判决信息而不是硬判决。Turbo 码译码器是由与分量码对应的译码单元、交织器和解交织器组成的，它将一个译码单元的软输出信息作为下一个译码单元的输入；为了获得更好的译码性能，将此过程迭代数次。

采用迭代译码结构的 Turbo 码译码器的基本结构如图 3.37 所示。它由两个软输入软输出（Soft-In Soft-Out，SISO）译码器 DEC1 和 DEC2 串行级联组成，它们之间通过码内交织器与码内解交织器连接，其交织规则与编码器中所使用的交织器相同。

3. Turbo 码与卷积码的性能比较

Turbo 码与卷积码的性能比较如图 3.38 所示。在信噪比 $E_b/N_0 \geqslant 0.5$ dB 的仿真范围内，Turbo 码的性能要比卷积码的性能好得多。特别地，当信噪比 E_b/N_0 大于 0.7 dB 以后，Turbo 码的 BER$\leqslant 10^{-5}$；与带限 AWGN 信道的香农极限相比，相差不到 1 dB。但当信噪比 E_b/N_0 大于 0.7 dB 以后，Turbo 码的 BER 性能随信噪比增加的变化是非常小的，即出现了所谓的错误平层。其主要原因是在信噪比较大时，Turbo 码的性能主要由码字自由距离决定；而 Turbo 码的自由距离又比较小，从而造成了错误平层的出现。

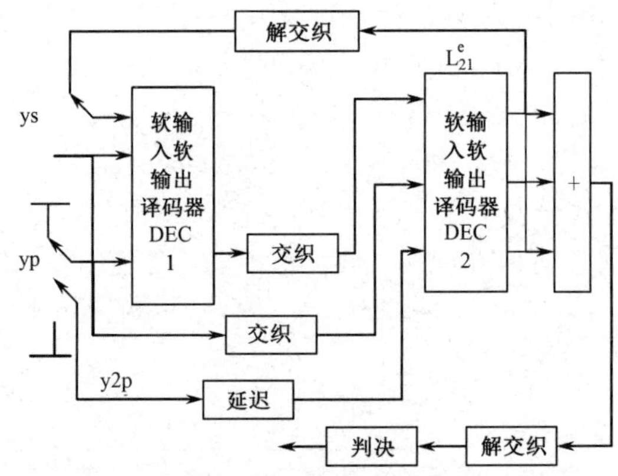

ys—校验序列；yp—信息符号序列；y2p—输入的信息符号序列；
L_{21}^{e} —译码单元 2 向译码单元 1 提供的信息比特改进的外信息。

图 3.37 Turbo 码译码器的基本结构

图 3.39 给出了复杂性相当的卷积码和 Turbo 码在 AWGN 信道上的误比特率曲线，从中可以很直观地看出 Turbo 码的性能要明显优越于卷积码。

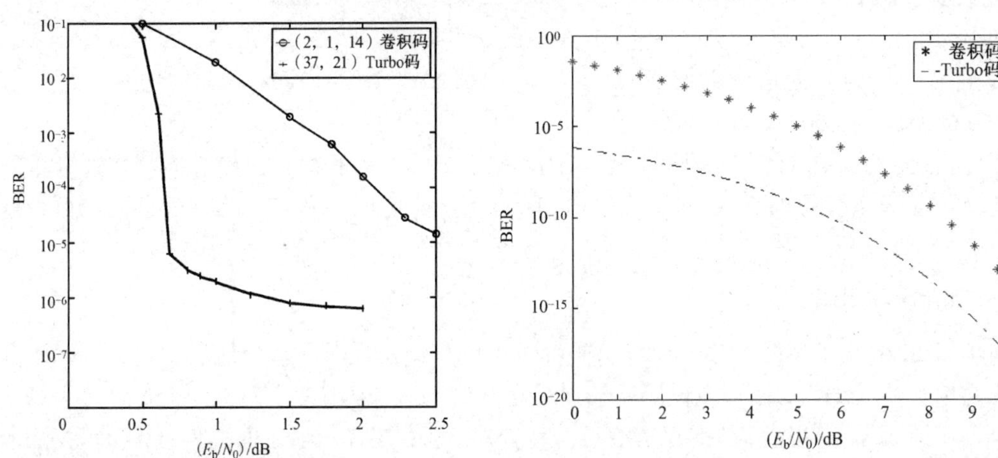

图 3.38 Turbo 码与卷积码的性能比较

图 3.39 卷积码与 Turbo 码的 BER 曲线

3.3.7 LDPC 码

LDPC 码是麻省理工学院 Robert Gallager 于 1963 年在博士论文中提出的一种具有稀疏校验矩阵的分组纠错码。随着 Turbo 码的深入研究，人们重新发现早在 1963 年 Gallager 就提出了低密度校验码（LDPC 码），这是一种具有渐进特性的非常好的码，它的译码性能同样可以逼近香农信道容量限制。LDPC 码由于具有在中长码长时超过 Turbo 码的性能，并且具有译码复杂度更低、能够并行译码及译码错误可以检测等特点，成为目前信道编码理论的研究热点。研究表明，Turbo 码只是 LDPC 码的一个特例，二者都是基于图构造的低密度码，其译码算法具有等价性，从而使它们在基于图模型的编译码研究中得到统一。

LDPC 码几乎适用于所有的信道；它的性能逼近香农限制，而且它描述和实现简单，易于进行理论分析和研究；LDPC 码译码简单且可实行并行操作，适合硬件实现。

1. LDPC 码的简介

任何一个（n，k）分组码，如果其信息元与监督元之间的关系是线性的，即能用一个线性方程来描述，就称其为线性分组码。LDPC 码本质上也是一种线性分组码，它通过一个生成矩阵 $\boldsymbol{G}$ 将信息序列映射成发送序列，也就是码字序列。对于生成矩阵 $\boldsymbol{G}$，完全等效地存在一个奇偶校验矩阵 $\boldsymbol{H}$，所有的码字序列 $\boldsymbol{C}$ 构成了 $\boldsymbol{H}$ 的零空间（Null Space），即 $\boldsymbol{HC}^{\mathrm{T}} = \boldsymbol{0}$，表示转置。

2. LDPC 码的发展现状

LDPC 码在 1963 年被提出，然而在接下来的 30 多年里由于计算能力的不足，一直被人们忽视。一直到 1996 年，D. Mackay、M. Neal 等人对 LDPC 码重新进行了研究，发现其具有逼近香农限制的优异性能，并且具有译码复杂度低、可并行译码和译码错误的可检测性等特点，从而成为信道编码理论新的研究热点。

Mckay 和 Luby 提出的非正则 LDPC 码将 LDPC 码的概念推广开来。非正则 LDPC 码的性能不仅优于正则 LDPC 码，而且还优于 Turbo 码，是目前已知的最接近香农限制的码。

Richardson 和 Urbank 也为 LDPC 码的发展做出了巨大的贡献。首先，他们提出了一种新的编码算法，在很大程度上减轻了随机构造的 LDPC 码在编码上的巨大运算量需求和存储量需求。其次，他们发明了密度演进理论，能够有效地分析出一大类 LDPC 译码算法的译码门限。仿真结果表明，这是一个紧致的译码门限。最后，密度演进理论还可以用于指导非正则 LDPC 码的设计，以获得尽可能优秀的性能。

LDPC 码具有巨大的应用潜力，将在深空通信、光纤通信、卫星数字视频、数字水印、临近空间通信、移动和固定无线通信中得到广泛应用。M. Chiain 等对 LDPC 码用于有记忆衰落信道时的性能进行了评估。B. Myher 提出了一种速率自适应 LDPC 编码调制的方案，用于慢变化平坦衰落信道，经推广还可用于 FEC-ARQ 系统。

3. LDPC 码的优势和劣势

与另一种近香农限制的码—— Turbo 码相比较，LDPC 码主要有以下优势。

（1）LDPC 码的译码算法是一种基于稀疏矩阵的并行迭代译码算法，其运算量要低于 Turbo 码译码算法，并且由于结构并行的特点，在硬件实现上比较容易。因此，在大容量通信应用中，LDPC 码更具有优势。

（2）LDPC 码的码率可以任意构造，有更大的灵活性；而 Turbo 码只能通过打孔来达到高码率，这样打孔图案的选择就需要十分慎重地考虑，否则会造成性能上较大的损失。

（3）LDPC 码具有更低的错误平层，可以应用于有线通信、临近空间通信及磁盘存储工业等对误码率要求更加苛刻的场合；而 Turbo 码的错误平层在 10^{-6} 量级上，若要应用于类似场合中，则一般需要和外码级联才能达到要求。

（4）由于 LDPC 码是 20 世纪 60 年代发明的，如今在理论和概念上不再有什么秘密，因此在知识产权和专利上不再有麻烦。这一点给进入通信领域较晚的国家和公司，提供了一个很好的发展机会。

而 LDPC 码主要有以下劣势。

（1）硬件资源需求比较大。全并行的译码结构对计算单元和存储单元的需求都很大。

（2）编码比较复杂，更好的编码算法还有待研究。同时，由于需要在码长比较长的情况下才能充分体现其性能上的优势，所以编码延迟也比较大。

（3）相对而言出现比较晚，工业界支持还不够。

4. LDPC 码的译码算法

LDPC 码编码是在通信系统的发送端进行的，需要在接收端进行相应的译码，这样才能实现编码的纠错。由于其奇偶校验矩阵的稀疏性，LDPC 码存在高效的译码算法，其算法复杂度与码长呈线性关系，克服了分组码在码长很大时所面临的巨大译码算法复杂度问题，从而使长码分组的应用成为可能。并且，由于校验矩阵稀疏，在长码时相距很远的信息比特参与统一校验，因此就使得连续的突发差错对译码的影响不大，而编码本身就具有抗突发错误的特性。LDPC 码的译码算法种类很多，其中大部分可以被归结到信息传递（MP）算法集中。这一类译码算法由于具有良好的性能和严格的数学结构，使得译码性能的定量分析成为可能，因此特别受到关注。MP 算法集中的置信传播（BP）算法是 Gallager 提出的一种软输入迭代译码算法，具有最好的性能。同时，通过一些常用的数学手段，我们可以对 BP 译码算法做一些简化，从而在一定的性能损失内获得对运算量和存储量需求的降低。

5. LDPC 码的发展前景

LDPC 码由于更接近香农限制的误码率性能，其完全并行的迭代译码算法使它比 Turho 码在部分场合的应用前景更为广阔。在许多需要高可靠性的通信系统中，LDPC 码成了 Turbo 码的有力竞争者。

（1）LDPC 码在超宽带（UWB）系统中的应用：UWB 信号的特点是信噪比低、抗多径能力强、数据速率高和信号的频谱宽、功率低，因此其信道编码应该具有较强的纠错能力和较低的编译码复杂度。LDPC 码同时具有以上 2 个方面的特性。在构造应用于 UWB 系统的 LDPC 码时，需要满足 3 个条件：采用中短长度的码；尽量避免二分图中短长度圈的个数；尽量优化检验矩阵 $\boldsymbol{H}$ 的结构。

（2）LDPC 码在（码分多址）CDMA 系统中的应用：将 LDPC 码应用于 CDMA 系统将大大提高通信系统的容量。使用 LDPC 码的 CDMA 系统，其容量是使用正交卷积码的 CDMA 系统容量的 2 倍，是未使用纠错码的 CDMA 系统容量的 5 倍。随着移动通信用户的日益增多，LDPC 码将在未来的移动通信扩容中发挥重要作用。

此外，LDPC 码在有记忆衰落信道、压缩图像传输和磁记录信道等方面也有重要应用。

表 3.4 所示为几种重要码型的指标比较。其中，第 2 列为码率等于 1/2 的码型；第 3 列为不同类型码在 1/2 码率时，为实现通信错误译码概率 $P_e<10^{-5}$ 所需增加的信噪比。可见，BCH 码和卷积码与最优解之间还有很大距离，Turbo 码和 LDPC 码的性能指标十分接近香农干扰信道编码定理的最优解。LDPC 码是目前最逼近香农限制的一类纠错码。

表 3.4　几种重要码型的指标比较

年　份	码　型	信噪比/dB
1948	香农码	0

续表

年　份	码　型	信噪比/dB
1967	（255，125）BCH 码	5.4
1955	卷积码	4.5
1993	Turbo 码	0.7
1996	LDPC 码	0.0045

综上所述，LDPC 码具有良好的译码性能，与 Turbo 码相比更易于硬件实现，并能得到更高的译码速度。将 LDPC 码应用于临近空间通信是一个很好的选择。下一步的研究将集中在如何设计出码长更长的 LDPC 译码器、进一步提高传输速率、降低误码率方面，以使 LDPC 码在未来临近空间通信技术中得到更加广泛的应用。

3.3.8　交织

在实际应用中，比特差错经常成串发生；这是由于持续时间较长的衰落谷点会影响到几个连续的比特，而信道编码仅在检测和校正单个差错和不太长的差错串时才最有效（如 RS 码只能纠正 8 字节的错误）。为了纠正这些成串发生的比特差错和一些突发错误，可以运用交织技术来分散这些误差，使长串的比特差错变成短串差错，从而可以用 FEC 码对其纠错。例如，在 DVB-C 系统中，（204, 188）RS 的纠错能力是 8 字节，交织深度为 12，那么可以纠正可抗长度为 8 字节×12 = 96 字节的突发错误。实现交织和解交织一般使用卷积方式。

交织技术对已编码的信号按一定规则重新排列，解交织后突发性错误在时间上被分散，使其类似于独立发生的随机错误，从而用 FEC 码可以有效地进行纠错，FEC 码加交织的作用可以理解为扩展了 FEC 的可抗长度字节。纠错能力强的编码一般要求的交织深度相对较低，纠错能力弱的编码则要求的交织深度更深。一般来说，在对数据进行传输时，在发送端先对数据进行 FEC 编码，然后进行交织处理；在接收端，次序和发送端相反，先进行去交织处理完成错误分散，再用 FEC 解码实现数据纠错。另外，交织本身不会增加信道的数据码元。

如前所述，交织技术在很早以前就已应用于通信系统中。其典型应用是当随机化传输序列中出现错误时，可以采用纠随机错误的信道纠错码来纠正突发形式的错误。由于另一个应用是在级联码系统的内码和外码之间，其中外码译码器的输出可能包含突发错误；因此交织器设计的关键是如何选择参数使其尽可能地分散突发错误，使进入内码译码器的错误基本上是随机的。

此外，根据信道的情况不同，信道编码方案也有所不同。在 DVB-T 里，由于是无线信道且存在多径干扰和其他的干扰，所以信道很“脏”，为此它的信道编码是“RS＋外交织＋卷积码＋内交织”。采用两次交织处理的级联编码，可增强其纠错的能力。其中 RS 作为外编码，其编码效率是 188/204（又称外码率）；卷积码作为内编码，其编码效率有 1/2、2/3、3/4、5/6、7/8 五种选择（又称内码率）。信道的总编码效率是这两种编码效率的级联叠加。设信道带宽为 8 MHz，符号速率为 6.8966 Msp/s（sp/s：符号每秒），内码率选为 2/3，采用 16QAM 调制，则总传输速率是 27.586 Mbit/s，有效传输速率是 27.586×188/204×2/3≈16.948 Mbit/s；如果加上保护间隔的插入所造成的开销，有效码率将更低。

在 DVB-C 里，由于是有线信道，信道比较“干净”，所以它的信道编码是“RS＋交织”。一般 DVB-C 的信道物理带宽是 8 MHz，在符号速率为 6.8966 Msp/s、调制方式为 64QAM 的系统中，其总传输速率是 41.379 Mbit/s；由于其编码效速率为 188/204，所以其有效传输率是 41.379×188/204≈38.134 Mbit/s。

在 DVB-S 里，由于它是无线信道，所以它的信道编码是“RS＋交织＋卷积码”，也是级联编码。

近些年，交织器也成为 Turbo 码构造中极其重要的一个组成部分，而且交织算法对于 Turbo 码的性能影响也是至关重要的。传统的级联码是在信道传输时加入交织，以均化噪声，化突发差错为随机差错；而 Turbo 码的交织主要是为了防止信息的不良反馈，使轻码经过交织后成为重码，让不可纠错差错变为可纠错模式（噪声均化）。Turbo 码的性能在很大程度上依赖于所使用的交织器的类型和长度，因为交织器影响输出 Turbo 码的距离和质量分布。

从编码增益的方面来说，交织器的阶数 N 不能过小，应该尽可能大一些，这样才能更接近随机码形态，获得良好的编码性能；但是从实时性和简化复杂性方面来看，交织器阶数又不能过大。由上可知，应折中考虑。交织器的具体操作就是把一帧输入的比特数据顺序读入，再按照预先定义的地址顺序把整帧数据重新排序，然后输出。目前常用的几种交织算法如下。

（1）行列交织器：信息比特逐行写入、逐列读出，用变换公式可表示为 $x=i$，$y=j$。行列交织器的优点是简单；但缺点也很明显，主要问题在于其自身的周期性特征使其对于周期性差错抵御能力低，最坏情况下甚至使编译码性能下降。此外，行列交织对于大量存在的矩形对失去了交织作用，导致性能下降。

（2）非均匀交织器：按照一定的规律（通常结合模运算或固定映射）实现元素位置的变换。

（3）随机交织器：设交织块的长度为 N，随机交织器是将输入的序列按照 $1/(N!)$的概率映射为 $1/(N!)$种可能的输出序列的组合（其中包括与输入序列相同的输出序列）。从理论上讲，随机交织器除统计意义上的规律外没有具体的映射规律，它可以使序列彻底随机化，因此是最好的交织方法。但是，如果真的实施随机交织，势必将每次交织的每一个位置信息也通过信道传输给接收方，否则无法进行解交织运算。这样一来，实际传送的信息量可能比用户信息本身还大。因此，可行的办法是采用伪随机交织，只要少数几个参数就可以确定一个伪随机序列。伪随机交织的关键是伪随机序列的选取及参数的生成。具体实现方法是采取每一帧都随机产生 N 个不重复的序号 $0\sim(N-1)$，作为交织器的地址表来决定读出的顺序，也可以采用固定参数或者固定轮换次序的方式。

（4）比特翻转交织器：比特翻转交织器要求交织块长度为 2 的幂次，或者是 2 的幂次的整数倍。其交织规律是让行（和/或列）满足比特翻转关系。

交织在提高信息传输可靠性的同时，也提高了消息的保密性和抗干扰能力。Link-16 数据链对纠错编码后的 16 码元报头和 3 个 31 码元消息字进行交织，其交织编码流程如图 3.40 所示。

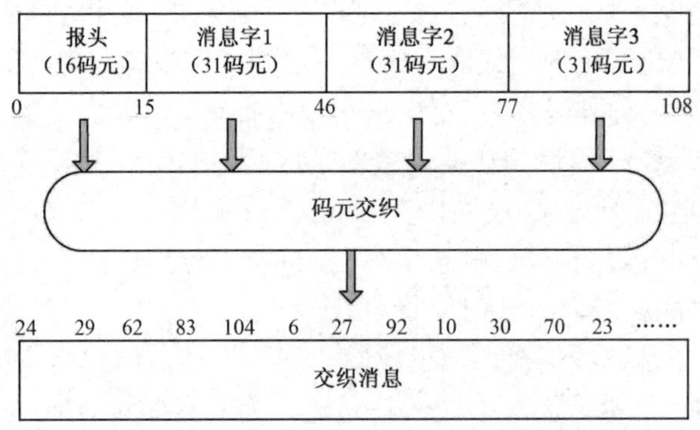

图 3.40 Link-16 数据链交织编码流程

本章小结

本章介绍了数据链物理层的传输波形技术。首先，以数字调制技术为重点，本章总结了数据链的主要调制和解调技术，对比分析了其原理和性能特点；然后，简要介绍了数据链的信息编码技术；最后，介绍了差错控制技术，对比分析了主要的数据链信道编码的原理和性能特点。

思考与练习

3-1 什么是调制？调制在通信系统中的作用是什么？

3-2 什么是频率调制和相位调制？两者关系如何？

3-3 BPSK 信号和 DPSK 信号可以用哪些方法产生和解调？

3-4 DPSK 与 BPSK 相比有哪些优势？

3-5 什么是 MSK？MSK 信号对每个码元持续时间 T_s 内所包含的载波周期数有何约束？

3-6 什么是 OFDM？OFDM 信号的主要优点是什么？其对各路子载频的间隔有何要求？

3-7 常用的差错控制方法有哪些？试比较其优缺点。

3-8 什么是循环码？循环码的生成多项式如何确定？

3-9 什么是 TCM？TCM 中的网格图和卷积码的网格图有何不同？为什么？

3-10 什么是欧氏距离？为什么需要引入这个概念？

参考文献

[1] 李文元．无线通信技术概论[M]．北京：国防工业出版社，2006．

[2] Simon Haykin，Michael Moher 等．现代无线通信[M]．郑宝玉，译．北京：电子工业出版社，2006．

[3] William Stallings．无线通信与网络[M]．2 版．何军，等，译．北京：清华大学出版社，2003．

[4] 刘东华．Turbo 码原理与应用技术[M]．北京：电子工业出版社，2004．

[5] 刘颖，王春悦，赵蓉．数字通信原理与技术[M]．北京：北京邮电大学出版社，1999．

[6] 梅文华，蔡善法．JTIDS/Link-16 数据链[M]．北京：国防工业出版社，2007．

第 4 章　数据链的抗干扰技术

由于其在现代战场中的关键作用，数据链已成为电子战的对抗目标。因此，积极应用窄带传输、极窄波束天线自动对准和跳频扩频等技术，以及其他先进信号处理技术，不断提高数据链在复杂电磁环境下的可靠性和抗干扰能力，是当前数据链的重要内容。

根据数据链的通信干扰与抗干扰特点，从频域角度有直扩、跳频和跳时技术等，从时域角度有信道编码技术等，从空域角度有智能天线技术等。本章主要从频域角度介绍数据链的抗干扰技术。在简要介绍通信抗干扰技术的基础上，本章重点叙述数据链中主要的扩频抗干扰技术。

4.1　概述

非人为干扰（如天电干扰、噪声等）客观存在，这些干扰叠加于在通信信道中传输的信号上。明话、明码等常规通信模式下，采用自适应均衡、滤波、编码、调制等技术克服非人为干扰对通信的影响。

现代战争中，为了破坏敌方通信，会针对通信信号刻意施放人为干扰。人为干扰使本身复杂的无线信道更加复杂，克服非人为干扰的传统技术无法应对人为干扰，常规通信模式因此受到极大影响，需要新的抗干扰通信模式。因此，抗干扰通信技术的作用日益重要。

采用抗干扰通信技术的目的，首先是利用各种抗干扰技术，使通信信号隐蔽性强、截获率低，具有抗干扰能力，如 Link-16 数据链的抗干扰波形设计；其次是针对战场的实时信道和干扰频谱情况，灵活采用不同的通信对抗措施，以确保有效通信。

4.1.1　通信对抗

1. 通信对抗的含义

在无线电通信过程中，通信发射机向空间辐射载有信息的无线电信号，通信接收机则在复杂的电磁环境中检测出有用的信息，这种开放式发射和接收通信信号的特点是实施无线电通信对抗的物理基础。

图 4.1 所示为一个简单的通信对抗原理示意图。其中，红方是执行通信联络任务的一方，蓝方是对红方进行通信干扰的一方。在这个对抗中，蓝方的目的是根据红方通信样式，释放合适的干扰信号到达红方通信接收机，使之无法实现正常接收，从而破坏红方的通信联络；而红方的目的是不管蓝方如何干扰，都要保证待传信息能够在接收机中被正确接收和解调。

由此可见，通信对抗双方就是一对“矛”和“盾”的关系，这里“矛”就是在通信侦察等措施支援下的通信干扰，“盾”就是抗干扰通信。

2. 通信对抗的基本内容

通信对抗的基本内容包括通信电子侦察、通信电子进攻和通信电子防御三部分，如图 4.2 所示。图中阴影部分（通信反干扰）是本章重点讨论的内容，其余内容可参阅相关文献，本章不再赘述。需要指出，本章在叙述通信反干扰时，将采用实际研究和工程应用中更常用的术语通信抗干扰和抗干扰通信，它们均属于通信反干扰范畴。

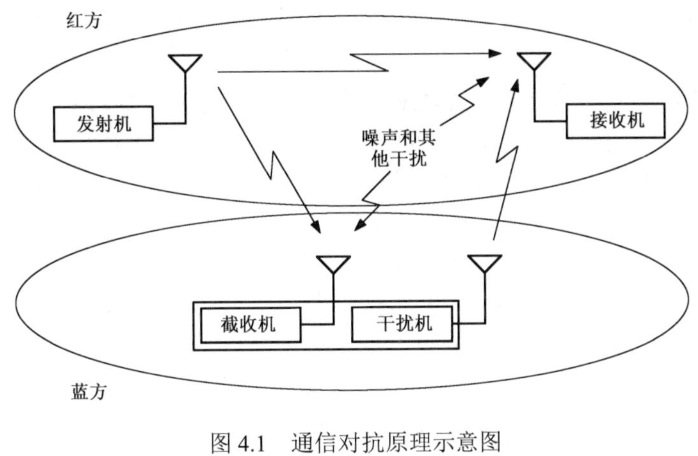

图 4.1　通信对抗原理示意图

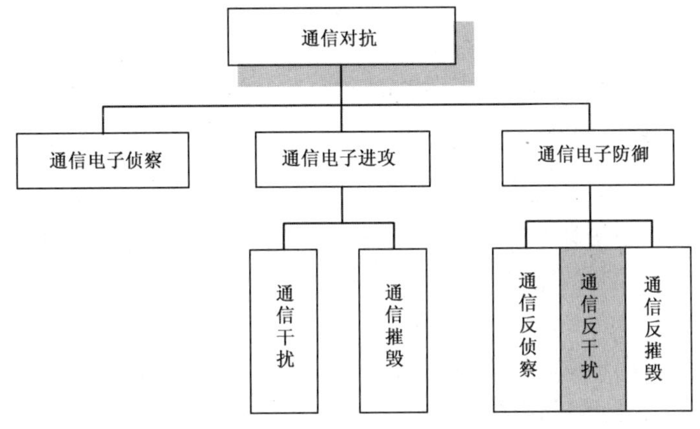

图 4.2　通信对抗的基本内容

1）通信电子侦察

通信电子侦察就是通过使用通信电子侦察接收设备和无线电测向设备，对敌方无线电通信设备所发射的通信信号进行搜索、截获、测量分析和对敌方通信信号进行测向定位，以获取信号频率、电平、通信方式、调制样式和电台位置信息，对其侦听判别，以确定信号的属性。

通信电子侦察的最大特征就是无源工作，即通信侦察本身不向外发射信号，它的任务就是接收来自空间的各种电磁信号，从中提取出有用的信号并进行参数估计。

2）通信电子进攻

通信电子进攻是在通信领域实施的电子攻击，是破坏、影响、削弱敌方通信系统作战使用效能的主要手段。按照进攻手段的不同，通信电子进攻可以进一步分为通信干扰和通信摧毁两项主要内容。

通信干扰：针对无线电通信系统的接收机所实施的人为电磁频谱干扰。

通信摧毁：采用化学能、定向能和激光等武器对敌方通信设备和系统实施摧毁，是现代通信电子进攻的重要手段。

3）通信电子防御

通信电子防御，就是在通信对抗斗争中，为保证己方通信设备及其系统正常发挥效能而采取的措施与行动的统称。这就要求对抗双方使用各种手段和方式，以使己方在对抗中处于有利地位。通信电子防御包括通信反侦察、通信反干扰及通信反摧毁等内容。

4.1.2 通信干扰

所谓通信干扰，就是采用一切手段来阻止敌方的电子通信，降低或破坏敌方通信电子设备的作战使用效能。

对于无线电通信中存在的干扰，人们在日常生活中并不陌生。冲击钻旋转时会引起电视接收机出现雪花，放在计算机旁的手机会时不时地导致显示器闪动，这些就是无线电干扰的现象，只不过这些干扰是无目的的且时有时无的。与自然界的干扰及上述无意识的干扰有着本质区别的是，电子战中的无线电通信干扰特指一种有目的的人为破坏。这种人为破坏之所以能够实现，主要基于两大物理基础，分别是无线电信道的开放性和无线电波传输的透明性。

通信干扰的基本方法是将干扰信号随同敌方所期望的通信信号一起送到敌方接收机中。当敌方接收机中的干扰信号强度达到足以使敌方无法从所接收到的信号中提取有用信息时，干扰就是有效的。由此可知，通信干扰得以应用的最基本对象就是干扰对方的接收机，而不是发射机。若要达到干扰有效的目的，则干扰机必须在天线发射方向、发送信号强度、干扰距离，以及传播条件等方面进行精心考虑。

1. 窄带干扰

窄带干扰即少量的干扰频率 f_{j1}、f_{j2}…对准对方的通信频率 f_{s1}、f_{s2}…，干扰信号的频带很窄，可以与通信的有用信号频带相比拟。这样，干扰信号能量就可以集中在信号频带内，从而对有用信号形成干扰。

单频干扰和正弦脉冲干扰是特殊的窄带干扰。单频干扰也称固频干扰，干扰频率 f_j 对准对方的通信频率 f_s，即 $f_j=f_s$，形成同频干扰；正弦脉冲干扰类似于单频干扰，但它以脉冲形式发送，峰值功率较强。

2. 宽带干扰

宽带干扰是在整个通信频带内释放强功率干扰信号，使对方通信信号模糊不清或淹没于干扰之中。宽频段的强功率干扰受设备功率的限制，通常是部分带宽内的“宽带干扰”；多频点的梳状干扰也被看成宽带干扰。

另外，除对通信信号本身进行干扰外，对通信信道进行干扰也是一种形式。例如，短波天波通信主要是利用电离层进行通信，而电离层特性受磁暴、太阳黑子等影响，所以对诸如短波通信之类的通信方式可以采取核爆炸、释放一些吸收材料等方法进行干扰；但其代价较大，作用时间较短。

4.1.3 抗干扰通信

所谓抗干扰通信，就是在各种干扰条件或复杂电磁环境中保证通信正常进行的各种技术和战术措施的总称。

常用的抗干扰通信技术有两大类，一类是基于扩展频谱（扩频）的抗干扰通信技术，一类是基于非扩展频谱的抗干扰通信技术。

所谓扩展频谱（Spread Spectrum，SS），就是将信息带宽进行扩展传输的一种抗干扰通信手段。根据频谱的扩展方式分为直接序列扩频（Direct Sequence Spread Spectrum，DSSS，简称直扩）、跳频扩频（Frequency Hopping Spread Spectrum，FHSS，简称跳频）、跳时扩频（Time

Hopping Spread Spectrum，THSS，简称跳时），调频扩频（Chirp SS）和混合扩频（hybrid spread spectrum）等。

基于非扩展频谱的抗干扰通信体制主要是指不通过对信号进行频谱扩展而实现抗干扰的技术方法的总称。目前常用的方法主要有自适应滤波、干扰抵消、自适应频率选择、捷变频、功率自动调整、自适应天线调零、智能天线、信号冗余、分集接收、信号交织和信号猝发等，同样属于抗干扰通信的研究范畴，且近年来该领域的研究逐渐升温，成为抗干扰通信的研究热点。

和基于扩展频谱的抗干扰通信体制相比，基于非扩展频谱的抗干扰方法所涵盖的范围更广，所涉及的知识也更多。通过二者比较不难发现，前者主要是在频率域、时间域及速度域上来考虑信号的抗干扰问题，而后者除涉及上述三个领域外，还将在功率域、空间域、变换域和网络域等方面进行研究。

虽然抗干扰通信的方法很多，但从本质上来讲，所有技术方法的最终目的只有一个，就是提高通信系统接收端的信号和干扰之比（Signal to Noise and Interference Ratio，SNIR），从而保证接收机能够正常地实现对有用信号的正确接收。

4.2　扩展频谱技术

扩展频谱技术简称扩频技术，具有抗干扰、抗噪声、抗多径衰落、高保密性、低功率谱密度、高隐蔽性、低截获概率、可多址复用和任意选址等优点。在数据链中，以扩频通信技术为主要抗干扰技术，以达到在干扰环境下可靠通信的目的。

扩频技术及理论基础

扩频技术出现于第二次世界大战前，主要用于加密和测距。二战后，高抗干扰通信系统的需求推动了扩频技术的研究，扩频技术一直为军事通信所独占，广泛应用于军事通信、电子对抗，以及导航、测量等领域。扩频技术是航空通信设备和系统中的主要抗干扰技术，如美国的 SINCGARS-V 战术跳频电台、Have Quick 战术跳频电台，以及采用多种扩频方式的 Link-16 数据链系统、采用跳频的 Link-22 数据链系统等。

20 世纪 80 年代初，扩频技术开始应用于民用通信领域。为了满足日益增长的民用通信容量的需求和有效地利用频谱资源，各国纷纷提出在数字蜂窝移动通信、卫星移动通信和未来的个人通信中采用扩频技术；扩频技术已广泛应用于蜂窝电话、无绳电话、微波通信、无线数据通信、遥测、监控、报警等系统中。

4.2.1　抗干扰通信理论基础

1. 香农公式及其工程意义

香农公式是一个被广泛公认的通信理论基础和研究依据，也是近代信息论的基础。扩频通信的理论基础就是著名的香农公式，即对于高斯白噪声信道有

$$C = B\log_2\left(1+\frac{S}{N}\right) \tag{4.1}$$

式中，C 为信道容量（bit/s）；B 为传输信息所用的带宽（Hz）；N 为噪声平均功率（dBm）；S 为信号平均功率（dBm）。

由于噪声平均功率 N 与系统带宽 B 有关，假设单边噪声功率谱密度为 n_0，则噪声平均功率 $N = n_0 B$。因此，香农公式的另一种表达形式为

$$C = B\log_2\left(1+\frac{S}{n_0 B}\right) \tag{4.2}$$

由式（4.2）可见，信道容量 C 与“三要素” B、S、n_0 有关，只要这三个要素确定，信道容量 C 也就随之确定。

从香农公式可以看出，在单边噪声功率谱密度 n_0 一定的条件下，一个给定的信道容量可以通过增加带宽 B 而减小信号功率 S 的办法实现，也可以通过增加信号功率而减小带宽的办法实现。也就是说，信道容量可以通过带宽与信号功率或信噪比的互换而保持不变；或者，分别通过增加信号功率 S 和带宽 B 都可以提高信道容量 C。但是，哪种方式的效果更好呢？由式（4.1）并参照对数函数关系，在大信噪比条件下（$S/N \gg 1$），式（4.2）可近似写为

$$C = B\log_2\left(\frac{S}{N}\right) \tag{4.3}$$

此时，若信号功率 S 不变，则信道容量 C 与带宽 B 近似呈线性关系，上升速度较快；若带宽 B 不变，则信道容量 C 与信号功率 S 近似呈对数关系，上升速度较缓慢。

同样，由式（4.3）及对数特性，在小信噪比条件下（$S/N \ll 1$），信道容量 C 与带宽 B 仍近似呈线性关系，而信道容量 C 与信号功率 S 虽然仍呈对数关系，但此时变化的斜率较大，也近似于直线的变化斜率。

由此可见：在大信噪比条件下，若要采用增加带宽去换取功率的减小的方式，只要增加较小的带宽就可以节省较大的功率，或者说以带宽换功率的效果较好；而在小信噪比条件下，两种方式的效果相当，理论分析和工程实践可以证明这一点。

理论上还可以证明，在具有极限信息传输速率的理想系统中，输出信噪比随着带宽的增加而按指数规律增加。也就是说，增加带宽可以明显地改善输出信噪比。

根据带宽与功率互换的这一原理，应该尽可能扩展信号的传输带宽，以提高系统的输出信噪比，这就是扩展频谱通信。比如，跳频通信中射频覆盖的带宽比信号的原始带宽大得多，直扩后的信号带宽比直扩前的信号带宽大得多。

2. 处理增益

任何一个（扩频）处理单元或系统的输出与输入信噪比之间的比值，称为其（扩频）处理增益 G_p，其定义为

$$G_p = \frac{(S/N)_o}{(S/N)_i} = \frac{S_o/(n_0 B_o)}{S_i/(n_0 B_i)} = B_i/B_o \tag{4.4}$$

式中，$(S/N)_o$ 为系统输出信噪比；$(S/N)_i$ 为系统输入信噪比；n_0 为高斯噪声功率谱密度；B_i 为系统的输入信号带宽；B_o 为系统的输出信号带宽。

通常以分贝形式表示为

$$G_p(\mathrm{dB}) = 10\lg(B_i/B_o) \tag{4.5}$$

一般来说，输入信号功率 S_i 若在处理过程中没有损失，则它应该和输出信号功率 S_o 相等。G_p 表明（扩频）系统前后信噪比改善程度，体现（扩频）系统有用信号增强、干扰受到抑制的能力；G_p 值越大，（扩频）系统的抗干扰能力越强。

对于跳频体制，B_i 为射频跳变时所能覆盖的全部射频带宽，也就是从最低频率到最高频率所覆盖的全部射频频率范围（通常称之为跳频带宽）；B_o 为跳频的瞬时带宽，也就是经跳频压缩和中频调制后的带宽或经单点射频搬移后的射频瞬时带宽，该瞬时带宽是窄带的，略宽于相

同数据速率信号的定频通信中频调制后的带宽。可见，跳频体制的射频瞬时带宽与其跳变覆盖的全部射频带宽是不一样的。

对于直扩体制，B_i 为直扩后的带宽，也就是信码经伪随机序列（也称伪随机码）调制后的中频带宽或经射频搬移后的信号带宽；B_o 为直扩前的原信号带宽。可见，直扩体制的射频瞬时带宽与直扩中频调制带宽是一样的，但与原信息带宽是不一样的。

对于直扩/跳频体制，B_i 为射频跳变时所能覆盖的全部射频带宽，B_o 为原信息的信号带宽。在相同信息速率和相同直扩方式条件下，与无直扩的纯跳频体制相比，直扩/跳频体制的瞬时带宽即直扩带宽，对频率资源的需求也增加了；与单频点的纯直扩体制相比，直扩/跳频体制的载频数量和射频覆盖范围增加了，但对直扩瞬时带宽也提出了限制。由于直扩/跳频体制也是扩频体制，其处理增益 G_{DH} 仍可按式（4.4）和式（4.5）计算，很容易得出直扩/跳频处理增益 G_{DH} 与直扩处理增益 G_{DS} 和跳频处理增益 G_{FH} 的关系，即

$$G_{DH} = G_{DS} \cdot G_{FH} \tag{4.6}$$

以分贝表示为

$$G_{DH}(dB) = 10\lg G_{DS} + 10\lg G_{FH} \tag{4.7}$$

虽然直扩/跳频体制的处理增益等于直扩处理增益与跳频处理增益之和，但并不是说直扩/跳频处理增益就大大增加了。实际上，只要射频工作带宽没有增加，直扩/跳频处理增益也不会增加；因为此时瞬时带宽增加会使可用频点减少，并且此时直扩带宽也不能像纯直扩那样宽。在射频带宽资源相等的情况下，实际的直扩/跳频体制处理增益与纯直扩或纯跳频处理增益相当。尽管如此，直扩/跳频体制仍具有较多的优势，这在有关参考书中有介绍。

扩频处理增益表示了系统解扩前后信噪比改善的程度和敌方干扰扩频通信系统所要付出的理论上的代价，是系统抗干扰能力的重要指标，但仅是理论上的抗干扰能力。

3. 干扰容限

本节在讨论经典干扰容限概念及其工程意义的基础上，重点讨论直扩和跳频的干扰容限及其区别。

现在的问题是，扩频通信系统在正常工作中容忍干扰的极限是多大。由于处理增益仅是一种理论上的概念或理论值，因此用处理增益还不能完全解释这个实际的问题。根据前人的研究成果，将扩频通信系统能维持点对点正常工作（满足正常解调要求的最小输出信噪比）的实际抗干扰能力定义为干扰容限 M_j，其表达式为

$$M_j = G_P - [L_S + (S/N)_{out}] \tag{4.8}$$

与式（4.1）类似，式（4.8）的推导过程与调制类型和其他信道参数无关；但对于实际系统，式（4.8）中各参量值与系统的调制类型和相应的信道参数有关。在式（4.8）中，$(S/N)_{out}$ 为接收机解调输出端所需的最小信噪比；L_S 为扩频通信系统解扩解调的固有处理损耗，它是由扩频信号处理，以及工程实践中的误差对信号所造成的损伤而引起的。可见，实际中希望 L_S 和 $(S/N)_{out}$ 越小越好，干扰容限一般小于处理增益。根据工程经验，L_S 一般为 1～2.5 dB 数量级，最大不超过 3 dB，$[L_S + (S/N)_{out}]$（干扰容限与处理增益的差值）一般为 5 dB 数量级，对于不同的技术方案和工程实现水平，L_S 和 $(S/N)_{out}$ 的具体值有所不同，在设备研制和验收中应对此进行界定和考核。对于一个实际的扩频通信系统，由于式（4.8）右边的各参数都是确定的值，那么干扰容限也是一个确定的值，无论是敌方干扰还是非敌方干扰都将消耗干扰容限；因此，在实际使用中应尽可能减少或避免非敌方干扰，以发挥扩频通信系统抗敌方干扰的潜力。

注意：这里提到的术语是干扰容限，不能将其称之为“抗干扰容限”，在指标界定中经常出现误用，应引起注意。

基于干扰容限的物理意义，在技术方案制定和信道机设计中，要着力提高扩频通信系统的干扰容限。

式（4.8）表明，干扰容限与扩频处理增益、系统的固有处理损耗和输出端所需的最小信噪比三个因素有关，扩频处理增益越大，系统的固有处理损耗和解调所需的最小信噪比越小，干扰容限就越大。因此，应尽量提高处理增益，降低系统的固有处理损耗和解调所需的最小信噪比。系统的处理增益主要与信息速率、频率资源、扩频解扩方式等因素有关，系统的固有处理损耗和解调所需的最小信噪比主要与扩频解扩方式、交织与纠错方式、调制解调性能、自适应处理、信号损伤、同步性能、时钟精度、器件稳定性、弱信号检测能力、接收机灵敏度等指标有关。这些都是提高干扰容限和系统基本性能的切入点。同时式（4.8）也说明，尽管处理增益与系统抗干扰能力有直接的关系，但不能完全表明系统的抗干扰能力，还与其他因素有关。

以上讨论的干扰容限的基本概念（干扰容限表明了系统维持点对点正常通信的实际抗干扰能力）对于几种扩频体制都是适用的，但对于不同的扩频体制，干扰容限的表现形式则不尽相同。

4.2.2 直接序列扩频

直接序列扩频通信系统简称直扩系统，又称“平均”系统或伪噪声系统，它是目前应用较为广泛的一种扩频通信系统。大家所熟知的 GPS（Global Position System）就是一种典型的直扩系统。

1. DSSS 原理

图 4.3 所示为一种典型的 BPSK 直扩系统原理框图。其中发送的数据经过编码器后，首先进行 BPSK 调制，然后用本地产生的伪随机序列对 BPSK 信号进行直扩调制，扩频后的宽带信号经功放后由天线发射出去，如图 4.3（a）所示。接收端接收到的信号经过前端射频放大后，用本地伪随机序列对直扩信号完成“逆扩频调制”（解扩），然后信号通过窄带带通滤波器，之后与本地载波相乘而去掉载波，再经过低通滤波、积分抽样后，送至数据判决器，恢复出数据，如图 4.3（b）所示。

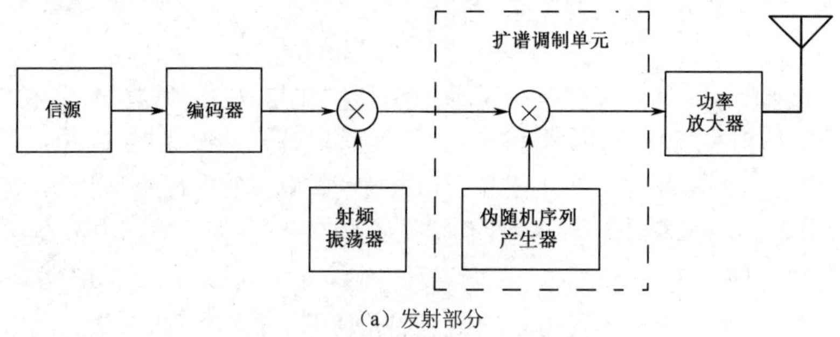

（a）发射部分

图 4.3　典型 BPSK 直扩系统原理框图

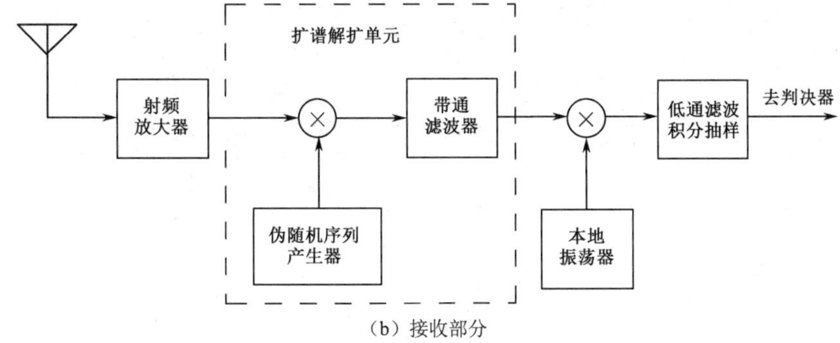

（b）接收部分

图 4.3　典型 BPSK 直扩系统原理框图（续）

在图 4.3 中，虚线框内的部分分别完成扩频调制与解扩的作用。在该模型中，扩频伪随机序列和信息同样采用了 BPSK 调制方式，扩频的调制是通过直接对载波的调制来实现的。直扩信号可以用式（4.9）来表示，即

$$s(t)=\sqrt{2P}\,d(t)c(t)\cos\left(\omega_0 t+\varphi_0\right) \tag{4.9}$$

式中，P 为直扩信号的平均功率；$d(t)$为双极性单位功率的基带数据信号，取值为±1；$c(t)$为双极性单位功率的伪随机序列信号；ω_0 为载波角频率；ω_0 为载频的初相。

由式（4.9）可见，$d(t)$ 完成的是信息的调制，而 $c(t)$ 则完成了直扩调制。在信号格式不变的情况下，显然扩频调制和信息调制的顺序是可以改变的，并且双极性序列的相乘对应二元序列的异或运算。因此，直扩调制也可以用数字电路完成。当扩频伪随机序列与信息序列的时钟是同步时，经过数字处理后输出的高速基带序列的速率与伪随机序列的速率是相同的，即调制后的带宽取决于伪随机序列的速率。

图 4.4 所示为直扩系统工作波形示意图，其中图 4.4（a）所示为发射机工作波形，图 4.4（b）所示为接收机工作波形，图中的基带数据和伪随机序列信号都是单位功率的双极性信号。可见：发射机发送的低速率基带信号，经过载波调制后，成为窄带 BPSK 信号，设基带码速率为 R_b，则窄带信号的第一零点带宽为 $2R_b$；再经过扩频调制后，扩频信号的带宽主要由高速率的扩频伪随机序列的速率决定。图 4.4（a）中给出的是 BPSK 调制，如果伪随机序列的速率为 R_c，则直扩信号的第一零点带宽则为 $2R_b$。一般有 $R_c \gg R_b$，因此扩频调制后信号的频谱被大大展宽了。

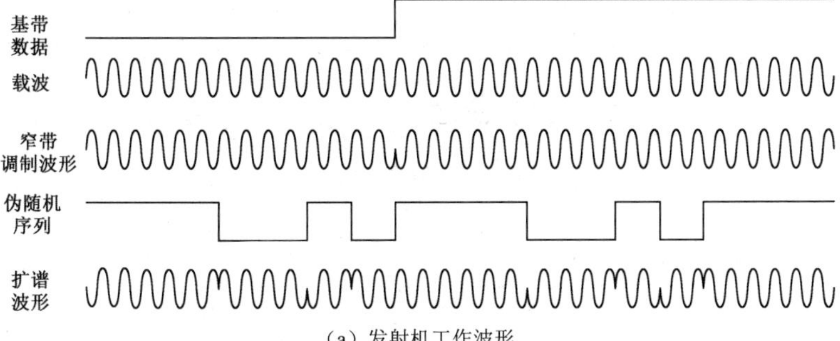

（a）发射机工作波形

图 4.4　直扩系统工作波形示意图

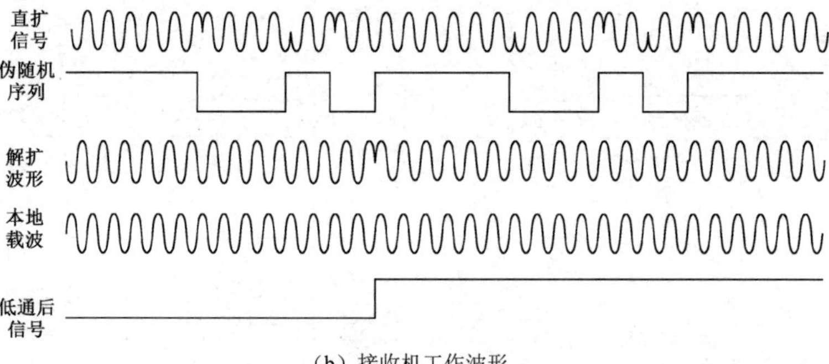

（b）接收机工作波形

图4.4　直扩系统工作波形示意图（续）

在接收机中，假设接收端已经完成了伪随机序列的同步和载波同步。直扩信号经过解扩处理后，伪随机序列调制成分被去掉，信号恢复为一个普通的BPSK信号，其带宽为$2R_b$。该信号经过解调后，就可以恢复出所发送的信息。

图4.5所示为直扩接收机解扩处理前后的信号功率谱变化示意图。假设接收机接收到的信号中除有用信号外，还包含窄带干扰、白噪声和其他宽带干扰，则不难看出：接收端的解扩器在组成上，与发送端的扩频调制器基本相同，只是在输出端多了一个窄带滤波器。因此，对于与接收机产生的伪随机序列同步的有用信号，解扩器将它恢复为窄带信号，且系统设计使得该窄带信号恰好通过后面的窄带滤波器。由于本地伪随机序列信号是单位功率双极性信号，因此在解扩器中乘法器前后信号的功率是不变的，但是有用信号的带宽被大大压缩，因此其功率谱密度大大提升。对于进入接收机的窄带干扰，解扩器所起的作用是扩频调制的作用，即窄带干扰被本地伪随机序列调制成一个其带宽被极大扩展的宽带干扰信号。与有用信号类似，由于扩展前后干扰的功率是不变的，因此在解扩后其功率谱密度大大降低。对于带限白噪声和其他宽带干扰，通过解扩器后，其带宽也同样被扩展，其功率谱密度下降，但是下降的幅度没有窄带干扰那样显著。这样的信号通过后面的带通滤波器后，由于大部分的干扰功率被滤除，而信号功率基本没有损失；因此，解扩器前后信号的信干比大大提高，实现了抗干扰的功能。

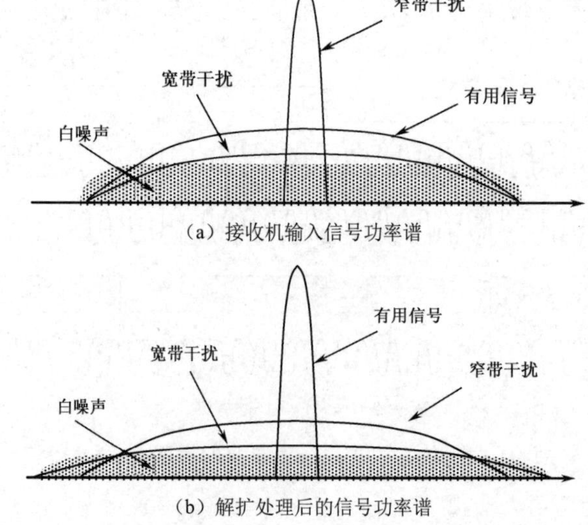

图4.5　直扩接收机解扩处理前后的信号功率谱变化示意图

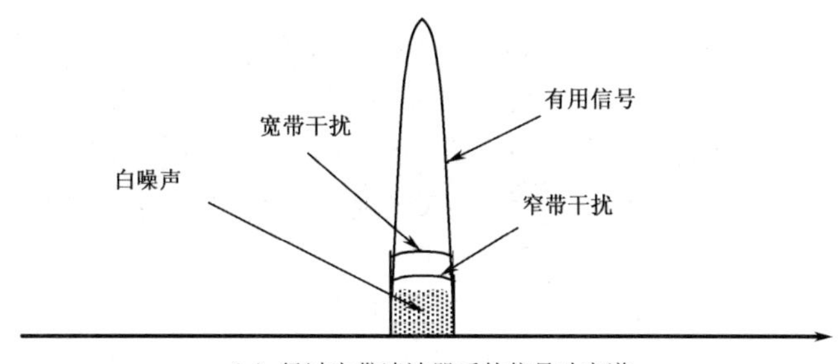

（c）经过窄带滤波器后的信号功率谱

图 4.5　直扩接收机解扩处理前后的信号功率谱变化示意图（续）

2. 性能指标

处理增益和干扰容限是直扩系统的抗干扰性能指标，前面对这两个指标的基本定义已有介绍。下面分析直扩系统中的处理增益；而直扩系统的干扰容限指标描述与扩频通信系统类似，此处不再赘述。

对于直扩系统，干扰信号在解扩过程中被分散到很宽的频带上，进入解调器输入端的干扰功率相对于解扩器输入端下降很大，即干扰功率在解扩前后发生的变化较大；而解扩器的输出信号功率则不变。因此，直扩系统的处理增益即为干扰功率减小的倍数。

设信号频率为 f_0，带宽 $\Delta F = 2f_n$。干扰信号与信号的频率、带宽相同，干扰功率为 P_n，干扰谱密度为 n_0，经接收机后扩展到（$f_0 - f_c$，$f_0 + f_c$）频带上，带宽 $W = 2f_c$，干扰功率谱密度为 n_0'。

扩频前后，干扰功率不变，即 $P_n = 2f_n n_0 = 2f_c n_0'$。设 $Q = f_c/f_n$，即干扰功率扩展后降低的倍数，有 $n_0' = n_0/(f_c/f_n) = n_0/Q$。进入信号频带($f_0 - f_n$, $f_0 + f_n$)内的干扰功率为 $P_n' = 2f_n n_0' = 2f_n n_0/Q$。因此，系统的处理增益为

$$G_p = \frac{S_o/P_n'}{S_i/P_n} = \frac{P_n}{P_n'} = Q = \frac{f_c}{f_n} = \frac{BW_{射频}}{BW_{信息}} = \frac{W}{\Delta F}$$

即

$$G_p = \frac{W}{\Delta F} \tag{4.10}$$

或：

$$G_p = Q \tag{4.11}$$

式（4.10）表明，直扩系统的处理增益为频带扩展后的扩频信号带宽 W 与频谱扩展前的原始信号带宽 ΔF 之比。另外，式（4.11）表明，直扩系统的处理增益也等于直扩系统的扩频因子 Q，即伪随机码速率与信息速率之比。

通常情况下，发送信息的带宽是不变的，要提高直扩系统的抗干扰能力，应提高处理增益，即提高扩频伪随机码速率。

【例 4-1】　某直扩系统信息码元速率为 16 kbit/s，伪随机码速率为 50 Mbit/s，带宽为 100 MHz。那么带宽从 100 MHz 增加到 200 MHz，系统的处理增益增加多少？

解：根据式（4.10），当带宽 W=100 MHz 时，系统的处理增益为

$$G_{p1} = 50\times10^6/(16\times10^3) = 3125 = 34.95\ \text{dB}$$

当带宽增加到 200 MHz，即 W = 200 MHz 时，系统的处理增益为

$$G_{p2} = 100\times10^6/(16\times10^3) = 6250 = 37.96\ \text{dB}$$

则处理增益增加为

$$\Delta G_{\rm p} = G_{\rm p2} - G_{\rm p1} = 37.96 - 34.95 \approx 3\ \text{dB}$$

但是，考虑实际技术的可行性，不能单纯依靠伪随机码速率的增加来提高系统抗干扰性能。如例 4-1 中，伪随机码速率由 50 Mbit/s 增加到 100 Mbit/s，伪随机码产生器的速率要提高 1 倍，同步精度提高 1 倍，技术指标对器件和系统的要求苛刻，实现困难。此时，可采用降低信息速率的方法来提高系统增益。如 JTIDS 设备中，话音信号采用增量调制，信息速率为 16 kbit/s；采用线性预测编码，信息速率降低为 2.4 kbit/s。

【例 4-2】 某直扩系统信息码元速率为 16 kbit/s，伪随机码速率为 50 Mbit/s，带宽为 100 MHz。那么带宽不变，信息码元速率降为 2.4 kbit/s，系统的处理增益增加多少？

解：根据式（4.10），带宽 $W = 100$ MHz，信息码元速率为 16 kbit/s 时，系统的处理增益为

$$G_{\rm p1} = 50\times10^6/(16\times10^3) = 3125 = 34.95\ \text{dB}$$

当带宽不变，信息码元速率降为 2.4 kbit/s 时，系统的处理增益为

$$G_{\rm p2} = 50\times10^6/(2.4\times10^3) = 20833 = 43.2\ \text{dB}$$

则处理增益增加为

$$\Delta G_{\rm p} = G_{\rm p2} - G_{\rm p1} = 43.2\ \text{dB} - 34.95\ \text{dB} = 8.25\ \text{dB}$$

与例 4-1 相比，在不增加伪随机码速率的条件下，降低信息速率，处理增益提高了 8 dB 以上，而系统实现的难度未明显增加。

4.2.3 跳频扩频

1. 跳频原理

一个普通的窄带通信系统，如果其中心频率在不断变化，那么就是一种跳频通信。实际的跳频通信系统，其频率变化是受跳频伪随机序列来控制的，即其频率的变化也遵循着一定的规律。跳频通信系统原理框图如图 4.6 所示。

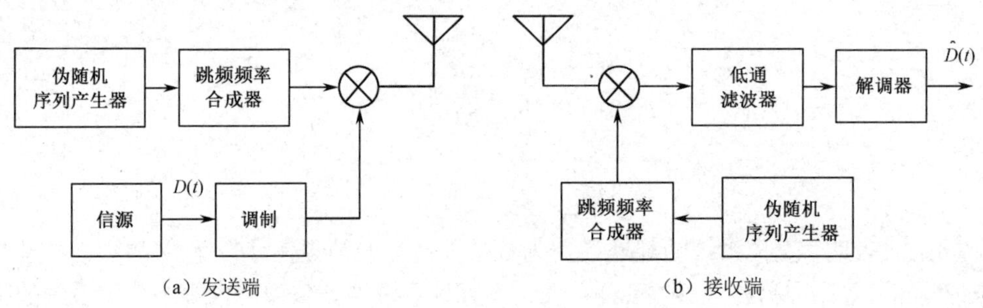

图 4.6 跳频通信系统原理框图

发送端用伪随机序列控制频率合成器的输出频率，经过混频后，信号的中心频率就按照跳频频率合成器的频率变化规律而变化。在接收端的跳频频率合成器与发送端按照同样的规律跳变，这样在任何一个时刻，接收端频率合成器输出的频率与接收信号正好相差一个中频。因此，混频后就会输出一个稳定的窄带中频信号。此中频信号经过窄带解调后就可以恢复出发送的数据。与直扩系统一样，跳频系统同样需要同步。

跳频系统在每一个频率上的驻留时间的倒数称为跳频速率。当系统跳频速率大于信息的符号速率时，称为快跳系统。此时系统在多个频率上依次传送相同的信息，信号的瞬时带宽往

往由跳频速率决定。当系统跳频速率小于信息的符号速率时，称为慢跳系统。此时系统在每一跳时间内传送若干波特的信息，信号的瞬时带宽由信息速率和调制方式决定。目前绝大多数的跳频系统都是慢跳系统。

跳频系统的频率随时间的变化而变化的规律称为跳频图案。为了能直观地显示出跳频系统的跳频规律，可以用图形方式将跳频图案显示出来。图 4.7 所示为一种跳频图案示例。

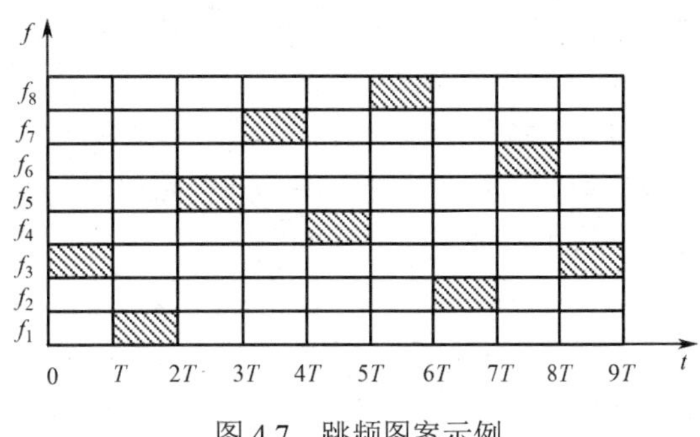

图 4.7　跳频图案示例

该跳频图案中共有 8 个频率点，频率跳变的次序为f_3、f_1、f_5、f_7、f_4、f_8、f_2、f_6。在实际应用中，跳频图案中频率的点数从几十个到数千个，一般认为跳频系统的处理增益就等于跳频点数。例如，当跳频频率点为 200 个时，其处理增益即为 23 dB。而跳频系统完成一次完整跳频过程的时间也很长，在每个跳变周期中，一个频率有可能出现多次。跳频图案中两个相邻频率的最小频率差称为最小频率间隔。跳频系统的当前工作频率和下一时刻工作频率之间的频差的最小值称为最小跳频间隔。实际的最小跳频间隔一般都大于最小频率间隔，以避免连续几个跳频时刻都受到干扰。

跳频的核心是跳频频率合成器。频率合成器可输出的频率点数和跳频转换速率是其主要指标，也是决定整个跳频系统性能的主要参数。跳频点数越多，则扩展的频谱越宽，系统的处理增益 G_p 就越大；跳频速率越高，则更能适应高速数据传输，并能更有效地抑制干扰，特别是人为转发式干扰。

由于跳频通信系统在多个频率上跳变，如何理解其干扰容限及其工程意义等，这些问题需要讨论。

2. 性能指标

1）处理增益和干扰容限

根据式（4.4）和式（4.5），跳频处理增益在理论上表明了跳频通信系统在射频可用带宽内的可用频率个数，也是敌方为了阻塞干扰跳频通信并实现与相同功率干扰常规定频通信同样效果所要付出的理论代价，原因是干扰机的功率需要在每个跳频频率上平均分配。可见，跳频通信理论上的抗阻塞干扰能力就是可用频率数，也就是说，在理论上，如果被有效干扰频率数不大于可用频率数，则跳频通信系统应该能正常工作。但是，由于数据压缩、跳频同步和解调过程中的一些实际误差及器件的非理想性等因素，造成了跳频通信系统的固有损耗，再加上跳频通信接收机要维持最小的输出信噪比，且工程中跳频同步的维持需要有一定数量频率的支持，使得跳频通信系统的实际抗阻塞干扰能力要小于可用频率数。需要注意的是，在实际跳频通信工程中，尽管每个跳变频率的接收灵敏度可能不尽相同，但实现跳频同步后，各频率均在同一个中频上进行解调，由此可知所述跳频最小信噪比即中频解调所需的最小信噪比。例如，按照跳频接收机的一般技术水平，设跳频频率数为 N，跳频处理固有损耗为 2.5 dB，跳频所需最小解调输出信噪比（或信干比）的门限值为 2.4 dB，代入式（4.7）并求反对数，可得跳频干扰容限为 0.32 N（百分比）。这就是常规跳频的干扰容限（实际抗阻塞干扰能力）为可用频率数的 30%～40%的基本原因。当然，该值不是理论值，它是随着技术水平和技术方案的变化而变化的。

实际上，以上范例是以跳频加纠错编码为前提的；若没有纠错编码，跳频干扰容限还难以达到(30%～40%)N。跳频干扰容限与纠错编码关系十分密切，主要表现在纠错编码可以降低跳频通信系统解调器所需的最小输出信噪比的要求，从而提高跳频干扰容限，或者说无纠错编码跳频通信系统的干扰容限是很低的，即跳频本身没有纠错能力，必须与纠错编码同时使用。

总之，跳频通信系统的干扰容限，表现为在可用射频带宽内接收机实际能承受的被有效干扰的频率数，但是这种表现形式与直扩通信系统的干扰容限是不同的。值得指出两点：一是在跳频干扰中，对于被干扰频率，只要信干比达到了有效干扰的要求，再加大干扰功率就没有意义，即跳频通信系统对窄带或部分频带干扰功率的增加不敏感；二是虽然跳频干扰容限及处理增益主要是针对阻塞干扰而言的，与跟踪干扰没有直接的关系，但实际中较大的跳频干扰容限和处理增益会间接提高跳频通信系统的抗跟踪干扰性能。

2）其他指标

跳频系统的性能指标除处理增益和干扰容限外，还有跳频带宽、跳频频率数、跳频速率、跳频码长度（周期）、跳频系统同步时间。

对于跳频通信，假设跳频带宽为 W，跳频频率数为 N，频率间隔为 ΔF。可知，跳频的载波数目乘以频率间隔就是跳频带宽，即 $W=N\Delta F$。则跳频信号的处理增益可表示为

$$G_{\mathrm{p}}=\frac{W}{\Delta F}=\frac{N\Delta F}{\Delta F}=N \tag{4.12}$$

跳频带宽宽，跳频频率数目多，相应的处理增益就高，从而系统的抗干扰能力就强。另外，还要求跳频速率快，跳频码周期长，跳频系统同步时间短。一个跳频系统的各项技术指标应依照使用的目的、要求和性能价格比等方面综合考虑，才能做出最佳的选择。

跳频带宽的大小，与抗部分频带的干扰能力有关。因为跳频带宽越宽，抗宽带干扰的能力就越强，所以希望能全频段跳频。例如，在短波频段，从 1.5 MHz 到 3 MHz 全频段跳频；在甚高频段，从 30 MHz 到 80 MHz 全频段跳频。

跳频频率的数目与抗单频干扰及多频干扰的能力有关。跳变的频率数目越多，抗单频、多频及梳状干扰的能力就越强。在一般的跳频电台中，跳频的频率数目不超过 100 个，如 Link-16 数据链在 51 个载波频率上跳频。

跳频速率指每秒钟频率跳变的次数（hop/s），它与抗跟踪式干扰的能力有关。跳速越快，抗跟踪式干扰的能力就越强。通常按照跳速将跳频系统分为快速跳频（>500 hop/s）、中速跳频（100～500 hop/s）及慢速跳频（＜500 hop/s）。一般在短波跳频电台中，其跳速目前不超过 100 hop/s，如美军短波 Scimitar-H 战术电台的跳速为 5～30 hop/s。在甚高频电台中，一般跳速在 500 hop/s上下，如美军 SINCGARS-V 战术电台为 50～100 hop/s、500 hop/s，美军 HaveQuick 战术电台为 50～100 hop/s。某些更高频段的跳频系统可工作在每秒几万跳的水平，如美军 JTIDS 战术电台的跳速为 3.8 万 hop/s。

跳频码的长度将决定跳频图案延续时间的长度，这个指标与抗截获（破译）的能力有关。跳频图案延续时间越长，敌方破译越就困难，抗截获的能力也就越强。跳频码的周期可长达 10 年甚至更长的时间。

跳频系统的同步时间，是指系统使收发双方的跳频图案完全同步并建立通信所需的时间。系统同步时间的长短将影响该系统的顽存程度；因为同步过程一旦被敌方破坏，就不能实现收发跳频图案的完全同步，则将使通信系统瘫痪。因此，希望同步建立的过程越短越好，越隐蔽

越好。根据使用的环境不同，目前跳频电台的同步时间可在几秒或几百毫秒的量级。

4.2.4 跳时扩频

跳时扩频通信系统用伪随机序列来键控发射机：将一个信息码元的持续时间分成若干个时隙，由伪随机序列控制在哪一个时隙中发射信号。由于信号不是连续发射的，因此跳时信号的占空比小于 1，而一般在伪随机序列控制下，占空比可以达到 50%。图 4.8 给出了采用 15 位 m 序列“000100110101111”控制的跳时信号波形，其中在码元为“1”时开启发射机，在码元为“0”时关闭发射机。

由于跳时信号的占空比小于 1，在发射瞬时功率不变的情况下，比特能量降低，对发射机的利用效率降低。因此，跳时技术通常在扩频通信系统中不单独使用，而与其他扩频方式结合组成混合式扩频方式，如与跳频混合使用，或者利用伪随机序列控制的跳时来实现时分多址。

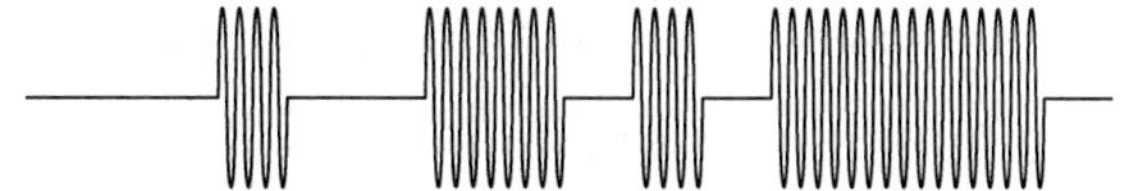

图 4.8　跳时信号波形

跳时可用来减少时分复用系统之间的干扰，但整个系统有严格的定时要求，以保证发射机之间的重叠最小。而且，和其他扩频通信系统一样，跳时系统必须选择互相关特性小的伪随机序列。跳时系统的处理增益，按定义应该等于信码被划分成的时隙数目或等于占空比的倒数。

4.2.5 调频扩频

调频信号是一种信号瞬时频率随时间变化的信号；当频率的递增或递减与时间呈线性关系时，称之为调频扩频信号，又称为 Chirp 信号。根据频率的递增或递减关系，调频扩频信号又分为正斜率调频扩频信号和负斜率调频扩频信号两种，如图 4.9 所示。

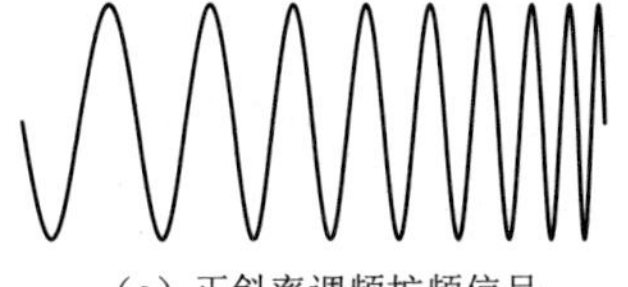

（a）正斜率调频扩频信号

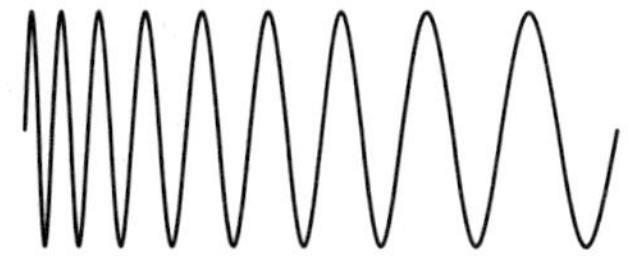

（b）负斜率调频扩频信号

图 4.9　调频扩频信号

调频扩频通信系统是基于调频信号产生和压缩的扩频通信系统，及基于模拟信号调频扩频，由于调频信号在压缩过程中对多普勒频移不敏感，因此被广泛应用在脉冲压缩体制的雷达系统中。

调频扩频信号可以表示为

$$s(t) = \mathrm{rect}\left(\frac{t}{T}\right)\cos\left(\omega_0 t + \frac{1}{2}\mu t^2\right) \tag{4.13}$$

式中，$\mathrm{rect}\left(\frac{t}{T}\right) = \begin{cases} 1, & |t/T| \leqslant 1/2 \\ 0, & |t/T| > 1/2 \end{cases}$ 为宽度为 1 的矩形函数；ω_0 为中心频率；T 为调频扩频信号的时宽；μ 为调频斜率，$\mu = \pm 2\pi B/T$，其中的正负号对应调频扩频信号的正负斜率；B 为调频扩频信号的调频带宽，当信号的时宽带宽积很大时，B 约等于信号的实际带宽。

由式（4.13）可得，调频扩频信号的频谱为

$$
\begin{aligned}
S(\omega) &= \int_{-\infty}^{\infty} s(t)\exp(-\mathrm{j}\omega t)\mathrm{d}t \\
&= \frac{1}{2}\int_{-\frac{T}{2}}^{\frac{T}{2}} \exp\left\{\mathrm{j}\left[(\omega_0-\omega)t+\frac{1}{2}\mu t^2\right]\right\}\mathrm{d}t + \\
&\quad \frac{1}{2}\int_{-\frac{T}{2}}^{\frac{T}{2}} \exp\left\{-\mathrm{j}\left[(\omega_0+\omega)t+\frac{1}{2}\mu t^2\right]\right\}\mathrm{d}t
\end{aligned}
\tag{4.14}
$$

从式（4.14）可以看出，信号的频谱集中在 $\pm\omega_0$ 附近。通常情况下满足 $\omega_0 \gg 2\pi B$，就可以认为正负两部分频谱互不重叠。

由上述讨论的结果可见，调频扩频信号的格式比较简单，但是同样可以达到类似于直扩信号的结果——通过匹配解扩提高信号的信噪比。一般认为，调频扩频通信系统的处理增益等于调频信号的时宽带宽积，这刚好对应雷达系统中常用的概念——压缩比。调频扩频信号经过匹配滤波输出的连续相关峰信号的处理，与其他扩频信号匹配后处理的过程类似。

4.2.6 混合扩频

前讨论了四种基本扩频通信系统，它们各有优缺点。在系统设计中，若仅用一种基本法制方式，往往达不到使用性能上的要求；若将两种或多种基本的扩频方法结合起来，结合各自的优点，就能得到只使用一种扩频方法所不能达到的性能，甚至有可能降低系统的实现难度。常用的混合扩频调制方式有：跳频/直扩、直扩/调频、跳时/直扩、跳时/跳频。这里仅对前三种混合扩频通信系统进行介绍。

1. 跳频/直扩混合扩频通信系统

在跳频/直扩混合扩频通信系统中，扩频信号是由载波频率跳变的直扩信号组成的。图 4.10 所示为跳频/直扩混合扩频通信系统原理框图，图 4.11 所示为跳频/直扩信号频谱图。

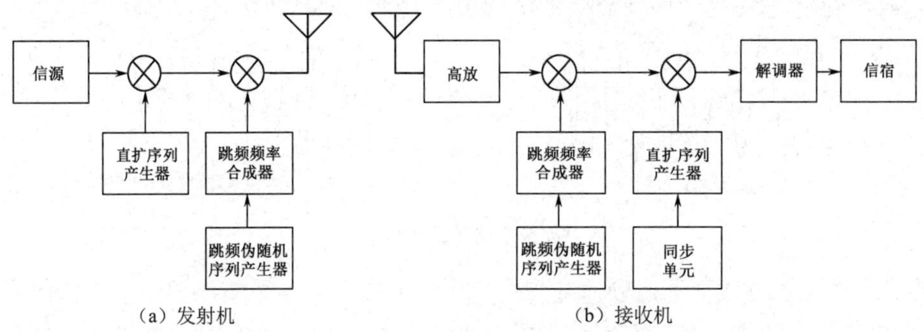

图 4.10　跳频/直扩混合扩频通信系统原理框图

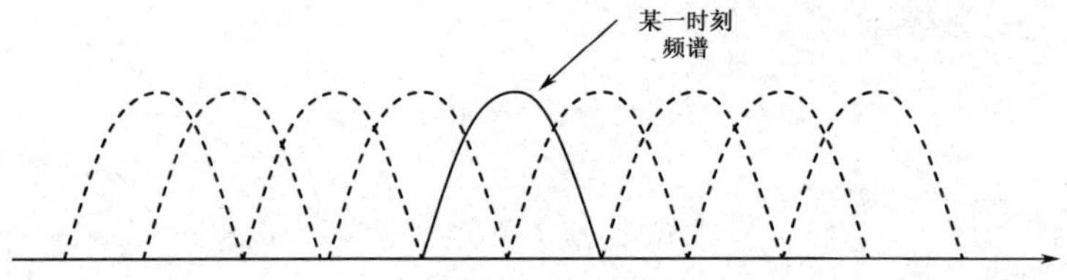

图 4.11　跳频/直扩信号频谱图

由图 4.10 可见，跳频/直扩系统的发射机是直扩序列产生器与跳频载波的直接叠加。这种混合调制器与单纯的直接序列调制的区别在于，它的载波是按跳频图案变化的，而不像单纯直扩调制那样是固定不变的；它与单纯的跳频系统的区别在于，每次跳变必须把直扩（$\sin x/x$）型功率谱依据跳频图案的规则搬移，且跳变频道的最小间隔必须等于直接序列的伪随机码速率（目的在于保证相邻跳变频道之间的正交性）。图 4.10 中的跳频伪随机序列产生器向跳频频率合成器提供跳频图案，直扩序列产生器向平衡调制器提供直扩扩频调制序列，故平衡调制的输出就是跳频/直扩信号。跳频/直扩系统在任何一个跳频时间内都是一个直扩系统，即其瞬时频谱也是宽带的，而在一个跳频周期内它是由许多直扩信号的频谱构成的。占有一定带宽的直扩信号按照跳频图案（时频矩阵图）伪随机地出现，每个直扩信号在发射瞬间只覆盖系统总带宽的一部分频段，采用这种混合系统能够提高抗干扰能力并简化设备，降低分机部件技术难度，并能达到多址的目的。

跳频/直扩系统的处理增益为跳频和直扩系统的处理增益的乘积，即

$$G_{\text{FH/DS}} = G_{\text{FH}} \cdot G_{\text{DS}} \tag{4.15a}$$

式中，$G_{\text{FH}} = N$ 为跳频/直扩中的可用跳频数；$G_{\text{DS}} = R_{\text{c}} / R_{\text{b}}$。如果用分贝表示则是相加的关系，即

$$G_{\text{FH/DS}}(\text{dB}) = G_{\text{FH}}(\text{dB}) + G_{\text{DS}}(\text{dB}) \tag{4.15b}$$

若单纯地使用跳频或直扩则难以达到指定的扩频带宽，即单纯地使用直扩时，伪随机序列产生器的时钟速率 R_{c} 已达到最大值；或者单纯地使用跳频时，跳频器的可用跳频数已达到最大限度，那么使用混合式跳频/直扩调制则特别有价值。例如：某系统要求扩频后的射频带宽为 1 000 MHz，数据速率为 5 kbit/s，若采用直扩，则要求伪随机序列产生器的工作速率为 500 Mbit/s；若采用跳频，则要求跳频器输出的跳频数 N=100 000，跳频间隔为 5 kHz。这样高的伪随机码速率或这么大的跳频数，在技术实现上困难极大。但是，如果采用跳频/直扩系统，则用 50 Mbit/s 的伪随机序列产生器和一个只需跳频数为 20、最小频率间隔为 50 MHz 的频率合成器就能满足系统要求。显然，这种混合系统的各部件技术难度就降低了，便于工程实现。

使用跳频/直扩混合扩频的主要原因还在于它综合了跳频和直扩的优点，消除了它们单独使用的弱点。例如，直扩存在抗单频瞄准式干扰和抗远近干扰能力差的缺点，跳频存在抗宽带干扰和抗中继转发式干扰能力差的缺点，而跳频/直扩混合扩频通信系统存在抗单频干扰、抗宽带干扰和抗中继干扰能力强的优点。

2. 直扩/调频混合扩频通信系统

直扩信号在每个伪随机序列码元周期内都是一串连续的正弦波，而直扩/调频混合扩频信号（见图 4.12）在每个伪随机序列的码元周期内都是一个调频扩频信号。可见，在每一个码元周期内的调频扩频信号的相位受伪随机序列的控制，形成直扩/调频混合扩频信号。

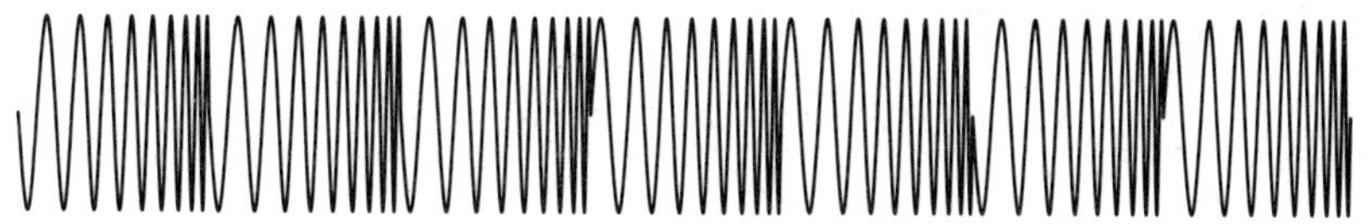

图 4.12　直扩/调频混合扩频信号

图 4.13 所示为一种直扩/调频混合扩频通信系统原理框图。在发送端，数据经过差分编码后，再对直扩/调频混合扩频信号进行调制。在接收端的处理与调频扩频通信系统类似，用匹

配滤波器对混合扩频信号进行解扩，输出的相关峰信号的相位变化采用差分相干法解调。

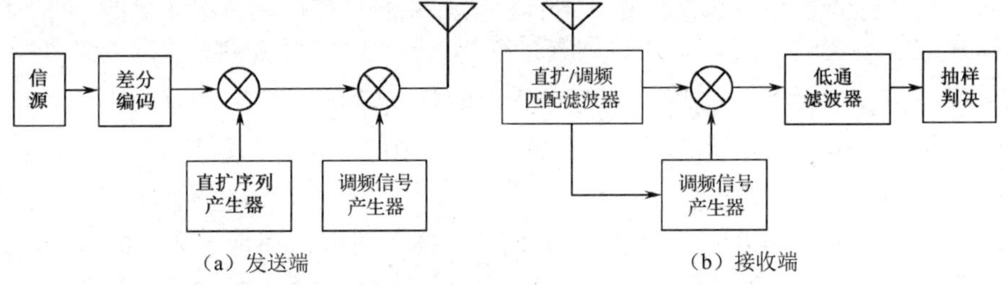

图 4.13　直扩/调频混合扩频通信系统原理框图

3. 跳时/直扩混合扩频通信系统

当直扩中使用的独立地址码数不能满足多址和复用的要求时，在直扩中增加时分复用（TDM）是一种有效的办法。由于直扩中收、发两端之间已有准确的伪随机码时钟同步，它已经具有很好的定时，足以维持时分复用正常工作，这就为增加跳时技术带来了方便之处。因此，在直扩中增加跳时工作时，只需增加一个通断开关及有关的控制电路即可。这种跳时/直扩通信系统的原理框图如图 4.14 所示。

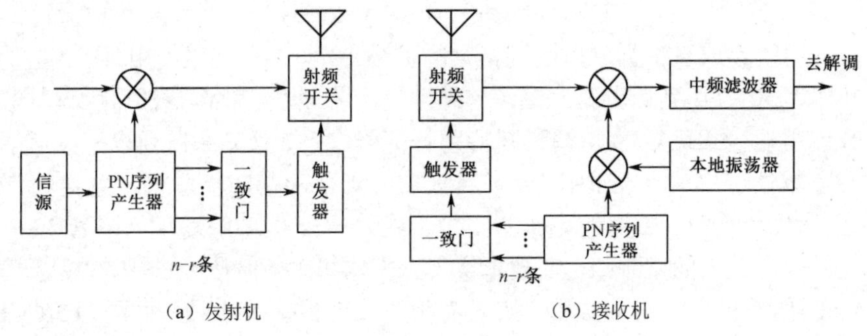

图 4.14　跳时/直扩通信系统的原理框图

对于跳时工作来说，启闭盘可以很容易地从直扩码产生器得到。发射机 n 级伪随机序列产生器的输出除供给直扩作载波平衡调制外，还从其中另选 $n-r$ 级的状态并行输出到一致门（又称符合门）。当它们都处于“1”状态时，即控制射频开关发出脉冲载波信号。在伪随机码的一个周期中，$n-r$ 级出现全“1”的状态为 $2r$ 次，也就是说发射机在一个伪随机码周期中发射了 $2r$ 次（这里 $1< r <n$），而且全“1”状态出现的分布是伪随机的，由此可知发射也是伪随机的。

接收机工作状态与发射机类似，只要用与所接收的发射信号同步的控制信号去启闭接收机的前级，使其正常工作即可。图 4.14 中未画出直扩中所需的同步跟踪环路，另外，接收机启闭时间也由环路来控制伪随机序列产生器，以解决传播延迟的影响。

跳时/直扩系统中由于在直扩的基础上加入了跳时，因此这一伪随机的时间分配可以容纳更多信道的用户；它与单纯的码分复用相比，改善了工作状态，增加了独立地址数，对近台干扰抑制的效果也好。

4.3 Link-16 数据链的扩频抗干扰

早期的数据链，如 Link-4A、Link-11 等，以研究战术信息传输体制由模拟向数字转化时可靠而有效通信的技术为主，未考虑通信对抗环境，所设计的波形不具备抗干扰能力。而在

Link-16 数据链的研制中，波形的抗干扰能力是设计时的关键性能之一，多种抗干扰技术被使用。Link-16 信号采用跳频式脉冲发送机制，其工作频率在 960～1 215 MHz 之间。

目前通信干扰机的主要干扰模式有窄带干扰（含单频干扰）、扫频干扰、跟踪式干扰、部分频带干扰、脉冲干扰和宽带压制式干扰。从广域抗干扰的角度出发，抗干扰技术可分为扩频技术和非扩频技术。其中，扩频抗干扰体制主要包括直扩、跳频、跳时，以及它们的多种组合形式；非扩频技术主要包括信道编码、高效调制、自适应滤波等常规波形技术。Link-16 数据链为了获得强抗干扰能力，采用了信道编码、软扩频、高速跳频、脉冲冗余、数据封装及增加发射功率等抗干扰技术，极大地提高了其抗干扰、抗截获、抗衰落和抗多径干扰能力，提高了系统战术信息传输的可靠性。本节对 Link-16 数据链中使用的主要扩频抗干扰技术进行介绍。

4.3.1 软扩频（CCSK 编码）

战术数据链所使用的通信频带宽度多为几百兆赫，与无线局域网、3G 移动通信系统相比，频带受限，因此扩频伪随机码速率不可能非常高。针对这种情况，数据链系统中采用 CCSK（循环码移位键控）编码技术，即软扩频技术，实现窄带扩频。

CCSK 码字被用于 5 bit 码元组成的 RS 编码报头和完成交织后的消息。表 4.1 所示为 5 bit 码元与 CCSK 码组的关系。通过对长度为 32 的 CCSK 码组 S_0 循环左移位 n 次，就可生成第 n 个码元对应的长度为 32 的 CCSK 码组，其中 n 是被编码码元的值（0～31）。

表 4.1　5 bit 码元与 CCSK 码组的关系

n	码　元	CCSK 码组
0	00000	01111100111010010000101011101100
1	00001	11111001110100100001010111011000
2	00010	11110011101001000010101110110001
⋮	⋮	⋮
30	11110	00011111001110100100001010111011
31	11111	00111110011101001000010101110110

CCSK 是一种软扩频技术，具有高频谱效率、低截获、低检测的特性，具有误码性能优良、硬件实现简单、计算量小等优点，并且能抗多径干扰，具有一定的多址能力。Link-16 数据链中的消息数据进行两次加密，即编码加密和传输加密。其中，编码加密在检错编码之后；而传输加密在 FEC 编码和交织之后，加密时使用了 CCSK 编码。

第一次加密为编码加密。针对 75 bit 的检错编码消息字，根据保密数据单元（SDU）中存储的加密变量—— 密钥和消息加密运算进行加密。

第二次加密为传输加密，为增强 Link-16 信号的传输保密性。首先对交织 RS 码进行 CCSK 编码。CCSK 编码器由 32 位移位寄存器组成，通过基码 S_0 的 n 次循环左移，形成 S_0～S_{31} 共 32 个 CCSK 码组，n 值对应 RS 码中的 5 bit 码元。根据表 4.1，5 bit 码元对应生成 32 bit 的 CCSK 码组。然后 32 位 CCSK 码与 32 位伪随机码按位异或，生成 PN 码加密消息，Link-16 数据链伪随机码加密如图 4.15 所示。PN 码由 SDU 存储的传输加密变量决定。

传输加密使信息呈随机特性，对拦截者来说是随机的，进而使抗截获能力增强；但具有准确系统时间（同步）和正确传输加密变量的接收者能够探测信号，并将信号解码为 5 bit 数据。

Link-16 数据链经过编码和加密处理后形成消息帧，每个 32 bit PN 码表示 5 bit 数据，即表示一个码元。

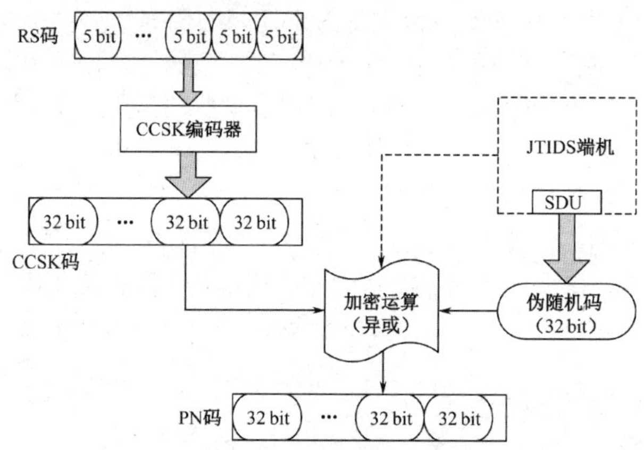

图 4.15　Link-16 数据链伪随机码加密

4.2.2 节直扩技术介绍中，直扩实现是将信息码与伪随机码进行模 2 加来获得扩展后的序列，并且扩频伪随机码的扩频速率 R_c 远远大于信息码元速率 R_b，即 $R_c >> R_b$，且 $R_c/R_b=N$（N 为整数）。而软扩频采用编码方法实现频谱的“扩展”，即用 k bit 信息码元的 2^k 个组合对应 2^k 条伪随机码，$R_c > R_b$，且 R_c / R_b 不一定为整数。

软扩频实际上是一种（N，k）编码，用长为 N 的伪随机码代表 k bit 信息，k bit 信息的 2^k 个状态共需要 2^k 个长为 N 的伪随机码，其处理增益为 N/k。解码时，根据伪随机码值对应某状态的 k bit 信息，获得 k bit 信息。2^k 个伪随机码可以是多条伪随机码，或者某条伪随机码及其位移序列。

【例 4-3】　分析 Link-16 数据链系统中的信号软扩频。

Link-16 数据链系统中，采用 CCSK（32，5）编码，由一个 32 chip 的伪随机码循环移位，形成 32 个伪随机码，对应 5 bit 信息码的 32 个状态，处理增益为 32/5＝6.4。经过扩频后，每个 5 bit 信息码元扩展为一个 32 chip 的伪随机码。

用于（N，k）软扩频的 2^k 个伪随机码应正交，即具有好的自相关特性、互相关特性和部分相关特性，以保证接收机正确解扩。因此，有些场合也将软扩频称为正交码扩频。

4.3.2　跳频

JTIDS 将 960～1 215 MHz 频段划分为三个频段，即 969～1 008 MHz、1 053～1 065 MHz 和 1 113～1 206 MHz，频率间隔为 3 MHz，共有 51 个频点，公式为

$$f_h = \begin{cases} 969 + n_1 \times 3, & n_1 = 0,1,\cdots,13 \\ 1\,053 + n_2 \times 3, & n_2 = 0,1,\cdots,4 \\ 1\,113 + n_3 \times 3, & n_3 = 0,1,\cdots,31 \end{cases} \tag{4.16}$$

按照式（4.16），JTIDS 跳频频率分布如图 4.16 所示。

图 4.16　JTIDS 的 51 个跳频频率分布

JTIDS 按照跳频图案随机选择 51 个频率作为 MSK 调制载波频率，进行 225 MHz 的宽带跳频。在跳频图案中，每个脉冲频率跳变一次，相邻载波间隔大于 30 MHz。对于单脉冲信号，每 26 μs 换 1 次频率，因此跳频速率为 38 461.5 次/s，每秒约 3.8 万跳；对于双脉冲信号，每 13 μs 换 1 次频率（26 μs 换 2 次频率），因此跳频速率为 76 923 次/s。JTIDS 属于快速跳频系统，其处理增益为 17 dB。

跳频是 Link-16 信号的主要扩频方式。Link-16 跳频迫使敌方干扰机工作在很宽的频段上，从而降低了干扰效能。

更重要的是，对于跳频的主要对抗方式——跟踪和转发式干扰，Link-16 数据链的脉冲跳频有强于连续工作系统的抗击能力。Link-16 数据链每个射频脉冲的持续工作时间为 6.4 μs，对应电波往返传播距离为

$$3\times10^5\ \text{km/s}\times6.4\ \mu\text{s} / 2 = 0.96\ \text{km}\approx1\ \text{km}$$

即干扰机跟踪转发有效的条件是干扰机与发射机相距不能超过 1 km。这在实际场景中难以实现。

跳频还能使信息实现快速同步，从而改善系统抗多径干扰的能力。

4.3.3　跳时

Link-16 数据链终端根据时隙分配方案，在分配给本终端的时隙内发送战术消息。每次发射脉冲的起点可以不与时隙起点对齐，而作为随机时延出现，其最大时延可达 2.257 5 ms。这种伪随机时延变化使敌方不易掌握发射时间的规律性。随机时延的长短随时隙号码变化，其变化规律由密钥控制。密钥每天改变 1 次，这使干扰机很难对该系统实施有效的干扰。这可看作一种“跳时”抗干扰。

本章小结

军事通信强调对抗环境下的可靠通信，数据链的作战应用环境使其更需要考虑通信对抗。本章围绕对抗环境下数据链波形的可靠传输，介绍了目前数据链较多采用的扩频抗干扰技术。本章先简要介绍了通信对抗的含义和基本内容，说明了通信对抗是获得制信息权的重要措施；然后指出了通信干扰的目的和抗干扰通信的作用，给出了主要的通信干扰类型和抗干扰通信技术。在此基础上，本章还重点介绍了扩频抗干扰技术，对直扩、跳频、跳时等技术原理和特点进行了描述，并以 Link-16 数据链为主，分析了数据链的抗干扰技术的应用。

思考与练习

4-1　为什么数据链的波形需要具有抗干扰能力？

4-2　简述无线通信的主要抗干扰技术。

4-3　对比分析直扩和跳频抗干扰技术。

4-4　举例说明 Link-16 数据链波形的抗干扰技术特点。

4-5　简述 Link-16 数据链扩频抗干扰技术的特点。

4-6　总结对 Link-16 数据链进行干扰的方法及对应的抗干扰技术。

参考文献

[1] 张冬辰，周吉．军事通信：信息化战争的神经系统[M]．2版．北京：国防工业出版社，2008．
[2] 曾兴文，刘乃安，孙献璞．扩展频谱通信及其多址技术[M]．西安：西安电子科技大学出版社，2004．
[3] 维特比 A J．CDMA扩频通信原理[M]．李世鹤，鲍刚，彭容，译．北京：人民邮电出版社，1997．
[4] 刘东华．Turbo码原理与应用技术[M]．北京：电子工业出版社，2004．
[5] 刘颖，王春悦，赵蓉．数字通信原理与技术[M]．北京：北京邮电大学出版社，1999．
[6] 梅文华，蔡善法．JTIDS/Link-16数据链[M]．北京：国防工业出版社，2007．
[7] 杜思深．无线数据通信技术[M]．北京：电子工业出版社，2011．
[8] 夏林英．战术数据链技术研究[D]．西安：西北工业大学，2007．
[9] 向前，黄龙水，李旻．数据链：现代战争的战力倍增器[J]. 舰船电子工程，2009，29（3）：13-15.
[10] 严鹏涛．Link16数据链及抗干扰技术研究[D]．西安：西安电子科技大学，2012．
[11] 刁新颖．Link-16数据链系统抗干扰能力研究[J]．物联网技术，2015，5（6）：40-41．

第 5 章　数据链的组网技术

数据链网络是多个作战平台之间交互战术信息的基础。对于战术通信系统，我们将构建形成数据链网络的技术称为数据链的组网技术。本章侧重于介绍数据链参考模型的建链层技术，针对全连通、多跳等不同拓扑结构的数据链网络，分别从多址接入和路由技术两方面介绍数据链的组网技术的理论基础和应用设计。数据链的组网技术对平台的体系作战能力有决定性影响。

5.1　相关概念

在介绍数据链的组网技术之前，本节先对本章涉及的数据链网络相关概念进行说明。

1. 无线信道资源

按照通信媒质的不同，信道可以分为无线信道和有线信道两大类。无线信道利用电磁波来传输信号，有线信道利用传导电或光信号的媒体来传输信号。对于无线通信网络来说，无线信道资源的概念很广泛，它既可以是频率或时间，也可以是码字或空间，一些研究中将其统一为带宽。近年来功率也成了一种无线信道资源。本章采用频率、时间、码字及空间来表示数据链网络的信道资源。

与有线信道相比，无线信道中的信号在传播过程中易受外部环境中的噪声、干扰、衰落等因素影响，其链路质量和链路容量将出现起伏波动，加之频谱资源有限，因此无线信道的传输速率及带宽都受到限制，这导致数据链网络的信道资源受限。

2. 点对点信道与广播信道

利用电缆、光缆等有线媒介连接两个节点，并在节点间进行数据传输，便可形成点对点信道。另外，无线网络节点在采用定向天线的情况下，通过无线媒介在两个节点间进行定向数据传输，也可形成点对点信道。无线网络的点对点信道如图 5.1 所示。宽带数据链、Link-11B 数据链多采用点对点信道。点对点信道的信道利用率与信道中两个节点的通信时序或传输方式有关，可分为单工、半双工和全双工；也与复用方式有关，可分为 TDM、FDM 和 CDM。

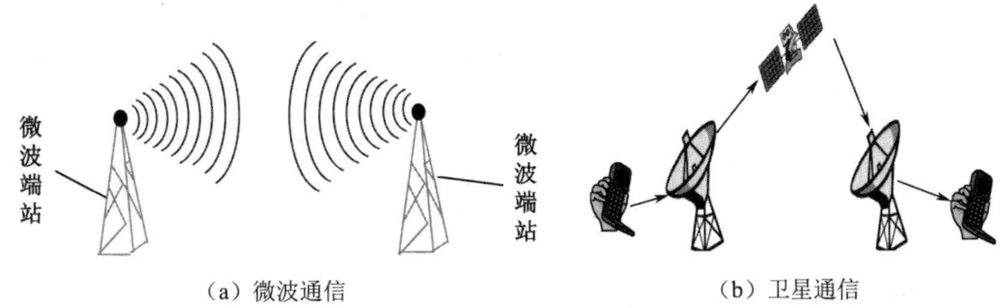

图 5.1　无线网络的点对点信道

对于点对点信道，主要的信道资源是时间或频率。例如，在半双工传输方式中，两个节点通过划分时间资源，在不同时间发送数据，互不干扰；在全双工传输方式中，两个节点通过划分频率资源，以不同频率同时发送数据，互不干扰。

无线通信网络由多个节点组成，在节点采用全向天线时，多节点共享通信媒质，任何节点间均有数据传输的可能，此时便形成了广播信道。

图5.2所示为无线网络的广播信道共享形式。图5.2（a）所示为常用于有中心站控制的集中式网络通信（如蜂窝移动通信、Link-11数据链），多个从站在中心站的控制下共享信道；图5.2（b）所示为分布式网络通信（如WLAN、Link-16数据链），多个节点竞争共享信道。

对于广播信道，时间、频率及伪随机码或功率都是其信道资源。战术数据链多用广播信道实现平台态势共享。对于采用定向天线的无线网络（见图5.3），空间成为需要考虑的主要信道资源。随着战场环境对抗性的逐步增强，定向信道的使用逐渐增多。

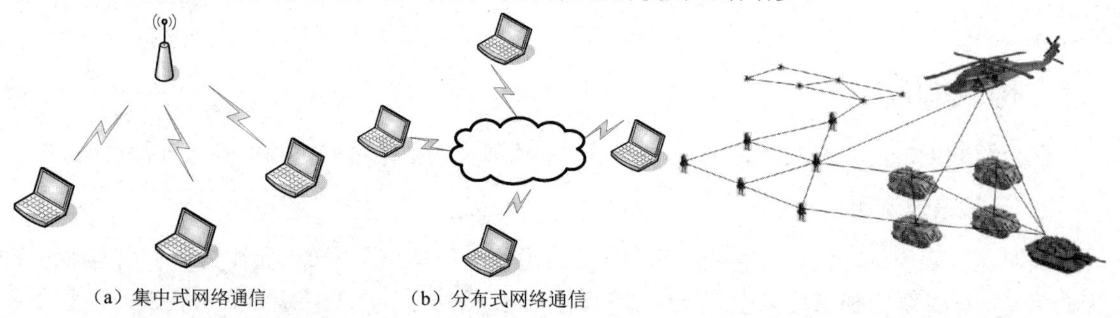

（a）集中式网络通信　　（b）分布式网络通信

图5.2　无线网络的广播信道共享形式

图5.3　定向天线的无线网络

3. 全连通网络与多跳网络

节点采用全向天线的通信网络，如果所有网络节点能够彼此相互通信，则称该网络为全连通网络，如图5.4（a）所示；如果节点数据的传输不能直接一次到达，而需要经过多个其他节点的转发，则称该网络为多跳网络，如图5.4（b）所示。

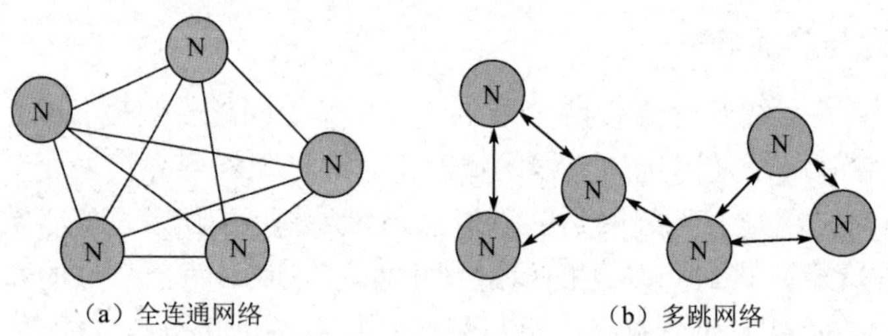

（a）全连通网络　　（b）多跳网络

图5.4　两种不同连通特性的无线网络

战术数据链多为全连通网络，虽然会通过中继形成多跳形式，如Link-16数据链，但一般中继跳数有限（如不超过2跳）。自组织网络（ad hoc网络）是典型的多跳网络，如传感器网络、车联网、TTNT数据链等。全连通网络主要考虑多址接入技术，而多跳网络需要综合考虑多址接入技术和路由技术。

5.2 数据链多址接入技术

无论数据链采用全向天线还是定向天线，多个作战单元间共享信道的战术信息交互，都将比只考虑一个发送节点和一个接收节点间独占信道的信息传输问题复杂，这类问题的相关研究在无线通信领域中属于多址接入技术，也称信道接入技术。

5.2.1 多址接入技术和 MAC 协议

下面来看两个问题。

【问题 5-1】 在全连通网络中，当某些节点使用同一频率（或在同一时刻，或使用同一伪随机码）同时发送数据时，将会产生什么结果？

对于全连通网络，由于频率、时间或伪随机码是网络节点的公共信道资源，因此一个以上节点使用相同信道资源发送数据必然会造成数据帧的冲突，影响接收节点对数据帧的正确接收，造成通信性能的下降。因此，为了保证通信质量，网络中多个节点的数据发送需要相互协调，合理安排频率、时间及伪随机码等信道资源。

【问题 5-2】 对于全连通网络中的多个节点，如何实现按需使用信道而无冲突地发送数据？

在通信网络的理论中，对数据链路层的功能定位是将 IP 分组数据和控制信息（如同步信息、地址信息、差错控制信息、流量控制信息等）组帧（Frame），以确保点对点的可靠通信。数据链路层还可以分为逻辑链路控制（Logic Link Control，LLC）子层和媒体接入控制（Medium Access Control，MAC）子层，如图 5.5 所示。LLC 子层提供节点传输的差错和流量控制机制，实现节点数据帧按顺序被正确无误地接收；MAC 子层提供节点传输的信道使用机制，实现节点按需使用信道和无冲突地发送数据。

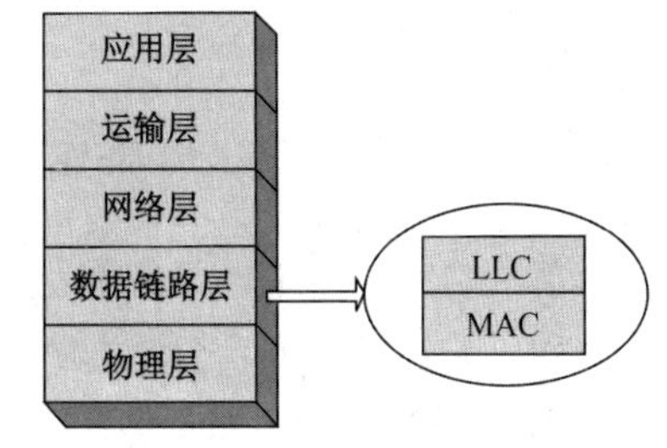

图 5.5 数据链路子层

研究多址接入技术的目的是确保全连通网络中的多个通信节点间公平、高效地共享相同的无线信道资源，从而使各节点按需使用信道，无冲突地发送数据。多址接入技术对无线网络的信道利用率、网络吞吐量、网络规模等有决定性影响，是数据链的一个关键技术。

应用需求不同，网络节点间的通信流程不同，进而信道共享方式就不同。例如，Link-11 数据链需要指挥控制平台对多个空中作战平台进行指挥引导并处理分发战场态势，因此采用指挥控制平台作为控制主站的集中式广播信道共享方式；而宽带数据链需要侦察监视平台向本土控制中心传送 ISR 信息，因此采用点对点信道共享方式。

多址接入技术根据应用需求，研究并设计满足通信指标要求的通信协议及其通信机制，以实现信道共享。相应的通信协议及其机制统称为 MAC 协议。MAC 协议提供对共享信道资源的调度规则，安排大量用户以相互协调和无冲突的方式接入信道，从而高效、合理地使用有限的无线带宽资源，实现用户之间的有效可靠通信。通常 MAC 协议的设计主要考虑提高网络吞吐量、降低分组传输时延，另外还考虑公平性、QoS，以及与物理层相结合的跨层设计等。MAC 协议的运行将直接影响用户业务的通信时延、误帧率，以及信道利用率、网络规模、网络吞吐量等网络性能，其一直是数据链网络研究和应用设计的热点。

在此请注意以下两点。

（1）近年来为进一步提高信道资源利用率、扩展用户规模，非正交多址接入（Non-Orthogonal Multiple Access，NOMA）技术被提出。传统多址接入技术属于正交多址接入（Orthogonal Multiple Access，OMA）技术，即在时域、频域、码域、空域等维度将信道资源分割为完全互不重叠的独立子信道。而 NOMA 技术属于多信道资源混合使用技术，在原有的时域、频域（正交码本扩频编码）、码域、空域基础上，继续开辟功率域、码域（非正交码本扩频编码）等资源，有效扩充可利用的信道资源，NOMA 技术的信道资源如图 5.6 所示。目前的数据链还未采用 NOMA 技术，仍以基于 OMA 技术的多址接入技术为主，相关研究在探索基于 NOMA 技术的数据链多址接入技术。

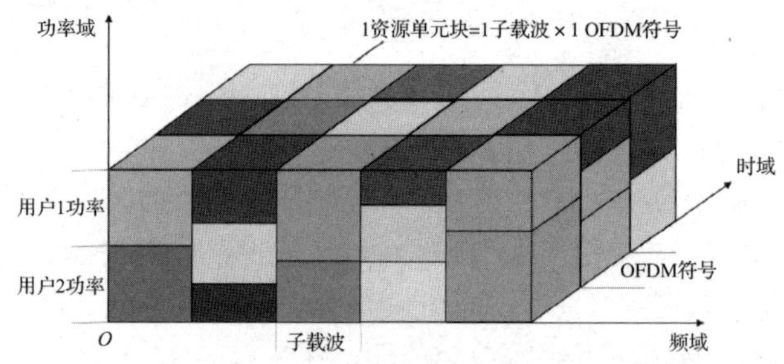

图 5.6　NOMA 技术的信道资源

（2）对于全连通网络，MAC 协议有时也被称为组网协议。而对于多跳网络或其他更为复杂的非全连通网络，不仅需要研究设计 MAC 协议，而且也需要研究设计路由协议，MAC 协议和路由协议此时均为组网协议。

5.2.2　无线网络 MAC 协议

数据链多址接入技术

基于 OMA 技术，无线网络 MAC 协议通常按照节点获取信道发送数据的方式分为三大类，即固定分配 MAC 协议、随机竞争 MAC 协议、预约 MAC 协议，如图 5.7 所示。无线网络 MAC 协议还存在其他分类方式，如按照网络节点的时间同步关系可分为同步 MAC 协议和异步 MAC 协议，按照无线信道数量可分为单信道 MAC 协议、双信道 MAC 协议和多信道 MAC 协议，结合天线特性可分为基于全向天线、基于定向天线和基于多输入多输出（Multiple Input Multiple Output，MIMO）天线的 MAC 协议等。

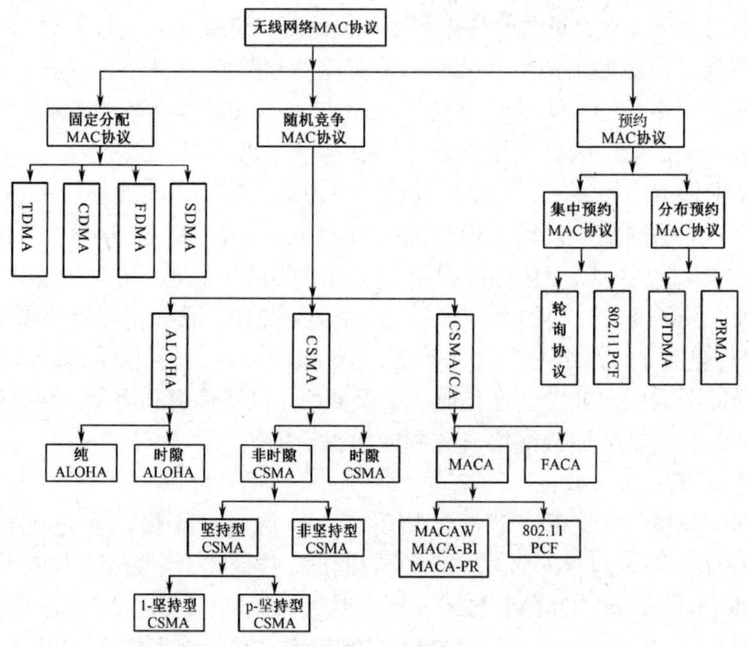

图 5.7　无线网络 MAC 协议分类

下面从接入策略、多址方式、协议特点及协议机制/算法方面，分别介绍如图 5.7 所示的三大类无线网络 MAC 协议。

1. 固定分配 MAC 协议

固定分配 MAC 协议是静态分配协议，用于为网络节点固定分配专用的信道资源，在整个通信过程中节点独享所分配的频率、时间、码字、空间资源，从而使网络节点无冲突地使用信道。

1）接入策略

在网络运行前，根据一定的分配算法预先将信道资源分配给网络中的各节点，在网络中运行的各节点固定接入信道。多个网络用户所共享的信道资源被按照一定的分配原则明确指定给特定用户使用，被分配的信道资源具有专属性，在整个网络运行过程中用户的使用权固定不变。

2）多址方式

针对共享的不同信道资源，如时间资源、频谱资源、空间资源、伪码资源，有时分多址（Time Division Multiple Access，TDMA）接入、频分多址（Frequency-Division Multiple Access，FDMA）接入、码分多址（Code-Division Multiple Access，CDMA）接入、空分多址（Space-Division Multiple Access，SDMA）接入四种基础的固定分配 MAC 协议，以及这些多址方式的混合协议。

TDMA 协议以时间为用户共享资源，如图 5.8（a）所示，它将时间划分为不同时间单位（如时隙），以及时间循环单元（如时帧），并根据一定的时隙分配原则给各网络用户分配一个或多个业务发送时隙。分配时隙具有专用、相互独立、周期性重复的特点。用户在其分配时隙发送自身业务数据，在其他时隙接收网内用户业务数据。如果用户在其分配时隙中无待发送数据，则该时间资源被浪费。

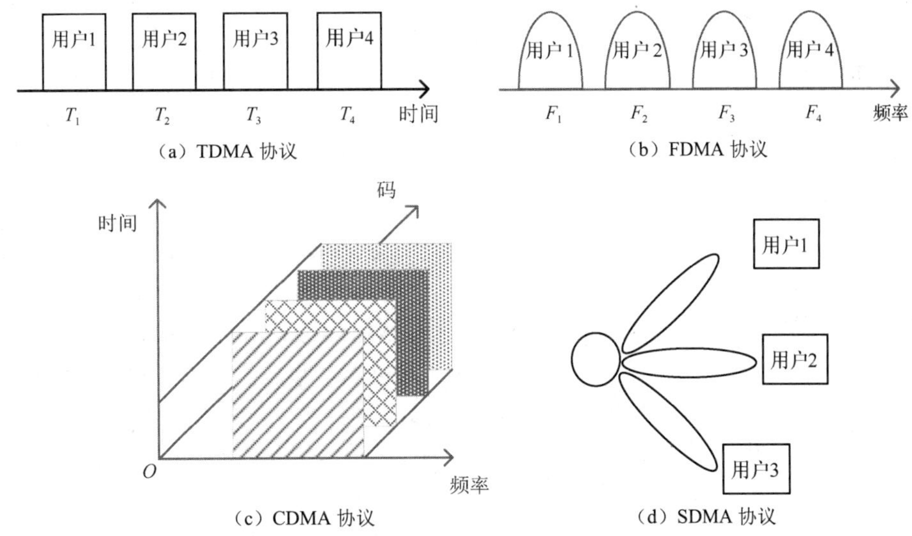

图 5.8 四种基础固定分配 MAC 协议原理示意图

FDMA 协议以频谱为用户共享资源，如图 5.8（b）所示，它将通信的总频段划分为多个互不重叠的频带，每个用户分配一个或多个不同的频带发送业务数据。FDMA 协议使网络中各用户间的干扰很小，但是当网络中用户数较多且数量经常变化，或者通信业务量具有突发性特点时，明显存在信道资源利用率不高的问题：①当网络实际用户数少于已划分信道数时，大量信道资源被浪费；②信道被分配后，未分配到信道的用户无法再获得信道资源，即使已分配信道的用户没有通信需求。

CDMA 协议将正交或准正交的码字分配给不同用户，如图 5.8（c）所示，允许用户在同频带和同时间段内同时发送数据，通过不同码字区分接收信息。正交码字的选择对 CDMA 协议性能有很大影响，且 CDMA 协议存在多址接入干扰（Multiple Access Interference，MAI）和远近效应问题，用户数量有限。

SDMA 协议以空间为用户共享资源，如图 5.8（d）所示，利用数字信号处理技术，采用先进的波束转换技术和自适应空间信号处理技术，产生空间定向波束，使阵列天线形成的主波束对准信号的到达方向，从空域上对不同方向的信号进行分离，实现用户的空域无冲突共享。

3）协议特点

由于每个节点均分配有固定资源，因此固定分配 MAC 协议具有如下特点。

（1）保证节点数据发送的“公平性”。

（2）保证数据分组的平均传输时延，且时延固定，时延抖动小。

（3）在高节点密度和高业务负载的情况下，信道利用率高。例如，在 TDMA 协议中，当网络全连通且流量饱和（所有节点都有分组要发送）时，在 TDMA 方式下将获得最优的信道利用率。

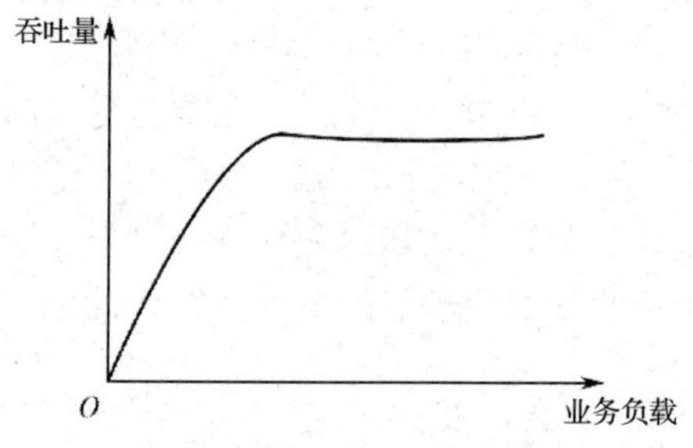

图 5.9　固定分配 TDMA 协议吞吐量性能曲线示意图

（4）此类协议具有“稳定性”，因为此类协议对资源的确定性分配避免了竞争协议的不稳定性。图 5.9 所示为固定分配 TDMA 协议吞吐量性能曲线示意图，从图中可以看出：其吞吐量随着业务负载的增加趋于稳定（接近 S/L，其中 S 是每时帧中安排的传输时隙数，L 是时帧长度），不会因负载的增加而出现性能的急剧恶化。

（5）协议灵活性较低，对网络拓扑结构的变化缺乏适应性。

（6）资源的空闲将导致信道利用率的降低。

（7）此类协议适用于节点业务量恒定的情况，而当节点业务量变化较大时，协议性能下降。

4）协议机制/算法

固定分配 MAC 协议的核心机制/算法是资源分配机制/算法，如 Link-16 数据链 TDMA 协议的时隙分配算法。

根据不同应用场景，移动通信、卫星通信、互联网中固定分配 MAC 协议及其衍生改进协议有很多。针对战场实时分发、信息共享等任务需求特点，TDMA 协议是数据链采用较多的一种 MAC 协议，如 Link-16 数据链的 TDMA 协议、Link-22 数据链的 DTDMA 协议，典型协议介绍详见 5.2.3 节和第 8 章、第 9 章数据链网络相关章节；SDMA 协议也在一定作战场景下被采用，如 IFDL、MADL 的隐身编队定向组网协议，典型协议介绍详见第 10 章。

2. 随机竞争 MAC 协议

与固定分配 MAC 协议的接入策略不同，随机竞争 MAC 协议并不会对用户的信道接入时机进行固化，而是根据用户生成业务的发送需求临机确定信道资源的使用权的，无须预先规划，在网络运行过程中可动态随机调整。

1）接入策略

网络节点功能对等，各节点以竞争方式获取信道的使用权。当节点有业务数据需要发送时，采用一定竞争机制与其他用户进行信道资源使用的分布式协商，在获取信道后发送其业务，如立即或侦听信道空闲后以一定传输概率随机地接入信道。如果发生信号碰撞，则传输失败，节点按照退避算法退避并修改传输概率，进行下一次传输。传输失败次数越多，分组传输概率越小。如果发送成功，则接着发送下一个分组。

2）多址方式

按照争用信道的竞争机制，有 ALOHA 协议、载波侦听多址接入（Carrier Sense Multiple Access，CSMA）协议、冲突避免多址接入（Multiple Access with Collision Avoidance，MACA）协议、载波侦听/冲突避免多址接入（Carrier Sense Multiple Access with Collision Avoidance，CSMA/CA）协议等。

ALOHA 协议最早被提出，采用的是最简单的随机竞争机制，如用户只要有待发送数据就立即发送的纯 ALOHA（P-ALOHA）协议，和以时隙为单位规定发送时机的时隙 ALOHA（S-ALOHA）协议。ALOHA 协议“想发就发”的机制使得数据在传输过程中碰撞严重，协议的信道利用率低。

图 5.10 所示为 ALOHA 协议分组平均时延（D/T_0）与吞吐量（S）的关系曲线，若忽略传播时延，则重发间隔在（1，5）个单位时间内均匀分布。对比图 5.10 中的两条曲线，当吞吐量很小时 P-ALOHA 协议的性能较好，但随着吞吐量的增大（接近 0.08），P-ALOHA 协议时延急剧上升，而 S-ALOHA 协议能获得相对更高的吞吐量。

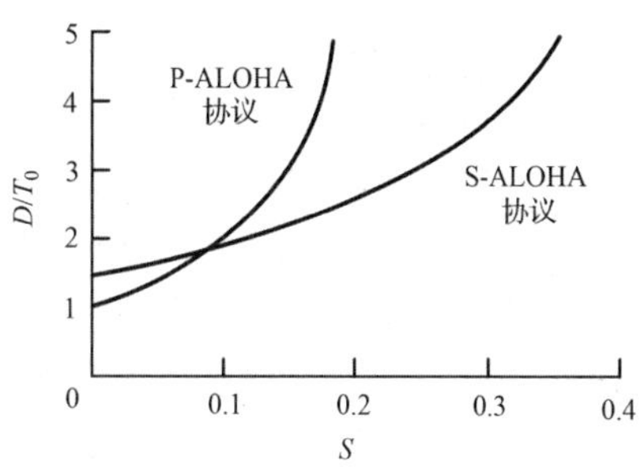

图 5.10　ALOHA 协议分组平均时延（D/T_0）与吞吐量（S）的关系曲线

为了减少冲突，用户应避免在其他用户数据发送时期内发送数据。CSMA 协议通过附加硬件设备，使节点具有检测信道使用状态（空闲或占用）的能力，在分组发送前先侦听信道载波，判断信道使用状态，再决定是否发送。CSMA 协议“先听后发”的机制降低了碰撞发生机会，大大提高了协议的信道利用率。

图 5.11 所示为典型 CSMA 协议的性能曲线，横坐标表示节点业务量，纵坐标表示网络吞吐量。经仿真结果计算可知：非坚持型 CSMA 协议可以大大减小碰撞概率，使系统的最大吞吐量达到信道容量 C 的 80%以上；时隙非坚持型 CSMA 协议的性能更好。1-坚持型 CSMA 协议由于毫无退避措施，因此在业务量很小时，数据的发送机会较多，响应也较快；但若节点数增多或总的业务量增加，则碰撞的机会就会急剧增加，系统的吞吐量特性也会急剧变坏，其最大吞吐量只能达到信道容量 C 的 53%左右。但总的来说，CSMA 协议的性能优于 ALOHA 协议的性能。

传播时延的存在会使我们错误地感知信道使用状态，冲突仍有可能发生。MACA 协议采用 RTS-CTS 控制报文握手机制解决 CSMA 协议存在的信道使用状态误判问题，即用户数据发送前收发双方交互请求发送（Request To Send，RTS）和允许发送（Clear To Send，CTS）控制报文，对信道进行使用预约，从而避免数据发送冲突。控制报文会带来额外开销，同时可能产生碰撞。CSMA/CA 协议综合 CSMA 协议与 MACA 协议的思想，待发送数据用户先侦听信道使用状态，确定信道空闲后再采用 RTS-CTS 控制报文预约信道、避免数据冲突，提高随后的数据传输成功率，协议的信道利用率最高可达 82%。

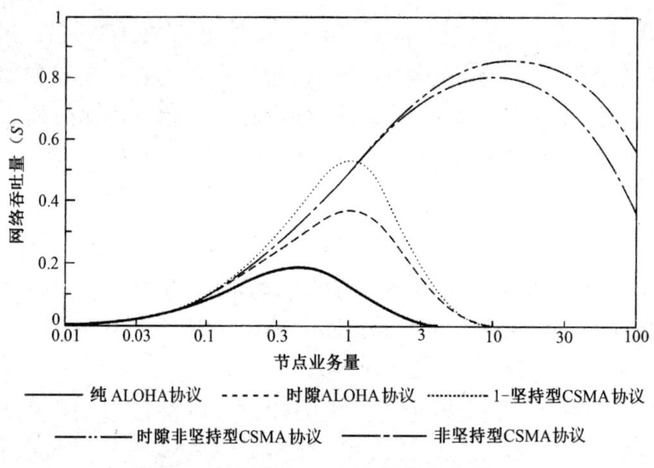

图 5.11　典型 CSMA 协议的性能曲线

3）协议特点

随机竞争 MAC 协议具有如下特点。

（1）协议机制简单，管理开销少，易于实现。不需要根据节点数和业务量等参数预先进行复杂的网络规划，也不需要复杂的时隙动态预约。

（2）数据发送异步，发送节点不需要与其他节点协调，对网络同步要求低。整个网络操作和维护很简便，从而使网络构建过程、网络节点加入/退出过程简单、快速。随机竞争接入机制属于异步网络接入机制，即网络中的节点根据各自的时钟完成接入过程，对信道的使用不需要划分时隙。而同步 MAC 协议需要节点间的精确同步，即全网的精确时钟同步，以精确对准发送/接收时刻，保证分组的正确接收。时钟同步需要网络同步算法（或其他定位授时系统的支持），同步过程复杂。

（3）数据分组的平均传输时延不固定，时延抖动大。

（4）灵活性高，适合拓扑结构变化快、业务突发性强的分布式网络。

（5）不需要中心节点，也不需要对每个节点集中控制，任何节点在协议中的地位相同，节点的增加或减少非常容易。

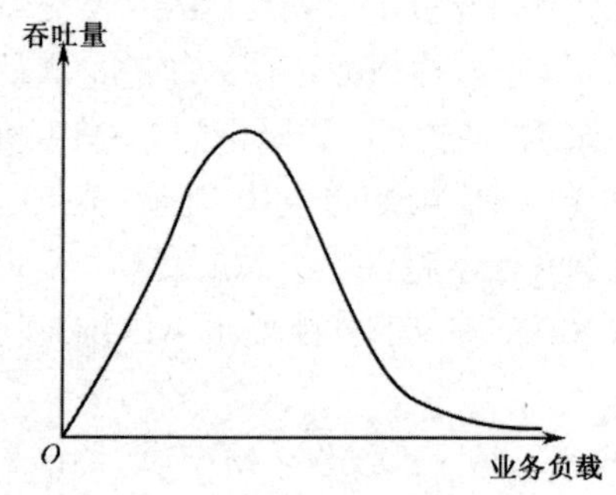

图 5.12　随机竞争 MAC 协议的性能曲线

（6）具有不稳定性。随机竞争 MAC 协议的性能曲线如图 5.12 所示。在曲线上升阶段，分组到达率未达到协议的最大传输速率，此时分组经历的时延有限而且协议稳定；而在曲线下降阶段，分组到达率大于协议的传输能力，此时分组时延无限增加，协议变得不稳定。如果协议保持不稳定的状态，则网络服务将变得混乱并可能开始失效。

（7）不能确保数据发送的完全无冲突。

（8）缺少一定的 QoS 保障机制，未对不同类型业务加以区分。

（9）在高节点密度和高业务负载情况下，信道利用率低。

4）协议机制/算法

在采用随机竞争接入技术的网络中，如果只有一个节点传输分组，则分组就可以被成功地传输；如果多个节点同时传输分组，则会发生碰撞。由此可知，对于随机竞争媒体接入控制，如何解决冲突或减少冲突概率，使发生碰撞的网络节点都可以成功地传输分组，是一个非常重要的问题。退避机制/算法和冲突分解机制/算法（如树形分裂算法、先到先服务分类算法等）是随机竞争 MAC 协议的核心机制。

随机竞争 MAC 协议直接在数据链尤其是空战场景下的数据链中应用较少，主要原因如下。

（1）航空通信 300～400 km 的通信距离，带来的传播时间为 1～2 ms。而 CSMA 协议机制重要的一点就是要侦听信道上的信号载波，检测设备必须等待 1～2 ms 的传播时间，以保证可靠接收并检测发送节点的发送信号，在此期间不能进行任何信号传输。每次传输有 1～2 ms 的空闲时间，多次传输将有更长的空闲时间，从而造成信道利用率的降低。

（2）CSMA/CA 协议 RTS/CTS/DATA/ACK 的多次握手机制，不但带来多个传输空闲时间，使数据在节点中等待更长时间，造成通信时间的较大延迟；而且对多次握手的可靠传输概率要求高，某一环节的错误均可能对协议的正常执行产生影响，从而导致协议性能的降低。

由上可知，数据链 MAC 协议中更多的是基于随机竞争思想，对作战应用场景进行适应性设计，如 TTNT 数据链的多信道 SPMA 协议，具体协议介绍详见第 10 章，以及 Link-11 数据链针对节点入网/退网、Link-16 数据链针对话音网的接入机制，具体介绍详见第 7 章、第 8 章两种数据链网络相关部分。

3. 预约 MAC 协议

固定分配 MAC 协议对网络拓扑结构的变化缺乏适应性，带来了信道的空闲，这导致了信道利用率的降低。由于随机 MAC 协议不支持公平性和 QoS，在重负载情况下网络性能急剧下降。因此，根据节点业务需求、网络拓扑变化，灵活合理地分配信道资源，是预约 MAC 协议的主要目的。

1）接入策略

预约 MAC 协议属于动态分配协议，从在减小冲突概率的同时保持协议灵活性的思想出发，在网络运行过程中，根据用户业务发送需求，采用一定的预约控制方式，实时按需调节用户对信道资源的使用权，提高网络性能。

2）多址方式

按照预约控制方式有无中心控制，以及预约过程有无竞争和冲突两种情况，将预约 MAC 协议分为集中预约 MAC 协议和分布预约 MAC 协议。

集中预约 MAC 协议有中心控制节点，其用于统一指定各用户按照一定顺序无竞争地使用信道资源，以在时空同步正常情况下各节点发送数据不会冲突。早期 IEEE 802.11 MAC 层协议的 PCF 模式属于该类协议。

分布预约 MAC 协议无中心控制节点，其通常设定一个专用控制信道，各用户以固定分配或竞争方式交互信道预约申请信息，各自运行统一的资源分配算法，周期性地动态更新信道资源的接入使用方案。该类协议有 PRMA、DPRMA、C-PRMA、DQRUMA、DSA++、CATA 和 DTDMA、RBRP、HRMA、RSV-MAC 等。

预约 MAC 协议根据网络节点业务量的大小，用一些短的预约分组提前预约信道；一旦预约成功，后续分组就无冲突发送。预约方式要求在网络节点之间进行带内或带外预约控制信息的交换，并基于这些信息节点运行预约控制算法来预约资源。预约信息属于 MAC 协议的管理信息，其传输必然占用信道资源。网络负载较轻时的有效载荷有限，以及节点数变化时的预约控制信息会增多，均会造成大的开销；因此预约信息对信道利用率的影响是此类协议需要考虑的问题之一。

3）协议特点

预约 MAC 协议的特点如下。

（1）对业务量的变化具有良好的适应性，能够灵活合理地按需分配信道资源。

（2）存在专用控制信道，使信道利用率有所降低，并有可能出现另外两种 MAC 协议的问题。

（3）能够很容易地支持有不同 QoS 要求的各种业务类型，并且能够在网络重负载情况下有效地工作。

（4）机制复杂，同时开销较大。

4）协议机制/算法

预约 MAC 协议的核心机制/算法是预约控制算法，包括集中预约控制算法和分布预约控制算法。集中预约控制算法通过中心站/基站/接入点的集中控制实现各节点的资源预约，常用于集中式网络；分布预约控制算法通过预约控制信息的交互，各节点共享相同的控制信息、执行相同的控制算法、获得相同的预约结果，从而实现无冲突的资源预约，常用于分布式网络。预约控制算法的复杂性、收敛性是此类协议还需要考虑的问题之一。

早期的战术数据链依据战术任务流程和战术信息交互的特点，采用基于集中预约算法的预约 MAC 协议将一定规模的各类作战平台组网，如 Link-4A 数据链的点名呼叫协议、Link-11 数据链的轮询协议，典型协议介绍详见 5.2.3 节和第 7 章数据链网络相关章节；随着作战平台规模、作战任务的不断扩展，以及分布式作战思想的提出，基于分布预约算法的预约 MAC 协议成为数据链演进过程中的一种趋势，Link-16 数据链在其Ⅱ期设计中指出改进Ⅰ期的固定分配 TDMA 协议到动态 TDMA 协议，Link-22 数据链优化 Link-11 数据链轮询协议为 DTDMA（Dynamic TDMA）协议，典型协议介绍详见第 9 章数据链网络部分。

4. 三类 MAC 协议的比较

固定分配 MAC 协议可保证网络用户信息的可靠传输、网络性能的稳定，但固定分配的方式缺乏足够的灵活性，只适用于业务流量规律、平稳和时延敏感、拓扑稳定的网络；随机竞争 MAC 协议竞争占用信道资源的方式使协议具有很强的灵活性，但由于其业务传输中的冲突概率比固定分配 MAC 协议大，时延等性能的稳定性较差，而且业务规模和业务量达到一定程度后，冲突显著增多，性能迅速下降，因此只适用于业务流量随机、突发和时延要求低、拓扑变化的网络；而由于预约 MAC 协议在一定程度上兼顾了前两种 MAC 协议的特点，获得了网络灵活性和性能可靠性的折中与统一，因此适用于业务流量无规律、业务量变化较大（低速数据到多媒体）、业务有 QoS 要求，以及拓扑变化的网络。三类无线网络 MAC 协议的性能比较如表 5.1 所示。

表 5.1　三类无线网络 MAC 协议的性能比较

性　能	固定分配 MAC 协议	随机竞争 MAC 协议	预约 MAC 协议
冲突	无竞争冲突	存在竞争冲突，需要进行冲突分解	预约信道可能存在竞争冲突
吞吐量	重负载时，吞吐量稳定	重负载时，吞吐量较低	吞吐量稳定
时延	轻负载时，时延较大	重负载时，时延较大	拓扑变化大时，时延较大
时延抖动	时延抖动小	时延抖动大	时延抖动小
适合业务类型	实时性业务	突发性业务	流量变化范围大的业务
公平性	较好	较差	好
鲁棒性	较差	较好	好
稳定性	稳定	不稳定	稳定
QoS	一般	无	较高

目前大量的 MAC 协议设计时常综合以上三种接入方式，在充分适应网络变化与业务特点的基础上，设计更有效和鲁棒性更强的 MAC 协议，以在多种业务及业务量情况下，具有较高的吞吐量、较低的时延和较少的控制开销的特点，既保证最大限度地传输 Best-effort 业务，又尽力保证多媒体业务的 QoS。

5.2.3 数据链 MAC 协议

数据链强调在一定应用场景下，将多个作战平台组成一定拓扑结构的网络，以确保网络节点按需使用信道资源，实时可靠地传输战术消息，最终完成战术任务。数据链网络的拓扑结构、信道资源的分配使用等是与战术任务、作战场景密切关联的。根据第 1 章介绍的内容，从战术数据链到宽带数据链、协同数据链，不同类型数据链网络所服务的战术任务、作战场景并不相同，平台间战术信息传输交互的通信性能需求存在差异。虽然数据链都要求通信可靠、及时、准确，但侦察、突袭、拦截、格斗、精确打击等不同的战术任务，对战术信息的类型、精度，以及传输速率、通信时延、网络规模等性能指标的具体要求是不同的，与战术应用场景密切相关。例如，英国 BAE SYSTEMS 公司根据信息精度、通信时延、网络规模的差别，将不同数据链划归到“网络中心战”武器控制级、指挥控制级和情报侦察级的三级网络体系结构中。

（1）第一级为武器控制级，它使用 WDL、CEC、TTNT、WNW 等数据链，网络用户不超过 24 个，从传感器到用户的消息传输时间为零点几秒，信息精度达到武器控制级。

（2）第二级为指挥控制级，它使用 Link-11（Link-22）、Link-16、IBS 等数据链，网络用户不超过 500 个，主要用于传输和显示目标的位置、航向、航速，以及目标识别数据、指挥命令等战术数据，消息传输时间为秒级，信息精度达到指挥控制级。

（3）第三级为情报侦察级，它使用 CDL 等数据链，以及全球指挥与控制系统（Global Command and Control System，GCCS）、WIN-T 等系统，网络用户数量不超过 1 000 个，是一个多媒体信息网络，提供连续的音频、视频、文本、图形、图像数据，消息传输时间为几分钟，信息精度达到决策制定和部队协同要求。

由于数据链对实时性要求高，因此在设计数据链 MAC 协议时通常将通信时延作为一个重要性能予以考虑。数据链的通信时延一般包括发送信息等待时延、信息处理时延、信息发送时延及信息传播时延。发送信息的等待时延主要由 MAC 协议决定，针对不同优先级、不同类型的信息制定发送规则；信息处理时延主要由数据链设备的硬件处理速度和软件流程设计决定；信息发送时延主要由数据链电台的传输速率决定；信息传播时延主要由通信距离和中继/转发方式决定。每种时间的减小均能降低通信时延，提高通信效率。在信息处理时延、信息发送时延及信息传播时延一定的情况下，MAC 协议对数据链的通信时延影响较大。

以满足不同作战场景下的差异化通信性能为目的，人们设计并实现了各具特点的数据链 MAC 协议。应用于空战的典型战术数据链、协同数据链 MAC 协议如表 5.2 所示。从接入技术来看，三种无线网络 MAC 协议的接入策略和思想在数据链 MAC 协议中均有应用。战术数据链 MAC 协议主要采用固定分配和预约接入策略，以满足流量较为规律、拓扑相对稳定的指挥控制级信息交互要求；协同数据链 MAC 协议主要采用随机竞争接入策略，以满足流量和拓扑动态变化的武器控制级信息交互要求。从组网形式和信道资源来看，除 IFDL/MADL 以空分为组网形式外，数据链以单网时分、多网或多信道频分为主要组网形式，共享的信道资源主要是时间和频率资源。在单网中，系统用不同的时间段来区分不同用户；通过跳频技术对频域资源加以利用，用不同的跳频图案形成多网，扩大网络规模。通过时域和频域资源的合理分配，数据链 MAC 协议实现了时域和频域资源的联合使用，满足态势共享、信息分发、数字化指挥控制，以及战术协同等作战需求。

表 5.2 典型数据链 MAC 协议

<table>
<tr><th>链路名称</th><th>协议名称</th><th>特点</th><th>接入策略</th></tr>
<tr><td>Link-4A</td><td>轮询协议</td><td>• 固定时长呼叫/应答
• 中心节点集中控制
• 协议的吞吐量、容量等性能指标低</td><td>预约接入（集中式）</td></tr>
<tr><td>Link-11</td><td>轮询协议</td><td>• 按需预约分配，中心节点集中控制，性能稳定
• 异步 MAC 协议，对时间同步精度要求不高
• 协议的吞吐量、容量等性能指标不高</td><td>预约接入（集中式）</td></tr>
<tr><td rowspan="2">Link-16</td><td>TDMA 协议</td><td>• 固定分配，无冲突，性能稳定
• 对网络拓扑、流量变化的适应性差
• 对时间同步精度要求高
• 协议的吞吐量、容量等性能指标高</td><td>固定接入
（单网时分，多网频分）</td></tr>
<tr><td>DTDMA 协议</td><td>• 预约分配，性能稳定，对网络拓扑、流量变化的适应性强
• 对时间同步精度要求高
• 协议的吞吐量、容量等性能指标高</td><td>预约接入（集中式）</td></tr>
<tr><td>Link-22</td><td>TDMA 协议/
DTDMA 协议</td><td>• 固定和预约分配相结合，对网络拓扑、流量变化的适应性强
• 对时间同步精度要求高
• 协议的吞吐量、容量等性能指标高</td><td>预约接入（分布式）
（单网时分，多网频分）</td></tr>
<tr><td>TTNT</td><td>SPMA 协议</td><td>• 随机竞争，对网络拓扑、流量变化的适应性强
• 对时间同步精度要求不高
• 协议的吞吐量、容量等性能指标高</td><td>随机接入
（频分多信道）</td></tr>
<tr><td>IFDL/MADL</td><td>定向链式组网
协议</td><td>• 空分接入，网络拓扑适应性不高
• 对波束对准精度、速度要求高
• 协议的吞吐量、容量等性能指标固定</td><td>固定接入（空分）</td></tr>
</table>

作为服务于战场作战用户战术信息传输交互的无线通信网络，数据链网络的 MAC 协议一方面遵循 5.2.2 节描述的无线网络 MAC 协议基础理论；另一方面由于军事应用特点，数据链网络的 MAC 协议具有很多不同于其他无线通信系统协议的设计思想和方法。下面，分别对具有固定分配、集中预约、分布预约接入特点的数据链 MAC 协议进行介绍与分析，其更为全面且系统的理解请结合第 7 章、第 8 章、第 9 章、第 10 章的相关数据链网络内容。

1. Link-11 数据链的轮询协议

在数据链发展初期，通过数据链将以前独立的指挥控制中心、探测雷达和作战飞机链接为网络，地面指挥控制中心与雷达和空中作战飞机共享态势信息，以获得全面的战场态势，进而对战斗机实施指挥引导，达到“先敌发现，先敌摧毁”的目的。基于这种作战场景，Link-4A、Link-11 等早期数据链的 MAC 协议以集中控制式为主，网络规模小（网络成员为十几个），通信时延在秒级以上，网络拓扑为全连通网络结构。

Link-11 数据链采用一种集中预约 MAC 协议——轮询协议，由中心节点统一调度，其他节点依据轮询顺序无竞争地使用信道。

1）应用场景和协议描述

按照最初的设计，Link-11 数据链的作战应用场景为航空母舰（以下简称航母）、舰艇，以及航母上起飞的多架战斗机，航母对舰艇和战斗机实施指挥控制。随着 Link-11 数据链在美国空军的装备，其作战应用场景也包括陆基/空基指挥中心与空军机场起飞的多批战斗机，指挥中心对战斗机进行指挥引导，长机对编队僚机进行任务分配。

在 Link-11 数据链中，有一个网控站（Net Control Station，NCS）设在航母、预警机或地面指挥中心，其他网络成员（如舰艇、飞机、车辆等）为前哨站（Picket Station，PS）。网控站统一负责轮询协议的启动、运行、结束及管理控制，前哨站的信道接入时机由网控站决定。网络中的所有站点使用相同的频率，在网控站的集中管理控制下，按照询问/应答方式，以半双工模式交互信息；不使用信道发送信息的站点接收其他站点发送的信息。

Link-11 数据链轮询协议的执行流程如图 5.13 所示。网控站向前哨站发送上行信息，启动每次传输。该上行信息起到点名询问的作用，以态势信息和指挥控制信息为主要内容。所有前哨站均接收并存储这些信息。根据接收地址码与自己的地址码的比较结果，被询问的前哨站发送下行信息（有战术数据时）或应答信息（无战术数据时），以空中平台参数和目标参数为主要内容。网络中的每一个前哨站都接收该下行信息并存储。前哨站 i 信息传输结束后，网控站就转向询问下一个前哨站 j，向前哨站 j 发送上行信息。这一过程不断重复，直到询问完所有前哨站，一个网络循环结束。网络循环自动重复。

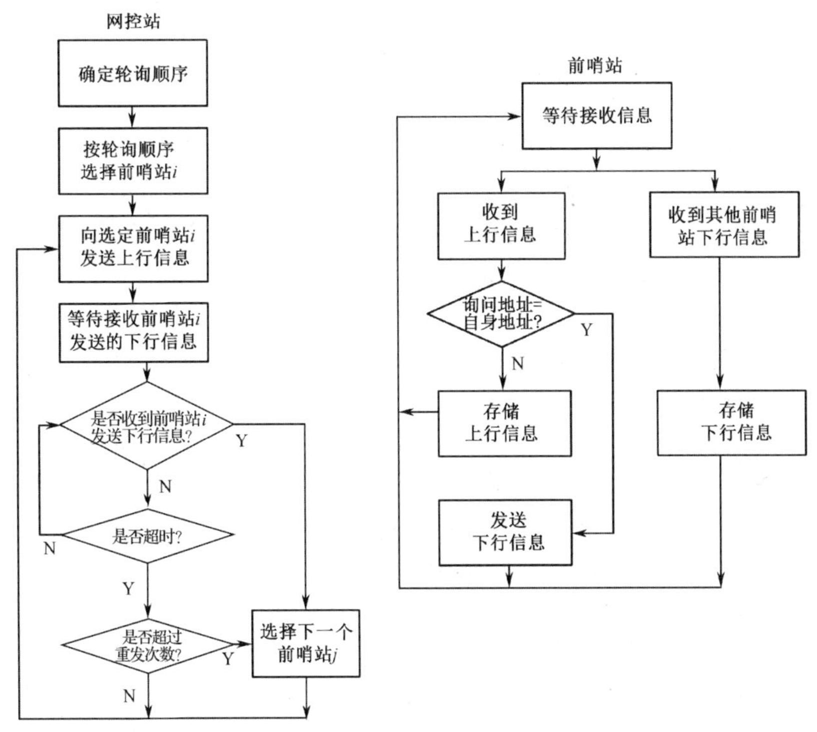

图 5.13　Link-11 数据链轮询协议的执行流程

网控站询问所有前哨站所需的时间（轮询协议中称为轮询周期）不定，取决于网内前哨站的数目、每次发送的数据量及轮询原则。

较简单的轮询原则是顺序轮询，其时序图如图 5.14 所示。网控站按照预先设定的顺序（如前哨站 1，2，3，…，n–1），先点名前哨站 1，前哨站 1 在其用户时间窗口内应答；然后网控站点名前哨站 2，前哨站 2 应答；直到前哨站 n–1 在其用户时间窗口内应答，随后顺序不变，重新开始循环，直到结束。

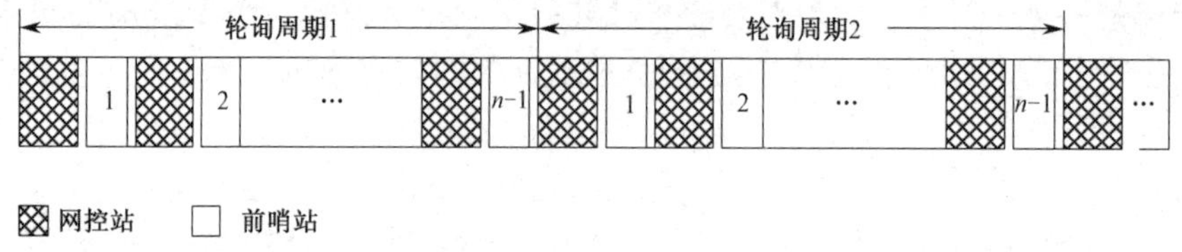

图 5.14 顺序轮询时序图

如果考虑战术信息的优先级，则轮询原则较复杂，网控站每个轮询周期的轮询顺序可变，且前哨站可能被询问多次。

Link-11 数据链的轮询协议能够确保网控站对已经注册在网的所有前哨站进行轮询。如果有新的作战飞机准备加入该网络，或者某在网作战飞机准备退出该网络，即网络规模发生变化，则轮询协议将会如何处理？Link-11 数据链 MAC 协议针对这种情况在预约基础上加入了竞争思想：每个轮询周期中，预留一段空闲时间，需要入网或退网的前哨站（一个或多个）以随机竞争方式向主控站发送入网或退网信息，竞争方式可选择某种回退机制。主控站成功接收后，增加或减少轮询前哨站的数量，调整轮询顺序，在新的网络规模下开始新一轮的循环。竞争时间段的使用，使轮询协议对网络规模的变化具有适应性。

2）协议性能参数

Link-11 数据链轮询协议性能的优劣，通过端到端时延、网络规模、轮询周期、消息更新率等指标参数衡量。

（1）端到端时延：从发送站点的 MAC 层接收到网络层（或直接来自应用层）的分组，到该分组被接收站点的 MAC 层成功交付给其网络层（或应用层）的时间。

（2）网络规模（Network Stations Number，NSN）：Link-11 数据链系统包含的网控站与前哨站的总数量，即网络成员数。对于单网系统，网络规模就是该网的成员数；对于多网系统，网络规模就是各子网的成员数之和。

（3）轮询周期（Polling Interval Time，PIT）：网控站对所有前哨站至少询问一次所需要的时间。轮询周期是轮询协议的一个关键参数。在一个轮询周期内，网控站与所有前哨站至少有一次机会接入信道，发送自身节点的战术信息，使网络信息共享。因此，轮询周期反映了 Link-11 数据链共享信息的时效性。轮询周期与网络规模、站点业务量（每个 Link-11 数据链站点每次发送的信息量）、信息误码率、重传次数等参数有关。在无信息误码和重传的理想情况下，轮询周期与网络规模、站点业务量存在极限关系。

（4）信息流量（Message Quantity，MQ）：在轮询周期内，一定网络规模的 Link-11 数据链系统中所传输信息的比特总数。Link-11 数据链传输的信息包括有效载荷（战术信息）和冗余载荷（帧头、校验码等）。战术信息流量（Tactical Message Quantity，TMQ）是指轮询周期内一定网络规模的 Link-11 数据链中传输的有效战术信息载荷的比特总数。

（5）网络吞吐量（Network Throughput，NT）：单位时间内网络成功传输的信息比特数。

（6）网络效率（Network Efficiency，NE）：当网络规模固定时，一个轮询周期内战术信息的传输时间与轮询周期的比值。

（7）应用层消息交付率（Delivery Rate，DR）：单位时间内所有网络节点成功发送并被其他节点成功接收的消息量与所有网络节点在应用层生成的消息量之比。

（8）消息更新率（Message Update Rate，MUR）：按照 Link-11 数据链 M 系列消息标准，消息更新率即某类信息连续两次发送的平均间隔时间。消息更新率必须满足战术作战需求，而且不同类型消息的消息更新率不同。例如，根据战场态势完整性、空中航迹连续性要求，空中航迹消息的消息更新率应在 8～20 s 范围内。

3）协议性能分析

在下面的分析中，假设轮询协议采用顺序轮询原则，网络规模为 N（1个网控站，$N-1$ 个前哨站），站点发送速率为 W（bit/s），各站点发送分组长度固定为 L_Z 的消息字，一次轮询时间为 T_p，网控站信道占用时间为 T_m，前哨站信道占用时间为 T_s（$T_m>T_s$，即网控站发送的信息量大于前哨站发送的信息量），无线信道传输时延为 T_d，站点间保护时间间隔为 T_g，轮询超时值为 T_{pmax}。

（1）轮询周期与网络规模的关系。

在顺序轮询原则下，根据发送、接收信息的流程，T_p 由 T_m、T_s、T_d、T_g 四部分组成。在每次轮询中，网控站、前哨站各出现一次收发转换，即 $2T_g$。因而，T_p 可表示为

$$T_p=T_m+T_s+2T_g+2T_d \tag{5.1}$$

由于 Link-11 数据链采用半双工通信方式，通过 T_g 反映收发信机的收发转换时间。T_g 的值通常为几毫秒甚至更小。虽然其值很小，但在实时战术数据链中不能轻易忽略；其值越小，对 T_p 的影响越小。T_m 和 T_s 包括数据处理时间、数据加/解密时间和信息发送时间，由信息长度、信息发送速率和设备硬件处理能力决定。

对于轮询超时值 T_{pmax} 的确定，必须保证网控站能完整接收前哨站的应答信息。由上述分析可知，在 T_p 中，T_m 和 T_s 都是不定值。在计算 T_{pmax} 时，T_m 和 T_s 都取可能的最大值，由此即可确定出 T_{pmax}。在实际应用中，通常根据系统的设计指标和实际应用情况来合理地确定轮询超时值，处理好信道利用率和传输可靠性之间的关系。

当系统正常工作时，假设 $N-1$ 个前哨站工作状态均正常，令 T_{pi} 为网控站轮询第 i 个前哨站的一次询问/应答时间，则轮询周期为

$$\text{PIT}=\sum_{i=1}^{N-1}T_{pi}=\left(T_m+T_s+2T_g\right)\left(N-1\right)+2T_d \tag{5.2}$$

此时轮询周期与网络规模的关系曲线如图 5.15（a）所示。显然，当网络中节点数目增多时，网控站需要轮询的前哨站数目不断增加，轮询周期随网络规模的增大而不断增加。

干扰会导致接收异常，进而导致通信超时。假设 $\overline{T_p}$ 为所有前哨站一次轮询时间的平均值，一个轮询周期中有 n 个前哨站出现接收异常，每个前哨站都被重复询问 m 次，则网控站共等待了 $m\times n$ 个 T_{pmax}。此情况下轮询周期表示为

$$\text{PIT}\approx\left(N-1-n\right)\overline{T_p}+mnT_{pmax} \tag{5.3}$$

通常情况下，在前哨站接收失败后，网控站连续重复询问的次数不多于 2 次，即 $m=0,1,2$。为了定性分析在通信超时情况下轮询周期与网络规模之间的关系，假设轮询超时值与所有前哨站一次轮询时间的平均值之间满足 $T_{pmax}=5\overline{T_p}$，则此时轮询周期与网络规模的关系曲线如图 5.15（b）所示。

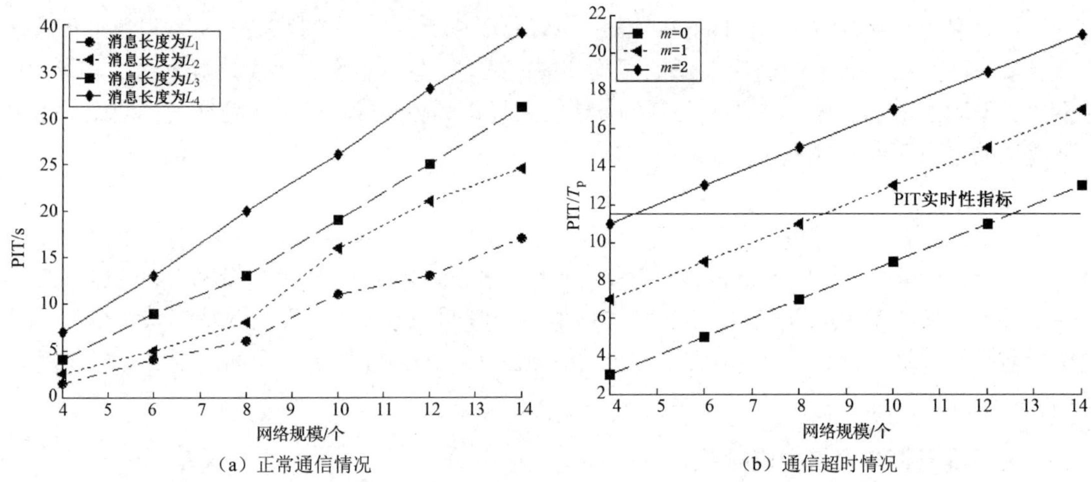

（a）正常通信情况　　（b）通信超时情况

图 5.15　轮询周期与网络规模的关系曲线

对于一个实际网络而言，为保证系统信息的实时性交换，在战术信息流量相对固定的情况下，当轮询周期达到规定的最大值时，网络规模也会达到最大（上限）值，因而以下关系式成立：

$$\mathrm{PIT}=\begin{cases}\left(T_{\mathrm{m}}+T_{\mathrm{s}}+2T_{\mathrm{g}}\right)\left(N-1\right), & N<N_{\max}\\ \mathrm{PIT}_{\max}, & N=N_{\max}\end{cases} \tag{5.4}$$

网控站连续重复询问次数越多，表明此时战场的电磁环境越复杂，越不利于网络信息的传输。从图 5.15 中可以看出，在网络规模一定的情况下，轮询周期随着重复询问次数的增加而不断增大。但为了保证信息传输的实时性，轮询周期有一个固定数值作为实时性指标，如图 5.15（b）的横线所示。因此，为了保证在恶劣电磁环境下依然能够进行必要的信息传输，可以采取降低网络规模的措施。

（2）网络总战术信息流量与网络规模的关系。

战术信息流量反映的是某一网络中的有效战术信息载荷的流量。在轮询周期相对固定，且单个站点传输的战术信息量基本相同的情况下，网络总战术信息流量的大小取决于该网络的规模。当网络中节点数 N 为小于 $N_{\max}$ 时，信息流量与网控站占用信道时间 T_{m}（网控站信息流量发送时间）、前哨站占用信道时间 T_{s}（前哨站信息流量发送时间）关系为

$$\mathrm{MQ}=(WT_{\mathrm{m}}+WT_{\mathrm{s}})(N-1)=W\cdot(T_{\mathrm{m}}+T_{\mathrm{s}})(N-1) \tag{5.5}$$

式中，W 为站点发送消息的平均速率。T_{m} 与 T_{s} 会随网络规模的变化而变化。

为确保信息传输的实时性，取轮询周期为 8 s。依据相关数据，使用 MATLAB 软件绘制网络总战术信息流量与网络规模的关系曲线，如图 5.16 所示。

从图 5.16 可以看出，在轮询周期相对固定的情况下，整个网络的总战术信息流量随网络规模的增大而减小。这是因为要在一定的轮询周期内完成对更多网络节点的询问，就必须降低每个网络节点传输的消息数量。而且，基于轮询的网络为维持正常运行，需要付出额外开销，且额外开销随节点数的增加而增加。因此，在同样的轮询周期内，小规模网络（节点数较少的网络）比大规模网络传输的战术信息流量大。

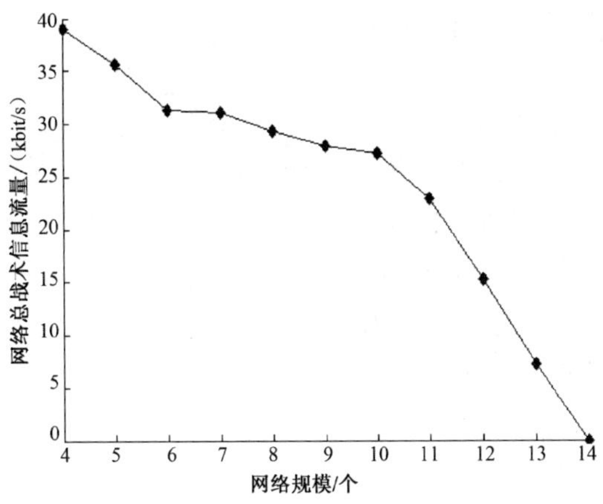

图 5.16　网络总战术信息流量与网络规模的关系曲线

（3）轮询周期与网络规模、战术信息流量的关系。

信息流量反映的是一个数据链系统中网络传输信息量的平均值，它是衡量网络性能的重要指标之一。将式（5.2）代入式（5.5），经公式变形和相应的运算后，得到信息流量与轮询周期存在线性关系，即

$$\mathrm{MQ}=W\times[\mathrm{PIT}-2T_{\mathrm{g}}(N-1)] \tag{5.6}$$

将式（5.6）变形得到

$$\mathrm{PIT}=\frac{\mathrm{MQ}}{W}+2T_{\mathrm{g}}(N-1) \tag{5.7}$$

其中，信息流量由两部分组成，即战术信息流量和网络管理信息流量，即

$$\mathrm{MQ}=\mathrm{TMQ}+\mathrm{NMQ} \tag{5.8}$$

把式（5.8）代入式（5.7），有

$$\mathrm{PIT}=\frac{\mathrm{TMQ}}{W}+2T_{\mathrm{g}}(N-1)+\frac{\mathrm{NMQ}}{W} \tag{5.9}$$

式中，NMQ 为相对固定值。可以看出，轮询周期主要取决于网络规模和战术信息流量两个因素。在 L_{z}、W、T_{d}、T_{g} 和 NMQ 相对固定的情况下，绘制轮询周期与网络规模、战术信息流量的关系曲线如图 5.17 所示。

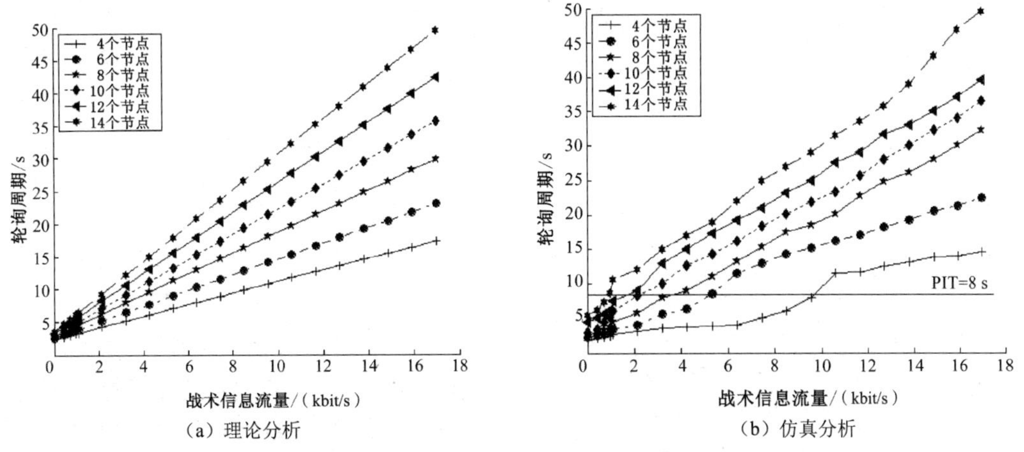

（a）理论分析　（b）仿真分析

图 5.17　轮询周期与网络规模、战术信息流量的关系曲线

图5.17（a）所示曲线为理论分析得到的关系曲线，由于忽略了部分实际应用中的因素，如信道时延、出错重发等，因此图中各曲线均为直线。图5.17（b）所示曲线为仿真分析得到的关系曲线，从图中可以看出，虽然部分点的数值较理论分析值有所变化，但总体趋势并未改变，轮询周期仍随着战术信息流量的增加而增大。

显然，图5.17（b）表明轮询周期越长，网络中各站点交互战术信息的时间间隔越大，过长的轮询周期可能导致战术信息在站点中的等待时间过长。对于战术数据信息的实时交换而言，当PIT= 8 s时，能够满足系统的实时性要求。图5.17（b）画出了PIT= 8 s时的指标线，该指标线以下部分对应的轮询周期和传输的战术信息流量可以满足要求。

由上述分析可知，在实际作战过程中，为了使网络能够满足信息传输实时性要求，确保战场态势信息可以及时、有效地传输和共享，可以采用减小各站点所发送的战术消息量或减小轮询周期的措施。

（4）网络吞吐量、网络效率与战术信息流量的关系。

网络吞吐量是衡量一个网络传输信息能力的重要指标。网络吞吐量越大，说明该网络成功传输信息的能力越强；网络吞吐量越小，相应地，该网络成功传输信息的能力越弱。关于网络吞吐量，定义关系式为

$$\begin{aligned}\text{网络吞吐量} &= \text{信息流量} \div \text{轮询周期} \\ &= (\text{网络管理信息流量} + \text{战术信息流量}) \div \text{轮询周期}\end{aligned} \tag{5.10a}$$

即

$$\mathrm{NT}=\frac{\mathrm{MQ}}{\mathrm{PIT}} \tag{5.10b}$$

对于一个网络规模相对固定的系统而言，网络效率是指网络中战术信息的传输时间占总轮询周期的比值。关于网络效率，定义关系式为

$$\text{网络效率}=\text{战术信息流量传输时间} \div \text{轮询周期} \tag{5.11a}$$

表述成代数式有

$$\mathrm{NE}=\frac{T_{\mathrm{TMQ}}}{\mathrm{PIT}}\times 100\% \tag{5.11b}$$

式中，T_{TMQ}表示网络中战术信息流量传输时间。

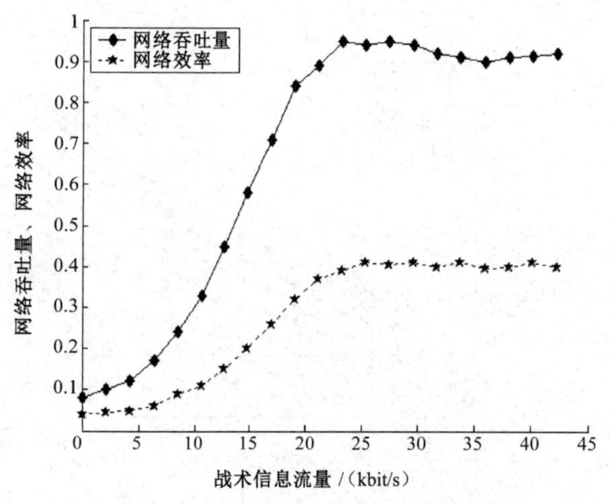

图5.18　网络吞吐量、网络效率与战术信息流量的关系曲线

由上述分析可知，通常在一个网络中，网络管理信息的开销和网络信息传输速率都是固定的，因此当轮询周期一定时，网络吞吐量正比于信息流量或战术信息流量，网络效率正比于战术信息流量。当选取网络中的节点数为4时，网络吞吐量、网络效率与战术信息流量的关系曲线如图5.18所示。

由图5.18可知，网络吞吐量、网络效率与战术信息流量的关系存在饱和特性。当网络战术信息流量未达到饱和点时，网络吞吐量和网络效率均随着战术信息流量的增加而增大；当战术信息

流量达到饱和点后，网络吞吐量和网络效率均基本保持不变，说明此时的网络已经达到了能够承载的最大信息流量。从图 5.18 所示的网络效率与战术信息流量的关系曲线可以看出，在上述配置下，网络效率不超过 40%，其他网络资源被协议开销占用，包括维护网络运行的轮询协议（地址码、起始码、停止码、密码）、物理层冗余波形处理（收发转换、前置码、参考相位）、信道误码等。

（5）网络的端到端时延与网络规模的关系。

端到端时延是衡量轮询协议实际应用能力的一个重要指标。通过衡量网络节点端到端时延，可以有效地说明一个通信网络的实时性能。军事网络战术数据链需要很高的实时性才能保证其实际应用需求。网络的端到端时延包括信息排队时延、信息处理时延、信息发送时延、信息传输时延。其中，信息排队时延受轮询顺序的影响较大，信息处理时延受硬件处理速度的影响较大，信息发送时延受信息分组长度的影响较大，信息传输时延受通信距离的影响较大。

假设信息处理时延、信息传输时延和信息重传次数均为常数，则端到端时延与网络规模的关系类似于端到端时延与排队时间的关系。对于站点周期性产生应用层消息的顺序轮询，排队时延有一定上限。根据实验数据，当轮询周期小于 10 s 时，信息排队等待时间不大于轮询周期；当轮询周期大于 10 s 时，信息排队等待时间约为应用层消息生成周期的一半。网络端到端时延与网络规模的关系曲线如图 5.19 所示。

由图 5.19 可知，网络端到端时延与网络规模的关系曲线存在饱和特性。网络规模的临界值 N 对应网络端到端时延的最大值。当网络规模未达到临界值时，网络端到端时延随网络规模的增大而增加；当网络规模超过临界值时，网络端到端时延不再随网络规模的增大而增加，而是趋于一个稳定值。

（6）应用层消息交付率与战术信息流量的关系。

应用层消息交付率反映的是各从站成功接收轮询分组的概率，以及主动成功接收从站发送的恢复数据分组的概率。通过仿真分析，应用层消息交付率可以检测整个网络系统信息传输的可靠性。当网络中有 4 个节点时，应用层消息交付率与战术信息流量的关系曲线如图 5.20 所示。

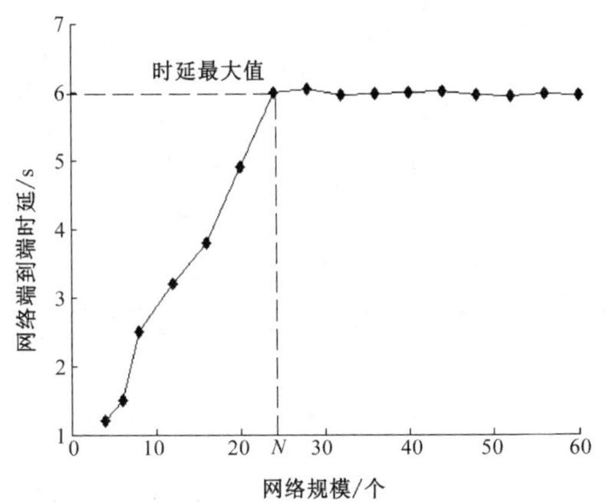

图 5.19　网络端到端时延与网络规模的关系曲线

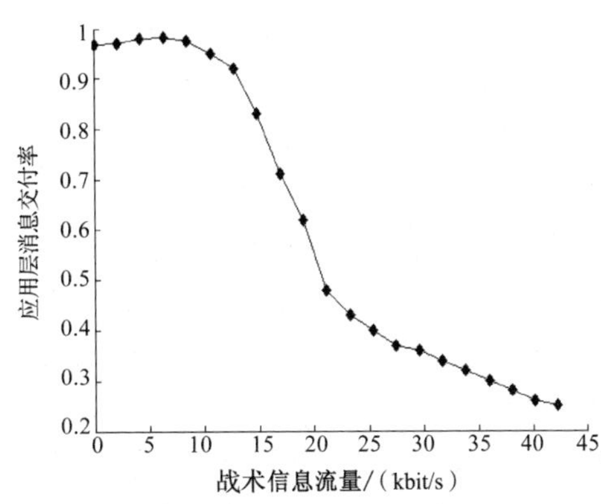

图 5.20　应用层消息交付率与战术信息流量的关系曲线

由图 5.20 可知，战术信息流量在 0～12 kbit/s 之间时，应用层消息交付率趋于稳定，保持在 96%左右（此时误帧率为 5%）；当战术信息流量大于 12 kbit/s 后，应用层消息交付率开始降低，并在 30%处变化减缓。临界点 12 kbit/s 称为当前网络配置情况下的饱和点。

对于同一个网络而言，应用层消息交付率和网络吞吐量、网络效率的变化趋势存在不一致。当应用层消息交付率趋于稳定或保持不变时，网络吞吐量和网络效率随战术信息流量的增加而增大；当应用层消息交付率随战术信息流量的增加而降低时，网络吞吐量和网络效率逐渐趋于稳定。为了确保网络有较高的信息传输能力，同时具备较高的传输可靠性，需要综合平衡应用层消息交付率、网络吞吐量和网络效率间的关系。

（7）消息更新率与轮询周期的关系。

消息更新率是 Link-11 数据链系统性能的一个重要指标，它指的是系统连续两次发送且成功传输的时间间隔。通过对消息更新率与轮询周期的关系进行仿真，可以直观地看出两者之间存在的对应关系，有效地反映了系统成功传送信息的能力。当网络规模不同时，消息更新率与轮询周期的关系曲线如图 5.21 所示。

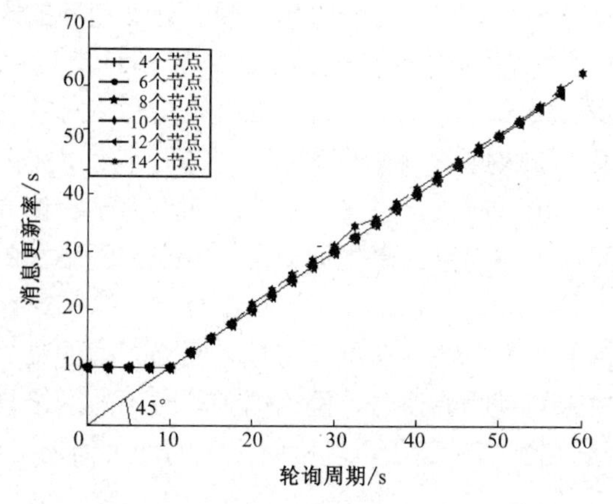

图 5.21 消息更新率与轮询周期的关系曲线

由图 5.21 可知，消息更新率与轮询周期的关系曲线存在临界点，对应的轮询周期为 10 s。

当轮询周期小于 10 s 时，消息更新率稳定在 10 s 左右；原因在于当模型配置的消息发送周期为 10 s 时，网络能够承受当前系统的信息传输量，组网协议模型向链路发送消息的周期与应用模型产生消息的周期基本相同。

当轮询周期大于 10 s 时，消息更新率会随着轮询周期的增加而增加，而且其数值与轮询周期基本一致（当网络规模为 14 个节点时，消息更新率略大于轮询周期）；原因在于当网络的轮询周期大于 10 s 后，网络传输的信息流量增加，超过了网络的承载能力，对于来自应用模型的业务，其在组网协议模型内存在新旧交替的情况，组网协议模型向链路发送消息的周期与轮询周期基本一致。

至于出现消息更新率稍大于轮询周期的情况（网络规模为 14 个节点），原因是轮询周期与消息更新率都是在节点成功发送消息并被接收端成功接收的基础上统计的。消息更新率大于轮询周期，说明节点在有效传输时机到达时队列中无消息。因为信道存在误帧率，节点在上次发送失败的过程中已经将队列中的消息送至无线链路，而应用层消息下一次发送周期还未到达，所以在节点有效传输时机到达时，队列中无消息发送。这种情况在轮询周期较大时，尤为明显。

消息更新率必须满足战术作战需求，而且消息类型不同，其更新率不同。例如，根据战场态势完整性、空中航迹连续性的要求，空中航迹消息的消息更新率应在 8～20 s 范围内。此指标是根据空中航迹的连续性、形成完整的战场态势这一作战需求提出的。

当网络能够承载作战业务时，消息更新率与应用层消息发送周期（本地传感器向数据链系统发送目标数据周期）基本一致；否则，消息更新率大于后者，并且网络中存在丢包现象，甚至导致在用户端不能形成完整的战场态势。

2. Link-4A 数据链的轮询协议

Link-4A 是最早研制使用的数据链，其 MAC 协议重点研究数字化波形技术，具有节点数量很少、多址接入技术简单的特点。按照目前 MAC 协议的分析方法，Link-4A 数据链的 MAC

协议属于集中预约 MAC 协议。由于 Link-4A 数据链与 Link-11 数据链的 MAC 协议的基本运行机制相近，因此本书将其称为轮询协议。

与 Link-11 数据链的轮询协议类似，Link-4A 数据链的信道接入由一个中心节点（称为控制站）集中控制，统一调度其他节点（称为被控站）；依据呼叫顺序，控制站点名呼叫被控站；被控站依据呼叫顺序无竞争地使用信道，向控制站进行应答。

与轮询协议不同的是，Link-4A 数据链的被控站仅接收控制站的信息，并不接收其他从站的信息；无信息发送时则监测信道，等待控制站的点名。而且，Link-4A 数据链的控制站和被控站的信道占用时间是固定的，即每次点名呼叫/应答的周期相同，均为 32 ms，包括 14 ms 的控制站发射期和 18 ms 的被控站应答期，Link-4A 数据链消息收、发循环图如图 5.22 所示。在发射期内，控制站发送带有应答站地址的控制消息；在应答期内，只有被指定了地址的被控站才发送应答消息。Link-4A 数据链的 MAC 协议流程如图 5.23 所示。

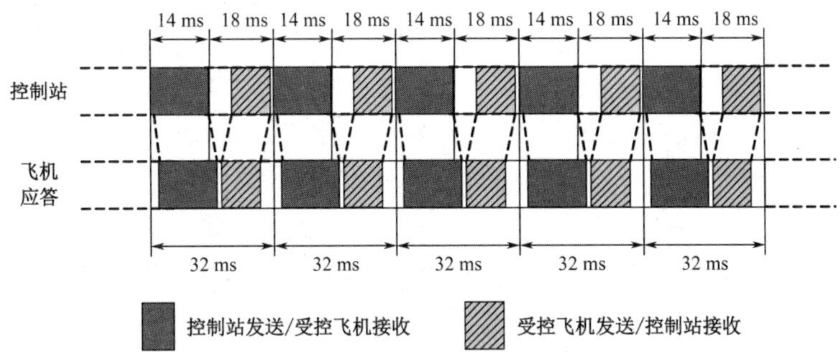

图 5.22 Link-4A 数据链消息收、发循环图

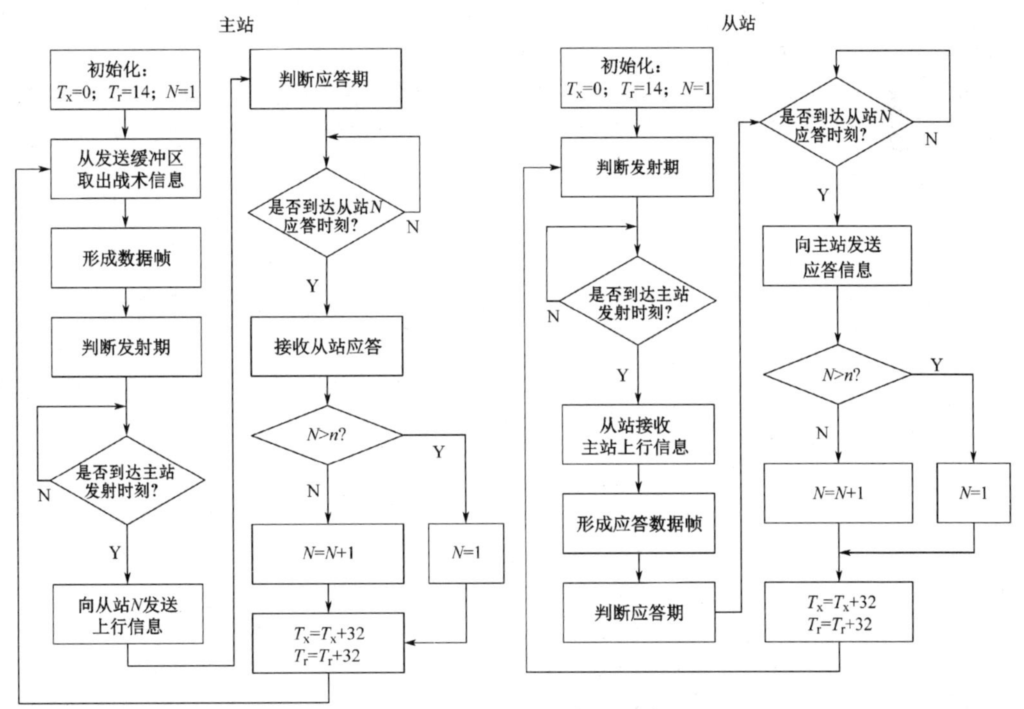

图 5.23 Link-4A 数据链的 MAC 协议流程

理论上，Link-4A 数据链的网络容量不受限，但考虑其实际应用场景为航母和航母上起飞

的多架战斗机，因此参与者数量有限（最多8个）。

3. Link-16数据链的固定分配TDMA协议

联合作战的思想在数据链中的直接体现就是Link-16数据链，该数据链实现三军联合信息分发。Link-16数据链采用固定分配接入技术，通过为网络节点合理分配时间资源，以时隙为基本单位，实现上百个节点的无冲突、可靠通信。TDMA协议在时延、吞吐量、稳定性等方面的良好性能，使Link-16数据链在战场中占据重要地位。

1）应用场景和协议描述

按照最初的设计，Link-16数据链的作战应用场景为海军和空军联合作战，参战单元包括航母、海军预警机、舰艇、航母上起飞的多架战斗机，以及空军预警机、陆基指挥中心、空军战斗机，其目的是实现联合战场的信息共享和保密，以及抗干扰的空中指挥控制等。随着Link-16数据链在美国空军的大量装备，其作战应用场景不断扩展，如联合防空作战、以预警机为中心的作战、战斗机编队作战等。

Link-16数据链采用TDMA多址接入方式，接入控制的信道资源是时间资源。将时间资源划分为固定长度的时隙，若干个时隙组成一个帧/时元。每帧/时元中的时隙通过时隙分配算法分配给网内节点。网络正常运行后，每个节点在分配的发送时隙内发送本站的战术情报信息，在非发送时隙内接收其他节点发送的战术情报信息。TDMA 协议避免了网络节点间发送信息的碰撞，传输效率高，并且具有分布式特点，任何节点故障都不影响TDMA协议的运行，协议的鲁棒性强。与轮询协议相比，该协议使用时分多址方式可增加网络规模，使网内通信用户不低于100个。

为确保各用户发射时隙的一致性，避免发送信息产生碰撞，全网需要统一时间基准，Link-16数据链指定一个节点作为网络时间基准（Network Time Reference，NTR）；将NTR的时间定义为Link-16数据链的系统时间。以该系统时间为基准，校准全网时间，计算、确定网内各节点时隙的起始和终止，确保TDMA网络时间同步和节点时隙对准。NTR节点周期性地发送入网报文，协助其他节点获得系统时间从而入网；其他网络节点与NTR节点交换往返计时信息，达到并维持网络时间精确同步和时隙精确对准。在Link-16数据链中，任意节点均可被指定为NTR节点。

已装备使用的Link-16数据链采用固定分配TDMA协议，在任务执行前通过网络规划预先完成各网络节点的时隙分配，在作战过程中不再变化。当节点无信息发送或退出时，该节点所对应的时隙空闲。随着Link-16数据链的发展，目前许多研究人员都在研究动态分配TDMA协议，以增加其灵活性和适应性。

2）时隙分配

TDMA协议需要对时间资源进行合理分配，其核心算法是时隙分配算法。对于业务规律、拓扑结构固定、节点功能相同的Link-16数据链，其时隙分配应使每个节点分配的时隙尽可能分布均匀，以确保各节点发送信息的公平性，同时提高时隙利用率。

Link-16数据链的时隙分配与网络功能、业务类型、时隙接入模式，以及网络节点数等参数有关。时隙分配算法的基本步骤如下。

步骤1：根据作战任务划分网络功能，确定网络功能数，以及每个网络功能在实现过程中所包含的网络节点数。

步骤2：计算各功能对应的时隙需求，以及节点对应的时隙需求。

步骤 3：根据网络功能确定业务类型和时隙接入模式。

步骤 4：根据业务类型和时隙接入模式，采用二叉树方法划分功能需求对应的时隙块。

步骤 5：采用二叉树方法在功能时隙块内部将时隙块资源平均分配给每个节点。

Link-16 数据链的时隙分配在网络设计阶段预先完成，并通过配置文件在网络初始化过程中装入终端系统；在网络运行过程中，各节点按照预定的时隙分配方案周期性地自动发送数据和接收数据，共同完成所承担的作战任务。

（1）网络功能。

Link-16 数据链将其功能划分为多个网络参与组（Network Participation Group，NPG），一个 NPG 对应一种功能，即作战任务或网络管理任务，如 RTT、监视、话音等。对 Link-16 数据链 NPG 功能的详细描述参见第 8 章。

每个 NPG 由一定数量的作战平台（Link-16 数据链将其称为网络参与单元）组成。作战平台根据该 NPG 的作战功能担任预警、指挥、作战等角色，共同实现该 NPG 的作战功能。对 Link-16 数据链网络参与单元的详细介绍参见第 8 章。

一个 Link-16 数据链支持多个 NPG 同时工作，也支持同一个网络参与单元加入不同的 NPG。

（2）业务类型。

Link-16 数据链的业务类型主要分为话音业务和数据业务，其中数据业务又分为战术数据和网络管理数据，战术数据 NPG 功能又有多个子类。这些业务将在不同的 NPG 中传输，而且不同业务对发送时机、发送频率的需求不同。Link-16 数据链在进行时隙分配时，需要明确每个 NPG 及其每个网络参与单元所传输的具体业务类型，确定业务传输的时隙需求，以优化时隙利用率。NPG 对时隙资源的需求是其参与单元信息传输需求的综合。Link-16 数据链先根据网络功能将其时隙资源按需分配给各 NPG，再分配到各 NPG 的不同参与单元。

（3）时隙块。

Link-16 数据链以时元/时帧为时隙分配周期，以时隙块（Time Slot Block，TSB）的形式将时隙分配给网络参与者。时隙块用“时隙组–起始时隙号–重复率”表示。

时隙组为 A 组、B 组和 C 组，每组时隙分为一个或多个时隙块，3 组时隙交错排列、各自独立。起始时隙号为某时隙组中的时隙索引号，其取值范围为 0～32 767，表示时隙块的第一个时隙号。重复率计算公式为 RRN= $\log_2 N$，其中 N 表示 1 个时元中某时隙块的时隙总数。由于各组时隙交替排列，每个时隙块均不连续，因此时隙块中的时隙等间隔重复出现，间隔大小 ΔT 可用重复率表示为

$$\Delta T = 7.8125 \times 3 \times 2^{15-\text{RRN}} \tag{5.12}$$

根据式（5.12）计算得时隙组中的时隙间隔，如表 5.3 所示。由表 5.3 可以看出，时隙块中时隙最小间隔是 3 个时隙，此时 RRN=15，时隙块包含 32 768 个时隙，是某个时隙组的所有时隙数；时隙块中时隙间最大间隔是 98 304 个时隙，此时 RRN=0，时隙块仅包含 1 个时隙。

表 5.3　时隙组中的时隙间隔

重　复　率	分配时隙数/时元	间隔时隙数	间 隔 时 间
15	32 768	3	23.437 5 ms
14	16 384	6	46.875 0 ms
13	8 192	12	93.750 0 ms
12	4 096	24	187.500 0 ms

续表

重 复 率	分配时隙数/时元	间隔时隙数	间 隔 时 间
11	2 048	48	375.000 0 ms
10	1 024	96	750.000 0 ms
9	512	192	1.50 s
8	256	384	3.00 s
7	128	768	6.00 s
6	64	1 536	12.00 s
5	32	3 072	24.00 s
4	16	6 144	48.00 s
3	8	12 288	1.6 min
2	4	24 576	3.3 min
1	2	49 152	6.4 min
0	1	98 304	12.8 min

“时隙组-起始时隙号-重复率”确定了时隙的位置和分布。例如，A-2-11 表示时隙块从时隙组 A 中第 2 个时隙开始，每时隙块包含 2^{11} 个时隙，每 $3\times2^{15-11}=48$ 个时隙间隔出现一次，即每隔 375 ms 为 1 个时隙。又如，A-0-14 和 B-1-14 时隙块位于不同时隙组，但相邻时隙的间隔均为 6 个时隙，即每隔 46.875 ms 为 1 个时隙。

① 时隙块与信息时间间隔。

由于时隙块分配给相应节点报告信息，因此重复率表明报告间隔时间。Link-16 数据链中应用最多的重复率数是 6、7 和 8，它们对应的报告间隔时间分别为 12 s、6 s 和 3 s。在重复率为 6 的时隙块中，每帧只有 1 个时隙。

② 时隙块与信息容量。

时隙块不同，一个时元中时隙数量和时隙间隔就不同，单位时间内时隙块可传输的信息容量也不同。

对于时隙块 A-0-14 和 B-1-14，1 个时元中时隙块有 16 384 个时隙。当采用 RS 编码时，每个时隙可以传送 225 bit，一个时元可以传送 225×16 384 = 3 686 400 bit，即每秒可以传送 4 800 bit；当不采用 RS 编码时，每个时隙可传送 450 bit，一个时元可以传送 450×16 384 = 7 372 800 bit，即每秒可以传送 9 600 bit。

对于时隙块 C-0-12，1 个时元中时隙块有 4 096 个时隙。当采用 RS 编码时，一个时元可以传送 225×4 096 = 921 600 bit，即每秒可以传送 1 200 bit；当不采用 RS 编码时，一个时元可以传送 450×4 096 = 1 843 200 bit，即每秒可以传送 2 400 bit。

对于时隙块 C-4-11，1 个时元中时隙块有 2 048 各时隙。当采用 RS 编码时，每个时元可以传送 225×2 048 = 4 608 00 bit，即每秒可传送 600 bit；当不采用 RS 编码时，每个时元可以传送 450×2 048 = 921 600 bit，即每秒可以传送 1 200 bit。

Link-16 数据链在采用 RS 编码时包括 2 个 4 800 bit/s 通道、1 个 1 200 bit/s 通道和 1 个 600 bit/s 通道。Link-16 数据链中的时隙分配将这些信道按照需求进行合理分配。

③ 时隙块的互斥性。

在对时隙进行时隙块划分并分配给 NPG 时，必须保证所划分的时隙块是互斥的，它们必须没有共同的时隙。

确定同一时隙组中以 S_0 和 S_1 表示起始时隙、以 R_0 和 R_1 表示重复率的两个时隙块是否互斥的通用方法，是将 S_0 标为索引数较大的时隙块，计算下式：

$$\left(S_0 - S_1\right) / 2^{15-R_1} \tag{5.13}$$

如果结果是一个整数，则说明两个时隙块存在一个交点，不是互斥的。

根据式（5.13），可得如下时隙块互斥情况。

a．不同时隙组中的时隙块是互斥的。

b．重复率相同但索引号不同的时隙块是互斥的。

c．不论其重复率是否相同，时隙索引数为奇数与时隙索引数为偶数的时隙块互斥。

d．时隙组和索引数相同，但重复率不同的时隙块是不互斥的，其中重复率小的时隙块是重复率大的时隙块的子集。

【例 5-1】时隙块 A-7-12 与时隙块 A-3-13，取 S_0=7，S_1=3，则 R_0=12，R_1=13，（7–3）/2^{15-13} = 4/4 = 1，结果为整数，则两时隙块不互斥。

【例 5-2】时隙块 C-2-13 与时隙块 C-3-13，取 S_0=3，S_1=2，则 R_0=R_1=13，（3–2）/2^{15-13} = 1/4，结果为非整数，则两时隙块互斥。

④ 可用时隙块。

为尽量避免对航空无线电导航服务产生干扰，对于工作在 960～1 215 MHz 频段的 Link-16 数据链，其工作时的时隙占空因数（TSDF）不能大于 2/1，即使用的时隙不能超过一个时元中总时隙的 40%，每个参与单元占用的时隙不能超过总时隙的 20%。

参照已有的资料，时隙块 A-0-14（包括 16 384 个时隙）、B-1-14（包括 16 384 个时隙）、C-0-12（包括 4 096 个时隙）和 C-4-11（包括 2 048 个时隙）为可用时隙；其他时隙不可用，不参与时隙分配。

（4）二叉树原理。

Link-16 数据链采用二叉树方法，以时元为基本单位，将时元中的全部时隙每次二等分，逐次等分为多个时隙块，时隙块的时隙数为 2^n（n=0,1,⋯,15）。采用二叉树方法可以保证时隙分配的公平性。

时隙块的二叉树结构如图 5.24 所示。时隙组相同、时隙索引号相同、重复率不同的时隙块以树形结构相互关联，重复率大的时隙块包含重复率小的时隙块。例如，时隙块 A-0-14 的重复率为 14，每组中的时隙间隔为 2 个时隙，包含时隙 A-0、A-2、A-4、A-6、⋯、A-32 766；如果将这些时隙块平均分为 2 个，即时隙块 A-0-13 和 A-2-13，重复率为 13，每组中的时隙间隔为 4 个时隙，这 2 个时隙块分别包含时隙 A-0、A-4、⋯、A-32 764 和 A-2、A-6、⋯、A-32 766。

首先记时隙块 A-0-15、B-0-15、C-0-15 的编码分别为 00、01、10。将时隙按照二叉树的方式进行分解，每次分解将上一级时隙块按照奇偶分为以 0 和 1 标识路径的子时隙块。例如，A-0-14 和 A-1-14 的路径标识分别为 000 和 001。再对 A-0-14 中所包含的时隙按照奇偶分为以 0 和 1 标识路径的子时隙块 A-0-13 和 A-2-13，则这两个时隙块的路径标识分别为 0000 和 0001。同理，时隙块 A-0-12 和 A-4-12 的路径标识分别为 00000 和 00001，时隙块 A-64-8 和 A-256-6 的路径标识分别为 000000001 和 00000000001。类似地，B-0-14 和 B-1-14 的路径标识分别为 010 和 011，B-0-13 和 B-2-13 的路径标识分别为 0100 和 0101，B-0-12 和 B-4-12 的路径标识分别为 01000 和 01001……以此类推。

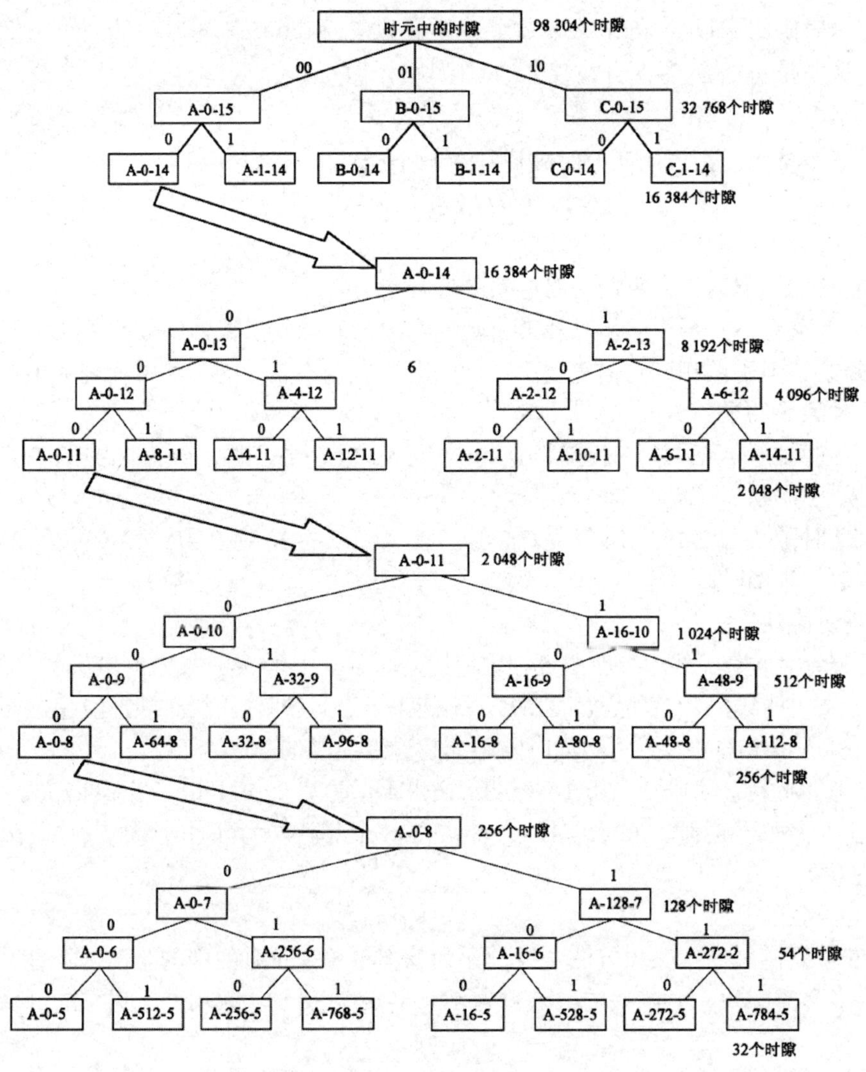

图 5.24 时隙块的二叉树结构

时隙块用路径标识来表示，重复率为 R 的时隙块，其路径长度为 $L=15-R$；路径长度为 L 的时隙块所表示的时隙块大小为 2^{15-R}。

对于同一级节点块（时隙数相等的块），由路径标识可以求出它们所包含时隙之间的间隔大小。重复率为 R 的时隙块内时隙之间的间隔时隙数为 $3\times2^{15-R}$，起始时隙为 S_0 和 S_1 的两个重复率为 R 的时隙块所包含时隙的最小间隔（BI）为

$$\mathrm{BI}=\min\{(S_1-S_0),3\times2^{15-R}+S_0-S_1\} \tag{5.14}$$

例如，路径标识为 000000 的时隙块 A-0-11 和路径标识为 000011 的时隙块 A-12-11，由式（5.14）计算可得 BI=12。

将两个具有相同重复率的时隙组所包含时隙之间的最小间隔定义为时隙块之间的间隔。对于重复率分别为 R_1 和 R_2（假设 $R_1>R_2$）的两个时隙块，将重复率为 R_1 的时隙块分解为 $2^{R_1-R_2}$ 个重复率为 R_2 的子时隙块，这些子时隙块中与重复率为 R_2 的时隙块之间的最小间隔就是两个时隙块之间的间隔。

为时隙资源建立一个索引表，如表 5.4 所示，将已经分配的时隙块的路径标识记录在索引

表中。平台编号用 SDU1、SDU2、SDU3……表示，平台位置用 P1、P2、P3……表示。平台分配的多个时隙块用多条索引来表示，每个时隙块用其路径标识来记录。

表 5.4　时隙资源分配索引表

索 引 号	平 台 编 号	平 台 位 置	时隙块路径标识
1	SDU1	P1	（A-256-6）　000000001
2	SDU2	P2	A-128-7　00000001
3	SDU2	P2	A-0-6　000000000
4	SDU3	P3	A-64-8　0000001
⋮	⋮	⋮	⋮

（5）时隙接入模式。

对于不同的网络功能，Link-16 数据链采用专用、竞争和预约等不同接入模式使用时隙。

在专用接入模式中，时隙被固定分配给某节点单独占用，其他节点无法占用。该节点若有信息，则在所分配的时隙上发送；若无信息发送，则时隙空闲。所分配的时隙数根据节点的数据量和应答时间需求而定。此类时隙呈周期性特点。该模式的优点是为 NPG 内的每部 Link-16 数据链终端都预置了网络容量大小，并保证至少在单网环境下不会产生传送冲突；其缺点是不能互换终端，且在飞机交接时存在问题。

在竞争接入模式中，指定一些连续时隙为公共时隙，多个节点以随机竞争方式使用公用时隙。每个节点根据业务到达情况从这些连续时隙中随机选取时隙，并在选取时隙时发送数据。无冲突则数据发送成功，有冲突则采用 p-坚持型 CSMA 算法计算得到一个随机数，随机延迟若干个时隙后重新发送，直到发送成功，或消息因延迟时间太久失效而被丢弃。传送数据的频率取决于分配给该数据终端的存取速率。在竞争接入模式下，两个或多个节点可能因同时占用时隙并发送信息而产生数据冲突，故接收概率的正确率低于专用接入模式。此时接收机将只接收离它最近的发射机的信号。当超出一定范围后，不同区域网络使用的时隙可以重用。该模式的优点是在该时隙段内每个终端都得到了相同的初始化参数，简化了网络设计并减小了网络管理的负担，而且终端还可以互换；缺点是可能存在数据碰撞，不能保证发送的信息被正确接收。

预约接入模式是以节点变化的容量需要为基础为节点动态分配时隙的。该模式对网络功能、节点规模的变化具有适应性，目的是不断满足变化的用户群的动态需求。重新分配时隙后，初始化期间预置的时隙分配方案将被替代。

在 Link-16 数据链中，专用接入模式是主用模式，大多数 NPG 的业务以专用接入模式使用时隙，战术数据及网络管理数据等数据业务的时隙被分配给每个节点，而话音 NPG 的话音业务以竞争接入模式使用公共时隙。

① 固定时隙分配。

固定时隙的分配根据网络中的参与组和每个参与组中的数量来确定。每个 NPG 的时隙分配主要是从该功能网所承担的任务考虑的。有些网内成员是执行任务的战斗机，这些成员数量较多，但发射信息较少，每个成员要占用的时隙数就较少，每帧只占用几个或几十个时隙，如空中巡逻的战斗机只需 32～64 个时隙。有些成员是执行监视、指挥和控制任务的，这类成员数量较少，但发射信息频繁，要占用的时隙数较多。例如，一架 E-2C 预警机要完成空中预警任务，需要占用的时隙多达上千个；指挥控制通信中心要占用的时隙占网内总时隙的 7%，为 6 800 多个时隙。还有一些成员是空中接力站，它需要将所接收到的信息在下一个时隙内转发出去，这类成员占用的时隙也比较多。一个 NPG 所需的时隙的数量，为每个成员完成该网络功能所需的时隙数量与该 NPG 内参与成员数量的乘积。

如果需要分配 L 个时隙，当 L 不是 2 时，将 L 分解为若干个 2 的整数次幂的和，即

$$L = a_0 2^0 + a_1 2^1 + \cdots + a_{14} 2^{14} \tag{5.15}$$

式中，$a_0, a_1, \cdots, a_{14}$ 为 0 或 1。当 $a_i = 1$ 时，为用户分配一个 2^i 大小的时隙块，通过为用户分配多个大小不一的时隙块来满足用户的发送要求。为用户分配多个时隙块时有多种选择，但为用户分配的时隙应当尽量均匀地分布在整个时隙周期中。由此可见，在选择多个时隙块的组合时，应当尽量选择同一个“树杈”上的块，因为对于同一级节点，同一个“树杈”上的时块隙间隔距离最大。

为用户分配时隙时，根据时隙资源分配索引表，选取尚未分配的可用时隙。选择可用时隙即选择可用路径标识，可用路径标识的确定方法是判别它所代表的时隙组是否与已分配的时隙组有公共时隙。该判别方法前面已有论述，此处不再重复。

固定时隙分配流程如图 5.25 所示。

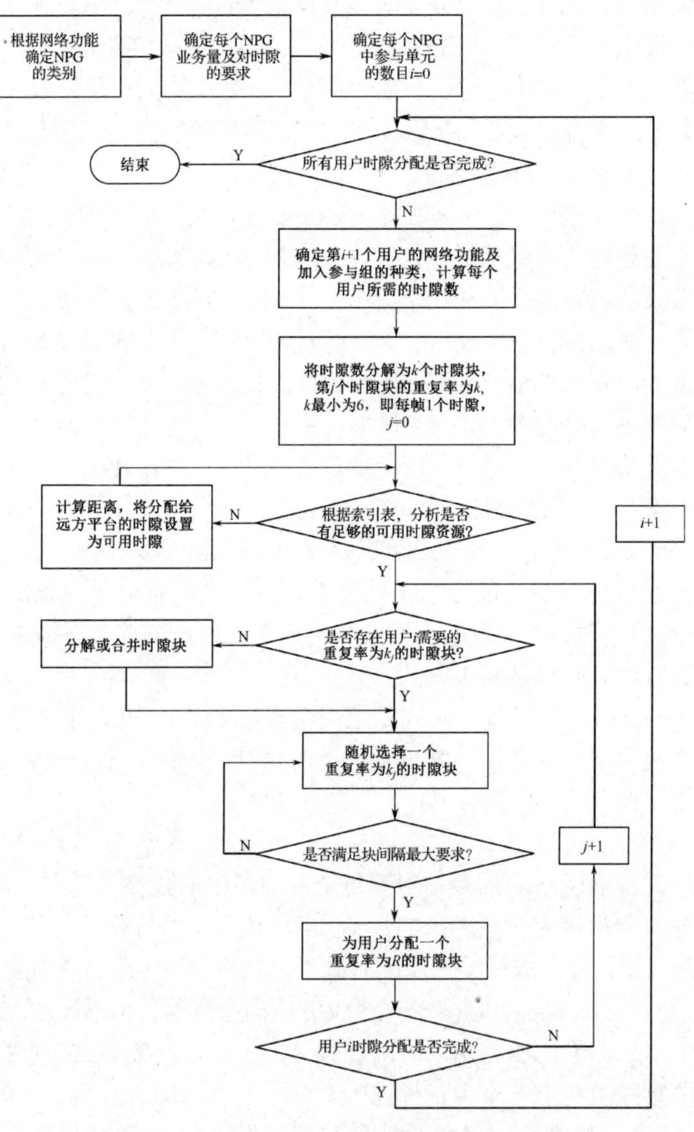

图 5.25　固定时隙分配流程

② 预约时隙分配。

预约时隙分配流程如图 5.26 所示。用户在进行时隙预约前，先监听信道一定周期（如 1 帧）的时间。在该周期内，根据节点业务量的需求变化，每个用户广播其预约请求信息。预约请求信息包括预约时隙数和预约帧数（该值指出当前所用的时隙还要被继续预约使用的帧数）。同时，其他用户接收，从而获得网内其他用户对时隙的需求，以及时隙空闲情况。各用户采用相同的算法，分布式计算出时隙状态表，根据时隙状态表中的信息，选择可用的预约时隙。当有空闲时隙时，可以成功预约；当无空闲时隙时，可以利用用户位置信息，计算该用户与其他用户之间的距离，将距离该用户超过 300 nmile 的用户所占用的时隙设为空闲时隙，并对其进行复用。预约时隙的预约帧数为 R，即在预约到时隙后的 R 帧中使用该时隙，且每帧 R 递减 1，当 $R = 0$ 时释放时隙。为保证预约时隙分配的动态性，一个时隙被预约的帧数不能太多。如果在一帧中需要多次发送报文，网内成员可以在一帧中预约多个时隙。

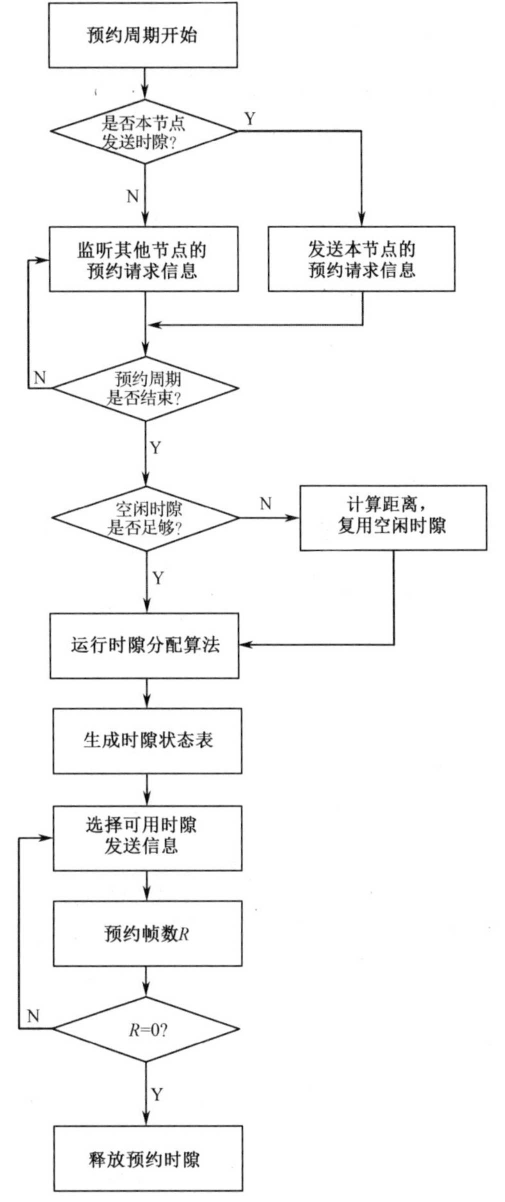

图 5.26　预约时隙分配流程

③ 争用时隙分配。

除传输数据外，Link-16 数据链还可以同时传输话音。在每个时帧内用于话音通信的时隙数为 900 多个，占总时隙数的 57%。话音通信所使用的时隙不像数据传输那样固定分配给某个网络成员，而是公用的，时隙的分配采用争用模式。

争用时隙分配流程如图 5.27 所示。参与单元有数据时，直接在争用时隙上发送。当无冲突时，数据发送成功；当有冲突时，采用 p-坚持型 CSMA 算法随机延迟若干个时隙后重新发送，直到发送成功，或消息因延迟时间太久失效而被丢弃。

3）协议性能分析

（1）时延。

时延是衡量数据链性能的一个重要指标，Link-16 数据链不同的 NPG 消息对传输时延的要求是不同的，时隙分配方案对时延有较大影响。

① 时延组成分析。

数据链的通信时延主要是从发送终端产生发送数据到接收终端收到全部信息的时间间隔。在 Link-16 数据链中，影响时延的参数包括消息格式、传输距离、NPG、传输接入模式及终端数。

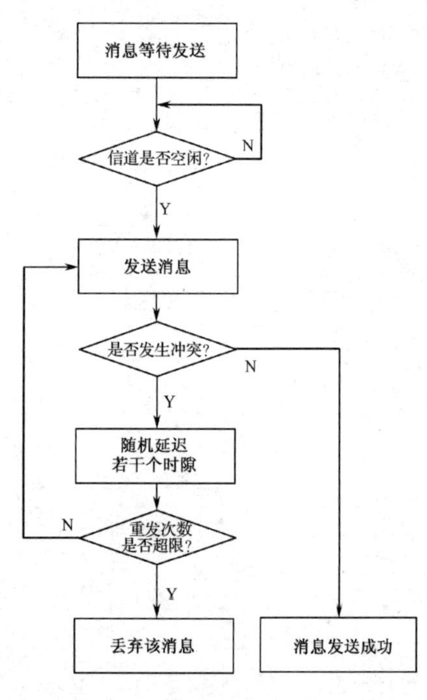

图 5.27　争用时隙分配流程

根据支持的消息类型、吞吐量需求和抗干扰性能需求，JTIDS 终端有 4 种不同的消息封装格式，它们在数据脉冲数量、检错编码数量和冗余数量上会有所不同，从而影响网络中数据速率，给整个网络的时延分析带来困难。下面采用归一化方法，将不同的消息格式归一化为一个数据包，以数据包为数据传输的最小单位进行时延分析。具体封装格式的描述详见第 8 章。

传输距离指作战成员之间的视线通信距离。Link-16 的传输距离一般小于 300 nmile，传输距离所引起的时延小于 1.852 ms。Link-16 通过在其时隙中设计保护时间的方式，即 7.812 5ms 时隙中至少有 2.040 5 ms 的传播保护时间，将传输距离所引起的时延包含在数据包的发送时隙中。

Link-16 数据链不同的接入模式所带来的时延不同。由于专用接入模式是 Link-16 数据链的主要接入模式，因此本节分析专用接入模式（固定时隙分配方案）对时延的影响。

② 时延分析模型。

下面采用概率周期分析方法，对 Link-16 数据链的主要时延组成因素进行统计分析。

设$\{N(t),\ t\geqslant 0\}$是一个计数过程，$N(t)$表示在$[0,\ t]$内数据包到达 MAC 的个数，且 $N(t)$是参数为 λ 的泊松过程，其中 $\lambda=E[N(t)/t]$为单位时间内到达数据包的个数，与传输负载成正比。令 $S_0=0$，S_n（$n=0,1,2,\cdots$）表示第 n 个包的到达时刻，$X_n=S_n-S_{n-1}$（$n\geqslant 1$）表示 n 个包与 $n-1$ 个包到达的时间间隔，则：

$$P(S_n \leqslant t)=P\left[N(t)\geqslant n\right]=1-\mathrm{e}^{-\lambda t}\sum_{k=0}^{n-1}\frac{(\lambda t)^k}{k!} \tag{5.16}$$

由泊松过程与指数分布的关系，可知 $X(n)$（$n=1,2,3,\cdots$）是独立同指数分布的，其均值为 $1/\lambda$ 且到达时间有如下性质：

$$\forall 0<s<t;\ P\left[X_1\leqslant s\middle|N(t)=1\right]=s/t \tag{5.17}$$

式（5.17）表明，在已知$[0,t]$上有一个数据包到达的条件下，数据包到达的时间在$[0,t]$上是等概率的，这一性质也可以推广到 $N(t)=n$（$n>1$）的情况。前面已经假设数据包到达是一个泊松过程，数据包可以根据时隙分配算法选取时隙块发送，那么不同的时隙块都有自己的数据包流发送，它们是原始的泊松流的支流。由泊松过程的性质可知，这些支流是相互独立的泊松过程，服从均值为 $\lambda_{p_i t}$ 的泊松过程，其中 p_i 表示数据包到达时属于第 i 个支流的概率。考虑到 k 个成员在网内的公平性，令 $p_i=1/k$。

采用二叉树算法的固定时隙分配方案，如图 5.28 所示，其中某个 NPG 分到的时隙块为 B-1-12，图中阴影区域为分配到的可用发送时隙，则可用发送时隙的间隔为 $T_\mathrm{s}=0.062\ 5$ s。$T_\mathrm{a}(i)$（$i=1,2,3,\cdots,n$）表示第 i 个数据包的到达时间。假设数据包的发送时间是一个泊松过程，而且 $\Delta T=T_\mathrm{a}(i+1)-T_\mathrm{a}(i)$，那么 ΔT 是具有负指数概率密度函数的随机变量，则排队等候的时间 D 为

$$D=\frac{1}{N-Q}\sum_{i=1}^{N}\left[\left(K_i+1\right)T_s-\mathrm{mod}\left(\frac{T_{a,i}}{T_s}\right)\right] \quad (5.18)$$

式中，N 为产生数据包的总数；Q 为丢弃数据包的数量；K_i 为第 i 个数据包到来时发送缓冲队列里数据包的数量；$T_{a,i}=T_a(i)$；mod(*/*)为取余数运算符。

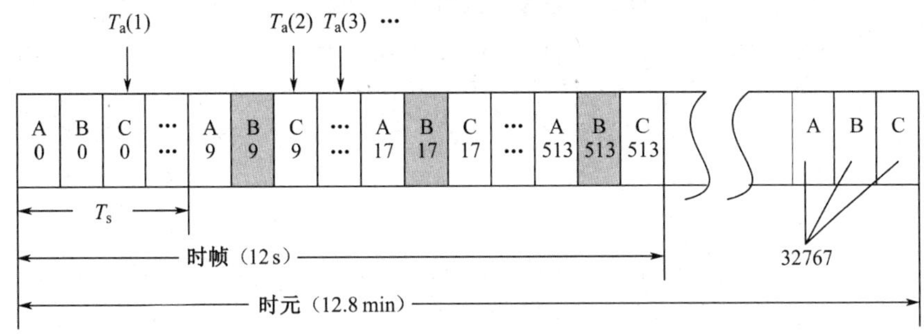

图 5.28　固定时隙分配方案

③ 仿真分析。

构建 Link-16 数据链仿真场景和 TDMA 协议仿真模型，其主要网络仿真参数配置如表 5.5 所示，移动节点随机分布在 300 km×300 km 的空域范围内。以下分别进行了 3 组不同网络参数配置的仿真实验，对不同时隙分配方案下的网络特性进行观察和统计，时延与业务量的关系曲线，以及吞吐量与业务量的关系曲线分别如图 5.29 和图 5.30 所示。

表 5.5　网络仿真参数配置

网络拓扑	时隙分配方案	终端数
NPG1	A-0-13	16
NPG2	B-0-14	16
NPG3	C-0-15	16

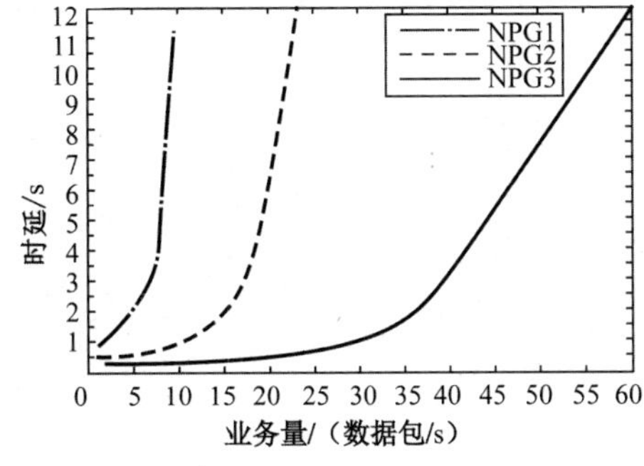

图 5.29　时延与业务量的关系曲线

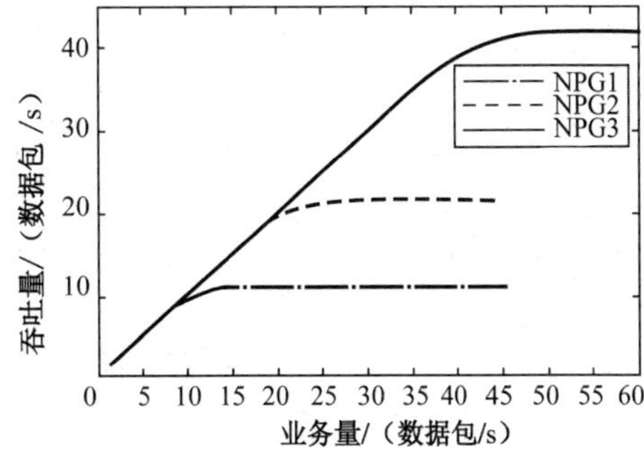

图 5.30　吞吐量与业务量的关系曲线

从图 5.29 和图 5.30 中可以看出，随着业务量的增加，平均时延和吞吐量的增加主要经历以下 3 个阶段。

a．稳定阶段：业务量相对较小，时延主要是由可用发送时隙不连续和数据包到达的随机性引起的。由于发送的数据量不大，因此很少出现多个数据包同时排队等候发送时隙到来的情况。一旦网络规划完成，时延就会存在且相对较小，时延为秒级，满足 Link-16 数据链战术消息的传输要求。

b. 缓慢增加阶段：业务量逐步增大并接近最大吞吐量，发射缓存中数据包开始少量堆积，数据包因为排队等候发送而产生更多的时延。此时仍可满足部分对实时性要求不太高的战术消息传递。

c. 急剧恶化阶段：随着业务量的继续增加，当其接近或大于所在 NPG 的最大吞吐量时，平均时延会呈现指数级增加，此时将无法满足通信的要求。

结合图 5.29 和图 5.30，比较不同的网络拓扑可知：时延和吞吐量随着网络拓扑的变化而变化，平均时延随着时元内可用时隙数的增加而减小；在节点数不变的前提下，要进一步减小时延，就必须增加一个时元内的可用发送时隙数，例如，减少 NPG 数或采用更加灵活的时隙分配方案。

（2）系统容量。

容量是评价数据链系统性能的重要指标。有效、精确的容量分析方法有助于深入认识影响战术数据链系统容量的诸多因素及其相互关系。下面分析 Link-16 数据链系统时延与容量之间的约束关系，相关内容可参阅本章参考文献[30]。

① 容量分析模型。

假设 Link-16 数据链按照业务性质区分，其共有 L 类不同的用户占用共同的信道进行数据传输，提供多种业务的用户可以看作多个用户。其中，第 i 类用户的数量为 k_i，相应的 QoS 要求为 q_i，则可以用向量 $\boldsymbol{K}=[k_1,k_2,\cdots,k_L]$ 表示系统用户数，$\boldsymbol{Q}=[q_1,q_2,\cdots,q_L]$表示各类用户的 QoS 要求。系统采用时隙的方式进行通信，时间被分为等长的时帧，每个时间长度为 T 的时帧又被分为 N 个等长的时隙。假设系统中时隙分配以时帧为周期，每个用户在一个时帧中均分配一定数量的时隙，并且每个时隙恰好能传输一个报文，Link-16 数据链帧结构如图 5.31 所示。

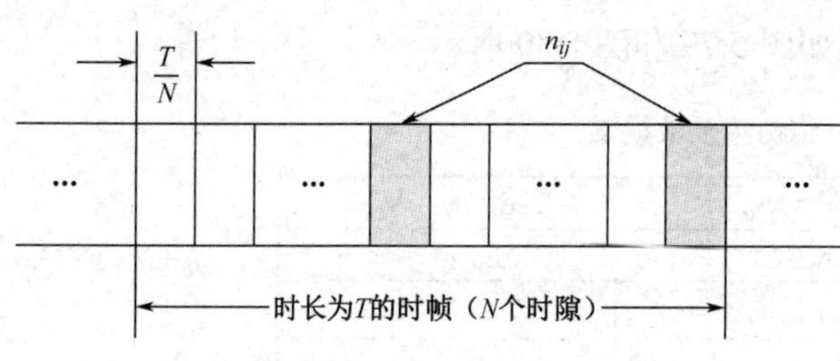

图 5.31 Link-16 数据链帧结构

令 n_{ij} 为第 i 类第 j 个用户在一帧中分配的时隙数，则有

$$\sum_{i=1}^{L}\sum_{j=1}^{k_j} n_{ij} \leqslant N, \quad n_{ij} \geqslant 0 \tag{5.19}$$

在单队列系统中，设时隙 t 内新到达报文数为 $A(t)$，传输速率为 $R(t)$（报文/时隙），队列中累积报文数为 $U(t)$，则有

$$U(t+1) = \max\left[U(t) - R(t), 0\right] + A(t) \tag{5.20}$$

【定义 5-1】在一个队列中，如果有

$$\limsup \frac{1}{t}\sum_{Y=0}^{t-1} E\{U(Y)\} < \infty \tag{5.21}$$

则称该队列是稳定的。

【引理 5-1】在一个队列中，到达过程 $A(t)$的到达率为 λ，服务过程的平均服务率为 μ，则：a. $\lambda \leqslant \mu$ 是队列稳定的必要条件；b. $\lambda < \mu$ 是队列稳定的充分条件。

必要条件是显然的，如果 $\lambda > \mu$，那么队长将为无限大，因而系统就会不稳定。充分条件的证明参阅本章参考文献[31]和[32]。

【定义 5-2】如果系统中所有队列都稳定，则该系统是稳定的。

【定义 5-3】 Link-16 数据链系统容量域 Λ 为系统能够稳定支持的满足 QoS 要求的用户向量 $\boldsymbol{K}$ 的集合，即

$$\Lambda \triangleq \left\{ \boldsymbol{K} \middle| \boldsymbol{K} = [k_1, k_2, \cdots, k_L], \sum_{i=1}^{L} \sum_{j=1}^{k_j} n_{ij} \leqslant N \right\} \tag{5.22}$$

由定义 5-1 可知，Link-16 数据链系统容量域由稳定支持的各种不同 QoS 要求的用户数决定，其物理意义在于：给定容量域中的一个向量 $\boldsymbol{K} = [k_1,k_2,\cdots,k_L]$，必定存在分配方案能够使系统稳定支持的各类用户数分别为 $k_1, k_2, \cdots, k_L$，并且能满足各类用户的 QoS 要求。

② 系统容量分析。

假设在 Link-16 战术数据链系统中，由于第 i 类第 j 个用户的报文生成过程服从参数为 λ_{ij} 的泊松过程，其服务过程的平均服务率为 μ_{ij}，则由其通信体制可知其发送时隙等间隔均匀分布，即其服务过程为一定长分布，因此报文传输过程可以抽象为一个 M/D/1 排队系统，其中有

$$\mu_{ij} = \frac{n_{ij}}{T} \tag{5.23}$$

令

$$\rho_{ij} = \lambda_{ij} / \mu_{ij} \tag{5.24}$$

则其平均报文时延 W_{ij} 为

$$W_{ij} = \frac{1}{\mu_{ij}} + \frac{\rho_{ij}}{2\mu_{ij}(1-\rho_{ij})} \tag{5.25}$$

式（5.25）给出了 Link-16 数据链一跳的平均报文时延。如果为中继传输，则假设采用泛洪中继，中继次数为 m，每跳中继时延均为 $\Delta\tau$ 个时隙，则其平均报文时隙为

$$W_{ij}' = \frac{1}{\mu_{ij}} + \frac{\rho_{ij}}{2\mu_{ij}(1-\rho_{ij})} + m\Delta\tau \tag{5.26}$$

这里，QoS 要求只考虑用户时延。令 d_i 为系统中第 i 类用户的时延要求，则一跳传输时，有

$$\frac{1}{\mu_{ij}} + \frac{\rho_{ij}}{2\mu_{ij}(1-\rho_{ij})} \leqslant d_i, \quad j = 1, 2, \cdots, k_i \tag{5.27a}$$

中继传输时，有

$$\frac{1}{\mu_{ij}} + \frac{\rho_{ij}}{2\mu_{ij}(1-\rho_{ij})} \leqslant d_i - m\Delta\tau, \quad j = 1, 2, \cdots, k_i \tag{5.27b}$$

由引理 5-1 及定义 5-2 可知：

$$\lambda_{ij} < \mu_{ij} \tag{5.28}$$

又由式（5.23）、式（5.24）、式（5.27a）和式（5.28）可得

$$2d_i n_{ij}^2 - 2T(\lambda_{ij} d_i + 1) n_{ij} + \lambda_{ij} T^2 \geqslant 0 \tag{5.29}$$

因此，

$$\begin{cases} 0 \leqslant n_{ij} \leqslant \dfrac{T}{2d_i}\left[\lambda_{ij} d_i + 1 - \sqrt{(\lambda_{ij} d_i)^2 + 1}\right] \\ n_{ij} \geqslant \dfrac{T}{2d_i}\left[\lambda_{ij} d_i + 1 + \sqrt{(\lambda_{ij} d_i)^2 + 1}\right] \end{cases} \tag{5.30}$$

同理，由式（5.23）、式（5.24）、式（5.27b）和式（5.28）可得

$$\begin{cases} 0 \leqslant n_{ij} \leqslant \dfrac{T}{2(d_i - m\Delta\tau)}\left[\lambda_{ij}(d_i - m\Delta\tau) + 1 - \sqrt{(\lambda_{ij}(d_i - m\Delta\tau)^2 + 1}\right] \\ n_{ij} \geqslant \dfrac{T}{2d_i}\left[\lambda_{ij}(d_i - m\Delta\tau) + 1 + \sqrt{(\lambda_{ij}(d_i - m\Delta\tau)^2 + 1}\right] \end{cases} \tag{5.31}$$

由于所有用户分配的时隙不能超过 1 帧，从而可以给出以下引理。

【引理 5-2】在 Link-16 数据链单网系统中，如果

$$\sum_{i=1}^{L}\sum_{j=1}^{k_i} n_{ij}^* \leqslant N \tag{5.32}$$

那么，$\boldsymbol{K} \in \Lambda$。其中，一跳传输时，$n_{ij}^* = \dfrac{T}{2d_i}[\lambda_{ij}d_i + 1 + \sqrt{(\lambda_{ij}d_i)^2 + 1}]$；多跳中继传输时，$n_{ij}^* = \dfrac{T}{2d_{ij}}\left[\lambda_{ij}(d_i - m\Delta\tau) + 1 + \sqrt{\lambda_{ij}(d_i - m\Delta\tau)}\right]$，$\boldsymbol{K} = [k_1, k_2, \cdots, k_L]$。

该引理给出了 Link-16 数据链系统中 $\boldsymbol{K}$ 属于系统容量域 Λ 的充要条件。

证明：一跳传输时，由式（5.30）可知充分条件成立。下面证明必要条件。

如果 $\boldsymbol{K} \in \Lambda$，那么 $\sum_{i=1}\sum_{j=1} n_{ij} \leqslant N$，其中 n_{ij} 满足式（5.30）。又由式（5.28）可知：

$$n_{ij} > \lambda_{ij}T \tag{5.33}$$

显然，

$$\frac{T}{2d_i}\left[\lambda_{ij}d_i + 1 - \sqrt{(\lambda_{ij}d_i)^2 + 1}\right] < \lambda_{ij}T < \frac{T}{2d_i}\left[\lambda_{ij}d_i + 1 + \sqrt{(\lambda_{ij}d_i)^2 + 1}\right] \tag{5.34}$$

故

$$n_{ij} \geqslant \frac{T}{2d_i}[\lambda_{ij}d_i + 1 + \sqrt{(\lambda_{ij}d_i)^2 + 1}] \tag{5.35}$$

因此式（5.32）成立。同理，可证多跳中继传输情形。

因此，在 Link-16 数据链系统中，一跳情形下，假设 $\lambda_{ij} = \lambda_i$，取 $T = 768$ s，$N = 98\,304$，此时系统容量域满足

$$\sum_{i=1}^{L}\frac{384}{d_i}[\lambda_i d_i + 1 + \sqrt{(\lambda_i d_i)^2 + 1}] \leqslant 98\,304 \tag{5.36}$$

图 5.32（a）所示为一跳情形下 Link-16 数据链系统容量域示意图。从图 5.32（a）中可以看出：在报文到达率一定的情况下，时延要求越大，系统能够容纳的节点数就越多，但存在极限值。由式（5.36）也可以得出这一结论，此极限值为

$$L = \frac{128}{d_i} \tag{5.37}$$

在时延要求一定的情况下，报文到达率越大，系统能够容纳的节点就越少。例如，当要求时延不大于 0.1 s 时，如果所有节点报文到达率都是 4.59 个/s，那么系统最大容量为 10。

图 5.32（b）所示为多跳中继情形下 Link-16 数据链系统容量域示意图，其中 $m = 2$，$\Delta\tau = 6$。由图 5.34（b）可以看出，当要求时延不大于 0.1 s 时，如果所有节点报文到达率都是 4.59 个/s，那么由于中继时延的影响，系统最大容量仅为 1。

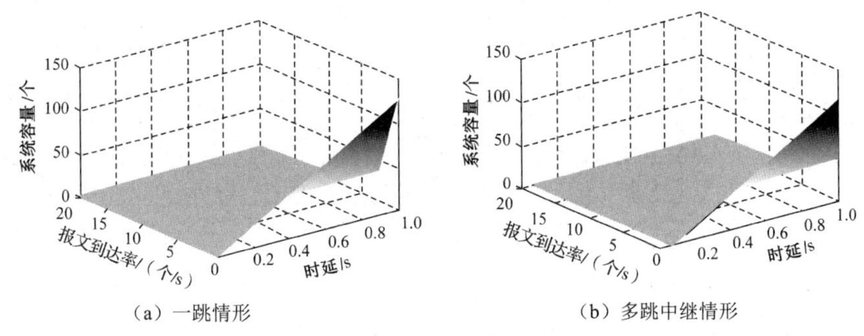

图 5.32　Link-16 数据链系统容量域示意图

4. WNW 的 USAP 协议

随着信息技术的飞速发展和 Link 系列战术数据链的广泛应用，越来越多的作战平台被数据链所链接，数字化战场范围不断扩大，新的作战应用场景不断出现，给数据链 MAC 协议的设计实现带来了挑战。表 5.6 所示为数据链 MAC 协议的技术挑战，其从网络拓扑、业务、信道资源，以及网络性能等方面的需求变化进行了对比展示。

表 5.6　数据链 MAC 协议的技术挑战

特　　性	现　　状	需　　求
网络拓扑结构	全连通网络	多跳网络
网络连通性	固定不变	动态变化
网络拓扑状态	固定不变	动态变化
业务类型	单一类型	多类型
业务量	较为恒定	动态变化
信道带宽需求	窄带（kbit/s 量级）	宽带（Mbit/s 量级）
信道资源分配	集中式、固定分配	分布式、按需分配
信道数	单信道	多信道
实时性	低（秒级）	高（毫秒级）
不同业务 QoS	无差别	有差异
业务优先级	无区分	有区分
网络规模	中小规模（<100）	大规模（>100）

可以看出，数据链 MAC 协议的研究已从单业务全连通网络转向基于多业务、动态拓扑的多跳网络，MAC 协议的设计更强调充分适应业务需求与网络特点，在变化的业务量和拓扑下获得吞吐量、时延和控制开销等的最优化，并且要求协议复杂性低，计算量小，收敛迅速，鲁棒性强。表 5.7 列举了理想 MAC 协议期望具备的某些特性。对标理想期望特性，分布预约 MAC 协议和随机竞争 MAC 协议逐渐成为数据链研究的主流，如针对网络拓扑结构由全连通网络向多跳网络转变、由集中式网络向分布式网络的转变，提出的 USAP 协议；针对固定分配信道资源向动态、按需分配信道资源的转变，提出的动态 TDMA（DTDMA）协议。

表 5.7　理想 MAC 协议的特性

特　　性	描　　述
接入实时性	如果信道空闲，则应立即接入信道传输
信道利用率	网络吞吐量等于负载，直到信道利用率为 1

续表

特　性	描　述
最小时延	每次传输有可预知时延
公平性	每次传输符合先到先服务原则
分布性	每个用户独立控制自己的传输

1）应用场景

军事单元和平台的网络化是数字化战场和网络中心战的关键。这种网络必须独立于固定通信基础设施，并且是自动组织的。美军和欧洲各国军方近年来加大了战术 ad hoc 网络的研究，提出了多种不同的协议，并对它们的性能进行了对比分析。Rockwell Collins 开发了一种适用于视距战术战场的移动 ad hoc 网络（Mobile Ad hoc Network，MANET）——移动数据链路（Mobile Data Link，MDL）及其协议组件无线宽带网络引擎（Wireless-Wideband Networking Engine，WNE），在联合战术无线电系统（Joint Tactical Radio System，JTRS）和宽带网络波形（Wideband Networking Waveform，WNW）技术的基础上，独立于固定或附加基础设施，提供广播、点对点、多跳和支持用户多媒体数据服务的 QoS 保障的宽带无线网络通信，以 MANET 范式构建大范围的军事应用网络和网络化平台。图 5.33 所示为采用 NWE 的战术 MDL 网络示意图，MDL 体系结构如图 5.34 所示。美国陆军的 MOSAIC（Multifunctional On-the-move Secure Adaptive Integrated Communications program）采用 WNE 协议组件，已在车辆、单兵、固定平台和空中平台等多种不同的平台上进行了试验。

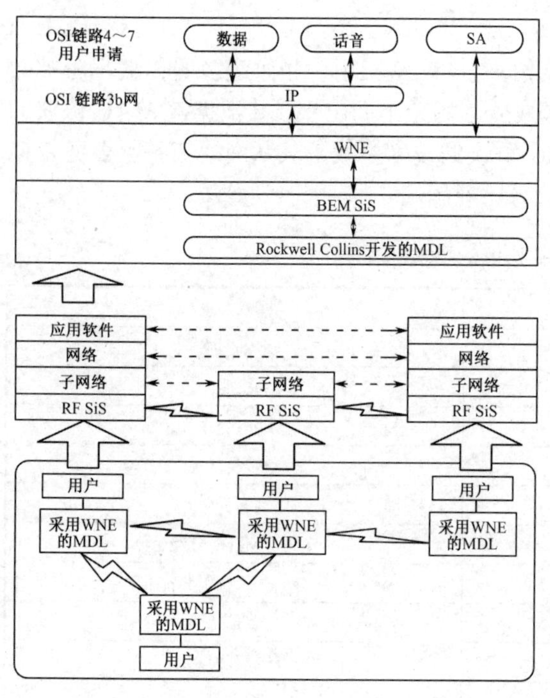

图 5.33　采用 WNE 的战术 MDL 网络示意图

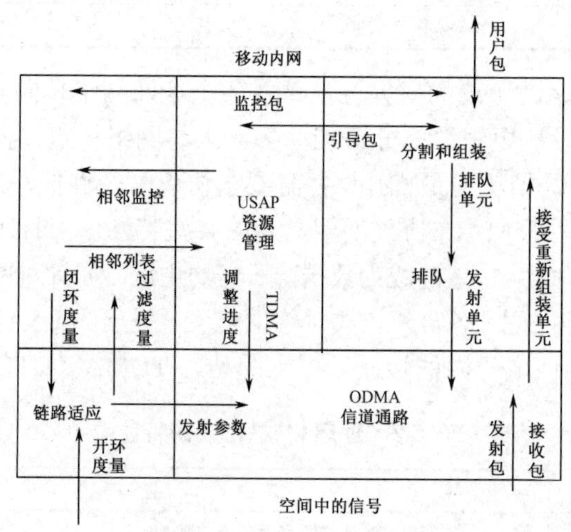

图 5.34　MDL 体系结构

2）USAP 协议族

MDL 的信道接入采用统一时隙分配协议（Unifying Slot Assignment Protocol，USAP），该协议的接入控制策略是基于预约思想，并在时分基础上进行多路频分，可分配的信道资源为频率和时隙组成的资源块。USAP 参考 RF 环境检测结果，按照来自高层的业务传输需求分配资源块，并且自动检测和解决网络连通性变化所导致的冲突。

该协议将每个时帧的第一个时隙用来发送控制报文 NMOP（Net Manager Operational Packet），且仅有一个网络用户可以占用该时隙进行发送。NMOP 包含该用户的时隙占用情况，以及其邻居用户的时隙占用情况；任何需要加入网络的新用户首先必须通过接收 NMOP 获取整个网络的时隙占用信息，而后选择未被占用的时隙广播自身 NMOP 报文和发送自身数据。为了满足话音业务的时延要求，将 USAP 的一个时帧长度设为 125 ms，且其时帧长度保持固定。固定的时帧长度使得 USAP 无法灵活适应网络业务量变化。同时，由于完成一次邻域范围内所有用户 NMOP 交互所需的时间较长，因此 USAP 对网络拓扑变化的适应能力也不强。USAP-MA 是 C. David Young 于 1999 年提出的 USAP 改进协议。USAP-MA 采用了自适应广播循环（Adaptive Broadcast Cycle，ABC）的机制来动态地改变帧长，进而提升协议对网络业务量变化的适应性。同时，USAP-MA 采用了信道化的方式，可依据用户业务量的不同，将不同网络用户划分到不同信道中，通过复用时间和频率，进一步提升了网络的通信容量。但 USAP-MA 更多的是提出了一个协议框架，对于在实际使用中如何具体改变帧长和实现信道化，并没有给出明确的答案。

稍后将综合 USAP、USAP-MA，以及 USAP 的一些改进思想，介绍 USAP 协议族的主要协议机制。

3）USAP 的信道划分

借鉴 MANET 分簇的思想，USAP 使网络节点优化为多个簇，每簇中的节点共享同一无线信道，不同簇间通过不同信道的划分实现频分正交，使多个簇可以同时并发运行，从而提高全网的吞吐量，进而提高消息的时效性。

USAP 中将上述信道划分方法称为“信道化邻节点”，其目的是在高密度的多跳 ad hoc 网络中降低网络簇的密度，提高 USAP 针对不同密度 ad hoc 网络的鲁棒性。

4）USAP 的帧结构

在每个簇中，无线信道在邻节点间共享，为避免冲突，USAP 对簇内节点按照 TDMA 进行资源配置。

通常，网络中的节点向其邻节点发送信息的方式有广播（Broadcast）、点对点（单播，Unicast）、点对多点（多播，Multicast）。广播方式在相关文献中称为“节点激活（Node Activation）”方式，发送节点向其所有邻节点同时发送信息，而非逐个单一地发送信息。在相邻的节点中同时只能存在一个激活的发送节点；而在单播方式中，发送节点仅有一个目的接收节点，即通常所说的点对点传输，在相邻的节点中可以潜在地同时存在多个激活的发送节点。广播和单播的激活策略如图 5.35 所示。广播方式用来传输网络需要共享的信息（如战术通信网中的态势信息），在民用领域中非常适用于会议等场景；而单播方式更适用于大容量的点对点信息流，如制导交接信息、目标分配等信息。USAP 以固定时隙和竞争时隙分别向簇内节点提供单播和广播。

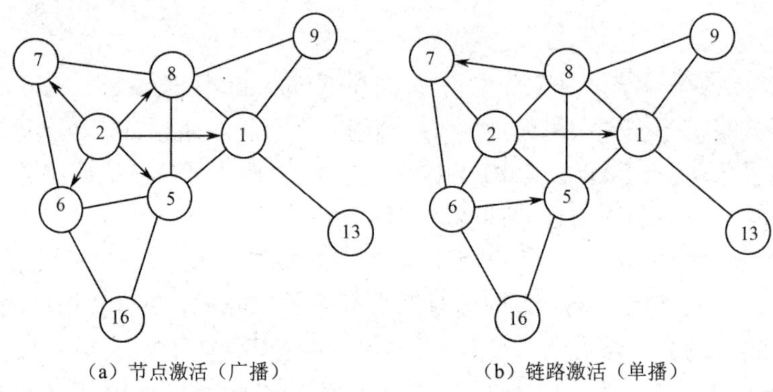

图 5.35　广播和单播的激活策略

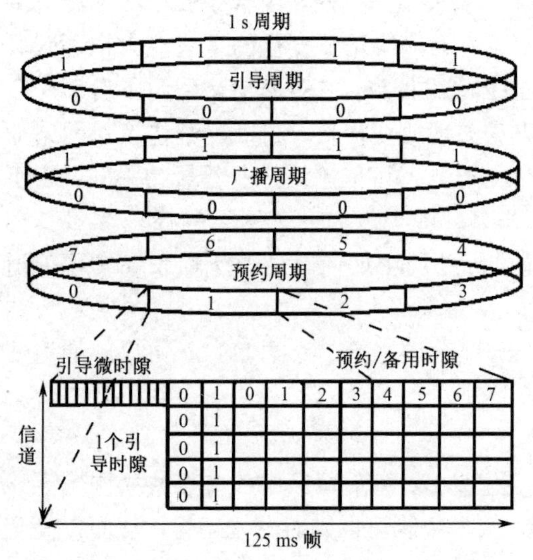

图 5.36　USAP 采用的帧结构

USAP 是正交信道和时隙的二维映射，其帧结构的具体形式是分配信道数、网络节点数、无线连接类型和 QoS 需求等参数的函数。考虑网络支持业务的多样性，如低时延话音、广播和单播数据，同时考虑网络的容量、网络的密度及节点的移动性，USAP 采用的帧结构如图 5.36 所示。

在 1 s 的循环周期中平均划分时帧，帧长 125 ms，该值的选择满足可接受的话音时延。每时帧包括 3 种时隙：引导时隙（Bootstrap Minislot）、广播时隙（Broadcast Slot）和预约/备用时隙（Reservation/Standby slot）。

引导时隙为微时隙（Mini-Slot），其长度小于其他两种时隙，用于共享重要的时隙分配控制分组信息，以便动态分配预约时隙。每帧包含 13 个引导微时隙，4 帧一个循环周期。可采用每节点 1 个微时隙的固定分配方式或竞争方式。当网络密度较小，即节点数较少时，每个节点固定分配 1 个引导微时隙是最有效的分配方式；但随着网络节点数的增加，通信容量中被引导微时隙所占用的通信容量逐渐增加，导致有效通信容量减少，因此需要用竞争的方式来动态分配这些微时隙。

广播时隙分配给网络中的相邻节点，支持广播信息服务，以及节点共享的其他控制信息。由于每帧包含 2 个广播时隙，且 4 帧一个循环周期，因此最多有 8 个节点可以广播。

预约时隙每帧重复，因此它们的时延为 125 ms；当预约时隙未分配时，它作为备用广播时隙按照广播时隙的分配顺序分配给相应节点。另外，当用作备用广播时隙时，预约/备用时隙每帧循环左移 1 个时隙，将备用广播时隙的分布随机化，以便当某一预约广播时隙被分配给节点单播时，使其对广播容量和时延的影响最小化。USAP 时隙分配图如图 5.37 所示。当没有预约时，所有时隙可全部用来作为广播信道，用于用户数据或控制信息的广播。当单播预约有效后，广播信道的容量逐渐减小。

5）USAP 的时隙分配

USAP 的时隙分配算法是从美国 DARPA“the WireCom Engine Technology Reinvestment Program jointly”计划中的 Soldier Phone 部分发展而来的。该算法通过每个周期内的网络管理

控制数据包里信息的传递与更新，每个节点知道自己 2 跳范围内的节点传输与接收情况，以保证分配时隙时尽量不冲突。

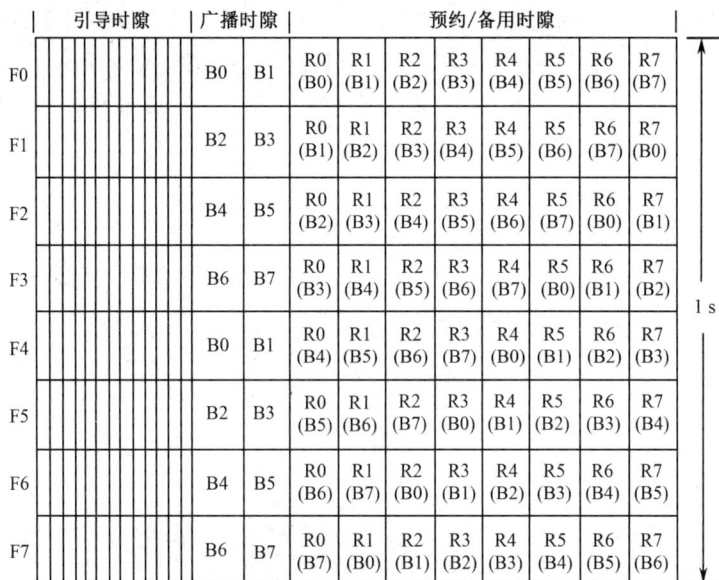

	引导时隙	广播时隙		预约/备用时隙							
F0		B0	B1	R0 (B0)	R1 (B1)	R2 (B2)	R3 (B3)	R4 (B4)	R5 (B5)	R6 (B6)	R7 (B7)
F1		B2	B3	R0 (B1)	R1 (B2)	R2 (B3)	R3 (B4)	R4 (B5)	R5 (B6)	R6 (B7)	R7 (B0)
F2		B4	B5	R0 (B2)	R1 (B3)	R2 (B4)	R3 (B5)	R4 (B6)	R5 (B7)	R6 (B0)	R7 (B1)
F3		B6	B7	R0 (B3)	R1 (B4)	R2 (B5)	R3 (B6)	R4 (B7)	R5 (B0)	R6 (B1)	R7 (B2)
F4		B0	B1	R0 (B4)	R1 (B5)	R2 (B6)	R3 (B7)	R4 (B0)	R5 (B1)	R6 (B2)	R7 (B3)
F5		B2	B3	R0 (B5)	R1 (B6)	R2 (B7)	R3 (B0)	R4 (B1)	R5 (B2)	R6 (B3)	R7 (B4)
F6		B4	B5	R0 (B6)	R1 (B7)	R2 (B0)	R3 (B1)	R4 (B2)	R5 (B3)	R6 (B4)	R7 (B5)
F7		B6	B7	R0 (B7)	R1 (B0)	R2 (B1)	R3 (B2)	R4 (B3)	R5 (B4)	R6 (B5)	R7 (B6)

1 s

图 5.37　USAP 时隙分配图

对于节点 i→节点 j 的单播，分配某时隙 s 时的约束条件如下。

（1）节点 i 没有正在接收的邻节点。

（2）节点 j 没有正在发送的邻节点。

对于节点 i 的广播，分配某时隙 s 时的约束条件如下。

（1）时隙 s 未分配给节点 i 或节点 i 的任一邻节点。

（2）没有节点 i 的邻节点的邻节点正在发送。

将本节点发送、接收时隙的分配使用情况，构造为时隙控制分组。为最小化分组长度，采用 bit 或列表的形式编码。通过各节点交换时隙控制分组，节点获得本节点及其邻节点的发送、接收时隙的分配情况，以相应时隙集合的形式表示如下。

STi：节点 i 的发送时隙集合（$i=1, 2, \cdots, N$）。

SRi：节点 i 的接收时隙集合（$i=1, 2, \cdots, N$）。

NTi：节点 i 的邻节点的发送时隙集合（$i=1, 2, \cdots, N$）。

根据最新的拓扑测量、拓扑变化引起的冲突检测和报告，通过与邻节点共享 USAP 时隙集，节点运行 USAP 的时隙分配算法，获得满足上述约束条件的广播或单播可用的非冲突时隙。时隙分配算法可以采用图论中的 2 距离顶点着色原理，即无向图中被 1 条或 2 条边连接的顶点不能具有相同颜色，得到满足约束条件的时隙分配。

6）USAP 的适应性

固定 TDMA 协议时隙与节点的对应关系事先已设定，在网络运行中一般不发生变化。如果在网络运行中某些节点失效导致网络规模减小，或有某些新节点的加入带来网络规模增加，固定 TDMA 协议就会因缺乏应对措施，而需要重新设计时帧与时隙分配方案。因此，该协议的灵活性存在固有缺陷。USAP 虽然基于 TDMA，但采用了信道化邻节点及适应性广播循环等策略，使该协议在保证信息实时性的同时，对节点数量的变化具备一定的灵活性。

（1）USAP 对簇内节点数量的适应性。

对于簇内节点数的变化，USAP 采用适应性广播循环策略，调节广播时隙的分配。为了易于说明，采用如图 5.37 所示的 USAP 时隙分配图来描述适应性广播循环的原理，每个时帧共 10 个时隙：前 2 个为广播时隙，分别分配给 2 个节点发送广播信息；后 8 个为预约/备用时隙，分别分配给 8 个节点发送单播信息；如果某节点无信息发送，则该节点分配的时隙按广播时隙号作为备用广播时隙。图 5.38 所示为 USAP 的适应性广播循环，其给出了不同簇内节点数 2^n=2、4、8、16、32 对应的时隙分配方案。

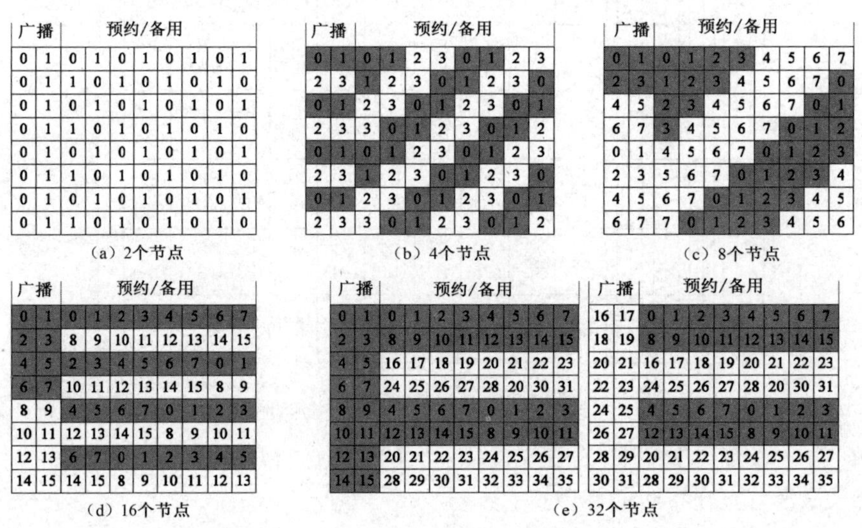

图 5.38　USAP 的适应性广播循环

从时隙的分配图可以看出：在簇内节点数为 2^n 的时隙分配图中，有一半的时隙与节点数为 2^{n-1} 的时隙是共同的。同样，有一半的时隙与节点数为 2^{n+1} 的时隙是共同的。也就是说，簇内节点数量的变化，并不会带来时隙分配方案的全部初始化，已分配的时隙具有继承性，易于时隙分配方案随簇内节点数变化而简单、快速变化。

另外，从时隙的分配图可以看出，簇内节点数不同，全部节点完成一次信息广播所占用的时帧数不同：2 节点依次使用 1 个时帧的 2 个广播时隙，基本循环周期为 1 个时帧；4 节点依次使用 2 个时帧的 4 个广播时隙，基本循环周期为 2 个时帧；8 节点依次使用 4 个时帧的 8 个广播时隙，基本循环周期为 4 个时帧；16 节点依次使用 8 个时帧的 16 个广播时隙，基本循环周期为 8 个时帧；32 节点依次使用 16 个时帧的 32 个广播时隙，基本循环周期为 16 个时帧……因此，当簇内节点数减少时，适应性广播循环策略将使广播循环周期减小，使广播信息的时效性得到优化。

若限定广播时隙数为 8，则当相邻节点数大于 8 时，需要扩展广播循环。广播循环的扩展可采用时间或信道。利用时间扩展的方法如图 5.38（d）、（e）所示，而信道扩展方法即信道化邻节点。

（2）USAP 对节点密度的适应性。

对于网络节点密度的变化，USAP 采用信道化邻节点策略。稀疏网络的节点较少，存在空闲时隙，允许节点重用未用时隙；密集网络的节点较多，以不同频率/码字的信道簇化高密度邻节点，使每簇中节点数适度，允许多簇节点同时传输。因此，USAP 对网络节点的密度大小有一定的适应性。

5. 具有 QoS 的按需分配动态 TDMA 协议

在目前的战术环境中，用户预先分配固定的带宽，如 Link-16 数据链。如果某些用户当前未使用分配给它们的带宽，则这些资源就必然被浪费。如果其他用户可接入（使用）这些未使用的带宽，则能够以更高的速率发送信息，从而提高信道利用率，进而提高网络吞吐量。

作为全球信息栅格（Global Information Grid，GIG）的一部分，未来的航空网络将是基于 IP 的网络。而且，对于这个未来基于 IP 的航空网络，它相应的链路层接入方式将强调带宽需求，即采用基于竞争或预约的方式提供按需分配带宽的能力。相关文献对航空网络和 GIG 的链路层波形进行了一般性的讨论。在美国国防部通信系统中，按需分配 DAMA（Demand-Assigned Multiple Access）TDMA 方法已应用于 UHF 卫星通信，而且 Link-16 数据链也正在计划实现一个类似于 DAMA TDMA 的方法，即时隙重分配。

借鉴商用以太网 IEEE 802.1p 中将 QoS 机制扩展到链路层的做法，国外相关研究机构采用 TTNT 单一攻击场景作为未来航空网络的模型，将 QoS 扩展到链路层，开发了一种联合 QoS 和 DAMA 的动态 TDMA 多址接入协议。该协议针对数据链信道利用率低和不能提供 QoS 保证的问题，联合 QoS 和 DAMA，为数据链网络提供按需分配带宽和 QoS 的保证，是一种动态 TDMA 多址接入协议。该协议使网络用户在每一时帧的开头发送预约请求，且该时隙由与网络用户数相同的多个部分组成，从而保证不同用户的预约报文不存在冲突。各网络用户根据自身预约的时隙按需发送数据，并且在时隙预约和数据发送过程中兼顾了数据的优先级和时效性，能够较好地满足不同网络用户的信息传输需求。

1）协议应用场景

该协议的应用场景如图 5.39 所示，它来自 TTNT 系统概念文件（TTNT System Concept Document）及其附录 1。其中包括 78 个节点：由 60 个武器平台和 2 个侦察平台组成攻击群，向一距离起飞地点 100 nmile 的目标群直飞执行作战任务；由 4 个侦察平台和 12 个武器平台组成一个任务保障群，在距目标群 150 nmile 的后方以椭圆航线飞行。空中平台的飞行速度为 278 m/s，任务执行时间为 40 min。

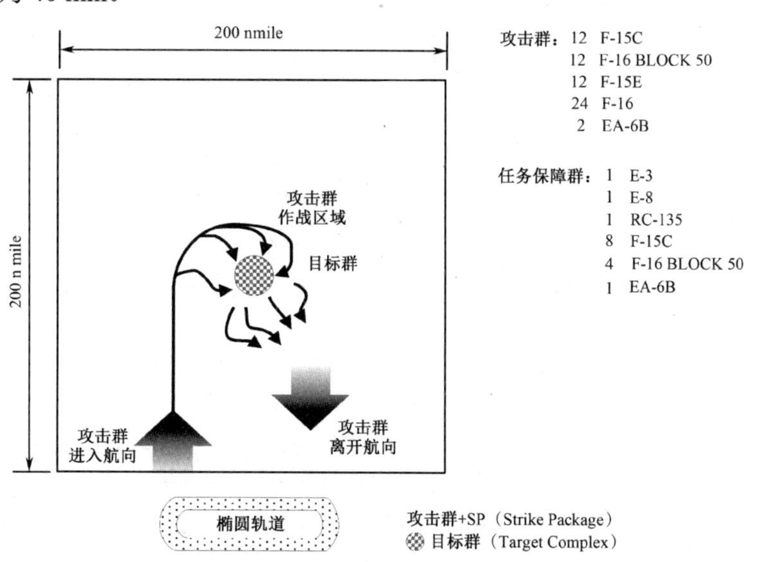

图 5.39　TTNT 单一攻击场景

TTNT 支持一些时效打击的应用，如 AMSTE（Affordable Moving Surface Target Electronic Engagement）和 AT3（Advanced Tactical Targeting Technology）。单一攻击场景下，流量可以归为4类：预警（WC）信息，指挥控制和传感器报告（C2SR）信息，态势感知（SA）信息，以及大容量数据信息。

2）协议中使用的数据结构

由于该协议为分布式 TDMA 协议，每个节点将独立运行时隙分配等算法，因此每个节点需要维护一些数据结构。

（1）优先级：该协议将数据分组分为不同的优先等级，在接入信道时按不同的优先级进行处理。较高优先级分组的等待时间较小，即低优先级请求需等待至少 2 个时隙，中优先级请求需等待至少 1 个时隙，高优先级请求不需要等待。

（2）缓冲队列：根据协议确定的数据分组优先级数 p，每个节点对应有 p 个数据分组缓冲队列，用于存储等待发送的数据。队列中的等待分组长度，称为队列状态。

（3）请求数组：每个节点维护一个请求数组，记录当前本节点的 p 个队列状态。请求数组信息称为节点请求信息。

（4）请求列表：每个节点维护一个请求列表，记录当前网络中 n 个节点的 p 个队列状态。

（5）节点时隙分配数组：每个节点将自身发送时隙所对应的目的地址填入节点时隙分配数组。

（6）时隙分配列表：每个节点维护一个数据时隙分配列表，记录每个数据时隙节点的发送和接收情况，即某时隙哪些节点发送，哪些节点接收。

3）协议的帧结构

为了使节点的数据传输具有按帧进行动态时隙分配的能力，该协议设计了动态 TDMA 的帧结构如图 5.40 所示。每帧由 3 类时隙构成：1 个请求时隙、1 个导言时隙和 $m+n$ 个数据时隙（根据实际需求选择 m 的大小，具有一定的灵活性）。

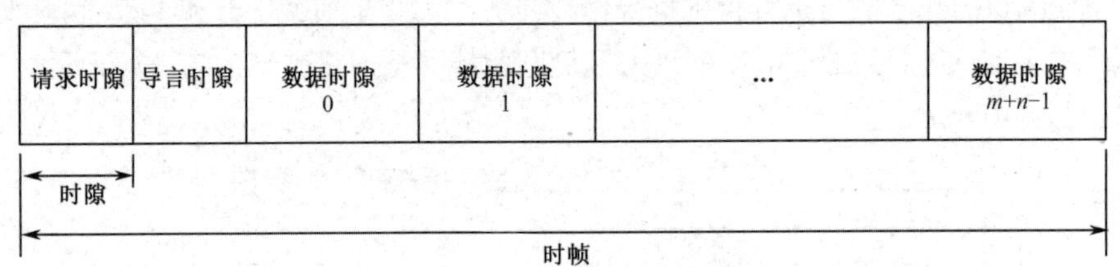

图 5.40　动态 TDMA 的帧结构

（1）请求时隙（Request Time Slot）由 n 个微时隙组成，固定分配给 n 个节点。每个节点在其微时隙上发送自身的节点请求信息，广播队列状态反映该节点对时隙资源的需求。其他节点收到后更新请求列表。当请求时隙结束时，每个节点获得相同的请求列表。请求时隙为时隙的请求阶段。

（2）导言时隙（Preamble Time Slot）由 n 个微时隙组成，固定分配给 n 个节点。请求时隙结束后，各节点基于最新的请求列表，运行时隙分配算法，得到本帧的时隙分配方案。然后，在相应的导言微时隙中广播节点时隙分配数组。其他节点收到后更新时隙分配列表。导言时隙为时隙的分配阶段。

（3）数据时隙（Data Time Slot）。按照时隙分配方案，在分配时隙相应节点发送相应优先级的数据分组。数据时隙的使用依据协议的优先级来处理：数据时隙 0 对应高优先级，数据时隙 1 对应中优先级，数据时隙 2 对应低优先级……以此类推。下一个同等优先级的数据时隙数等于当前时隙数加优先级数。因此，如果有 3 个优先级，那么从时隙 0 开始，每 3 个时隙包含 1 个高优先级发送；从时隙 1 开始，每 3 个时隙包含 1 个中优先级发送；从时隙 2 开始，每 3 个时隙包含 1 个低优先级发送。

（4）时隙长度的设定。TDMA 时隙尺寸由分组尺寸和系统预期时延决定。在假设的场景中，最大分组尺寸为

1000 B（UDP data）+72 B（IP，UDP，Ethernet 802.11 headers）=1072 B

希望每个时隙的系统容量至少满足 2 个大分组，即

$$2\times1072\text{ B}=2144\text{ B}$$

保护时间用来防止系统发送信息重叠。从假设中知道，该场景信息最大传输距离为

$$200\sqrt{2}\text{ nmile}=283\text{ nmile}\approx524\text{ km}$$

所以在这里把保护时间定为

$$\frac{524\text{ km}}{3\times10^8\text{ m/s}}\approx1.746\text{ ms}$$

保护时隙大小为

$$\frac{1.746\text{ ms}\times10\text{ Mbit/s}}{8}\approx2183\text{ B}$$

对上述时隙分组大小取整即 2 144→2 150，2 183→2 190，可以得出最终时隙大小为

$$2150\text{ B}+2190\text{ B}=4340\text{ B}$$

以 10 Mbit/s 为系统带宽，可以得出每时隙为

$$\frac{4340\times8\text{ bit}}{10\text{ Mbit/s}}=3.472\text{ ms}$$

在这个场景模型中，所有节点位于 250 nmile（463 km）范围内，系统带宽为 10 Mbit/s，在信息发送无冲突情况下，能够正确接收信息，即不考虑信道比特误码。

4）时隙分配算法

时隙分配算法在各节点分布式执行。

（1）节点查询请求列表，各优先级请求队列总数为请求时隙数。

（2）判断请求时隙数是否小于全部数据时隙数 $m+n$。如果请求时隙数超过可用时隙数，则基于队列中的等待分组长度，节点采用截短请求列表，即将请求列表中的请求时隙数截取为 $m+n$，超出的队列长度留待下次分配；如果请求时隙数少于可用时隙，将有一些为空闲时隙，请求列表就不会被截短。

请求列表的截短有两种策略：公平排队策略和严格优先排队策略。公平排队策略是基于优先级比例顺序来截取数据分组的，而严格优先排队策略是按照全部高优先级→全部中优先级→全部低优先级请求的顺序来截取数据分组的。例如，假定一个 TDMA 帧由 10 个数据时隙组成，请求队列由 10 个高优先级请求和 10 个低优先级请求组成，则公平排队策略将依次选取两种优先级请求的前 5 个，而严格优先排队算法将选取全部 10 个高优先级请求。

截短列表确定后，也就确定了各级请求队列在可用数据时隙中的占用比例。

（3）确定每个优先级分配多少个数据时隙后，将确定数据时隙如何分配给具有相同优先级的节点，从节点 0 开始分配。除非各优先级请求均匀分配，否则不均匀的各级请求将导致时隙分配的不连续，大量空闲时隙使占用长度超出帧尺寸。这时，需要将后面的分配时隙向前搬移

到空闲时隙。

基于公平排队和严格优先排队的时隙分配算法流程分别如图 5.41 和图 5.42 所示。

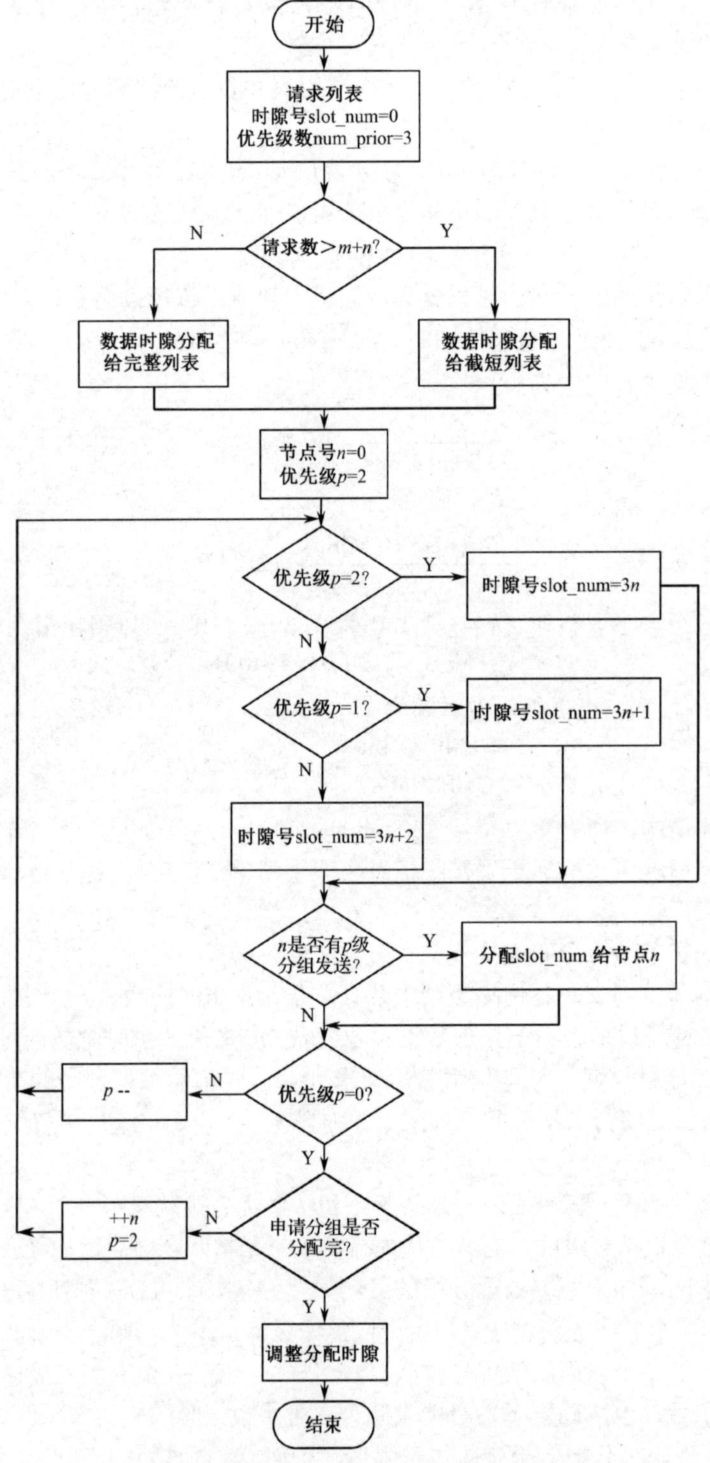

图 5.41　基于公平排队的时隙分配算法流程

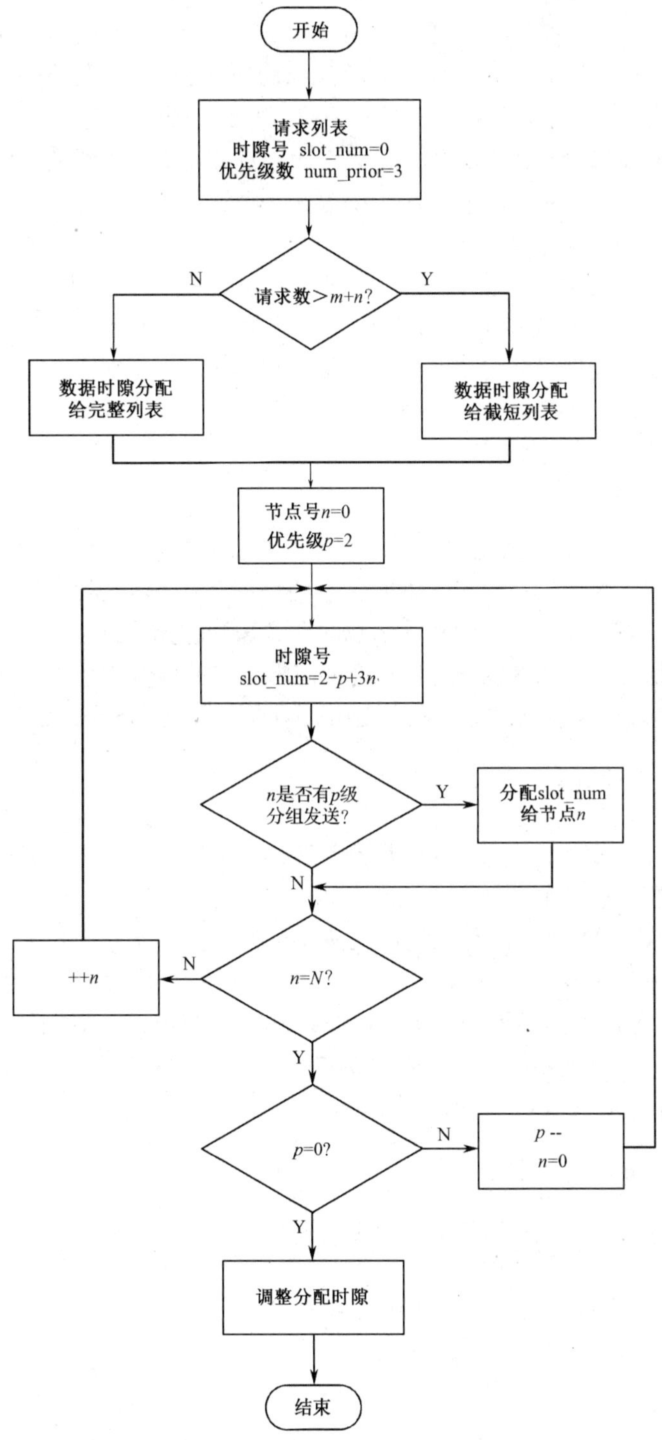

图 5.42　基于严格优先排队的时隙分配算法流程

在基于公平排队的算法中，假设有高、中、低 3 种优先级请求类型，则高优先级的第一个分组被分配给数据时隙 0，第二个分组被分配给数据时隙 3，第三个分组被分配给数据时隙 6，以此类推。由节点 0 的最高优先级请求开始，检测每个节点是否都有最高优先级分组要发送，依据算法确定分配级别，如果节点有最高优先级分组要发送，则将其相应的数据时隙号和目的地址号填充在导言微时隙中发送。除导言时隙外，每个节点记录有以前已分配的数据时隙及与节点对应的本地队列，除非请求在三种优先等级间均匀分配，时隙数将增加，从而超出帧尺寸的大小。此种情况发生时，时隙号将在时隙 0 附近变化，导言时隙用来确定第一个可用时隙号。由于导言时隙包括每个节点的传输信息，因此一旦分配给优先级的时隙号被指定，算法就移向下一个较低优先级。这种分配数据时隙的方法，就是给较高优先级分组一定的优势来分配一帧中所有节点的不同优先等级请求。

严格有限排队算法与公平排队算法类似，不同之处仅在于：当该算法根据请求列表来判断节点是否有数据发送时，首先从节点 0 开始，检测每个节点中是否存在最高优先级分组要发送，如果某节点有最高优先级分组要发送，则将其相应的数据时隙号和目的地址号填充在导言时隙中发送；然后从节点 0 开始，检测每个节点中是否存在中优先级分组、低优先级分组要发送。

5.3 数据链路由技术

全连通拓扑是最基本的数据链网络结构，作战单元间的战术信息传输直接相互可达，通过多址接入技术解决各单元战术信息的协调交互。随着战场作战范围的扩大，作战单元广域分布，单元间战术信息的发送和接收无法直达，数据链网络逐渐向多跳、分层等拓扑结构演变，作战空间广域分布的多个作战单元间的有效连通、信息交互问题变得复杂，这类问题的相关研究在无线网络领域中属于无线路由技术。

5.3.1 路由技术和路由协议

通信网络理论中，对网络层的功能定位是将源端数据包一路传送到目的接收端，在大多数网络中，数据包需要经过多个中间节点的转发才能到达目的端，即需要多跳传输，网络层的数据转发路由示例如图 5.43 所示，其功能定位与数据链路层功能明显不同。网络层更为关注用户端到端的数据传输，如图 5.43 所示经过 B 点转发的 A 端→C 端数据传输，或经过 D、E 点转发的 A 端→F 端数据传输，或经过 D、G 点转发的 A 端→H 端数据传输。而数据链路层关注某个通信范围内用户间的数据传输，如图 5.43 所示 A 与其通信范围内 B、D 间的数据传输，或 D 与其通信范围内 A、E、G 间的数据传输。

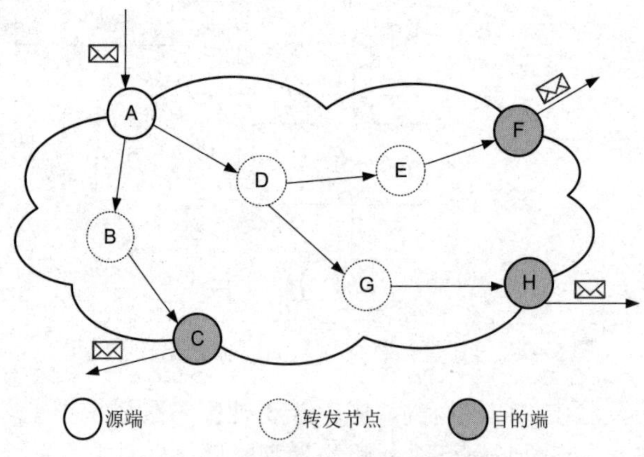

图 5.43 网络层的数据转发路由示例

为了将源端数据包多跳传递到目的接收端，需要掌握网络拓扑状态，再根据路径选择算法选取合适的数据传输路径；同时，多路数据传输时，还需要根据网络节点和链路的属性特征，均衡链路和节点的通信资源，避免负载过重或资源空闲；另外，源端和目的端也可能归属于不同网络，需要在异构网络间进行路径选择。路由技术通过研究并解决网络层的这些问题，控制数据包从源节点到目的节点的传输路径，以及维护网络的连通性，从而确保一定规模用户的业务能够科学、合理地经过多路径传输，并满足不同用户业务的通信性能要求。

针对战场中作战单元广域的分布特性、机动的运动特征，数据链移动、多跳无线网络的特点越来越明显。多跳无线网络节点间的通信必然需要多个中间节点的转发，因此路由技术是数据链组网的又一关键技术。虽然目前装备使用的数据链为了降低路由维护控制分组对数据链传输链路的过多占用，较少采用路由技术，而以中继技术为主进行战术消息的转发，但随着数字化战场规模的不断拓展，网络化作战概念的不断丰富，数据链的路由技术研究将成为数据链网络扩展规模、覆盖范围的技术推动之一。

路由技术相应的通信协议及其通信机制通常称为路由协议。路由协议的内容包括路由选择、数据转发、路由信息结构等。路由选择采用一定的路由选择算法，确定源端数据应该使用哪些路径进行多跳传输到达目的端；数据转发采用一定的转发规则，明确数据包到达中间节点时应该采取的处理模式；路由信息结构对应路由选择算法、转发规则，形成相应的路由表、数据结构。

路由算法对路由协议的性能有重要影响，设计时需考虑算法复杂度、鲁棒性、稳定性、公平性和有效性。其中鲁棒性指路由算法能够适应网络运行过程中由于软件和硬件故障、链路质量降低、节点移动等原因带来的网络拓扑结构和网络流量变化；稳定性指路由算法能够快速收敛获得固定的路径集合。路由协议的设计将根据性能指标的具体需求，在这些特性尤其是公平性、有效性之间进行适当合理的折中。

5.3.2 MANET 路由协议

对照数据链移动、多跳的无线网络特点，ad hoc 网络技术与数据链网络匹配度较高，基于 ad hoc 网络技术的数据链的组网技术相关研究也是该领域热点。本节将围绕 MANET，分析介绍其路由协议的原理及特点。

如图 5.44 所示，MANET 路由协议按照路由选择策略分为两大类：基于拓扑的路由和基于地理位置信息的路由。基于拓扑的路由利用网络链路状态信息选择数据转发路径，根据节点地位是否平等分为平面路由和分层路由，平面路由又根据路由发现策略分为主动路由、被动路由和混合路由，分层路由将网络划分为多个层次，不同网络层次采用不同类型路由协议。基于地理位置信息的路由利用网络节点的地理位置信息选择数据转发路径。各类路由协议的技术特点及代表性协议如表 5.8 所示。

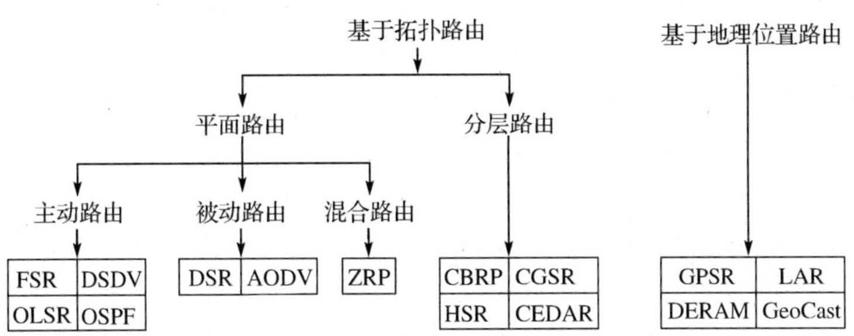

图 5.44　MANET 路由协议分类

表 5.8 无线 ad hoc 网络路由协议对比

分类依据	路由类型	优点	缺点	典型协议
基于拓扑	主动路由	源节点有数据发送时，可立即获得指向目的节点的路由，业务传输时延小	需及时更新路由信息，周期性维护路由表，协议开销较大，拓扑动态变化影响路由信息的更新	DSDV FSR OLSR OSPF
	被动路由	无须周期性地广播路由信息，节省网络资源	源节点发送数据需先经过路由发现，数据分组传送时延较大	DSR AODV
	混合路由	实现了主动路由和按需路由的优势互补，节省网络资源，时效性好	网络控制较复杂	ZRP
	分层路由	网络由多个分簇组成，扩展性好，适用于大型网络	网络控制较复杂，路由开销较大	CBRP CGSR HSR CEDAR
基于地理位置	基于地理位置路由	不需要泛洪探测分组，不需要建立和维护端到端的基于拓扑链路状态的路由，不需要存储路由信息表，控制开销小，具有良好的网络可扩展性和顽健性	协议工作依赖于节点自身的定位装置，多适用于目的节点固定场景	GPSR DERAM LAR GeoCast

1. 主动路由协议

主动路由协议又称表驱动路由协议。该类协议无论是否有路由通信需求，每个节点都周期性地广播控制分组，并交互路由信息，以维护一张到达网络中所有其他节点的路由表，并且通过不断检测网络拓扑和链路质量的变化来更新路由表。主动路由协议出现较早，经过多年研究已提出了大量适用于不同场合的主动路由协议。根据节点维护路由表的种类和数量，以及路由表更新机制的不同，主要有以下几种。

1）DSDV（Destination-Sequenced Distance-vector）主动路由协议

DSDV 主动路由协议由 Bellman-Ford 协议改进而来，解决了 DBF（Distributed Bellman-Ford）算法的路由环路问题。采用 DSDV 路由协议的每个节点维护到其他所有节点的路由表，通过设置目的节点的序列号来区别路由信息的新旧程度，进行路由维护，在序列号相同的情况下，选择跳数较少的作为最终路由。

2）FSR（Fisheye State Routing）主动路由协议

FSR 主动路由协议采用仿生算法，利用鱼眼近距离图像清晰捕捉、远距离图像模糊捕捉的思想，通过设置鱼眼节点，对路由更新分组进行低高频区别发送，即远距离链路信息用低频，近距离用高频，以确保近距离节点路由信息的精确性。

3）OLSR（Optimized Link State Routing）主动路由协议

OLSR 主动路由协议基于纯链路状态协议的改进，设置序列号区分路由信息的新旧程度，对控制分组的传输顺序无严格要求。其核心思想是多点中继（Multipoint Relay，MPR），通过减少拓扑控制（Topology Control，TC）分组的转发次数，以有效降低控制分组的泛洪开销，并通过调整控制分组的发送间隔来控制对拓扑变化的反应。

4）OSPF-MDR（Open Shortest Path First-MANET Designated Routers）主动路由协议

OSPF 路由协议是一类内部网关路由协议（Interior Gateway Protocol，IGP），用于在单一自治系统（Autonomous System，AS）内决策路由，在 Internet 中应用广泛。作为一种典型的链路状态路由协议，它将链路状态广播数据包 LSA（Link State Advertisement）传送给某一区域内的所有路由器。近年来为了适用于无线自组网，人们对 OSPF Version 3 进行了扩展，提出了 OSPF-MDR 协议，特别适用于大规模网络，成为 MANET 广泛使用的一类主动路由协议。OSPF-MDR 协议在美军机载网络、TTNT 数据链等系统中得到应用。

2. 被动路由协议

被动路由协议又称按需路由或反应式路由协议。与主动路由不同，该类协议根据待发送的数据分组按需建立路由表，主要分为路由发现和路由维护两个阶段。在路由发现阶段，当源节点要发送数据至目的节点时，首先查询是否有存储到该目的节点的路由表，在没有情况下发起路由发现过程，建立有效路由信息。在路由维护阶段，维护通信过程中的路由，通信过程结束后停止路由维护。常见的被动路由协议有以下几种。

1）DSR（Dynamic Source Routing）被动路由协议

DSR 被动路由协议使用源路由机制，将整条路由信息填充于每个分组头部。协议同样进行路由发现和路由维护两个过程。路由发现过程使用泛洪法发送路由请求分组，根据收到的路由回复分组建立路由信息；路由维护时中间节点检测链路状态变化，依据断链属性采用本地修复或通知源节点重启路由发现。

2）AODV（Ad hoc On-demand Distance Vector）被动路由协议

AODV 协议是研究最多的 MANET 被动路由协议之一。协议包括路由请求（RREQ）、路由应答（RREP）和路由错误（RRER）3 种基本控制分组，以及路由应答认可（RREP-ACK）和 HELLO 分组。源节点发送数据时，在无到达目的节点的有效路由时，广播 RREQ 分组。源节点根据收到的 RREP 分组建立到目的节点的有效路由。网络节点通过 HELLO 分组来监测链路状态变化，当监测到某条活动路由链路中断时，发送 RRER 分组通知其他节点此链路不可用。在 RRER 分组到达源节点后，重启路由发现过程。

3. 混合路由协议

对于采用平面路由协议的大规模无线 ad hoc 网络，通常会综合使用主动路由和按需路由协议，形成混合路由协议，有时也会综合地理路由协议。一般在小范围的局部区域内采用主动路由方式，域外路由查找则采用按需路由方式。混合路由协议均衡了主动式路由时延小和按需路由开销小的优点，网络带宽损耗和路由延迟都比较低。但混合路由协议的缺点也比较明显，其路由算法更加复杂，同时还增加了额外的管理开销。

区域路由协议 ZRP（Zone Routing Protocol）作为一种典型的混合路由协议，结合了主动路由和按需路由的优点。ZRP 协议以单个节点为中心进行分域处理，中心节点采用主动路由维护域内其他节点的路由信息；在各个域之间，为减小路由开销，使用按需路由建立路由。ZRP 协议适用于网络动态性较强的场合，但也存在一些问题，主要体现在网络控制比较复杂，路由开销较大。

4. 分层路由协议

按照网络分层结构，路由协议有平面路由和分层路由。平面路由（上述除 ZRP 协议的所有路由协议）中各节点在路由功能上地位相同，不引入分层管理机制。优点是无特殊节点，网络流量均匀地分散在网络中；但缺点是网络规模受限，路由开销大，可扩展性差。

分层路由协议采用群的概念对移动节点进行层次划分，每个群由一个群首加若干个群成员组成，这些群首形成高一级的网络。群之间通过网关节点进行通信，群首和网关构成高一层骨干网。分层路由协议不仅可以减少参与路由计算的节点数，缩减路由表尺寸，而且还能够通过形成的较为稳定的虚拟骨干网减少拓扑变化带来的影响。

1）CBRP（Cluster Based Routing Protocol）分层路由协议

CBRP 分层路由协议通过将网络划分成互重叠的群，群首由 ID 号最小的节点担任，群首负责本群的成员和查找路由；通过网关节点与其他群通信；通过使用中间节点在数据传输中优化路由策略，缩短数据传输路径，提高传输效率；通过使用局部修复机制缩短路由修复时间，避免源节点经常性地进行路由查找。

2）CGSR（Cluster Head Gateway Switch Routing）分层路由协议

CGSR 分层路由协议基于 DSDV 路由协议进行改进，网络被划分为多个群。节点发送数据给自己的群首，而后通过网关转发传送到目的节点。CGSR 通过交替使用群首-网关序列来高效转发数据分组，可扩展性较好。缺点是分层结构的维持较为困难，路由开销和算法复杂性较大。

5. 地理路由协议

地理路由协议改变拓扑为依据的思想，主要依据节点的地理位置信息，以避免路由探测分组的盲目泛洪广播，提高路由发现和路由维护效率，在分布式的非端到端的数据转发方面具有优势。其中，研究较多的贪婪地理路由协议，在整个数据传输中不泛洪探测分组、不建立和维护端到端的基于拓扑链路状态的路由、不存储路由信息表，每个网络节点只需要准确感知和存储其邻居节点的位置信息，结合空洞处理算法，按照贪婪转发策略分布式地转发数据分组，不仅能够提供较为可靠的数据传输保证，而且还能够降低控制开销，具有良好的网络可扩展性和顽健性。

贪婪边界无状态路由（Greedy Perimeter Stateless Routing，GPSR）协议是一种贪婪地理路由协议，假设网内各节点知道所有邻居节点及目的节点的位置信息，则节点将直接根据自己掌握的位置信息进行分组转发。GPSR 协议有两种转发模式：贪婪转发（Greedy Forwarding）和边界转发（Perimeter Forwarding）。通常情况下采用贪婪转发模式，根据贪婪转发策略选取下一跳节点，即在邻居节点中选择一个离目的节点最近，且比自己离目的节点更近的节点进行数据转发，直至将数据发送给目的节点。GPSR 协议中的贪婪转发策略如图 5.45 所示，当节点 X 需要向节点 D 发送或转发一个数据分组时，它首先在自己的邻居节点中，选择一个距离目的节点 D 最近的节点（见图 5.45 中的节点 Y）作为数据分组的下一跳，然后将数据分组传送给节点 Y。该过程一直重复，直到数据分组到达目的节点 D。

在地理环境因素的影响和网络节点密度较低的情况下，贪婪转发策略会出现节点找不到符合要求的邻居节点来作为下一跳节点的现象，这种现象称为路由空洞，也称为局部最优化问题。遇到路由空洞现象时 GPSR 协议需要切换为边界转发模式，即采取路由空洞处理算法来保证协议的收敛性。如图 5.46 所示，由于当数据分组转发到节点 F 后，在节点 F 的通信区域内没有节点与目的节点 D 之间的距离小于 $|FD|$，因此节点 F 找不到满足贪婪转发策略的下一跳节点，若遇到路由空洞，则启动使用右手法则的边界转发空洞处理算法来避绕空洞，采用“$M \to N \to O \to P \to D$”的数据传输路径。

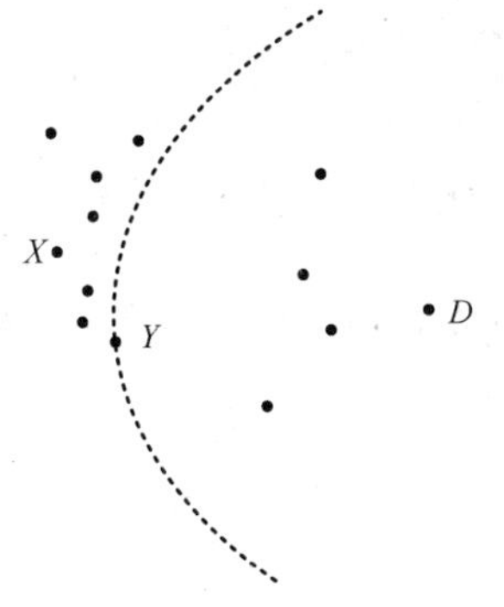

图 5.45　GPSR 协议中的贪婪转发策略

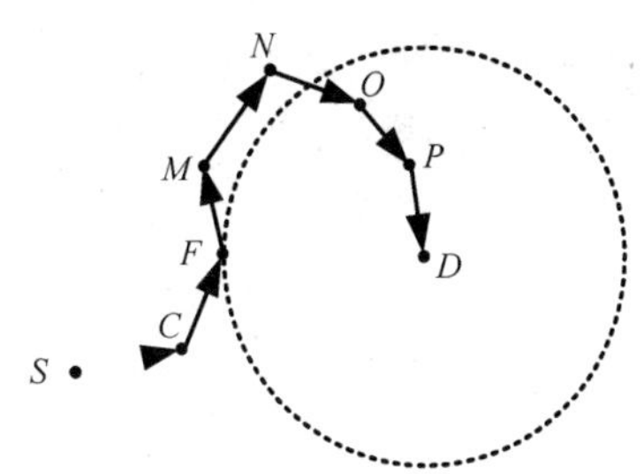

图 5.46　GPSR 协议中的边界转发策略

上述无线 ad hoc 网络路由协议性能对比如表 5.9 所示。

表 5.9　无线 ad hoc 网络路由协议性能对比

协议类型	结构	扩展性	拓扑适应性	路由开销	路由建立延迟	带宽需求	周期更新
主动路由	平面	弱	弱	高	低	高	否
被动路由	平面	一般	强	低	高	低	是
混合路由	平面/分层	一般	一般	一般	一般	一般	是
分层路由	分层	强	一般	一般	一般	一般	是
地理路由	平面	强	强	一般	一般	一般	是

5.3.3　TTNT 数据链路由协议

早期数据链组网侧重于多址接入技术，为降低路由维护控制分组对传输链路资源的过多占用，较少采用路由协议，战术消息的转发以中继技术为主，如 Link-16 数据链、Link-22 数据链的中继。但随着战场作战域、作战任务的扩展，在协同数据链和强调网络化的数据链中，路由协议的研究逐渐受到关注。本节结合文献资料，对目前研究较多的 TTNT 数据链路由协议进行介绍说明。

1. TTNT 数据链路由协议选择依据

Link-16 数据链、Link-22 数据链虽然通过中继达到了作战域扩展，但由于不是从路由协议设计的角度来考虑的，因此，其技术体制限制了作战区域、网络规模更大的扩展，不具备灵活、多跳路由能力。在第 10 章中我们将会看到，TTNT 数据链应用于机载网络空战环境，为了满足大尺度、高动态、灵活组网等应用需求，创新性地采用路由技术，具备了基于 IP 的多跳路由功能。在机载网络中，多跳路由能力受网络拓扑高动态性、链路易中断性、链路质量较差，以及网络需要扩展等因素的影响。如图 5.47 所示，路由协议需要适应机载网络以下主要特点。

（1）通信距离远：节点间的通信距离通常可达 100～300 nmile。

（2）数据传输速率较低：数据传输速率通常为 250 kbit/s～2 Mbit/s，网络整体吞吐量为 5～10 Mbit/s。

（3）数据传输速率动态变化：受数据传输速率和发射功率变化的影响，节点的通信距离会发生变化，从而可能对路由建立时邻居节点的发现造成一定困难。

（4）多播速率和单播速率不同：机载网络中多播传输通常用于发现邻居节点、分发路由信息，而单播传输通常用于发送业务信息。

（5）节点相对速度变化范围较大：如果飞机以大约 500 mile/h（1 mile/h ≈ 1.609 km/h）的速度飞行，则通信覆盖范围为 100～300 nmile，链路持续时间为 24～72 min；而若两架飞机相向飞行，则链路持续时间为 3～4 min，大动态范围的相对速率和低数据传输速率对路由协议开销管理具有一定的挑战。

（6）规律性与随机性相结合的移动方式：一些飞机通常在固定飞行轨道上盘旋，而一些作战飞机的运动方式是随机性的。

（7）周期性与突发性相结合的业务：态势感知和信息更新类业务是周期性的，而图像数据、话音信息等业务是短突性的，路由协议需要适应这两类业务。

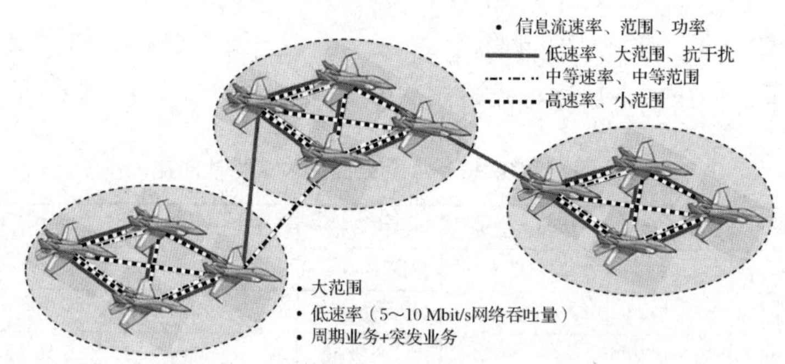

图 5.47　TTNT 数据链路由协议的网络应用环境

针对以上因素，TTNT 数据链选择主动路由协议 OSPF 作为其网络层路由协议，并对其进行适应性改进和完善。主要选择理由如下。

（1）有利于态势感知、网络管理和拓扑控制。在战场空中网络中，每架战斗机需要时刻准确地掌握己方战斗机编队的分布情况、飞行状态、弹药情况等态势信息，并实时共享各战斗机雷达、光电设备所探测的敌方情报信息。主动路由协议 OSPF 在全网拓扑链路状态的感知的基础上，周期性进行路由表的更新维护，时刻维护着全网的拓扑数据库，有利于进行网络管理和拓扑控制，同时可以让每架战斗机能够时刻准确地掌握己方战斗机编队的分布情况、飞行情况、弹药情况等态势信息。而反应式路由协议按需进行路由建立和路由维护的机制，不能对全网的连通情况进行全面掌握，不利于进行网络管理和拓扑控制。

（2）数据传输时延小，动态适应性强。主动路由协议 OSPF 周期性进行路由表的更新维护，当有数据需要传输时，立即有路由表可用，其传输时延小。而反应式路由协议的按需路由机制，当有数据需要传输时，首先要进行路由的探测，存在路由探测的过程，时延比较大。OSPF 协议在相关参数合理设置的条件下，能够周期性地进行路由表的更新维护，时刻维护着全网的拓扑数据库，动态适应性比较强。

2. OSPF-MDR 协议原理

如前所述，OSPF 是一种内部网关协议，用于在单一自治系统内决策路由。OSPF 协议的底层算法是 Dijkstra 算法。OSPF v2（OSPF version 2）是互联网工程任务组（IETF）早期为 IPv4 有线网络开发的链路状态路由协议，后来 IETF 为满足 IPv6 需求开发了 OSPF v3 应用于有线网络。为了进一步使 OSPF v3 支持 IPv4 和 MANET，后续又开发了 OSPF-MDR 协议。该协议通过周期性地发送 Hello 消息发现邻居节点，形成相邻关系；网络中的各节点保存并维护一张整个网络拓扑的链路状态数据库，并周期性地向所有 OSPF 路由器进行泛洪；各节点计算自身到各个目的节点的最短路径，建立树状网络拓扑，并通过连通控制集合（Connected Dominating

Set，CDS）来分发控制信息。TTNT 数据链的路由协议原理更接近 OSPF-MDR 协议。

OSPF-MDR 协议包括 3 种主要控制信息类型：Hello 信息、链路状态公告（Link State Advertisement，LSA）信息和数据库描述（Database Description，DD）信息。与 OLSR 协议相似，节点通过 Hello 信息能够获知自己 2 跳邻居节点的信息。与 OLSR 协议的一个显著区别是，OSPF-MDR 协议只发送与上一个 Hello 信息不同的 Hello 信息，如果一致，则仅发送一个空 Hello 信息。LSA 信息包括节点自身获知的网络拓扑，与 OLSR 协议的拓扑控制信息类似。为了减少拓扑信息的传输量，仅在检测到网络拓扑发生变化时生成 LSA 信息。与 Hello 信息不同的是，协议不发送空 LSA 信息。为了在高动态网络环境下不发送太多的 LSA 信息，协议默认 LSA 信息的最小发送时间间隔为 5 s。

为了控制无线网络中 OSPF 协议的泛洪信息量，OSPF-MDR 协议提出了 MDR 的概念。为了让各节点在自己邻居节点中选择部分节点中继拓扑信息，该协议引入了一种新算法，节点间协同选择骨干节点 MDR，从而形成 CDS。与 OLSR 协议的 MPR 算法不同的是，OLSR 协议中各节点独立选择自己的 MPR 节点，而 OSPF-MDR 协议中用于构建 CDS 的节点称为 MDR。此外，OLSR 协议要求各节点的每两跳邻居节点之间必须能够通过 MPR 节点中继连接，而 OSPF-MDR 协议对于 MDR 节点没有这一要求。在 OSPF-MDR 协议中，节点构建路由器骨干节点（MDR），并且仅在 MDR 节点上泛洪 LSA 信息。当 MDR 节点与其他节点形成新的相邻关系时，才会发送 DD 信息，使两个节点链路状态数据保持同步。

OSPF-MDR 协议继承了传统 OSPF 协议的优点，并针对 MANET 应用进行了改进，包括 MDR 节点选择，以及在 Hello 分组中加入邻居节点信息等方面。该协议的缺点在于，无论业务负载处于哪种状态都要发送 LSA 信息，从而会造成路由开销较大的问题。

3. OSPF-MDR 协议分析

1）协议参数设置

Cisco 路由器默认的 OSPF-MDR 协议中链路状态相关参数定义及设置方案如表 5.10 所示。其中，Hello 间隔和失效间隔直接与检测到网络拓扑发生变化所用时间相关，而 SPF 时延和 SPF 保持时间决定了检测到网络拓扑发生变化与新路由计算之间的时延。最小链路状态间隔确定了 LSA 的发送频率。由于 TTNT 数据链网络应用环境与传统地面有线网络应用环境有较大区别，因此在 TTNT 数据链中应用 OSPE-MDR 协议应针对链路动态性相关参数设置进行研究，美国迈特公司（MITRE Corporation）对 OSPE-MDR 协议中的部分参数设置进行了调整，具体设置方案如表 5.10 中 A～G 所示。

表 5.10　OSPE-MDR 协议中链路状态相关参数定义及设置方案

协议参数	定　义	Cisco 默认设置/s	A	B	C	D	E	F	G
Hello 间隔	相邻两个 Hello 分组之间的时间间隔	10	5	1	1	1	1	1	1
失效间隔	从收到邻居节点最近一次 Hello 信息，到将链路视为失效的时间间隔，通常设置为 Hello 间隔的 4 倍	40	20	4	4	4	4	2	2
SPF 时延	链路更新通告与最短路径优先（Shortest Path First，SPF）计算之间的时间间隔	5	5	5	1	1	0	0	0
SPF 保持时间	相邻两次 SPF 计算之间的最短时间间隔	10	10	10	4	4	0	0	0
最小链路状态（LS）间隔	发送同一条 LSA 的最小时间间隔	5	5	5	5	1	1	5	1

2）协议性能分析

不同参数设置方案下协议的收敛时间与路由开销如图 5.48 所示。仿真结果表明，通过减小 Hello 间隔、失效间隔等参数，可以有效改善网络性能，提升协议对高动态机载网络环境的适应能力。OSPF-MDR 协议对于拓扑变化的反应能力通过链路失效检测时间和链路恢复反应时间来体现。如图 5.48 所示，通过减小时间间隔，修改参数提升了协议对链路中断的反应能力，而且在方案 B、C、D、E、F 和 G 中，减小时间间隔并没有增加路由开销。

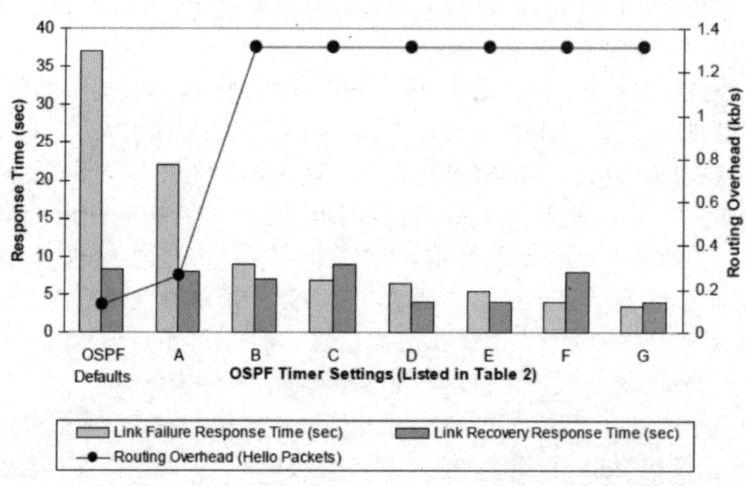

图 5.48 不同参数设置方案下协议的收敛时间与路由开销

仿真中将业务分为高优先级和低优先级两种类型，在各 IP 分组的服务类型（Type of Service，ToS）字段中进行区分。当链路断开率从每 10 min 一次增大为每 1 min 一次时，不同参数设置方案下链路断开率变化对高优先级业务分组丢失率的影响如图 5.49 所示。图 5.49 表明，相比默认参数，减小 OSPF 计时器时间间隔能够使高优先级业务丢失量减少 80%。

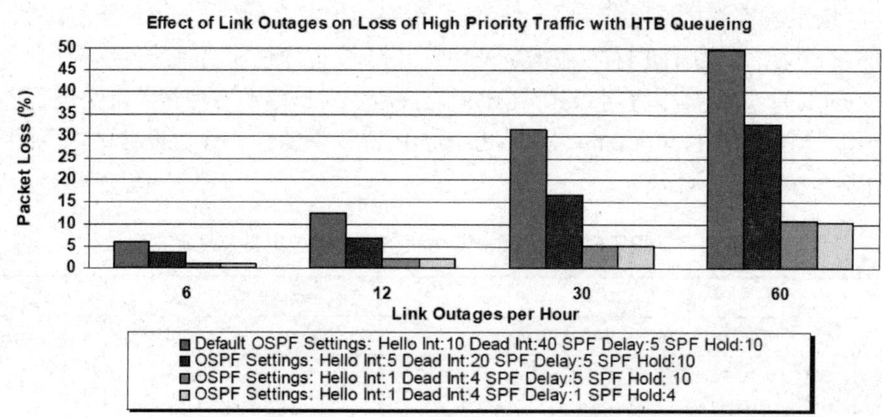

图 5.49 不同参数设置方案下链路断开率变化对高优先级业务分组丢失率的影响

不同参数设置方案下链路断开率变化对低优先级业务分组丢失率的影响如图 5.50 所示。由图 5.50 可知，缩短 OSPF 计时器时间间隔对于低优先级业务的分组丢失率没有明显改善。

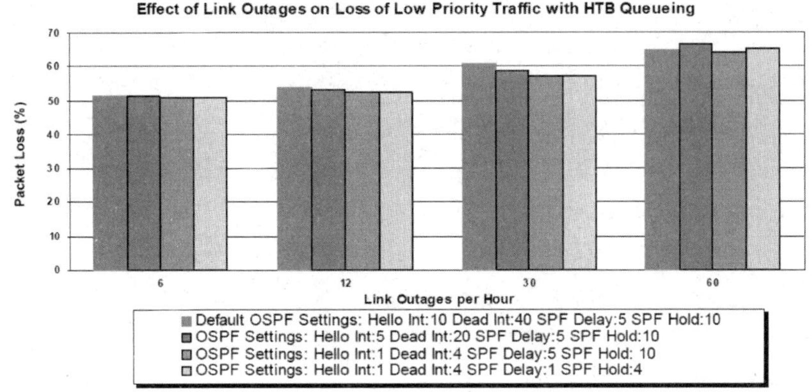

图 5.50　不同参数设置方案下链路断开率变化对低优先级业务分组丢失率的影响

不同参数设置方案下链路断开率变化对平均时延的影响如图 5.51 所示。仿真结果表明，OSPF 参数设置和链路断开率变化对高优先级业务平均时延的影响不大，而减小 OSPF 计时器参数、增大链路断开率都影响了低优先级业务的时效性。在链路中断率较高（每小时 30 次、60 次中断）时，低优先级业务时延随着 OSPF 参数值的减小而增大。

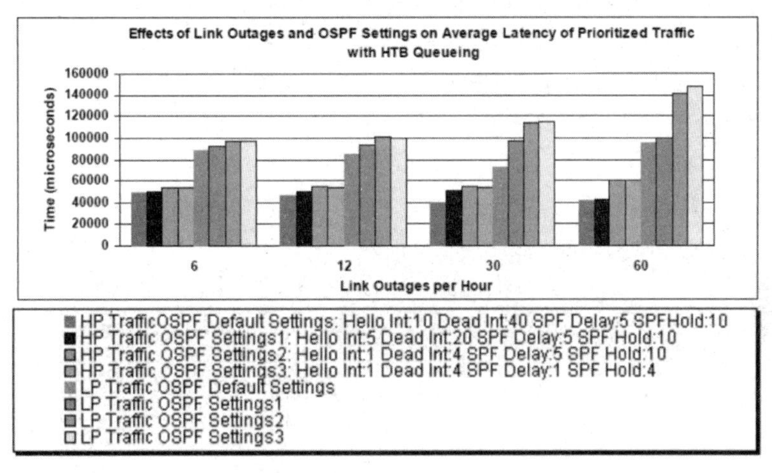

图 5.51　不同参数设置方案下链路断开率变化对平均时延的影响

本章小结

数据链模型的建链层对应经典 OSI 参考模型的数据链路层和网络层，主要实现战场中大量作战单元的网络化运行。本章围绕数据链建链层功能，介绍了构建数据链网络的组网技术——多址接入技术和路由技术。

首先，本章对数据链组网有关的无线信道资源、点对点信道、广播信道、全连通网络与多跳网络等概念进行了解释和说明，以明确这些概念在本书中所代表的内涵；其次，针对数据链多址接入技术，简要说明了多址接入技术的组网机理，按照通信网络基础理论分析阐述了三类无线网络 MAC 协议和典型数据链 MAC 协议及其性能特点，并选择具有代表性的五个数据链 MAC 协议进行了详细设计和性能分析；最后，针对数据链路由技术，按照通信网络基础理论说明了路由技术的组网机理，并以 MANET 为参照，阐述了两大类五小类多跳路由协议原理，对比分析了各路由协议的性能特点，为数据链路由研究提供原理参考。

思考与练习

5-1 数据链路层如何划分子层？各子层功能是什么？

5-2 网络层的主要功能是什么？

5-3 全连通网络和多跳网络有什么异同？

5-4 结合本章内容，说明 MAC 协议研究中的无线信道资源有哪些。

5-5 按照信道接入方式的无线网络 MAC 协议如何分类？对比各类 MAC 协议的基本思想和性能特点。

5-6 简要分析不同类型数据链 MAC 协议接入策略的异同。

5-7 无线路由技术与多址接入技术的研究有什么不同？

5-8 MANET 的路由协议如何分类？典型协议有哪些？

5-9 举例说明适合于数据链应用场景的路由协议设计思想。

5-10 描述 Link-4A 数据链的 MAC 协议基本原理。

5-11 描述 Link-11 数据链轮询协议的基本原理和协议机制。

5-12 Link-4A 数据链与 Link-11 数据链的 MAC 协议有哪些异同？各有哪些特点？

5-13 Link-11 数据链轮询协议的关键性能指标有哪些？举例分析。

5-14 Link-16 数据链 TDMA 协议的关键性能指标有哪些？举例分析。

5-15 Link-16 数据链的时隙分配算法与哪些参数有关？时隙分配算法有几类？

5-16 举例并画图说明什么是 Link-16 数据链的时隙块，并指出它有什么特点。

5-17 判断下列时隙块的互斥性。

（1）A-3-6 与 B-3-11。 （2）C-7-11 与 C-8-11。 （3）B-5-9 与 B-7-11。

（4）C-8-9 与 C-8-11。 （5）A-7-12 与 A-3-13。 （6）A-256-5 与 A-32-9。

5-18 计算下列时隙块在一个时元中的时隙数和时隙间隔。

（1）A-7-12。 （2）C-9-11。 （3）B-5-9。 （4）A-3-13。 （5）A-256-5。

5-19 以 A-0-15 时隙块分配到 A-0-8 和 A-64-8 为例，画图说明 Link-16 数据链采用二叉树方法分配时隙块的原理。

参考文献

[1] 于宏毅．无线移动自组织网[M]．北京：人民邮电出版社，2005．

[2] 李建东，盛敏．通信网络基础[M]．北京：高等教育出版社，2004．

[3] ABRAMSON N. The ALOHA system: Another alternative for computer communications[C]//ACM joint computer conference, 1970：281-285.

[4] LAU C, LEUNG C. A slotted ALOHA packet radio system with multiple antennas and receivers[J]. IEEE Transactions on Vehicular Technology, 2002, 39（3）：218-226.

[5] KARN P. MACA: A new channel access method for packet radio[C]//ARRL/CRRL Amateur Radio 9th Computer Networking Conference, 1990：134-140.

[6] BHARGAVAN V, DEMERS A, SHENKER S, et al. MACAW：A media access protocol for wireless LANS[C]//ACM SIGCOMM Conference, 1994：212-225.

[7] TALUCCI F, GERLA M. MACA-BI(MACA By Invitation), A wireless MAC protocol for high speed ad hoc networking[C]//Proceedings of ICUPC 97 - 6th International Conference on Universal Personal Communications.IEEE, 1997.

[8] TALUCCI F, GERLA M, FRATTA L. MACA-BI(MACA By Invitation):A receiver oriented access protocol for wireless multihop networks[C]//Roceedings of 8th International Symposium on Personal, Indoor and Mobile Radio Communications - PIMRC '97.IEEE, 2002.

[9] DURVY, MATHILDE, DOUSSE, et al. Self-organization properties of CSMA/CA systems and their consequences on fairness[J]. IEEE Transactions on Information Theory, 2009, 55（3）：931-943.

[10] GARCIA-LUNA-ACEVES J J , TZAMALOUKAS A .Receiver-initiated multiple access for AD-HOC networks (RIMA):09/928221[P].US20020080768[2024-10-10].

[11] LIN C R , GERLA M .Asynchronous multimedia multihop wireless networks[C]//INFOCOM '97. Sixteenth Annual Joint Conference of the IEEE Computer and Communications Societies. Proceedings IEEE.IEEE, 1997.

[12] O', HARA B OB. IEEE 802.11 Handbook: A designer's companion[M]. New York: IEEE, 2005.

[13] CROW B P, WIDJAJA I. IEEE 802.11 wireless local area networks[J]. IEEE Communications Magazine: Articles, News, and Events of Interest to Communications Engineers, 1997(9):35.

[14] XU S, SAADAWI T. Does the IEEE 802.11 MAC protocol work well in multihop wireless ad hoc networks [J]. IEEE Communications Magazine, 2001, 39（6）：130-137.

[15] HAASZ Z J, DENG J. Dual busy tone multiple access (DBTMA): A multiple access control scheme for ad hoc networks[J]. IEEE Transactions on Communications, 2002, 50（6）：97-98.

[16] 赵志峰，郑少仁，仇佩亮．Ad Hoc 网络载波监听双信道接入协议[J]．浙江大学学报（工学版），2005（4）：478-482．

[17] 赵春芬，陈林星，卢建川．Link11 系统的 QualNet 仿真[J]．电讯技术，2008（2）：86-91．

[18] 骆睿，周宁，陈林星，等．QualNet 环境下数据链的性能仿真[J]．通信技术，2008（5）：90-93．

[19] 夏林英．战术数据链技术研究[D]．西安：西北工业大学，2007．

[20] 刘静．无线局域网中妥善安排传输的多址接入协议的研究[D]．西安：西安电子科技大学，2005．

[21] 杨军．分组无线网多址技术的研究[D]．西安：西安电子科技大学，2003．

[22] 虞万荣．无线自组织网 MAC 协议关键技术研究[D]．长沙：国防科技大学，2006．

[23] 蔡一兵．无线自组网 MAC 及路由技术研究[D]．北京：中国科学院研究生院（计算技术研究所），2006．

[24] 李青．无线移动自组网 MAC 关键技术研究[D]．郑州：解放军信息工程大学，2009．

[25] HANSSON A, NILSSON J, SKOLD M, et al. Scenario based comparison of cellular and ad-hoc tactical radio networks[C]. //IEEE Military Communications Conference.IEEE, 2001:545-549.

[26] GRONKVIST J, HANSSON A, NILSSON J. A comparison of access methods for multi-hop ad hoc radio networks[J]. IEEE, 2002.

[27] CLARK S M, HOBACK K A, ZOGG S F. Statistical priority-based multiple access system and method:US20020210648[P].US7680077B1[2024-10-10].

[28] 张伟龙．航空数据链多信道 MAC 协议研究及仿真[D]．空军工程大学，2014．

[29] 仝海波，梁俊，吕娜．战术数据链时延特性的仿真分析[J]．电光与控制，2009，16（8）：53-55．

[30] 王文政，杨光，周经伦．Link 16 数据链系统容量分析[J]．计算机工程与应用，2009，45（8）：26-28．

[31] Neely M J. Dynamic power allocation and routing for satellite and wireless networks with time varying channels[J]. Massachusetts Institute of Technology, 2003.

[32] 华兴．排队论与随机服务系统[M]．上海：上海翻译出版公司，1987．

[33] KUPERMAN G. VEYTSER L. CHENG B N. et al. A comparision of OLSR and OSPF-MDR for large-scale airborne mobile ad-hoc networks[J]. ACM, 2014：17-22.

[34] CHENG B N, MOORE S. A comparision of MANET routing protocols on airborne Tactical Networks[C]//Military Communications Conference. IEEE, 2012：1-6.

[35] KIWIOR D, IDHAW E G, PIZZI S V. Quality of service (QoS) sensitivity for the OSPF protocol in the airborne network environment[J]. IEEE, 2005.

第 6 章　数据链的网络管理技术

网络管理是通信网的重要组成部分。随着通信技术的进步，数据链由原来的点对点方式逐步向网络化发展；而随着网络规模的扩大和业务多样化，网络复杂性也日益增加。为了保障网络的正常运行，网络管理已成为一个困难且亟须解决的问题。对于数据链来讲，必须针对不同的任务和业务需求对网络进行规划和管理，而这种规划和管理同样需要高效的网络管理系统来完成。

本章将对通用的网络管理技术进行概略性的介绍，重点讨论网络管理在数据链系统中的应用；为了使读者能够理解数据链中的网络管理，还将对 Link-11 数据链系统、Link-22 数据链系统特别是 Link-16 数据链系统的网络管理进行详细的分析。

6.1　网络管理基础

网络是由各种网络组件和不同的网络子系统组成的。网络管理是为了确保整个网络的正常运转，满足不断变化的用户需求而发展起来的。这表明：网络管理首先应能对各种网络子系统进行初始化（配置管理），在网络运行过程中还应能监视整个网络系统，检查网络性能是否有故障发生，战争对通信网组件的破坏也可以认为是故障的一种。一旦出现故障，系统将判定故障在何处发生，将故障隔离并修复网络（故障管理）。如果某个子系统不能恢复，使用新的网络系统替代。为了提高网络性能，增加网络功能，与更多的用户连接，往往也需要引入新的网络系统，而新网络的引入通常需要重新配制网络。网络监视有助于发现网络流量的变化；一旦发现网络流量发生变化，就可能需要修正网络参数，以优化网络性能。

网络管理方法是随着通信网的发展而逐步演变的。早期网络规模较小，业务简单，此时通过人工的方式就可以完成对网络的管理。当网络规模逐渐扩大时，业务种类逐渐增多，则人工进行网络管理的工作量急剧增大，以至于只依靠人工方式无法完成。随着网络复杂性的不断增加，网络自身的管理已成为一个具有挑战性的问题。

6.1.1　网络管理的必要性

网络管理应该包含什么样的功能？为什么需要引入网络管理？这两个问题是紧密联系的。网络管理不应该仅仅被视为若干功能的组合，而应该从用户的需求出发来看待网络管理。

1. 用户需求的多样性

在综合业务的通信网中，网络是按多目标、多用途设计的，这也意味着网络组件存在多样性。对于网络设计者来说，如何设计网络以满足多个用户群体的需求是一件很困难的事情。一种方法是将不同需求的差别抽象化和参数化，即给每个用户一个特别的初始化参数，这种初始化便是网络管理的职责。

网络常常是根据用户需求来设计的，由于难以把握未来的发展趋势，同时出于简单可行的设计要求，因此在网络设计阶段用户的需求往往被看作是固定不变的。但在现实中，用户的需求往往是变化的。例如，起初只有有限数目的用户要求组网；但当网络运行后，可能会有另外一些用户希望加入网络，而原来的用户又希望网络能提供新的服务项目等。与其根据用户的需求变化不断地改变网络，不如增加网络的灵活性，这样网络管理者就能在网络运行阶段中对用户需求的变化做出反应。从这个角度来看，网络管理这一课题在网络设计时便需要考虑。

2. 网络规模的扩大

早期的网络管理采用人工的方式，当时网络规模较小，结构也较简单，网络设计者能够完全了解网络的情况，而且用户大多是专家和技术人员，网络管理的任务往往由网络设计者和用户共同承担，合作完成。但随着网络规模的扩大及网络复杂性的增加，网络设计者已经难以完全掌握整个网络的情况，且需要面对大量的问题。由于现代网络的高度复杂性及设计者能力的限制，因此在网络设计阶段设计者不可能给每一个问题都确定一个行之有效的解决方法，于是就有一些问题遗留到网络运行后再寻求解决办法，这些问题的处理便是网络管理的职责。

例如，拥塞控制是一个至今尚未找到一般处理方法的问题，这是由网络拥塞因素过多而引起的，且每种因素都需要一个特别的处理措施。在网络的网络层和传输层均有控制网络拥塞的方法，但这些方法只是防止网络拥塞的出现。网络出现拥塞的主要原因是通信量的突然增加，这在某些情形时是难以避免的。当网络拥塞出现后，如何处理便是网络管理的任务。

3. 设备故障处理

由于网络规模庞大，结构复杂，组件众多，因此在运行过程中难以避免故障的发生。有故障的网络组件（或子系统）不能按原先设定的那样正常工作。出现故障后，网络往往不能提供原有的服务，甚至导致网络崩溃。故障的原因往往是网络组件的失效，有时也可能是人为的错误。故障发生的可能性依赖于如下因素。

（1）网络组件质量：生产厂家不可能生产出永不失效的产品；但不同厂家的产品，其可靠性可能不同。

（2）工作方式：在很多情形中，网络故障是人为错误引起的，而人为错误往往与工作人员对环境不熟悉，以及错误的工作方式有关。故障是难以避免的，而且有可能导致严重的后果。为了防止或降低故障所造成的危害，网络的运行需要在管理控制之下。这些管理控制措施包括预报潜在故障、检测存在的故障、降低故障的危害，以及修复网络。

为了能够预报和检测故障，需要监视网络组件的当前状态，将网络组件的当前状态与以前状态或期望的状态相比较；如果有异常，则需要报告异常情况。

为了能够降低故障的危害并修复网络，应能够改变网络状态，这一任务可以通过改变网络参数来完成，如改变转发表等。

4. 网络安全需求

网络安全包括实体安全、运行安全和信息安全。其中，网络运行安全需要提供一系列安全管理措施，如安全等级管理、人员管理、操作规程、安全检查和审计跟踪等。网络信息安全的一个重要部分是管理控制对网络资源的访问，以使网络不会受到有意或无意的破坏，并防止非授权用户访问机密信息。例如，使用用户身份识别、监控用户操作等方法拒绝非法用户访问网络。

6.1.2 网络管理体系结构

随着网络的发展，网络管理变得越发困难，其中一个原因是网络的异构化。也就是说，网络所包含的软硬件等组成部分来自不同的厂商。网络管理标准化的目标，便是克服网络异构化给网络管理所带来的障碍。

民用网络管理在标准化的过程中，产生了两个主要的标准：TMN（电信管理网）和 SNMP（简单网络管理协议）。其中，SNMP 目前已成为数据通信网络事实上的网络管理标准。

不同的网络管理体系，其基本结构大致相同。当发生故障时，终端站点（被管理的设备）所运行的软件可以报警。接到这些报警后，管理实体通过执行一个或一组动作来迅速做出反应，这些动作包括提示操作者、记录事件、关闭系统和自动修复网络。除了被管理的设备主动报警，管理实体也能够轮询终端站点，通过验证某些特定变量的数值来了解终端站点的状态。轮询技术可以是自动的，也可以由用户控制。被管理设备中的代理会响应这些轮询。

图 6.1 所示为典型的网络管理结构。其中，接收器是一些软件模型，它们首先收集有关被管理设备的信息，并将其存储在管理数据库中，然后通过网络管理协议提供给网络管理系统（Network Management System，NMS）中的管理实体。

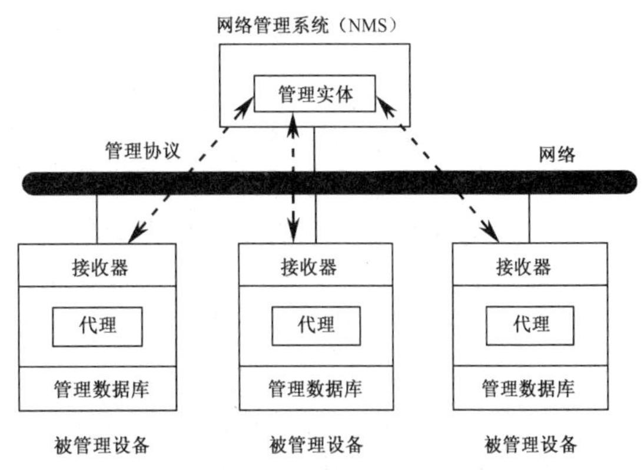

图 6.1　典型的网络管理结构

在网络的管理运行中，网络管理人员是通过网络管理系统对整个网络进行管理的。网络管理系统是网络监视控制工具的总和，它与原有的网络并不是分离的，而是由现有的网络组件中附加的硬件和软件组成的。随着网络管理标准化的发展，很多网络管理所需的软件和硬件已经嵌入已有的用户设备中，其中管理软件主要位于主机和通信设备中。网络通常可以用网络节点和网络节点之间的连接抽象地表示出，为了实现网络管理，对每个网络节点都赋予了一个地址和标号，同时每一个网络元素和到系统的连接也为其设定了一个特殊属性。网络元素将其状态信息反馈给网络管理中心，网络管理中心根据所得到的网络管理信息进行网络管理。

6.2　数据链中的网络管理

数据链网络管理是数据链系统的重要组成部分，它对数据链系统的正常运行至关重要。网络管理系统主要负责设置数据链网络运行参数，监视部队当前位置与战场状况，控制并维护网络的正常操作。战术指挥官可以通过数据链网络管理系统不断修改作战参数，以适应作战变化，从而使其指挥与控制网络保持最佳性能和状态。在和平时期，网络管理工作站自动警告操作员是否违反和平时期的频率使用限制。

由于数据链技术的复杂性，数据链网络管理成了发挥数据链效能的关键因素之一；有效的战术数据链管理系统，可以大大提高军事指挥员提供实时海空战场图片的能力。外军在发展数据链的同时，数据链管理技术也在同步发展。目前，国外应用比较广泛的数据链管理系统有美国的网络控制和初始化准备子系统（NCIDPSS）、英国的 JTIDS 空中平台网络管理系统（JAPNMS）和可运输空中平台网络管理系统（TJF）等。

6.2.1　数据链网络管理系统的功能、组成和特性

1. 功能

数据链网络管理员负责数据链系统网络管理的操作与维护，确保链路数据交换的连续进

行。网络运行管理工作包括：动态建立、维护和中止网络参与成员间的链路通信，以及根据作战环境的变化及时做出响应。网络控制与协调任务包括：监视部队的位置、状态，分配与重点分配网络成员频率和时隙，维护正确的网络结构，满足多链路要求和管理一般链路。管理员的操作范围包括：为具体设备指定其在网络中的作用，启动或停止中继，改变接口保护特性的设置，改变数据链系统的工作状态，等等。网络管理系统的主要功能总结如下。

（1）数据链的规划及数据链系统的初始化。

（2）监视网络运行情况，实时动态调整网络功能。

（3）监督和控制系统频率的使用。

（4）时隙分配、重分配，以及时隙使用状况的监视。

（5）对网络成员的请求进行监控并及时做出响应。

（6）对终端和网络操作数据进行记录，并对终端记录状况进行控制。

（7）控制与管理网络成员之间的相互关系。

（8）控制和管理网络参与成员的中继能力。

（9）数据转发能力的初始化、监视和控制。

（10）相对导航管理。

（11）加密变量管理，根据通信需求及时改变密码，实时保持网络稳健性和一致性。

（12）对数据链之间的数据转发单元进行初始化、监视和控制。

2. 组成和特性

数据链网络管理系统由数据链网络管理工作站、数据链终端和相关电子设备组成。下面以Link-16网络管理系统（LMS-16）为例，说明数据链网络管理系统的组成和特性。

LMS-16是美国诺斯罗普·格鲁门公司研发的数据链网络管理系统，它在科索沃、阿富汗及伊拉克战争中投入使用，并发挥了很大作用。LMS-16主要组成部件包括网络管理工作站和AN/GRR-43(C)接收机，可选部件有数据分析工作站等，如图6.2上半部分所示。

在数据链网络管理系统中，网络管理工作站是核心部件，它实现数据链的网络管理功能，负责监视各数据链终端的工作状态（战场状况），同时管理和控制各数据链终端的工作。LMS-16的网络管理工作站配备了两个高分辨率、大屏幕彩色显示器，其中一个为终端状态监视显示器，另一个为系统管理控制显示器。其操作系统为Windows NT实时操作系统，网络管理软件采用图形操作界面；装有全球地图和图形处理软件，可实时合成战场图像；具有MIL-SID-1553接口。

LMS-16的AN/GRR-43(C)是一个特殊的JTIDS接收机，它能在不影响Link-16网络正常运行和网络性能的基础上接收Link-16网络所传输的数据，逐时隙地获取Link-16网络的报文，在解析处理后通过1553B接口传递给网络管理工作站。图6.2下半部分所示为包含网络管理功能的Link-16数据链系统示意图。

LMS-16能够使用网络管理员，如联合接口控制军官（JICO），实时管理Link-16网络，检测出妨碍战术姿态生成的问题并实时解决问题。LMS-16可以自动提醒操作员存在的问题及潜在的问题，并自动记录数据用于后期分析。LMS-16还可以显示当前的战术态势，实时描绘网络中每一个参与者的状态更新，并用不同的色彩加以标记。另外，在演习或行动结束后，可利用一部单独的LMS-16数据分析工作站对记录下来的数据进行分析。

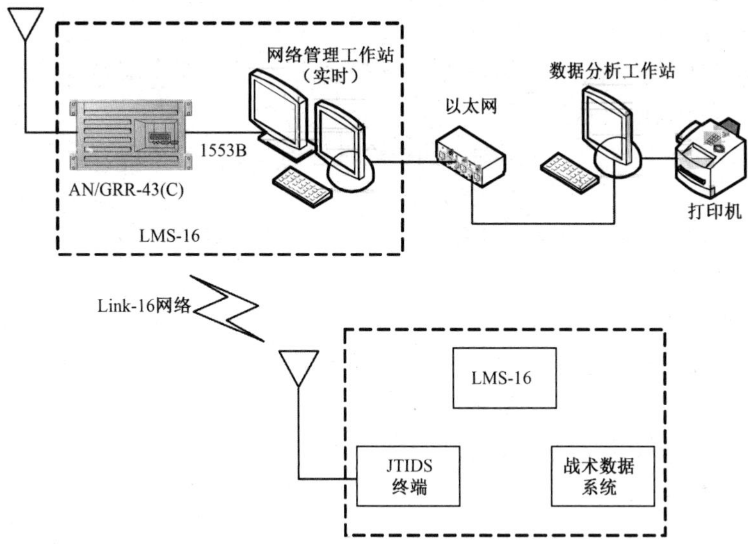

图 6.2　LMS-16 系统组成（上）及包含网络管理功能的 Link-16 数据链系统示意图（下）

6.2.2　数据链网络管理系统的操作流程

数据链网络管理系统的操作可分为数据链规划、数据链初始化、数据链工作状态监控、数据链关闭 4 个处理过程。数据链网络管理系统的功能模块如图 6.3 所示。

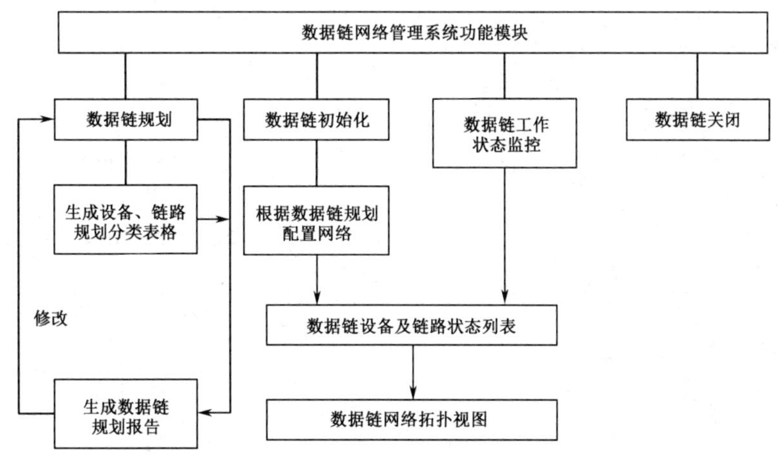

图 6.3　数据链网络管理系统的功能模块

1. 数据链规划

数据链规划是指给定参与单元预计的地理坐标，在满足数据链约束的条件下，设计出一个数据链网络的连接和互通关系，使所有参与单元都可以直接或通过作为中继站、网关的参与单元与其他数据链设备相互通信。

1）数据链规划约束

数据链规划的典型约束有：视距传输约束；组网约束；传输时延约束；可靠性约束；频率约束；电磁兼容约束；组织关系和装备约束（由使用单位协商确定）。此外，为了保证在各频段工作的设备正常工作，数据链的使用必须符合操作约束。在满足各类约束条件下，根据数据链的作战需求设计数据链网络，使该网络能够达到作战所需求的传输容量和满足节点连通性要求。

2）数据链规划建模

大量网络规划实践证明，约束条件越多，规划问题有解的概率就越低。通常从以下两个大的方面来考虑数据链规划问题。

（1）在满足视距传输约束、组网约束和传输时延约束的条件下，设计网络拓扑，使系统组网开销最小。

（2）给定地面网络拓扑，在满足视距传输约束、组网约束和传输时延约束的条件下，设计网络拓扑，使网络拓扑的可靠性最强。

3）数据链规划操作流程

网络规划是数据链路管理的关键，有效、稳定的网络环境离不开成功的网络规划。数据链网络规划操作流程如图6.4所示。网络规划软件先依据部队的编制建立和维护系统的网络资源库，再依据作战任务和通信保障资源等规划数据链，最终输出规划分类表格并生成规划报告。

2. 数据链初始化

数据链规划完成后，对数据链进行初始化，使网络从非工作状态进入工作状态。数据链初始化操作流程如图6.5所示。根据规划结果初始化数据链，包括时隙分配、频率分配、数据链设备运行参数的加载和设置、相关地图载入、工作方式的设置、加密设置等操作。

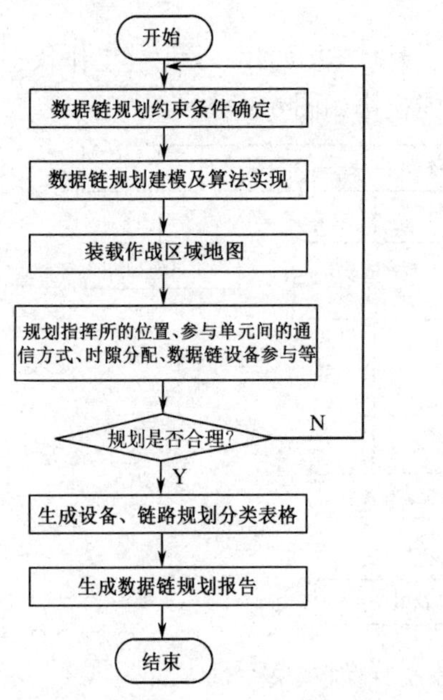

图6.4 数据链网络规划操作流程

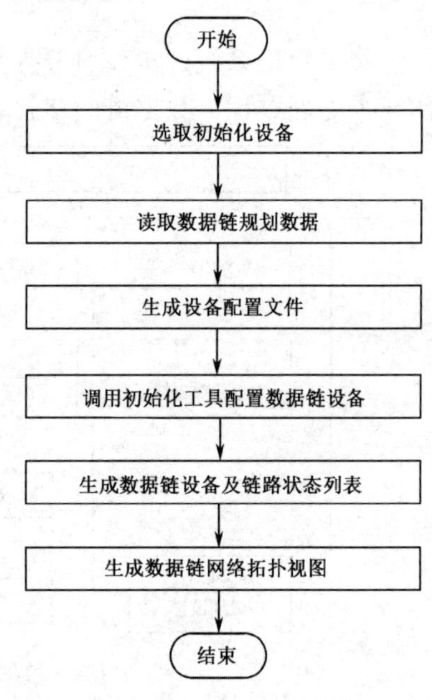

图6.5 数据链初始化操作流程

3. 数据链工作状态监控

数据链网络投入运行后，为了确保网络运行的高效性和可靠性，必须监控网络的运行情况，及时发现网络故障，并及时隔离故障和排除故障，即对数据链进行网络运行管理。数据链网络运行管理操作流程如图6.6所示。网络运行管理提供网络拓扑视图、事件告警和动态配置网络等功能；按数据链网络管理功能划分，可将其分为4大管理功能域，即故障管理、配置管理、性能管理和安全管理。

（1）故障管理，即对数据链网络中的各种故障或现象进行检测、定位、隔离、诊断和纠正。其主要任务如下。

① 建立差错记录。

② 跟踪故障。

③ 执行一系列诊断测试。

④ 排除故障，使系统恢复正常。

（2）配置管理，即收集或设定被管对象的参数值，对被管对象进行布局。其主要任务如下。

① 为被管对象分配标识符。

② 收集被管对象的状态等参数。

③ 设定被管对象的状态等参数。

④ 启用或停用被管对象。

⑤ 改变被管对象之间的相互关系。

（3）性能管理，即分析和评价被管对象的行为和效果，规划和改善系统的性能。其主要任务如下。

① 收集被管对象的统计数据。

② 根据统计数据进行全面分析。

③ 对被管对象的性能予以客观评价。

④ 采取措施，规划和改善被管对象的性能。

（4）安全管理，即保护被管对象。其主要任务如下。

① 对用户身份进行鉴别。

② 控制用户对系统的使用。

③ 提供授权机制。

④ 提供密钥管理和分配。

⑤ 建立和检查安全日志。

4. 数据链关闭

当网络停止运行或因其他原因需要关闭数据链系统时，执行图 6.7 所示的数据链关闭操作流程。数据链关闭操作包括释放当前运行参数和时隙，保存当前数据链运行参数，生成数据链运行报告并停止数据链系统的运行。

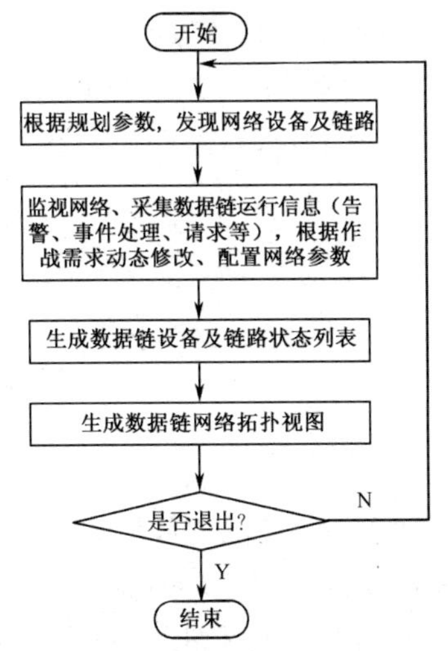

图 6.6　数据链网络运行管理操作流程

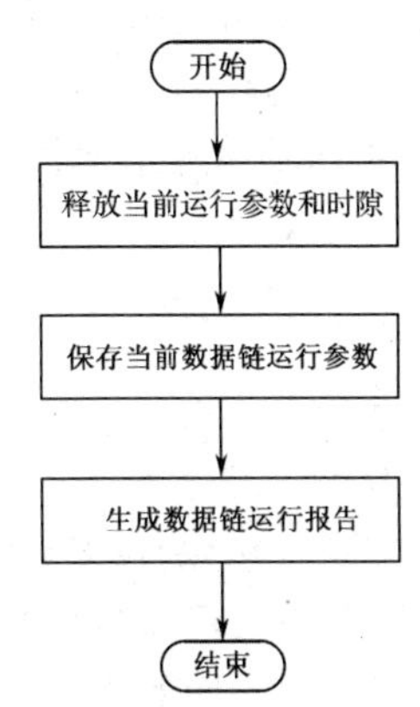

图 6.7　数据链关闭操作流程

6.3 Link-11 数据链网络管理

6.3.1 网络控制站

网络控制站是 Link-11 数据链网络的核心，网络管理的核心是保证数据链网络中其他单元同网络控制站的可靠通信。如果一台设备无法识别它自己的地址，那么它就不能传输信息；如果网络控制站不承认此设备的起始代码，那么它将干扰此设备第二次上网。设备之间的通信程度称为连通性。良好的连通性是指所有设备相互之间能完整准确地交换战术数据，设备的性能、无线电频率传播特性和范围等因素均可使连通性下降。在网络管理中选择担当网络控制站的单元是最重要的决定之一，设备和位置这两项首要特性决定了网络控制站的选配。网络控制站应使用最好的 Link-11 数据链操作系统，并且处在同其他所有单元保持通信的最佳位置。

网络管理员应该十分了解网上所有单元的配置情况。对战术数据系统（Tactical Data System，TDS）有直接影响的故障报告应记录下来，任何一次故障报告都意味着 TDS 性能的降低。如果网络控制站使用老化设备（如一台低灵敏度的无线电接收机），则用这类设备充当网络控制站对网络所造成的危害比其他任何设备都大。例如，把“弱单元”指定为网络控制站，它会立刻丢失对呼叫的正确参与单元的响应。在 15 帧后，网络控制站对该参与单元再进行第二次查询，该单元仍以其初始模式响应工作。由于网络控制站接收不到参与单元的响应，它也接收不到别的参与单元的响应，因此整个网络将会发生故障。TDS 的前端性能（包括天线、耦合器、收发信机和数据终端机）最终将影响整个网络的正常运行。

Link-11 数据链的配置和设置，一般在台站部署前确定，每个台站都要进行一次全面的部署前试验与评估。战术系统互通性中心独立小分队和移动技术单元可以完成上述任务。战术系统互通性中心独立小分队能够以交互方式复制一个作战群数据链态势。除检验 TDS 程序外，该小分队还能完成关于 TDS 发送和接收能力方面的特殊操作准备试验，它不仅要知道一台发信机和接收机性能，而且要测试所有可能的设备组合。后面的试验内容将向网络管理者提供设备和责任方面的一种感性认识。移动技术单元能够帮助解决超出日常维护方面的问题。

网络控制站所处的位置应能够直接通过无线电通信设备接收刚加入网络的任何一个单元的信息。HF 在地面和空中的范围大约为 550 km。UHF 在地面范围约为 10～50 km；对于地对空，UHF 范围能扩展到 270 km；具有 UHF 中继能力的机载预警平台能够扩大 UHF 的地面范围。对于 Link-11 数据链，影响频率的选择和适用性能的因素如下。

（1）Link-11 数据链所确定的频率数限制。

（2）2～6 MHz 频带通信频道拥挤。

（3）日/夜无线电波传播特性。

（4）太阳黑子活动。

（5）无线电干扰对链路通信质量的影响。

6.3.2 网络循环时间

网络循环时间（Network Cycle Time，NCT）的测量方法有两种：一种是使计算机网络控制站完成一次所有参与单元顺序轮询需要的时间，这就是网络的网络循环时间；另一种测量方法是参与单元报告机会间的平均时间测量，这就是参与单元的网络循环时间。参与单元的网络循环时间是由网上各个参与单元计算并报告的。每个参与单元的测量值互不相同，并且与整个网络的网络循环时间也不相同。在网络循环时间内，如果每个参与单元仅被访问一次，则一个参与单元所计算的网络循环时间与其他参与单元的计算值相同；但如果一个参与单元每周期有两次轮循，则它的网络循环时间计算值近似等于其他参与单元报告的计算值的1/2，并且远低于轮循所有参与单元所要求的实际时间。影响网络循环的因素包含以下几种。

（1）轮询参与单元数量。

（2）对初次呼叫予以答复的参与单元数量。

（3）对第二次呼叫予以答复的参与单元数量。

（4）对呼叫不予答复的参与单元数量。

（5）每个参与单元正在发送的数据量。

为了及时对指令做出反应并准确显示信息，每个参与单元必须尽可能保持传输状态。参与单元的发送频率由网络循环时间决定；减小网络循环时间，可让网络上每个参与单元有更频繁传输信息的机会。

为了减小网络循环时间，最好将网络可变参数置于操作者或网络管理员的控制之下。这些参数是轮询参与单元地址数目，以及每个参与单元报告的数据量。

剩余的网络循环时间消耗在一些杂项上，如前置码、相位参考帧和控制代码。由于这些杂项控制着网络功能，因此无法改变。若保证所有单元一次上网成功，就能使网络循环时间最短。如果需要，则将对首次呼叫不做出反应的参与单元在轮询中搁置起来，此后只能通过减少网络控制站传呼的参与单元数量和限制交换数据量来降低网络循环时间。还要考虑到，对数据链的网络循环时间而言，每个虚拟的参与单元将增加 0.6 s，因此消除虚拟参与单元会减小网络循环时间。如果一个参与单元因为维修或重新配置设备而退出网络，那么应该在它重新加入网络之前不再让它参与顺序轮询。如果一架飞机要加入数据链，则需要等到起飞后或进入运行区后才能成为参与单元。一种减少传输数据量的方法，是让参与单元启动 TDS 的特殊跟踪滤波器；另一种方法是确保消除所有双重跟踪标志。识别和隔离异常也能改善网络效率。需要注意两个典型的网络异常事例：一是由网络控制站停止工作而引起的网络中断；二是因扩充参与单元数据传输所产生的网络中断。

对于参与单元给定、交换数据量固定的网络，都有一个最小的网络循环时间。这个最小网络循环时间假设每个参与单元对首次呼叫都有反应，而且是可以计算的。美国军用标准 MIL-STD-188-203-1A 规定了在高数据率下，从接收到发送转换时间为 1～3 帧。对于每个轮询参与单元，有 23 帧的附加帧数。此外，网络控制站报告每循环一次有 15 帧（比传呼多 5 帧）。

6.3.3　运行管理

网络管理员具体负责战术数据链的网络管理。他们的任务是管理好网络资源，使其发挥最大的效率。因为不同的战术数据链具有不同的网络资源、结构和特征，所以其网络管理的要求也不尽相同。例如：对于 Link-4A 数据链的网络管理，就是适时分配控制单元的频率和受控单元的地址，使指挥员在给定的时间内获得最多的数据，保证最多的指挥通信；对于 Link-11 数据链的网络管理，就是必须努力缩短网络循环时间，提高网络效率，使数据吞吐能力变大；而对于 Link-16 数据链，则在实施网络管理期间，网络管理员所担负的责任包括动态建立、维护和中止网络参与单元间的链路通信，此外他还要做好准备，根据操作环境的变化及时做出对策。在负责网络控制与协调方面，网络管理员的任务是监视编队的位置和分布，维护正确的网络结构，满足多链路要求，以及进行一般的管理。其操作范围包括为具体设备指定在网络中的作用，启动或停止中继，改变干扰保护特性的设置，以及改变 JTIDS 设备的“正常或数据抑制”状态。例如，网络管理员为了支持大量的 JTIDS 设备能够入网，他必须确保这些设备能够向网内发送初始输入报文。

一个故障一经发现，即可使用一套测试设备检测到部件一级，可以用功率表、频谱分析仪、示波器等检测无线电环境、数据终端设备、接线板，计算机则用诊断程序完成检测。

Link-11 数据链的一些部件具有检验其运行的机内测试评估（BITE）功能，每当怀疑一个部件失灵时，就可使用它的 BITE 进行测试。例如，AN/USQ-74 数据终端设备有 5 个可用于隔离部件故障的维护测试等级；AN/USQ-36 有一个自检功能，但不能检测 I/O 功能。技术员必须熟悉这些测试功能，以便准确地知道能检测什么和不能检测什么。除设备自检外，还有几种系统测试工具。这些系统测试工具包括：运行与功能分析程序（POFA），Link-11 数据链音频信号模拟器（LASS），以及海军战术系统协议中心（NCTST）分部的各单元 Link-11 数据链试验与运行训练系统（MULTOTS）所提供的“快速浏览”方式。

具体而言，为保证网络的正常运行，Link-11 数据链和 Link-11B 数据链的使用应遵循以下规范。

1. Link-11 数据链

（1）使用 Link-11 数据链的数据信息系统通常以二进制的形式在数据网络之间交换战术信息。数据系统应该根据预先设置使得每个参与单元可以向其他数据单元传送重要的数据。

（2）在 Link-11 数据链上所传送的数据由来自所有参与单元的循环数据报告序列构成。当参与单元收到发送报文时，其中的发射机将自动打开；同时当接收到终止报文时，发射机将自动停止。发射机的辐射输出必须保持在一个可以接受的水平或量级上。

（3）无线电发射机可以处在不进行任何操作的状态下，或为了同一单元数据的传送而抑制自身的数据输入；无线电发射机也可以作为传送数据的监视器。在不进行任何操作的状态下，为了下一步数据的及时传送，无线电接收机需要及时激活启动。

2. Link-11B 数据链

（1）点对点之间交换战术信息。数据系统应该根据预先协定的程序，使得每个单元可以同与其直接联系的单元直接进行数据交换。

（2）在 Link-11B 数据链上传送的数据由各自数据系统的报文序列，以及其他 Link-11B 数据链和 Link-11 数据链上转发的报文序列构成。

（3）时间周期应在数据链完成下列功能之前分配和定义好。

① 从传送状态变为接收状态。

② 进入 AGC 重新预设状态。

③ 多普勒校正。

④ 同步协调。

（4）以上的各种操作必须遵循一定的时间序列表，具体如下。

① 接收转为发射的时间序列表。

② 发射转为接收的时间序列表。

（5）通过数据终端设备和计算机设备，发射机和接收机可以自动完成功能转换，即发射状态和接收状态的互换。当发射机的单元地址被数据终端设备识别后，则发射机开启；在单元报文结束时，发射机关闭。

（6）发射机的开启和关闭状态应有如下规定。

① 当发射机的输出功率达到 90%时，认为发射机开启。

② 当发射机的输出功率下降到接收机无法检测到功率下降时，认为发射机关闭。

（7）当接收信号的强度达到信号值的 90%时，建议自动增益控制重置操作应该最长在 20 ms 内完成，以便将剩余的时间留作多普勒校正之用。

（8）在 AGC 重置和多普勒校正期间，发射机应该工作在 2 915 Hz 和 605 Hz，分别以 6 dB 和 12 dB 的发射功率工作。在以 2 915 Hz 工作时，为了帧调整的目的，在两个连续的帧之间，信号的相位都要提前 180°。

（9）伴随着 AGC 重置和多普勒校正，多普勒校正的功率降低到 7 dB（高于正常值），而 2 915 Hz 的功率降低到正常值。

（10）帧校正。数据传送的帧校正应工作在 CORRRECTED 模式和 STORED 模式。

6.4 Link-16 数据链网络管理

Link-16 数据链网络管理指设计、规划、建立和维护 JTIDS/MIDS 网络所要求的整个活动和功能，通过如图 6.8 所示的一套网络管理系统，实现联合网络设计和管理。Link-16 网络管理系统由网络设计、通信规划、初始化和网络运行控制 4 个阶段组成，其详细流程及各环节的参与机构和人员如图 6.9 所示。

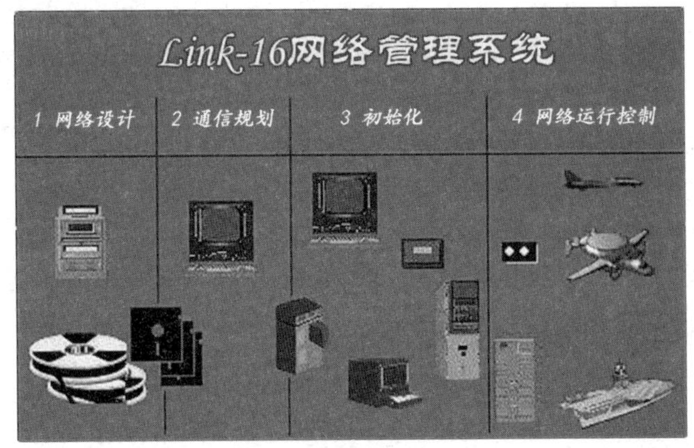

图 6.8 Link-16 网络管理系统

从图 6.9 中可以看出：阶段 3 和阶段 4 是网络管理的典型过程，包括从网络建立到网络运行直至网络结束期间的监控、维护；而阶段 1 和阶段 2 是 Link-16 数据链作战任务与通信网络、作战单元与通信参数映射的过程，环节多并且流程复杂，对 Link-16 数据链的通信性能及整个 Link-16 数据链系统的作战效能具有关键作用，是 Link-16 网络管理不同于一般无线网络管理的特殊之处。

虽然 Link-16 数据链的通信性能优异，但由于其应用于三军联合作战，作战任务和作战环境多样且多变，必须通过针对性的规划设计，才能充分发挥其通信性能优势。因此，Link-16 的网络管理不仅需要网络管理员，而且也需要作战机关（如联合部队司令部、联合部队指挥官、地域防空指挥官、军种作战指挥官等）、设计部门（如联合网络设计小组、军种网络设计部门等），以及链路规划员的相互配合和大量协调。在图 6.9 中，网络管理员主要在阶段 3 和阶段 4

担负重要的 JTIDS/MIDS 网络维护责任；而作战、设计和规划人员在阶段 1 和阶段 2 担负重要的 JTIDS/MIDS 网络规划设计职责，并且在作战之前（JTIDS/MIDS 网络运行之前）完成。

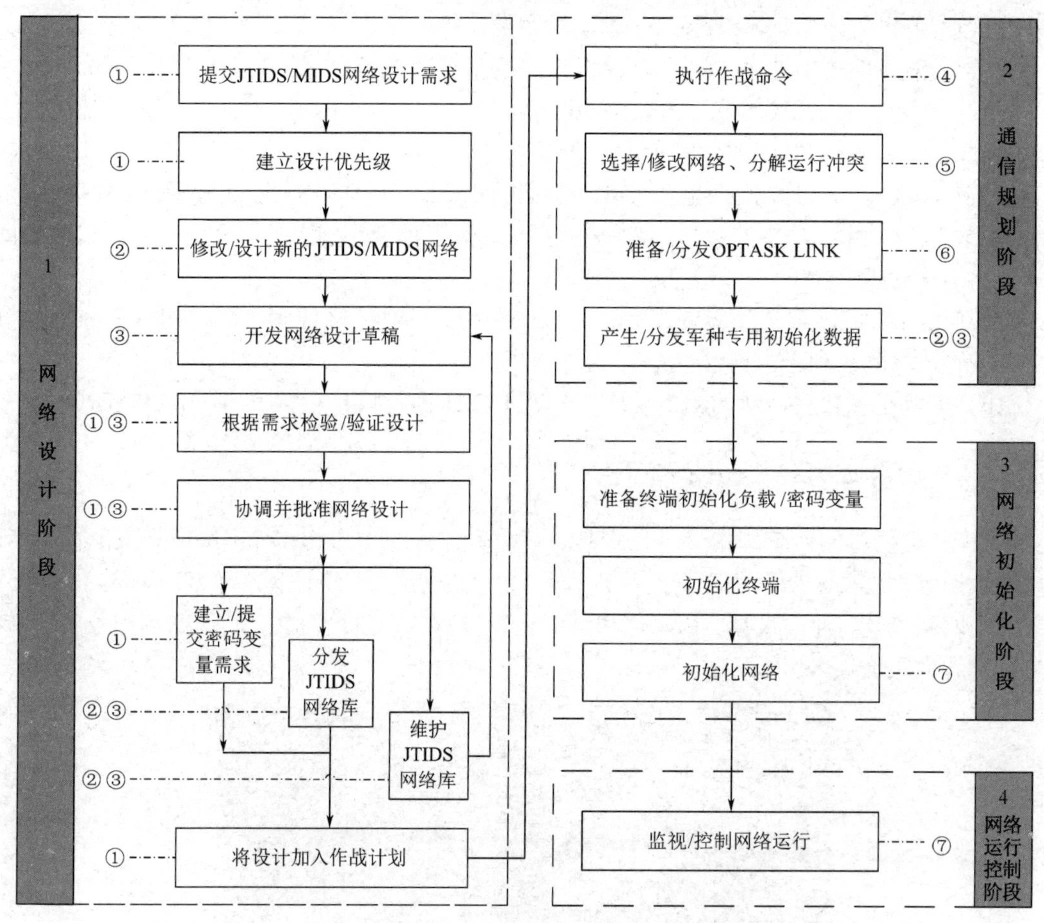

负责机构和人员：①联合部队司令部；②联合网络设计小组；③军种网络设计部门；

④联合部队指挥官；⑤链路规划员；⑥地域防空指挥官；⑦网络管理员。

图 6.9 Link-16 网络管理系统详细流程及各环节的参与机构和人员

6.4.1 网络设计

在网络设计阶段，根据训练/作战任务、作战兵力部署，确定一组通信功能，选择可支持这些通信功能的 NPG；设计满足 NPG 合理运行的网络结构，按通信需求为每个 NPG 中参与的 JTIDS 单元（JU）分配发送时隙；将最终的网络设计转换为 JTIDS/ MIDS 网络初始化参数。网络设计阶段为通信规划阶段提供可供选择网络的基本参数，通信规划基于此进行进一步的具体通信参数规划。

网络设计基本流程如图 6.9 所示，包括需求生成、修改与设计、鉴定和发布。基于平台作战人员及链路规划人员所提供的一系列需求设计网络，并在网络发布前进行实验/试验验证。

1. 网络需求的产生

基于作战斗机关（联合部队司令部的指挥官与参谋）的作战计划和作战兵力，结合链路规划员的设计需求请示，确定通信和连通性要求，从 JTIDS 网络库（JTIDS Network Library，

JNL）中选择满足需求的可行或相近的网络设计。如果无法选出，则向网络设计机构提供网络设计需求。单个军种的网络需求提交给军种网络设计部门（NDF），合成或联合的网络需求提交给联合互通处（JID）。

通过使用通信规划助手（Communication Planning Assistant，CPA）中的网络需求生成（Network Requirement Generation，NRG）模块，执行网络需求产生过程，为请求设计的新网络提供需求。该需求的内容包括计划参加作战的兵力清单、预期的兵力布局、NPG 需求（包括速率、容量）、单独加密组网需求和 JNL 中类似网络的缺陷等。表 6.1 所示为 JTIDS/MIDS 网络设计需求的典型内容。

表 6.1　JTIDS/MIDS 网络设计需求的典型内容

JTIDS/MIDS 网络设计请求表
一般信息
（1）请求者（姓名、电话号码、组织、地址）；
（2）预计用途（作战、演习、测试，预计使用日期）；
（3）请求的交付时间；
（4）网络设计的移交媒介［装载表、软盘、Modem 交换终端初始化（ETI）程序、E-Mail］；
（5）交付网络设计的邮送地址；
（6）备用联系方式（姓名和电话号码）。
详细信息
1．信息交换请求
（1）网络参与者，数量和平台类型；
（2）位置报告（平台对 PPLI 或 P 消息的更新速率）；
（3）监视（平台希望的跟踪号/跟踪速率）；
（4）控制（相应的指挥控制平台和受控设施）；
（5）任务管理；
（6）战斗机-战斗机（确定平台的战斗机目标交换和更新速率）；
（7）电子战；
（8）话音。
2．部队的地理部署（请求者用一张有比例尺的草图大概描述）
（1）图纸上的距离/刻度；
（2）参与者的位置、活动区域；
（3）参与者之间的视距限制（高山、峡谷、视距障碍物）。
3．总的网络信息
（1）说明入网发射机和备用发射机；
（2）说明需要多少个不同的数字控制子网（主网、用于控制的拨号子网、用于战斗机-战斗机的控制子网和用于话音的拨号子网的指定）；
（3）保密话音要求（1 个或 2 个信道；2.4 kbit/s，16 kbit/s，或两者都要）；
（4）干扰环境（无、低、中、高）；
（5）干扰保护限制/脉冲密度限制（如 40/20、100/50、战时）；
（6）加密网要求（如对具体信息交换采用独立的加密变量）

2．网络的修改和设计

作战斗机关（联合部队司令部）将网络设计需求通知联合网络设计小组（JNDT），JNDT 协调 NDF，相关成员基于网络需求规范修改或重新设计网络。设计过程由网络设计助手（Network Design Assistant，NDA）程序自动完成。网络设计涉及网络结构参数和时隙分配参数。

在进行网络设计时，需要确定分配给完成任务所需的通信功能的网络容量。容量分配到每个NPG，包括报告、监视、空中控制、话音等。

NPG是Link-16数据链的逻辑子网，表示为完成一个功能而分配的网络容量，目前已确定15个NPG。NPG因参与者（如F-14D战斗机不发送电子战消息）、功能（话音、空中控制等）和接入（固定接入或竞争接入）的不同而不同。

在将JTIDS网络容量分配给功能和参与平台期间，时隙的分配是一个交互过程。首先保留话音时隙；然后依次分配给空中控制、监视、战斗机-战斗机NPG；最后为所有NPG分配所需的中继容量。在此过程中，同时也产生了空中控制、监视、战斗机-战斗机NPG的设计选项。最终确定每时帧1 536个时隙上各平台的参与状态（接收/发射），并解决冲突。

3. 网络设计的验证、协调和批准

为了保证平台加载的准确性，JNDT或/和NDF的网络设计人员采用一定的实验方法对网络设计草案进行测试，通过后将网络设计草案提交回提出需求的作战机关（联合部队司令部），指挥官根据一定准则或规范评判网络设计是否满足网络需求。采取的验证方式如下。

（1）主观评价网络描述与网络需求规范。

（2）评估网络设计的仿真结果。

（3）评判网络设计的实战使用效果。

（4）其他可行的测试方法，如模拟训练等。

网络设计的验证是一个多次协调、反复迭代的过程，需要网络设计人员和作战指挥官从通信和作战的不同角度全面评判设计的满足程度，改进需求和网络设计，以达到作战要求为目标。

4. 网络设计的发布

通过验证且被作战斗机关批准的最终网络设计（含网络初始化参数）被存储到JNL中，并存放在磁带、软盘等磁媒介上，然后分发给作战单位和相关用户。获准使用的所有网络都在JNL中提供。

所发布的文件包内包括网络描述规范（Network Description Standard，NDS）文档。NDS文档完整描述网络，给出网络中每个平台所有非时隙参数和时隙参数的详细清单。

为方便使用，相关人员从NDS提炼出了一个简明的格式，印在通信规划员的快速使用指南（QRG）中，包括4个页面，用于规划员和操作员“理解”每个网络的能力，其内容包括网络时间线、兵力布局、网络概要和连通性矩阵。

1）网络时间线

网络时间线提供一个便于阅读的网络能力描述，如图6.10所示。包括支持单元的编号类型、支持的NPG和NPG的相对大小。水平轴线表示1个时帧的1 536个时隙，垂直轴线表示通过重叠网（话音NPG、空中控制NPG和战斗机-战斗机NPG）和多重网（2个不同的NPG）的时隙复用。

为了便于描述，以相对大小来显示分配给NPG的时隙块，实际使用时的时隙是交错的。例如，某NPG的时隙块被描绘成全部长度的1/5，则表示在时间轴上每间隔5个时隙就有1个分配给该NPG的时隙。如果给一个NPG分配了中继时隙（配对中继），则在其时隙块里用虚线表示，如图6.10中的“网络管理”。通常的习惯做法是将“必要的”NPG（初始入网，PPLI）放在左边，重叠的NPG放在右边，其余的NPG则按照NPG序号放在中间。

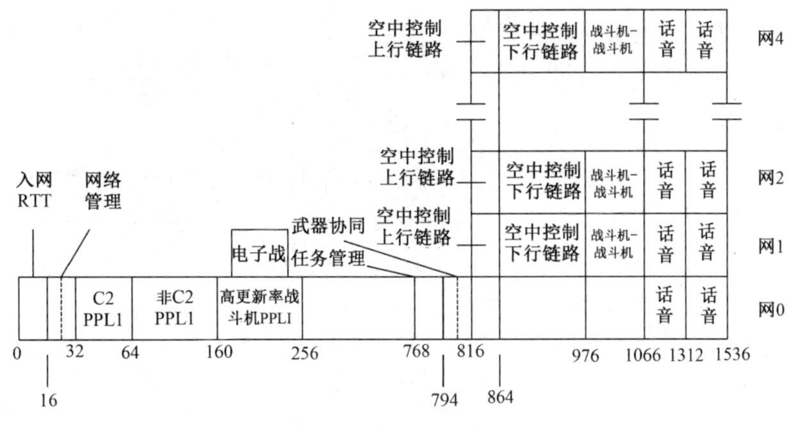

图 6.10　网络时间线

2）兵力布局和网络概要

兵力布局和网络概要对一个网络的网络设计过程提供了审查。虽然各个网络是灵活的，并能满足许多不同的作战环境要求，但是它们关注的重点是不同的，而且每个网执行某些任务比其他的网更好一些。链路规划员应据此信息做出初始决定，应用特殊的网络满足特殊的要求。

首先，在兵力布局图（代表一个编队）中，“兵力规模”“任务”和“设计优先级”被反馈给用户，以便所设计的网络满足用户需求。其次，“监视”航迹的大小、“话音”容量、“加密”设计等提供一个满足作战需求的折中设计的概要。最后，网络的“标识”确定了它的 JNL 指定，以及数据库号和起始日期，用于在 OPTASK LINK 消息中清晰地辨认一个特定网络。

3）连通性矩阵

连通性矩阵提供了网络的详细描述，它包括两部分：NPG 描述部分和平台参与部分。横跨水平轴线的两部分是 NPG 清单、NPG 编号，以及它们是否中继。

NPG 描述部分包括中继类型（配对时隙中继、再传播中继和指定路由中继）、密码（MSEC，TSEC）、加密变量逻辑标识（“1”“2”等）、网络编号（“127”表示重叠网）、接入类型（“C”表示竞争，“D”表示专用）、最大封装限制（如双脉冲封装）、每个单元的时隙数和每个 NPG 的全部时隙等编码信息。

6.4.2 通信规划

网络设计是对 JTIDS/MIDS 网络的预先规划，JNL 中存储的网络设计具有通用性和普适性，支持多种场合，但还不精确详尽。JTIDS/MIDS 网络要运行，还需要进行进一步的通信规划，包括选择满足任务作战环境要求的网络，指派网络角色，进行每个平台的容量分配，产生 OPTASK LINK（Link-16 数据链部分）消息和 JTIDS/ MIDS 终端初始化参数，使终端能够入网运行。

1. 网络选择

链路规划员从 JNL 中选择一个与任务需要最匹配的网络。网络选择的准则包括（按照优先级顺序）如下。

（1）计划使用于作战、训练或维护。

（2）战斗群作战的区域和任务。

（3）网络参与者清单（必须与计划的战斗群相同或比它略大）。

（4）满足战斗群通信需求的 NPG。

（5）若需要，支持特殊的密码隔离需求。

2. 接入分配

JTIDS/MIDS 网络采用 TDMA 方式组网，需要给每个单元分配一系列专用、唯一的发送时隙。网络设计时定义了分配到每个 NPG 的时隙数及时隙的参与单元，同时加入设计文件选项，供部队使用时链路规划员能够结合实际作战平台情况灵活调整，对参与单元进行时隙资源“微调”。针对平台类型和编号的变化，每个特定 NPG 会产生多个不同的分配方案。

通常，监视 NPG、空中控制 NPG 和战斗机-战斗机 NPG 都有设计文件选项，可通过文件选项调整这些 NPG 的容量分配，以便更有效地使用这些 NPG。链路规划员根据实际情况使用 C2 平台和 NC2 平台的类型与数量，选择相应的设计选项序列号，由此确定哪一个平台接收时隙和哪一组发送时隙。

1）监视设计选项

监视设计选项能在不同的指挥和控制（Command and Control，C2）平台之间分配监视时隙，以改进它们的航迹更新率。舰艇和 E-2C 预警机支持监视选项，而 E-3 预警机不支持监视选项。

监视设计选项采用 C2 平台时隙容量占全部航迹容量的百分比表示，如表 6.2 所示，表中每种分配方式对应一个监视选项序列号，每个参与的 C2 平台选定一个编号。监视设计选项的选择首先取决于 C2 平台的数量。如果有六七个 C2 平台，则将使用选项 1 或 2，其中选项 2 允许对数据转发器或 E-2C 预警分配的大部分容量增加灵活性；如果有四五个 C2 平台，则选项 3 更合适。具有最大航迹发送数量的平台（如 E-2C 预警和数据转发器）能得到最大的监视容量。

表 6.2 C2 平台时隙容量占全部航迹容量（500 个航迹）的百分比

监视设计选项序列号	不同编号 C2 平台的时隙容量/全部航迹容量							
	1 号	2 号	3 号	4 号	5 号	6 号	7 号	8 号
1	8%	8%	8%	8%	8%	8%	8%	8%
2	16%	7%	7%	7%	7%	7%	7%	7%
3	17%	17%	8%	8%	8%	8%	—	—
4	25%	8%	8%	8%	8%	8%	—	—
5	25%	25%	8%	8%	—	—	—	—
6	67%	—	—	—	—	—	—	—
7	38%	13%	13%	13%	13%	—	—	—
8	30%	30%	13%	13%	13%	—	—	—

如果选定时隙不足 100%，则保留时隙专用于不能接受选项文件的单元（如空军）。另外，保留的容量允许增加平台而不必对网络重新初始化。

2）空中控制设计选项

通常，空中控制 NPG 的网络设计是固定的，但空中控制员控制的战斗机数量是随作战实际情况变化的。空中控制设计选项定义了每架战斗机下行链路的大小，能使下行链路更有效地工作。选项数量规定了每个空中控制员所控制的战斗机数量，可用的选项通常是每个空中控制平台控制 4、8、16 架战斗机。所选战斗机的数量越少，每架战斗机下行链路的容量就越大。

链路规划员选择一个标准选项并分配选项序列号用于（空军）静态空中控制。可通过逐个平台地使用空中控制选项进行选择，实现对选项序列号和时隙的“动态”再分配。舰艇和 E-2C 预警机等 C2 单元能独立选择，每个 C2 单元选择一个选项序列号，利用战术空中任务规划系统（TAMPS）为每架战斗机分配并输入一个选项序列号。

3）战斗机-战斗机（F/F）设计选项

战斗机-战斗机设计选项可用在 F/F 机组（通常 8 架）对战斗机进行编号。F/F 设计选项决定每个 F/F 机组中战斗机的最大数量。

每架战斗机必须进行编号并分配一个“F/F 选项序列号”。具有相同 F/F 序列号的 2 架战斗机不能分在相同的机组，如 F/F 选项序列号是“1”的一架战斗机和另一架具有选项序列号是“1”的战斗机不能加入同一个机组。

作为空中控制，战斗机数量越少，每架战斗机所接收的时隙就越多。例如，每组选择 2 架战斗机比每组选择 8 架战斗机更可给每架战斗机以更多的时隙。

3. 网络角色分配

网络角色分配指链路规划员对 Link-16 数据链参与平台分配不同的网络任务，使其担负不同的职责。特定职责包括同步任务、导航任务和多链任务，网络任务的分配基于合成作战指挥员的分配、平台容量和平台位置，采用 OPTASK LINK 消息发布。每个参与单元均分配角色，否则链路运行将中断或被抑制。

1）网络角色

网络角色如下。

（1）网络时间基准（NTR）和初始入网 JTIDS 单元（IEJU）。同步是 Link-16 数据链链路工作的基础，必须分配一个 NTR。NTR 单元用于系统建立时发送初始入网消息，所有其他单元与其同步。每个网络只能有一个 NTR。NTR 单元必须由通信规划员或部队航迹协调员指定，任何单元均可指定为 NTR 单元。没有 NTR，数据链路仍会继续工作，只是其性能将慢慢地变差，因此必须指定替代的 NTR。IEJU 将系统时间传播到 NTR 视距外的单元，实现超视距单元同步。一旦被指定为 IEJU 的平台完成精同步，它就开始转发 NTR 入网消息，允许在 NTR 视距范围之外的那些单元入网；如果所有的单元确保在 NTR 视距范围之内，就不需要 IEJU。

（2）位置基准（PR）。PR 单元用于为地理栅格提供一个高稳定性的基准点，这一角色只分配给固定观测站。为了指示观测的精度，PR 在初始化加载时提供相关的位置质量（0～15）。由于 PR 的选择禁止使用终端导航处理器部分，因此建议海军单元不管它们的导航精度如何都不选择 PR 角色。

（3）导航控制器（NC）和辅助导航控制器（SNC）。除地理栅格导航外，如果希望相对导航，则必须指定一个 NC。NC 只有一个，它作为相对栅格坐标的相对 PR 单元（相对位置质量为 15），且必须是激活的和机动的（注：陆军应用中可以有多个固定的 NC）。任何单元均可被指定为 NC，通常将该角色分配给 E-2C 预警机。当 NC 对其他栅格坐标的参与者没有足够的运动角度时，SNC 就为相对栅格提供稳定性。一个网络中只能有一个 SNC，且必须是一个激活单元。SNC 必须保持与 NC 在视距范围内有一定的相对角运动。SNC 的使用是一个选项，只有当以上这些条件都满足时，才能指定一个 SNC。任何移动单元或固定单元都能作为 SNC。

（4）主要用户/次要用户（PRU/SU）。除 NC 和 SNC 外，所有其他单元在其主动同步的所有时间内都不得被指定为主要用户（PRU）。当一个单元选择被动模式（长时间禁止发射或数据静默）时，它自动变为次要用户（SU）；当它重新开始主动参与时，它就将回到 PRU。只有在一个网络中超过256个单元（RTT发送的数量）时，才手动选择SU角色。

（5）数据转发器单元（FJUA）。FJUA把Link-16数据链和Link-11数据链连接起来，提供在Link-11数据链和Link-16数据链的相应单元（监视、PPLI和MM/WC）之间的消息转发。FJUA是工作在两种链路的唯一单元。任何配装舰艇的指挥控制处理器（Command and Control Processor，C2P）均能完成数据转发功能。为了更快地从故障中恢复，可指定一个替换的FJUA。

2）角色组合

有些角色不能与其他角色搭配。例如，NTR与IEJU角色的同步是不一样的，NC、SNC、PRU和SU角色也是互不相容的。网络角色的组合关系如表6.3所示。

表6.3 网络角色的组合关系

	NTR	IEJU	PR	NC	SNC	PRU	SU
NTR		—	√	√	√	—	—
IEJU	—		√	√	√	√	—
PR	√	√		√	√	√	—
NC	√	√	√		—	√	—
SNC	√	√	√	—		√	—
PRU	—	√	√	√	√		—
SU	—	—	—	—		—	

3）角色建议

角色建议如下。

（1）NTR单元和IEJU。在NTR单元与尽可能多的其他单元具有良好视距连通性的网络运行期间，NTR单元应是一个“存在”的单元。当需要战斗群中心附近的任一舰艇或E-2C预警机担负NTR任务时，通常由部队航迹协调员（FTC）的单元作为NTR，所有其他单元作为IEJU。推荐分配NTR的优选级：FTC的单元；一架E-2C预警机；对尽可能多的单元具有良好视距的一个单元（如在只有战斗机的网络中的一架F-14D战斗机）。

（2）NC、SNC、PRU和SU。NC和SNC角色可以是预期在链路运行的大部分时间内都在的任何一个单元。必要时，一架工作在战斗群中心附近的E-2C预警机应是NC（不用SNC）。当E-2C预警机无法利用或远离主战斗群（大于50 nmile）时，应启用一个SNC。SNC必须与NC保持在视距范围内。除NC和SNC外，所有其他单元都将保持作为PRU的默认设置，处于被动状态时除外（临时SU）。优选的分配：E-2C预警机在战斗机群附近作为NC，不用SNC；视距范围内的两艘舰艇作为NC和SNC；E-2C预警机作为NC（50 nmile以外，视距以内），一艘舰艇作为SNC。注意：如果飞机/舰艇作为NC/SNC组合，那么它们必须相隔离50 nmile以上，以满足低角度移动要求。

（3）FJUA和备份FJUA。FJUA可以是任何C2P舰艇；在它与尽可能多的其他单元具有良好连通性（视距或通过中继）的网络运行期间，它应是一个“存在”的单元。FTC单元通常作为FJUA，以便对监视画面进行监视和控制。备份FTC是备份FJUA。

（4）PR单元。PR单元只能是一个便于观测的、固定的站点。

4. ECM冲突分解

每个国家均对无线电频率的使用有明确规定，以减少无线电设备在工作过程中的相互干扰。JTIDS/MIDS的工作频段处于无线电导航频段内，链路规划员需要为所有JTIDS/MIDS终端分配合适的工作频率和发射功率，以确保满足 JTIDS/MIDS 的传输限制、去冲突程序及电磁兼容（ECM）的特性。

按照管辖的范围，频率管理员对所属运行区域内电磁信号的作用效果进行检验，测试实际传输限制和 ECM 约束是否符合要求。

5. 作战任务链路准备

OPTASK LINK 消息是一个固定的消息，用于对所有参与者提供链路信息，包括 Link-4A 数据链、Link-11 数据链和 Link-16 数据链部分。如有必要，Link-16 数据链部分可单独发布，这部分的准备过程包含在 Link-16 数据链通信规划 QRG 中。OPTASK LINK 按功能划分成“管理”“战斗群定义”和“单个单元定义”。用字母“J”开始的任何设置均是指 Link-16 数据链，只在几个地方可能用其他字母。在 OPTASK LINK 用户指南中有关于 OPTASK LINK 设置的详细描述。

1）“管理”部分

在消息的开始处，通过设置 MSGID 和 PERIOD 建立消息的类型和时间长度。如果希望采用相对栅格方案，可设置 REFPOINT 用于发布栅格原点；然而，它通常与多链工作的数据链路基准点是相同的。LNKXVI 设置规定了 Link-16 数据链独立部分的开始。AMPN（扩展）和 NARR（语句式）设置可以放在消息的任何地方，其中 AMPN 设置用来提供前一行的扩展信息，而 NARR 设置对有关的几个设置提供透明信息。

2）“战斗群定义”部分

在这一部分里，发布所有网络参与者的消息。PERIOD 设置用于规定网络计划使用的时间。JNETWORK 设置为空中控制 NPG、战斗机–战斗机 NPG 和监视 NPG，规定了使用的网络和所选择的设计选项文件。JCRYPDAT 设置规定了密码短标题和加载指令，对每个短标题用一个设置，在“单个单元定义”部分中没有 JSDULOC 的所有参与单元都用加载指令（SDU 定位）。

战斗群指挥机构使用 JTRNMOD 来设置大功率放大器的许可使用，除非 EXER（训练）规定，否则禁止使用大功率；在该设置中同时发布网络设计的距离模式，目前所有海军网络均采用正常距离模式。

JSNETS 设置可通过网络编号来规定使用空中控制、战斗机–战斗机和两路保密话音通道的分支电路。这些 NPG 都提供 127 个可选网络编号。每个平台必须为每个 NPG 选择一个网。空中控制单元、战斗机–战斗机群和每个不同话音的使用电路接收其各自的网络编号标志。例如，USS Carl Vinson 可指定使用空中控制网络编号“70”，USS Arkansas 使用空中控制网络编号“41”，而 Arkansas 的空中控制员将使用 VGB 网络编号“41”发射话音。如果需要，AU 平台能改变这些网络编号的选择。注意：不是所有网络都能支持所有 4 个 NPG 的重叠网。如果不支持 NPG（没有话音 B），那么该网就不能使用。

3）“单个单元定义”部分

这部分是通过 JUDATA 设置的一个报头重复部分，还可包含 DUTY、JOPTION 和 JSDULOC 设置。所有的信息仅属于前面 JUDATA 设置中规定的单元。该设置（和 JNETWORK）对单个链路参与者是最重要的，包括 JTIDS 单元（JU）编号或 AKAI6/17 行号，以及决定它们的链路识别器和链路参与（发射分配）的平台加载文件。同时，该设置也规定了航迹块和许可功率电平。

在 DUTY 设置中规定了各自的网络角色，在 JSDULOC 设置中给出了各自的密码加载需求。若这些设置默认，则意味着：单元是 PRU，整个战斗群使用在 JCRYPDAT 设置中规定的密码加载。JOPTION 设置规定了设计选项序列号，被单元用于空中控制 NPG、战斗机–战斗机 NPG 和监视 NPG。

6. 作战任务链路解释

OPTASK LINK 用户指南详细描述了 OPTASK LINK 消息的每一个设置和字段的含义。而且，Link-16 数据链通信规划用户指南第 1 部分——“快速应用指南”提供了那些消息设置的细目，用于支持 Link-16 数据链的使用。

6.4.3 初始化

将前面设计和规划阶段的网络初始化参数和终端初始化参数，与平台操作员提供的平台专用参数相结合，输入 JTIDS/MIDS 初始化程序，生成初始化参数文件。加载参数文件“启动”终端运行的过程称为初始化，包括终端初始化和网络初始化。网络管理系统必须密切协调，安排每个平台完成唯一的加载，以保证网络中的所有参与者终端的初始化程序兼容，使 Link-16 数据链参与者之间能够建立有效链路。

初始化是网络管理系统的第 3 部分。每个参与成员必须从 JTIDS 网络库中选取指定的网络，并获取合适的平台加载文件。然后将这些数据与平台的特有数据合在一起进行更改，以反映所分配的网络角色，并存储起来以便传输给终端。

JTIDS 终端的正常工作，需要加载近 550 个参数存储到 64 组终端存储器，其中有 60%的非时隙参数和 40%的时隙参数。非时隙参数用来确定平台的设备和接口参数，包括天线配置、导航接口和 JTIDS 到主计算机接口的其他需求；时隙参数用来确定 Link-16 数据链参与者的网络参数，包括发送时隙分配、中继时隙分配和网络编号。初始化参数包括内容如下。

（1）JTIDS/MIDS 网络标识符。

（2）栈网、多重网指定。

（3）接入模式。

（4）联合 NPG。

（5）重复率。

（6）中继。

（7）JTIDS/MIDS 话音网。

（8）报文打包结构。

（9）默认网络、默认的 MSEC CVLL 和默认的 TSEC CVLL。

（10）加密网信息。

（11）干扰防护特征替换值（IPF Override）。

（12）地理位置和位置精度。

（13）JTIDS 单元（JU）编号，为每个 JU 分配一个跟踪号作为其在 Link-16 数据链上操作的地址。

（14）地理位置和位置精度。

（15）系统时间和时间精度。

（16）NPG。

（17）主要用户/辅助用户指定。

（18）通信管理职责分配。

（19）长机指定。

1. 舰艇 C2P/JTIDS 初始化

舰艇 C2P/JTIDS 初始化示意图如图 6.11 所示。C2P AN/UYK-43 完成了 Link-16 数据链的初始化并实现了对舰艇的监视功能。位于战术信息协同或航迹监视站的 AN/USQ-69 作为与 C2P、JTIDS 终端和链路本身的人机接口。

Link-16 数据链初始化和 C2P 排故程序在 OPNAVINST C3120.43 附录 A 中有详细的描述。

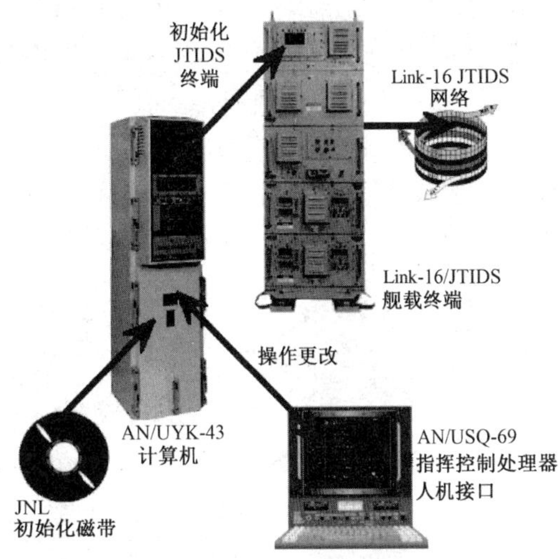

图 6.11　舰艇 C2P/JIDS 初始化示意图

在初始化前，舰艇的作战指挥系统（或指挥与决策系统）必须工作并提供导航数据（至少提供本舰位置），且 C2P 必须加载。初始化由操作员通过人机接口在 C2P 中输入网络文件名、网络编号、指定的平台文件、监视和空中控制选项，以及监视选项序列号。非时隙相关信息（数据转发单元分配、航迹块分配和设置、网络角色分配等）也通过操作员输入以实现初始化。C2P 操作员从 OPTASK LINK 中获取这些输入信息。

对于 OPTASK LINK 中不提供的信息，如本舰和船身 ID 等，可在 C2P 中输入或通过 C2P 软件提供。初始化还需要时间参数，可通过 C2P 自动提供（如果在 AN/USQ-69 上显示的时间接近于 GMT）或通过操作员输入。

一旦向 JTIDS 终端提供了所需的参数，就开始入网和同步；若终端完成了主动精同步，则开始全网参与。

2. 飞机初始化

战术飞机利用任务规划系统（TAMPS）对 JNL 进行分类，选取合适的时隙参数和非时隙参数。TAMPS 于任务前产生 JTIDS 加载参数，初始化 JTIDS 终端所需的 64 组数据图像存储在雷蒙德磁盘（E-2C 预警机）或数据存储单元（F-14D 战斗机）中，然后加载到飞机上。飞机上的任务计算机系统加载了 JNL 平台的特有数据后，通过 1553B 总线将数据发送到 JTIDS 终端。在 TAMPS 和（或）飞机上预置一些初始化参数。

TAMPS 包括核心模块（对所有安装的 TAMPS 通用）和飞机专用模块（每个平台都安装）。E-2C 预警机和 F-14D 战斗机的 JTIDS 软件模块是相互独立的模块（加到 TAMPS 的核心软件）。为了接入 JTIDS TAMPS 软件，必须输入一些任务计划数据，包括计划模型、任务命名和工作区域的选择。在 OPTASK LINK 消息中规定了 JNL 平台数据和 JNL 设计数据，由操作员输入。OPTASK LINK 消息中规定的 Link-16 数据链角色能在 TAMPS 中或在飞机上输入。

1）E-2C 预警机初始化和操作

E-2C 预警机初始化示意图如图 6.12 所示。E-2C 预警机操作员用 TAMPS 预置 JTIDS 参数。通过雷蒙德磁盘将初始化参数加载到飞机上。这些参数在飞机上能重新预置。每个雷蒙德磁盘可存储多达 3 个 JTIDS 初始化加载程序。每个加载程序表示一组不同的发送时隙，如“J4”表示网络 01，“J5”表示网络 05，“J6”表示网络 06；但监视设计选项号或序列号不同。

E-2C 预警机上有 2 个接口用于输入 Link-16 数据，即先进显示单元（ADU）接口和多功能控制显示单元接口。ADU 是输入 Link-11 和 Link-4A 数据的主要器件，也用于一些 Link-16 的输入。多功能控制显示单元专用于 Link-16 的数据输入，其中包括很多 ADU 所没有的功能。输入 Link-16 所需的过程在 OPNAVINST C3120.43 附录 B 中有详细描述。

2）F-14D 战斗机初始化

F-14D 战斗机初始化示意图如图 6.13 所示。F-14D 战斗机用 TAMPS 工作站产生对 JTIDS 终端的加载。F-14D 战斗机有一个单独的 JTIDS TAMPS 模块，该软件模块能在 TAMPS 中预置所有的 Link-16 选项。这样的预置减少了在飞机上完成安装所需的时间。

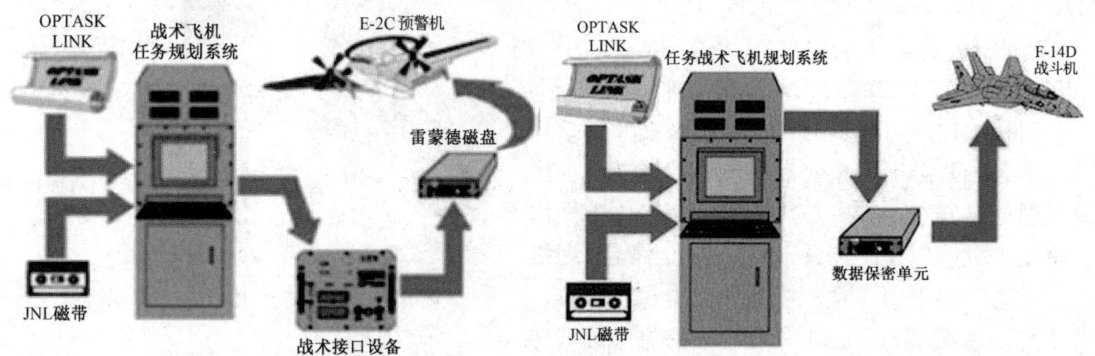

图 6.12　E-2C 预警机初始化示意图　　　图 6.13　F-14D 战斗机初始化示意图

F-14D 战斗机 TAMPS 软件将 JTIDS 初始化加载程序复制到数据保密单元（DSU）。DSU 只存储一个 JTIDS 初始化加载程序。在飞机上，数据输入设备与雷达共用多功能显示器，飞机驾驶舱雷达拦截员负责完成 Link-16 数据链的设置。

F-14D 战斗机 Link-16 数据链的安装过程需要一个 1553B 总线到 TAMPS 的插座接口。此外，空军中队每架飞机都需要 DSU。每个 DSU 完成一个 JTIDS 加载。进入 Link-16 网络所需的过程在 OPNAVINST C3120.43 附录 C 中有详细描述。

6.4.4　网络运行控制

网络运行控制是管理 JTIDS/MIDS 网络操作的一个持续进行的过程。网络管理员负责监视部队组成和分布，维持合理的网络配置、多链要求和一般的链路管理。网络控制包括在 JU 之间建立、维护和终止 Link-16 数据链通信所需的活动，以及适应运行环境变化所需的活动。网络控制可以通过 Link-16 数据链或话音来执行，取决于网络中 JU 的能力。其中多数功能都由 JTIDS/MIDS 终端自动维护，无须操作员干预；操作员可在网络运行期间进行选择性干预，使之满足通信要求。

（1）网络维护功能。在动态的工作环境中，NPG 被激活和解除激活，JU 进入和退出网络都是动态发生的。网络维护的要求，是在动态的工作环境中，实时地采取行动来保持网络同步和连通。网络管理员、NTR（含 IEJU）承担网络维护和网络管理任务。大多数海面和地面 C2JU 能够完成所有网络维护功能；大多数空中 C2JU 能够完成除网络管理员以外的所有功能，但是空中 C2JU 通常不被指定为 NTR 或 PR；非 C2JU 只能作为 NPG 的参与 JU。

（2）用户功能。用户功能主要包括利用消息初始化 NPG、选择网络编号、设定平台指示器、改变传输方式，以及报告网络参与状态（NPS）。

（3）维护系统时间。网络时间基于 GPS 提供的世界协调时间（UTC），保存在作为 NTR 的 JU 终端时钟内，由执行 NTR 功能的 JU 维护，不需要操作员干预。

（4）数据注册。在 Link-16 网络中，栅格锁定和场地注册并不用于数据注册。所有 C2JU 会自动完成测地注册、传感器注册和远程接口单元（IU）注册等数据注册过程。

1. 加入 Link-16 网络操作

步骤 1：计划加入 Link-16 网络的 C2JU 向网络管理员提出入网请求，并通告相关信息，即加入网络的原因、加入的时间/日期、预计参与的时间长短、请求的 OPTASK LINK 信息。

步骤 2：网络管理员判定该 C2JU 的加入对接口的影响，决定批准入网请求还是修改入网请求，并将结论通知该 C2JU。

步骤 3：如果批准加入或修改后加入，网络管理员或接口控制员就向该 C2JU 提供 OPTASK LINK 和一个有效的日期/时间。

2. 终端中断的处置

在网络运行期间，有多种原因会造成终端中断。原因不同，其恢复正常运行的方式也不一样。表 6.4 所示为终端中断的原因及处置方式。

表 6.4　终端中断的原因及处置方式

序　号	中 断 原 因	处 置 方 式
1	终端关机	JTIDS/MIDS 终端一旦恢复工作，JU 就会利用入网程序重新加入网络
2	精同步丢失	JTIDS/MIDS 终端自动实现精同步
3	粗同步丢失（如超出视距范围、接收机出现故障不能接收初始入网消息等）	造成粗同步丢失的条件一旦得以校正，JTIDS/MIDS 终端就会自动地重新启动 JTIDS/MIDS 网络进入程序
4	加密变量滚动	JITDS 终端中断 7 个时隙（55 ms）之后自动正常工作，无须重新同步
5	加密变量装载	JTIDS/MIDS 终端暂停所有功能，或置于等待方式，或处于开机方式。注：若安装新的加密变量，则需要重新初始化终端，此时网络管理员应确保不能有多个 JU 同时重新装入密钥

3. 加密网泄密处置

加密网泄密是指网络正在使用的、用于通信保密的密钥丢失或暴露。抑制和预防是对抗泄密的唯一措施。抑制就是减小泄密对正在工作的加密网络造成的影响，预防就是为防止密钥在分发和使用期间丢失或暴露而采取的保护措施。

尽管多个 NPG 可以使用相同的加密网，但是这些 NPG 中任一 JU 的泄密都会造成工作于该加密网的所有 NPG 的数据泄密。

加密网泄密会对在网络中工作的 JU 的物理安全（如目标瞄准），以及在网上传递的数据的内容产生严重影响。如果一个未授权的单元获取密钥并且保持完全无源，则在加密网使用相同密钥连续工作期间，它就可能获得有用的情报。利用泄密的 JTIDS/MIDS 终端可以破坏网络管理、中继、时间基准和其他系统服务。

可通过设计不同的加密网来提供防止泄密的多个保护等级；原因是不同的消息集合采用不同的密钥传输，当单个加密网泄密时，只有系统信息的子集可能泄密。由此可知，加密网规模越小，密码周期越短，泄密所产生的影响就越小。

不管大小，任何可疑的泄密都应立即报告给网络管理员。检测泄密的方法如下。

（1）证实有一个事实违规者或捕捉到一个渗透的 JU 或证据。

（2）一个单元请求接入它不应该进入的加密网。

（3）由干扰引起的任何突发中断或工作效率降低。

（4）检测到采用不正确方式或内容的数据。

（5）识别出一个错误的单元正在网上报告。

当网络管理员怀疑一个 JU 泄密时，他就可以通过改变密钥的方式将该 JU 与加密网上的其他 NPG 隔离。对于非泄密 JU，必须手工重新输入密钥。

4. 终止 Link-16 网络运行

C2JU 采用计划退出和非计划退出两种方式的其中一种退出 Link-16 网络具体如下。

1）计划退出网络

步骤 1：计划退出网络的 C2JU 通过数据链协调网（DCN）向网络管理员提出请求，并告知网络管理员相关信息，即退出原因、退出的时间/日期、预计不参与的时间长短、当前执行的网络功能（如 NTR、IEJU、中继等）、希望维持或释放的分配时隙。

步骤 2：网络管理员判定其对接口的影响，决定是批准退出请求还是修改退出请求，并将结论通知该请求单元。

步骤 3：如果批准退出或修改后退出，网络管理员就重新指定其他 JU 承担即将退出的单元所承担的功能，并将该单元退出的时间/日期告知新单元。

步骤 4：在指定时间内，即将退出网络的 C2JU 停止 JTIDS/MIDS 传输。

2）非计划退出网络

如果网络运行过程中出现非计划退出，则采取以下步骤。

步骤 1：网络管理员尝试联系正在退出的 C2JU，以确定其退出原因和估计其重新加入的时间/日期等信息。

步骤 2：网络管理员确定对其接口产生的影响，重新指定其他 JU 承担维护 Link-16 网络正常工作所必需的接口功能，并通知所有参与者“该单元退出网络”。

6.5 Link-22 数据链网络管理

6.5.1 网络责任

Link-22 数据链系统定义两层责任体制，即超级网络层责任和网络层责任，相应地有超级网络管理（SM）和网络管理（NM）。SM 单元（SMU）负责管理系统顶层任务，如选择系统操作参数；NM 单元（NMU）负责网络层任务，如网络初始化。它们也进行联合责任管理，如超级网络/网络监视、迟入网等任务。

1. 超级网络层责任

SMU 负责向相应的作战指挥官提供有效的 Link-22 数据链操作，如选择和管理系统的通信和操作参数。

在超级网络初始化之前，SMU 为超级网络的各个网络选择适宜的通信系统和操作参数，并分发到超级网络的所有参与者。超级网络初始化结束后，SMU 转入监视和管理超级网络。

SMU 负责的命令包括：关闭整个网络、重新配置或重新初始化、网络单元脱离或加入网络、加密、初始网络单元加入超级网络、监视下层网络管理单元、设置网络单元中继功能、无线电静默，以及通告改变单元状态。

2. 网络层责任

NMU 在网络层有三个主要责任：网络初始化、网络管理和网络时间基准。作战指挥官根据 Link-22 网络单元 NU 的战术态势和技术能力，指定一个单元管理这些责任；这些责任也可以分发或移交给其他有资格的 NU。如果可能，负责网络初始化的单元应当负责网络操作。

网络初始化分为两个阶段进行：分发操作参数和决定操作起始时间（OST）。在初始化起始时间，负责网络初始化的单元开始分发操作参数，以便激活网络；在成功分发参数和进入操作态势后，它选择和分发操作起始时间。

网络管理包括网络监视、协议调用，以及为了维持网络效能而参与或干预协议。网络管理由网络管理单元负责，它在网络层拥有最高授权。

网络时间基准为每个网络成员维持一个公共日时间（TOD），它以每天 24 h 为重复周期，维持 TDMA 结构的同步。

6.5.2 超网/网络的管理

Link-22 超级网络（Super Network，超网）、网络的管理范围比较广，包括从初始化过程、操作选项（无线电静默、安全状态和机制等）、技术选项（DTDMA、LNE、重新初始化、波形的改变等）一直到关闭的所有过程。这些管理过程要求提供重要的状态和性能信息，以使责任机制能够发起或指导相关的行为；但在多数协议内，除要求提供状态和性能信息外，还要求提供其他更多的信息，这些信息可通过 Link-22 网络监视过程获得。这是一个两级过程，也就是说，在超网级和网络级都要进行。

1. 初始化

超网、网络的初始化很大程度上是一个自动化的过程，超网或网络通过自动化过程实现操作状态。这也是一个两级过程，分配给超网进行管理的超网级任务和分配给网络进行管理的网络级任务。

1）超网的初始化

超网初始化是一个复杂、漫长的过程（取决于网络的数量）。它包括一个准备期，在准备期要求选择基本的通信和操作参数，并在网络部署之前，把这些信息分配给所有超网参与者。这种“先验”信息至少包括以下参数。

（1）无线电台和保密设备参数：频率信息（定频或跳频），波形信息，密码信息，TDMA 模式。

（2）网络参数：网络组成（NU 数量），地址、跟踪块和相关的 NILE（NATO Improved Link Eleven）地址，超网/网络职责分配。

（3）MASN 组成：执行任务和信息交互需求一致的 NU 集合组成任务区域子网（MASN）。

2）网络初始化

网络初始化（NI）的过程就是向 NU 提供足够的信息，使它们能够在网络内开始交换操作信息。为了初始化一个网络，预期的参与者除接收超网初始化过程所提供的信息外，还必须接收一些基本的网络初始化参数。其步骤简要描述如下。

步骤 1：超网和网络配置、网络任务职责、频率、波形、密码和地址信息至少在预计的初始化时间之前 48 h 内，正常地分发出去。这种信息可能通过 OPTASK LINK 报文发送。在初始化过程开始之前，可能会有几次修改。

步骤 2：在指出初始化启动时间（IST）之前不久，单个的 NU 就应该利用简单的公共算法来确定合适的初始网络循环结构（iNCS）。

步骤 3：赋予 NI 职责的单元将有关信息输入更复杂的算法中，以确定一个起始操作网络循环结构（oNCS）；决定使用 DTDMA 还是使用固定 TDMA 会对该算法产生影响。如果采用后者，起始 oNCS 必须尽可能最佳，使之达到预期的网络效用；因为如果不重新初始化系统，就无法修正 oNCS。另一方面，如果采用 DTDMA，则 oNCS 将自动调节，以满足 NU 的要求。

步骤 4：在初始化启动时间（IST），赋予 NI 职责的单元将启动初始化过程，并把操作参数［包括操作启动时间（OST）］分发给网络参与者。赋予 NI 职责的单元将采用泛洪法传输技术来分发操作参数。

步骤 5：在操作启动时间（OST），所有网络参与者都采用 oNCS，并开始操作。如果采用 DTDMA 协议，则 NCS 的任何细微调整都可通过 DTDMA 协议实现。

2. 重新初始化

重新初始化是网络级进程。当目前的网络参数或网络循环时间需要修改时，或者当网络效率低于可接受网络效率，且网络管理单元（NMU）根据即将确定的一组准则来修正网络时，NMU 就会启动网络初始化进程。该进程会导致网络内战术报文的交换发生中断。因为单个网络的重新初始化所产生的不良影响，要低于整个超网重新初始化所产生的影响，所以把重新初始化进程分配给 NMU。

NMU 确定重新初始化的需求（通过网络监视进程），把意图通知网络参与者，然后生成一组新的网络建立数据库报文。这些报文将利用当前的 NCS 发送给网络参与者，并要求确认。在指定时间内，网络将转换到新的 NCS，如有必要，还需要重新同步，并继续运行。

3. 网络重新配置

重新配置进程（外加重新初始化进程）的需求及定义还在研究中。

4. 安全管理

安全管理进程是网络级进程，它包括有源的安全任务，如有源完整性机制的选择、通过无线通信进行密钥更换（OTAR）、通过无线通信进行信息分发（OTAD）、远程密钥管理和填零。

5. 滞后网络登录

滞后网络登录（LNE）就是一个 NU 试图加入一个已建立的正在运行的网络。试图加入一个网络的 LNE 单元可能有成功实现 LNE 所必需的全部信息，也可能只有部分信息或无任何信息。没有任何信息的单元试图实现滞后网络登录的情况非常少。

对于超网级 LNE，LNE 进程要求 SMU 来确定 LNE 单元应该加入的合适的网络。

对于网络级LNE，LNE 单元最初必须获得它即将加入的网络中正在使用的基本的无线电台、密码和操作参数。这些参数可通过 NILE 通信设备（NCE）外部的一些方式，通常是通过 OPTASK LINK 报文获得。一旦拥有上述信息，LNE 单元就必须完成下面几步。

（1）获得网络同步。

（2）确定 LNE 时隙的位置。

（3）获得 NCS。

（4）获得 NILE 地址（如果事先不知道的话）。

（5）获得一个分配时隙。

一旦 LNE 单元取得网络同步，它就可以接收数据；然而它还不能发送数据，除非它已获得分配时隙。

如果 LNE 单元在多个网络上都是活动的，则它对每个网络都必须完成“获得网络同步”“获得 NCS”和“获得一个分配时隙”这三个步骤。

6. 网络关闭

NU 可采用两种方式退出网络：计划方式和非计划方式。

当采用计划方式退出网络时，NU 将通知相关的 NMU，并放弃其时隙分配和 NILE 地址。NU 的时隙资源可通过网络退出报文交给 NMU。如果 NU 是两个或多个网络的成员，那么当它想退出网络时，它应向每个网络都发送一条网络退出报文。

在非计划退出方式下（如设备发生故障），收回所抛弃的容量和还在研究中的地址进程。

7. 超网关闭

超网关闭是一个高级进程，在战术指挥官（SMU）一级发起。它必须通过 Link-22 技术报文（可能要通过链路协调电路加以确认）来分发关闭时间。在关闭时间内，SMU 将发送 Link-22 关闭报文，每个 NU 根据 ADatP-22 的规程完成其关闭程序。

本章小结

根据数据链通信网络的本质，数据链战术消息实时、高效的传输，缺少不了数据链的网络管理。本章围绕数据链网络的设计和维护，介绍了数据链的网络管理技术。

本章在简要介绍了网络管理对通信网络的作用和意义之后，又阐述了数据链网络管理对数据链系统正常运行的重要性，以及设置数据链网络运行参数、监视部队成员当前位置与战场状况、控制和维护网络正常操作的基本功能。此外，本章还分别具体介绍了 Link-11 数据链、Link-16 数据链和 Link-22 数据链的网络管理过程，并详细描述了 Link-16 数据链的网络管理流程。希望读者可以通过对比这三个数据链的网络管理，能够理解由于战术功能和通信性能的不同，数据链系统网络管理的复杂程度是存在差异的，而且与民用通信网络的网络管理相比，也有其特殊性。

思考与练习

6-1　数据链网络管理系统有哪些功能？

6-2　画图说明数据链网络规划操作流程。

6-3　画图说明数据链初始化操作流程。

6-4　画图说明数据链网络运行管理操作流程。

6-5　画图说明数据链网络关闭操作流程。

6-6　简述 Link-22 数据链的网络管理两层责任体制。

6-7　叙述 Link-22 数据链的超网/网络基本管理过程。

6-8 简述 Link-16 数据链的网络管理目的和管理过程。

6-9 Link-16 数据链的网络管理与无线网络管理有什么异同？

6-10 Link-16 数据链的网络管理需要哪些部门或人员相互协调和配合才能完成？

6-11 简述 Link-16 数据链网络设计阶段的基本流程和主要功能。

6-12 给出 JTIDS/MIDS 网络设计需求表的典型内容。

6-13 Link-16 数据链的网络设计可采用哪些方式进行验证？

6-14 画图说明什么是 Link-16 的网络时间线。

6-15 简述 Link-16 数据链通信规划阶段的基本流程和主要功能。

6-16 简述 Link-16 数据链初始化阶段的主要功能。

6-17 简述 Link-16 数据链网络控制阶段的主要功能。

6-18 结合 Link-11 数据链和 Link-16 数据链网络管理的学习，分析和阐述网络管理在数据链中的作用。

参考文献

[1] 孙义明，杨丽萍．信息化战争中的战术数据链[M]．北京：北京邮电大学出版社，2005．

[2] 梅文华，蔡善法．JTIDS/Link-16 数据链[M]．北京：国防工业出版社，2007．

[3] 骆光明，杨斌，邱致和，等．数据链：信息系统连接武器系统的捷径[M]．北京：国防工业出版社，2008．

第 7 章　Link-4A/Link-11 数据链系统

对战术数据链的研究始于 20 世纪 50 年代，战术数据链系统的装备与使用始于地面防空部队、海军舰艇部队，随后逐渐发展到空军部队。最早的战术数据链系统是 20 世纪 50 年代后期美军使用的半自动地面防空系统（Semi-Automatic Ground Environment，SAGE）和海军的“海军战术数据系统（NTDS）”。

目前，美国、俄罗斯、以色列北约其他国家或组织的军队均装备有 TDS。美国空军的战术数据链系统有 TADIL A（Link-11）、TADIL B（Link-11B）、TADIL C（Link-4A）、Link-1、Link-10、Link-14，美国海军的战术数据链系统有 Link-4、Link-4A、Link-4C、Link-11、Link-11B，美国陆军的战术数据链系统为 ATDL-1，美国导弹部队的战术数据链系统为 MBDL，美国三军联合的战术数据链系统为 TADIL J（Link-16）；德国和加拿大等国海军使用的战斗数据链为 Link-11，意大利海军使用的战术数据链为 Link W，英国、荷兰、挪威、比利时等国海军使用的战斗数据链为 Link-10 和 Link-14。

美军对数据链的开发和系统应用最为广泛，其战术数据链系统的应用尤为突出，支持的业务种类多，数据传输速率高，保密性强，抗干扰性好，能很好地满足作战指挥需求。本章及后面两章将介绍美军广泛应用的 Link-4A 数据链、Link-11 数据链、Link-16 数据链，以及 Link-22 数据链的系统组成、系统功能、网络结构、消息标准、帧结构、性能特点和系统应用。本章介绍 Link-4A 和 Link-11 数据链系统。

7.1　Link-4A 数据链系统

系统综述

7.1.1　系统综述

1. 发展历史

20 世纪 50 年代末，美国海军为解决舰机协同问题，研制并装备了第一代战术数据链系统——Link-4，建立了航母与舰载机之间的数据通信，实现了航母对舰载作战飞机的数字化指挥控制和着舰引导。其设计初衷是用新型的数据通信替换指挥引导能力有限的话音通信，提高航母对舰载飞机的控制效率。在最初装备阶段，出于对质量和体积的限制，将 Link-4 数据链设计成只能向飞机传输信息的单向数据链；20 世纪 70 年代以后，将它进一步增强为 Link-4A 数据链，使其具备地空双向数据通信能力。从 1984 年起，又针对 F-14 战斗机，研制了 Link-4C 战斗机间抗干扰数据链，组成 IFDL 网络，在多架 F-14 舰载战斗机之间实现信息共享。

Link-4/4A/4C 数据链的主要性能如表 7.1 所示。

由于通信协议和消息标准的不一致，Link-4A 数据链设备和 Link-4C 数据链设备不能直接通信，无法相互发送消息，因此需要有专门的设备进行接口转换，以兼容 Link-4A 数据链与 Link-4C 数据链。例如，F-14 战斗机上装配的 AN/ASW-27WC 型数据终端，既适用于 Link-4A 数据链，也适用于 Link-4C 数据链，但不能同时与两者通信。

表 7.1 Link-4/4A/4C 数据链的主要性能

名　称	频　段	工作方式	主要性能
Link-4	UHF	半双工，时分复用	传输速率为 1200/600/300（bit/s），无抗干扰和保密功能
Link-4A			传输速率为 5 kbit/s，无抗干扰和保密功能
Link-4C			传输速率为 5 kbit/s，有抗干扰功能但无保密功能

2. 系统功能

系统功能

第 1 章中指出，数据链本质上是一种数据通信系统，它通过链接不同的应用平台，可以实现应用平台间战术信息的交互，并支持不同作战功能的实现。应注意数据链系统功能与数据链功能的区别和联系如下。

（1）作为一种通信系统，数据链功能侧重于通信能力，实现不同平台间数据信息的传输和交互。

（2）数据链系统是数据链与其链接的应用平台的综合集成，数据链系统功能侧重于战术能力。

（3）数据链功能是数据链系统功能实现的基础，并且数据链的通信也支持系统中不同战术任务的实现。

（4）相同的数据链系统，可链接海军、空军、陆军的不同应用平台，实现相同的系统功能。

（5）不同的数据链系统，也可实现相同的系统功能。

因此，本书中的数据链系统功能，是从作战应用角度介绍的数据链所支持的战术功能。

最初，Link-4A 数据链系统主要用以取代航母上指挥控制人员与飞机之间的话音通信，以减轻控制人员的工作强度，增加可控制的飞机数。后来，Link-4A 数据链系统增加了载机的目标数据回传功能，可以把飞机发现的目标回传至航母，这就增加了航母发现低空目标的范围。再后来，E-2 预警机和一部分 E-3 预警机也装备了 Link-4A 数据链系统的控制台，用以对战斗机进行控制。

Link-4A 数据链系统可提供舰载平台与机载平台之间的数据通信，即提供数字化的舰对空、空对舰，以及空对空的战术通信。它是目前美军或北约的其他组织使用的多种战术数据链中的一种，在对空控制、训练及作战管理方面仍发挥着一定作用。

按照最初海军航母作战的战术设计，Link-4A 数据链系统主要有 5 种应用模式，分别用于不同作战阶段，即 Link-4A 数据链系统支持 5 个战术功能——ACL、ATC、AIC、STK 及 CAINS 修正。

1）航母自动着舰（ACL）功能

ACL 功能用于舰载飞机着舰阶段的引导，控制多架飞机自动、安全而准确地着舰。

飞机主要有两种降落方式：一种是全自动方式，通过自动驾驶仪完成；另一种是半自动方式，为飞行员提供一条保证飞机正常降落的飞行航道目视指示。利用 Link-4A 的 ACL 功能，航母向舰载飞机发送“自动着舰控制消息”等消息，对飞机的最后着舰（或着陆）实施可靠引导。ACL 功能是目前 Link-4A 数据链系统中使用最多的功能。

通过 Link-4A 数据链系统，航母控制台可以同时控制两架飞机在相隔 30 s 内相继在航母上着舰。通常在航母自动着舰系统工作中，只要求采用 Link-4A 数据链系统的单向工作方式。

2）空中交通管制（ATC）功能

ATC 功能用于飞机起飞后，在某一区域飞行阶段的精确指挥引导。航母控制台向该区域内的受控飞机发送“交通管制消息”等消息，引导飞机按照作战意图进行飞行。

3）空中拦截控制（AIC）功能

AIC 功能用于空中交战阶段对飞机的引导，控制飞机对空中威胁（如敌方飞机或导弹）实施探测、识别、拦截与摧毁行动，以及实施防空作战中的拦截控制任务。

在拦截控制指挥过程中，当拦截控制指挥官进行指挥控制时，他可以观察到在其控制下的飞机航迹和处在该区域内的目标轨迹。通常情况下，他能够看到的战术图像信息比机组人员所看到的更广。选定目标以后，拦截指挥官将通过上行控制链路给受控飞机发出所选目标的有关信息，而这些目标信息受控飞机可能是看不到的；同时受控飞机使用自身传感器对目标进行识别并进一步获取数据，然后通过下行应答链路发送给控制台。由于受控飞机的传感器有时可能获取或拦截指挥雷达视距以外的目标信息或精度更高的目标信息，因此建立下行应答链路以传送目标信息是非常必要的。Link-4A 数据链系统在实施空中拦截过程中，控制台和飞机之间使用"目标数据交换消息""应答消息（目标位置/速度报告）"进行目标信息交换。另外，拦截指挥官还负责指挥飞机对选定目标的行动方式，使用"飞机引导消息""引导与具体控制消息""精确指挥消息"等消息控制飞机的具体行动，例如，是要飞向目标进行拦截和进一步识别，还是要对目标实施摧毁。

4）突击控制（STK）功能

STK 功能用于飞机对水面目标攻击阶段的指挥引导。该功能通常仅要求单向通信，即从控制台向攻击机发送"突击控制消息"指令，而受控飞机保持无线电寂静。这种指令引导方式与话音相比更具保密性，使敌方飞机更难掌握其内容。

5）舰载飞机惯性导航系统（CAINS）修正功能

CAINS 属于舰船导航系统中的一种陀螺惯（性）导（航）系统，用于飞机导航。陀螺惯导系统在使用中随着时间的推移，存在导航误差累积的固有缺点，因此需要对其进行定时修正，以确保机载导航的精度。

在飞机起飞前，航母通过 Link-4A 数据链系统以极高的修正速率向舰载飞机发送"惯导系统校准消息"，对飞机惯导系统进行校准，把机载惯导系统校准到与航母的飞机惯导系统一致的水平上。

以上是 Link-4A 数据链系统在美国海军中的作战功能。该数据链可以应用于美国空军，取代地面指挥控制人员与飞机之间的话音通信，减轻控制人员的工作强度，增加可控制的飞机数；同样也可以应用于美国陆军，实现相近的战术功能。总的来说，Link-4A 数据链系统的主要战术功能是数字化的对空指挥控制。

3. 装备情况

美国海军、空军和海军陆战队都装备了 Link-4A 数据链系统。以美国海军为例，Link-4 数据链系统于 20 世纪 50 年代末开始装备在美国海军早期的 F-4 型战斗机上，用作机载对空系统；用于 A-6 攻击机时，则是以航母飞机惯导系统作为输入，用 Link-4 数据链系统进行导航系统校准。到了 20 世纪 60 年代，其他舰载飞机也安装了 Link-4 单向数据链系统，这些飞机包括电子预警机 E-2B 和 E-2C，巡逻攻击机 S-3A、A-6、A-7，电子战飞机 EA-6A，以及 F-4 改进型战斗机。20 世纪 70 年代，EA-6B 飞机安装了 Link-4A 数据链系统；同一时期，F-14A 战斗机配置了双向 Link-4A 数据链系统，使其能够向控制台下传跟踪数据与状态数据。20 世纪 80 年代后，Link-4A 数据链系统的双向通信能力进一步增强，并在 F/A-18 飞机上得以体现。

随着通信技术的发展和 F-14 战斗机的退役，Link-11、Link-16 等新型数据链系统出现。Link-4A 数据链系统的许多功能可以被更先进的战术数据链实现，从而提高数据链的传输性能和整体作战效能。资料显示，ATC、AIC等功能，以及Link-4C数据链系统战斗机间作战功能由Link-16数据链系统来完成，链路性能得到了极大提高。但Link-16数据链系统不能替代Link-4A数据链系统的自动着舰功能，受控飞机仍需配备Link-4A数据链系统，以完成舰上降落。2015年前后，美军不再使用Link-4A数据链系统。

7.1.2 系统结构

Link-4A数据链系统包括地面系统和机载系统两部分，其组成框图如图7.1所示；地面系统和机载系统均由用户应用设备和通信设备组成，图中灰色部分为数据链通信设备。图7.1中还参照数据链参考模型给出了Link-4A数据链系统与参考模型功能层的关系。由于战术数据链的产生早于OSI和TCP/IP参考模型的出现，因此在战术数据链系统的学习过程中，应该灵活运用而不必生搬硬套。

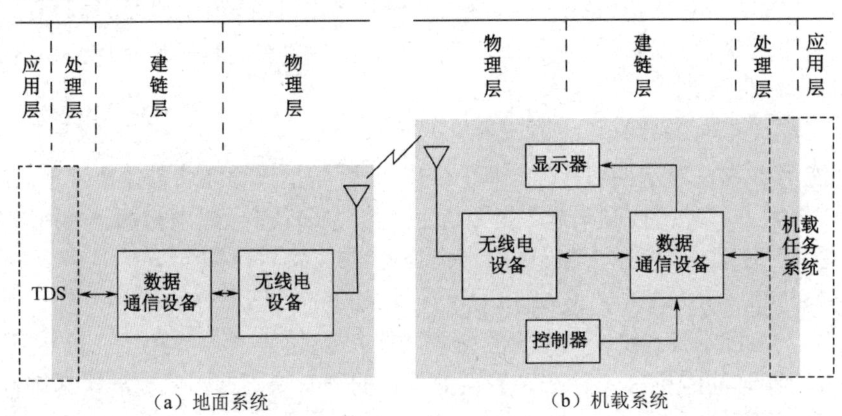

图7.1 Link-4A数据链系统组成框图

1. 地面系统组成

Link-4A数据链系统的地面系统主要有数据通信设备、无线电设备及收发天线，并与TDS交联，如图7.1（a）所示。

1）TDS

TDS兼具应用层和处理层功能，更侧重于战术应用，是Link-4A数据链系统通信设备的信源/信宿。在Link-4A数据链系统中，TDS由多部计算机设备组成，其中包括战术应用软件、信息处理软件和战术信息数据库。TDS接收多路传感源数据，融合处理后显示区域态势，并定期更新数据库。人机交互软件处理和响应操作员的输入与询问信息，并控制外围输入与输出。待发送信息经格式化处理后，形成格式化的战术信息报文。

2）数据通信设备

数据通信设备与TDS以串行接口方式连接并通信。战术数据信息作为信源产生的数字信号，需要一定的码型（码元脉冲的波形和码元序列的格式）变换，才可进行数字基带或频带传输。相应地，飞机所接收的信号也需要进行码元再生，才能被TDS作为信宿接收。因此，数据通信设备具有码元变换功能，它将战术数据转换成适合信道传输的数字信号，或将接收到的数字信号码元转换成原始数字脉冲。

同时，数据通信设备也具有检错功能，它对战术数据进行奇偶校验码编码，并采用ARQ方式传送信息。

3）无线电设备

Link-4A 数据链系统无线电设备具有收发功能，在控制台和受控飞机之间提供无线通信链路。其通信频段为 225～400 MHz，信道传输速率为 5 kbit/s，全向视距最大通信距离约为 350 km。

Link-4A 数据链系统无线电设备与话音无线电设备的要求不同，其主要区别包括调制方式、发射与接收转换时间、主线路接口、自动增益控制（AGC）启动时间等。

（1）调制方式：Link-4A 数据链系统采用频移键控（FSK）调制技术，在载波频率 f_0 基础上，f_0+20 kHz 为“1”，f_0−20 kHz 为“0”；而话音无线电设备采用 AM/FM 模拟调制技术。

（2）发射与接收转换时间：话音无线电设备收发转换时间一般为几百毫秒；而 Link-4A 无线电设备一般应为几毫秒，不宜过大，否则会极大地限制传输大量消息。

（3）带宽：Link-4A 数据链系统无线电设备的带宽从直流至 5 kHz，比话音带宽更宽。

（4）在数据到达之前，Link-4A 无线电发射机必须键控 200 μs，以便消除功率建立过程。

（5）Link-4A 数据链系统无线电设备的 AGC 上升与释放时间短，发射机占空比达 100%；功率中等，为 50～150 W。

4）收发天线

Link-4A 数据链系统的收发天线采用特高频天线，尺寸较小，且收发天线可以共用或分开。

2. 机载系统组成

美军 F-14 雄猫战斗机上的 Link-4A 数据链系统的机载系统组成框图如图 7.1（b）所示。机载系统由天线、无线电设备、数据通信设备、控制器和显示器等组成，通过数据通信设备与机载任务系统交联。Link-4A 数据链系统的机载系统基本组成和功能与地面系统相近，但由于飞机是主要的作战攻击平台，其应用层对应的设备更多。无线电设备接收地面系统发送的战术数据，经数据处理设备处理后，根据信息类型将这些信息传送到交联的其他机载设备，如火控系统、显示系统、告警系统等任务系统。

7.1.3 消息标准、消息帧结构及信息流程

1. 消息标准

消息标准

在 Link-4A 数据链系统中，通过传输必需的、格式事先约定的、种类有限的消息，来实现航母对飞机的作战控制。具体的消息格式和消息内容在美国军标 MIL-STD-6004，以及北约标准 STANAG 5504 中进行了定义。

Link-4A 数据链系统消息分为 V 系列消息和 R 系列消息，如表 7.2 所示。V 系列消息指控制消息，是控制站对被控飞机的控制命令，其中包括航向、速度和目标数据等内容，共 12 种，通过上行链路传送。另外，V 系列消息中还有 4 种系统测试消息。R 系列消息指应答消息，是被控飞机对控制站的应答，包括其位置、油量、武器状况和跟踪数据等内容，共 5 种，通过下行链路传送。

2. 消息帧结构

V 系列消息和 R 系列消息均采用固定帧长，其中 V 系列消息（控制消息）的帧长为 70 bit，R 系列消息（应答消息）的帧长为 56 bit。Link-4A 数据链系统消息帧结构由同步脉冲、保护间隔、起始位、数据位和发射非键控位 5 部分组成，如图 7.2 所示，其中保护间隔和起始位合称前置码。每个数据脉冲的位宽为 200 μs。

表 7.2　Link-4A 的 V 系列消息和 R 系列消息

消息编码		消息类型	消息编码		消息类型
V系列消息	V.0A	有地址的样本消息	V系列消息	V.3121	突击控制消息
	V.0B	无地址的样本消息		MCM-1	测试消息
	V.1	目标数据交换消息（海军）		MCM-2	测试消息
	V.2	飞机引导消息		UTM-3A	通用测试消息
	V.3	引导与具体控制消息		UTM-3B	通用测试消息
	V.5	交通管制消息	R系列消息	R.0	飞机应答消息（海军）
	V.6	自动着舰控制消息		R.1	飞机应答消息（海军）
	V.9	引导与具体控制消息		R.3A	应答消息（战术数据）
	V.18	精确指挥最终消息		R.3B	应答消息（位置报告）
	V.19	精确指挥初始段消息		R.3C	应答消息（目标速度报告）
	V.31	惯导系统校准消息			

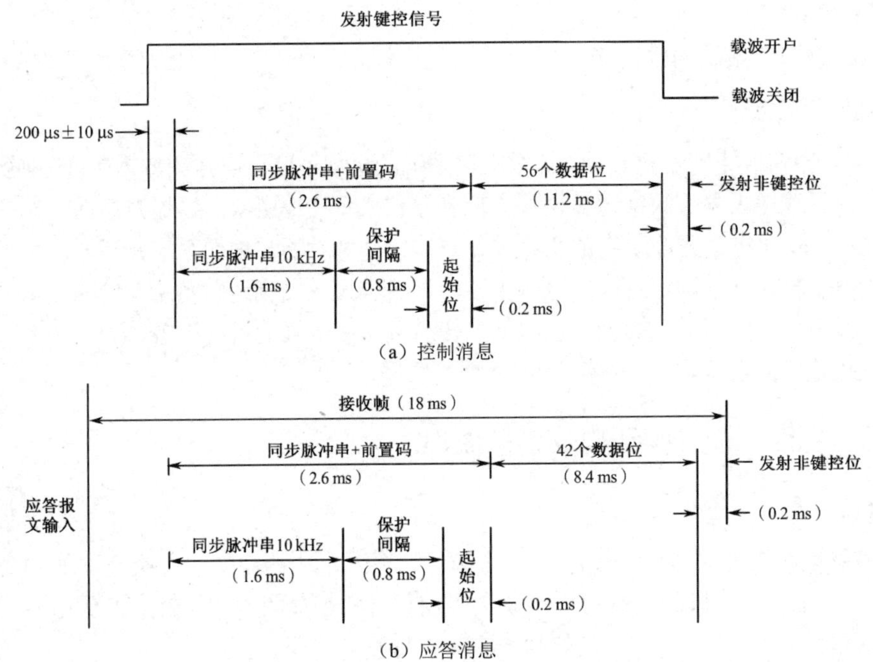

图 7.2　Link-4A 数据链系统消息帧结构

1）同步脉冲

Link-4A 数据链波形

在飞行过程中，飞机与控制站间的距离是不断变化的，且飞机会出现在视距范围内的任何一点。对接收机来说，如果它与信号源距离较近，则所接收的信号会较强，距离较远则接收信号会较弱，并且这种变化会相差较大。

同步脉冲兼有两项功能：第一，它为接收机的 AGC 与无线电增益匹配提供了时间，从而保证了信号的恒定输出；第二，数据接收设备与数据发射设备的位定时同步。

Link-4A 数据链系统同步脉冲串由 8 个数据位组成，8×0.2 ms = 1.6 ms。每个数据位高、低电平各占 100 μs。所以，同步脉冲是 10 kbit/s 的脉冲信号，其脉冲频率为 10 kHz，是其他传送部分频率的 2 倍。控制消息和应答消息的同步脉冲串相同。实际应用中，可能存在干扰而未能收到同步脉冲串的起始部分。这样，接收机可能收到的同步数据要比实际 8 个数据少一些，但这也能保证位定时的同步。同时，由于接收机具有相当快的 AGC 上升时间，足够在一个数据宽度内探测到信号的高低变化，因此可保证控制站和被控站之间的同步。

2）前置码

前置码紧挨着同步脉冲，表示实际报文数据的开始。它由 4 位二进制连续“0”保护性间隔（4×0.2 ms＝0.8 ms）和 1 个二进制“1”起始位（探测数据的起始端）组成，共计 5×0.2 ms = 1 ms。数据消息、控制消息和应答消息传输格式中的前置码相同。

3）数据位

数据位表示战术消息，是数据链系统的有效载荷。Link-4A 数据链系统的数据位在控制消息和应答消息中长度固定。1 个控制消息中数据占 56 位，即 56×0.2 ms = 11.2 ms 时间；而 1 个应答消息中数据占 42 位，即 42×0.2 ms = 8.4 ms 时间。控制消息和应答消息的主要区别：前者数据位中有地址码，而后者不含地址码。控制消息和应答消息的内容根据 Link-4A 作战任务确定，在消息标准中具体规定，属于密级。

4）发射非键控位

发射非键控位是发射期的最后一位，即 1 个二进制“0”，起保护间隔的作用。

3. 信息流程

从通信角度来看，数据链在各节点间形成战术数据信息流，完成数据链系统的战术功能。Link-4A 数据链系统的信息流有上行（地对空）信息流和下行（空对地）信息流，下面说明地面系统发送上行信息和接收下行信息的过程。机载系统类似，只是信息的具体内容不同。

1）数据发射流程

TDS 所接收的数据来自操作员及雷达、导航系统等传感器；出于空中交通管制与航母自动着舰控制的需要，TDS 也接收来自航母空中交通控制中心的输入数据，并存入数据库。为与飞机共享，经过战术计算机的格式处理后所形成的格式化报文，存入计算机缓冲区后，便以串行方式发送到数据通信设备。数据通信设备将计算机的数字数据转换成串行数字信号，并直接传送给 Link-4A 数据链系统的发射机。该发射机对数字信号进行频率载波调制，并通过天线发射出去，供各受控终端接收。

2）数据接收流程

Link-4A 数据链系统控制台天线收到无线电信号后，先对该高频信号进行解调，转为数字信号，然后传送给数据通信设备。数据通信设备将数字信号转为数字数据，并以串行方式传至战术计算机，由计算机进行处理，把这些数据转变为发射机最初发射的报文格式。最后，TDS 计算机将这些报文存入缓冲区进行处理，以便后续指挥控制。

7.1.4 网络结构和时隙分配

Link-4A 网络

1. 网络结构

Link-4A 数据链系统以数字化舰空指挥为目标，采用 TDMA 技术，以控制站（航母）集中控制的形式，通过控制站与不同被控站（战斗机）的多次点名呼叫/应答，形成 Link-4A 网络，提供航母与其战斗机的信息交互，实现航母对战斗机的数字化指挥。被控站之间无须进行信息交互。Link-4A 网络拓扑结构为星状拓扑，如图 7.3 所示。其通信标准遵循美国军标 MIL-STD-188-203-3。

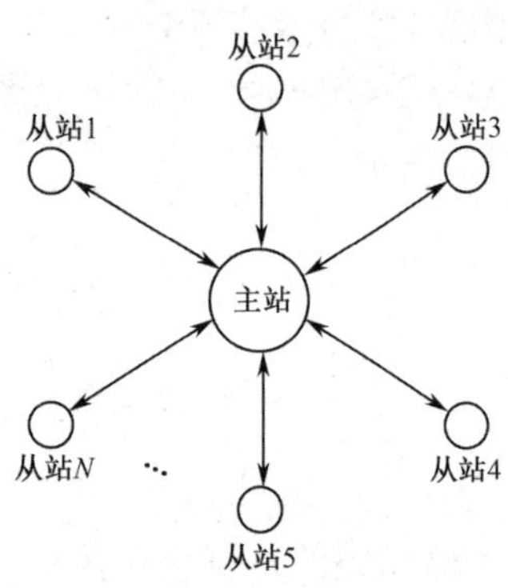

图 7.3 Link-4A 网络拓扑结构

2. 时隙分配

Link-4A 数据链系统在 32 ms 的固定时隙内完成一次点名呼叫/应答。前 14 ms 分配给控制站发送 V 系列消息，发送时间为 0.2×70 ms=14 ms（Link-4A 数据链系统的信道传输速率为 5 kbit/s）；后 18 ms 分配给被控站发送 R 系列消息，该消息发送时间为 0.2×56 ms=11.2 ms，另外留出 6.8 ms（18 ms−11.2 ms = 6.8 ms）的保护时间，以保证 Link-4A 数据链系统的控制站与被控站之间最大 400 km 的消息往返，防止控制站在接收应答信号和发射下一个控制消息之间产生干扰。

为了给应答站计算机留出充裕的时间来处理控制消息并生成应答消息，Link-4A 数据链系统在应答站收到消息后，未让飞机在随后的应答期内发送应答消息，而是滞后一段时间再进行应答，通常是滞后 1 个周期。

Link-4A 数据链系统时隙分配示意图如图 7.4 所示。

当 Link-4A 数据链系统应用 CAINS 校准模式时，发送惯导校准消息的控制主站每 16 ms 单向发送一次该消息，其中 14 ms 发送消息，2 ms 用于无线传播，以确保应答站接收。因此，每秒发送 62.5 个消息。而当应用其他模式时，则每秒发送 31.25 个消息。

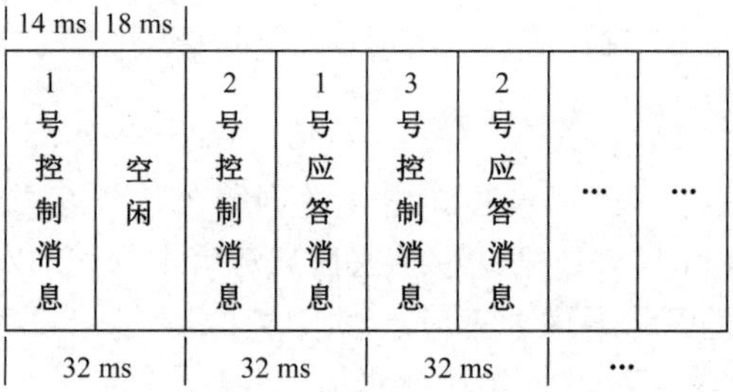

14 ms	18 ms						
1号控制消息	空闲	2号控制消息	1号应答消息	3号控制消息	2号应答消息	…	…
32 ms		32 ms		32 ms		…	

图 7.4 Link-4A 数据链系统时隙分配示意图

7.1.5 网络管理

1. 时间同步

由于 Link-4A 数据链系统以时间分割来区分不同信道，通信双方只允许在规定的时隙上发送和接收信号，因此在时间上的同步是 Link-4A 数据链系统正常工作的前提条件。网络中主站、从站在时间同步完成之后才能进行业务数据传输。

TDMA 协议将时间划分为一定的时元，每个时元划分为多个时隙，在每个时元内给每个网络站点分配一定数量的时隙用来发送信号，而在剩余时隙中接收其他站点发送的信号。为了使 TDMA 网络按时分多址方式正确地工作，网内所有站点对码元和时隙的划分必须有统一的标准，使每一次发射都以统一的时隙起点作为定时基础。网络中每个站点均备有准确的时钟，以其中一个指定站的时钟为基准，其他站点的时钟则预知同步，形成统一的系统时钟。

时间同步的过程，就是各从站将自己的时隙起始时刻与主站的时隙起始时刻对准的过程。这就需要主站周期性地在自己时隙起始时刻发送一个同步信号，各从站利用这个同步信号校准自己的时隙起始时刻。

2. 频率管理

一般来说，数据传输中的干扰问题会影响信号的正常接收，导致消息数据出现误码。

电磁干扰可能对通信产生破坏性影响。当多个辐射源拥挤在一起时，电磁干扰不容忽视；而当两个或多个相同频率的消息叠加时，也会出现干扰。如果一架飞机接收到一个带有误码的地址，或两架飞机偶然使用了相同的地址，就会同时应答，形成通信干扰。

在 Link-4A 数据链系统中，如果信道间距不充分，则会出现同信道干扰的问题。Link-4A

数据链系统要求发射信号的最小带宽为 40 kHz（载频±20 kHz），当频率间隔小于 40 kHz 时，会发生相关信道干扰。由此可知，比较理想的考虑是信道间至少应保持 100 kHz 的间隔。

接收机的灵敏度会因邻近发射机的强信号而降低灵敏度，接收机灵敏度越高，则对微弱信号的接收能力越强。灵敏度降低主要是因为强信号或噪声引起接收机前置射频过载，即当接收机与强信号源较近且二者频率也相近时易产生此现象。所以，保持一定的频率相隔，有利于防止接收机灵敏度降低。

3. 频分多网

Link-4A 数据链系统在 UHF 频段（225～399.975 MHz）每隔 25 kHz 一个信道，具有 7 000 多个可用的射频信道。合理选择频率、采用频分方式可形成多个 Link-4A 网络。通过控制站的控制，这些网可以同时工作，同时执行多个任务，从而提高网络利用率。飞机在不同的飞行阶段或执行不同的任务，可在不同的网间转换，比如起飞时可从航母控制网转入空中交通管制网，最终转入空中拦截控制网；还可能从一个地区的网移交给另一地区的网进行控制；近航时，又可由空中拦截控制网转交给空中交通管制网，最后转交给可引导飞机自动着舰的航母自动着舰系统。

4. 通信盲区和通信中断

通信盲区也是应注意的问题。飞机在低空飞行时，若飞机与控制台之间有较大的障碍物（如高山、桥梁）形成遮挡，会出现通信盲区；飞机在高空机动飞行或多架飞机在编队机动飞行时，其机身也会在飞机自身天线与控制站或飞机之间形成遮挡，从而出现通信中断。

7.1.6 性能特点

以 Link-4A 数据链系统为主，表 7.3 所示为 Link-4/4A/4C 数据链系统主要通信性能。Link-4A 具有通信协议简单、易于维护和使用等优势；但 Link-4A 数据链系统也存在保密性不强、抗干扰能力弱、数据吞吐量有限等不足。

表 7.3 Link-4/4A/4C 数据链系统主要通信性能

<table>
<tr><th colspan="2">Link-4/4A/4C 数据链系统</th><th rowspan="2">通信频段</th><th rowspan="2">工作方式</th><th rowspan="2">组网方式</th><th rowspan="2">通 信 性 能</th></tr>
<tr><th>美军名称</th><th>北约名称</th></tr>
<tr><td rowspan="3">TADIL C（Link-4A）</td><td>Link-4</td><td rowspan="3">UHF</td><td>单向半双工</td><td>点名呼叫</td><td>传输速率：1200/600/300 bit/s
抗干扰：无
保密：无</td></tr>
<tr><td>Link-4A</td><td>双向半双工</td><td>轮询</td><td>通信距离：170 nmile（地对空）
300 nmile（空对空）
信道间隔：25 kHz
可用信道：7 000 多个
通信速率：5 kbit/s
抗干扰：无
保密：无
调制：FSK
信道编码：ARQ 差错控制
消息标准：V/R 系列（定长）
网络规模：小（不大于 5）</td></tr>
<tr><td>Link-4C</td><td>半双工</td><td>—</td><td>抗干扰：有
保密：无</td></tr>
</table>

7.2 Link-11 数据链系统

7.2.1 系统综述

系统综述

1. 发展历史

Link-11 是美国海军 20 世纪 60 年代研制成功的一种低速战术数据链，用来建立地空和空空信息传输链路，实现舰船之间、舰船与飞机之间、舰队与岸上指挥机构之间的信息交换，解决了舰艇对空作战、协调编队防空、对海作战问题。该系统于 1964 年开始在美国海军服役。

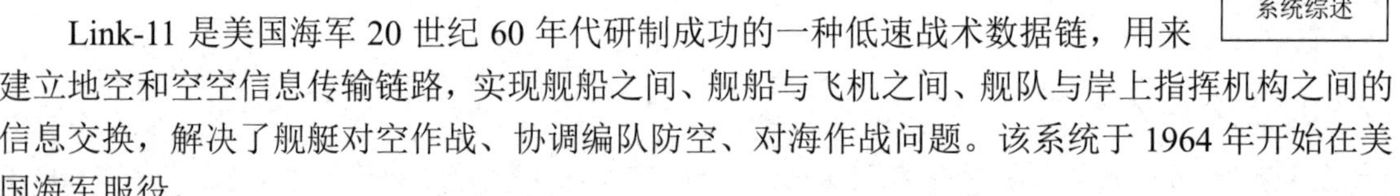

2. 系统功能

系统功能

Link-11 数据链系统又称为战斗群侦察与战役管制链路，支持战斗群各分队之间 NTDS 的数据传输，通常用来连通参加作战的战术部队，如海上舰艇、飞机和岸上节点。它主要用于美国海军的地面或海面单元与机载 C2 单元之间、空军单元之间，以及海军与海军陆战队单元之间的信息交换，并用于反潜作战。

海军使用 Link-11 数据链系统的战术功能如下。

（1）舰队区域控制与监视设施：在其管辖区内，计划安排并协调舰队的全部运行、试验和特别使用区域；同时在其管辖区域内，可以起空中交通管理者的作用。通常要每月发布一次分配频率、入网单元号码和其他数据链参数的运行任务信息。

（2）反潜战作战中心：在飞机飞行前、飞行中和飞行后向飞机中队提供实时操纵控制、任务计划、协调和评估支援，并通过 Link-11 数据链系统在海上巡逻机和该中心之间传送数字信息。反潜作战中心彼此之间也能交换信息。

（3）区域作战控制中心和防区作战控制中心：支援北美防空指挥部的战略防空任务，在平时这些控制中心掌握着美国的空中控制权。通过联合监视系统，依靠 Link-11 数据链系统提供雷达跟踪数据，可保持一幅完整的美国空间的实时空间图像。

（4）海军陆战队空中指挥与控制系统：由具备 Link-11 能力的设施组成。它们是战术空中指挥中心和战术空中作战中心，同时也支持其他多种数据链路。该系统承担空中防卫、空中控制的任务，并为海上飞机提供空中支援。

总的来说，Link-11 数据链系统与 Link-4A 数据链系统的应用目的不同，需要在海上和运动速度较慢的平台之间交换态势图信息。因此，Link-11 数据链系统的主要战术功能是态势共享和数字化指挥引导。

3. 装备情况

Link-11 数据链系统在美军的海军和空军中得到了广泛的应用。装备 Link-11 数据链系统的飞机平台有 E-2C 预警机、航母舰载 S-3A 反潜机、基地航空兵 P-3C 反潜巡逻机，以及 E-3 预警机等。飞机平台装备了 Link-11 数据链系统以后，大大增强了其战术信息的交换能力。海军的“鲟鱼”级和“洛杉矶级”核动力潜艇也装备了 Link-11 数据链系统。另外，陆军的控制中心也装备了 Link-11 数据链系统。

Link-11 数据链系统的计划服役期限为 2015 年。

7.2.2 系统结构

1. 概述

典型的 Link-11 数据链系统的地面系统构成框图如图 7.5 所示。除增加了一个保密机之外，Link-11 数据链系统的地面系统的其他功能模块与 Link-4A 数据链系统相同，该系统由保密机、数据通信设备、无线电设备及天线等部分组成，与 TDS 交联。

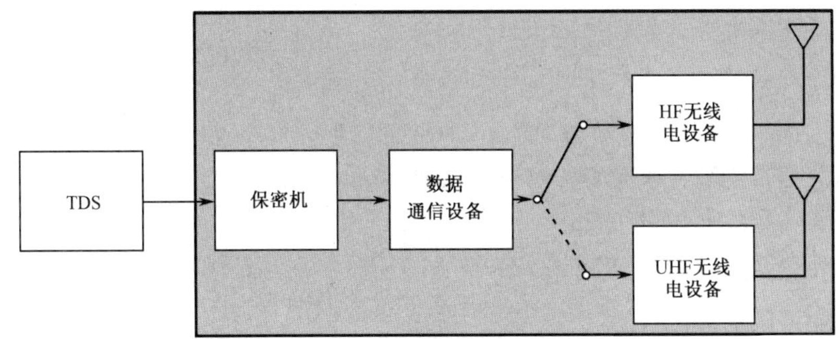

图 7.5　典型的 Link-11 数据链系统的地面系统组成框图

与 Link-4A 数据链系统相近，TDS 由多部计算机设备组成，其中包括战术应用软件、信息处理软件和战术信息数据库。TDS 接收多路传感源数据，融合处理后显示区域态势，并定期更新数据库。人机交互软件处理和响应操作员的输入与询问信息，并控制外围输入与输出。待发送信息经格式化处理后，形成格式化的战术信息报文。

但是 Link-11 数据链系统交换数据的目的是为所有成员提供统一的实时态势图。这种态势图不仅来自各成员本身的传感器，还来自经过 Link-11 数据链系统传来的由其他成员的传感器所获取的远距离信息，要把它们统一起来。因此，在 Link-11 数据链系统中，TDS 还要具备下列航迹处理与融合功能。

（1）图形匹配与登录（Picture Matching and Registration）：网内成员要能把从其他成员传送来的数据与本平台的传感器所产生的数据匹配起来。各种误差，尤其是导航误差（为各成员提供实时位置信息），导致从其他成员接收的数据和本平台产生的数据之间有位移。校正画面，使之在航迹库中对准。

（2）格网锁定（Grid Lock）：为了 Link-11 数据链系统的移动成员校正其真实位置与系统所保持的图形之间的误差，系统首先要指定一个固定平台或有最好的导航设备的平台作为格网基准单元（GRU），其他成员以它为基准进行格网锁定。格网锁定方法有两种：手动锁定，将由 GRU 报告的一个航迹与移动成员雷达产生的航迹匹配，从而校正移动成员的位置误差；自动锁定，将由 GRU 报告的多达 8 对的航迹与移动成员雷达产生的相应航迹的位置相比较，将所有航迹之间的平均误差作为位置和（坐标）旋转校正量。

（3）相关（Correlation）：Link-11 数据链系统中的相关是指在链路中报告的两条航迹在事实上是同一条。链路相关指的是将接收到的航迹与本平台产生的航迹相比较，进行核对，判明它们之间相关或不相关，其中要考虑位置、航向、速度、高度、属性、IFF 等因素；如果相关，便启动融合处理。相应地，去相关是对已做相关处理的两航迹不断地进行核对；如果验明没有达到规定的标准，则启动去相关。

（4）报告航迹质量（TQ）：当一个成员报告航迹时，必须报告 TQ。TQ 是对所报告航迹的位置精度的估计，其级别为 0～7。0 指的是非实时航迹；从 1 到 7 则为实时航迹，TQ 越大，精度越高。给出 TQ 的目的是当两个以上的成员都看到同一航迹时，按 TQ 规定其中哪一个成员负有报告责任（Reporting Responsibility，R2）。

（5）报告责任（R2）：在 Link-11 数据链系统中，为了确保由掌握最精确和最新信息的成员报告航迹，我们将使用 TQ 来确定哪一个成员负有报告责任。当一个成员对同一航迹的 TQ 比另一成员的 TQ 大于等于 2 时，便负有报告责任。

2. 保密机

Link-11 数据链系统的加密装置 KG-40 对战术数据的每个 24 比特字进行加密，以提供保密通信能力。只要密钥被正确预置，保密通信就是全自动的，不需要操作员进一步干预。加密装置确保了网络中数据传输的安全。

KG-40 加密装置有 4 种工作方式：密码 A1、密码 A2、密码 B 和明码电报。

3. 数据通信设备

数据通信设备是 Link-11 数据链系统的核心部分和基本单元，它负责控制整个 Link-11 数据链系统链路的通信过程。它具有检错与纠错、网络模式控制、链路协议管理、双向数据传输中的数据交换、控制码产生和识别等能力，以及与保密装置和无线电设备的接口控制能力；同时，它还具备调制解调功能，可以实现音频信号的调制。

（1）检错与纠错（误码探测和修正）：数据通信设备对来自 TDS 的 24 bit 战术数据进行信道编码，添加 6 bit 汉明码，形成 30 bit 编码；对来自飞机的接收数据进行校验，能够确定并纠正单个误码。

（2）链路协议管理：一方面，对来自 TDS 的数据进行组帧和格式化处理，以生成标准化的数据格式，这些数据格式可以应用于生成 HF 或 UHF 等格式的消息。这些格式化消息包括指示传输开始、传输结束和要发送下一个单元的编码；另一方面，对接收消息拆帧，向 TDS 提供实时的战术信息；同时，对传输信息进行流量控制。

（3）音频调制：Link-11 数据链系统利用π/4-DQPSK 调制解调，采用“多音并行体制”，将形成的 30 bit 编码数据对 15 个内部单音进行调制，再加上一个多普勒校正单音，把数据信息转换为多音信号，然后送入无线电设备。其原理参见第 3 章相关内容。

（4）网络模式控制（工作方式控制）：Link-11 数据链系统可实现 6 种工作方式，即网络同步、网络测试、点名呼叫、短广播、广播、无线电静默。网络同步用于建立通信；网络测试用于通道检验；点名呼叫是 Link-11 数据链系统的常用工作方式；对于某些战术态势，可能需要短广播和广播；无线电静默则只接收不发射，起到隐蔽作用。

4. 无线电设备和天线

Link-11 数据链系统有高频（HF）和特高频（UHF）两种无线电设备，提供 HF 或 UHF 两种传输信道，并在数据通信设备控制下实现发送与接收的转换。HF 设备可以调谐到 2～30 MHz 频率范围内的任一 100 Hz 的整数倍频率，对多音信号进行 SSB 调制，用于入网单元之间距离在 25～300 nmile 之间的组网。UHF 设备可以运行于 225～400 MHz 内的任一 25 kHz 的整数倍频率，用于入网单元之间舰对舰 25 nmile、舰对空 150 nmile 的覆盖。

对于 HF 天线，因为短波难以在全频段匹配，所以使用无线电耦合器把无线电的输出阻抗匹配到天线的阻抗。UHF 耦合器容易实现。通常应在临近的 UHF 多路耦合器之间保持 5 MHz 的频率隔离度。

5. 装备介绍

AN/USQ-125 是美国海军 Link-11 数据链系统最新型的数据终端设备，目前正在替代其他老式的数据终端设备（如 AN/USQ-36 和 AN/USQ-59 等）。AN/USQ-125 有两种配置：一种配置是带有 MX-512P/RC 遥控单元的 CP-2205(P)(V)/USQ-125 数据终端；另一种配置是带有运行 MXPCR 软件的个人计算机（386 或者更高档次）的 CP-2205(P)(V)2/USQ-125 数据终端。个人计算机起着与遥控指示器相同的作用。AN/USQ-125 的标准接口配置如图 7.6 所示。

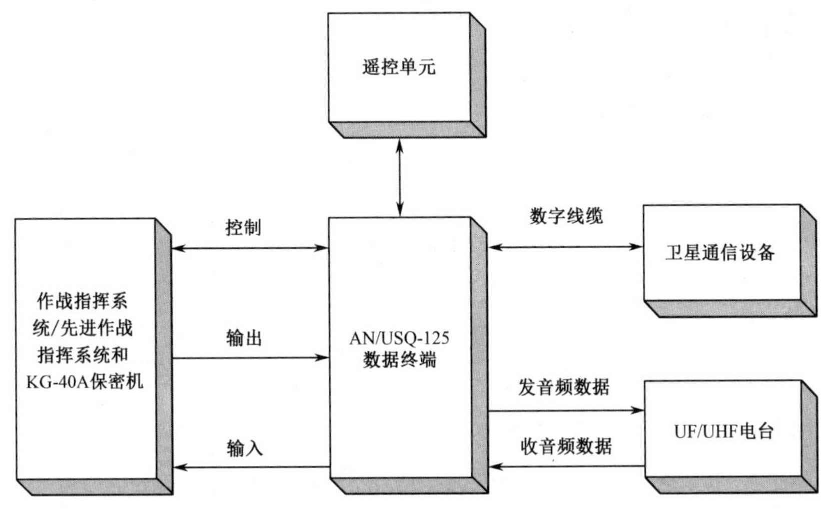

图 7.6　AN/USQ-125 的标准接口配置

1）CP-2205(P)(V)/USQ-125 数据终端

CP-2205(P)(V)/USQ-125 数据终端是一种紧凑型的先进数据终端，它安装在一个标准的 19 in（1 in=2.54 cm）设备架上，由处理器板、作战指挥系统（CDS）接口板和电源三个基本组件构成。图 7.7 所示为 CP-2205(P)(V)/USQ-125 数据终端组成框图。其中，处理器板进行信号调制/解调、错误检测和纠正，并提供与无线电电台的接口；作战指挥系统接口板提供与作战指挥系统计算机的接口。

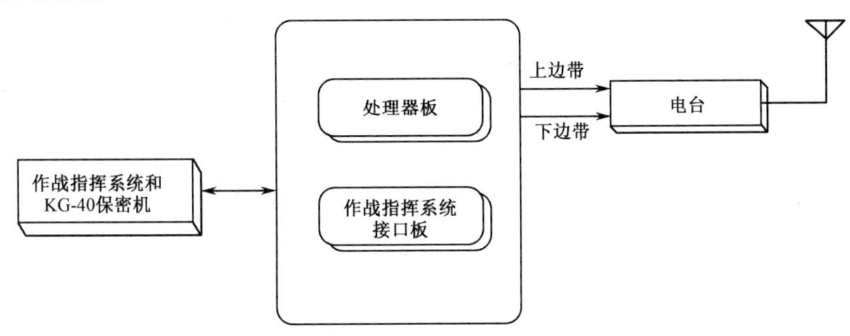

图 7.7　CP-2205(P)(V) / USQ-125 数据终端组成框图

与老式的 Link-11 数据链系统数据终端一样，CP-2205(P)(V)/USQ-125 具有数据转换、数据错误检测和纠正、控制码产生和检测、同步、加密数据传输，以及产生 Link-11 数据链系统双向数据传输所需的计算机电平和电台控制信号等基本功能。除此之外，CP-2205(P)(V)/USQ-

125 还增加了多音和单音波形工作方式、增强链接质量分析（ELQA）、最大可用频率（MUF）、多频链接，以及在线和离线系统测试选择等新功能。

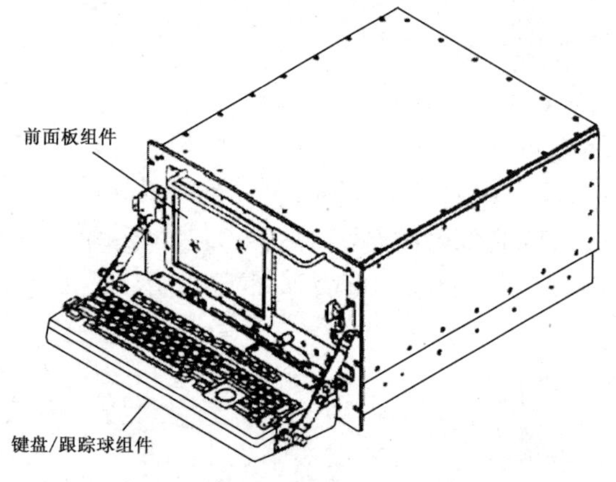

图 7.8　C-l2428 / USQ-125 遥控单元示例

2）遥控单元

C-12428/USQ-125 遥控单元使操作员能够从远距离控制数据终端。该遥控单元和数据终端一起组成了数据终端设备（DTS）。操作员使用遥控单元输入数据终端工作参数，启动和停止链接工作或改变链接模式。图 7.9 所示为 C-12428/USQ-125 遥控单元示例。它包括一台 486DX2/66 MHz AT 兼容个人计算机，该计算机安装在一个加固的框架内供舰艇使用；键盘和跟踪球组件安装在一个可拆卸的外壳之中，外壳收起以后作为遥控单元的挡板使用。386 或者更高档的个人计算机在加载了适当的软件并连接到数据终端以后，都能作为遥控单元使用。

7.2.3　消息标准

1. 消息标准

Link-11 数据链系统和 Link-11B 数据链系统共用 M 系列消息标准，由美国军标 MIL-STD-6011 和北约标准 STANAG 5511 定义，如表 7.4 所示。

表 7.4　M 系列消息标准

消息编码	消息名称	消息编码	消息名称
M.0	测试报文	M.9A	管理报文（信息）
M.1	数据基准位置报文	M.9B	管理报文（配对/联合）
M.81	数据基准位置扩展报文	M.9C	管理报文（指示器）
M.2	空中航迹位置报文	M.9D	管理报文（Link-11 监视器）
M.82	空中位置扩展报文	M.9E	管理报文（支持信息）
M.3	水面航迹位置报文	M.9F(0)	概率范围区基本报文
M.83	水面位置扩展报文	M.89F(0)	概率范围区基本扩展报文
M.4A	反潜战主要报文	M.9F(1)	概率范围区辅助报文
M.84A	反潜战扩展报文	M.9G	数据链基准点位置报文
M.4B	反潜战辅助报文	M.10A	飞机控制报文
M.4C	反潜战主要声音报文	M.11B	飞机任务状态报文
M.84C	反潜战主要声音扩展报文	M.11C	反潜战飞机状态报文
M.4D	反潜战方位报文	M.11D	敌我识别/选择识别特性报文
M.84D	反潜战方位扩展报文	M.11M	电子战/情报报文
M.5	特殊点位置报文	M.811M	电子战/情报扩展报文
M.85	特殊点扩展报文	M.12	国家报文
M.6A	电子攻击截获数据报文	M.12.23	文本报文
M.6B	电子战支援主要报文	M.812.23	文本扩展报文

续表

消 息 编 码	消 息 名 称	消 息 编 码	消 息 名 称
M.86B	电子战支援扩展报文	M.12.31	定时报文
M.6C	电子战支援参数报文	M.13	全球范围内的国家报文
M.86C	电子战支援参数扩展报文	M.14	武器/交战状态报文
M.7A/B	战区导弹防御报文	M.15	指挥报文
M.87A/B	战区导弹防御扩展报文		

M 系列消息分为 8 大类消息子集，分别为系统信息、空中监视、水面监视、空中控制、武器控制、信息管理、电子战和水下监视。主要有两种类型：一种是数据消息，用于目标、态势和命令的传送；一种是管理消息，用于网络校准和信息管理，如 M.0 测试报文、M.9A～M.9E 管理报文、M.12.31 定时报文等。

2. 消息结构

每个 M 系列消息通常包含 48 bit 战术信息，分别根据 Link-11 数据链系统、Link-11B 数据链系统的传输信道特点，采用相应的消息结构。

表 7.5 所示为一种 M 系列消息结构，消息长度为 72 bit，分为 8 组，每组 9 bit，8 组依次是 1 个起始组、6 个数据组和 1 个校验组。数据组的第 1 个比特为标志位，后跟 8 个信息位，因此每个消息包含 48 bit 战术信息，信息位依次为 0～7（数据组 1）、8～15（数据组 2）、…、40～47（数据组 6）。

表 7.5　一种 M 系列消息结构

组	起始组	数据组 1		数据组 2		数据组 3		数据组 4		数据组 5		数据组 6		校验组	
位	所有比特位（0）	标志位（1）	信息位	标志位（1）	信息位	标志位（1）	信息位	标志位（1）	信息位	标志位（1）	信息位	标志位（1）	信息位	标志位（1）	校验位
传输位数	0～8	9	10～17	18	19～26	27	28～35	36	37～44	45	46～53	54	55～62	63	64～71
信息位数（消息格式）			0～7		8～15		16～23		24～31		32～39		40～47		

一种 M 系列消息帧传输格式如图 7.9 所示。

（1）起始组：起始组是一个传输帧的开始。它包含一组特殊的比特（共 9 bit，且均为 0）供系统识别新传输帧的开始。

（2）数据组：每个传输帧包括 6 个数据组，每个数据组包含 1 个固定的标志位（为 1），标志位后接 8 个信息位。

（3）校验组：校验组作为传输帧的结尾，由 1 个固定的标志位（为 1）和 8 位校验位比特构成。固定标志位之后的第 1 位将用作 6 个数据组中第一个数据比特的奇偶校验，第 2 位是第二个数据比特的奇偶校验，等等。

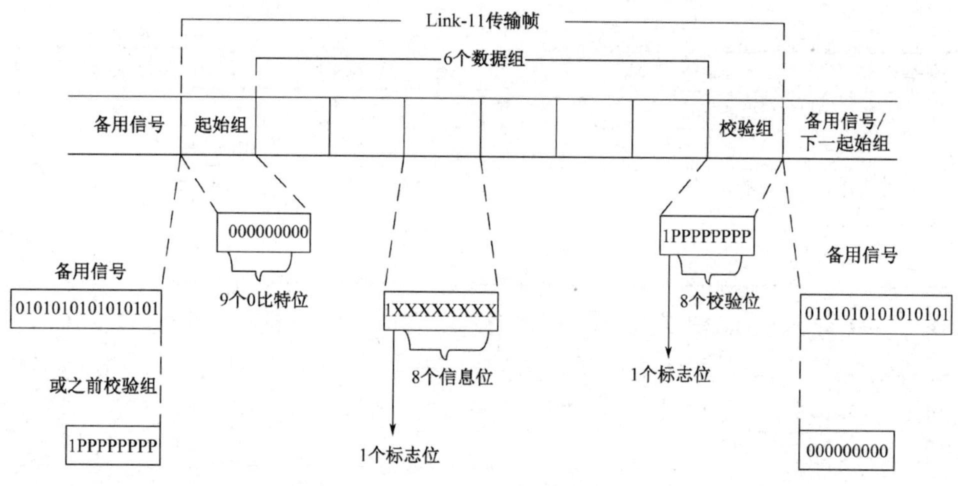

图 7.9　一种 M 系列消息帧传输格式

7.2.4　信号波形

1. 信号帧

Link-11 数据链系统的信号为多音合成信号，其 16 个单音如表 7.6 所示，且所有信号都以帧为单位进行传输。每 30 bit 为一帧，每帧有 6 bit 用于误码检测和校正，剩余 24 bit 用于传输战术信息。Link-11 数据链系统的信号可分为报头帧、相位参考帧以及数据帧等类型，并使用π/4-DQPSK 方式调制，具体调制过程参见第 3 章。

表 7.6　Link-11 数据链系统的信号的 16 个单音

编　号	频率/Hz	用　途	比 特 位	编　号	频率/Hz	用　途	比 特 位
1	605	多普勒频移	—	9	1705	数据	14, 15
2	935	数据	0, 1	10	1815		16, 17
3	1045		2, 3	11	1925		18, 19
4	1155		4, 5	12	2035		20, 21
5	1265		6, 7	13	2145		22, 23
6	1375		8, 9	14	2255		24, 25
7	1485		10, 11	15	2365		26, 27
8	1595		12, 13	16	2915		28, 29

（1）报头帧：双音信号，两个单音频率分别是 605 Hz（多普勒单音）和 2 915 Hz（同步单音）。

（2）相位参考帧：16 个单音的合成音频信号。

（3）数据帧：也是 16 个音频信号，但与相位参考帧的 16 个合成音频不同，它是战术数据与多音频调制后的合成音频信号，信号中已含有具体消息的内容。605 Hz 单音不调制，用于多普勒校正，其余 15 个单音用于数据传输。Link-11 数据链系统每数据帧包含 30 bit 数据信息，因此有两种数据传输速率：2 250 bit/s（75 帧×30 bit/帧）和 1 364 bit/s（45.45 帧×30 bit/帧）。

在所有帧中，多普勒单音的幅度均是其他各单音幅度的 2 倍，报头帧中多普勒单音的幅度是数据帧中多普勒单音幅度的 2 倍。这样的目的有两个：一是如果报头帧单音功率较大，则信号就容易在背景噪声中被识别；二是使得在报头帧信号中的两个单音功率与数字信号组成的

16 个单音的总功率大致相同，便于实现。

2. 信号结构

Link-11 数据链系统以帧为单位传输信号，其信号由报头帧、相位参考帧、控制码和报文数据等部分组成。其中，报头帧、相位参考帧和控制码的格式和长度固定，报文数据的长度随消息而变。

1）报头帧

报头帧的构成前面已讨论过，它是 605 Hz 和 2 915 Hz 组成的双音信号，起着入网单元同步接收和校正多普勒频移的作用。每次传输消息由 5 个报头帧开始。

2）相位参考帧

Link-11 数据链系统采用π/4-D QPSK 调制方式，需要在传输信息中包含相位基准。紧跟在报头帧后有 1 个相位参考帧，它为后面帧的每个数据单音提供一个参考相位基准。相位参考帧前面已讨论，是 16 个单音的合成音频信号。

3）控制码

3 种基本控制码包括起始码、停止码和地址码。

每个控制码由 2 帧组成，各帧与前面讨论的数据帧在结构上类似，都是包含不同内容含义的信息代码（起始码、停止码、地址码）与 16 个单音调制后的合成多音信号。因此，控制码的组成帧也是数据帧的一种。

（1）起始码：相位参考帧之后的 2 帧，表明消息正文的开始。

（2）停止码：消息正文结束后的 2 帧，表明消息正文的结束。

（3）地址码：2 帧，表示控制站点名呼叫的前哨站的地址。在网络控制站呼叫的情况下，直接跟在相位参考帧后面；在网络控制站报告时，跟在停止码后面。

控制码主要控制 Link-11 数据链系统网络的运行，它通过起始码标明数据开始，通过停止码标明数据结束，通过地址码指明下一步哪个入网单元报告，以此管理网络运行。

4）报文数据

起始码与停止码之间是表示战术数据信息的报文数据。根据战术数据信息的内容，报文数据用可变的多个数据帧表示。其内容和格式源于 M 系列消息。

7.2.5　网络结构

Link-11 数据链系统以数字化舰空指挥和态势共享为目标，因此 Link-11 数据链系统采用轮询协议，以网控站为主站，通过主站对从站（前哨站）的依次轮询和从站信息的依次传输，形成 Link-11 网络，提供航母、预警飞机或地面指挥所与舰艇、飞机或车辆之间的信息交互，实现网络成员之间的全网统一态势，并在充分感知态势的基础上，实现对舰艇、飞机等精确的数字化指挥。为了感知全网态势，从站之间需要信息交互。Link-11 网络拓扑结构为集中式网状拓扑，如图 7.10 所示。美国军用标准 MIL-STD-188-203-1A 定义了 Link-11 数据链系统的通信标准等技术细节。

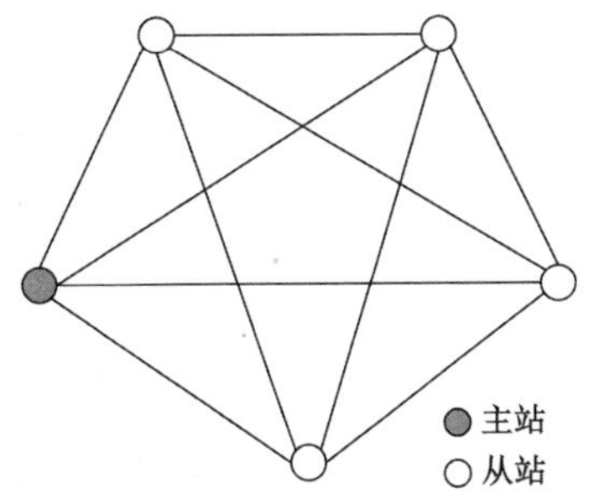

图 7.10　Link-11 网络拓扑结构

7.2.6 网络工作模式

Link-11 网络有 6 种工作模式：轮询呼叫、网络同步、网络测试、短广播、长广播和无线电静默。

1. 轮询呼叫

轮询呼叫是 Link-11 网络的常规工作方式。在此模式下，指定一个网络控制站（简称网控站），其他入网单元为前哨站。网控站对整个网络进行管理，为所有前哨站建立一个轮询呼叫顺序，一个前哨站在分配时间内使用网络频率发送。

网控站发送询问信息启动网络传输，自动排序询问每个前哨站。询问信息包括战术计算机输出的数据，以及下一个要发送的前哨站的地址码。所有前哨站均接收这些信息，把接收到的战术数据送到它们各自的战术计算机，把接收的地址码与自己的地址码相比较。当一个前哨站识别出该地址码是自己的地址时，就把自己的传输设备转换到发送状态，并在回答信息中发送自己的战术数据。网中的每一个前哨站都接收这一个前哨站的回答信息，并把其战术数据送入自己的战术计算机。如果该前哨站要发送的数据超过分配给它的允许时间，它就停下来等待下一次轮询呼叫。如果该站没有信息要发送，就用相应的回答信息响应。前哨站回答信息传输结束后，网控站就转换到发送状态，继续发送下一个询问信息。这一过程不断重复，直到所有前哨站都被询问到为止。所有前哨站均被询问后，网控站就发送自身信息，这就完成了一个网络循环。网络循环自动重复，直到结束。除被点名时应答并发送数据外，前哨站一直处于接收状态，接收其他前哨站或网控站的报告信息。因此，轮询呼叫方式可把网络所覆盖的整个作战区域的战术数据在网络成员之间进行交换。

Link-11 网络轮询呼叫时有三种消息格式，即网控站呼叫消息格式、前哨站回答消息格式及网控站报告消息格式，如图 7.11 所示。

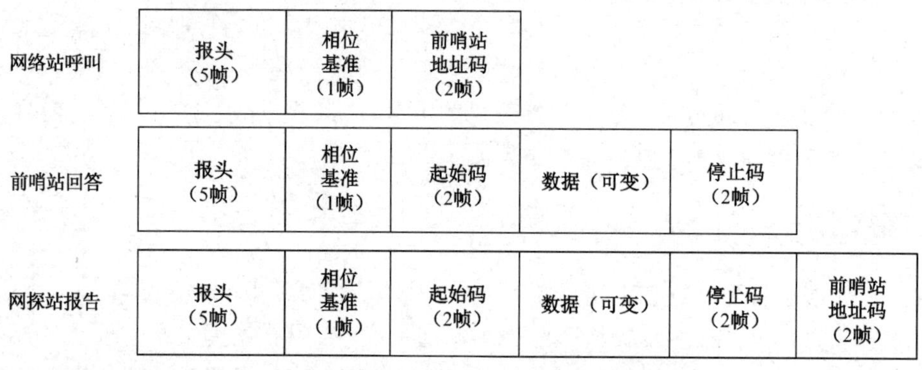

图 7.11 Link-11 网络轮询呼叫时的消息格式

每次发送消息时，先发 5 帧报头和 1 帧相位基准，用于帧同步及测定和校正多普勒频移。如果信息中包含有数据，则应在数据前加起始码，在数据后加终止码。

2. 网络同步

网络同步模式主要用于建立网络统一的时间基准，仅网控站工作。网控站发送同步消息——5 帧的报头，其格式如图 7.12 所示。信号中只有多普勒单音和同步信号，即 605 Hz 和 2 915 Hz 两个单音信号。每个入网单元连续监视接收的信号，随时对微小的差别进行修正，最终与接收信号同步，从而将入网单元的时间基准与网控站的时间基准统一。

报头（5 帧）

图 7.12　同步消息格式

3. 网络测试

网络测试模式用于网络同步后的网络测试，仅网控站工作。网络测试消息格式如图 7.13 所示，其中测试字序列为 21 个字组成的已知代码。网控站发送测试消息转换成的 16 单音调制信号，每个入网单元接收解调后与已知测试消息进行数据对比，根据误码率或其他准则确定结果，达到测试 Link-11 无线网络特性的目的。

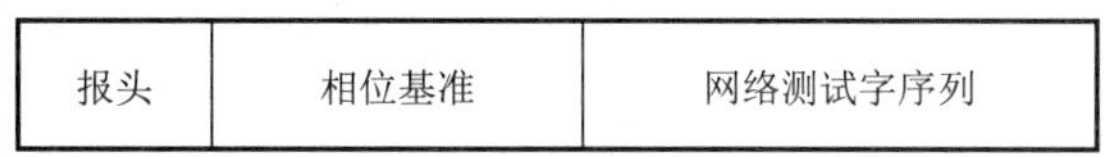

图 7.13　网络测试消息格式

4. 短广播

在手动方式下，某个入网单元向其他网络成员发送单次数据报告（短广播消息），报告完毕后自动转入接收状态。短广播消息格式与轮询呼叫的消息格式相同，如图 7.11 所示。

5. 长广播

长广播模式即某个入网单元连续向其他网络成员发送数据，其格式如图 7.14 所示。长广播消息由连续的一系列短广播消息组成，短广播消息之间自动停发两帧。长广播模式由操作员手动开始，一直持续到操作员手动停止为止；停止后，由操作员干预转为新的工作模式。

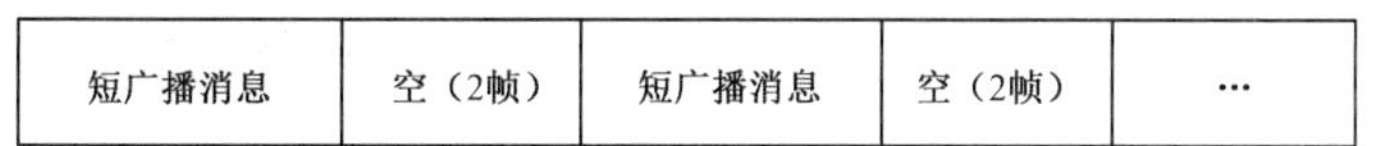

图 7.14　长广播消息格式

6. 无线电静默

在无线电静默时，入网单元接收来自其他网络成员的数据，无任何信息发送；即使网控站询问，它也不应答。

7.2.7　性能特点

Link-11 数据链系统工作在 HF 频段或 UHF 频段，其中 HF 频段可达半径为 300 nmile 的全向通信范围，UHF 频段可达半径为 250 nmile 的全向通信范围。HF 频段主要用于舰艇编队内部、舰艇与岸站之间的战术数据传输，UHF 频段主要用于舰艇编队内部、舰艇与舰载飞机之间的战术数据传输。

表 7.7 所示为 Link-11/11B 数据链系统的通信性能。

Link-11 数据链系统与 Link-4A 数据链系统具有一些相同的特点，同时具有自己的特点。Link-11 数据链系统与 Link-4A 数据链系统都通过点对多点传送。区别是在 Link-4A 数据链系统中，每个入网单元仅与控制台保持联系；而在 Link-11 中，每个入网单元是与所有其他入网单元联系的。Link-11 数据链系统采用 16 个单音且在高频（短波）频段传送，其作用距离比 Link-4A 数据链系统远，但受环境影响大；而 Link-4A 数据链系统在 UHF 频段很少受环境天气因素影响。此外，Link-11 数据链系统的数据报文长度各不相同，需要战术计算机进行大量处理运算；而 Link-4A 数据链系统的数据报文长度是一样的，并可在预期时间内到达，处理相对简单。Link-11 数据链系统加装有加密设备，而 Link-4A 数据链系统不具有保密功能。另外，Link-11 数据链系统操作员要顾及大量入网单元，而 Link-4A 数据链系统只同时负责与几架飞机联系，随时需要随时联系，比较灵活。为了超视距传输信息，Link-11 数据链系统采用 HF 频段。表 7.8 所示为数据链系统 Link-11 与 Link-4A 的特性对比。

表 7.7 Link-11/11B 数据链系统的通信性能

Link-11/11B 数据链系统		工作方式	组网方式	通 信 性 能
美军名称	北约名称			
TADIL A	Link-11	半双工 6 种模式	轮询	通信频段：HF，UHF 通信距离：HF 300 nmile UHF 25 nmile（舰对舰） 150 nmile（舰对空） 传输速率：2 250 bit/s 调制：π/4-DQPSK、FM/SSB 信道编码：（30，24）汉明码 抗干扰：无 保密：有（信息加密） 消息标准：M 系列（变长） 网络规模：中等（不大于 20）
TADIL B	Link-11B	全双工	点对点	通信频段：微波波段 传输速率：600 bit/s、1200 bit/s、2 400 bit/s 调制：FSK，QPSK，PSK 抗干扰：无 保密：有（信息加密） 消息标准：M 系列（变长） 网络规模：中等（不大于 20）

表 7.8 数据链系统 Link-11 与 Link-4A 的特性对比

特 性		Link-4A	Link-11
连通性		只在飞机和控制台之间	每个入网单元和所有其他单元
入网单元数		通常是 1、2 或 3 架飞机和控制台	2～20 个以上的入网单元
加密能力		未加密	专用设备加密
信号形式		串行数字	16 单音 π/4-DQPSK
带宽		40 kHz	3 kHz
数据速率		5 kbit/s	2.25 kbit/s
频段		UHF	UHF，HF
数据报告	要求	仅在要求时	除非无线电静默
	长度	固定	变化
	时间	固定	随入网单元号码、报告长度、距离而不同
人员配备		专用控制台上单人控制员	控制台和数据终端设备的多名人员

总之，Link-11 数据链系统实现起来比 Link-4A 数据链系统复杂，其数据传输速率较低。为提高 Link-11 数据链系统的网络效率，提高 Link-11 数据链系统的网络管理功能是十分重要的。

7.2.8 Link-11B 数据链系统

美军称 Link-11B 数据链系统为 TADIL B。与将 Link-11 数据链系统用于飞机和舰船等移动单元不同，Link-11B 数据链系统主要用于地面防空系统，是 Link-11 数据链系统适应陆地使用环境的陆基版本。例如，装备 Link-11B 数据链系统的地面雷达站进行空中目标航迹信息和其他数据信息的分发传输。图 7.15 所示为 Link-11B 数据链系统应用示意图。

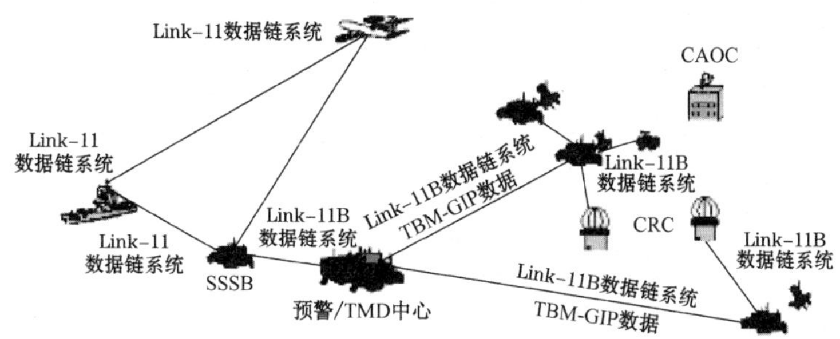

图 7.15 Link-11B 数据链系统应用示意图

美国等北约国家将 Link-11B 数据链系统用作陆基战术控制系统的主要数据链。在美国和北约的其他部分成员国，Link-11B 数据链系统被作为陆基战术空军控制系统（TACS）主要的数据链。同时，美国陆军战区导弹防御战术作战中心（TMD TOC）、战区高空防御（THAAD）、爱国者前沿地域防空指挥控制和情报（FAADC2I）系统，以及美国空军空中作战中心（AOC）、空军区域空中作战中心/防区空中作战中心（RAOC/SAOC）、U2 分布式通用地面站（DCGS）和美国海军陆战队战术空中控制中心（TACC）、战术空中作战中心（TAOC）等，均装备有 Link-11B 数据链系统。北约内部使用 Link-11B 数据链系统链接“陆基山姆指挥控制与火力分配中心”和“防空地面环境控制和报告中心（CRC）”的山姆接口（CSI）。在英国，战术空中控制中心使用 Link-11B 数据链系统与冰岛防空系统（IADS）进行地对地通信。

1. 系统结构

典型的 Link-11B 数据链系统采用话音和数字信道进行工作，由控制站终端分系统、传输分系统和受控站终端分系统组成，其结构示意图如图 7.16 所示。终端分系统主要由用户输入/输出接口设备、计算机、缓冲器和信号转换器等组成。其中，缓冲器用于补偿计算机与传输分系统之间数据信号速率的差异，信号转换器则用于数/模转换和模/数转换。传输分系统包括由无线电链路（含卫星链路）等组成的全双工信道，以及集成在其内部的时分或频分多路复用设备。

2. 消息标准和消息结构

Link-11B 数据链系统报文格式与 Link-11 数据链系统相同，也使用 M 系列消息格式，每条消息由 72 bit 组成，分为 8 组，每组 9 bit。8 组中包含三种消息类型：起始组、数据组和校验组。起始组占 9 bit 且均为 0，方便作为每个传输帧的开始；校验组首位为 1 作为标记位，其后 8 bit 作为数据校验位；每个数据组第一位 1 作为标记位，其后跟 8 bit 数据信息。每个传输帧包含 6 个数据组，以起始组开始，以校验组结束，包括 24 bit 的报头，一共可传输 48 bit 战术信息。

3. 工作模式

Link-11B 数据链系统采用保密、全双工、点对点的数据传输链路。在信号传输过程中，主要有以下几种传输状态。

（1）串行传输：在数据传输信道上，基于时间序列可将数据分解为单个信号单元并以串行传输方式逐个发送。

（2）等待信号：当终端分系统没有信息要发送时，为了表示整个系统处于待机状态，发射机将自动发送一串二进制交替等待信号，即 0101…信号。

（3）接收机同步：在接收数据前，接收端接收机应能迅速与发送端发射机保持同步。整个同步时间不应超过 9 bit 的等待信号所用时间，且应在信号中断后 200 ms 以内保持比特信号的同步。

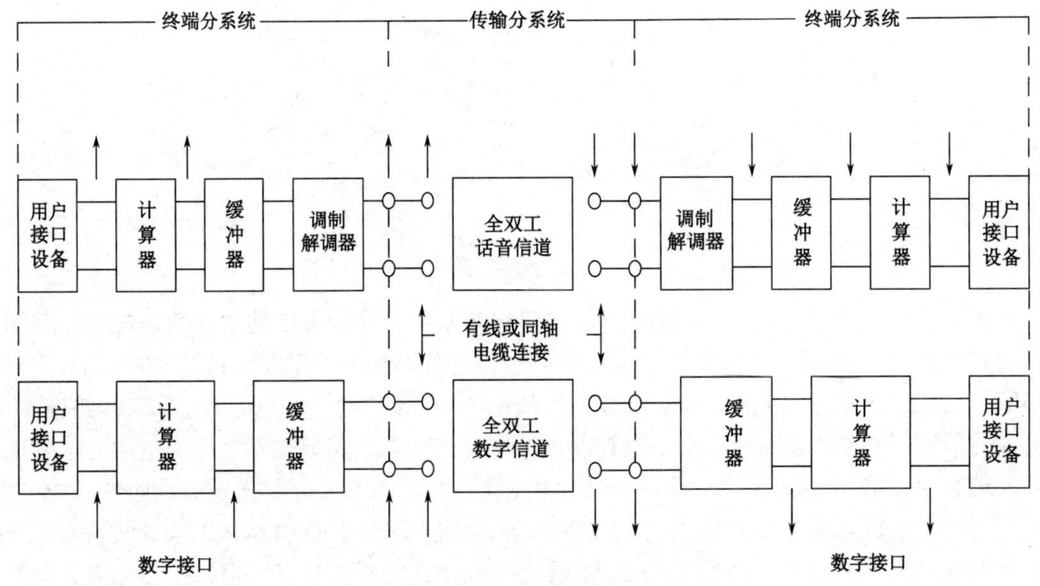

图 7.16　Link-11B 数据链系统结构示意图

4. 性能特点

Link-11B 数据链系统多采用微波接力、卫星通信方式，工作于微波频段，也可通过有线方式发送信息；既可以采用数字方式传输数据，也可使用标准模拟信号方式传输数据。其调制方式为 FSK、QPSK 和 PSK，标准数据传输速率是 600 bit/s、1 200 bit/s 或 2 400 bit/s。

本章小结

本章介绍了美军最早研制和大量装备使用的 Link-4A、Link-11 两个数据链系统。Link-4A 数据链系统实现了数字化指挥引导的突破，Link-11 数据链系统则进一步实现了多平台的态势共享。

首先，本章对两个数据链系统研制的历史进行了简要介绍，指出了海军的舰机协同问题，以及舰艇对空作战、协调编队防空和对海作战问题，这是促使 Link-4A 数据链系统、Link-11 数据链系统研制的作战需求的推动力，并给出了系统的战术功能。其次，对比话音通信设备，本章列出了 Link-4A 数据链系统、Link-11 数据链系统的基本组成，描述了各组成部分的功能和作用，简要说明了与分层参考模型的映射关系。再次，本章介绍了数据链平台间交互采用的消息，包括 V/R 系列和 M 系列消息标准、消息结构及消息特点，描述了抽象的网络拓扑结构，阐述了两个数据链的网络管理内容。最后，本章总结了 Link-4A 数据链系统、Link-11 数据链系统的通信性能，并对其特点进行了对比分析。

思考与练习

7-1　Link-4 数据链系统、Link-4A 数据链系统、Link-4C 数据链系统有什么关系？

7-2　针对什么作战问题，美军研制了 Link-4A 数据链系统？

7-3　画图说明 Link-4A 数据链系统的结构组成，并说明它与分层参考模型的对应关系。

7-4　什么是 V/R 系列消息，其消息结构有哪些特点？

7-5　简述 Link-4A 数据链系统的 TDMA 协议及其协议管理机制。

7-6　美军为什么研制 Link-11 数据链系统？

7-7　画图说明 Link-11 数据链系统的结构组成，并说明它与分层参考模型的对应关系。

7-8　什么是 M 系列消息，其消息结构有哪些特点？

7-9　Link-11 数据链系统有哪几种网络工作模式？

7-10　与话音通信系统相比，Link-4A 数据链系统、Link-11 数据链系统的结构组成有哪些特点？

7-11　为什么 Link-4A 数据链系统的网络拓扑是星状拓扑，而 Link-11 的网络拓扑是网状拓扑？

7-12　对比分析 Link-4A 数据链系统与 Link-11 数据链系统的 MAC 协议的异同之处。

7-13　列表说明 Link-4A 数据链系统和 Link-11 数据链系统的通信性能。

参考文献

[1]　骆光明，杨斌，邱致和，等. 数据链：信息系统连接武器系统的捷径[M]. 北京：国防工业出版社，2008.

[2]　孙义明，杨丽萍. 信息化战场中的战术数据链[M]. 北京：人民邮电出版社，2005.

[3]　孙继银，付光远，车晓春，等. 战术数据链技术与系统[M]. 北京：国防工业出版社，2007.

[4]　4A 号数据链路使用手册. 美国海军通信数据链路系列资料一.

[5]　11 号数据链路使用手册. 美国海军通信数据链路系列资料二.

[6]　李昂阳，王曦煜，牟宏伟，等. 一种基于 UQPSK 体制的无人机数据链设计与实现[J]. 电讯技术，2023，63（3）：342-347.

[7]　刘杉坚，张宁燕，贾源泉. 基于 LINK4A 信号暂态特征的目标识别技术[J]. 电子信息对抗技术，2019，34（5）：16-19.

第 8 章　Link-16 数据链系统

Link-16 数据链交换战术信息的概念与 Link-4A/Link-11 数据链类似，但它对数据链的通信体制进行了较大的改进，集通信（C）、相对导航（N）、网内识别（I）三大功能于一体，其系统通信性能和战术功能有重大提升，使战术数据链更加适用于联合协同作战。

很多资料中，Link-16 数据链与 JTIDS（联合战术信息分发系统）/MIDS（多功能信息分发系统）是通用的，或者说是混用的。实际上，JTIDS/MIDS 通常指 Link-16 数据链的通信终端，是 Link-16 数据链通信标准的一种具体实现设备，它生成和处理 Link-16 数据链波形，组建 Link-16 数据链通信网络。

8.1　系统综述

系统综述

8.1.1　发展历史

美国海军航空兵通过分析以航母为中心的远洋作战模式，针对 Link-4 数据链和 Link-11 数据链缺乏相对导航功能和抗干扰能力较弱的问题，于 20 世纪 60 年代末期到 20 世纪 70 年代初期开展了用于解决海军、空军联合作战时的导航问题的海军集成战术导航系统（Navy Integrated Tactical Navigation System，NITNS）和一种具保密、抗干扰的空中指挥管制用通信系统——集成战术空中管制系统（Integrated Tactical Aerial Control System，ITACS）。同时，美国空军总结其在越战空中战斗中所获取的经验，以及对中东战争的研究，也迫切需要一种针对 E-3A 预警机的具有抗干扰能力、保密，并采用 TDMA 的高速情报分发系统。

联合作战、保密、抗干扰和高速等新的作战需求，对数据链提出了新的通信需求（Link-16 数据链的通信需求如表 8.1 所示），这带来通信传输体制和通信网络体制的变化，需要新型的数据链波形和数据链网络结构。

表 8.1　Link-16 数据链的通信需求

作战需求（应用层）	通信需求（数据链）
各军种独立作战→联合作战 （战场作战模式）	网络规模↑ 信息类型↑（空、海、陆） 信息容量↑（信息数量↑、信息内容↑、信息粒度↑）
常规→保密、抗干扰 （战场电磁环境）	信息处理算法复杂度↑（信道编码、信源加密编码） 波形复杂度↑（抗干扰技术、调制解调技术）
低速→高速（战场态势感知）	通信传输速率↑
单一通信→通信、导航、识别多功能	信息类型↑（空、海、陆） 信息容量↑（信息数量↑、信息内容↑、信息粒度↑）

美国国防研究与工程协会提出要研制一种同时满足上述三项计划的新型数据链。1974 年，美国国防部成立了由空军牵头、其他军种参加的 JTIDS 联合计划办公室（Joint Project Office，JPO），其于 1975 年正式开始 JTIDS 的研发。

1983 年，JTIDS 开始装备 E-3A 预警机、美军的陆基防空系统地面指挥所和北约的地面防空管制站，主要用于分发 E-3A 预警机的监视情报数据，采用的是以 Link-11 数据链的格式化消息标准为基础发展改进的临时格式化消息标准 IJMS。

在 1991 年的海湾战争中，JTIDS 经历了第一次实战考验，战后美军加速了 JTIDS 的建设与发展。1991 年年底，美军在海军弗吉尼亚角试验场对 JTIDS 进行了首次三军联合测试，1992 年又在提康德罗加级巡洋舰上进行了测试。1994 年，美军开始在作战飞机和军舰上大量装备 JTIDS 通信终端，并推出了 TADIL-J 消息标准的试用版本。经过几年的用户试验，美军于 1997 年发布了 Link-16 数据链的正式标准 MIL-STD-6016，又于 1999 年改进为 MIL-STD-6016A，之后又在 2002 年升级为 MIL-STD-6016B。

8.1.2 性能特点

Link-16 数据链的通信频段为 960～1 215 MHz，视距通信距离为：舰对空 150 nmile，空对空 300 nmile，而舰对舰仅 25 nmile。Link-16 主要用于三军联合作战，在飞机、陆基和舰艇 TDS 之间交换数字信息，兼具相对导航和识别功能。

（1）容量大：Link-16 数据链采用 TDMA 接入技术，信道传输速率最高可达 238 kbit/s，可容纳更多的用户成员，传递更完整、更精确的战术情报。

（2）强大的抗干扰能力：Link-16 由于采用了脉间跳频直序扩频、纠检错编码及信号交织等多种技术措施，因此系统具有很强的抗干扰能力。比如，Link-16 数据链采用了脉间跳频，其跳频速率高达每秒几万跳，这样快的跳速使对方无法进行跟踪干扰，可保证在恶劣的电子战环境中正确发送和接收数据信息。

（3）强大的保密能力：Link-16 数据链采用发射加密与消息加密共同构成了其强大的保密能力，从而使对方很难破获正确发送的信息。Link-16 数据链强大的保密能力使信息的交换具备安全可靠性。扩频图案及发射信号前时隙的人为抖动都随时隙号码而变化，而这个变化规律由密钥来控制，密钥每天改变一次。这种由密钥去控制发射的技术就是发射加密，采用加密机对待发送的数据进行消息加密。

（4）灵活的组网方式及高抗毁能力：Link-16 数据链允许多个网在同一区域内工作，实际中可达 20 个。在多网工作方式下，系统的容量可成倍增加。在不同时隙内，这些网根据需要既可互联在一起，也可分开各自工作。这种灵活的组网方式允许根据战场实际情况和参战单位的组成而进行相应的网络管理设计，从而使系统发挥最大的效能。系统中所有的终端所完成的功能是相同的，因此，时间基准和导航控制器是可以任意指定的。当它们受到破坏而停止工作时，系统会自动由另一端机接替它们的工作，使系统继续正常运行。Link-16 数据链具有程序可变特性，可通过组合方式来增加系统的吞吐量，增强抗干扰或适应特殊战术需求的能力。这些可编程特性包括：扩频技术、可变吞吐量、可变输出功率、独特天线增益、可变容量、可变消息打包形式、可指定接入方式。

8.1.3 作战效能

为了确定 Link-16 数据链为美军带来的巨大作战潜力，美国空军在 20 世纪 90 年代中期承担了作战特殊项目（Operational Special Project，OSP），在该项目中研究了使用配备有 JTIDS 端机的 F-15C 战斗机的作战效能。JTIDS 作战特殊项目在白天和夜间作战的各种战术态势（从

1 对 1 到 8 对 16）中比较了只使用话音和使用 Link-16 数据链加话音的任务效能。在 12 000 多个出动架次和 19 000 多小时的飞行中收集了大量数据。通过对所收集的大量数据进行分析，结果表明：在白天作战中，平均杀伤率从 3.1031 提高到 8.1121，约提高了 1.61 倍；在夜间作战中，平均杀伤率从 3.6221 提高到 9.4021，约提高了 1.59 倍。无论从哪一方面衡量，白天和夜间作战加起来所获得的主要效能都提高了 150%以上。

8.1.4 装备情况

Link-16 数据链于 1994 年首次装备于美国海军舰艇和航空兵部队。由于以 Link-16 数据链通信标准为基础的 JTIDS 非常适用于美军绝大多数战术平台的数据传输要求，因此其成了美国陆军、海军、空军和海军陆战队各级指挥所，以及战术分队的制式战术通信装备，是美军现役装备量最大的一种航空数据链。根据美国国防部 2004 年的要求，美国空军的所有作战飞机（包括轰炸机、战斗机、侦察机、指挥机、预警机等），在 2010 年以前都要装上 Link-16 数据链终端。

美国海军已装备了 Link-16 数据链的舰船有航母（CV 和 CVN 级）、巡洋舰（CG 和 CGN 级）、驱逐舰（DDG 级）和两栖攻击舰（LHD 和 LHA 级）；海军飞机中安装 Link-16 设备的有 E-2“鹰眼”预警机、F-14“雄猫”战斗机和 F/A-18“大黄蜂”战斗机。

美国空军中 E-3A 预警机、E-8 联合监视目标攻击雷达系统飞机（E-8 侦察机）、空中 C3（ABCCC）飞机、EC-130 空中指挥机和 F-15 战斗机中都使用了 Link-16 终端。

美国陆军包括“爱国者”战区高空防御系统、地面联合战术系统、陆军战区导弹防御战术作战中心在内，使用的都是改进型的 JTIDS 级终端。

其他国家装备平台有英国 E-3“哨兵”预警机、“旋风”战斗机、EF-2000 欧洲战斗机，法国空军 E-3“哨兵”预警机、“阵风”战斗机，德国空军 EF-2000 欧洲战斗机，意大利空军“旋风”防空飞机、“旋风”战斗轰炸机、AMX 多用途飞机、“法拉尔”战斗机，西班牙 F/A-18“大黄蜂”战斗机、EF-2000 欧洲战斗机等。

8.2 Link-16 设备

Link-16 设备

Link-16 设备包括主设备和辅助保障设备。主设备有数据终端、人机接口和显示；辅助保障设备有网络设计工具、JTIDS 网络库、通信规划工具、战术空中任务规划系统和密钥加载设备等。它们共同确保 Link-16 数据链系统有效、灵活的运转。

Link-16 数据链的主要功能由数据终端来实现，目前有 JTIDS 和 MIDS 两代。图 8.1 所示为 Link-16 数据终端示例，其中前 4 种是 JTIDS 终端，后 2 种是 MIDS 终端。

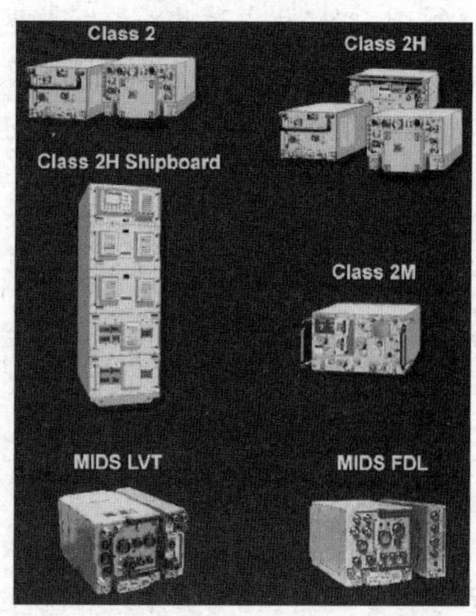

图 8.1 Link-16 数据终端示例

Link-16 数据终端是高集成度的模块化结构，它将 Link-4A 数据链和 Link-11 数据链系统组成设备的所有功能集成在一个操作平台上，以实现战术情报的交换，可概念性地理解为图 8.2 所示的组成结构。但同时 Link-16 数据链又是 Link-4A 数据链和 Link-11 数据链的发展，Link-16

数据终端还具有多种方式的抗干扰数据通信、精确定位与识别及相对导航等新的功能，明显比前两种数据链终端复杂。因此，图 8.2 所示仅仅是示意图，本节将详细介绍 Link-16 数据终端的组成。

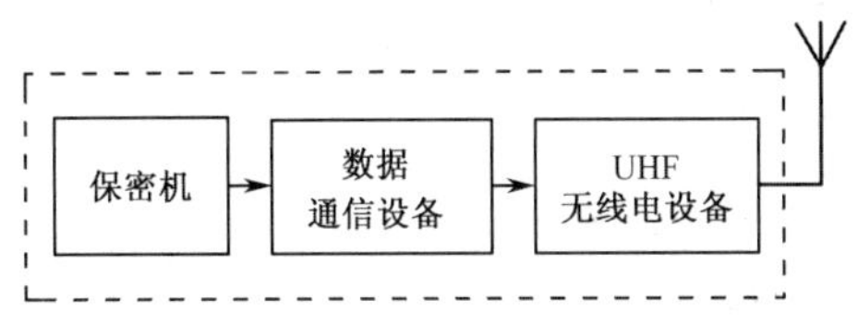

图 8.2　Link-16 数据终端组成结构示意图

8.2.1　2 类 JTIDS 终端

按照早期的文献资料，JTIDS 终端主要分为 4 类。在 JTIDS 的研制过程中，研制并进行了飞行测试的是 1 类和 2 类 JTIDS 终端。

（1）1 类终端：指挥和控制终端，适用于大型空中、地面和水面指挥平台。

（2）2 类终端：战术终端，适用于各种中型平台，如战术飞机、小型舰艇等。

（3）3 类终端：小型终端，适用于各种小型平台，如导弹、遥控飞行器、小型车辆及单兵背负等。

（4）4 类终端：自适应地面和海上接口终端，用于地面和海上指挥中心，完成不同数据链信息格式之间的转换功能。

最初的 JTIDS 终端研制始于 1969 年，但因技术问题其发展受到了阻碍。1974 年，美国开始研制 1 类 JTIDS 终端，并于 20 世纪 80 年代先后将其安装在美国空军（USAF）和 NATO 的 E-3A AWACS 飞机、地面防空系统上。其型号主要是 AN/URQ-33(V)，由美国休斯公司生产。其中，AN/URQ-33(V)-1 用于 E-3A 预警机，AN/URQ-33(V)-2 用于美国陆军地面防空系统，AN/URQ-33(V)-31 用于北约地面防空系统。1 类 JTIDS 终端是作为 Link-16 数据终端的第一代形式出现的，由于其具备的功能、采用的消息格式（IJMS）、体积质量均有进一步完善的需要，因此未广泛装备应用。

20 世纪 80 年代，美国开始研制 2 类 JTIDS 终端。2 类终端的数据传输速率提高了，体积、质量减小了，除通信外还增加了相对导航功能，该终端采用了 J 系列消息标准。美国海军和空军对 2 类终端进行了一系列的评估测试。20 世纪 90 年代开始为美国海军、空军和陆军生产。由于不同的应用，没有单一的结构能满足所有需求，因此对一些硬件和软件结构进行了适应性修改，产生了 2 类 JTIDS 终端家族。2 类 JTIDS 典型终端对比如表 8.2 所示。

（1）基本 2 类（Class 2）：基本 2 类 JTIDS 终端是 AN/URC-107，其数字数据处理器通过 MIL-STD-1553B 数据总线构建并控制 JTIDS 网络。此类终端已大量装备于 F-14D 战斗机。

（2）2H 类（Class 2H）：有舰载型和空中机载型。“H”表示添加高功率放大模块，用以增加输出功率（200 W→1 000 W），并集成了“塔康”（TACAN，战术空中导航）功能。已装备于 E-2 预警机、E-3 预警机、海军陆战队空中作战中心（MAOC）、空中指挥控制中心（ABCCC）、联合监视目标攻击系统（Joint STARS）、空军方舱控制单元（MCE）、战术空中作战模块（TAOM）、RC-135（Rivet Joint）侦察机和海军航母、巡洋舰、潜艇。

表8.2 2类JTIDS典型终端对比

类　型	质量/kg	体积/dm³	功率/W	型　号
基本2类	56.7	44.2	200	AN/URC-107、AN/URC-107(V6)
2H类	99.8	92.0	1 000	AN/URC-107(V4)、AN/URC-107(V5)、AN/URC-107(V7)
2M类	40.8	35.4	200	AN/GSQ-240
2R类	—	—	—	—

（3）2M类（Class 2M）：美国陆军使用型号，去除了TACAN功能。已装备于前沿地域防空指挥控制与情报系统（FAAD C2I）、战区高空防空系统（THAAD）、“爱国者”系统，以及联合战术地面站（JTAGS）、陆军防空旅/战区导弹防御系统、战术作战行动中心系统（ADA Bde/TMD TOC）。

（4）2R类：F-15战斗机上安装的型号，去除了TACAN和话音功能，以减小体积和质量。

所有2类JTIDS终端具有相同的核心电子模块，满足Link-16数据链特性和J系列消息标准的应用需求。其软件70%具有通用性，其余部分支持特定需求。典型的2类JTIDS终端结构组成框图如图8.3所示，各组成单元都是可更换组件（Weapon Replaceable Assembly，WRA）。终端中主要的WRA包括数字数据处理器（Digital Data Processor，DDP）、接口单元（Interface Unit，IU）、保密数据单元（Secure Data Unit，SDU）、收发信机（R/T）、高功率放大器（High Power Amplifier，HPA）、天线接口单元（Antennas Interface Unit，AIU）和陷波滤波器组件（Notch Filter Assembly，NFA）。IU和DDP构成数字数据处理器组（Digital Data Processing Group，DDPG）。

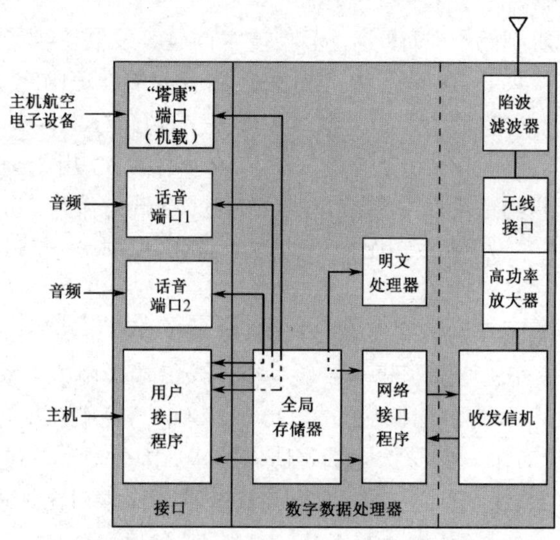

图8.3 典型的2类JTIDS终端结构组成框图

1）IU

JTIDS终端装备于陆海空多种平台，IU为各种类型的平台提供了装备JTIDS终端的I/O接口；平台不同，IU也不同。通过IU，JTIDS终端连接平台上独立的空中导航系统、任务计算机主机和显示系统等航空电子设备。另外，IU还提供了话音传输接口，与SLA-10B消隐系统消隐脉冲的接口，与主电源、DC蓄电池的接口，以及与JTIDS终端的SDU、DDPG的接口。

IU通过用户接口程序（Subscriber Interface Computer Program，SICP），实现了DDP与平台任务计算机间的通信，包括与C2P的数据交换和终端与平台一体化集成所需的数据处理，并提供话音信号的 A/D、D/A 转换。除提供 I/O 功能外，IU 也生成终端消息。

2）DDP

DDP 如图 8.4（a）所示，它实现了 JTIDS 基带信号处理、CPSM（Continuous Phase-Shift Modulation）中频信号生成和时分多址网络管理功能。DDP 通过网络接口程序（Network Interface Computer Program，NICP），对消息进行格式化、消息加密、传输加密、纠检错编码、时隙同步和数据封装，分配管理时隙，控制 R/T，实现时分多址 MAC 协议，并监控管理网络。同时，对 DDP 进行相对导航处理。另外，DDP 的明文处理器（PTP）进行不加密信息的处理。

DDP 使用共享存储器（Global Memory）存储终端内部的临时交换数据，并作为缓冲队列在可用发送时隙到来前存储待发送信息。

3）SDU

SDU 如图 8.4（b）所示，它以模块形式嵌于 IU 中，提供消息加密和传输加密功能。终端有引出的对外加载接口，完成 SDU 密钥参数的加载。加密变量多达 4 对，通过自动循环提供连续 48 h 的操作。

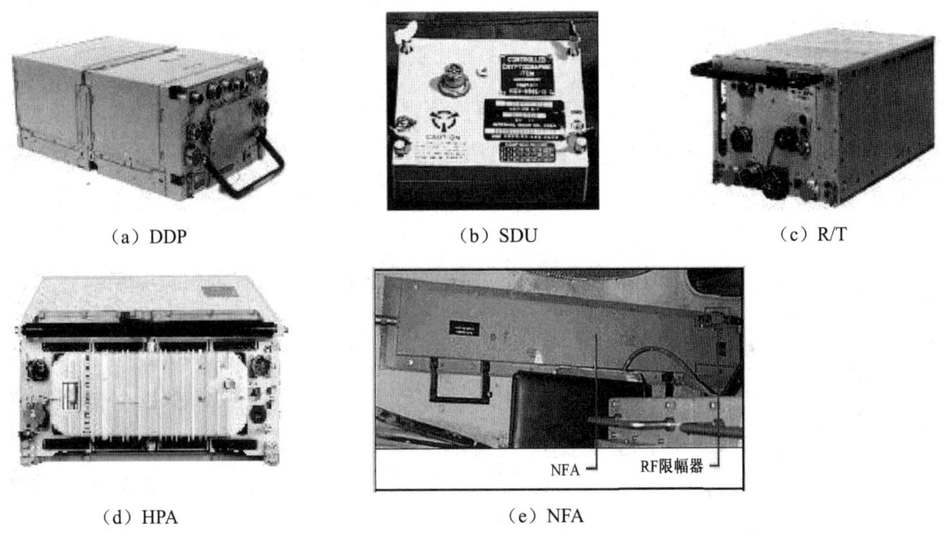

（a）DDP （b）SDU （c）R/T

（d）HPA （e）NFA

图 8.4 2 类 JTIDS 终端组件

前期 E-2C 预警机上使用的 KGV-8E2 模块已被最新 SDU 模块 KGV-8B 取代，两种模块功能和电气特性相同，但 KGV-8B 采用新的电子技术，更新和改进了密钥加载设备和加载方式，从而简化了模块。

老式的密钥加载设备是 KOI-18 通用纸带阅读器［见图 8.5（a）］和 KYK-13 电子传输设备（Electronic Transfer Device，ETD）［见图 8.5（b）］；它们与 KGV-8E2 对应，ETD 最多存储 6 个密钥。AN/CYZ-10 数据传输设备（Data Transfer Device，DTD）是新型设备［见图 8.5（c）］；它与 KGV-8B 对应，DTD 最多存储 1 000 个密钥，它就是 1 个掌上 PDA。KGV-8B 模块中去除了 KGV-8E2 模块中的加载控制单元（Load Control Unit，LCU），不再需要通用纸带阅读器和 ETD，而是通过终端的密钥加载接口，外接 AN/CYZ-10 DTD，完成对 KGV-8B 密钥参数的加载。

KOI-18 通用纸带阅读器、KYK-13 电子传输设备，以及 AN/CYZ-10 数据传输设备均属于 Link-16 数据链系统外围辅助设备。

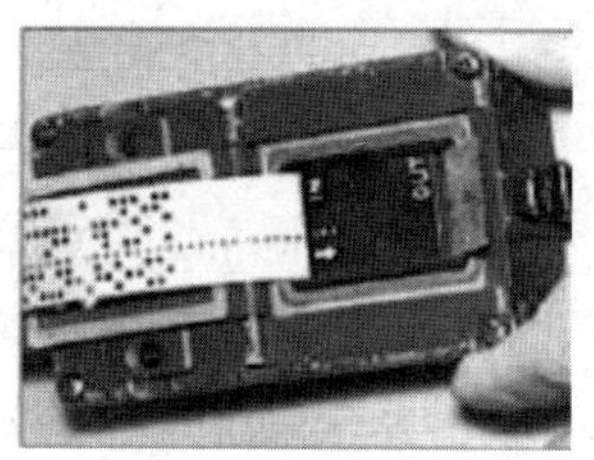

（a）KOI-18 通用纸带阅读器

（b）KYK-13 电子传输设备

（c）AN/CYZ-10 数据传输设备

图 8.5 Link-16 数据链系统密钥加载设备

4）R/T

R/T 如图 8.4（c）所示。它产生或接收射频信号，完成中频（IF）与射频（RF）信号的转换；还具有 TACAN 功能，实现距离和方位测量。R/T 是独立可更换组件，受 DDP 控制。

R/T 中有一个 200 W 发射机。发射信号时，发射机以伪随机跳频方式产生 51 个不同的发射频率，将来自 DDPG 的 CPSM 中频信号调制为 200 W 的射频输出信号。R/T 中的接收机将接收信号转换为 75 MHz 中频，然后送到 DDPG 进行信号处理。在 200 W 发射功率下，视距通信可达 300 nmile。

5）HPA

JTIDS 抗干扰通信方法之一是增加信号波形功率，通过 HPA 实现。HPA 如图 8.4（d）所示。HPA 在 200～1 000 W 之间有多级功率模式，低功率模式下是 JTIDS 终端的基本输出功率为 200 W，高功率模式下是 JTIDS 终端的最大输出功率为 1 000 W。HPA 是独立可更换组件，受 DDP 控制。

6）天线

理论上，一副收发共用全向天线可以实现 JTIDS 波形的视距传输。但实际上，天线的使用与 JTIDS 终端装备的平台是密切相关的。为了克服机动运动、平台自身阻挡等造成的通信中断，通常一个平台上每个 JTIDS 终端至少配备有 2 副天线。

例如，F-14D 战斗机上的 JTIDS 终端有上天线和下天线，共 2 副收发共用全向天线，E-2C 预警机上的 JTIDS 终端有半球增益的翼尖接收天线和全向接收天线，舰载平台上的 JTIDS 终端配置了 2 副宽频段的垂直极化 UHF 天线。具体叙述请参阅 8.7 节中 Link-16 应用系统的有关介绍。

7）NFA

在 Link-16 数据链工作的 Lx 频段（960～1 215 MHz）内，存在敌我识别系统 IFF 和其他导航设备使用频段，如 IFF 使用中心频率为 1 030 MHz 和 1 090 MHz 的子波段进行地面询问和载机应答。为了避免 JTIDS 传输信号对空中导航与飞行安全的干扰影响，JTIDS 终端配备了干扰保护组件，即陷波滤波器组件（NFA），如图 8.4（e） 所示。

NFA 是射频滤波器，阻止某些频率的信号而允许其他频率的信号通过，由带通滤波器和环形器组成。双向带通滤波器滤除 JTIDS 波形中 1 030 MHz±7 MHz 和 1 090 MHz±7 MHz 带宽的信号，防止对 IFF 信号的干扰，如图 8.6 所示。环行器与 JTIDS 天线连接，对接收到的射频信号限幅，使 R/T 输入功率达到限定范围，保护 R/T 组件。

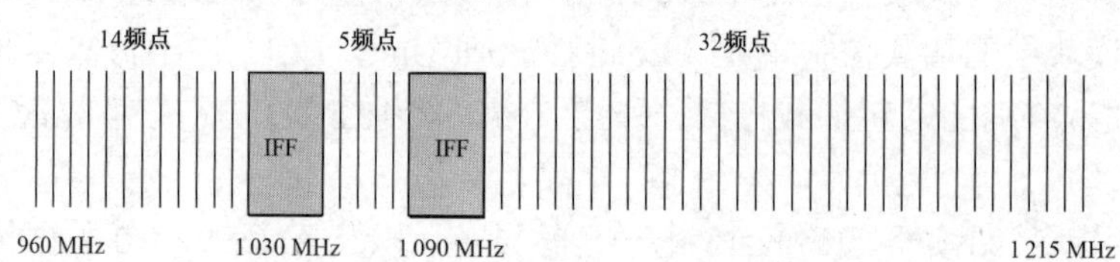

图 8.6 带通滤波器对 IFF 频段的陷波

8.2.2 MIDS 终端

2 类 JTIDS 终端不符合现代战术装备的规划设计理念（如结构开放性、不同平台互通性等），同时对于像 F/A-18 “大黄蜂” 战斗机这样空间配重严格受限的平台来说其体积、质量仍然不满足需要。20 世纪 90 年代，随着电子技术和联合作战理念的发展，美军计划用 MIDS 终端取代 2 类 JTIDS 终端。该计划始于 1987 年，1993 年进行了修订，由美国、法国、德国、意大利、西班牙等国共同开发。MIDS 终端将逐步取代 JTIDS 终端。

MIDS 终端应用如超高速集成电路（Very High Speed Integrated Circuit，VHSIC）、超大规模集成电路（Very Large Scale Integrated Circuit，VLSI）、微波/毫米波集成电路（Microwave/Millimeter-wave Integrated Circuit，MMIC）等终端小型化电子技术，采用基于开放式 VME 总线标准的开放结构，强调商用部件（Commercial Off-The-Shelf，COTS）的使用。为支持阻塞环境下的鲁棒性，JTIDS 终端具有 8 路同步接收；而由于尺寸和功率限制，MIDS 终端使用 4 路同步接收设计。另外，MIDS 终端嵌有 GPS 接收机。

MIDS 终端软件由两大部分组成：支持基本功能（如消息处理、信号处理、Link-16 波形产生）的软件；支持所有 I/O 功能的软件。由于 MIDS 终端将用于大范围操作，它需要强大的软件可编程能力来支持不同的场合和任务。

在发展过程中出现两类 MIDS 终端：MIDS LVT（Low Volume Terminal）和 MIDS FDL（Fighter Data Link）。MIDS LVT 有装备于战斗机等小型空中平台的 LVT（1）、LVT（3），也有装备于地面指挥平台或大型空中平台的 LVT（2）。MIDS LVT 结构基于 VME 总线，所有的卡、控制器、处理器的相互通信均通过 VME 背板进行，其开放式结构有利于集成于不同平台。MIDS FDL 是针对 USAF 亟须在 F-15 战斗机上实现 Link-16 数据链能力的解决方案，其中取消了“塔康”功能和话音功能，从而降低了信号功率。LVT 与 FDL 的硬件和软件有 80%兼容。

MIDS 终端是在 2 类 JTIDS 终端的基础上开发的，其功能、技术体制、波形和操作性与 JTIDS 终端兼容；但其体积比 JTIDS 终端减小 40%～50%，质量减小 60%，成本减小 50%。MIDS 终端的安装平台更广，可实现飞机、信息源、ISR 设备、C2 等大量平台之间的互操作。

8.2.3 辅助保障设备

Link-16 网络的正常通信通过数据终端完成；但网络运行前的规划，例如，网络结构、规模、运行模式的设计，时隙分配方案的确定，通信功能的规划，运行参数的设置，密钥的生成和文件的加载等初始化工作，均需要通过辅助保障设备完成。这些辅助保障设备包括：网络设计工具、JTIDS 网络库、通信规划工具、战术空中任务规划系统和密钥加载设备等。具体叙述请参见第 6 章的相关内容。

8.3 JTIDS 波形

JTIDS 波形

Link-16 数据链系统的通信传输波形是低截获概率（LPI）、扩频、保密的无线信号，满足抗截获、抗干扰和防窃听的战术要求，适合在对抗的作战环境中确保可靠、高效地通信。

图 8.7 所示为 JTIDS 波形的产生流程。在 JTIDS 终端中，通过对战术数据信息进行纠检错编码、加密、交织，以及软扩频、跳频、跳时，形成 JTIDS 波形。同时，采用脉冲冗余，提高 JTIDS 波形的抗干扰能力；采用不同的数据封装形式，根据信道质量调整传输速率，提高

JTIDS 波形的传输可靠性。EDAC 编码和交织的具体叙述请参见第 3 章的相关内容。

8.3.1 信息加密

Link-16 数据链终端对消息数据进行两次加密，即消息加密和传输加密。消息加密在检错编码之后，传输加密在 FEC 编码和交织之后。

第一次加密是 Link-16 数据链的消息加密。针对 75 bit 的检错编码消息字，根据 SDU 中所存储的消息加密变量—— 密钥和消息加密运算进行加密。

第二次加密是传输加密，以增强 Link-16 信号的传输保密性。这是根据 SDU 所存储的传输加密变量进行的。传输加密变量决定了 Link-16 传输信号波形的伪随机扩频码、伪随机跳频图案及跳时抖动时间。传输加密中使用 CCSK 对交织 RS 码进行编码，具体加密原理请参见第 3 章的相关内容。

消息类型判断
RTT消息
其他消息
自由文本
检错编码
消息加密
FEC编码
FEC编码
交织
传输加密
基带脉冲
跳频图案
MSK调制
载波
数据封装
RF波形

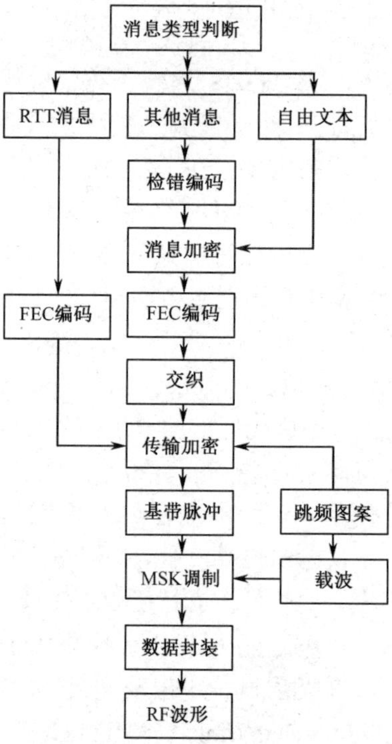

图 8.7　JTIDS 波形的产生流程

8.3.2 传输脉冲

根据消息帧的 PN 码，JTIDS 设备生成了消息帧传输脉冲。Link-16 数据链的传输脉冲是扩频脉冲，由 32 位 PN 码以 5 MHz 的速率对载频作 MSK 调制而形成。

传输脉冲有单脉冲（Single Pluse，SP）和双脉冲（Double Pluse，DP）两种形式，其结构如图 8.8 所示。单脉冲是基本传输脉冲形式，包括脉冲发送期和停止期共 13 μs。其中，5 MHz 扩频速率的 PN 码片宽度为 0.2 μs，32 位码片的 MSK 调制脉冲信号宽度为 0.2 μs×32 = 6.4 μs，即脉冲发送期为 6.4 μs；其余 6.6 μs 不发送脉冲，为脉冲停止期。每个单脉冲表示 1 个码元（5 bit）。双脉冲包括两个单脉冲，可表示两个相同或不同的码元。双脉冲形式提供了脉冲冗余，当两个脉冲表示同一码元时，同一码元的重复传输提高了 JTIDS 波形的抗干扰能力。

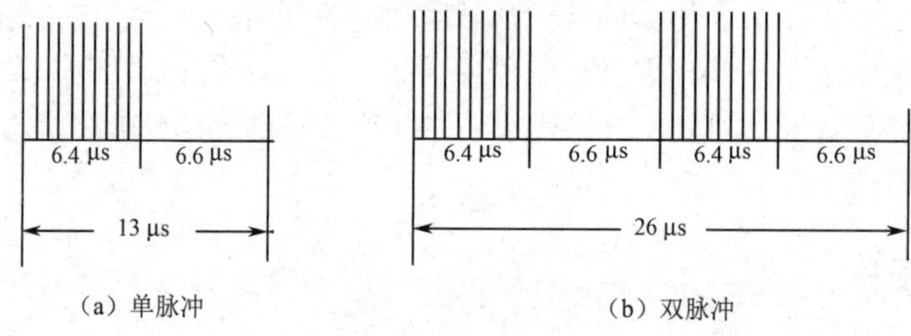

图 8.8　传输脉冲的结构

8.3.3 射频调制

无线传输需要数据信息对射频载波的调制。Link-16 数据链采用连续相移调制（CPSM）和载波跳频进行信息扩频调制。Link-16 数据链跳频图案的变化规律由保密数据单元所存储的传输加密变量决定，加密密钥每天更换一次，因此跳频图案的变化规律也每天改变一次。

Link-16 数据链扩频调制的具体叙述请参见第 3 章和第 4 章的相关内容。

8.3.4 时隙结构与数据封装

由于 Link-16 数据链以时隙为发送/接收消息的基本单位，每个时隙需要在表示消息帧的码元数据脉冲流前加入同步脉冲，完成同步信息和消息的发送。接收方在时隙同步的基础上根据同步脉冲准确地接收传输消息。

JTIDS 终端传输战术数据、往返计时、话音、自由文本等多种消息。不同消息的时隙结构是不同的。

1. 战术消息的时隙结构

图 8.9 所示为 Link-16 战术消息的时隙结构，其中包括抖动时间段、信息传输段和保护时间段，是 Link-16 中大量使用的时隙形式。

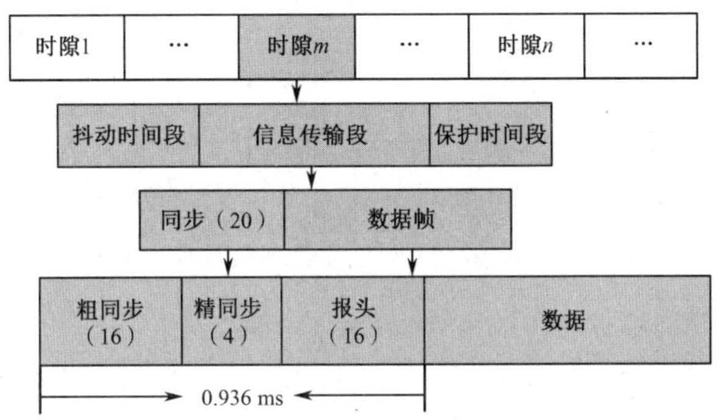

图 8.9 Link-16 战术消息的时隙结构

1）抖动时间段

Link-16 数据链每次发射脉冲的起点都可以不与时隙起点对齐，而作为随机时延（抖动）出现；其时延最大可达 2.2575 ms。这种伪随机时延变化使敌方不易掌握发射时间的规律性。抖动段的时间随时隙号码变化，其变化规律由密钥控制。密钥每天改变一次，使得干扰机很难对该系统实施有效的干扰。这种抖动也可看作跳时。

在某些情况下，为了提高传输速率，时隙结构中无抖动时间段，将抖动时间段也用于数据传输。

2）信息传输段

信息传输段是时隙中有脉冲发送的时间，在该时间内有战术消息传输，是信道的有效利用时间。发送脉冲包括粗同步脉冲、精同步脉冲和数据脉冲。

Link-16 数据链的同步传输需要同步脉冲。同步脉冲采用双脉冲形式，共 20 个。前 16 个脉冲用作粗同步，以 8 个不同的载波频率发送；后 4 个脉冲用作精同步，以确保系统的精确同步。同步脉冲的跳频图案单独设计。与数据脉冲跳频图案不同，粗同步脉冲的跳频图案每时隙不同，而精同步脉冲的跳频图案是固定的。

数据脉冲是战术信息加入报头、编码、加密、调制后的码元脉冲流，表示战术消息帧。每时隙有 109 个数据脉冲，其中包括 16 个报头脉冲、93 个战术消息脉冲。除报头的 16 个双脉冲外，其他表示战术消息的数据脉冲形式和数量随数

Link-16 数据封装

据封装类型不同而有所不同。

Link-16 数据链的数据封装类型有标准双脉冲数据封装（STDP）、2 个单脉冲数据封装（P2SP）、2 个双脉冲数据封装（P2DP）和 4 个单脉冲数据封装（P4SP），具体如图 8.10 所示。

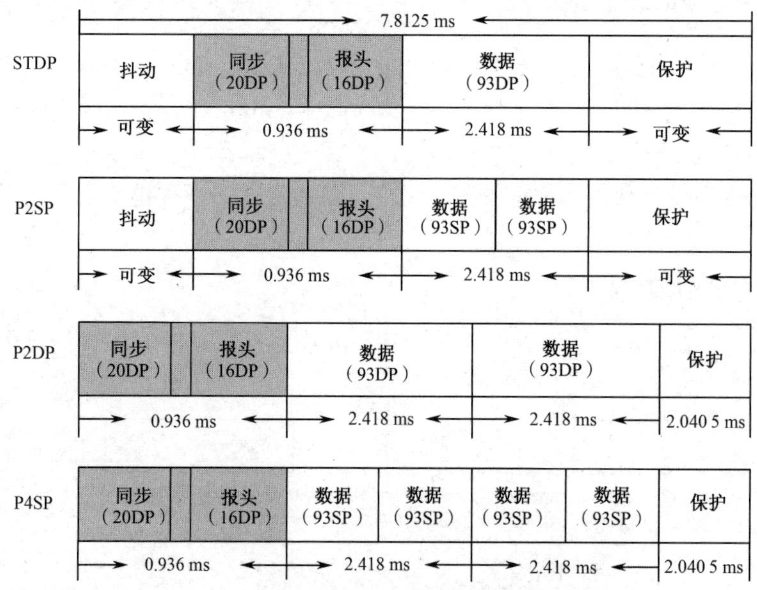

图 8.10 Link-16 数据链时隙的 4 种数据封装类型

4 种数据封装类型的同步脉冲和报头脉冲的形式与数量相同，占用(20+16)×26 μs= 0.936 ms。STDP、P2SP 的抖动与传输保护时间在 4.458 5 ms 内可变；P2DP、P4SP 无抖动时间，其传输保护时间固定为 2.040 5 ms。

但 4 种数据封装类型表示战术信息的数据脉冲的形式和数量不同：STDP 采用 93 个双脉冲，2 个脉冲传输相同的码元，共传输 3 个（31，15）RS 码元，占用 2.418 ms；P2SP 采用 186 个单脉冲，1 个脉冲传输 1 个码元，共传输 6 个（31，15）RS 码元，占用 2.418 ms；P2DP 采用 186 个双脉冲，2 个脉冲传输 1 个相同码元，共传输 6 个（31，15）RS 码元，占用时间是 P2SP 的 2 倍；P4SP 采用 372 个单脉冲，1 个脉冲传输 1 个码元，共传输 12 个（31，15）RS 码元，占用 5.772 ms。由于每个码元代表 5 bit 数据，不同的数据封装类型传输的码元数不同，所携带信息量也不同，因此传输速率和吞吐量也就不同。Link-16 数据链的数据封装类型与传输速率的关系如表 8.3 所示。

表 8.3 Link-16 数据链的数据封装类型与传输速率的关系

封装类型	每时隙比特数			传输速率/（kbit/s）		
	战术数据	检错编码数据	纠错编码数据	战术数据信息速率	检错编码信息速率	纠错编码信道速率
STDP	210	225	465	26.9	28.8	59.52
P2SP	420	450	930	53.8	57.6	119.04
P2DP	420	450	930	53.8	57.6	119.04
P4SP	840	900	1860	107.6	115.2	238.08

在 4 种数据封装类型中，STDP 传输速率和吞吐量最低，但由于同一码元数据被两个脉冲用不同的频率传送，抗干扰能力最强；P2SP 与 P2DP 传输速率和吞吐量相同，但 P2DP 的冗

余传输脉冲使其抗干扰能力强于 P2SP，不过无抖动将带来不稳定的同步；P4SP 传输速率和吞吐量最高，但放弃了随机抖动和冗余脉冲，无抖动所带来的不稳定同步及单脉冲形式使其抗干扰能力最弱。根据系统吞吐量需求和信道状态，Link-16 数据链时隙采用不同的数据封装类型，合理调整传输速率，以提高 JTIDS 波形的传输可靠性，达到所要求的系统容量。

3）保护时间段

保护时间段使所发送的信号在下一时隙开始之前能传播到视距范围内的所有成员，以防止相互干扰。Link-16 数据链的正常通信范围为 300 nmile，需要 2 ms 左右的传输保护时间。由于总时隙长度和信息段长度是确定的，保护时间和抖动时间总计 4.458 5 ms，因此保护时间要随抖动时间的改变而相应改变。当无抖动时间段时，保护时间为 2.040 5 ms。

2. 往返计时（RTT）消息时隙结构

图 8.11 所示为 Link-16 数据链 RTT 消息的时隙结构。RTT 消息仅在主动同步时使用，在一个时隙中完成一次往返传输，包括 RTT 询问（RTT-I）和 RTT 应答（RTT-R），其同步脉冲形式、数量与战术消息时隙中的一致；RTT-I 和 RTT-R 消息均仅由 35 bit 报头组成，其脉冲形式、数量与战术消息时隙中报头一致，为 16 个双脉冲。

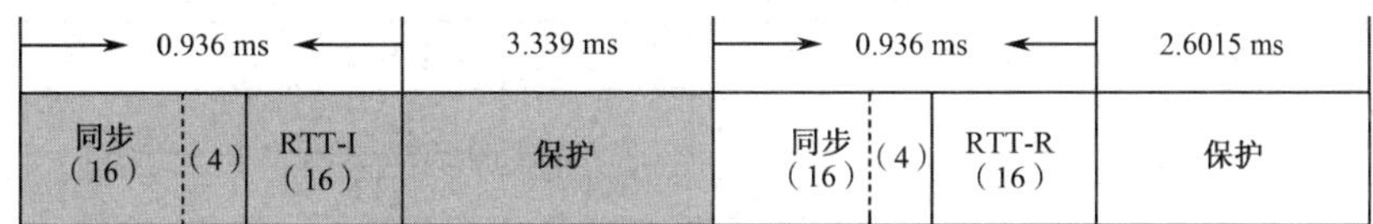

图 8.11　Link-16 数据链 RTT 消息的时隙结构

3. 自由文本消息时隙结构

自由文本消息用二进制比特数字表示数字话音、电传打字，以及其他自由文本消息，其中 Link-16 数据链数字话音时隙结构如图 8.12 所示。

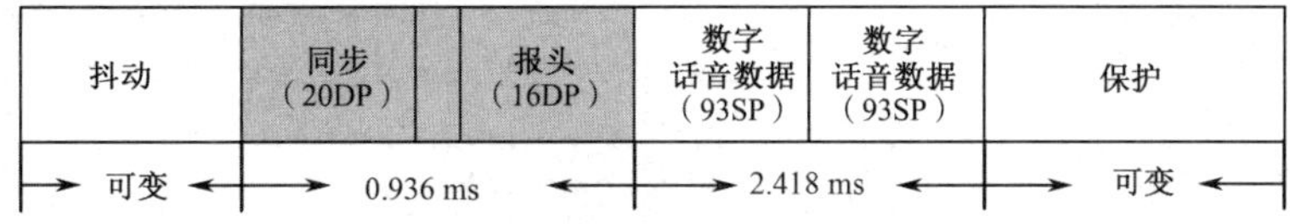

图 8.12　Link-16 数据链数字话音时隙结构

话音信号经终端数字化后，不再进行纠检错编码，采用 P2SP 的数据封装格式，在话音时隙发送，每时隙发送 93×5 bit×2=930 bit 的数字化话音信息。该时隙结构比较自由，但抗干扰能力较弱，在中继过程中多有带错现象，一般用于保密要求不高的情况。

8.4　J 系列消息标准

MIL-STD-6016 对 Link-16 数据链的技术要求进行了规定，发布在 JTIDS 技术接口设计计划（试验版）中，即 JTIDS-TE。Link-16 数据链采用 TADIL-J 系列消息标准。

TADIL-J 系列消息标准在设计之初由固定消息格式（Fixed Message Format，FMF）和可变消息格式（Variable Message Format，VMF）组成，其中 FMF 由美国空军和海军使用，VMF 由美国陆军使用。采用可变的消息格式与长度，可以适应旅以下部队数据链带宽有限的环境，实施近实时的数据交换。但是，随着 VMF 概念的发展，VMF 由 J 系列标准的一个子集发展成为一个独立的消息格式标准，称为 K 系列消息标准。目前，美国陆军和海军陆战队也是 VMF 的用户。未来 VMF 将发展成美军地空协同战斗时最主要的数据链，可用于陆战、火力支援、海面、空中和特种作战系统。

8.4.1 消息种类（固定格式）

固定格式 J 系列消息有战术消息、RTT 消息和自由文本消息三种。

战术消息以“Ja.b”的形式编码，其中“a”表示消息类型的大类别，“b”表示消息大类中的子类别。战术消息是 J 系列消息中类型最多的消息，分为网络管理（J0/J1）、精确定位与识别（J2）、监视（J3）、反潜战（J5）、情报（J6）、信息管理（J7/J8）、武器协调与管理（J9/J10）、控制（J12）、平台与系统状态（J13）、电子战（J14）、威胁告警（J15）、气象（J17）、国家使用（J28/J29/J30）、其他（J31）14 大类，每大类又分为多个子类，如表 8.4 所示，实现多种战术信息的传输和交换。

RTT 消息用于网络的同步定时。

自由文本消息用于文字信息、话音信息的数字传输。

表 8.4　J 系列战术消息种类

消息大类	消息编码	消 息 子 类	消息大类	消息编码	消 息 子 类
网络管理	J0.0	初始入网	监视	J3.5	陆基点或轨迹
	J0.1	测试		J3.6	空间航迹
	J0.2	网络时间更新		J3.7	电子战产品信息
	J0.3	时隙分配	反潜战	J5.4	声方位与距离
	J0.4	无线电中继控制	情报	J6.0	情报信息
	J0.5	二次传播中继	信息管理	J7.0	航迹管理
	J0.6	通信控制		J7.1	数据更新请求
	J0.7	时隙再分配		J7.2	相关
	J1.0	连通询问		J7.3	指示器
	J1.1	连通状态		J7.4	跟踪识别器
	J1.2	路径建立		J7.5	IFF/SIF 管理
	J1.3	确认		J7.6	过滤器管理
	J1.4	通信状态		J7.7	联系
	J1.5	网络控制初始化		J8.0	单元指示符
	J1.6	指定必要的参与群		J8.1	任务相关器变化
精确定位与识别（PPLI）	J2.0	间接接口单元 PPLI	武器协调与管理	J9.0	指挥
	J2.2	空中 PPLI		J9.1	TMD 交战指挥
	J2.3	水面 PPLI		J9.2	ECCM 协调
	J2.4	水下 PPLI		J10.2	交战状态
	J2.5	陆基点 PPLI		J10.3	移交
	J2.6	地面 PPLI		J10.5	控制单元报告
监视	J3.0	基准点		J10.6	组配
	J3.1	应急点	控制	J12.0	任务分配
	J3.2	空中航迹		J12.1	航向
	J3.3	水面航迹		J12.2	飞机的准确方位
	J3.4	水下航迹		J12.3	飞行航迹

续表

消息大类	消息编码	消 息 子 类	消息大类	消息编码	消 息 子 类
控制	J12.4	控制单元改变	国家使用	J28.6	美国 5（国家安全局）
	J12.5	目标/航迹相关		J28.7	英国 1
	J12.6	目标分类		J29.0	保留
	J12.7	目标方位		J29.1	英国 2
平台与系统状态	J13.0	机场状态		J29.3	西班牙 1
	J13.2	空中平台和系统状态		J29.4	西班牙 2
	J13.3	水面平台和系统状态		J29.5	加拿大
	J13.4	水下平台和系统状态		J29.7	澳大利亚
	J13.5	地面平台和系统状态		J30.0	德国 1
电子战	J14.0	参数信息		J30.1	德国 2
	J14.2	电子战控制/协调		J30.2	意大利 1
威胁告警	J15.0	威胁告警		J30.3	意大利 2
气象	J17.0	目标上空的天气		J30.4	意大利 3
国家使用	J28.0	美国 1（陆军）		J30.5	法国 3（陆军）
	J28.1	美国 2（海军）		J30.6	法国 5（空军）
	J28.2	美国 3（空军）		J30.7	法国 6（海军）
	J28.3	美国 4（海军陆战队）	其他	J31.0	空中更换密钥管理
	J28.20	文本消息		J31.1	空中更换密钥
	J28.4	法国 1		J31.7	无信息
	J28.5	法国 2			

8.4.2　消息帧结构

由于无线信道传输带宽的限制，因此 Link-16 消息内容采用面向比特的形式构成，以多比特来表示某个参数，具体表示在消息标准中有详细规定。Link-16 固定格式消息帧结构如图 8.13 所示。其中，战术消息帧的报头为 35 bit，其消息字为 70 bit，消息字内容即表 8.4 中所示的消息；RTT 消息帧仅为 35 bit 报头，无消息字；自由文本消息无消息格式限制，无奇偶校验处理，其消息字为语音编码后的 75 bit 数据。1 个报头可带 3、6 或 12 个消息字，由消息封装格式决定。

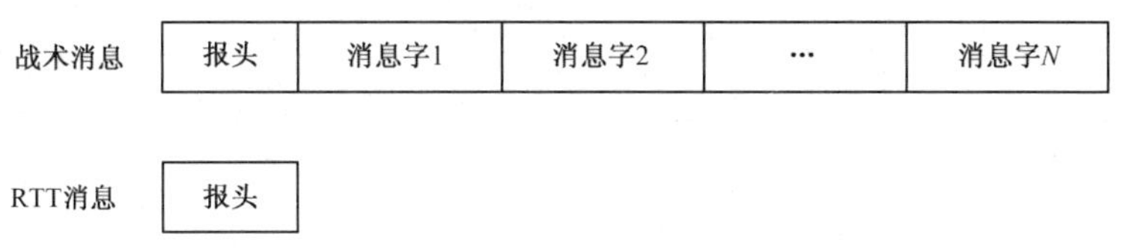

图 8.13　Link-16 固定格式消息帧结构

1. 报头

在每个时隙的开始处，发送一个 35 bit 的报头。报头之后是连续的消息字。35 bit 报头对时隙类型、脉冲形式、中继形式、源航迹号，以及密钥号进行标识。源航迹号由该时隙消息原发者的主机系统提供，密钥号由发送终端提供。图 8.14 所示为战术消息报头结构及标识，图 8.15 所示为 RTT 消息（报头）结构。

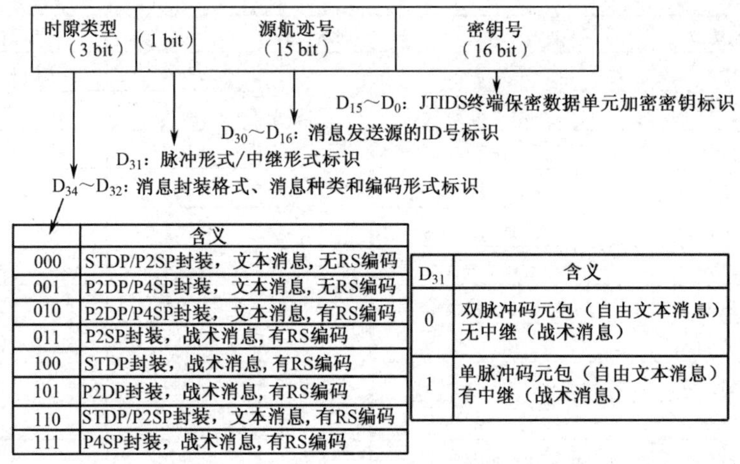

	含义
000	STDP/P2SP封装，文本消息，无RS编码
001	P2DP/P4SP封装，文本消息，无RS编码
010	P2DP/P4SP封装，文本消息，有RS编码
011	P2SP封装，战术消息，有RS编码
100	STDP封装，战术消息，有RS编码
101	P2DP封装，战术消息，有RS编码
110	STDP/P2SP封装，文本消息，有RS编码
111	P4SP封装，战术消息，有RS编码

D_{31}	含义
0	双脉冲码元包（自由文本消息）无中继（战术消息）
1	单脉冲码元包（自由文本消息）有中继（战术消息）

图 8.14　战术消息报头结构及标识

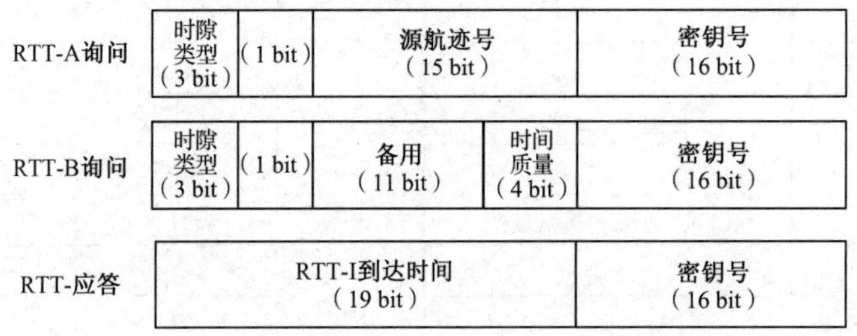

图 8.15　RTT 消息（报头）结构

2. 消息字

根据表示战术信息内容的重要程度，消息字分为初始字、延长字和继续字 3 类。初始字表示基本和重要的战术信息，延长字表示补充的战术信息，继续字表示附加的战术信息。每类消息的初始字和延长字格式唯一，而继续字格式有多种。

Link-16 数据链每个时隙内由 1 个报头和 3、6 或 9 个消息字构成消息帧。这个消息帧可能表示一个 J 系列消息，也可能表示多个 J 系列消息；但任何一个消息必须在 1 个时隙内完整发送。

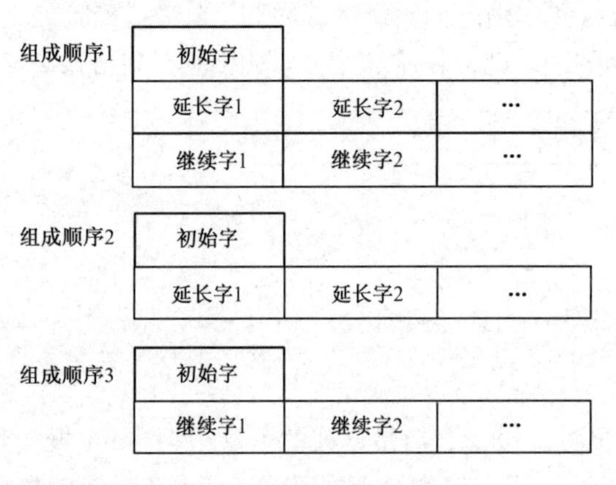

图 8.16　消息字的组成

每个消息字按照初始字、延长字、继续字的顺序组成，如图 8.16 所示。初始字必须有，而延长字和继续字则根据信息内容的需要选择。

初始字、延长字和继续字的结构分别如图 8.17（a）、（b）、（c）所示。“消息字类型”确定每个 70 bit 消息字的类型，在数据格式化处理时对应不同的消息字格式。3 bit “消息长度”表示报头最多可带 8 个消息字。8 bit “消息类型”表示表 8.4 中所示的不同消息，其中低 5 bit 表示网络管理（J0/J1）、精确定位与识别（J2）、监视（J3）、反潜战（J5）、情报（J6）、信息管理（J7/J8）、武器协调与管理（J9/J10）、控制（J12）、平台与系统状态（J13）、电子战（J14）、威胁告警（J15）、气象（J17）、国家使用（J28/J29/J30）、其他（J31）等大类，共可表示为 2^5=32 大类；高 3 bit 表示每大类中的具体子类，每大类共有 2^3=8 个子类。大类和子类组合可表示 256 个消息。

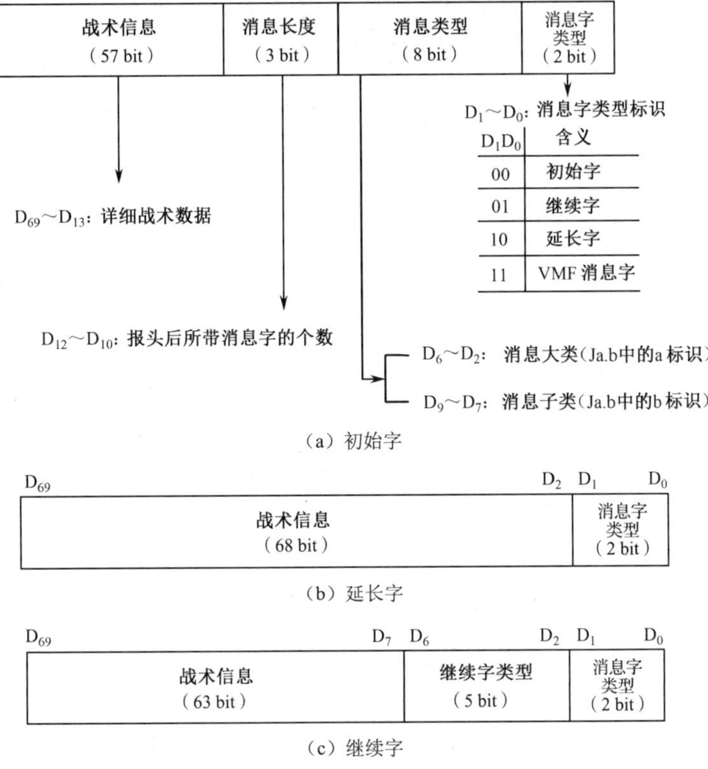

图 8.17　3 类消息字的结构

由于延长字只使用初始字中标记和分标记字段的组合来规定和解释，因此它们必须按串行顺序发送。例如，要发送为某个给定初始字规定的 n 个延长字中的第 j 个延长字，那么所有 i 个字（$i<j$）必须先于第 j 个字发送。如果要重复延长字，那么它必须是该消息的最后一个延长字。

由于继续字有多种格式，因此 5 bit“继续字类型”表示 2^5=32 种继续字。

8.5　Link-16 网络

link-16 网络

Link-16 网络以信息分发为目标，采用 TDMA 组网协议，其中各节点功能作用相同，无主站、从站区分，形成了分布式网状拓扑结构（见图 7.10）。整个网络就像一个巨大的环状信息池，网内所有单元都将自己的信息“投放”到信息池中供网络用户共享，也可以到信息池中根据需要“获取”适合自己的信息。与 Link-11 数据链和 Link-4A 数据链相比，Link-16 网络抗毁能力强，而 Link-11 数据链的网控站和 Link-4A 数据链的控制站是各自网络中通信的瓶颈。

8.5.1　资源分配

Link-16 数据链将时间依照时元（Epoch）、时帧（Frame）和时隙（Timeslot）三种时间单元进行划分和使用，其时间单元结构如图 8.18 所示。将 1 天的 24 h 划分成 112.5 时元，每时元 12.8 min；每时元又划分成 64 时帧，每时帧 12 s；每时帧再划分成 1 536 个时隙，每时隙 7.812 5 ms。

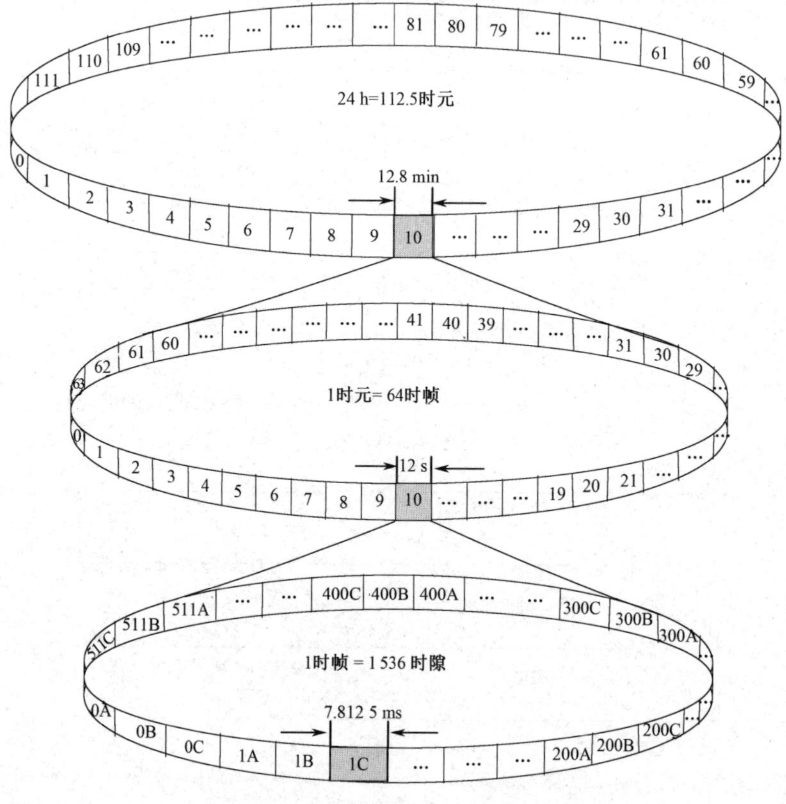

图 8.18 Link-16 数据链时间单元结构

1. 时元

Link-16 数据链的时间重复周期是时元。在链路运行过程中，时元周期性出现，即 Link-16 以 12.8 min 时元为时间周期。1 时元中的时隙分为 A、B、C 三组，每组编号为 0～32 768，称为时隙索引号（Slot Index），三组共 98 304 个时隙。Link-16 数据链标准规定 1 个时元的时隙以如下顺序交叉排列，每时元重复该顺序，其信号周期如图 8.19 所示。

A-0，B-0，C-0，

A-1，B-1，C-1，

…

A-32 767，B-32 767，C-32 767

…

图 8.19 Link-16 数据链的信号周期

使用 7 bit 表示时元号，2^7=128，选择其中 113 个即可表示 112.5 个时元。使用 6 bit 表示时帧号，2^6=64，表示一个时元中的 64 个时帧。使用 2 bit 表示时隙组号，如“00”表示 A 组，“01”表示 B 组，“10”表示 C 组。使用 15 bit 表示时隙索引号，2^{15}=32 768，表示一个时元组中的 32 768 个时隙；使用 9 bit 表示时隙号，2^9=512，表示一个时帧组中的 512 个时隙。根据时元号、时帧号、时隙组号及时隙号，或者时元号、时隙组号及时隙索引号，可确定某个时隙的具体位置。

在第 5 章中介绍过，Link-16 数据链以时隙块的方式分配时隙，而非单一时隙分配，因此具体时隙的表示多采用“时隙组–起始时隙号–重复率”，用上述表示方法中的 2 bit 表示时隙组号，15 bit 表示时隙索引号。

2. 时帧

Link-16 数据链的基本时间单元是时帧。由于时元周期较长（min 级），而 Link-16 的大量 J 系列消息的传输间隔为秒级，因此以更小的时间单元——时帧为单位，一个单元发送的消息在一个时帧内重复多次，或在多个时帧中（但远小于时元时长）重复一次。

例如，在第 5 章 Link-16 数据链时隙分配中介绍过时隙块“重复率”，从表 5.3 的“间隔时间”一栏可以看出：当 RRN=6 时，消息发送时间间隔正好是 1 时帧（12 s），即某单元的某类消息每时帧重复发送 1 次；当 RRN=8 时，消息发送时间间隔为 3 s，即某单元的某类消息每时帧等间隔重复发送 4 次；当 RRN=4 时，消息发送时间间隔为 48 s，即某单元的某类消息每 4 个时帧重复发送 1 次。

3. 时隙

时隙是 Link-16 数据链信道接入的基本时间单位，每个时隙发送一条或多条 J 系列消息，每个节点在一个时帧获得多个发送时隙。如果一个单元分配了一组发送时隙并有消息发送，则它将在每个时隙上发送一系列脉冲直到发完所有消息。根据其消息内容和打包形式，每个成员在自身发送时隙内以一系列突发脉冲的形式发送消息（通常为 258 个或 444 个）。

8.5.2　单网结构

Link-16 数据链的基本网络结构形式是单网，如图 8.20 所示。所有 Link-16 数据链单元工作在同一个网络中，统一划分时隙，每个单元跳频图案相同。单网网络通信频率为 969 MHz。

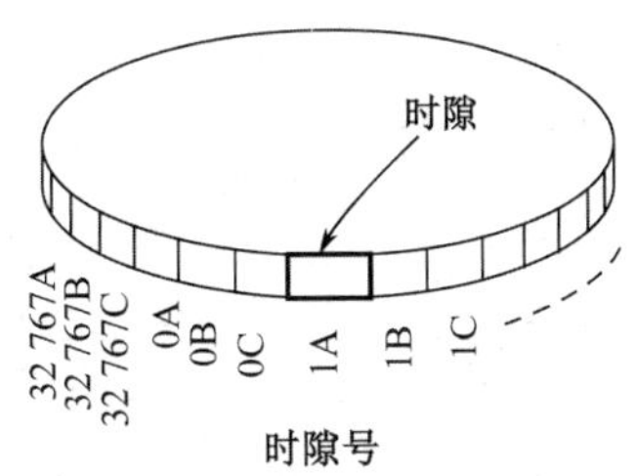

图 8.20　Link-16 数据链单网结构

当 Link-16 数据链工作在模式 1 时只允许使用时隙分区 A-0-14（包括 16 384 个时隙）、B-1-14（包括 16 384 个时隙）、C-0-12（包括 4 096 个时隙）和 C-4-11（包括 2 048 个时隙）(重复率与时隙数不一致)。这种对时隙的限制（每单位时间内允许的脉冲数）称为时隙效率系数（TSDF）。Link-16 数据链中最多可以使用网络时隙的 40%，每个终端最多可使用网络时隙的 20%。这种限制使得本就不多的网络资源更为贫乏，因此单一网络时隙结构不能满足系统传输战术数据信息的要求，需要建立多重网络。

8.5.3　多网结构

Link-16 数据链的特点之一是具有灵活的组网方式，即 Link-16 数据链的网络结构形式多

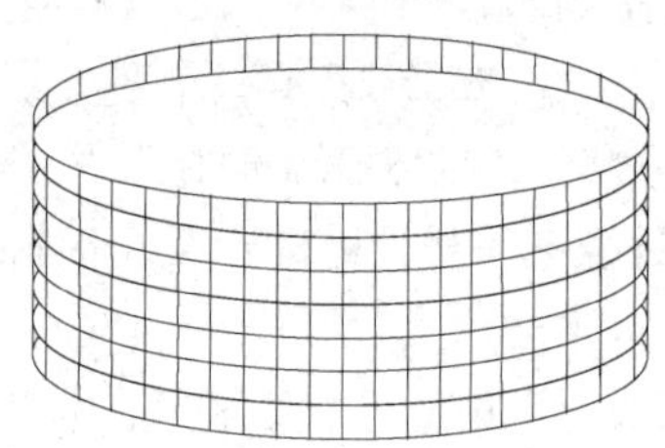

图 8.21　Link-16 数据链多网结构

样。在单网基础上，通过堆栈、重叠可灵活构建多网结构，如图 8.21 所示。多网是若干个单网叠加，且每个单网设定不同的网络编号而形成的网络。这些网络的时隙相互同步，因此某个网络中的一个时隙与其他网络中所对应的时隙完全一致，多网结构允许若干个参与组在相同时隙内相互独立地交换信息。

Link-16 数据链将传输加密变量、消息加密变量、网络编号和时隙号的组合称为跳频图案。跳频图案的参数不同，跳频图案就不同；使用不同跳频图案的各个网相互独立，使得它们能并行操作，从而实现多种网络结构。

网络编号用 7 bit 表示，即 128（0～127）个网络编号。Link-16 数据链的波形允许定义 127 个不同的网络。终端的 SDU 存储 8 个加密变量参数，供任意时隙的今天/明天编码对使用。通过组合这些加密变量和 127 个网络编号的不同设置，系统能够在任意指定的时隙段内实现 508 种不同的跳频模式。

尽管可能有上百个网络，但对于所有已定的终端，每个时隙只能在其中的一个网上进行信息收发。

Link-16 数据链的网络结构是与其完成的战术任务和功能紧密联系的，其中的基本功能通过公共网络（0 号网）实现，一次作战中的多项功能就需要通过多网（1～127 号网）来实现。多网结构的最普通形式是层叠网络和多个网络（Multiple Networks），层叠网络又有栈网（Stacked Net）和多重网（Multinet）等多种形式，Link-16 数据链多种网络类型如表 8.5 所示。

表 8.5　Link-16 数据链多种网络类型

<table>
<tr><th colspan="3">网 络 类 型</th><th>消息加密变量</th><th>传输加密变量</th><th>网络编号</th></tr>
<tr><td colspan="3">单网</td><td>相同</td><td>相同</td><td>相同</td></tr>
<tr><td rowspan="5">多　网</td><td rowspan="4">层叠网</td><td>栈网</td><td>相同</td><td>相同</td><td>不同</td></tr>
<tr><td>多重网</td><td>不同</td><td>相同</td><td>不同</td></tr>
<tr><td rowspan="2">加密网</td><td>相同</td><td>不同</td><td>相同/不同</td></tr>
<tr><td>不同</td><td>相同</td><td>相同</td></tr>
<tr><td colspan="2">多个网络</td><td>不同</td><td>不同</td><td>相同/不同</td></tr>
</table>

1. 栈网

通过给具有相同传输加密变量和不同网络编号的网络参与群分配同组时隙，就可以建立栈网。栈网中时隙必须同组，并具有相同的初始时隙数和重复率。

当多个相同的 NPG 同时工作时，在 Link-16 数据链中通过栈网结构来实现。在 NPG 的跳频图案中，密钥相同，时隙号相同，网络编号不同。不同 NPG 的参与单元必须互异，但参与单元可在不同 NPG 中切换。

Link-16 数据链的栈网通常用于实现话音、空中控制和战斗机-战斗机功能。图 8.22 所示为 Link-16 数据链空中控制栈网结构。每个空中控制平台及其控制的战斗机组，选择一个相同但唯一的网络编号，形成一个空中控制网。多个空中控制网由于网络编号的不同，彼此独立、互不干扰，可以使用同样的时隙组同时工作。这些同时工作的空中控制网（20 个以上）就是一种栈网结构。平台在网间的切换只需简单地改变网络编号，终端不必重新初始化。栈网结构使多个功能相同的网络可以同时独立但不孤立地运行。

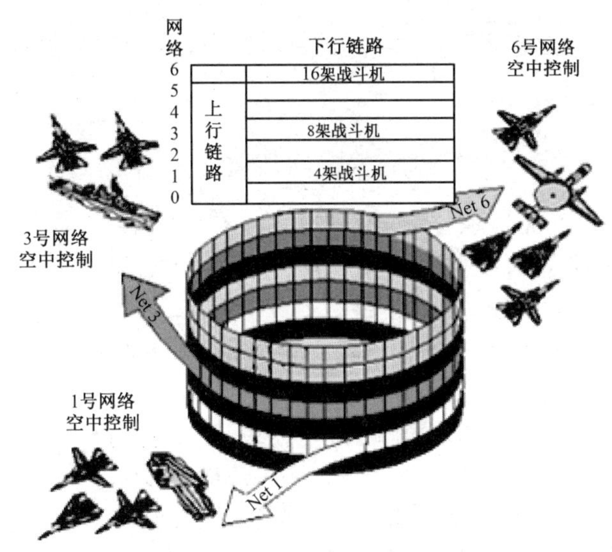

图 8.22 Link-16 数据链空中控制栈网结构

类似地，栈网结构同样满足战斗机-战斗机和话音 A/B 功能。这样，战斗机可以方便、迅速地加入不同的战斗编队网，对不同目标实施拦截或攻击；话音可选择不同话音网传输。

2. 多重网

Link-16 数据链的功能有些是相互排斥的，如电子战和高更新率的 PPLI。当多个互斥的 NPG 同时工作时，将每个功能分配给不同的网络，在 Link-16 数据链中通过多重网结构来实现。在 NPG 的跳频图案中，密钥相同，时隙号相同，网络编号不同。NPG 的参与单元严格互斥，而且参与单元不可在不同的 NPG 中切换。

栈网和多重网的多网结构，对于不同类型或任务的战斗单元的合理组合来说是必要的，然而在同一区域中工作的不同网之间必然有相互干扰。这种相互干扰又限制了同一地区工作的网的数量。根据系统网管参数设置，最大可能有 128 种网络选择，不过考虑网间相互干扰，在一个地区最多不超过 20 个网同时工作。栈网和多重网工作时各网间是同步工作的，即使用统一的系统时钟。终端可参加多个网，某些时隙在某个网络中工作，另一些时隙在其他网络中工作。

3. 加密网

通过为不同的用户组设定不同的传输加密变量和消息加密变量，就形成了加密网。网络之间或网络用户之间的隔离，是通过加密网来实现的。

如果传输加密变量相同，而消息加密变量不同，则未授权的用户也可以接收信号，进行信号纠错和传送；但不能进行消息加密和消息解密。Link-16 数据链盲中继多采用此类加密网络。

如果传输加密变量不同，而消息加密变量相同，则网络相互排斥，未授权的用户不能接收信号。此类加密网络采用频段划分方式来实现多网并行工作。

4. 多个网络

跳频图案不仅可以分隔不同功能，而且可以分隔整个网络，允许在一个地区有多个网络同步工作，从而构成多个网络。不同网络严格互斥，网络之间不能进行信息交互；平台不能在网络间切换，只能工作在某个网络；各个网络的系统时间不同。

传输加密变量和消息加密变量都不同，就可以实现完全隔离。

多个网络可以使不同国家、不同军兵种的部队在同一区域同时执行完全不同的任务而不相互干扰。

8.5.4 中继

在通信双方（指挥所、战斗机等）被障碍物阻隔或通信距离超出通信范围的情况下，Link-16 数据链采用中继方式构建超视距网络结构。中继不对消息内容和格式进行变换，仅采用存储转发的形式对消息进行超视距传输。根据中继级数 N（N=1,2,⋯），完成一个 NPG 功能的时隙数增加 N 倍。中继平台在中继前对接收信息进行纠检错，对正确信息中继转发，对错误信息要求重发。话音中继不需要进行误差修正。

由于需要预先分配专门的时隙来完成相应的中继功能，因此中继必须在设计网络时考虑。Link-16 数据链有三种中继模式：配对时隙中继、再传播中继和寻址中继。

在配对时隙中继中，用户设备分配的中继接收时隙和中继发射时隙成对出现。用户设备自动把在中继时隙中接收到的消息通过中继发射时隙发射出去。配对时隙中继是 Link-16 数据链最基本的中继模式。

在再传播中继中，中继消息中规定了消息中继的次数。所有用户设备在收到消息后，把消息中继次数减 1；如果结果不为 0，则自动中继消息。这种中继方式通过多跳方式保持系统容量，适用于高吞吐量数据传输或消息接收终端是多个的情况。

在寻址中继中，中继时隙的第一个消息具体指明中继传输的路径，并通过特定的 NPG 实现在网内或网络之间中继传输数据信息。这种中断方式需要寻址技术支持。

8.6 系统功能

Link-16 数据链在继承 Link-11 数据链和 Link-4A 数据链战术信息交换特点的同时，由于采用 TDMA 技术体制、灵活的网络结构，以及抗干扰的通信波形，因此是一种高性能、多功能、安全和抗干扰的战术数据链。Link-16 数据链支持监视、电子战、任务管理、武器协同、空中管制、导航、识别和飞机间联络等大量战术功能，其战术功能涵盖并超过了 Link-4A 与 Link-11 数据链。

8.6.1 NPG

网络参与组 NPG

Link-16 数据链是三军联合战术数据链，它执行的战术作战任务和实现的功能复杂多样。为了明确、清晰地表示这些任务功能，Link-16 数据链将其任务功能划分为多个 NPG，以 NPGX 的形式表示 Link-16 数据链的某个功能，如表 8.6 所示。一个 NPG 完成一项功能，多种功能由多个 NPG 完成。某次作战任务根据需要选择相应的 NPG 来共同完成。

表 8.6 Link-16 数据链的 NPG

编　号	功能类型	
NPG1	初始入网	Initial Entry，IE
NPG2	往返计时 A	Round-Trip Timing-Addressed，RTT A
NPG3	往返计时 B	Round-Trip Timing-Broadcast，RTT B
NPG4	网络管理	Network Management，NM

续表

编　号	功能类型	
NPG5	精确定位与识别 A	PPLI A
NPG6	精确定位与识别 B	PPLI B
NPG7	监视	Surveillance
NPG8	任务管理	Mission Management，MM
NPG9	空中控制	Air Control，AC
NPG10	电子战	Electronic Warfare，EW
NPG12	话音 A	Voice A
NPG13	话音 B	Voice B
NPG14	间接 PPLI	Indirect PPLI，I PPLI
NPG18	武器协同	Weapons Coordination，WC
NPG19	战斗机-战斗机	Fighter-to-Fighter Net
NPG27	联合 PPLI	Joint PPLI，J PPLI
NPG28	分布式网络管理	Distributed Network Management，DNM
NPG29	剩余消息	Residual Message，RM
NPG30	IJMS 位置和状态	
NPG31	IJMS 消息	

根据任务功能可将 NPG 分成两大类：用于交换战术数据，如 NPG5、NPG6、NPG7、NPG9、NPG12、NPG13、NPG14、NPG18 及 NPG19；用于网络维护与辅助操作，如 NPG1、NPG2、NPG3、NPG4、NPG8 等。

目前，美国海军使用的 NPG 包括监视、电子战、任务管理、武器协同、空中管制、战斗机-战斗机、保密语音及精确定位与识别等。

8.6.2　网络参与单元

每个 NPG 由若干个参与单元（JTIDS Unit，JU）组成。JU 对应 Link-16 数据链链接的各类平台，其中指挥控制平台称为 C2JU，一般作战平台称为非 C2JU。同一 NPG 中的若干 JU 任务相同。一些 NPG 需要所有 JU 加入，如 NPG1、NPG2（或 NPG3）、NPG4、NPG6，这些 NPG 完成 Link-16 数据链网络运行的基本功能，包括入网、同步和网络管理，以及网络中基本战术态势信息（如 JU 位置和状态）的交换。

根据网络规划，某些 JU 被指定担任一定的网络角色（如 NTR、PR 等），或者担任中继等。

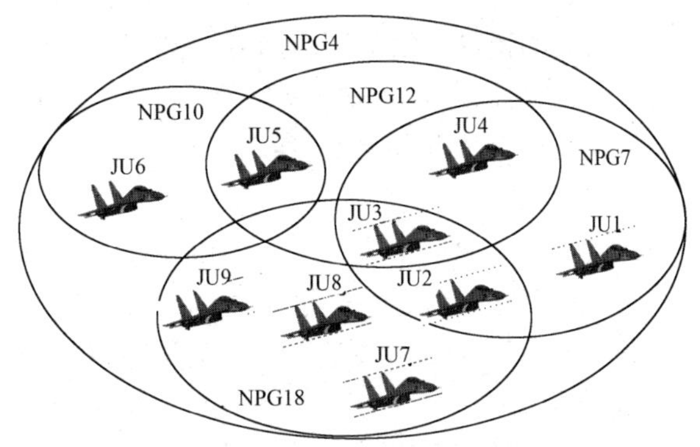

图 8.23　网络参与单元与 NPG

通过加入一个或多个 NPG，一个 JU 可担任多个角色和任务。例如，图 8.23 所示的 9 个 JU，每个参与单元都加入网络管理参与组 NPG4，JU1、JU2、JU3 和 JU4 加入监视参与组 NPG7，JU5 和 JU6 加入电子战参与组 NPG10，JU3、JU4 和 JU5 加入话音 A 参与组 NPG12，JU2、JU3、

JU7、JU8 和 JU9 加入武器协同参与组 NPG18。

8.6.3 初始入网、往返计时 A 和往返计时 B

对于 TDMA 网络，网络同步是 Link-16 网络最基本的功能，是网络正常运行的基础。Link-16 将网络同步功能划归初始入网（NPG1）、往返计时 A（NPG2）和往返计时 B（NPG3）三个 NPG 来实现。

1. 网络同步

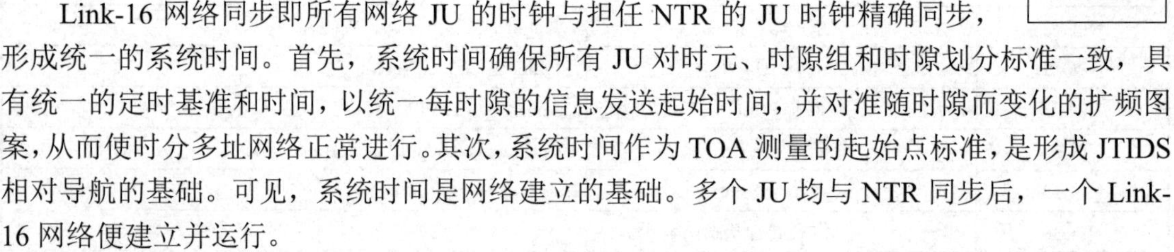

网络同步

Link-16 网络是 TDMA 网络，在其中工作的 JU 需要网络同步。网络同步包括粗同步、精同步和同步保持。

Link-16 网络同步即所有网络 JU 的时钟与担任 NTR 的 JU 时钟精确同步，形成统一的系统时间。首先，系统时间确保所有 JU 对时元、时隙组和时隙划分标准一致，具有统一的定时基准和时间，以统一每时隙的信息发送起始时间，并对准随时隙而变化的扩频图案，从而使时分多址网络正常进行。其次，系统时间作为 TOA 测量的起始点标准，是形成 JTIDS 相对导航的基础。可见，系统时间是网络建立的基础。多个 JU 均与 NTR 同步后，一个 Link-16 网络便建立并运行。

2. 入网

欲加入网络的 JU 的时钟与 NTR 同步的过程叫入网。入网需要进行粗同步和精同步，其中粗同步是 NPG1 实现的功能，精同步是 NPG2 和 NPG3 实现的功能。

1）粗同步

Link-16 网络的每个 JU 均属于 NPG1。

一方面，在 0 号网的 A-0-6 时隙块（每时帧的 A0 时隙）上，担任 NTR 的 JU 利用默认的传输加密变量和消息加密变量，发送 J0.0“初始入网”消息及 J0.2“网络时间更新”消息，J0.0 提供在一个已知时隙内入网所需的数据元素，J0.2 用于将系统时间调整到标准时间。

另一方面，网内其他 JU 根据本单元时间（格林尼治时间）估值及其内部时钟误差估值，估计每时帧的 A0 时隙窗口，在该时隙窗口接收“初始入网”消息及“网络时间更新”消息。如果入网时隙窗口合适，则 JU 正确接收“初始入网”消息及“网络时间更新”消息。JU 根据消息中的执行时间的时元号、执行时间的时帧号、新时隙组号、新时隙号、剩余时间改变等参数值计算系统时间，同时获得包括时间量值、往返计时无线电抑制状态、当前默认网号、分配给下一周期的语音、PPLI 及往返计时时隙等所需的网络参数，从而实现粗同步。如果入网时隙窗口不合适，则 JU 无法正确接收“初始入网”消息及“网络时间更新”消息，而需要对入网时隙窗口进行修改并重新接收。

2）精同步

粗同步虽然获取了系统时间，但存在接收 JU 与 NTR 之间的电波传播时间误差，还达不到网络运行所需的同步精度（小于 100 ns）。以 Link-16 数据链系统的最远视距通信距离 300 nmile（555.6 km）计算，消息传输时间为 1.852 ms，即粗同步后接收 JU 与 NTR 间的同步误差为 1.852 ms。

因此，在接收 JU 完成粗同步后，需要进行精同步，以消除粗同步留下的同步误差，使时间同步精度小于 100 ns。

实现精同步有两种方法，即主动同步法和被动同步法。

主动同步法要通过实现精同步的 m# JU 与 n# NTR（或已精同步 JU）间的“RTT 消息”收发来实现，其原理如图 8.24 所示。m# JU 随机选择一个空闲时隙，主动发送 RTT 询问信号（RTT-I）。n# NTR 收到后在同一时隙的 4.275 ms 内发送 RTT 应答信号（RTT-R），其中包含 n# JU 确定的询问信号到达时间 TOA_I。m# JU 收到 RTT-R 后确定信号到达时间 TOA_R。假设 RTT-I 和 RTT-R 的传播时间相等，忽略 JU 消息处理时间，则根据图 8.24 所示，有

$$TOA_I = T_p + \delta \tag{8.1}$$

$$TOA_R = T_p + 4.275 - \delta \tag{8.2}$$

式中，T_p 为 RTT 询问和 RTT 应答信号传播时间；δ 为 JU 消息传播时间误差。合并并整理式（8.1）和式（8.2），得

$$\delta = (TOA_I - TOA_R + 4.275)/2 \tag{8.3}$$

利用式（8.3）即可计算出 m# JU 自身的传播时间误差。重复进行几次这样的步骤，便能实现 m# JU 的精同步。视距范围内 JU 与 NTR 的主动同步一般需要几秒。假设信道和 JU 位置未变化，即粗同步发送消息的传播时间和 δ 相同，则将 JU 粗同步所获得的系统时间减去 δ，就消除了消息传播时间误差，实现了 JU 精同步。

在 NPG2 中，RTT 消息采用寻址的 RTT-A 格式，在专用 RTT-A 时隙，待精同步 JU 与某指定 JU 进行 RTT 主动同步，该指定 JU 已经精同步并具有最高时间质量。在精同步过程中，JTIDS 终端 12 s 发送 3 次 RTT 消息。

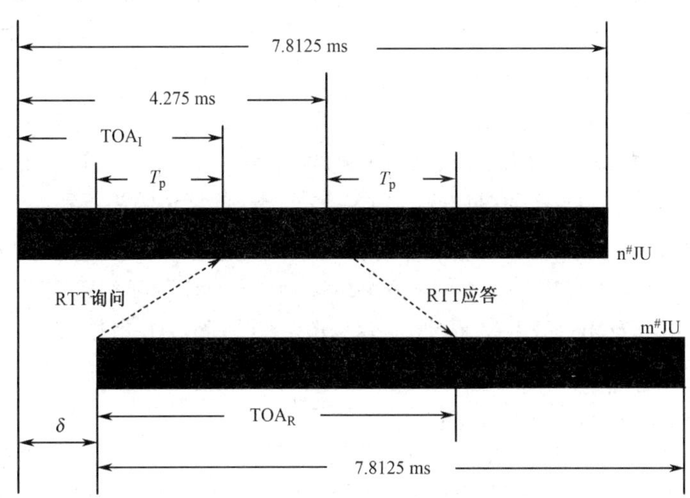

图 8.24 精同步主动同步法原理

在 NPG3 中，RTT 消息采用广播的 RTT-B 格式，待精同步 JU 广播 RTT-B 询问消息，多个具有更高时间质量的 JU 均可应答，以竞争接入方式使用共享 RTT-B 时隙进行 RTT 主动同步。

3. 同步保持

一个 JTIDS 终端相对于系统时间的准确度，称为该终端的时间质量（用 Q_t 表示），Q_t 值越大，时间质量越高，Link-16 数据链时间质量表如表 8.7 所示。NTR 时间质量为 15，其标准时间偏差不大于 50 ns。除了 NTR，Link-16 数据链的每个 JU 中都建立有一个 NTR 内部时钟模型，JU 利用该时钟模型估计自身时间。在网络运行过程中，由于 JU 时钟漂移，估计时间与系统时间的偏差将增大，增大到一定程度将超出时间质量偏差范围（如 $Q_t<10$），JU 则自动禁止

消息发送，并启动精同步过程。同样，在用户转入另一个网时，也需要进行同步。

表 8.7 Link-16 数据链时间质量表

Q_t	标准时间偏差/ns	Q_t	标准时间偏差/ns
15	≤50	7	≤800
14	≤71	6	≤1 130
13	≤100	5	≤1 600
12	≤141	4	≤2 260
11	≤200	3	≤4 520
10	≤282	2	≤9 040
9	≤400	1	≤18 080
8	≤565	0	>18 080

因此，为了在网络运行过程中维护 JU 同步，每个 JU 需要定时或不定时地进行精同步。如果时间偏差未超出同步误差范围，则通常 JU 每 1 min 发送 1 次 RTT 消息即可达到 JU 同步保持；但如果超出同步误差范围，则需要立即进行精同步以保持同步。

8.6.4 PPLI A、PPLI B、间接 PPLI 和联合 PPLI

战术数据链共享的一类关键信息是平台的位置和状态。Link-16 数据链每个非 C2JU 在 NPG5、NPG6、NPG14 和 NPG27 中周期性地发送 PPLI（精确定位与识别）消息，提供 JU 的网络参与状态、属性、位置信息及相对导航信息，报告自身的位置和状态，以形成网络中统一的作战态势图，并实现识别、同步和相对导航。

（1）统一态势：NPG5 是战斗机使用的高更新率 PPLI，由于战斗机对态势信息的特殊要求，每 2 s 发送 1 次战斗机 PPLI 消息。所有 JU 均属于 NPG6，以 12 s 的更新率发送 JU 的 PPLI 消息。NPG6 是形成统一态势的基础。

（2）多链数据转发：在舰艇等大型平台上，Link-16 数据链与 Link-11/Link-11B 数据链通过 C2P 可实现多链路互通。C2P 将 Link-11 数据链参与者的 M1 消息（位置报告）转换为 Link-16 数据链的 J2.0，利用转发 JU（FJU）在 NPG14 中转发到 Link-16 数据链。

（3）联合作战态势：在联合作战中，对于未参与 NPG5、NPG6 的 JU，通过 NPG27 实现其位置和状态信息的交换和识别。

（4）识别：通过每个 JU 在 NPG6 中交互 PPLI 消息，由于本网络 JU 已确实已知网络的跳频图案，因此每个 JU 可通过解码获得网络中其他 JU 的 PPLI 消息，根据其中的 JU 属性实现敌我识别功能。

（5）相对导航：Link-16 数据链每个成员周期性地发送 PPLI 信息，包括自身详细的位置与识别信息、自身时间参数、自身敌我识别码等。由于 TDMA 要求系统成员在时间上精确同步，因此只要接收信息的成员测量出信息到达的时间，便能测量出距发射成员的距离，从而在进行通信的同时完成导航定位（此技术称为到达时间测量技术，简称 TOA 技术）。这是 JTIDS 导航功能的基础之一。精确相对导航能给系统中所有用户提供公共坐标系和精确的相对位置数据。当系统中有两个或两个以上的用户能准确知道自己的地理位置时，就能对相对坐标系进行地理定位，把相对坐标系和大地坐标系关联起来。系统有了导航功能，就不必重复装备定位导航系统。

8.6.5 其他功能

（1）监视：战术数据链除交换我方/友方 PPLI 消息外，还需要了解战区内其他目标的位置信息。NPG7 中 JU 在专用时隙中交换监视消息（J3.×）和信息管理消息（J7.×），用来报告和管理航迹，实现搜索、探测、识别和跟踪目标等目标监视功能。

（2）任务管理、武器协同：NPG8 实现作战过程中的任务协调，发送自动状态消息；NPG14 实现武器控制，发送武器控制指令。C2JU 属于 NPG8 和 NPG14。

（3）空中控制、战斗机-战斗机报告：空中作战飞机通常以多个编队的形式在不同方向完成不同作战任务，NPG9 和 NPG19 通过栈网使多个作战编队同时工作，互不干扰。NPG9 每个栈网由一个 C2JU 控制单元（如 E-2C 预警机）和多架受控战斗机组成，其架数可选为 16、8 或 4。C2JU 在专用时隙上向战斗机发送任务分配、引导矢量及目标报告；战斗机在专用时隙上向 C2JU 控制单元发送雷达探测目标、引导指令应答及状态信息。NPG19 每个栈网由多架受控战斗机组成，其架数可选为 8、4 或 2，实现机间雷达探测目标信息的交换。

（4）电子战：NPG10 通过 JU 交换电子战指令和参数消息，使网络具有电子战能力。一些 C2JU（舰艇和 E-2C 预警机）属于 NPG10，非 C2JU（战斗机）不属于 NPG10。

（5）话音 A、话音 B：NPG12、NPG13 为 Link-16 数据链提供 2 路数字话音传输信道，当数据分发功能不能满足要求而需要辅助能力时，采用数字话音通信。话音采用 CVSD 编码，话音速率为 16 kbit/s，在 JTIDS 终端中完成。NPG12、NPG13 以栈网形式构建 127 个话音子网。所有 JU 均属于 NPG12、NPG13。JU 以竞争接入方式使用公共话音时隙块，选择网络编号，在某个话音子网上发送数字话音。话音 NPG 占用大量 Link-16 数据链网络容量，通常一个话音信道占用 43.5%的网络容量（包含中继话音）。

（6）分布式网络管理：对于 Link-16 数据链一期的固定时隙分配，Link-16 数据链无 NPG28 功能。当 Link-16 数据链二期采用动态时隙分配时，通过 NPG28 实现网络容量的动态按需分配。

（7）剩余消息：NPG29 发送不归属于其他 NPG 的消息，如自由文本和 J28 消息，为剩余消息提供一个发送途径。

（8）IJMS 位置和状态、IJMS 消息：IJMS 消息标准是在 M 系列消息向 J 系列消息过渡过程中使用的一种临时格式化消息。为了兼容，NPG30、NPG31 实现 IJMS 位置和状态消息及其他 IJMS 消息的发送。

8.7 Link-16 应用系统

JTIDS/MIDS 终端装备在飞机、舰艇、陆基指挥所等平台，与平台设备交联，构成 Link-16 战术数据链系统，实现战术信息的分发。平台不同，系统组成会有差异。下面介绍 Link-16 舰载系统、E-2C 预警机 Link-16 数据链系统和 F-14D 战斗机 Link-16 数据链系统。

8.7.1 Link-16 舰载系统

典型 Link-16 海军舰载系统组成如图 8.25 所示，包括 TDS、C2P、JTIDS 终端及 JTIDS 天线。

TDS 生成用于交换的战术数据，处理数据链终端接收的战术情报，维护战术数据库；C2P 将数据格式化为 J 系列消息；JTIDS 终端基于吞吐量需求打包封装消息，生成保密、抗干扰和

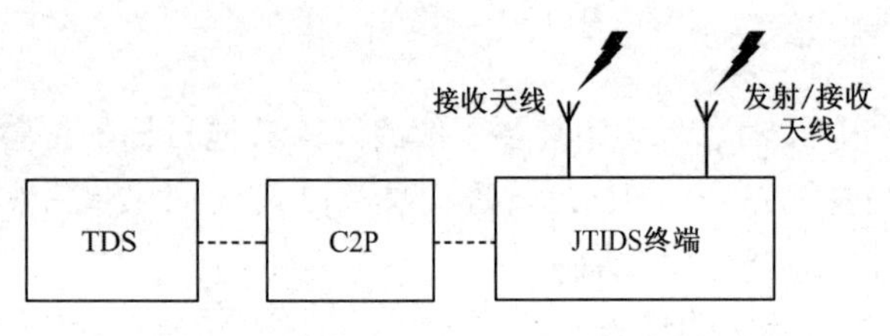

图 8.25 典型 Link-16 海军舰载系统组成

大容量的波形，在分配到的时隙到来时从天线发射消息。

由于不同的作战需求需要不同的链路，因此需要一些能支持多个链路运行的数据链系统。通过 C2P 进行消息格式的转换及链间消息的转发，在 TDS 和终端间提供接口，支持多链路共存。装备 Link-16 数据链系统的舰艇通常还装备有 Link-4A 数据链系统和 Link-11 数据链系统，在舰载上集成为互通的多链路系统。图 8.26 和图 8.27 所示分别为 4 型、5 型 Link-16 舰载系统集成结构。

在 4 型系统结构中，TDS 包括指挥决策（Command and Decision，C&D）系统、武器控制系统（Weapon Control System，WCS）和格网锁定系统（Grid Lock System，SGS）。4 型系统的数据库基于 Link-11 和 Link-4A 消息元素，C&D 生成 Link-11 消息，WCS 生成 Link-4A 消息。C2P 作为 TDS 和 3 种数据链终端的接口，对 Link-11/Link-4A 终端进行 Link-11/Link-4A 消息的透明传输，或者对 Link-16 终端进行 J 系列消息的格式化，以实现战术消息在一条链路上的通信。另外，C2P 可进行各种格式化消息（Link-16 消息、Link-11 消息、Link-4A 消息）之间的转化，实现链路间的数据转发。SGS 实现舰艇本地航迹与远程水面航迹的自动相关。

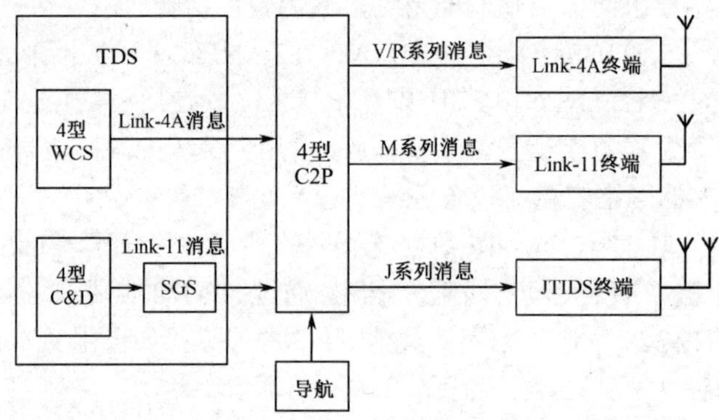

图 8.26 4 型 Link-16 舰载系统集成结构

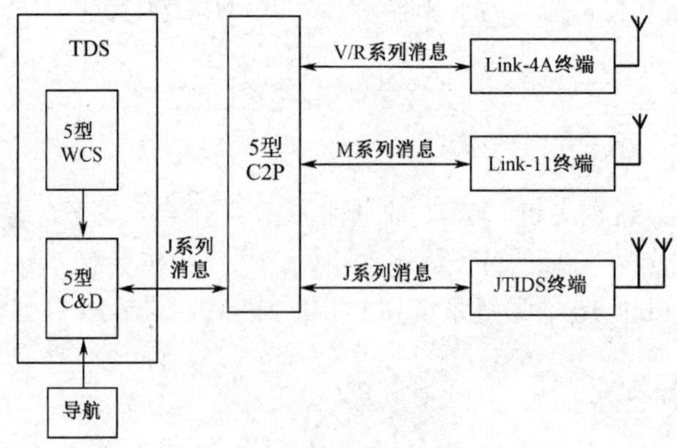

图 8.27 5 型 Link-16 舰载系统集成结构

在 5 型系统结构中，TDS 包括 C&D 系统和 WCS。TDS 和 C2P 之间通过符合美国军标 MIL-STD-1397E 的低电平接口连接。5 型系统的数据库基于 Link-16 消息、Link-11 消息和 Link-4A 消息元素，统一由 C&D 生成标准化的 N 系列战术消息，与任何特定的链路无关。一方面，C2P 将从 TDS 接收的 N 系列战术消息，转换为相应消息格式（J 系列、M 系列、V/R 系列等）后通过 Link-16 链路、Link-11 链路或 Link-4A 链路发射。另一方面，C2P 接收从这些战术数据链路输入的消息，转换后传输给 TDS 计算机，供其处理与显示。此外，C2P 还能使所接收的来自一条数据链路的信息经格式转换后又通过另一条数据链路重新发射出去。

随着数据链的发展，多战术数字信息链路处理器（MTP）将取代 C2P。MTP 除支持 Link-4A 数据链、Link-11/11B 数据链、Link-16 数据链外，还支持 Link-22、S-TADILJ、JRE（Joint Range Extension）及其他 Link-16 增强型（如 TSR）等新型数据链。MTP 的功能结构如图 8.28 所示。

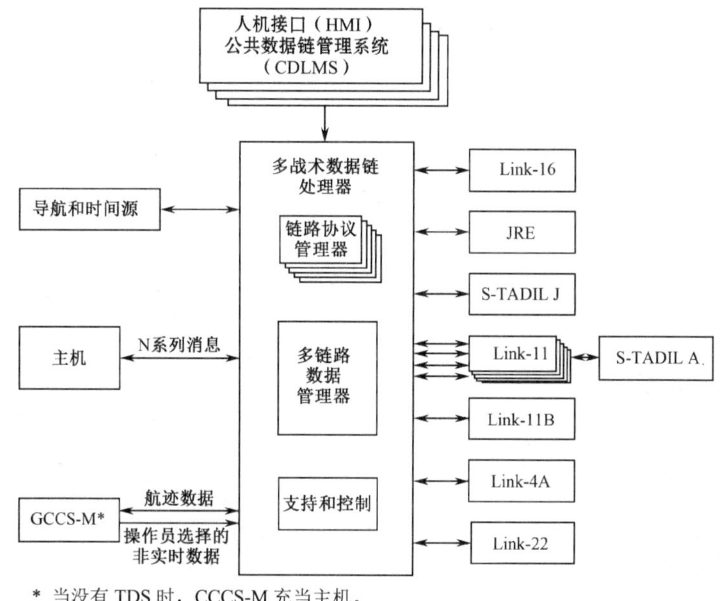

图 8.28　MTP 的功能结构

Link-16 舰载设备有 AN/URC-107(V7)型 JTIDS 2H 终端（含 DDP、IU、R/T、SDU、HPA、2 副天线和 NFA）、AN/UYK-43A(V)型 C2P，以及显示控制设备。

1）AN/UYK-43A(V)

AN/UYK-43A(V)是美国海军的战术计算机，运行 C2P 程序。AN/UYK-43A(V)包含 2 个 CPU、2 个 I/O 控制器、6 个缓存器、2 个主电源、1 个显示控制单元、64 路 I/O 适配器、1 个电源/温度面板等多个功能模块。AN/UYK-43A(V)主机采用 Motorola 68000，其运行速度为 500 兆指令/s。AN/UYK-43A(V)通过 1553B 总线与 AN/URC-107(V7)型 JTIDS 终端连接。

2）AN/URC-107(V7)终端

舰载 JTIDS 2-H 型终端 AN/URC-107(V7)包括收发信机、高功率放大器、数字数据处理器组（含保密单元）和 2 个电源接口设备，它们装在一个电子设备柜（Electronic Cabinet Assembly，ECA）中。电源接口设备将舰上 115 V/60 Hz 电源转换为终端需要的 115 V/400 Hz 电源，1 个供给高功率放大器，1 个供给数字数据处理器组和收发信机。AN/URC-107(V7)终端组成框图及接口关系如图 8.29 所示。

舰载 Link-16 天线包括 2 副宽带垂直极化 UHF 天线。图 8.30 所示为其天线形状图，其中图 8.30（a）所示为早期天线，图 8.30（b）所示为新型天线。AS-4127、AS-4127A 是收发天线，AS-177B、AS-4400 是接收天线。AS-4127 为环形天线，AS-4127A 和 AS-4400 为柱形天线。AS-4400 的天线增益、电压驻波比及全向性比 AS-177B 好。

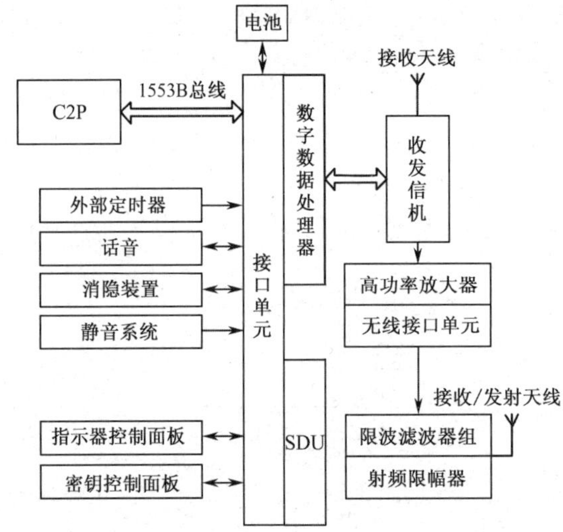

图 8.29　AN/URC-107(V7)终端组成框图及接口关系

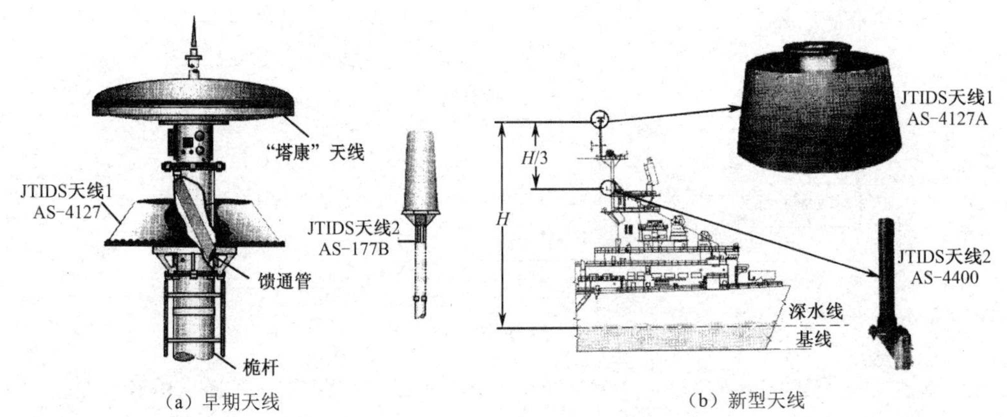

（a）早期天线　　（b）新型天线

图 8.30　舰载 Link-16 天线形状图

2 副接收天线提供了接收信号的冗余，增加了抗干扰能力。Link-16 数据链系统接收机对所收到的 2 路信号进行比较，选择信噪比较高的信号进行处理。

终端与舰上时钟设备、话音通信线路、消隐设备和静音系统等多个系统交联。时钟设备为舰上 WCS、C&D 系统，以及 Link-16 数据链系统提供时间基准。话音线路通常为 2 路，将舰上通信中心的话音接入 JTIDS 终端。消隐系统用于电子对抗或电子支援时，关闭 Link-16 数据链系统的接收，防止射频对抗信号对同一频段接收信号的干扰。静音系统用于舰艇无线电静默。交联系统的具体介绍请参阅其他文献，本书不予详述。

8.7.2　E-2C 预警机 Link-16 数据链系统

E-2C 预警机是美军的空中指挥控制平台。在装备 Link-16 数据链系统之前，该平台已装备了 Link-11 数据链系统和 Link-4A 数据链系统。E-2C 预警机 Link-16 数据链系统包括 2 类 JTIDS 终端、显示控制设备、GPS 及任务计算机。为配合 Link-16 数据链系统的安装，E-2C 预警机平台进行了相应的升级改造：对 L-304 任务计算机和 APS-145 雷达进行了升级；将 TACAN 功能在 JTIDS 终端中实现，拆除了 ARN-118“塔康”系统。

E-2C 预警机 JTIDS 终端包括空中 IU、收发信机、数字数据处理器（含保密单元）、高功率放大器、电池组和天线，其中部分终端如图 8.31 所示。除天线外，其他设备装在预警机的设备舱中。

E-2C 预警机 JTIDS 终端组成及接口关系框图如图 8.32 所示。终端与驾驶舱中的显示控制器、作战信息中心的任务计算机等大量设备交联。任务计算机基于 J 系列消息数据库，将战术数据格式化为 J 系列消息，送入 JTIDS 终端。相关交联系统的具体介绍请参阅其他文献，本书不予详述。

E-2C 预警机 Link-16 数据链系统有 4 副天线，分别是 1 副安装在机身中部下方的主接收天线、2 副安装在机翼下方的抗干扰接收天线和 1 副安装在机身后下方的发射天线，如图 8.33 所示。主接收天线是宽带全向垂直极化天线，接收 JTIDS 信号或收发“塔康”信号；发射天线也是宽带全向垂直极化天线。

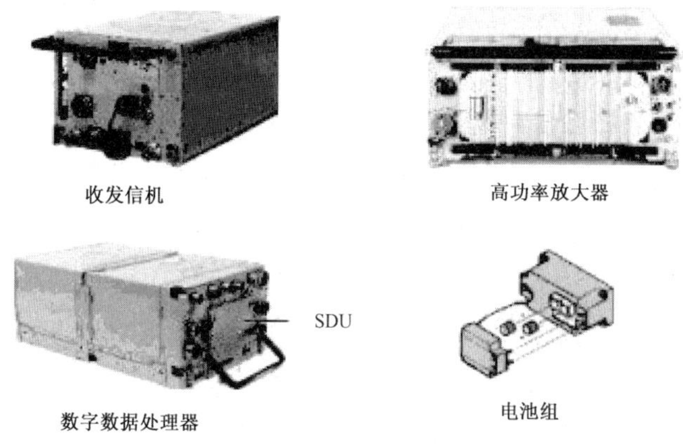

图 8.31　E-2C 预警机 JTIDS 部分终端

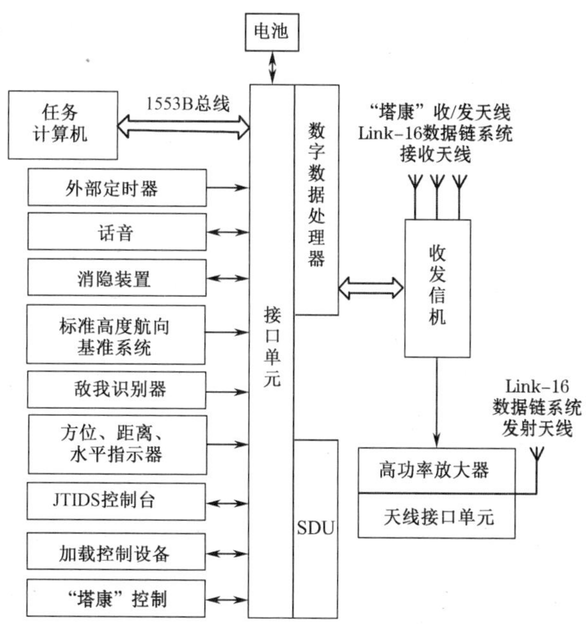

图 8.32　E-2C 预警机 JTIDS 终端组成及接口关系框图

图 8.33　E-2C 预警机 Link-16 数据链系统天线分布图

8.7.3　F-14D 战斗机 Link-16 数据链系统

F-14D 战斗机是美军的空中作战平台。该平台的 Link-16 数据链系统包括 2 类 JTIDS 终端、显示设备及任务计算机。为配合 Link-16 数据链系统的安装，F-14D 战斗机平台进行了相应的升级改造：对 AYK-144 任务计算机进行了升级，支持包括相对导航功能在内的多个 Link-16 数据链系统功能，支持相对导航与惯性导航 INS 的相关；在 JTIDS 终端中集成 TACAN 功能，拆除了 ARN-118“塔康”系统。

F-14D 战斗机 JTIDS 终端包括空中 IU、收发信机、数字数据处理器（含保密单元）、电池组和天线，不含高功率放大器，安装于飞机的设备舱中。图 8.34 所示为其中部分 JTIDS 终端。

图 8.34　F-14D 战斗机部分 JTIDS 终端

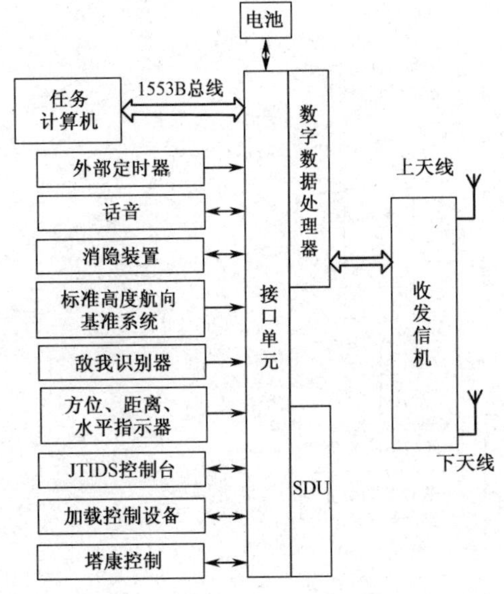

图 8.35　F-14D 战斗机 JTIDS 终端组成及接口关系框图

F-14D 战斗机 JTIDS 终端组成及接口关系框图如图 8.35 所示。终端与任务计算机、驾驶舱中的显示控制等大量设备交联。相关交联系统的具体介绍请参阅其他文献，本书不予详述。

F-14D 战斗机 Link-16 数据链系统有上下 2 副收发天线，上天线安装在座舱盖后部，下天线安装在机身左后部，如图 8.36 所示。上、下天线均有 UPR、LWR、BOTH 和 AUTO 四种工作模式，分别指定使用上天线、下天线 2 副天线同时及自动选择上天线收发信号。战斗机平台上的 JTIDS 端机、UHF 电台和“塔康”设备共用上天线和下天线。上天线损耗为 2.5 dB，下天线损耗为 4.7 dB，均为宽带全向垂直极化天线。

图 8.36　F-14D 战斗机 Link-16 数据链系统天线分布图

8.7.4　系统作战能力

（1）目标监视：Link-16 数据链系统所使用的 TDMA 技术体制，支持系统内的 C2JU 在网络上以广播方式分发监视信息，确保非 C2JU 能及时接收支持平台任务所需的航迹和基准点数据，形成战场态势感知。

（2）电子战：Link-16 数据链系统采用高速跳频体制，具有很强的复杂电磁环境适应能力，因此在敌对干扰环境下作为主用数据链来支持 C2JU 为非 C2JU 提供电子战支援、电子对抗、电子抗干扰及威胁提示等信息。C2JU 可根据实际需求请求上述支援手段。

（3）情报：Link-16 数据链系统凭借大容量特性，为系统内 JU 报告通过情报收集技术而获得的信息；除通常与数据链路信息报告（雷达和声呐回波、EW 探测）关联的信息外，还报告关于监视航迹和点的信息。系统内的任何情报收集单元或非情报收集单元，都可以为现有的航迹或固定点提供补充信息。

（4）信息管理：为确保其多用户、大信息量、实时、高效工作，形成统一战场态势和辅助决策能力，Link-16 数据链系统可对其所涉及的诸多信息进行管理，包括航迹信息管理、数据更新请求、航迹标识符管理、过滤器管理、单元代号管理和任务相关器变更管理等。

（5）反潜战：Link-16 数据链系统的大用户量和多网结构支持多种作战模式的应用，其中较为特殊的是反潜作战，反潜战包括利用各种军事资源搜索、探测、定位、分类，并攻击与摧毁水下威胁。Link-16 数据链系统允许用于不同的反潜作战任务，如一个独立的反馈作战或特遣分队近距离支援协同作战。

（6）威胁告警：Link-16 数据链系统以其实时、抗干扰、安全保密的特性，最大限度地支持战场威胁告警信息的交换。威胁告警信息包含向一个用户或一组用户发出敌方威胁迫近的告警信息。Link-16 数据链系统可为作战人员提供针对该威胁的最佳战术辅助决策。威胁告警信息主要包括（但不限于）：威胁类型、瞄准平台、威胁定位、航向、速度、威胁强度（袭击规模）、威胁态势等。

（7）任务管理：为有效使用武器系统，指挥员必须管理好各种信息资源，以适用动态战术环境中的作战目的。Link-16 数据链系统任务管理功能为需要监控战术态势、及时响应支援请求的 C2JU 之间提供信息交换。实现任务请求的战术指挥员所需的报告和状态包括（但不限于）：空中、水面、水下、陆地任务指令，飞机出动架次分配，任务部署和分配，以及飞行中的报告和任务报告。

（8）武器协同和管理：Link-16 数据链系统超强的抗干扰能力，支持武器协同和管理功能，包括完成武器部署，以及预防在战术作战中相互干扰所需的各种行动。为指挥员提供引导控制单元和部署武器单元各种行动的能力。同时，可为控制单元提供具有协同其控制行动和实时地将武器系统控制转交给其他控制单元的能力。

（9）控制：Link-16 数据链系统的实时、多网、抗干扰和加密隔离特性，为系统内 C2JU 提供完成所分配的任务对武器系统和支援平台近实时的引导，在 C2JU 与武器系统，平台之间提供信息交换，以完成飞机控制、水面控制、水下控制（待定）、陆地控制和 EW 控制。对于指挥控制单元而言，导弹系统和飞机武器投放系统的使用方式相同。

（10）自由文本及话音辅助：Link-16 数据链系统在格式化消息传输的基础上，同时可实现自由文本和话音的传输，作为信息作战功能的一种有效辅助手段。自由文本用于对任务管理和信息管理的非格式化信息补充，话音作为对任务管理、信息管理、武器协同和控制的辅助功能。

8.7.5 典型作战应用

1. 以预警机为中心的作战

预警机是集远距离探测雷达、无源探测系统（PDS）或可起相同作用的电子支援设施（ESM）、C3I 于一体化的预警、引导与指挥、控制飞机作战的空中运动平台。

在以预警机为中心的作战模式下，Link-16 数据链系统将预警机和情报中心所获取的大范围目标监视、侦察和情报信息在整个作战系统内进行分发，形成统一态势。各指挥控制单元（含预警机）根据所获取的战场态势感知，通过 Link-16 数据链系统发送任务管理信息与其他指挥单元进行作战任务协同，合理分配兵力；再通过 Link-16 数据链系统发送电子战、威胁告警和控制命令，实施对敌策略。各作战编队内的成员之间则通过 Link-16 数据链系统提供的武器协同管理信息实现作战单元的紧密配合。

2. 联合防空作战

联合防空作战时主要参与成员包括：空军情报处理中心、空军战术指挥所、预警机、电子侦察机、地空导弹部队（爱国者）和各型战斗机。

预警机、电子侦察机升空后，对来袭目标进行大范围、高精度的搜索和跟踪，并通过 Link-16 数据链系统分发监视和电子战/情报信息。通过 Link-16 数据链系统在各指挥控制单元之间进行任务协同：针对不同等级的威胁目标进行任务分配和管理；预警机对 F-15 战斗机作战编队进行任务分配后，可安全地将 F-15 战斗机引导到指定作战区域；F-15 战斗机在机载雷达不开机的情况下可通过 Link-16 数据链系统在座舱内形成实时的周边态势，能准确选择机载雷达开机方位和开机时间，从而实现静默接敌，提高拦截成功率。

同时，通过 Link-16 数据链系统将预警机的监视/电子战情报等信息直接发送给地空导弹部队，并引导地空导弹雷达在指定方向开机，缩短稳定跟踪时间，提高反应速度。

3. 以航母为中心的海上作战

Link-16 数据链系统是实现航母作战编队信息交联的纽带。由于空战可能发生于较远距离的中低空，担任保卫航母的主要战斗机 F-14 在接敌时，受地球曲率的影响，将无法直接报告航母并得到航母作战指令，因此需要由预警机中继指挥，如图 8.37 所示。

在此例中，当 F-14 战斗机上的机载搜索与火控雷达探测到敌方目标后，经 Link-16 数据链系统将有关作战的数据传送至 E-2C 预警机上的 E-2C 预警机上空中控制官预警机作战系统（AEW/CIC）。以 AEW/CIC 为中继，将 F-14 战斗机探测到的敌情经 Link-16 数据链系统传到航母上，供特遣机队指挥官作为决策的参考依据。当指挥官决定拦截并发出交战命令，则由 Link-16 数据链系统传至 E-2C 预警机上的 AEW/CIC，经处理后，显示于 E-2C 预警机指挥、控制席位显示屏幕上。AEW/CIC 的指挥控制官接到指令后，由空中战术数据系统（ATDS）向最适合接战的 F-14 战斗机发出拦截指令，并在交战过程中对指令不断更新。E-2C 预警机向 F-14 战斗机发出的作战指挥控制指令，不单依靠指挥员的能力与经验，而是由 E-2C 预警机上 ATDS 通过 Link-16 数据链系统与战斗机数据交换、处理形成的。

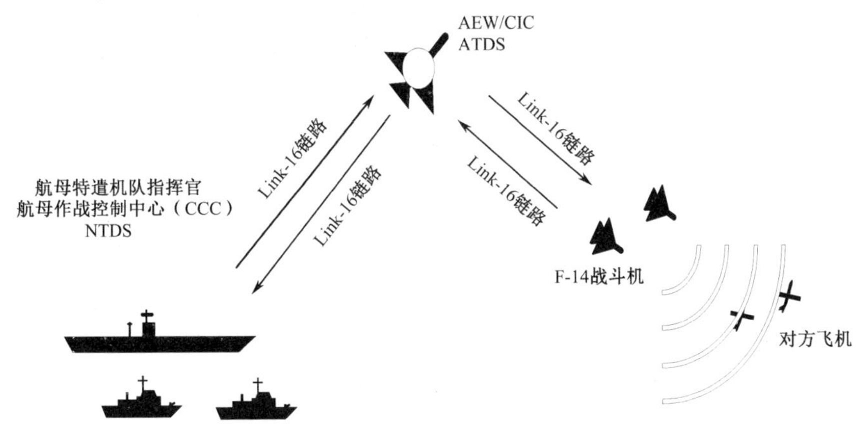

图 8.37 Link-16 数据链系统在航母战斗群中的作用

8.8 性能特点

Link-16 数据链系统的主要通信性能如表 8.8 所示。

表 8.8 Link-16 数据链系统的主要通信性能

Link-16 数据链系统		工作方式	组网方式	通信性能
美军名称	北约名称			
TADIL J	Link-16	半双工	TDMA	通信频段：L 通信距离：250 nmile 传输速率：28.8 kbit/s，57.6 kbit/s，115.2 kbit/s 调制：MSK 信道编码：（31,15）RS 码和交织 抗干扰：直扩、跳频、跳时 保密：两级加密 消息标准：J 系列（以时隙为单位） 网络规模：大（不小于 100）

对 Link-4A 数据链系统、Link-11 数据链系统及 Link-16 数据链系统在网络体系结构、容量及数据率等方面进行比较，能加深读者对不同数据链的理解和掌握它们各自的本质属性。三种数据链的通信传输体制对比和通信组网体制对比分别如表 8.9 和表 8.10 所示。可以看出，Link-16 数据链系统具有显著的性能优势。

表 8.9 三种数据链系统的通信传输体制对比

对比项	Link-4A	Link-11	Link-16
通信频段	UHF	HF/UHF	L
传输速率	5 kbit/s	2 400 bit/s	28.8 kbit/s，57.6 kbit/s，115.2 kbit/s
调制	FSK	QPSK，FM/SSB	MSK
编码	无	汉明码	RS，交织

续表

对比项	Link-4A	Link-11	Link-16
抗干扰	无	无	DS，FH，TH
保密	无	有（信息加密）	有（信息加密、传输加密）
消息标准	V/R 系列（定长）	M 系列（变长）	J 系列（时隙为单位）
业务类型	数字信息	数字信息	数字信息，话音

表 8.10　三种数据链系统的通信组网体制对比

对比项	Link-4A	Link-11	Link-16
组网方式	轮询	轮询	TDMA
工作方式	半双工	半双工	半双工
网络拓扑	集中式星状拓扑	集中式网状拓扑	分布式网状拓扑
网络连通性	全连通（视距）	全连通（视距） 短波（超视距）	全连通（视距） 中继（超视距）
网络规模	< 5	<20	100～200（单网） 多网（127 个单网）

本章小结

本章介绍了目前广泛装备使用的 Link-16 数据链系统，该系统实现了大量平台之间快速、实时、可靠的信息分发和共享，支持不同军兵种联合作战。

首先，本章对 Link-16 数据链系统研制的发展历史进行了简要介绍，指出抗干扰能力问题、海空军联合作战时的导航问题，以及 E-3A 高速情报分发问题是研制 Link-16 数据链系统的作战需求推动力；分析了联合作战、保密、抗干扰和高速等作战需求对数据链的通信需求，以及这些需求带来的通信传输体制和通信网络体制的变化；给出了性能特点。其次，本章依次介绍了 Link-16 数据链系统的 JTIDS/MIDS 设备、JTIDS 波形产生流程及特点、J 系列消息标准，以及单网/多网结构及其特点。再次，本章介绍了反映 Link-16 数据链系统功能的 NPG 和系统成员的 JU 概念，分析说明了实现同步、定位识别、监视、话音等功能的 NPG，并分别介绍了 Link-16 舰载系统、E-2C 预警机 Link-16 数据链系统和 F-14D 战斗机 Link-16 数据链系统。最后，本章总结了 Link-16 数据链系统的通信性能，同时还从传输体制和组网体制两方面对比分析了 Link-4A 数据链系统、Link-11 数据链系统和 Link-16 数据链系统。

思考与练习

8-1　分析研制 Link-16 数据链系统的原因。

8-2　以 JTIDS 2 类数据终端为例，简述数据终端的组成。

8-3　Link-16 数据链波形采用了哪些抗干扰技术？

8-4　Link-16 数据链波形有哪几种数据封装格式？

8-5　分析计算 Link-16 数据链的信息传输速率。

8-6　Link-16 数据链的信道资源如何划分？

8-7　简述 Link-16 数据链的单网与多网结构。

8-8　画图说明 Link-16 数据链的时隙结构。

8-9　简述固定格式 J 系列消息帧结构。

8-10 每时隙可发送多少个 J 系列消息字？

8-11 简述 Link-16 数据链的网络时间同步过程。

8-12 分析说明主动精同步的原理。

8-13 什么是 Link-16 数据链的 NPG？哪些 NPG 是全部 JU 均需要加入的？

8-14 Link-16 数据链的 JU 有哪些网络角色进行分配？

8-15 对比分析 Link-16 数据链系统、Link-11 数据链系统、Link-4A 数据链系统的通信性能。

参考文献

[1] 梅文华，蔡善法．JTIDS/Link-16 数据链[M]．北京：国防工业出版社，2007．

[2] 骆光明，杨斌，邱致和，等．数据链：信息系统连接武器系统的捷径[M]．北京：国防工业出版社，2008．

[3] 夏林英．战术数据链技术研究[D]．西安：西北工业大学，2007．

[4] 康荣雷，安毅，班亚龙，等．战术数据链空时联合抗干扰技术[J]．电讯技术，2023，63（2）：199-205．

[5] 黄卫英．一种 Link16 信号的检测识别算法[J]．电讯技术，2021，61（2）：186-190．

[6] 刘宏波，肖思帅，卢洽然，等．多源融合的数据链网络性能评估方法研究[J]．电讯技术，2023，63（8）：1139-1144．

[7] 潘政昂，孙旻阳，李建虎，等．Link 16 数据链态势信息处理方法研究[J/OL]．测控技术，2024（6）：1-7．https://doi.org/10.19708/j.ckjs.2024.04.221.

[8] 王冠，康勇，王晖，等．基于蝙蝠优化极限学习机的 Link16 在线干扰评估算法[J]．电子信息对抗技术，2024，39（3）：1-7．

[9] 陈文溪．Link16 数据链的速率增强波形设计与链路级仿真性能评估[D]．北京：北京邮电大学，2023．

[10] 彭茄恩，陈韵，李仙法，等．基于信道化的 Link16 数据链信号对抗技术研究[J]．航天电子对抗，2023，39（2）：19-22，27．

[11] 张洋，毛忠阳，赵志勇，等．经典 Link 数据链信道传输模型及特性研究[J]．现代电子技术，2023，46（3）：21-24．

[12] 薛燕，高春芳，杨欣．一种改进的 Link16 信号检测方法[J]．现代雷达，2024，46（1）：39-44．

[13] 宁晓燕，王影，孙志国，等．多音干扰下 Nakagami-m 信道传输 Link16 数据链的性能分析[J]．系统工程与电子技术，2023，45（2）：566-571．

[14] 李日永，霍帅，顾明超．Link16 数据链跳频入网信号模拟产生技术[J]．无线电通信技术，2021，47（4）：486-491．

第 9 章　Link-22 数据链系统

Link-22 数据链系统是美国等北约国家军队为提高对抗能力、通信传输能力、与 Link-16 数据链系统的兼容能力，以及与盟军的互操作能力，改进 Link-11 数据链系统而设计的。Link-22 数据链系统支持 Link-11 数据链系统的战术功能，但在通信网络和通信传输体制上有较大变化，系统性能显著提高。

Link-22 数据链系统的装备情况一直不确定，目前未见实际使用该系统。而同时，围绕网络中心战的作战理念，新型数据链的研制和试验如火如荼，系统性能有很大突破。本章将对 Link-22 数据链系统的系统结构、信号特征、网络结构及消息标准进行简单介绍。

9.1　系统综述

1. 发展历史

系统综述

相比于 Link-16 数据链系统在抗干扰、网络容量、信息传输速率及系统功能等方面的诸多优势，基于 20 世纪 50 年代的通信技术和作战应用而开发的 Link-11 数据链系统，在现代战争联合作战和对抗环境下存在诸多不足，具体如下。

（1）没有抗干扰设计，在现代对抗环境中的性能明显受限。

（2）较低的信息传输速率，使战术信息容量不足，无法实时分发大量航迹信息及其他战术信息，也限制了参战单元数量。

（3）消息标准中，消息元素精度和消息种类有限，无法支持精确打击目标的要求。

（4）单一的网络结构，无法实现超视距的信息传输和灵活的组网。

为此，加拿大、法国、意大利、荷兰、英国、德国和美国 7 个国家制定了改进 Link-11 数据链计划，即 NILE 计划；该计划结合 Link-16 数据链系统的技术优势，并采用新的波形设计技术，拟设计和开发一种抗干扰、灵活和超视距的战术数据通信系统——Link-22 数据链系统，用以链接战舰、潜艇、飞机、岸基平台。Link-22 数据链系统的研制目的如下。

（1）保证在通信对抗环境中的通信可靠性。

（2）增加高优先级指令（如告警）发送的实时性，提高响应的快速性。

（3）最终替代 Link-11 数据链系统。

（4）与 Link-16 数据链系统相互补充。

（5）增加盟军互操作能力。

（6）增加联合作战指挥能力。

NILE 计划于 1989 年开始。首先是定义阶段，确定 Link-22 数据链系统的体系结构和系统方案；其次是转入设计和开发阶段 1，制定 Link-22 数据链系统及其分系统的设计开发标准，有 STANAG 5522、STANAG5616、AdatP-22 和 Link-22 数据链系统特性等标准文件，以及 Link-22 数据链参考系统 NRS（NILE Reference System）规范；再次是设计和开发阶段 2，由各国分别完成 Link-22 数据链系统终端模块及其他相关系统的研制，如美国 Logicon 公司研制系统网控器（System Network Controller，SNC）和 NRS（2001 年完成），以及互操作测试系统（Multi-Link Test Tool，MLTT）（2002 年 3 月完成），美国 DSR 公司研制信号处理控制器（Signal

Process Controller，SPC）；最后是运行现场支持阶段，对不同国家在 Link-22 数据链系统生产、组装和集成过程中的进度及使用问题进行监督和协调。

按照最初的时间进度安排，NILE 计划实施日期是 2002 年到 2009 年，实际情况与预期目标有一定滞后。

2. 系统功能

Link-22 数据链系统是一种可借由中继系统进行超视距通信的保密、抗干扰战术数据通信系统，可在陆地、海上、空中、水下、太空各平台间交换目标跟踪信息，实时传递指挥控制命令与告警信息。其主要战术功能有：参与者定位与识别，空中、海上、水下监视，地面监视，空间监视，电子战（包括电子监视），情报，任务管理，武器协同和管理，信息管理，以及系统信息交换和网络管理。

Link-22 数据链系统的战术功能在包含 Link-11 数据链系统功能的基础上进行了扩展，以适应新的作战需求，例如：将监视功能扩展到水下监视、空间监视及地面监视；扩展电子战功能，并增加电子战控制和协调功能；增加威胁告警功能；将武器和控制功能扩展为武器协同与管理功能等。

虽然 Link-22 数据链系统和 Link-16 数据链系统都是 J 系列消息数据链系统，但它们具有不同的特点，从而相互补充。Link-16 数据链系统多用于空战场景中的战术信息视距传输，并依靠空中中继扩展通信距离；而 Link-22 数据链系统多用于对海/反潜作战场景中的战术信息视距传输，很少依靠空中中继，而是依靠 HF 远距通信或舰对舰中继扩展通信距离。不同的应用使 Link-22 数据链系统和 Link-16 数据链系统构成互补关系，在联合作战中各司其职；通过 C2P，完成 Link-22 数据链系统和 Link-16 数据链系统之间的消息转发。

3. 装备情况

由于 Link-22 数据链系统主要支持海上作战，因此在 NILE 计划实施过程中，美军仅海军打算使用 Link-22 数据链系统，2004 年装备 5%左右的美军作战平台；英国、德国和意大利海军也有在航母、驱逐舰和护卫舰上装备 Link-22 数据链系统的计划。

9.2 系统结构

系统结构

Link-22 数据链系统中的作战平台称为 NILE 单元（NILE unit，NU），每个 NU 的数据链设备主要是一个 NILE 通信设备，包括 SNC、通信加密、SPC 和收发信机（Radio）等功能模块，以及数据链路处理器（Data Link Processor，DLP）、人机接口（Human Machine Interface，HMI）和 TDS。Link-22 数据链系统组成框图如图 9.1 所示。

1. TDS

TDS 完成应用层功能，是 Link-22 数据链系统的信源/信宿和数据库。

2. DLP

DLP 为 Link-22 终端提供对外接口，连接 TDS 或其他战术数据链，完成表示层的功能：产生和格式化战术信息、格式转换和语义选择等。

3. HMI

（1）平台和网络的监视与管理。

（2）网络操作模式、协议及收发信机参数的初始化设置。

（3）网络级和平台级的故障诊断与隔离。

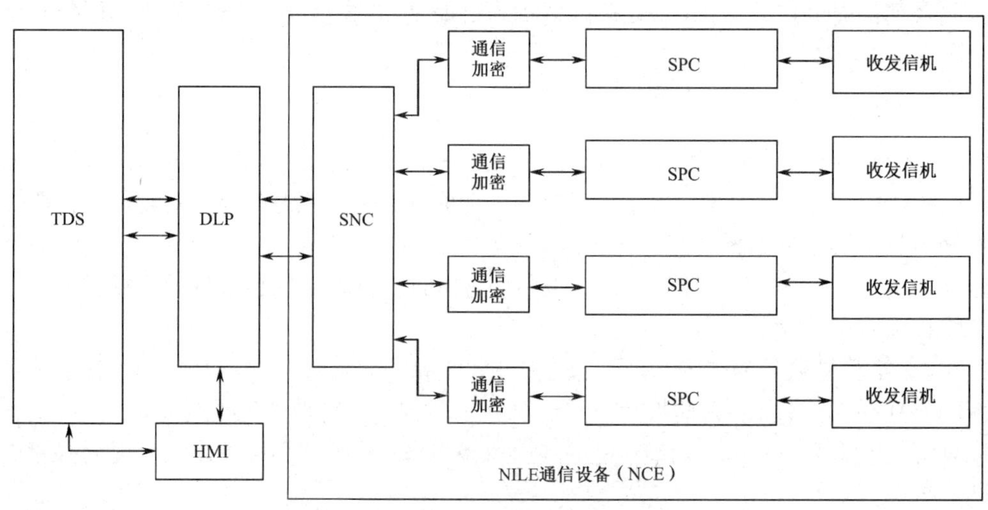

图 9.1　Link-22 数据链系统组成框图

4. SNC

SNC 提供消息可靠传输和网络服务，完成数据链路层和网络层的功能：网络及单元管理、动态 TDMA、中继或路由、迟入网，以及流量控制。

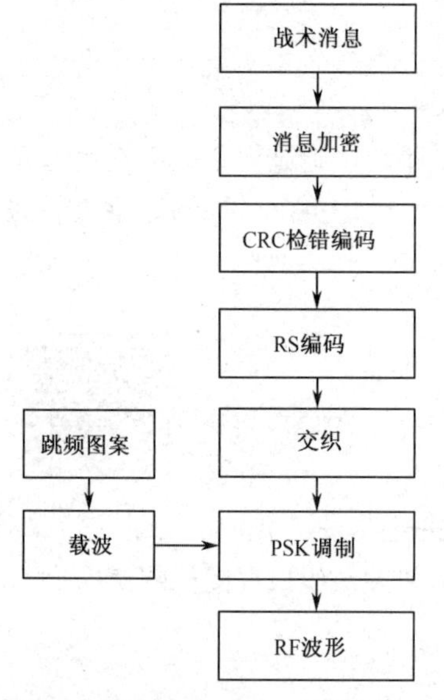

图 9.2　Link-22 数据链传输波形产生流程

5. 通信信道

通信加密、信号处理控制器和收发信机统称 Link-22 数据链的通信信道。SNC 有 4 个信道接口，允许接入 4 路通信信道。通信信道共同完成 Link-22 数据链空中链路的物理层功能，并产生传输波形，其传输波形产生流程如图 9.2 所示。

1）通信加密

通信加密模块提供消息加/解密处理，并提供数据的完整性验证。

2）SPC

根据误码率要求，SPC 选择不同的 RS 编码和调制方式，完成传输信号的调制解调和纠检错编码。检错编码采用 CRC 码，纠错编码采用 RS 码。

Link-22 数据链网控器可指定在一个时隙中采用 6 种不同 EDAC（Error Detect And Correct）组合和波形中的任何一个。根据组合选择，网络以最低 1 493 bit/s 的慢速率（每时隙 2 个 F 系列消息）、最高 4 053 bit/s 的快速率（每时隙 6 个 F 系列消息）发送消息。

表 9.1 所示为目前 Link-22 数据链中提供的 6 种 RS 编码和波形组合。注意 RS 码的符号是 GF（2^8）的元素。因此每一个编码符号是一个 8 bit 数值，任何一个码字的最大长度是 255 个编码符号。由表 9.1 可见，所有编码均短于 255，具有很好的误码标识特性。

表 9.1　Link-22 数据链现行的 EDAC 和波形组合

波形	每时隙 F 系列消息数	RS 码率	每时隙数据符号		每时隙探测符号		传输速率/（bit/s）
			数量	调制方式	数量	调制方式	
WF-2	2	（36，21）	126	QPSK	144	QPSK	1 493
WF-2	3	（36，30）	126	QPSK	144		2 133
WF-1	3	（48，39）	78	QPSK	192		2 133
WF-1	4	（48，39）	78	QPSK	192		2 773
WF-3	5	（72，48）	78	8PSK	192		3 413
WF-3	6	（72，57）	78	8PSK	192		4 053

每时隙中有两类调制符号：数据符号（D），用于传输有效载荷；探测符号（P），用于接收端测量信道的多径并设置均衡器抽头，通常接收端已知探测符号值。所有情况下，符号率为 2 400 符号/s，每时隙 270 个符号（$2400\times112.5\times10^{-3}=270$）。表 9.1 中同时给出了 WF-1、WF-2、WF-3 三种波形的调制方式、每时隙调制符号类型和数量，以及对应的传输速率。数据符号采用 QPSK 或 8PSK 调制，探测符号采用 QPSK 调制。Link-22 数据链现行的三种波形的详细时隙结构如图 9.3 所示。

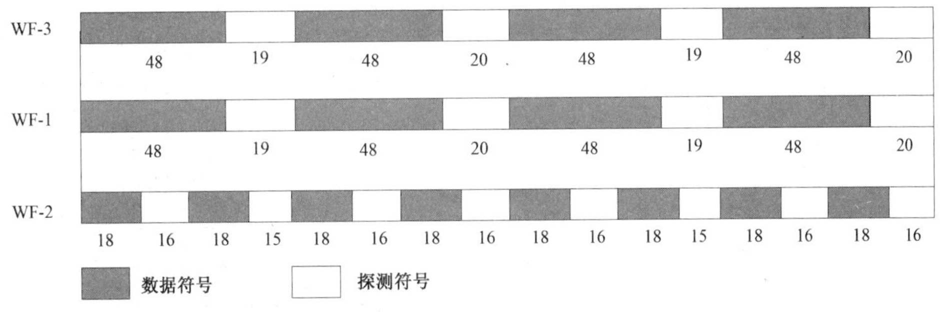

图 9.3　Link-22 数据链现行的三种波形的时隙结构

3）收发信机

收发信机有 HF 收发信号和 UHF 收发信机两种，均提供定频与跳频工作模式。其中 HF 跳频模式由慢跳频电台实现，UHF 跳频模式由快跳 SATURN 电台实现。

每个 NU 的 NILE 通信设备最多配置 4 套通信信道（多网配置），最少配备 1 套通信信道（单网配置）。单网配置的 NU 只能在一个网络上工作；多网配置的 NU 能同时参与多个网络，提供多个网络的并发操作及网间中继。

9.3　F/FJ 消息标准

Link-22 数据链采用新定义的 STANG 5522 第三版的 F 或 FJ 系列消息标准。F 系列消息标准是 Link-22 数据链的专用消息标准，而 FJ 系列消息标准兼容 Link-16 数据链的 J 系列消息标准。一条消息可以是全新定义的 F 系列消息或者融入 J 系列的 FJ 系列消息。虽然 F 系列、FJ 系列消息标准使用同样的数据元素和坐标系，但为简化 Link-16 数据链与 Link-22 数据链之间数据转发，优选 FJ 系列消息。

DLP 完成 Link-22 数据链与 Link-11/Link-16 数据链之间的消息转换。STANAG 5616 包括 Link-22 数据链与 Link-11/ Link-16 数据链消息转换规则。

1. 消息类型

表 9.2 所示为 F/FJ 系列消息类型，其中 F××.×-×表示 F 系列消息，FJ×.×表示 FJ 系列消息。主要消息类型涵盖作战数据类、武器协调和管理类、信息管理类和网络管理类。其中，作战数据类消息包括参与单元定位与识别、监视、电子战、情报、武器控制、参与单元任务管理与状态、平台系统与状态；信息管理类消息包括航迹管理、更新请求、相关、指针、航迹识别、滤波、关联和相关变化；武器协调和管理类消息包括指挥命令、交战状态、越区切换、控制单元、配对与状态。每个战术消息附带一个生存时间参量，陈旧过时的报文将不再被中继转发。

表 9.2　F/FJ 系列消息类型

消息编码	消息类型	消息编码	消息类型
F00.1-0	电子战 方位字首	F01.6-2	空中协调
F00.1-1	电子战 定位字首	F02.0-0	间接 PLI 放大
F00.1-2	电子战 位置	F02.1-0	PLI IFF
F00.1-3	电子战 放大	F02.2-0	空中 PLI 航向和速度
F00.2-0	电子战 概率范围区字首	F02.2-1	空中 PLI 附加任务相关器
F00.2-1	电子战 概率范围区	F02.3-0	海上 PLI 航向和速度
F00.3-0	电子战 发射机和电子对抗措施	F02.3-1	海上 PLI 任务相关器
F00.3-1	电子战 频率	F02.4-0	水下 PLI 航向和速度
F00.3-2	电子战 PD/PRF/扫描	F02.4-1	水下 PLI 任务相关器
F00.3-3	电子战 平台	F02.5-0	地面上点的 PLI 连续
F00.4-0	电子战 协调字首	F02.5-1	地面上点的 PLI 附加任务相关器
F00.4-1	电子战 相关	F02.6-0	地面轨迹 PLI 航向和速度
F00.4-2	电子战 协调 ECM	F02.6-1	地面轨迹 PLI 任务相关器
F00.4-3	电子战 协调发射控制	F02.7-0/7	ANFT TBD
F00.7-0	频率分配	F03.0-0	参考点字首
F00.7-1	网络媒介参数	F03.0-1	参考点位置
F00.7-3	网络管理命令	F03.0-2	参考点航向和速度
F00.7-3P	带参数的网络管理命令	F03.0-3	参考点中心线
F00.7-5	无线电静默命令	F03.0-4	参考点分段
F00.7-6	网络状态	F03.0-5	参考点反潜
F00.7-7	任务领域子网的网络状态	F03.0-6	参考点友方武器危险区
F00.7-7C	任务领域子网的创建	F03.0-7	参考点战区弹道导弹防御
F00.7-7M	任务领域子网的修改	F03.1-0	紧急地点字首
F00.7-10	密钥滚动	F03.1-1	紧急地点位置
F01.0-0	IFF	F03.4-0	ASW 联系信息
F01.4-0	声定向/声测距	F03.4-1	ASW 联系证实
F01.4-1	声定向/声测距模糊	F03.5-0	地面轨迹/点的字首
F01.5-0	声定向/声测距放大	F03.5-1	地面轨迹/点的位置
F01.5-1	声定向/声测距传感器	F03.5-2	地面非实时轨迹
F01.5-2	声定向/声测距频率	F03.5-3	地面轨迹/点的 IFF
F01.6-0	基本命令	F1-0	间接 PLI 位置
F01.6-1	命令扩展	F1-1	PLI 位置

续表

消息编码	消息类型	消息编码	消息类型
F2	空中航迹位置	FJ7.5	IFF/SIF 管理
F3	海上航迹位置	FJ7.6	过滤器管理
F4-0	水下航迹位置	FJ7.7	相关
F4-1	水下航迹的航向和速度	FJ8.0	单元指示器
F5-0	空中航迹的航向和速度	FJ8.1	任务相关器改变
F5-1	海上航迹的航向和速度	FJ10.2	交战状态
F6	EW 紧急情况	FJ10.3	移交
F7	备用（可能用于 SWUTT）	FJ10.5	控制单元改变
FJ3.0	参考点	FJ10.6	配对
FJ3.1	应急点	FJ13.0	机场状态
FJ3.6	空间轨迹	FJ13.2	空中平台和系统状态
FJ6.0	情报	FJ13.3	海上平台和系统状态
FJ7.0	轨迹管理	FJ13.4	水下平台和系统状态
FJ7.1	数据更新请求	FJ13.5	地面平台和系统状态
FJ7.2	相关	FJ15.0	威胁告警
FJ7.3	指示器	FJ28.2 (0)	文本消息
FJ7.4	轨迹标识符		

1）F 系列消息

消息编码对应具体消息类型。Link-22 数据链专用的 F 系列消息编码规则如图 9.4 所示。

系列指示符用以说明消息所属的系列，F 表示 F 系列。

标识指示符确定 F 系列消息的编码格式，同时也是消息类型表示中的一部分。

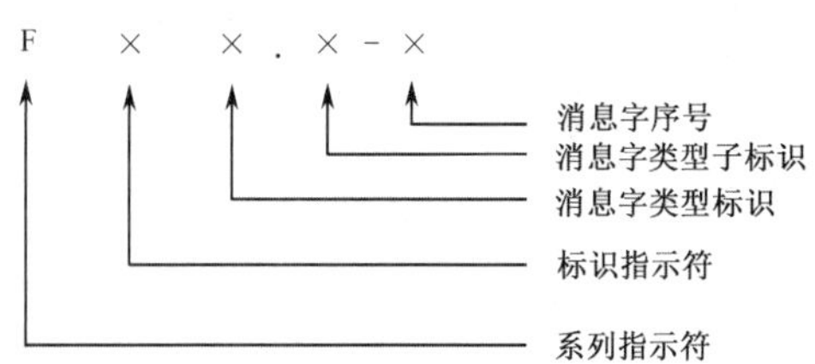

图 9.4　Link-22 数据链专用的 F 系列消息编码规则

当标识指示符为 0 时，F 系列消息编码形式为 F0*m*.*n*-*p*。其中，*m* 为消息字类型标识，*m* = 0～3，是消息类型表示中的一部分；*n* 为消息字类型子标识，*n*=0～7，也是消息类型表示中的一部分；*p* 为消息字序号（*p*=0～3），用于说明多个消息字发送/接收的先后顺序。共可描述 32 种 F0*m*.*n*-*p* 形式的消息。

当标识指示符为 1、4 和 5 时，F 系列消息编码形式为 F*m*-*p*，其中 *m* 说明消息字类型，*p* 为消息字序号（*p*=0,1）。

当标识指示符为 2、3 和 6 时，F 系列消息编码形式为 F*m*，其中 *m* 说明消息字类型。

2）FJ 系列消息

FJ 系列消息编码规则与 J 系列相同，其编码形式为 FJ*m*.*n*。其中，*m* 为消息字类型标识，*m*=0～31，是消息类型表示中的一部分；*n* 为消息字类型子标识，*n*=0～7，也是消息类型表示中的一部分。共可描述 256 种 FJ 消息。

2. 消息字

与 J 系列消息类似，F 系列和 FJ 系列消息均由多个消息字组成，每个消息字长 72 bit。消息字分为初始字、扩展字和连续字。Link-22数据链一条消息最多包含8个消息字。

初始字提供某类消息最关键的数据元素。因字长度限制而无法在初始字中描述的数据元素由扩展字提供；扩展字紧跟初始字，可以有多个。连续字提供附加的扩充消息元素，支持初始字和扩展字；根据不同的补充内容，连续字有多个。

3. 消息优先级

根据作战任务，Link-22数据链给F/FJ系列消息设定优先等级 k，共分4级，$k=1,2,3,4$。随 k 取值由低到高，消息优先级逐级降低。例如，FJ13.5威胁告警消息的优先级 $k=1$，优先级最高；FJ13.0机场状态消息的优先级 $k=4$，优先级最低。

当某NU有多条消息等待发送时，NILE通信设备将根据消息优先级选择待传输的消息。消息的优先级越高，等待发送的时间越短，即实时性越高。

如果优先级 k_i 的消息等待发送时间超过规定等待时间 T_i，则将该消息的优先级提高1级，直至提高到最高优先级；如果仍一直无法发送，则删除该消息不再发送。

9.4 Link-22网络

Link-22 网络

通过前面三种数据链系统的介绍，采用TDMA协议所构建的Link-16网络，其性能明显优于采用轮询协议所构建的Link-11网络；同时，考虑与Link-16网络技术体制的兼容性，Link-22数据链选择TDMA协议构建Link-22网络。另一方面，针对Link-16网络灵活性差、网络管理复杂等问题，以及信息快速接入等新要求，设计时采用动态TDMA（DTDMA）协议，按需为网内NU分配信道资源。

1. NCS

Link-22数据链将时间划分为时帧、时隙和微时隙，以图9.5所示的网络循环结构（Network Cycle Structure，NCS）运行网络。

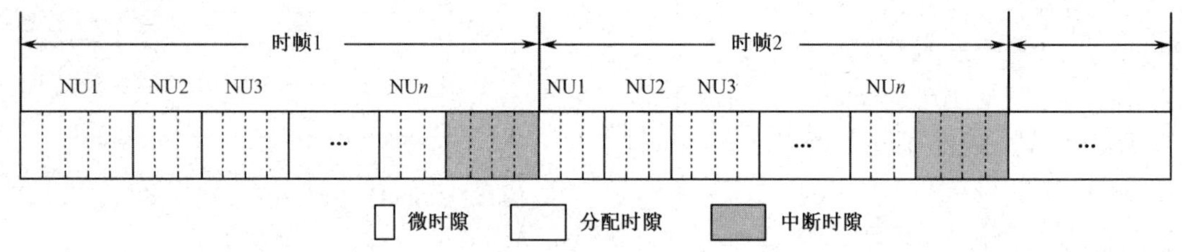

图9.5 Link-22数据链的NCS

微时隙（Mini-Slot）为最小时间单位，具体大小由通信信道性能、最大通信距离等因素综合确定。时隙是NU的消息发送单位，由整数个微时隙组成，微时隙个数根据NU业务量决定。时帧是Link-22网络的时间循环单位，由多个NU发送时隙组成。

时隙分为分配时隙（Allocation Slot，AS）和中断时隙（Interrupt Slot，IS）两类。大多数时隙是AS，按照时隙分配算法预先分配或动态按需分配给网内各NU；在某一分配时隙中只有分配了该时隙的NU才发送消息，其他NU接收消息。Link-22网络的信息交互主要在AS中完成，其信息交互流程与Link-16网络相同。少量的IS被“插入”指定时隙间，用于发送高实时性的紧急消息，由于它中断了正常的消息发送流程，因此被形象地称为IS；NU以竞争方式使用IS。与Link-11网络中的轮询周期类似，Link-22网络中的时帧长度称为网络循环时间。

NCT 的具体概念和分析可结合 Link-11 网络相关叙述加以理解。

与 Link-11 网络中的轮询原则类似，Link-22 网络中的 NU 指定时隙的顺序不固定，可根据网络中 NU 数量的变化、消息优先级及作战态势等改变信息交互顺序。

与 Link-11 网络不同，Link-22 网络拓扑结构为网状拓扑，具有分布式特点，因为改进了 Link-11 网络抗毁性差的弱点。

2. 超网

当多个 NU 设定一组专用的网络参数，利用单一通信信道进行信息交互时，所形成的 Link-22 网络为单网。单网是全连通网络，其网络拓扑结构与 Link-16 网络相同，为分布式网状拓扑。由于每个 NU 最多配备 4 个通信信道，可以形成 4 个网络同时工作，从而组成超网。Link-22 网络设计了 3 种超网配置形式：整个网络重叠、部分网络重叠及子网络配置，如图 9.6 所示。

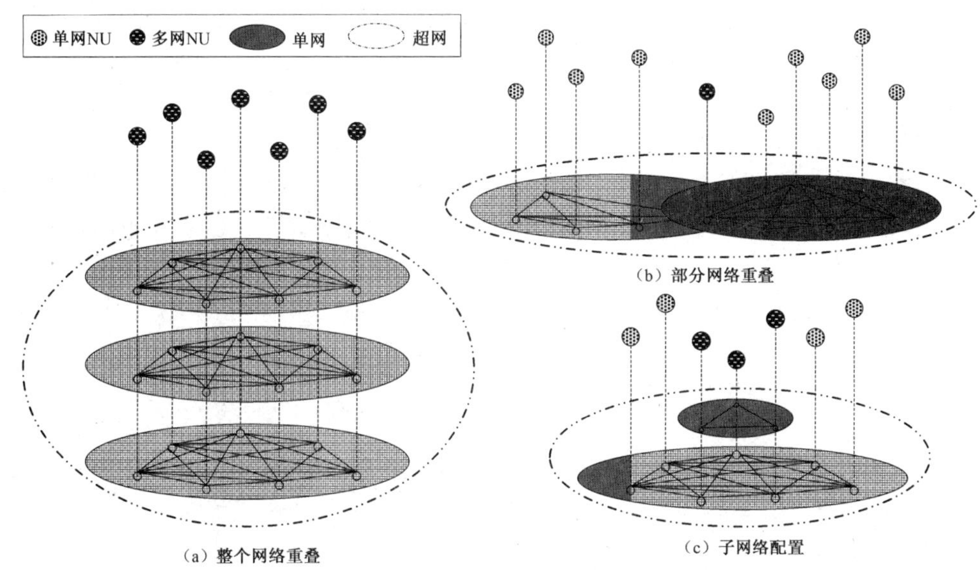

图 9.6　Link-22 网络的 3 种超网配置

1）整个网络重叠

假设超网中共有 n 个 NU、m 个单网，则在整个网络重叠配置下，每个 NU 均配备有 m 个通信信道，每个通信信道参与形成一个单网，每个单网均有 n 个 NU。也就是说，每个 NU 与其他 NU 有 m 条通信信道相连，任一 NU 能够在任一单网中与其他 NU 通信。

对于这种超网配置，如果每个单网传输不同的战术消息，则全网吞吐量提高；如果相同战术消息用一个以上单网传输，即提供了信息冗余，则传输可靠性提高。

2）部分网络重叠

假设超网中共有 n 个 NU、m 个单网，则在部分网络重叠配置下，仅有少数 NU 配备有 m 个通信信道，其他 NU 配备的通信信道数少于 m 个，每个单网 NU 数少于 n 个。

这种超网配置可扩大全网通信覆盖范围，同时可扩展全网的网络规模。

3）子网络配置

假设超网中共有 n 个 NU、m 个单网，则在子网络配置下，某些单网的全部 NU 是另一些单网的部分 NU，单网间存在“嵌套”，被嵌套单网的每个 NU 配备有多个通信信道。

与 Link-16 数据链的 NPG 类似，Link-22 数据链将执行相同作战任务、信息交互需求一致的多个 NU 构成任务域子网（Mission Area Sub-Network，MASN）。因此，在这种超网配置下，多个 MASN 可以同时运行，完成 Link-22 的多种作战功能。

3. 消息传输模式

1）单网消息传输

在 Link-22 网络中，对于单网，NU 间消息传输模式有点对点模式、点对多点模式及广播模式。其中点对点模式和广播模式与 Link-11 网络相同；点对多点模式用于 NU 向预先确定的 MASN 和特殊的 NU 群同时发送消息，每个 MASN 和特殊 NU 群统一分配一个地址。单网消息传输中不需要路由选择。

2）超网消息传输

对于超网，网络间的消息传输模式有中继模式和泛洪模式。这里的中继与 Link-16 网络的中继相同，接收消息的 NU 地址明确；而泛洪则是在超网连通性不确定情况下的网间消息传输过程，向超网中的所有 NU 中继转发消息。超网消息传输需要路由选择。NU 存储 NU 间的链路质量，并自动连续更新。基于此信息，选择路由确保消息以可靠概率和最小负荷到达接收端。

3）多链路信息交互

针对 Link-22 数据链系统与 Link-16 数据链系统、Link-11 数据链系统，以及其他数据链系统在战场中同时使用的情况，Link-22 数据链系统采用“数据转发”技术实现不同数据链系统间的信息交互。“数据转发”技术需要 DLP 或 C2P 具有综合处理 M 系列、J 系列、F/FJ 系列等全系列消息标准的能力：解析 A 数据链接收的 Am 系列格式化消息，转换生成 B 数据链发送的 Bm 系列格式化消息。

图 9.7 所示为典型的多链路链接示意图，相关符号说明如下。

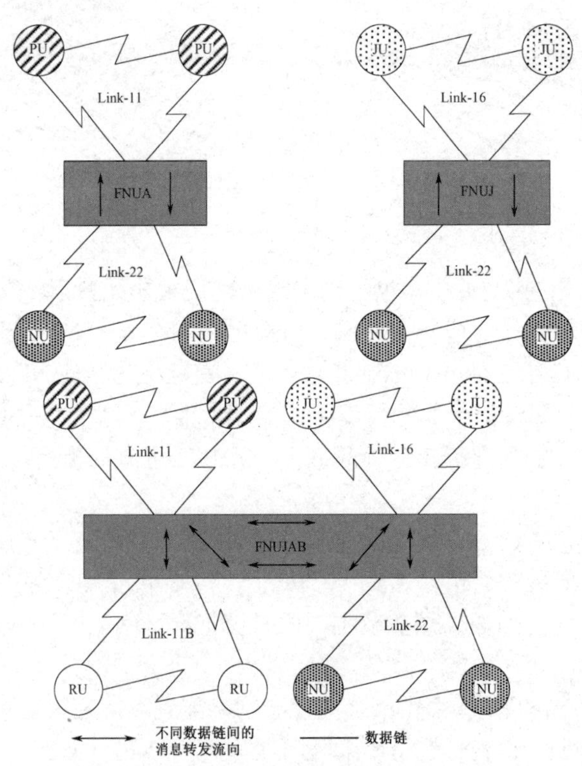

图 9.7 典型的多链路链接示意图

（1）PU：Link-11 单元。

（2）RU：Link-11B 单元。

（3）FNUA：Link-22 转发单元 A，即在 Link-22 数据链和 Link-11 数据链上通信，同时在 Link-11 数据链和 Link-22 数据链参与者之间转发信息的单元。

（4）FNUJ：Link-22 转发单元 J，即在 Link-22 数据链和 Link-16 数据链上通信，同时在 Link-16 和 Link-22 数据链参与者之间转发信息的单元。

（5）FNUJAB：Link-22 转发单元 JAB，即在 Link-22 数据链、Link-16 数据链、Link-11 数据链和 Link-11B 数据链上通信，同时在 Link-22 数据链、Link-16 数据链、Link-11 数据链和 Link-11B 数据链参与者之间转发信息的单元。

9.5　性能特点

Link-22 数据链的性能在 Link-11 数据链基础上进行了改进和提升，表 9.3 所示为其主要通信性能。

表 9.3　Link-22 数据链主要通信性能

<table>
<tr><th>通信频段</th><th>组网方式</th><th>消息标准</th><th>通信性能</th></tr>
<tr><td>HF</td><td rowspan="2">TDMA/
DTDMA</td><td rowspan="2">F/FJ 系列</td><td>通信距离：300 nmile（单跳）
1 000 nmile（中继）
传输速率：1 493～4 053 bit/s（定频）
500～2 200 bit/s（跳频）
调制：单载波串行调制，SSB
抗干扰：低速跳频
保密：现代加密技术
检错：CRC-16
纠错：RS 码/卷积编码</td></tr>
<tr><td>UHF</td><td>通信距离：200 nmile（视距）
300 nmile（中继）
传输速率：12.667 kbit/s（定频）
北约第二代抗干扰 UHF 电台（跳频）
调制：QPSK，8PSK
抗干扰：高速跳频
保密：现代加密技术
检错：CRC-16
纠错：RS 码/卷积编码</td></tr>
</table>

1. 改进 Link-11 数据链

在密集威胁环境下，Link-11 数据链功能呈现出严重缺陷和不足。Link-22 数据链在 Link-11 数据链基础上进行了性能改进和提升，不论在参与单元数量、跟踪航迹数量与精度方面，还是在抗干扰能力、系统报警或反应时间等方面，都显著改进了 Link-11 数据链的技术，提升了 Link-11 数据链的能力。

（1）波形设计具有电子防护能力：Link-11 数据链有一定的安全保密能力，但抗干扰和抗截获能力差。Link-22 数据链一方面采用现代加密技术提高传输波形的安全性，另一方面采用跳频技术和自适应天线技术使传输波形具有抗干扰功能，同时采用功率控制技术使传输波形具有低截获能力。

（2）提高战术信息传输能力：一方面，通过采用 QPSK/8PSK 调制及 RS 编码等技术，Link-22 数据链的信息传输速率 HF 定频可达 4 053 bit/s，UHF 定频可达 12 667 bit/s，比 Link-11 数据链增加了 1 800 bit/s 以上（4 053−2 250 = 1 800，12 667−2 250 = 10 117）。另一方面，每个 Link-22 数据链终端最多可支持 4 个网络，其典型配置是 3 个 HF 定频网络与 1 个 UHF 定频网络，可选配置是 2 个 HF 定频网络与 2 个 UHF 定频网络。通过多网并行，整个网络的信息传输能力进一步提高。典型配置能够提供达 24 826 bit/s 的总传输速率（4 053×3＋12 667 = 24 826），可选配置能够提供达 33 440 bit/s 的总传输速率（4 053×2＋12 667×2 = 33 440）。

（3）提高信息传输可靠性：Link-22 数据链使用现代差错控制技术，并根据信道质量选择编码形式，如 CRC-16 检错和 RS/卷积纠错编码，确保信息可靠传输。

（4）改进组网体制，增加网络规模：Link-11 数据链的轮询组网体制虽然简单，但限制了一定轮询周期内的网络规模，在保证信息传输实时性的条件下，参战单元数量少（少于 20 个），不支持联合作战。Link-22 数据链一方面通过提高信息传输速率使系统支持更多的参战单元，另一方面主要通过采用更优的 TDMA 组网体制，大幅提升单网的网络规模，并通过超网配置扩展网络规模，最多可支持 125 个参战单元。

（5）增加多任务信息传输能力：超网配置使 Link-22 数据链可以形成多个任务子网，同时为多种作战任务交换消息，如防空作战（Anti-Air Warfare，AAW）、反潜战（Anti-Submarine Warfare，ASUW）、对海作战（Anti-Surface Warfare，ASW）、电子战（Electronic Warfare，EW），以及战区弹道导弹防御（Theatre Ballistic Missile Defence，TBMD）等，而 Link-11 数据链的单一网络同时只能进行某类作战任务的信息交互。

（6）增加中继通信能力，扩大通信距离：Link-22 数据链 HF 频段的单跳通信距离可达 300 nmile，UHF 频段的视距通信距离可达 200 nmile，与 Link-11 数据链基本相同。但 Link-22 数据链通过超网配置，可以构成多跳的网络结构，以中继方式扩大战场通信距离，使其 HF 频段中继通信距离可达 1 000 nmile，UHF 频段中继通信距离可达 300 nmile。

（7）提高网络鲁棒性：一方面，TDMA 组网体制使 Link-22 数据链构成分布式网状网络，其抗毁性明显高于 Link-11 数据链的集中式星状网络；另一方面，Link-22 数据链通过时间分集、频率分集及空间分集等多种方式，给每个参战单元提供冗余。例如，一个 Link-22 终端以不同的频率在 4 个网络中并行收发相同的信息，当某个或某些网络被干扰造成中断时，剩余网络仍能保证信息的正常传输，接收单元根据判决准则选择最优的那个信息。

（8）提高网络灵活性：Link-22 数据链通过动态时隙分配来优化时隙的使用，具有高度的灵活性。同时，通过自动网络管理，支持快速链路接入、优先中断、自动迟入网和不同信息寻址选择等。

（9）改进消息标准：Link-22 数据链的 F/FJ 消息标准是由 Link-16 的 J 系列消息标准衍生而来的，该标准采用了与 Link-16 数据链相同的数据元素和测量坐标系，避免额外的格式转换，确保多链的互操作性。它与 Link-11 数据链的 M 系列消息标准相比，在提高数据元素粒度的同时，还增加了对陆地和友军位置/区域/身份轨迹的支持，具有统一的位置和敌方索引报告。

2. 补充完善 Link-16 数据链

Link-16 数据链可提供比 Link-22 数据链更高的数据传输速率。在 P2DP 数据封装格式下，Link-16 终端的平均传输速率为 57.6 kbit/s，而 Link-22 终端的最高传输速率只有 33.44 kbit/s

（2HF+2UHF 固定频率模式）。

初始化配置后，Link-16 网络结构通常是固定的，除非重新分配传输时隙。与此相反，Link-22 数据链能动态地重新配置网络，以适应战场态势的变化，这在于它能自主管理网络，即使网络管理单元失效，Link-22 网络仍能维持当前结构运行。

Link-16 数据链和 Link-22 数据链的波形不同，但基本特征相似。它们都使用消息加密，以及误码检测和校正技术。除了和 Link-16 数据链一样使用 RS 编码，Link-22 数据链还根据速率不同使用卷积编码。Link-16 数据链和 Link-22 数据链使用相同的量化度和测地坐标系的报文通信。但是 Link-22 数据链没有相关导航能力，并且最多只能支持 125 个网络参与单元，而 Link-16 数据链能支持 32 767 个网络参与单元。

NILE 项目的实施将极大地增强北约盟军的互操作和指挥作战能力。除使用现代抗干扰、保密、低误码率和低时延等技术外，Link-22 数据链强调通用通信/报文标准、通用报文格式和通用战术图，还强调数据链结构的可裁剪性、自适应性、开放性和可扩展性。

本章小结

本章介绍了 Link-11 数据链系统的改进型—— Link-22 数据链系统。首先，本章分析了 Link-11 数据链在现代战争联合作战和对抗环境下的不足，介绍了研制 Link-22 数据链的原因，以及 NILE 计划的进展情况；其次，介绍了 Link-22 数据链系统的基本组成，并描述了各组成部分的功能和作用，以及 Link-22 数据链系统平台间信息交互所采用的 F/FJ 系列消息标准、消息结构及消息特点；再次，介绍了 DTDMA 组网技术，描述了微时隙、时隙和时帧组成的网络循环结构以及三种超网的机理和作用；最后，总结了 Link-22 数据链的通信性能，并进行了特点的对比分析。

思考与练习

9-1　分析 Link-22 数据链的研制原因。

9-2　航空数据链 TDMA 协议中的时隙分配方式有哪两种？各有什么特点和优势？

9-3　简述 Link-22 数据链组网协议的基本原理。

9-4　画出 Link-22 数据链的网络循环结构，并说明其信道资源如何划分。

9-5　Link-22 数据链有哪几种超网配置形式？各有什么作用？

9-6　分析 Link-16 数据链与 Link-22 数据链的组网协议的特点。

9-7　总结 Link-22 数据链的通信性能，它与 Link-11 数据链相比有哪些改进和提高？

参考文献

[1] 骆光明，杨斌，邱致和，等. 数据链：信息系统连接武器系统的捷径[M]. 北京：国防工业出版社，2008.

[2] 孙义明，杨丽萍. 信息化战争中的战术数据链[M]. 北京：北京邮电大学出版社，2005.

[3] 梁炎，陆建勋. Link22-北约国家的下一代战术数据链[J]. 舰船电子工程，2006（1）：3-7.

第 10 章　协同数据链系统

战术数据链系统的应用，实现了作战平台战场态势共享和精确指挥控制功能，随后，数据链系统研究与战场应用逐渐聚焦于提升武器平台作战协同性和打击精确性。以协同空战为例，两架以上战斗机相互配合执行战斗任务，是现代联合作战模式下多机空战的重要形式。协同空战通过空中各类作战平台的观察—判断—决策—行动（Observation Orientation Decesion Action，OODA）信息环路，增强整个空中作战群探测、跟踪和攻击的协同性，形成有效掩护、规避或打击，从而提升空中平台的整体作战效能。

协同作战的实施更强调多平台之间的实时通信和信息共享、多源传感器数据融合、协同目标识别、战术决策与火控解算技术应用等，实现火力级的协同，低时延、高可靠、大容量、高动态是协同数据链的基本性能。这与信息分发、指挥控制对数据链的要求有所不同，带来数据链网络结构、组网方式、信息类型及信息传输特性等的变化。本章将总结目前使用及研究中的协同数据链系统技术原理和战术应用，以美军机间数据链（Intra-Flight Data Link，IFDL）、多功能先进数据链（Multifunction Advanced Data Link，MADL）、协同交战能力（Cooperative Engagement Capability，CEC）、战术瞄准网络技术（Tactical Targeting Network Technology，TTNT）、武器数据链（Weapon Data Link，WDL）、武器数据链网络（Weapon Data Link Network，WDLN）等系统为例，介绍支持火力协同和精确打击的数据链系统功能、技术与性能特点。协同数据链系统的研制和应用，为杀伤链“发现、定位、跟踪、瞄准、交战、评估”的 OODA 环实践运用奠定了技术基础。

10.1　机间数据链系统

隐身战斗机的出现，给原有的侦察、探测、防御体系带来了极大挑战，也使基于隐身战斗机编队协同的隐身作战成为一种新的作战模式。隐身战斗机平台隐身的同时，具有射频隐身能力的数据链成为关注重点。

针对隐身作战设计的数据链，是隐身编队战斗机之间高速、抗干扰、低时延、低截获的定向通信网络，以快速交换敌我瞬时态势、友机状态及武器控制参数等信息。机间数据链的基本功能是实现火力协同，提高武器的精确打击能力，最终提高作战效能。火力协同的实现，以机间信息共享为基础，以协同目标分配、协同制导控制为条件。

面向 F-22 和 F-35 隐身战斗机，美军研制了 IFDL/MADL 系统，如图 10.1 所示。F-22 战斗机侧重制空作战能力，F-35 战斗机既能制空作战也能对地突击。

（a）IFDL 应用于 F-22 战斗机

（b）MADL 应用于 F-35 战斗机

图 10.1 美军 IFDL/MADL

10.1.1 IFDL

F-22 战斗机开始研制和试飞期间，技术成熟且大量装备于美国空军的数据链是 Link-16 数据链系统。鉴于 F-22 战斗机机载传感器数据的大容量传输需求，以及隐身飞机隐蔽通信等新的通信需求，美空军测试分析后认为 Link-16 数据链系统难以满足 F-22 战斗机的作战协同信息传输需求。例如，以 Link-16 数据链 28.8～238 kbit/s 的信息速率，传输单张静止图片需要近 1 min；Link-16 数据链采用全向天线发射信号，易于被探测和侦收；协同作战环境的信号干扰强，接收信号的信噪比更低，Link-16 数据链低信噪比解调能力和 15dB 抗干扰容限不足。因此，诺斯罗普・格鲁曼公司针对 F-22 战斗机编队作战研制了专用的数据链——IFDL。

IFDL 工作在 Q 波段，频率范围为 36～46 GHz，处于 Ka 波段与 V 波段之间，发射信号增益高、旁瓣低。其采用多波束透镜天线，通过透镜天线波束切换实现窄波束指向角度的高精度控制，从而在 F-22 战斗机间形成点对点定向通信链路。图 10.2 所示为高速铁氧体开关馈电恒 *K* 球面的 IFDL 多波束透镜天线原理图，其实物如图 10.3（b）、（c）所示。根据编队作战协同时序，不同时刻不同编队成员间的定向链路构成 IFDL 网络，支持作战过程中的协同信息交互。在窄波束通信的基础上，IFDL 采用扩频、高速跳频和功率控制等技术以达到低截获、低探测概率的目的，实现射频隐身能力，并且提升激烈电子对抗环境中的战场生存能力。

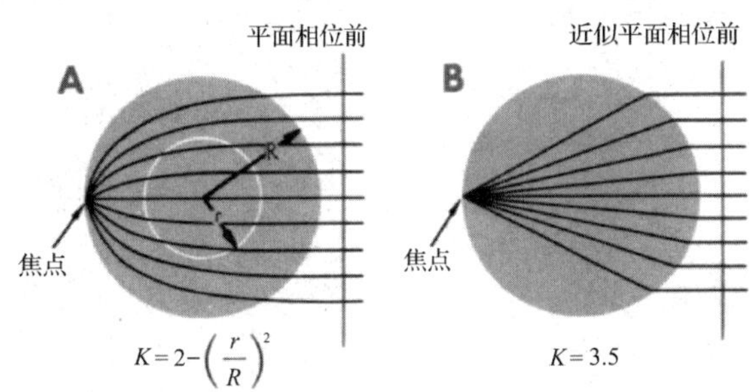

图 10.2 IFDL 多波束透镜天线原理图

通过时间同步、波束对准跟踪、安全保密处理、控制管理及消息处理等基本功能的设计和实现，IFDL 的信息传输速率可达到 Mbit/s 级，满足协同打击目标信息交互需求；时延毫秒级，满足武器级协同低时延需要。IFDL 主要性能如表 10.1 所示。

表 10.1 IFDL 主要性能

性 能 参 数	参 数 值
工作频段	Q 频段（36～46 GHz）
天线 EIRP	定向透镜天线，37～40 dBm
波束宽度	约 21°（78 个波束覆盖半球区域）
通信距离	20 nm（编队内）
飞行高度	不小于 20 kft（1ft≈0.3048m）
通信速率	594 kbit/s～2 Mbit/s 其中：1 Mbit/s（距离 20 nm，高度 20 kft）

IFDL 系统基本组成包括：多波束透镜天线、信号收发机（端机）、数据链控制器、天线接口设备、精密振荡器等，如图 10.3 所示。F-22 战斗机配置两个数据链端机［见图 10.3（c）］，

分别位于机身上方和下方［见图 10.3（d）］，确保不同高度飞行或机动时有可靠的通信链路。

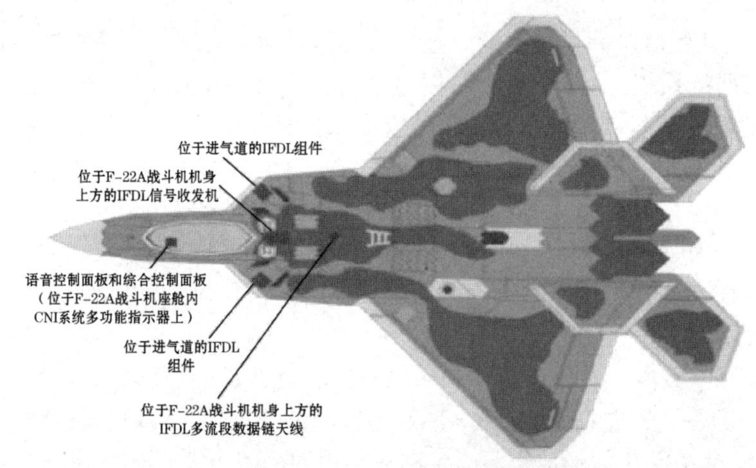

（a）IFDL 系统组件机上分布

（b）IFDL 透镜天线及天线接口设备

（c）IFDL 端机

（d）机身上方端机位置

图 10.3　IFDL 系统组成

IFDL 利用窄波束定向通信技术，在同一编队的多架 F-22 战斗机之间形成一个低功率、低截获概率的“隐蔽”高速通信网络，如图 10.4 所示。一方面，两架战斗机间的点对点定向通信链路支持全双工的信息传输，可实现双方信息的同时快速交互；另一方面，不同定向通信链路支持多对战斗机信息的分时传输，从而使编队内各战斗机在作战飞行过程中共享编队内所有战斗机获取的各类目标数据，实时掌握编队成员的飞行状态、任务进程、武器力量、跟踪锁定等信息，进而根据作战时机进行编队战术协同，可有效支持编队同时攻击一个或多个空中目标。

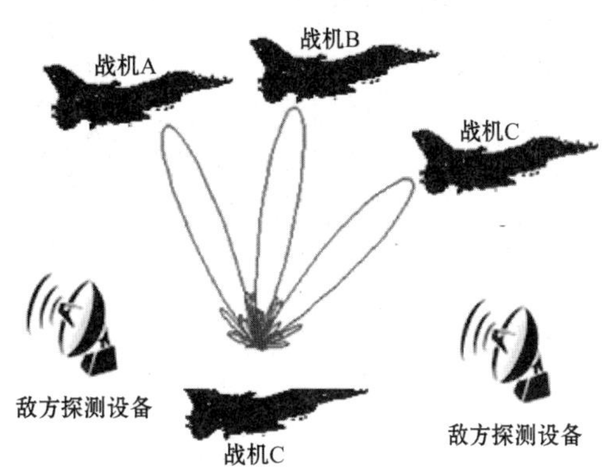

图 10.4 IFDL 窄波束定向通信

定向窄波束组网与战术数据链的组网有较大不同。例如：①定向点对点通信要求一个编队成员需要与其他成员逐一进行定向通信后，才能完成自身战术信息的交互共享，而全向通信仅需要一次广播；②基于定向窄波束，通信双方的波束精确对准后，才能实现可靠准确的战术信息交互，而全向通信则无须精确对准，只需要在通信覆盖区域内；③定向组网对编队成员实时的相对位置关系、编队任务构型敏感，拓扑状态变化的感知时效性要求更高。天线性能、波束对准时间、波束调节时间、成员位置感知时间、编队规模，以及编队任务构型等是影响定向窄波束实时、高效组网的重要因素。

综合 F-22 战斗机编队协同作战任务和天线、端机技术能力，IFDL 进行了组网设计。IFDL 网络最多可支持 16 架 F-22 战斗机组成一个大编队进行超视距空战，16 架飞机分成 4 个菱形小编队，每个菱形 4 机小编队指定一架飞机作为长机。小编队之间的标准距离为 16 km，最大可以达到 80 km。小编队内部的 4 架飞机通过“内部通信模式”进行信息交互，而长机之间通过“编队间通信模式”进行信息交互。根据 F-22 战斗机 IFDL 的端机配置，每架飞机同一时刻与编队中的另一架飞机进行通信。因此编队长机将分时机在“内部通信模式”和“编队间通信模式”之间切换。

在波束精确对准的基础上，IFDL 采用 TDMA 接入技术实现编队信息交互共享，时隙可分为编队成员时隙和长机时隙，时帧可分为编队子时帧和编队间子时帧。按照一定的时隙分配原则，对编队内和编队间时隙进行统一分配，具体方法可参考其他数据链的 TDMA 组网协议设计思想而进行适应性选择，与设计需求有关。4 个编队可以根据协同任务分工，各自独立地进行时隙分配。时隙长度根据待发送业务类型和业务量动态确定。对于内部通信模式，4 个编队成员在所分配的时隙发送自身协同信息，在确定长度的编队子时帧中共享时间资源，实现各编队协同信息的同时段并行发送。对于编队间通信模式，4 个编队长机在其分配的长机时隙发送所属编队协同信息，在确定长度的编队间子时帧内完成大编队协同信息的交互共享。

分层网络拓扑是 IFDL 网络的基本拓扑结构，具体网络拓扑结构与 F-22 战斗机空战模式的战斗机编队构型相关。图 10.5 所示为 IFDL 网络拓扑结构示例图，每个 4 机编队组成一个簇，每个簇有一个簇头，簇头组成上层网络，可称为编队间子网；4 个 4 机编队共同组成第二层网络，每个 4 机编队组成的子网可称为编队内子网。在图 10.5（a）所示的网络拓扑中，簇头之间形成全连通的分布式网络；而在图 10.5（b）所示的网络拓扑中，簇头之间形成多跳网络。

整个大编队最前面 2 架 F-22 战斗机的雷达开机探测目标，而其他 14 架保持雷达静默［见图 10.5（a）］；或者前面 4 架 F-22 战斗机的雷达开机探测目标，而其他 12 架保持雷达静默［见图 10.5（b）］。获得的目标探测信息，首先通过编队内子网的内部通信模式，在所属编队内共享目标信息，然后通过编队间子网的编队间通信模式，实现大编队 4 个小编队目标信息的一致共享。

图 10.5（a）展示的是用于争夺制空权的作战场景，整个大编队以前后排列的构型部署编

队战斗机，最前面开雷达的 2 架飞机具备条件后发射导弹，迅速机动避免被敌方雷达锁定，借助 IFDL 低时延的通信优势，使制导信息传输共享，实现高效的协同打击。图 10.5（b）展示的是用于高空拦截的作战场景，整个大编队以横向并排的构型部署编队战斗机，根据拦截范围设定 4 个编队的间隔距离，借助 F-22 战斗机的 AGP-77 雷达探测性能优势和 IFDL 的低截获组网优势，实施高效的大范围协同拦截。

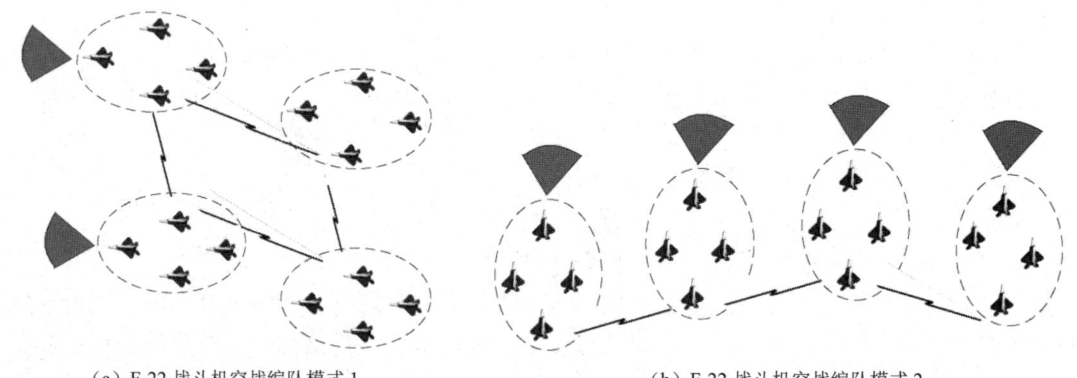

（a）F-22 战斗机空战编队模式 1　　（b）F-22 战斗机空战编队模式 2

图 10.5　IFDL 网络拓扑结构示例图

由于 IFDL 研制时间较早，其容量、组网能力及兼容性等方面的局限性限制了其进一步发展。

（1）容量有限：20 世纪 IFDL 研发之时，雷达和各类光电设备的分辨率还不高，所获取的图像容量也不大，IFDL 尚能胜任战场实时数据交换任务；但随着传感器技术和由网络中心战催生出的技术的发展，IFDL 已无法满足图像、视频等大容量传感器数据的传输要求。

（2）数据交互效率低：IFDL 在任意时刻只能采用一副天线与另一架飞机进行通信，即机身上方或下方天线，不具备同时进行多机之间一对多或多对多的通信能力。

（3）有限的网络动态调整：IFDL 只能在某些特定情况下（如网络中某个节点发生故障或者遭到打击而退出网络时），重新调整剩余节点的网络结构，保障网络的正常运行；但不能实现网络结构的按需动态调整。

（4）天线波束覆盖存在盲区：IFDL 在 F-22 战斗机上安装的天线孔径数量少，飞机机体会存在遮挡，使其不能形成空间全球覆盖，存在通信盲区。

（5）互联互通能力弱：IFDL 只能在 F-22 战斗机之间进行数据传输，不支持 F-22 战斗机与其他飞机之间的战术通信。若要与其他空中平台交互数据，只能利用其他的全向通信手段，但这种通信方式会降低 F-22 战斗机隐身性能，对 F-22 战斗机的安全构成威胁。美军虽然同时在 F-22 战斗机上配装了 Link-16 数据链，但更多工作于接收状态。

10.1.2　MADL

MADL

在 IFDL 技术和应用基础上，美军于 2006 年 10 月推出了针对 F-35 战斗机编队协同作战的专用数据链——MADL，由洛克希德·马丁（Lockheed Martin）公司提出，哈里斯（Harris）公司研制。

MADL 工作在 K 波段，采用有源相控阵天线（见图 10.6），发射极窄波束，并利用天线对准及跟踪算法，实现飞机之间精确的点对点通信，也是一种具有低截获、高速、低时延性能的定向数据链，且具有 ad hoc 组网能力，用于 F-35 战斗机之间交换战场态势和战术信息，从而进行协同控制。

基于相同的隐身协同作战目的，MADL 与 IFDL 的系统功能相近，系统组成模块基本相同，但 MADL 进行了技术更新和设计优化，包括采用的天线技术、天线的飞机分布等，通信传输和通信组网性能得到了提升。MADL 的基本功能包括信息管理、数据传输、时间同步、对地通信、路由中继等，主要性能如表 10.2 所示。

表 10.2 MADL 主要性能指标

性能参数	参数值
工作频段	K 频段
天线	定向相控阵天线
波束宽度	约 28°（48 个阵元）
通信距离	2～100 nmile
通信速率	64 kbit/s（100 nmile）～3 Mbit/s（2 nmile）
发射功率	5 W

MADL 系统由分别嵌入飞机不同部位蒙皮中的 6 副相控阵天线、位于机身上方和下方的信号收发机（端机）、MADL 控制器、3 个天线接口设备，以及精密振荡器等组成，天线组件及端机如图 10.6 所示。

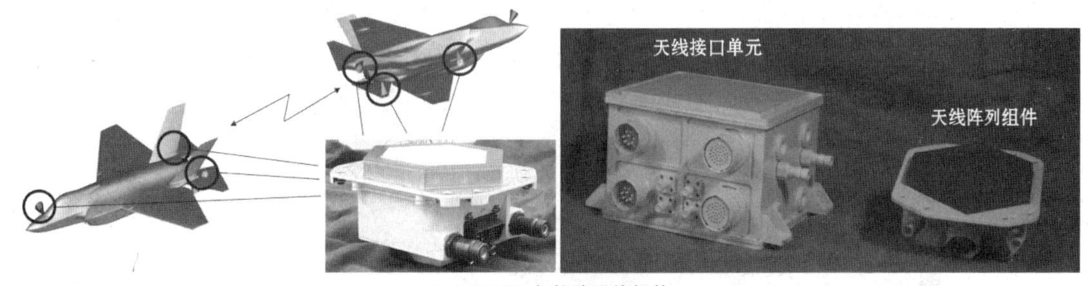

（a）MADL 相控阵天线组件

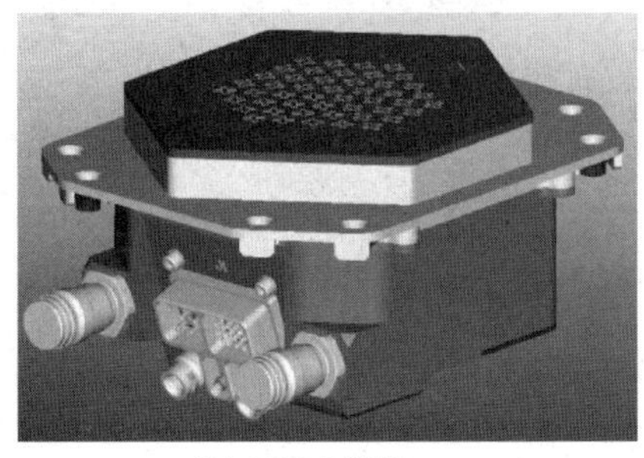

（b）MADL 端机

图 10.6 MADL 系统组成

定向数据链的天线及其管控技术比全向数据链天线复杂，对定向数据链性能影响大，是定向数据链系统的重要组成部分。MADL 的天线基于有源相控阵技术（Active Electronically Scanned Array，AESA），实现天线波束的成形与控制，与 IFDL 的透镜天线相比，其波形控制具有更好的灵活性与准确性。MADL 天线与分布式孔径系统（Distributed Aperture System，DAS）相似，分别在前上、前下、后上、后下及机身左右各安装一副天线阵，实现飞机 360º 全方位覆盖，可以在 360º 范围内接收或发送数据，确保其能与位于任意相对位置的其他编队飞机快速建立通信，MADL 天线位置与波束覆盖如图 10.7 所示。

（a）MADL 的天线位置

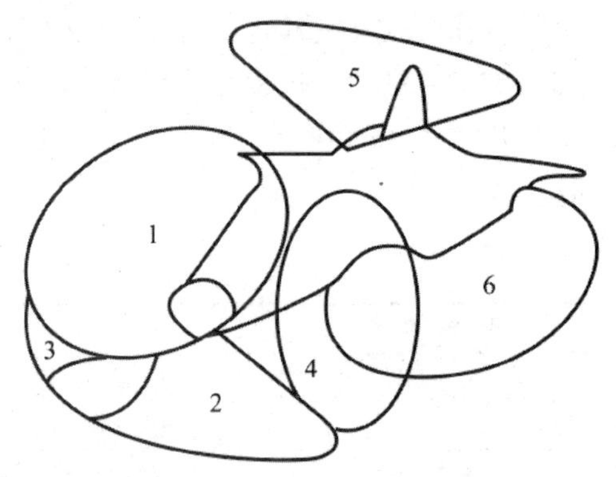

（b）MADL 天线波束覆盖

图 10.7 MADL 天线位置与波束覆盖

相比于 IFDL，MADL 是一种网络化数据链，可以在多架飞机之间实现一对多或多对多的定向组网通信，网络拓扑对比如图 10.8 右上方所示。装有 MADL 的每架飞机机载天线同一时刻能够形成 6 个定向窄波束，即每架飞机能同时与 6 架飞机进行通信。若采用类似于 IFDL 的组网方式，MADL 能保证各长机与其他长机、编队内僚机同时通信。

如图 10.8 中曲线所示，MADL 和 IFDL 定向组网，在提高通信链路容量和通信可靠性的同时，定向天线波束、波束扫描方式宽度、天线覆盖范围、天线数量等因素，都将影响通信双方的发现时间和网络性能。对于采用更多天线、覆盖范围更大的 MADL，邻居发现时间更低，网络性能更优。

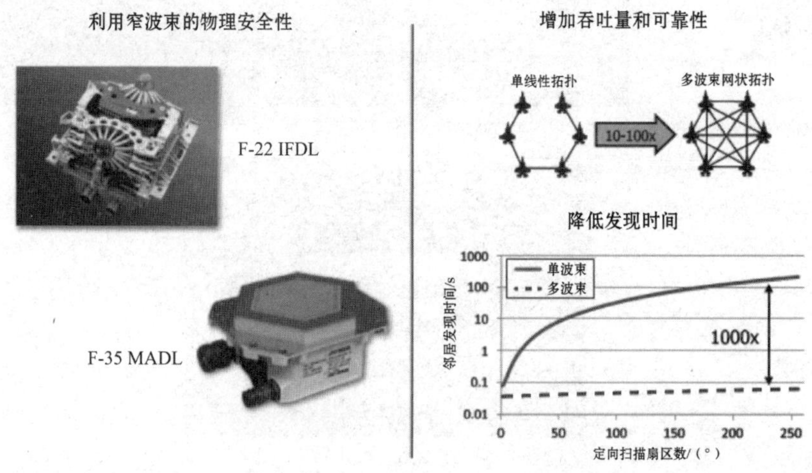

图 10.8 两种隐身战斗机编队的定向数据链组网

与 IFDL 相比，MADL 数据传输速率有所提高，能够根据信道状态自适应调整信息传输速率，采用多波束实现点对多点及多点间同时通信，信息传输时延降低，采用 ad hoc 组网，动态网络管理能力提高。表 10.3 列出了 IFDL、MADL 的通信体制对比。MADL 使隐身战斗机可以有效对抗无源探测，安全地收发信息；但其定向工作方式不利于实现大量节点间通信，不支持 F-35 战斗机与其他空中平台之间的信息交互。

表 10.3　IFDL、MADL 的通信体制列表

数据链		IFDL	MADL
天线	类型	定向透镜天线	定向相控阵天线
	波束宽度	约 21°	约 28°（48 个阵元）
	天线数目	2	6
	覆盖范围	78 个波束覆盖半球区域	360°
通信传输	通信频段	Q 频段	K 频段
	通信距离	20 nmile（编队内）	2～100 nmile
	传输速率	594 kbit/s～2 Mbit/s：1 Mbit/s（20 nmile）	64 kbit/s（100 nmile）～3 Mbit/s（2 nmile）
	抗干扰	定向窄波束、功率控制	定向窄波束、功率调节
	业务类型	话音、数据、图像、视频	话音、数据、图像、视频
通信组网	工作方式	点对点、全双工	点对点、全双工
	组网方式	定向时分	定向空分+时分
	接入数量	1	6
	网络拓扑	分层网络（编队内+编队间）	分层网络（编队内+编队间）
	网络连通性	视距（编队内），超视距（编队间）	视距（编队内），超视距（编队间）
	网络规模	4（单网）～16（多网）	4（单网）～16（多网）

资料显示，MADL 将成为 F-22 战斗机、F-35 战斗机和 B-2 轰炸机之间通信的标准解决方案，并将取代 F-22 战斗机上的 IFDL。美国空军于 2007 年开始为 F-22 战斗机集成 MADL 数据链，2008 年 F-22 战斗机项目进入增量改进 3.2 的武器系统需求开发阶段，到了 2013 年，其具备了战斗力。

美军计划将 MADL 装备在其所有隐身飞行平台上，成为美军所有隐身作战飞机（如 F-22A、F-35、B-2、X-47B 和 UCAV）的通用数据链装备，以在不同类型隐身航空作战平台间建立起信息交互网络，实现隐蔽协同，从而使美军的 F-22、F-35 和 B-2 等作战飞机相互间建立紧密联系，并具备与海军无人战斗系统的对接能力。此外，美军也在研究 E-3 预警机、E-8 监视机、无人机等装备 MADL 的可行性。

10.2　TTNT 数据链系统

TTNT 数据链项目源于 1991 年海湾战争后美军针对时间敏感目标（简称时敏目标）在 C^4ISR 基础之上提出的 C^4KISR（其中“K”即 Kill，杀伤），以实现“从传感器到射手”的时敏目标快速精确打击能力。目的是在未来的有人、无人空中平台和地面站之间建立一个“高速数据链网络”，如图 10.9 所示，满足未来美空军作战飞机对机动性很强的地面活动目标精确打击的需要。

图 10.9　TTNT 数据链示意图

10.2.1 系统综述

1. 研制背景

20世纪90年代，美军在总结历次高技术局部战争的经验教训后，认为其武器装备已具备对地面固定目标实施精确打击的能力，但是对地面移动目标的跟踪、定位能力差，以及对地面移动目标的打击精度不高，容易造成误伤，因此将打击地面移动目标作为提高其作战能力的关键技术领域之一。美军认为基于"以网络为中心"的作战方式，建立"从传感器到射手"的"高速数据链网络"，将缩短射手反应时间，即缩短从发现目标到摧毁目标所需的时间，从而获得打击优势。通过分析已广泛使用的Link-16数据链，发现Link-16数据链传输速率较低，网络结构和使用方式静态，存在如下不足或缺陷。

（1）传输带宽限制了网络多种业务类型的服务需求。

（2）战术消息内容不能满足其对复杂战场的态势感知要求。

（3）必须按照预先分配的时隙进行数据传输，数据收发时间固定且平均。

（4）固定、平均的数据传输机制使平台之间不能连续通信。

（5）时隙的静态预分配使动态战场多平台之间不能快速交互数据。

（6）受作战使用的限制，网络分布式特征并未充分改变系统集中式的特点。

因此，Link-16数据链无法实现对快速动目标的精确定位和实时打击，不是满足"网络中心战"和"从传感器到射手"需求的数据链，必须研制新型高速宽带数据链。同期开展的多项研究计划，有侦察打击一体化技术["阿姆斯特"（AMSTE）计划]、SAR/MTI"同时"扫描技术、侦察平台组网系统技术（NCCT）、多平台通用数据链（MP-CDL）、对敌防空系统精确打击技术（AT3），以及TTNT数据链等，美国空军最终选择了TTNT数据链。

2. 战术功能

2002年美国DARPA信息应用办公室提出TTNT数据链的研制要求如下。

（1）实时能力：传输时延足够低。

（2）QoS能力：满足高优先级的信息交换要求。

（3）高速数传能力：为保密视频图像的传输提供足够高的数据传输速率。

（4）低成本：在飞机上应用的成本必须很低，且不增加新的终端，在现有Link-16链终端中增加一个模块来实现TTNT数据链功能。

（5）与Link-16数据链兼容能力：不妨碍或干扰Link-16数据链通信，两种数据链系统能够实现无缝互操作。

TTNT数据链由美国罗克韦尔•柯林斯（Rockwell Collins）公司研发，主要加载在战斗机、无人机、ISR平台和地面站等武器平台上。该系统最初被设计为一种空对空通信的武器协同宽带数据链，主要用于对时敏目标进行定位瞄准，是AMSTE和AT3的支撑系统；后来逐渐发展为空对空、空对地通信的数据链，附带支持话音、视频、即时通信等业务，有望替代Link-16实现多军种部队之间的连通性，成为美空军网络中心战数据传输的基础设施。

TTNT数据链还具有辅助作战功能，即无人作战飞机利用TTNT数据链网络，进行自主空中加油，以及无人或有人作战飞机在航母上的自动着舰。

3. 研制历程

2001年5月，DARPA与Rockwell Collins公司签署了第一份合同，用于确定TTNT数据链的能力需求，初步解决了前期技术设计的问题。

2002 年 8 月，Rockwell Collins 公司完成了 TTNT 数据链所有硬件设计、全尺寸网络模拟，以及空地数据传输演示，验证了 100 nmile 距离的数据传输能力。

2003 年 8 月，Rockwell Collins 公司生产了 20 部多平台样机，在美国加州的中国湖海军空战武器分部进行了首次演示验证。演示结果表明，TTNT 数据链实际性能比预期指标好，装备 TTNT 数据链的空中作战平台具有高速数据交换、快速且精确定位地面移动目标的能力，在 224 km 的距离内，传输速率可达 2.25 Mbit/s，传输时延仅为 1.7 ms，网络重构时间小于 5 s，进入/退出网络所需的时间平均为 3 s，并且与 Link-16 数据链之间互无干扰。

2004 年 10 月，美国空军在内利斯空军基地进行的“2004 联合远征部队试验”（Joint Expeditionary Forces Experiment，JFEX）演习表明，TTNT 数据链可提供 7 种类型的 IP 应用，包括文本聊天、电子邮件、静止图像文件共享、双向视频流、目标瞄准、基于 IP 的飞行任务信息，以及跟踪数据态势感知信息。图 10.10 所示为 TTNT 数据链视频流传输测试，可见测试双方通过 TTNT 数据链可以清晰流畅地观看到对方的实景。

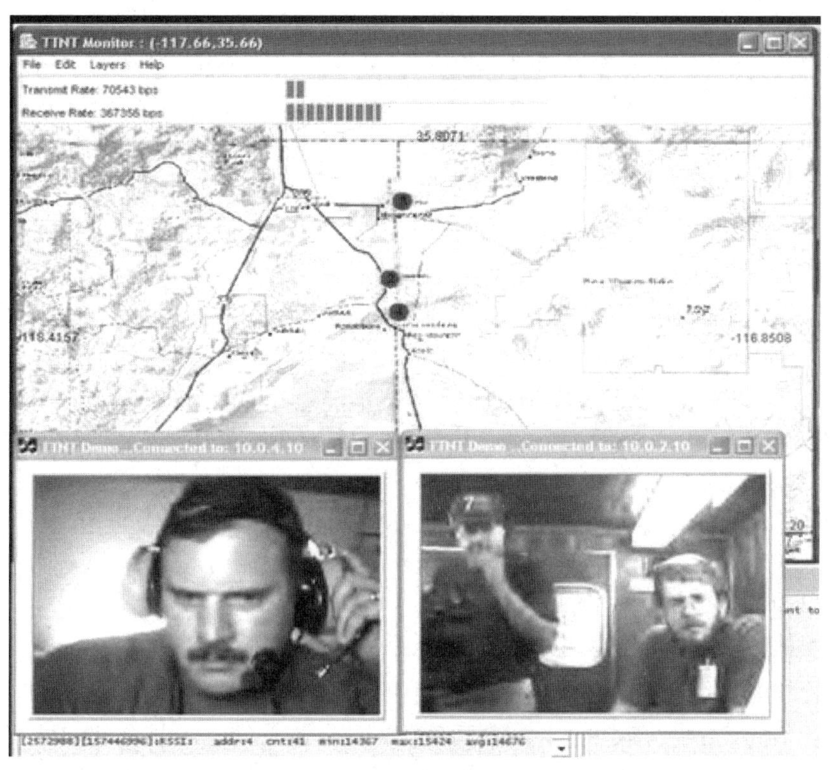

图 10.10　TTNT 数据链视频流传输测试

2005 年 9 月，DARPA 进行了 15 套 TTNT 数据链样机所组成网络的演示验证，促使该项技术更接近实战应用。此次演示成功验证了 TTNT 数据链系统对多种武器平台传感器获取的目标数据进行融合的能力，使目标定位的精度提高，“从传感器到射手”的杀伤链时间得到了有效缩短，成功实现了对地面快速移动目标的打击。演示验证中，TTNT 数据链网络的总吞吐量达到 10.5 Mbit/s，进入/退出网络的时间小于 2 s，并能够与 Link-16 数据链同飞机平台工作。

2008 年 5 月，首架安装 TTNT 数据链的 F-22A 战斗机参加了在内利斯空军基地举行的 JFEX 演习，表现出极强的战场态势感知能力和网络中心战能力。试验表明，装有 TTNT 数据链的各作战平台之间可进行海量战场情报信息和态势图像信息的高速传输和实时共享。通过在 F-22 战斗机上装备 TTNT 数据链，美军可通过 TTNT 数据链构建的无线网络，对敌方目标进行跨作战平台的实时连续的搜寻、跟踪、瞄准、锁定和打击。

2009 年，JEFX'09 演习验证了 TTNT 终端采用 OSPF-MDR 路由协议，为各作战平台提供多跳通信的能力，TTNT 数据链系统性能得到了进一步提高。

2010 年 3 月，在内利斯空军基地进行的 JEFX'10 演习中，TTNT 终端装备至 F-16、E-2C、E-3C、无人机等多种作战飞机。演习再次证明 TTNT 数据链具有快速通信、协同和组网能力，能够降低“发现、定位、跟踪、瞄准、评估”的时间，并能够同时提供话音、数据和视频服务。

2011 年 8 月，TTNT 数据链参加了美海军无人机作战空中系统（UCAS）航母演示验证（UCAS-D）项目进行的自主航母着舰能力演示验证。其中，F/A-18D 战斗机作为 X-47B 无人机的有人驾驶替代机，完成了一系列航母集成能力，包括起飞、一触即离着舰和拦截着舰。所有这些机动操作均由 TTNT 数据链提供支持，实现了航母与 F/A-18D 战斗机之间的通信，无须人工干预。

2011 年 8 月，UCAS 航母演示验证项目中进行了 TTNT 数据链自主航母着舰能力测试。以 F/A-18D 战斗机为测试机，TTNT 数据链支持了航母与 F/A-18D 战斗机之间的演示验证相关通信，实现了包括起飞、一触即离着舰和拦截着舰等能力验证。2012 年，在有人飞机能力验证基础上，美国海军进行了 X-47B 舰载无人机的自主航母着舰能力测试，验证了 TTNT 数据链的精确相对导航性能及其对 X-47B 航母着舰能力的可行支持。

随后，美国海军推进了一系列作战飞机加装使用 TTNT 数据链的计划。2012 年，F/A-18 战斗机使用 TTNT 数据链对 X-47B 进行操控。2013 年，美国海军对 TTNT 数据链收发信机和软件进行了改进，并在 EA-18G 电子战飞机上加装了 TTNT 数据链，使其与 E-2D 预警机执行协同作战任务。2017 年 8 月，美国海军利用加装 TTNT 数据链的 F/A-18E 战斗机和 EA-18G 战斗机完成了 NS17（Netted Sensors 2017）实验项目，实现了 TTNT 数据链对传感器信息的共享支持，验证了 TTNT 数据链的态势感知和战术瞄准能力，并与 NCCT 系统连接，将 2 架 EA-18G 战斗机信息发送给 EC-130H 电子战斗机、RC-135 电子侦察机等其他飞机，使信息在更大规模的情报网络内共享。

2014 年 12 月，BAE 和 Collions 公司将 TTNT 数据链融入 MIDS-JTRS 终端，使 MIDS-JTRS 终端可同时运行 Link-16 数据链和 TTNT 数据链，显著提升了该终端通信组网能力和作战支撑能力。2019 年 7 月，美国海军分别向 Data Link Solutions 公司和 ViaSat 公司采购 TTNT 终端。两家公司分别于 2020 年 6 月、2020 年 5 月完成合同。

目前，TTNT 数据链在美军各作战平台上主要以波形的方式列装，已经在 E-3、E-2C、E-2D、F/A-18、F-15、F-16、EA-18G、B-52、B-2、X-47B、“捕食者”无人机、“全球鹰”无人机、“阿帕奇”直升机、“黑鹰”直升机、航母、小型舰艇、地面车辆等平台测试与安装。E-8 上安装的 MIDS JTRS 中也集成了 TTNT 数据链波形。按照美军发展规划，F-22、F-35、F/A-18D、F-15、F-16 等战斗机也将逐渐装配或集成 TTNT 数据链。

4. 作战应用

TTNT 数据链是美空军为解决未来空战动态组网、传输时效性问题而开发的高速、宽带、低时延协同数据链，多应用于以空中飞行平台为主要力量的协同作战场景。基于 TTNT 数据链的协同作战应用场景示例如图 10.11 所示。

（a）空空协同作战

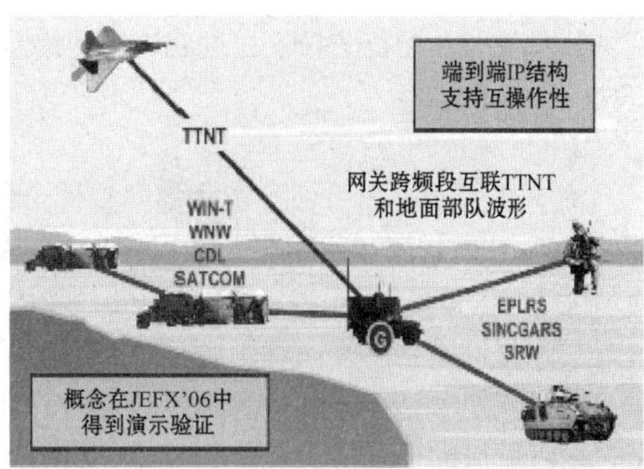

（b）空地协同作战

（c）武器协同作战

（d）空海协同作战

图 10.11　基于 TTNT 数据链的协同作战应用场景示例

1）空空协同

隐身作战飞机或无人机和非隐身作战飞机组成协同编队，采用 TTNT 数据链交互协同信息，以提高空中平台协同感知、决策、打击的能力，快速定位地面目标并实施快速打击。如图 10.11（a）所示，隐身作战飞机或无人机突前进行目标侦察探测，通过 TTNT 数据链实时传输目标信息给远离敌防空打击区的编队其他飞机，其他飞机在远处空域快速锁定目标并发射导弹直接攻击目标，或者通过 TTNT 数据链交接制导权，由突前的隐身飞机对导弹进行第三方制导。整个攻击过程包含协同感知、协同定位、网络制导、联合评估 4 个环节。对于隐身作战飞机，全向通信模式的 TTNT 数据链会降低其隐身效果，采用定向通信模式将得以改善。

2）空地协同

在空中作战平台和地面火力打击单元之间构建 TTNT 数据链系统，如图 10.11（b）所示，空中作战平台利用空域高度优势对敌方阵地实施侦察探测，并将侦测信息实时传输给地面火力单元，地面火力单元快速实施打击。地面火力单元也可将敌方重要目标信息实时传送给空中作战平台，由空中作战平台对目标进行打击，TTNT 数据链使整个空地协同作战过程中传感器到射手的时间大大缩短，实现对地面移动目标的有效打击。

3）武器协同

多个空中作战平台及其机载武器（如导弹）协同，包括战斗机与战斗机、战斗机与导弹和导弹与导弹之间的武器协同，是时敏目标精确打击、有效杀伤的关键环节，但武器协同作战时间短、协同模式复杂，对信息传输的时效性、可靠性要求严苛。如图 10.11（c）所示，在作战平台、机载武器这些空战平台之间建立 TTNT 数据链系统，能够连续贯通空战平台对时敏目标的协同感知、协同定位、协同瞄准、网络制导、协同攻击作战进程，实现高时敏目标的精确打击。

4）空海协同

海上作战由于超短波视距传播的特性，舰对空通信指挥的范围非常有限，采用 TTNT 数据链，利用节点的多跳路由功能以实现超视距大范围的空中作战平台和海面舰艇之间的信息传输共享。同时，对于战斗机/无人机着舰要求信息传输时延非常低，以克服舰体由于海洋环境颠簸所带来的影响。如图 10.11（d）所示。美海军舰载无人空中侦察和打击系统（UCLASS）项目将无人机集成到航母空军联队（CVW）中，通过 TTNT 实现无人机与航母的空舰协同作战，增强航母的作战能力与多功能性。如图 10.11（d）所示，UCLASS 系统通过 TTNT 实现无人机与控制站之间保密、抗干扰视距和超视距通信，并实现无人机军事任务管理系统（MMS）与航母空中交通控制中心（CATCC）、航母舰载机着舰指挥官（LSO）、塔台（Pri-Fly）等部位之间信息的有效传输。

10.2.2 终端设备

TTNT 数据链的高实时性，要求战术消息传输时延低于战术数据链，达到毫秒级；TTNT 数据链的高可靠性，要求战术消息能够在干扰更强的环境中成功传输，尤其是高优先级消息。与战术数据链终端不同，TTNT 数据链终端为多路传输无线电设备，能够在相同频带内同时发送和接收射频信号，从而改善成功发送和接收的总流量，满足低时延和高可靠性等要求。

终端设备主要完成射频前端处理和传输协议处理功能，射频前端处理功能包括接收信号射频/中频变换、模数变换、数字下变频、数字解扩/解跳/解调，以及发射信号脉冲波形产生、数字调制/扩频、跳频、数字上变频、宽带数模变换等。传输协议处理功能包括链路层、接入层、网络层协议处理，完成网络管理、信道接入与控制、资源动态调整、动态路由维护、QoS 保障等。

TTNT 数据链终端设备的功能对应战术数据链物理层和建链层两个功能层，其进行了联合跨层设计，信息和信号流程与处理更加紧凑。在测试试验和演示验证阶段，TTNT 终端以独立设备的形式出现，如图 10.12（a）所示。装备平台使用后，则多以功能模块形式集成嵌入 JTRS 终端，如图 10.12（b）所示。

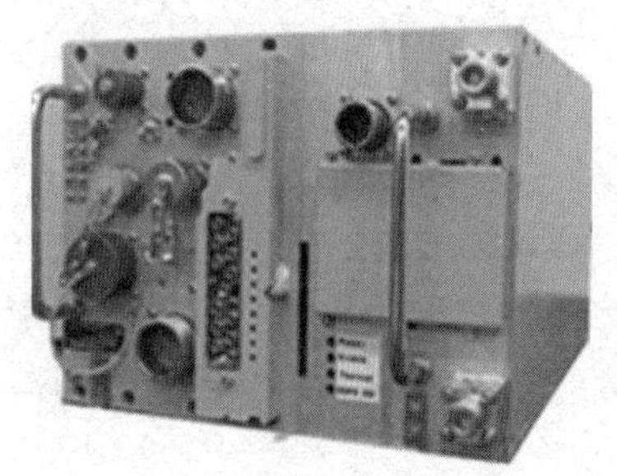

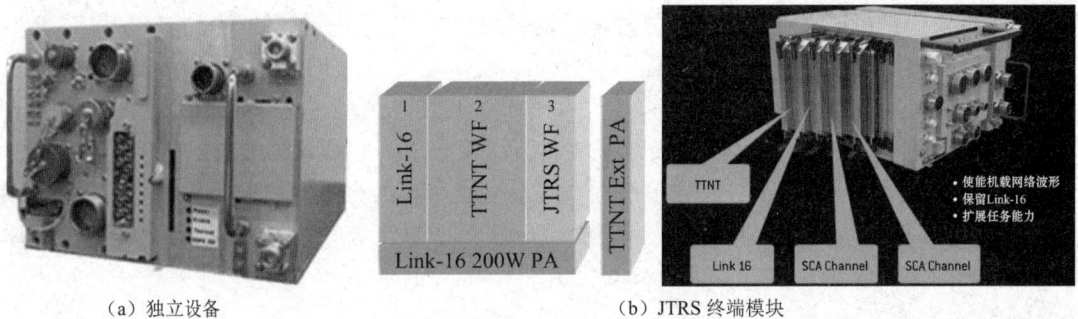

（a）独立设备

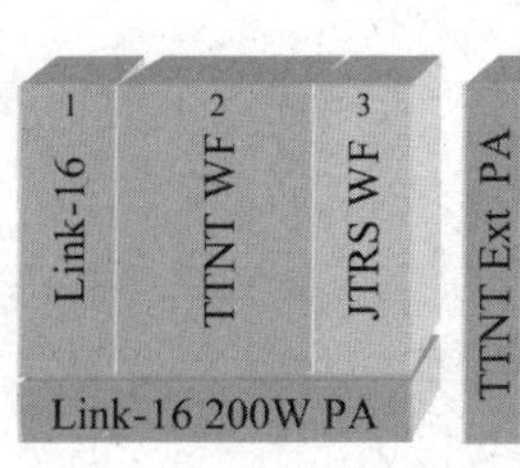

（b）JTRS 终端模块

图 10.12 TTNT 数据链终端设备

TTNT 数据链终端设备包括 1 副天线、1 个多路复分接器、N 个收发信机、1 个调制解调器（MODEM）和 1 个网络协议处理器，图 10.13 所示为终端设备射频前端处理部分的组成框图。终端设备采用跳频技术和收发隔离技术，改进跳频系统的多路消息接收处理，使终端在接收的同时进行发送。多路复分接器基于每个脉冲的相关频率过滤一系列跳频消息脉冲；多个收发信机从多路复分接器接收脉冲；调制解调器同时进行接收和发送处理，跳频发送脉冲和跳频接收脉冲选择不同的子带；网络协议处理器实现传输协议处理功能。

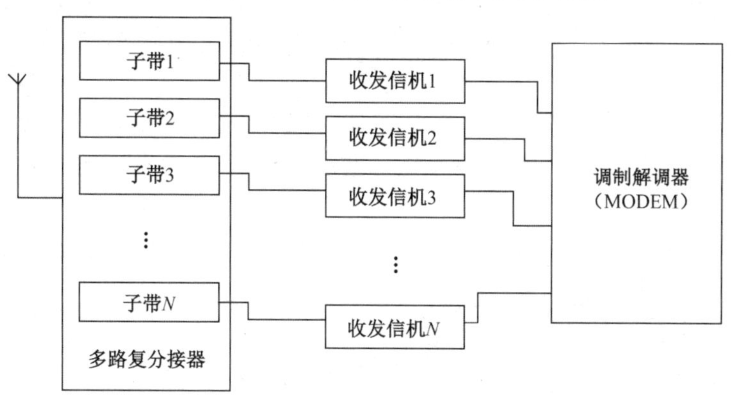

图 10.13 TTNT 数据链终端设备射频前端组成框图

天线在 TTNT 数据链的工作频段内接收/发送 RF 信号。它主要采用全向工作模式，在 TTNT 的后续研究中增加定向工作模式。

多路复分接器将天线接收的信号划分为 N 个子带，其中 N 等于收发信机的数量。多路复分接器类似于滤波器，基于子带频率区分接收或发射信号，如基于每个脉冲的相关频率过滤一系列跳频消息脉冲。

收发信机在各自的子带内处理信号，它采用半双工模式发送/接收信号。各收发信机彼此隔离，以便相互间的干扰最小化。通过子带间的隔离，终端设备能够在发送脉冲的同时，接收其他不同子带的信号。每个收发信机均可设置一个工作频率或子带内一组连续的工作频率，频率固定或可变，由 MODEM 存储并维护。例如，MODEM 基于终端设备的发射功率，缩小收发信机子带，在子带间留出更多个间隔频率，以提供收发信机之间更大的隔离度。

MODEM 对信号进行调制/解调处理，实现同时发送和接收。处理发送信号，向某个收发信机发送调制信号；同时，处理来自一个或多个收发信机的接收信号。MODEM 通过数字信号处理器（DSP）实现同时收发的信号处理，可采用硬件（如 ASIC 或 FPGA）或软件来实现。其主要处理功能如下。

（1）调制信号发送：MODEM 调制基带发送消息，提供给收发信机进行发送。将消息划分为多个脉冲，每个脉冲以一个伪随机频率发送；基于伪随机选择的脉冲频率和收发信机对应的频率或带宽，将每个脉冲按照一定规律随机向某个收发信机发送；控制收发信机以子带内的特定频率发送，从而确保收发信机之间的隔离。

（2）多路信号接收：在处理发送信号的同时，MODEM 通过其他收发信机接收消息。接收消息也是跳频消息，在多个随机化频率上被接收。

（3）基于接收信号分配发送频率：完成前向纠错，以消除同频消息冲突。由于发送频率随机选择，因此这种冲突的出现是可能的。

图 10.14 所示为 TTNT 数据链终端设备传输性能曲线，即分组错误率（PER）与信噪比（SNR）的关系曲线。其中，曲线 220 为非多路终端的仿真特性，在 AWGN 信道条件下接收 2 Mbit/s 低时延分组，同时发送常规时延分组的连续数据流；曲线 210 为 2 个子带结构的多路终端仿真特性。仿真结果显示：如果子带之间隔离度好，多路形式在 10% PER 时能够改善 SNR

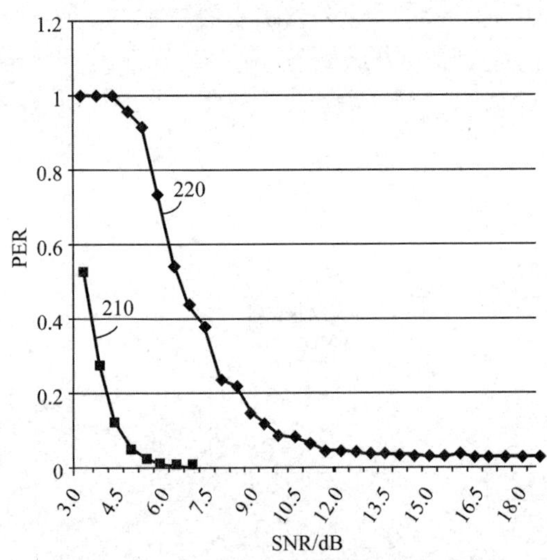

图 10.14　TTNT 数据链终端设备传输性能曲线

性能 5 dB；非多路形式的 PER 下限约为 2%，而多路形式在 SNR 小于 6 dB 时 PER 性能可达到 1%。

10.2.3　TTNT 波形

TTNT
波形技术

TTNT 数据链采用 GMSK 调制、Turbo 编码、多信道并行收发、短突发等生成跳频跳时波形，如图 10.15 所示。

发射端，待发送战术数据经过检错编码（如 CRC）、Turbo 编码、交织、组帧、GMSK 调制，形成发射信号。Turbo 编码数据拆分为短数据包，交织后加导频数据、保护间隔组成短数据脉冲帧，GMSK 调制信号的频率及时间根据跳频跳时序列变化。

接收端，跳频跳时信号经过同步捕获、GMSK 解调、解交织、Turbo 译码和检错译码，获得战术数据。

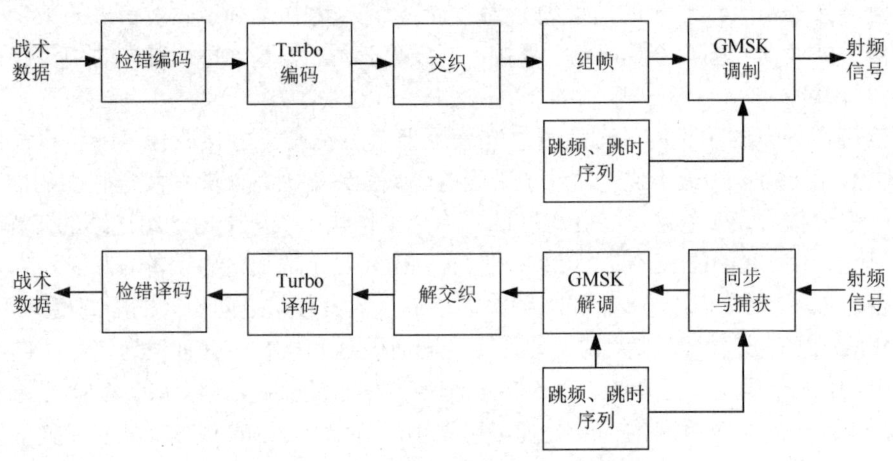

图 10.15　TTNT 数据链波形处理流程图

1. GMSK 调制

GMSK 调制将基带信号先通过高斯低通滤波器，减少带外辐射后，再进行 MSK 调制。GMSK 与 MSK 信号功率谱密度的对比如图 10.16 所示，GMSK 信号的功率谱密度更集中，对相邻信道的干扰更小。由于信号先通过高斯滤波器进行预调制滤波，减小了载波在频率切换时的能量跳变，使信道吞吐量最大化，有效降低了误码率。同时，GMSK 信号带宽更窄，信号包络既没有陡峭沿也没有拐点，相位更加平滑，抗干扰能力更强。

2. 多信道并行收发

多信道并行收发利用 TTNT 终端多路收发信机的特点，采用跳时和跳频混合的波形设计方案，形成弱相关的空间信道，提供 $TxRx^N$ 能力，即某个节点将能够以 A bit/s 速率发送数据，同时接收 N 个独立的 A bit/s 数据流，从而在多个独立的空间信道上发送或接收不同的数据流，实现多用户数据并行收发，提高数据传输速率和抗干扰性能，其原理示意图如图 10.17 所示。

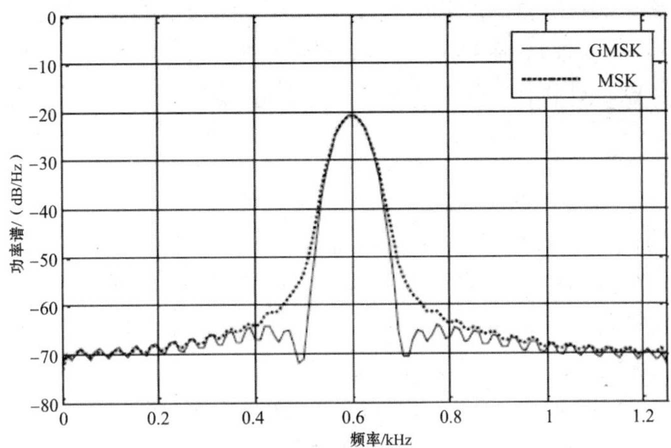

图 10.16　GMSK 与 MSK 信号功率谱密度的对比

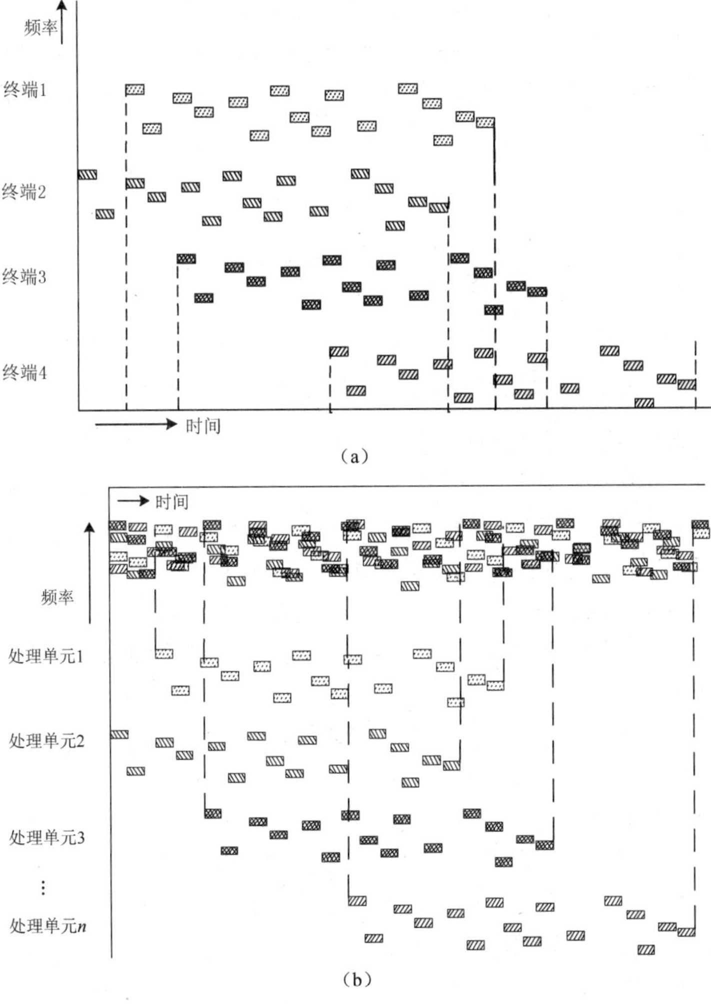

图 10.17　多信道并行收发原理示意图

如图 10.17（a）所示，各终端以特定的跳时跳频序列分别发送数据，不同终端的信号分散于不同频率和不连续时间段发送，多路信号在不同正交信道中并行收发。如图 10.17（b）所示，接收终端内部根据相应的跳时、跳频序列分别并行处理四路接收数据，通过高性能译码器的纠错能力恢复出各路数据，图中上半部分表示并行叠加的四路信号，下半部分表示终端接收处理后分离的四路信号。

3. 短突发传输

为了实现更强的抗干扰能力，TTNT 数据链波形采用突发传输方式，即在信息发送时先将一个完整的数据包拆分成多个短数据包再发送，即使在信道传输的过程中遇到了强干扰，致使一部分短数据包无法被接收，而在接收端通过选择合适的信道编码方案，只要一定数目的短数据包被正确接收，仍然可以采用 Turbo 编码技术将原分组恢复。

图 10.18 所示为 TTNT 数据包时间和频率上的分散传输示意图，横轴为时间轴，表示数据包发送时段 T，纵轴为频率轴，有 5 个频率，代表 TTNT 数据链可用的 5 个收发信道。图 10.18 中所示的 MES 指一个数据包，由图中分散在不同时间、频率的子信息块 SM 组成。MES 数据包是作战平台战术数据按照消息标准格式化的数据包，是窄带数据、宽带图像和视频的一种。

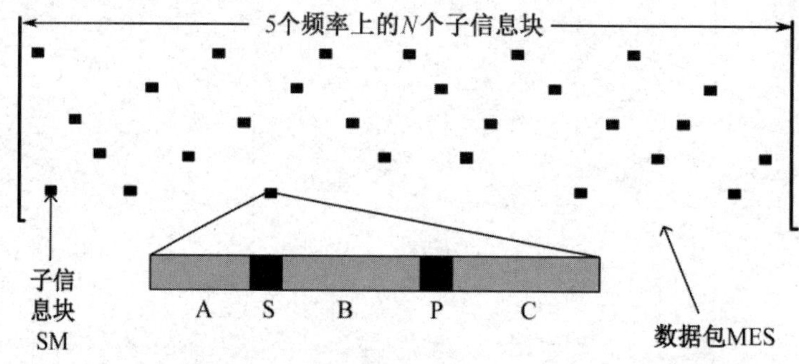

图 10.18 TTNT 数据包时间和频率上的分散传输示意图

发送端的数据包 MES 经过 Turbo 纠错编码后，拆分为 N 个短数据包，即子信息块 SM。每个子信息块均由更小的信息块 A、B、C 及同步参考信息 S 和相位参考信息 P 组成，同步参考信息比特及相位参考信息比特在子信息块 SM 中伪随机分布。这些子信息块随后被依次放入与该数据优先级相对应的队列中等待发送。每个子信息块 SM 根据 TTNT 波形协议，在信道空闲允许发送时选择合适的信道，进行 GMSK 调制后以 2 Mbit/s 的速率发送。依次发送的 N 个子信息块整体分布在 5 个频率和时段 T 所涵盖的时隙上。5 个独立的发送信道、N 个分时发送的短信息块，使碰撞概率大大减小。

根据 TTNT 数据链波形的发送过程，TTNT 数据链将其频域划分为多个正交的信道，被拆分的短数据包按照协议规则选择某个信道传输是一种跳频机制。同时 TTNT 数据链也采用跳时机制，即每个短数据包在发送之前需要经过一个时延抖动，即等待一个随机时间再发送。

接收端将 5 个信道接收的子信息块，根据同步信息和相位信息进行 Turbo 纠错解码，分解为不同的原始数据；即使丢失或一部分子信息块发生碰撞，根据各信道接收的现有数据，仍然能够将原始数据进行纠错解码而恢复，从编码机制上提升误码纠正能力，进而改善冲突分解能力。

通过上述收发信机制，数据碰撞概率大为减小，碰撞误码对接收数据正确恢复的影响也大为减小，数据传输容错性增强，通信可靠性提升，波形抗干扰能力增强。

4. Turbo 编译码

TTNT 数据链选取不同的 Turbo 编码参数，如 1/3 编码效率等，支持多种传输速率。具体编码原理请参见第 3 章。

10.2.4　TTNT 网络

TTNT 组网技术

1. 多址接入协议

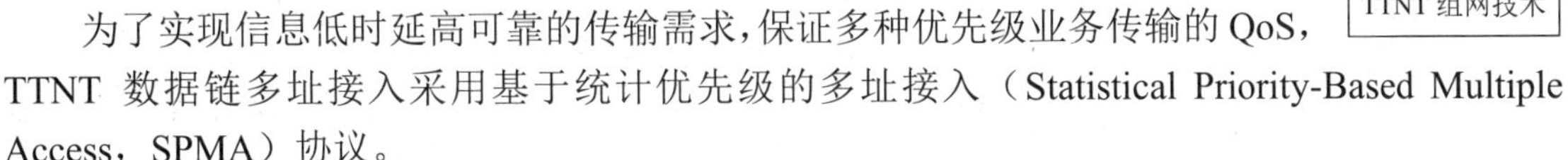

为了实现信息低时延高可靠的传输需求，保证多种优先级业务传输的 QoS，TTNT 数据链多址接入采用基于统计优先级的多址接入（Statistical Priority-Based Multiple Access，SPMA）协议。

1）协议策略分析

TTNT 数据链的节点具有分布性、移动性和对等性等特点，业务和网络结构动态变化，高优先级信息传输要求达到武器控制级的实时性。轮询和固定接入策略显然不能有效地满足其性能要求。SPMA 协议选择随机接入策略，以满足平台灵活、动态组网的需求。

但是，传统的随机竞争 MAC 协议（如 ALOHA、CSMA/CA），其网络节点功能对等，以竞争方式获取信道的接入，所采用的数据发送及退避机制，固有地存在冲突并导致数据重发，从而使时延增加、时延抖动加剧，而且随着负载的增加，冲突增多，吞吐量在过载时会急剧下降，如图 10.19 中的曲线 A 所示。而固定分配 MAC 协议（如 TDMA），由于其协议机制对资源的确定性分配，避免了随机类协议的不稳定性，能够保证“稳定性”，如图 10.18 中的曲线 B 所示，这也是随机接入策略所理想的吞吐量曲线。

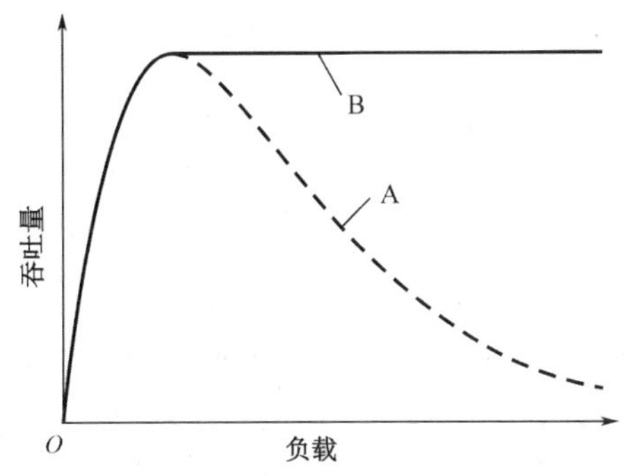

图 10.19　MAC 协议的负载–吞吐量趋势图

SPMA 协议基于随机竞争 MAC 协议的思想，结合 TTNT 数据链应用场景下的网络性能要求，如临时、动态和快速组网，分布式动态接入，多节点同时通信，多业务优先级的 QoS 保证，紧急信息 99%的首次传送成功率等，进行了大量协议机制的改进创新，以适应大规模作战用户在大范围战场空间低时延通信、高吞吐量组网，与传统随机竞争 MAC 协议有较大不同。SPMA 协议的核心机制框架如图 10.20 所示。

SPMA 协议涉及的主要技术包括：分布式、快速、安全的入网认证算法，基于时频分析方法的信道忙闲程度检测和预测算法，具有冲突分解的多信道分布式接入算法，基于信道忙闲程度和区分业务优先级的多信道接入算法，以及基于负载反馈和退避窗口实时更新的可变因子退避算法。

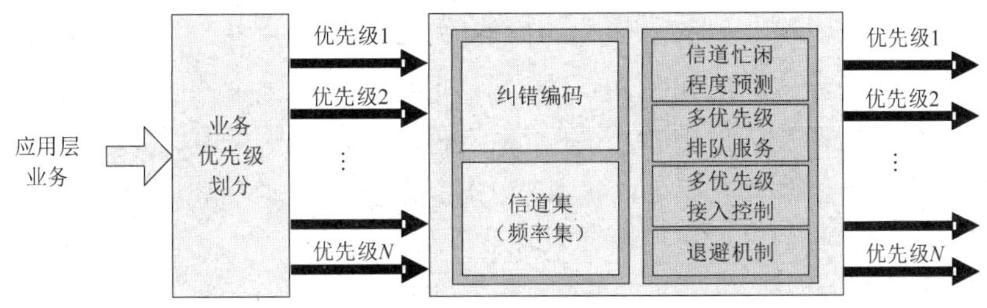

图 10.20　SPMA 协议的核心机制框架

2）多信道机制

单信道下，随着节点业务量和节点数的增大，随机接入类 MAC 协议的冲突显著增加，通信时延不可避免地增加。虽然提高信道速率可以降低时延，但单信道的通信容量存在上限，不可能无限增大。并且，TTNT 数据链作战应用场景的信道环境复杂，数据传输误码率高，会加剧信道冲突。另外，战术数据链采用单信道，半双工的收发机制使发送端和接收端不能同时使用信道资源，造成不必要的时延及资源浪费。因此，单信道容量不能满足 TTNT 数据链的高业务量需求，也不能满足其高可靠性需求。

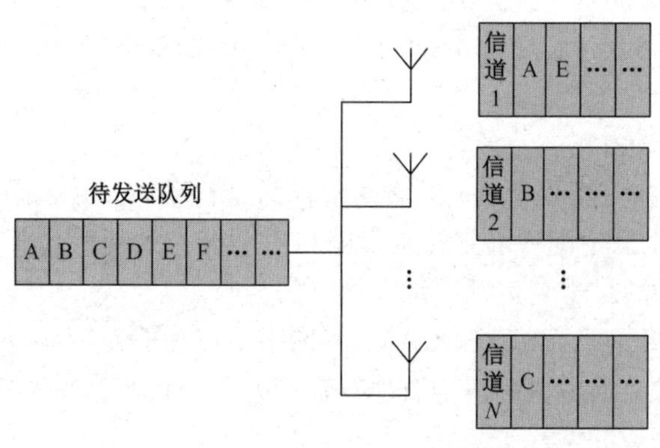

图 10.21　多信道示意图

SPMA 协议采用多信道机制，形成 1 个及其以上的业务传输子链路，用户业务被“分散”到不同子链路，大大降低了碰撞出现的可能，从而增加了用户数量，使网络容量和时延等通信性能得到了提高。如图 10.21 所示，由于节点业务有不同的优先级，SPMA 协议中各优先级队列对应于一个优先级业务数据，进入队列等待发送的数据都是某优先级业务数据进行纠错扩展编码后拆分出的众多子数据块，因此也进一步从数据帧结构上降低了数据碰撞的概率。

3）信道占用统计机制

SPMA 可以看作针对扩频通信系统的广义 CSMA。CSMA 协议通常应用于窄带系统，该协议中的信道具有忙或闲两个状态，且信道状态能被感知。当发送分组到达时，如果信道空闲，则该分组被发送；如果信道繁忙，则该分组按照退避算法被回退，在稍后的时间内继续尝试发送。类似于 CSMA，SPMA 的信道状态也能被感知；但是，由于 SPMA 是针对扩频通信系统而设计的，因此根据信道感知的业务流量数量和特性，信道会呈现多个不同状态。

TTNT 数据链终端是一个多信道系统，包括一个频率可在全部信道上跳变的发射机，以及对应不同信道的多个接收机。信道占用统计是对所有接收机所接收的数据在整个频率–时间有效空间内进行的计算，这些计算由 SPMA 协议统计算法从物理层获取。基于信道上接收到的脉冲数量，系统根据接收脉冲数给出该信道的传输数量估值。该估值按照所谓信道占用窗口的滑动窗口进行积分后得到的，信道占用窗口的尺寸是一个可变参数。信道占用统计值通过查询信道活跃性来获得，也可选择其他方式，如检测信道射频能量等。

4）多优先级退避机制

SPMA 协议对所传输的多类型业务进行优先级划分，通过设置不同的 QoS 等级来区分业务优先级，并为每个 QoS（每个业务优先级）设定一个信道状态阈值，且高优先级阈值大于低优先级阈值，以使高优先级分组具有更大的信道接入概率。

当从网络层接收到分组、在 MAC 层等待发送时，SPMA 协议的信道占用统计机制评估信道状态，以确定是否允许发送分组。与 CSMA 的情况一样，如果该优先级的信道状态阈值高于信道占用统计值，则分组将被发送；否则，分组将按照优先级选择退避窗口，基于退避算法进行回退，并在退避时间结束后再次准备发送。

5）分布式接入控制机制

图 10.22 所示为 SPMA 协议的分布式接入控制算法框图。算法针对每个优先级业务，均设

置了一个队列和一个阈值，队列用于存储拆分为短信息块和等待发送的业务分组，阈值作为判断信道忙闲状态的门限，为一个信道占用率比较值。该算法的基本思想是：如果队列中有分组数据，则根据当前时刻统计得到的信道占用率与该优先级队列的阈值的对比结果，确定是否发送。判断按照优先级由高到低进行，优先级越高，业务分组接入信道被发送的概率就越大，从而保证最高优先级业务首次传输成功率不低于 99%，以及不同优先级业务的差异化 QoS 的服务。但低优先级业务存在长期无法接入信道而传输被延迟的现象，也称“饿死”问题。

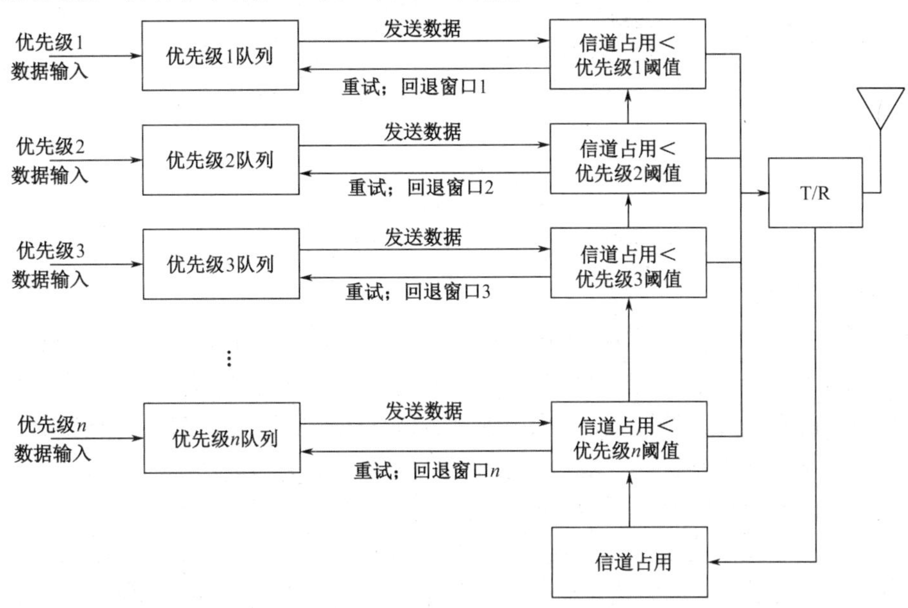

图 10.22 SPMA 协议的分布式接入控制算法框图

当有用户业务到达并进入某个优先级队列时，以进入优先级 1 队列为例，当前信道占用统计值与对应优先级 1 阈值进行比较：如果低于阈值，则分组被收发信机发送；如果高于阈值，则节点将按照该优先级等待一个随机回退间隔，并再次检测信道占用统计。如果在随机回退期间，低优先级分组到来，则它将在相应的优先级队列中排队等待发送，直到更高优先级分组完成发送或队列为空。如果在回退间隔期间，更高优先级分组到来并排队等待发送，则回退被取消，信道占用统计立刻重新检测更高优先级分组阈值。

SPMA 协议状态转移情况如图 10.23 所示：从“初始化/空闲”状态开始，若收到来自上层的分组，将其按照不同的优先级进行排队，进入“检查各优先级队列”状态，如果最高优先级队列中有分组，则不需考虑“信道忙闲程度”直接进入“发送分组”状态；而对于其他各优先级业务，需要先检查已有最高优先级队列中队首分组是否过期，如果未过期，则查看当前各信道占用的忙闲程度，如果有一个信道的忙闲程度低于该优先级业务的“信道忙闲程度”阈值，则允许该分组发送，如果有多个信道允许接入，则按照信道分布接入算法来随机选择信道最优接入，进入“发送分组”状态；如果各信道的忙闲程度都大于该优先级业务的“信道忙闲程度”阈值，则不允许该分组发送，进入“基于优先级的退避”状态，退避时间结束或收到上层分组时，回到“检查各优先级队列”的状态。由此可以看出，在“信道忙闲程度”较高的情况下，SPMA 协议通过限制低优先级业务的接入，实现了高优先级业务的优先接入，保证了其接入时延和冲突概率的最小化，以及成功传输概率的最大化。

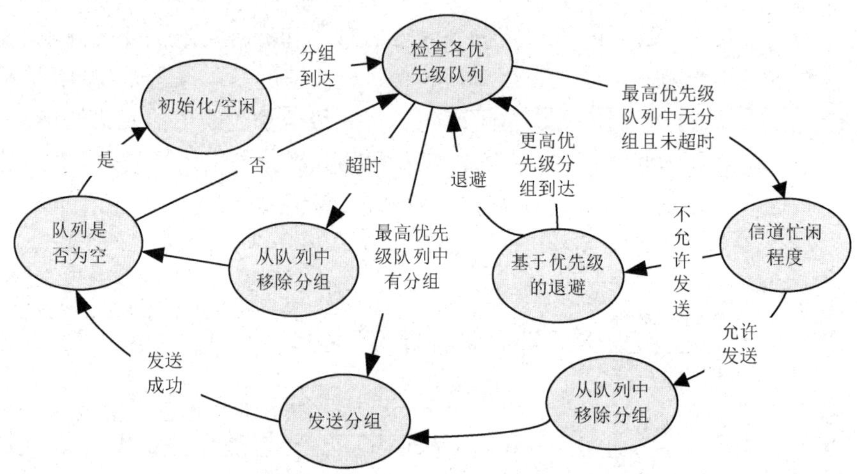

图 10.23 SPMA 协议状态转移情况

6）流量控制机制

流量控制机制控制 TTNT 数据链网络的链路传输负载，以期得到图 10.19 的曲线 B。SPMA 协议将网络总负载维持在一定范围内，从而确保最弱信号的发送成功率不低于给定百分比。如果网络负载超出临界值并开始过载，首先应遏制较低优先级的流量，以避免低优先级业务的过度重传而使流量增加并将系统进一步推向图 10.19 的曲线 A 右边的情况；同时，也应避免该情况下高优先级低时延流量的 PER 大于 1%。

流量控制机制通过限制较低优先级业务的传输来控制网络流量，使网络处于最优状态，能够保证关键业务更有效、更可靠地传输。具体实现方式：通过为不同优先级业务设置不同的信道占用阈值，当分组需要接入信道传输时，通过实时决策。如果网络流量较轻，则统计的信道占用率较低，各业务的信道接入阈值均大于信道占用率，各业务种类都可以传输。而当网络业务较重时，信道占用率较高，较低优先级业务的信道接入阈值小于信道占用率，其传输会被延迟，而较高优先级业务的信道接入阈值仍大于信道占用率，可以立即传输，而且能够保证较低的传输时延和较高的信息传输成功率。SPMA 协议流量控制效果示意图如图 10.24 所示。由图 10.24 可知，TTNT 通过流量“削峰填谷”的机制保证业务负载量始终处于最佳状态，从而可以实现高优先级业务传输时延、吞吐量和传输成功率等性能指标。

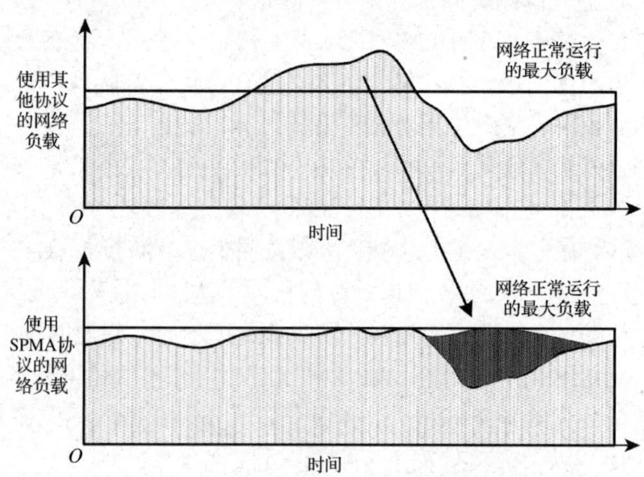

图 10.24 SPMA 协议流量控制效果示意图

2. 路由协议

针对协同瞄准和打击时敏目标的需求，TTNT 路由协议应能够快速感知空中平台高速运动引起的网络拓扑变化，准确构建网络拓扑数据库，实时更新路由表，以支持低时延和高可靠性的协同信息传输。因此，采用 OSPF-MDR 协议，其原理描述参见 5.3.3 节。该路由协议基于开放式最短路径优先协议思想，根据航空作战环境进行了适用性改进，其协议框架如图 10.25 所示。

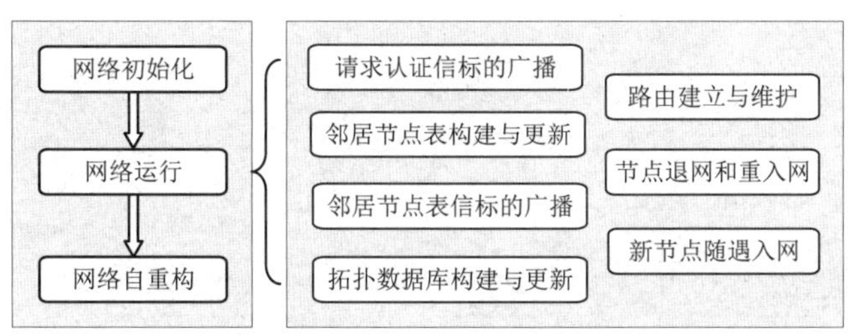

图 10.25　OSPF-MDR 协议框架

TTNT 节点需要入网时启动 TTNT 工作模式，周期性地发送 Hello 消息，进行邻居节点发现，并启动入网安全认证过程，从而完成节点快速入网功能。TTNT 节点入网流程为：①进入网络范围，接收 Hello 消息；②解析 Hello 消息，构建邻居节点表；③向最近节点发送身份验证信息；④安全认证交互，验证通过，完成入网。

TTNT 节点退出网络有两种方式。方式 1：节点损毁或飞离网络范围，网络中其他节点无法收发该节点的信息，超时后将其从邻居节表中删除。方式 2：人工发送断开网络连接请求，其他节点接收后将其从邻居节点表中删除。

3. 网络结构

TTNT 网络是一种典型基于 IP 的 MANET，具备临时快速自组成网和网络自修复的能力，无须复杂的预规划，可扩展性强，飞机可随遇入网、退网，网络多跳路由可支持超视距通信，实现多个飞机编队的大空域组网应用。

在 MANET 基础上，TTNT 网络采用任务驱动的分层网络架构和子网管理模式，包括一个主网和多个任务子网，其分层结构如图 10.26 所示。其中，主网由网络所有成员构建，各任务子网通常以作战编组为单位构建，满足任务子网内大容量、高速、实时数据通信的需求。在网络运行过程中，因任务需求变化，故一个任务子网可分解成两个或多个任务子网，同时分解后的任务子网也可按需合并形成新的任务子网。

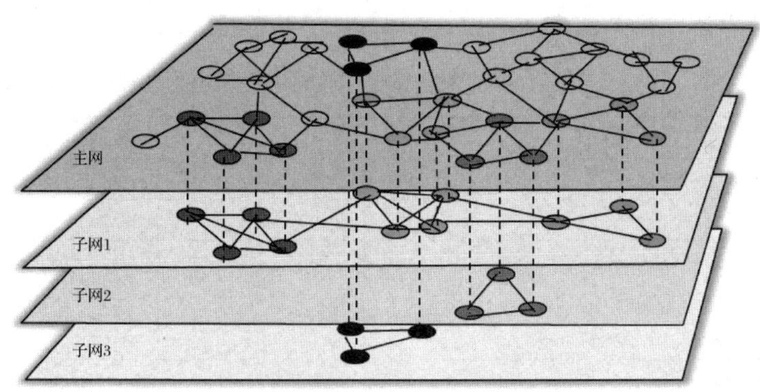

图 10.26　TTNT 网络分层结构

主网与子网的工作机制如图 10.27 所示。各任务子网面向作战任务建立，包括电子战协同任务子网、雷达协同任务子网、制导协同任务子网等。TTNT 各网络成员均参与主网工作，通过主网进行时空同步和网络动态管理，并根据任务需求参与不同的子网，通过各任务子网执行作战任务。各任务子网可根据作战任务需求动态形成和解除。TTNT 无须固定中心节点的运行和管理，某一节点失效不影响网络正常运行，系统可自动感知节点的入网、退网，并支持分布式网络资源协调。

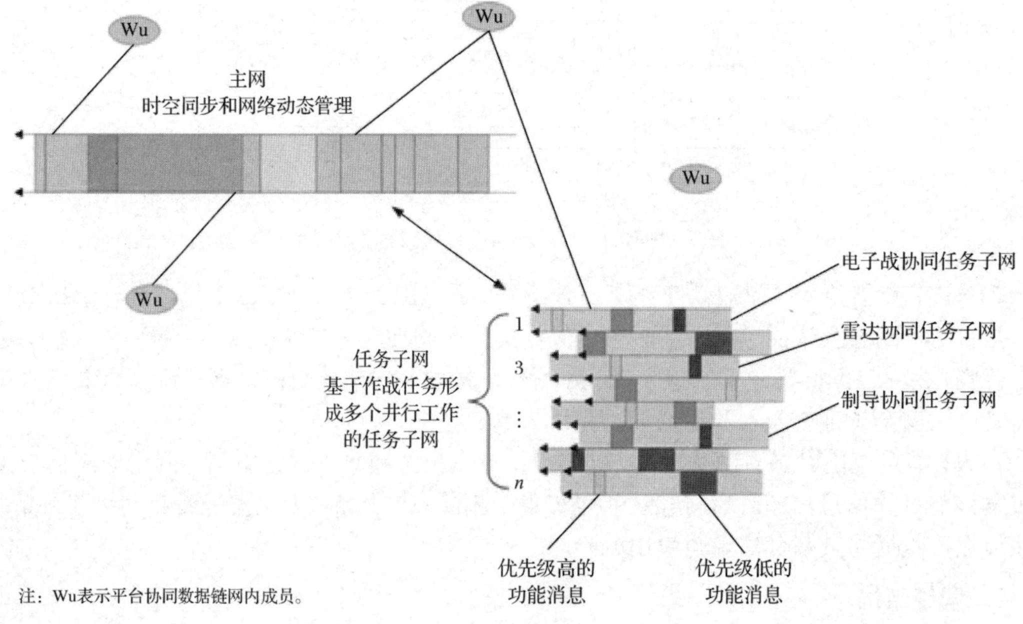

图 10.27　主网与子网的工作机制

10.2.5　通信性能

TTNT 数据链采用与战术数据链完全不同的技术体制，实现了低时延、高带宽、多业务的协同信息传输交互，达到了设计之初要求的实时能力、QoS 能力、高速数传能力、低成本和与 Link-16 数据链兼容能力等，并且其实时性、有效性、可靠性、鲁棒性、适应性、服务差异性能满足协同作战的信息传输交互。另外，由于配装平台特性的不同，TTNT 数据链采用与 IFDL/MADL 机间数据链不同的全向通信模式，技术体制的侧重不完全相同。

TTNT 数据链的通信传输和通信组网性能如表 10.4 所示。

表 10.4　TTNT 数据链的通信传输和通信组网性能

通 信 传 输		通 信 组 网	
通信频段	1 350～1 850 MHz	工作方式	全双工（一发多收）
通信距离	185（视距）～555 km	接入方式	SPMA
传输速率	2 Mbit/s（< 185 km） 500 kbit/s（185～370 km） 220 kbit/s（370～555 km）	接入时延	2 ms（< 185 km） 6 ms（185～370 km） 30 ms（370～555 km）
调制	GMSK	路由方式	OSPF-MDR
信道编码	Turbo	网络架构	MANET

续表

通 信 传 输		通 信 组 网	
平台移动性	≥ 8*Ma*	网络拓扑	多跳网络
误码率	成功传输概率 ＞99%（最高优先级）	跳数	≤3
抗干扰	FH，TH，DS	入网时间	＜5 s
消息标准	J 系列扩展（数据） MPEG（图像、视频）	网络吞吐量	＞10 Mbit/s
业务类型	话音，数据，图像，视频	网络规模	200（单网）～2 000
保密	分层分级加密	网络管理	任务驱动的动态网络管理

TTNT 数据链的一跳通信时延在 ms 量级，属于武器控制级，实时性更高，战术数据链相对则为准实时；传输速率在 Mbit/s 量级，可用带宽增大，可支持数据、图像等更多类型的业务传输，而战术数据链不支持图像、视频业务；数据消息标准基于 Link-16 数据链的 J 系列消息标准扩展协同要素，兼容性更强；基于 MANET 体系结构和 OSPF-MDR 路由协议，易于快速构建和重构动态、多跳 TTNT 网络，灵活性、适应性、鲁棒性强，而战术数据链网络在这方面相对较弱；SPMA 协议采用随机竞争接入思想，不同于战术数据链的固定和预约接入，更适合对不同优先级的各类型业务进行差异化服务；多信道并行收发的端机设计，以及跳频、分层分级加密，使多级业务尤其是高优先级业务传输可靠性提高，高优先级信息一次成功传输率达到99%以上。

TTNT 数据链具有快速重新配置、等待时间短、宽带模式，以及可与现有系统互操作等特点；但 TTNT 数据链的全向通信模式，在强对抗环境中的低截获、低可探测性不足，存在可能无法正常通信的问题，战场应用受到一定限制。相关资料显示，美军已开展关于定向通信机制的 TTNT 数据链研究。

10.3　CEC 数据链系统

CEC 数据链系统是美国海军开发的一种武器平台之间协同作战的系统，用于海上、空中和岸基作战单元中传感器和武器系统的直接交联，以增强对目标的协同探测与识别能力，支持火控级精度的复合跟踪，实现对威胁目标的协同打击。CEC 数据链系统将所有作战部队的传感器互相链接起来，使之协同工作，形成一个单一的实时复合跟踪画面，满足对空防御战（AAW）的火控要求。

CEC 概念于 1975 年由约翰·霍普金斯大学应用物理实验室提出，雷声公司负责研制。经历了 20 世纪 80 年代理论研究与试验验证、20 世纪 90 年代发展评估和 21 世纪普及应用这 3 个阶段，该技术已经发展成熟。经过“沙漠之狐”和科索沃战争检验，该系统目前已列装。

10.3.1　系统综述

系统综述

1975 年，美国海军资助约翰·霍普金斯大学应用物理实验室对“战斗群防空作战协调”（BGAAWC）项目进行了深入的研究和发展；该项目最后以“海军防空作战协调技术”（FACT）而为人所知，并演变成研究通过协调舰艇和战斗机系统来提高战斗群防空效力的一种试验方法。在 1975 年之后的 20 年里，该项目发展了许多后来被海军使用的原型。

在整个项目中诸多引人注目的成果之一是“舰艇栅格锁定系统”（SGS），该系统成了现在的数据链操作系统和探测数据转换器（DDC）（AN/SPS-48 型雷达的改进装置）中必不可少的组成部分。SGS 是改良的 AN/SPS-48 雷达，极大地提高了雷达的跟踪能力。但是，该项目对舰队最有意义的贡献是在 20 世纪 80 年代中期开始发展的 CEC 概念。

1985 年，BGAAWC 项目组进行了一个名为“搜索层面的远程跟踪”（RTLOS）的实验。该实验的目的是证明一艘作战舰船能够利用现有数据链所传输的雷达跟踪信息来拦截一个目标。尽管这个实验成功了，概念的可行性也得到证实，但也表明“Link-11 数据链”的处理能力和传输实时性，不足以处理把 CEC 转换成真正具有战术作战能力所需的海量数据。1987 年，这个项目组开始努力发展一个新的数据链，它能传输必需的大量数据和解决问题所需的潜在数据。CEC 项目因此而诞生。

10.3.2 系统组成

CEC 数据链系统作为一种可使战斗群共享空中目标的软硬件系统，可以在战斗群已有的传感器和作战系统的基础上增加两种新设备，即协同作战处理器（Cooperative Engagement Processor，CEP）和数据分发系统（Data Distribution System，DDS），以使每个雷达和武器控制分系统都能在其接口处接收与本舰系统所提供的数据有相同质量和时限的远程数据。CEC 数据链系统组成框图如图 10.28 所示。装有 CEP 并通过 DDS 网络相连的单元称作协同单元（Cooperative Unit，CU）。

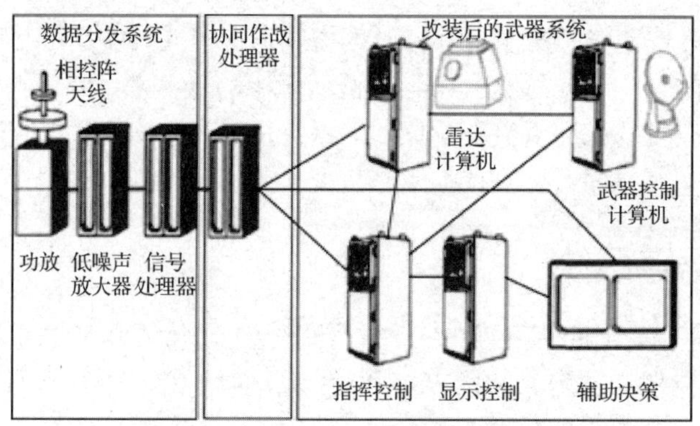

图 10.28　CEC 数据链系统组成框图

1. DDS

DDS 属于 CEC 数据链系统的端机部分，具有实现网络接入控制，数据链路层加/解密，传输波形形成、接收信号处理，无线射频信号的产生、发射和接收，以及网络成员间相对导航定位和定时同步等功能。DDS 工作在 C 波段，其数据传输速率为 10 Mbit/s，它采用扩频和跳频技术，具有很强的抗干扰能力与保密能力。另外，DDS 采用圆柱状相控阵天线，使用定向波束通信，指向性高，不易遭敌方截获或干扰。例如，宙斯盾导弹巡洋舰“圣乔治角”号上的相控阵天线，其直径为 44 in（1 in = 2.54 cm），高为 14 in，有约 1 000 个阵列单元，主瓣宽度为 6°，最大有效全向辐射功率（EIRP）可达 58 dBW。

2. CEP

CEP 接收本地传感器和来自 DDS 的网络其他节点传感器的目标信息，进行融合处理后形成合成航迹。

CEP 具有极强的处理能力，由 30 块 Motorola 68040 处理器芯片组成（现改为 Power PC 处理器）。其中每个处理器至少完成一项子任务，如数据关联、传感器接口和协同作战支持等。

CEP 将远端和本地传感器探测的目标数据进行复合处理，结合 IFF 所获得的敌我属性数据，生成精确、实时的单一合成态势图（SIP）。网络中每个 CEP 都采用了相同的算法，因此每个平台上各自生成的态势图是一致的。在 SIP 基础上，CEP 评估目标的威胁程度，判断目标是否达到该单元的威胁标准；如果达到威胁标准，则自动将目标数据提供给传感器，并启动传感器跟踪目标，即使作战单元自身传感器并未探测到目标。

CEP 与本地传感器、武器系统直接交联，这样本地探测数据能够在极短的时间内传输到 CEP，且 CEP 能够及时将精确的火控数据送到武器系统上。CEP 还与指挥/决策单元互联，保证与本地作战系统的行动协调。

10.3.3　系统功能

CEC 数据链系统充分利用处于不同位置的战斗单元所配备的不同频率的传感器与不同性能的武器，使作战系统之间能共享未经滤波处理的低时延、高精度的原始传感器测量数据，所有单元均能共享每个传感器测量的数据（未过滤的量程、方位、仰角及多普勒更新），同时保持关键数据的实时性和准确性。为了有效地使用数据，必须集成各单元的作战系统，使其数据能像在本单元上生成的数据那样被使用。这样，以该方法联网的战斗群单元能作为一个单一的、分布式的战区防御系统运行。

1. 复合跟踪与识别

CEC 数据链系统通过 DDS 将远距离 CU 所探测到的未经处理的目标测量数据及 IFF 系统所探测到的敌我属性数据实时地传送给 CEP。随后，由 CEP 对这些数据进行数据融合，最终合成关于指定目标的航迹。由于各个 CU 都能用其他作战单元发送来的数据形成自身所需的态势图像，因此当任何作战单元的雷达系统/传感器出现故障或被干扰时，都不会出现目标跟踪丢失的问题，从而在各种复杂条件下都能实现对目标的连续跟踪。

CEC 数据链系统中的 DDS 具有很高的传输速率，可以传输雷达所探测到的原始点迹信息，这些数据包括目标的距离、方位、高度，以及多普勒参数、传感器类型等，并在整个网内分发。CEP 的栅格锁定功能通过使所报告的多传感器共同跟踪的目标相关联，计算出各个协同单元的精确相对位置，并校准传感器的探测角度和距离。随后，由 CEP 对这些数据采用质量加权的算法，并对各种情报源的数据实施卡尔曼滤波，最终合成关于指定目标的航迹。由于所有节点运行相同的数据融合算法，因此会得出一致的输出，形成统一的复合航迹。

2. 精确提示/捕获提示

当利用远程 CEC 数据链系统测量数据形成了关于目标的航迹，而本地的 CU 未能使用自己的雷达/传感器来保证对目标的连续跟踪时，如果目标航迹达到了对该 CU 的威胁标准，则本地 CU 将自动启动雷达，将其波束直接对准目标来袭方位，降低捕获判决门限，发起对目标的搜索和跟踪。由于已经知道目标的精确位置，因此能极大地扩展本单元的探测范围。

3. 协同作战

由于 CEC 数据链系统网络提供了精确的栅格锁定、极短的时延和很高的数据更新速率，因此一个 CU 可以在本身雷达尚未捕获到目标的情况下，利用从其他 CEC 单元接收到的火控雷达数据来发射导弹并引导它拦截目标，即便该目标处于机动状态也没关系。这一作战能力称之为基于外部数据的作战能力。

10.3.4 网络技术

CEC 网络技术

CEC 数据链系统将航母战斗群中各舰艇上的目标探测系统、指挥控制系统、武器系统和舰载预警机联结成网络，传递雷达原始数据，使网络中所有单元都能共享其他单元的雷达信息，每个平台都能基于通用作战处理器融合数据而产生精确航迹，通过决策系统产生攻击方案。

CEC 网络结构如图 10.29 所示，其中所有网络节点是对等关系，网络节点之间定向组网。网络节点具备中继功能，为 CEC 数据链系统提供超视距通信能力，从而提高 CEC 网络的信息共享能力。CEC 数据链系统支持动态组网，任何节点均可及时快速地入网或退网，节点的损坏不影响网络运行。

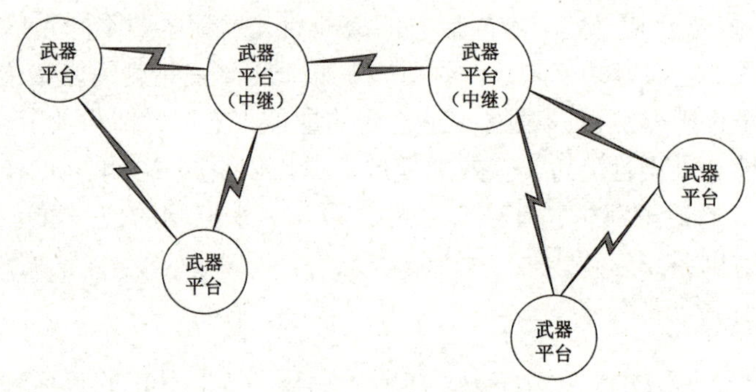

图 10.29 CEC 网络结构

CEC 数据链系统采用 TDMA 结合空分多址的组网技术，实现 CEC 数据链系统分布式动态组网。CEC 数据链系统所采用的网络接入协议为 TDPA（Time Division Pair-wise Access）协议。TDPA 协议充分利用了相控阵天线收发均可生成点波束的优势，网络内的通信链路均以点对点方式通信；其采用了定向通信方式，时隙可以被多对节点复用，不同对的通信链路之间用不同的天线指向隔离；为进一步降低天线旁瓣（副瓣）的相互影响，复用的不同对的链路之间采用不同的工作频率。由于采用了多对链路的时隙复用，该协议与 TDMA 协议相比，并没有过多地降低网络效率；又由于其通信是以定向收发方式工作的，因此提高了通信抗干扰、抗截获能力，同时也提高了接收信噪比和通信的可靠性。

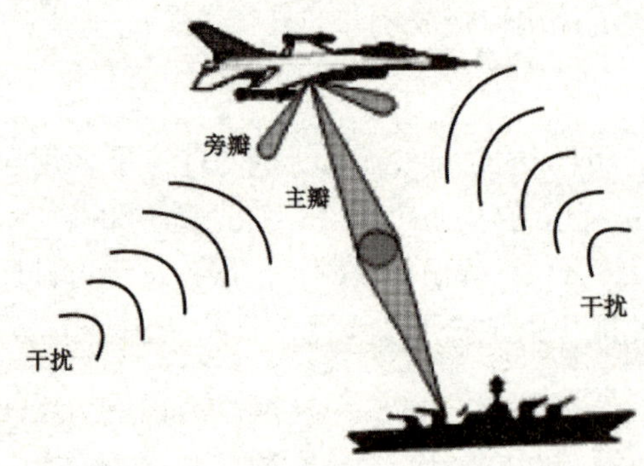

图 10.30 窄波束通信方式

CEC 网络把整个时间轴按时间段进行划分，其最小时间段为时隙，每个时隙为毫秒级，其定时精度由高精度、高稳定性的铯时钟保证。网络中每个平台都按照时隙分配表发射和接收数据，以确保各平台发射的数据不发生冲突。

CEC 数据链系统使用窄波束通信方式，根据网络成员空间位置区分成员，如图 10.30 所示。天线主瓣波束互相覆盖的双方进行通信，处于不同空间位置的网络成员可以在同一时间使用同一频率和同一码型而不会相互干扰，从而极大地扩展了系统的通信范围，扩大了系统的容量，提高了系统的抗截获和抗干扰能力。在强电子干扰环境下，系统可以有选择地发送和接收信号，从而提高通信质量。

窄波束通信需要解决波束对准、波束跟踪和波束快速切换等技术。波束对准指在 CEC 网络中通信双方的波束主瓣覆盖对方，这样外部干扰对通信的影响较小，网络内部通信也不易被外部截获。波束跟踪指在通信双方的相对位置发生变化时，波束控制器依据接收方前一时刻位置、速度和加速度等运动参数，推算出其在当前时刻的位置，使波束始终保持对准状态。由于网络成员在 1 个时帧内只能与 1 个其他网络成员通信，为了保持与多个不同位置的网络成员通信，就要求波束在这些用户之间快速切换；同时，在波束驻留时间内，保证信息传输的连续性。

CEC 网络中的网管成员（NCU）负责 CEC 网络建立、用户入网/退网和网络关闭等职责，主要在网络建立、维护和关闭过程中起作用。

NCU 首先启动网络，利用相控阵天线进行波束扫描，发出询问信号（包括身份码、位置信息和工作模式等）。其他成员也以各自响应的方式扫描相控阵天线波束，接收询问信号，回送用户信息（身份码和位置等），并接力询问那些处于 NCU 视距之外的单元，以确定各个成员的位置。对每个成员来说，无论其他成员处于视距内还是需要接力才能到达其通信范围，均知道网络内所有其他单元的位置。由于相控阵天线波束切换极快，因此网络建立过程可在几秒内完成。

网络建立后，网内成员按照相同的时隙分配算法各自独立生成统一时隙分配表，各成员利用该表进行成对瞄准式通信，然后两两交换，直至所有成员都交换一遍。通信时，每对 CU 间的相控阵天线波束要保证精确相互照射，然后按照单工的方式进行通信。

假设 CEC 网络内有 4 个成员，即 A、B、C 和 D，那么完成这 4 个成员 1 次完整的通信周期需要 6 个时隙，其时隙分配表如表 10.5 所示。类似地，当网内有 5 个成员时，1 次完整的通信周期需要 10 个时隙。经过统计，当网内成员数为 n 时，1 次完整的通信周期需要的时隙数 T 为

$$T=\begin{cases}2n, & n\text{为奇数}\\ 2(n-1), & n\text{为偶数}\end{cases} \tag{10.1}$$

表 10.5　4 个网络成员的时隙分配表

序　号	CU 对	传输方向	序　号	CU 对	传输方向
1	A，B	A→B	2	A，C	A→C
	C，D	C→D		B，D	B→D
3	A，D	A→D	4	B，A	B→A
	B，C	B→C		D，C	D→C
5	C，A	C→A	6	D，A	D→A
	D，B	D→B		C，B	C→B

当 NCU 收到成员退网信息，或者在一定周期内未收到某个成员信息时，判断该成员退网，即通知所有其他网内成员，更新成员位置表和重新生成时隙分配表。

新入网用户监听网络管理信道，如果在一定时间内收到入网询问信息，则按网络建立过程入网；如果在一定时间内未收到入网询问信息，则启动相控阵天线扫描申请入网，发送入网申请信息。网内任一正式成员均可接受申请，发出应答信息（包括成员位置和时间同步等），同时通知网内其他成员，更新成员位置表和重新生成时隙分配表。

NCU 发出网络关闭信息，各成员释放资源并完成退网操作，网络关闭。

10.3.5 网络特点

CEC 网络具有抗干扰、隐蔽性和灵活组网等优点。表 10.6 所示为 CEC 网络与 Link-16 网络的比较。

表 10.6 CEC 网络与 Link-16 网络的比较

比 较 项	CEC 网络	Link-16 网络
技术体制	TDMA+SDMA	TDMA
网络结构	动态调整，成员动态入网	静态规划，成员无法动态入网
传输速率	10 Mbit/s	238 kbit/s
网络成员数	< 24	100～200（单网）
抗干扰措施	扩频+跳频+窄波束等	扩频+跳频等
传输时延	毫秒级	秒级

CEC 网络采用相控阵天线、大功率发射、窄波束发射、精确定时、低截获波形、跳频和扩频等技术，使其在传输速率、传输时延、报文差错率和抗干扰能力等方面，比 Link-11、Link-16 等战术数据链高出几个数量级。

CEC 网络采用动态资源分配技术，当网络成员之间相对位置改变和网络成员数量发生变化时，网络成员重新分配网络资源，使网络资源得到充分和有效的利用，从而灵活适应复杂战场环境下不同作战任务的平台信息交换需求，灵活适应平台按需入网、退网需求及意外退出的实际情况。

单纯地从网络特点来看，CEC 网络优于 Link-16 网络，但两者应用场合不同。Link-16 网络是一个集通信、导航和识别功能于一体的综合战术信息分发系统，能满足现代战争绝大多数作战任务的战术信息交换需求，主要应用于联合作战；CEC 网络则应用于编队协同作战，与作战单元中的传感器、武器系统和指挥控制单元直接交联，为作战编队提供高精度、实时（亚秒级）的态势信息，具备武器协同控制功能。因此，网络以应用为牵引，服务于应用，不能简单地认为 CEC 数据链系统优于 Link-16 数据链系统，或者说用 CEC 数据链系统替代 Link-16 数据链系统。在实际应用中，两者需要协同工作，才能更好地完成联合作战任务。

10.3.6 系统不足

CEC 数据链系统虽然已经列装部队，但也存在一些问题，如体积大、质量大，无法安装在作战飞机上，与现有的应用系统集成困难等。相控阵天线占用较大的空间，质量也较大，不方便运载；雷声公司曾推出 CEC 数据链系统的机载型设备，但是没有受到美国空军的重视。对陆上平台的 CEC 数据链系统联网也存在同样的问题。按照 CEC 数据链系统的设计思路，当目标超过视距范围后，传感器测量值能够通过空中平台的 DDS 实现中继转发；但是这个问题没有得到很好的解决，因此限制了 CEC 数据链系统的适用性，使其只能适用于局部战斗群。

（1）CEC 数据链系统系统软件与美国海军宙斯盾空中防御系统所用的软件之间所存在的互操作性问题比较突出。

（2）CEC 数据链系统对带宽的要求很高，而且会随着入网成员的增加而增加。目前，美国海军并没有一个管理有限的数据传输带宽的计划，这也使 CEC 数据链系统受到了严重的限制。

（3）CEC 数据链系统是 20 世纪 80 年代主要针对苏联而设计的，未利用网络技术的优势。

因此美国军方有人认为，CEC 数据链系统虽然在设计上体现了协同作战的思想，但的确需要在技术上有所创新。

（4）CEC 数据链系统存在着很强的设备依赖性。其主要组成设备是专用的 CEP 和 DDS，在作战中需要用多用途的运输车来运送它们，而这在多数情况下是很不方便的。

10.4 武器数据链网络

WDL 是将小型化数据链设备安装在武器平台上，实现武器与飞机制导系统间的信息传输，如目标的位置信息、武器位置及状态信息等，以提高武器发射后的机动性和精确打击能力，最终提高武器的作战效能。

10.4.1 专用 WDL

在战术数据链研制过程中，美国空军和海军均在各自的武器上加装有数据链，如精确制导武器专用数据链。但它们都是典型的专用数据链，缺乏系统性和标准化，互联互通能力差，不能实现网络化，更无法与大型信息栅格相连。

精确制导武器专用数据链是用于武器系统的数据链，其使用范围较窄，仅用于提供武器引导，一般用于传输中远程空对空导弹的中程引导和弹道修正指令，或防区外武器等的空对地/海武器的导引数据。

美军研制并已使用的武器数据链有：AN/AXQ-14（AN/ZSW-1），用于 GBU-15 滑翔炸弹（AGM-130 引导炸弹）；AN/AWW-13，用于 AGM-62“白星眼”、AGM-84“防区外对地攻击导弹”、AGM-154“联合防区外武器”和 SLAM-ER“增强型防区外对地攻击导弹”；AN/AWW-7、AN/AWW-9、AN/AWW-12、AN/AWW-14（已停止使用）等。其中，AN/AXQ-14（AN/ZSW-1）工作于 1 710～1 755 MHz 和 1 755～1 850 MHz 频段，它将武器寻的器的视频传输给 F-15 战斗机，并接收飞机的武器制导控制指令；AN/AWW-13 工作于 1 427～1 435 MHz 频段，它将武器寻的器的视频传输给飞机并显示到视频显示器，还接收飞机的武器制导控制指令。

10.4.2 WDLN

从 2004 年开始，美国国防部武器发展的重点发生了变化：①从主要依靠武器自身能力的自主式攻击武器，转向利用数据链引导的多种组合制导武器；②构建网络化的 WDL 系统，也称为 WDLN，满足联合部队使用具有网络连通能力的武器的需求；③使 WDL 成为全球信息栅格的一部分。

按照美国国防部的武器发展战略，美国各军兵种、武器生产和集成厂商开始了广泛的研究、开发设计和测试工作，将数据链加装到炸弹和空地导弹上。

美国空军对 WDL 的建设和使用方法进行了探讨，计划将这些数据链加装在多种空军武器上。在 2004 年 3 月 16—17 日举行的第六届美国空军 6 周年航空武器峰会上，与会代表重点讨论了建立 WDL，使飞机/指挥控制系统与飞行中的武器交换信息的问题，以及网络化武器和武器集成计划。

网络化 WDL 建设的目标是定义、设计、实现并验证标准化的战术武器通信体系结构。主要分为技术研发和技术验证，即 WDL/WDLN 开发计划和武器数据链网络先期概念技术验证

（WDLN Advanced Concept Technology Demonstration，WDLN ACTD）计划。另外，还进行了适合加装 WDL 的精确制导武器的遴选。

WDLN 是一种能增强武器系统操控能力，提高武器平台作战效能和打击弹药命中率的重要手段。WDLN 技术研发的目的是开发一种供空地武器使用的标准化数据链体系结构，能将飞机和舰载机的空对地武器系统连接成网络，最终接入 GIG。WDLN 计划由美国国防部主管，同时由美国空军委托波音公司实施开发。该网络利用空军战斗机的航空电子系统、炸弹制导装置、Link-16 数据链、特高频武器数据链等形成一个双向通信网络，使战斗机和其他作战部队能在同一个网络作战环境中相互指示机动目标，在飞行中转换指令、传送敌方目标最新位置信息、生成寻的指令，以跟踪移动目标和传送打击评估信息等。该网络开发成功后，美国空军各种武器平台的作战效能将大大提高。

WDLN ACTD 则主要对所开发的 WDLN 通用架构进行先期概念技术验证，如系统功能、通信协议、消息标准和互联互通性等的飞行测试，建立完善、实用的标准网络化武器数据链体系结构。其后的 WDL 的设计生产将遵循该网络化武器的标准数据链结构。

10.4.3 项目进展

WDLN 计划从 2004 年 11 月开始实施，WDLN 开发工作进行了 13 个月，其验证工作与 WDLN 开发同时开始。截至 2006 年 3 月，波音公司、Harris 公司和 Rockwell Collins 公司已经完成了一系列的武器联网和投放试验，进行了 140 多次实弹投放试验，执行了 12 种典型的作战任务。美国空军称，目前 WDLN 已经通过测试充分验证了实战效应。为尽快形成实战能力，该系统一旦开发成熟，将立即投入作战部署。通过技术验证，确定了空中、地面和空战中心与投放后的航空武器网络化通信的标准途径；验证了有可能将空地武器纳入网络中心战的概念，并显示出这项武器数据链网络技术的应用前景。

实弹投放的武器种类很多，有 Lockheed Martin 公司的 JASSM 空对地巡航导弹，波音公司的 SLAM ER 对地导弹、SDB Increment Ⅱ、JDAM 和“鱼叉” Block Ⅲ，以及 AGM-130 空地导弹（见图 10.31）等。

WDL 形式不唯一，既采用了现有制式数据链，也采用了新开发的数据链。其主要的两类终端是与 Link-16 数据链体制相同的小型化 WDL 终端及新型 UHF WDL 终端。

Link-16 数据链小型化 WDL 项目称为“武器数据链体系结构”（WDLA）计划，原名“班西”（Banshee）计划，由美空军研究实验室（the US Air Force Research Labs）主管，以 Rockwell Collins 公司为主承包商，自 2003 年 10 月开始。该项目的目的是实现对逐渐增多的小型灵巧炸弹进行目标数据引导。它采用符合美国 JTRS 规范的软件通信结构（SCA），开发用于精确制导武器在网络化飞行中的通信系统，其可变规模的结构能够满足美国国防部现在和未来武器的各种要求。所开发的 WDL 将能在几分钟内单独地重新编程，从而提供可靠的、任务专用的通信协议和参数。该计划第一阶段，要求对可升级的 50 in^3 的 WDL 进行需求分析、结构设计和认证。进一步的计划将对 10 in^3、多信道 WDL 进行全面结构设计和认证，使用 SCA 兼容波形并集成到精确制导武器中。该数据链还将进一步扩展，可能会利用 Rockwell Collins 公司正在开发的新技术，如战术瞄准网络技术、隐藏密码技术和 JTRS。

Lockheed Martin 公司在 2004 年开始研制自己的数据链武器——“监视微型攻击巡航导弹”，计划在 3 年内完成。这种长 1.8 m、重 63 kg 的导弹将安装在 0.57m^3 的类似于 Link-16

数据链的系统中。

UHF 武器数据链有：Harris 公司研制的用于 SLAM ER 的 AWDL（Advanced Weapon Data Link），L-3 Communications 公司的小型 WDL（见图 10.32），休斯公司研制的用于 AGM-130/GBU-15 炸弹上的 AXQ-14/ZSW-1 武器控制双向数据链（见图 10.33），Lockheed Martin 公司研制的用于 JASSM ER 的 WDL 等。

图 10.31　AGM-130 空地导弹

图 10.32　L-3 Communications 公司的小型 WDL

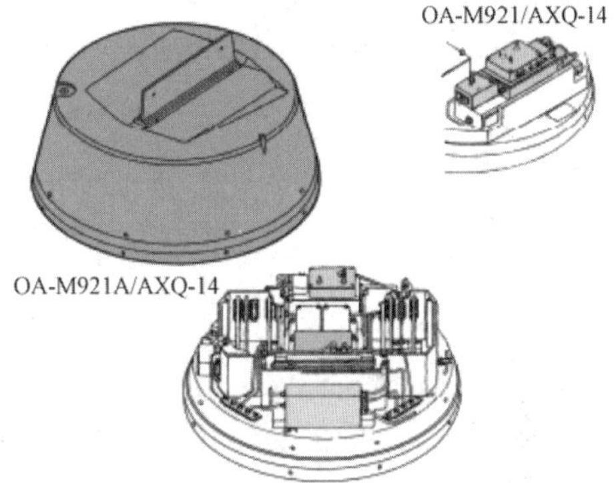

图 10.33　AGM-130/GBU-15 炸弹上的 AXQ-14/ZSW-1 武器控制双向数据链

L-3 Communications 公司的小型 WDL 现行工作在 L 波段和 S 波段，可扩展应用到 UHF/VHF 频段和 Ku 波段。AXQ-14/ZSW-1 数据链在 1 710～1 855 MHz 频段内使用多频点传输图像和指令。

本章小结

本章介绍了适应火力协同和精确制导作战需求的协同数据链系统，主要介绍了美军用于隐身战斗机编队协同的 IFDL 和 MADL、用于打击时敏目标的 TTNT 数据链、用于传感器和武器系统精确协同的 CEC 数据链，以及机载武器精确制导数据链 WDL 及其网络化系统 WDLN。

思考与练习

10-1　给出协同与精确制导需求下的数据链特点。

10-2　对比分析美军 IFDL 与 MADL 的性能特点。

10-3　说明战术瞄准网络技术针对的战术需求。

10-4　简述 TTNT 数据链的 SPMA 协议基本原理及主要机制。

10-5 简述 TTNT 数据链波形生成的关键技术。

10-6 列出 TTNT 数据链的主要通信性能。

10-7 举例分析战术数据链系统与协同数据链系统的差异。

参考文献

[1] 骆光明，杨斌，邱致和，等. 数据链：信息系统连接武器系统的捷径[M]. 北京：国防工业出版社，2008.

[2] 徐鹏政，于启月，林泓池，等.基于毫米波通信的新型机间数据链系统[J]. 通信学报，2023，44（4）：27-37.

[3] 张沛，王志国，王震. 美国空军数据链体系发展现状及建设方向[J]. 指挥信息系统与技术，2023，14（1）：8-14.

[4] 王博，仲维彬. 外军数据链发展趋势[J]. 现代导航，2022，13（2）：134-137，142.

[5] 兰洪光，马芳，韦笑. 基于 5G 的数据链关键技术研究[J]. 战术导弹技术，2022（2）：59-66.

[6] 段晓稳，潘积远，杜利刚，等. 美军数据链装备建设运用现状与发展趋势分析[J]. 现代导航，2021，12（3）：217-220，226.

[7] NIE X，JIAO Y. Research on Transmission Control of Airborne Communication Data Link System Based on Artificial Fish Swarm Algorithm[J]. Automatic Control and Computer Sciences，2023，57（4）：327-336.

[8] LUGER M C D. Master of Military Studies Requirements for the Degree[D]. Quantico：Marine Corps University，2020.

[9] 余福荣，张艳，蒋雪，等. 武器协同数据链发展趋势及关键技术[J]. 火力与指挥控制，2021，46（3）：179-185.

[10] LIU W，HE Y. Application of US Military Data Link in Typical Weapon and Equipment[J]. Journal of Engineering Mechanics and Machinery，2022，7（3）.

[11] WU J，WANG Y，WANG B，et al. The Application of the Fifth Generation Mobile Communication Technology in Data Link Systems[C]//2024 IEEE 7th Advanced Information Technology，Electronic and Automation Control Conference (IAEAC)，2024，7.

[12] REN B，LIU Y，GUO P，et al. Research on System of US Army Data Link[J]. International Journal of Frontiers in Engineering Technology，2023，5（9）.

第 11 章　宽带数据链系统

在现代战场上，需要各类传感器平台对敌方阵地、战略要地及重要设施进行探测，获取图像等情报、侦察、监视（Intelligence, Surveillance, Reconnaissance，ISR）类战术信息，包括敌方兵力部署、武器配置、武器性能、地形地貌和气象情况等。由于战术数据链的数据传输速率无法满足 ISR 信息的宽带传输要求，因此，美国国防部于 20 世纪 80 年代开始研制传输 ISR 信息的宽带数据链。美军经过近 50 年的发展，已经形成了通用数据链（Common Data Link，CDL）、卫星广播分发系统、侦察卫星情报实时传输系统等三类宽带数据链系统，装备 400 多个天基、空基、海基和陆基有人/无人平台，制定并发布了通用数据链波形系列标准、北约 ISR 互操作架构。本章主要介绍美军宽带数据链的发展历程、系统功能、系统组成、技术体制及其应用等内容，重点介绍 CDL。

11.1　CDL

CDL

CDL 是由美国国防部主持研发的，用于在卫星、侦察机、无人机及地面站等平台之间传输侦察图像、情报等信息，是一种全双工、抗干扰、基于微波通信链路的一系列 ISR 数据链系统，其采用基于 IP 的定向高速抗毁网络技术，具备点对点、点对多点、广播分发等工作方式。

11.1.1　发展历程

20 世纪 70 年代后期，美军发现高空侦察平台具有隐蔽性强、侦察范围广、侦察能力强等优点，但由于其获取的侦察情报以图像、视频等大业务量数据为主，缺少高带宽情报传输链路支撑，因此无法及时地将侦察情报分发给地面指挥机构，从而降低了侦察情报的利用效率。为此，美国空军、陆军及其他军兵种纷纷开始针对各自空中侦察平台的应用需求开展相应的数据链研究计划，发展大致经历了从各军兵种独立开发到国防部制定统一标准，再到基于标准的进一步拓展三个阶段。

美军 CDL 示意图如图 11.1 所示。

图 11.1　美军 CDL 示意图

美军宽带数据链的发展始于 20 世纪 70 年代后期美空军为 U-2 高空侦察机开发的互操作数据链（IDL），随后美国的空军、陆军及其他军兵种针对先进战术机载侦察系统、“护栏”通用传感器开发了 L-52、小型互操作数据链（MIDL）、模块化互操作地面终端（MIST）等，并在 20 世纪 80 年代研制出了相应的系统。

美军早期开发的各种宽带数据链系统由于根据各应用平台的作战需求开发，所采用的波形、调制技术及系统终端等都不尽相同，不仅存在互操作性问题，而且各军兵种开发的系统很多功能类似，还存在重复开发、资源浪费等问题。为此，美国国防部于 1991 年指定 CDL 作为支持图像情报分发的数据链标准，并为其制定了相应的波形及系统规范，强制要求各军种基于这些规范开发所需的宽带数据链，以确保开发的系统能够实现互操作。与此同时，美军还制定了宽带数据链发展路线图即建立 CDL 数据链体系，其应用范围覆盖了上至卫星轨道高度的各种潜在应用高度。从此，美军的宽带数据链系统发展逐步走向标准化，为之后建立宽带数据链体系打下了坚实的基础。

20 世纪 90 年代中后期，美军的宽带数据链进入了高速发展的阶段，美军基于 CDL 标准又开发出了多种满足不同作战任务需求的宽带数据链，如战术通用数据链（Tactical Common Data Link，TCDL）、监视与控制数据链（SCDL）和战术互操作陆基数据链（TIGDL）等，使得宽带数据链的应用更加广泛，作用也更加突出。同时，随着武器平台信息水平的提高，原有点对点式的 CDL 已无法满足越来越多作战单元希望获取侦察情报的需求，而具备多点数据分发能力的 CDL 数据链（如 MP-CDL）已成为未来 CDL 系列数据链发展的重点，并且 CDL 系列数据链的各项技术指标如带宽也在不断提高。

11.1.2 系统功能

CDL 主要用于实现 ISR 平台与地面站及其他作战节点间情报数据的交换。CDL 可提供“标准”的前向链路和反向链路业务：前向链路数据传输速率为 200 kbit/s（BPSK 扩频调制），提供向空中平台传输数据的业务（平台和传感器的指令、保密话音、测距和导航修正数据等）；反向链路数据传输速率为 10.7 Mbit/s、137 Mbit/s、274 Mbit/s，还支持更高速率（OQPSK 调制），提供传送空中平台数据的业务（传感器数据、平台导航数据及保密话音等）。

CDL 的主要功能包括：飞行平台高速数据侦察信息的实时回传；飞行参数和飞行平台设备工作状态信息的实时回传；具有保密、抗干扰的前向指令传输；飞行参数、定位参数的重要参数的注入；具有对飞行平台的跟踪定位功能；空中平台的数据交互和协同组网；战场侦察信息的分发；空中数据中继等。

11.1.3 系统结构及设备组成

1. CDL 系统设备组成

CDL 系统设备可分为机载系统设备和地面系统设备，基本组成包括发射系统、接收系统、天线及馈源系统、信号处理及显示系统。

1）CDL 机载系统设备

CDL 机载设备由机载天线组合、机载伺服、机载信号收发组合、机载综合数据终端、电源变换器、加/解密机和接口控制单元等组成，其组织框图如图 11.2 所示。

机载天线组合包括全向天线或定向天线；机载伺服包括天线座和伺服设备；机载信号收发组合包括双工器、功放及低噪声放大器、接收机、发射机；机载综合数据终端包括综合基带解调单元、图像编码单元及接口控制单元等设备。

机载设备对接收到的地/海面前向信号进行变频、放大、解扩、解调、译码、解密，经分接器分离出各类数据并输出；同时，还接收机载任务设备送来的侦察数据及图像，并对其进行编码输出和数据复接，形成反向数据流，该数据流经加密、信道编码、调制、上变频、功放及天线发往地面。

2）CDL 地面系统设备

CDL 地面设备由天线组合、跟踪伺服系统、高频箱、变频组合、天线跟踪设备及综合数据终端设备等组成，其组成框图如图 11.3 所示。

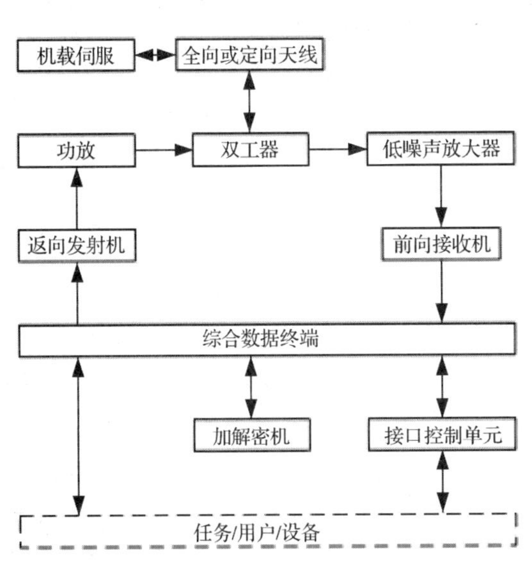

图 11.2　机载设备组成框图

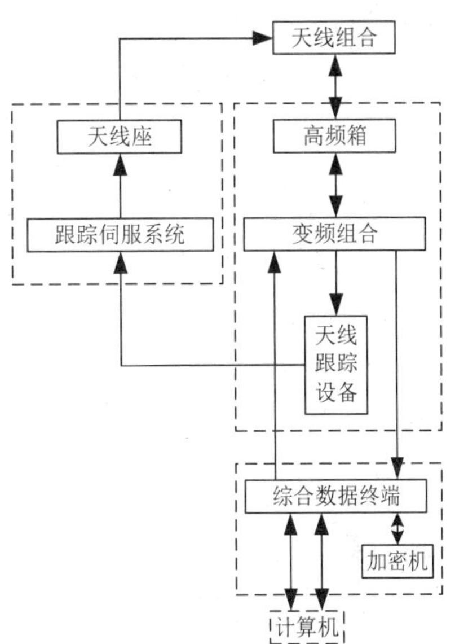

图 11.3　地面设备组成框图

天线组合包括全向天线、定向天线等；跟踪伺服系统包括天线座、伺服机构及电路；高频箱包括双工器、低噪声放大器、功放及定向耦合器等设备；变频组合包括上/下变频器；综合数据终端设备包括综合基带数据解调单元、图像解码单元、测速测角单元、数据分发单元及系统监控单元等；加密机负责对链路中传输的数据进行加/解密。

2. CDL 设备功能模块

CDL 设备功能分地面通信单元和机载通信单元两个部分，实现数据收发的主要功能模块由复分路器、通信加密、数据编译码器、交织解交织器、扩频与调制解调器、上/下变频器、行波管放大与低噪声放大器，双工器等组成。功能模块组成及数据处理流程如图 11.4 所示。

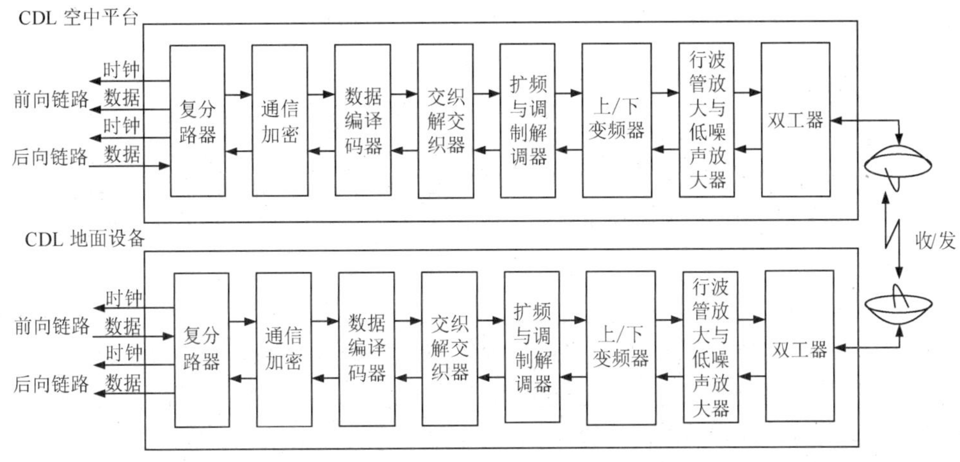

图 11.4　功能模块组成及数据处理流程

1）复接器

利用复接器可同时向用户提供多个专用信道，并将每个信道的数据合成一个信息流。复用帧采用固定长度的比特序列，包含各信道数据比特，每个用户信道都被分配到帧中的特定比特位置。每个复帧中还包含同步码序列，使用这些同步码可以从合成信息流中识别出每个帧，以及该帧中的相关比特位置。复接器为每一个信道提供时钟并按照时钟接收数据。在前向链路和所有后向链路中都要使用复接功能。

2）加密器

采用通信保密（COMSEC）装置对合成信息流进行加密，以防数据被敌方截获，没有相应的解密装置，很难恢复和重构原始信息流。

大多 CDL 硬件都可以采用 COMSEC 装置对来自复接器的数据进行加密。为降低成本，部分低端 CDL 系统不具备此功能。CDL 采用 KG-68 和 KG-135 作为标准通信加密装置。一般对会对 CDL 的前向链路和窄带模式的后向链路进行加密，而对中等带宽和宽带模式的后向链路不进行加密。随着 KG-135 高速加密装置的发展，未来只需修改某些硬件即可实现对中等带宽和宽带模式的后向链路进行加密。

3）编码器

在 CDL 系统中采用多种类型的编码器，其中差分编码器、卷积编码器和 RS 编码器是最常用的编码器。

差分编码器：CDL 在其前向链路及宽带模式的反向链路部分采用了差分编码，而窄带模式的后向链路则没有采用。

卷积编码器：对数据链传输信号进行卷积编码是为了纠正传输过程中可能产生的随机误码，同时还可以解决加/解密过程中的差错扩展问题，并使系统获得编码增益。CDL 中一般采用码率为 1/2、约束长度为 7 的卷积编码。

RS 编码器：目前一般来说，中等带宽和宽带模式后向链路不进行 RS 编码，但是未来的 RS 编码和 KGV-135 COMSEC 装置将能为中等带宽和宽带模式返回链路提供编码和加密。

4）交织编码

交织以时延为代价补偿突发或序列差错。而时延大小取决于同时交织的比特数和合成信息流的数据速率，仅在某时对有限的比特块进行交织。与复接类似，交织也需要构成合成比特流帧，并添加同步码。目前，前向链路和窄带模式后向链路采用交织功能，而中等带宽和宽带模式反向链路不采用交织。

5）直扩电路

CDL 采用扩频技术可以对抗窄带干扰，同时采用扩频技术还可以有效隐藏信号频谱，从而降低信号被检测和截获的概率。由于采用的扩频技术还存在不足和指挥控制优先级的问题，因此 CDL 仅对前向链路段进行扩频，而对任何模式的后向链路部分都不进行扩频。

6）调制器

CDL 在前向链路采用二进制相移键控（BIT/SK）调制，而在所有三种模式的后向链路中都采用交错正交相移键控（OQPSK）调制。CDL 一般将数字比特流调制到 1 700 MHz 中频，这使得所有系统都可以使用相同的调制器，而与最后的发送频率无关。必要时，调制过程可将比特流直接调制到任何其他中频或直接调制到射频。也有一些 CDL 系统，采用 300 MHz、70 MHz 中频。

7）上变频器/功率放大器/滤波器

上变频器将 1 700 MHz RF 信号变换到最终的 X 或 Ku 波段频率，并在此处进行放大，提供天线所需功率。使用滤波器则是为了满足所分频率的频谱纯度要求。功率放大器的大小则根据链路预算分析和任务要求来确定。前向链路和所有模式的后向链路都要进行上变频、功率放大和滤波处理。

8）双工器/天线

双工器包括隔离收发频率所需的滤波器。这样，发射机和接收机就可以共用同一部天线了。

带有发射机放大器的天线则用于提供形成闭合链路所需的有效增益部分。前向链路和所有模式的后向链路都有天线和双工器部件。

11.1.4　技术体制

美军在 1991 年将 CDL 确定为 ISR 宽带数据链标准，并发布了《CDL 波形规范》，作为美军宽带数据链的发展基石，它不仅确立了 CDL 为美军各种宽带数据链的标准，而且为 CDL 系列数据链确立了包含五类数据链系统的 CDL 体系架构，随后也得到了北约其他成员国的认可。1994 年美军发布的《战术数据链发展战略》将原来 CDL 只用于传输未处理数据的定义扩展到也可传输处理过的数据，进一步拓展了未来 CDL 的应用空间。

1. 体系结构

通用数据链体系结构由顶层应用、CDL 网络结构、网络管理、SNMP 管理信息库、通信与传输安全和 CDL 波形标准组成，并有相应的附件来描述。CDL 标准的体系结构如图 11.5 所示。

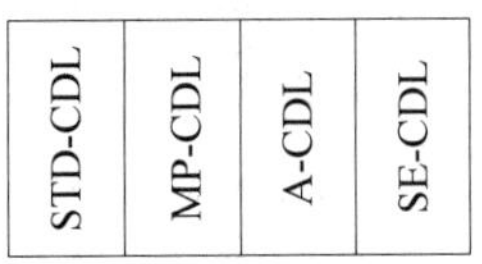

图 11.5　CDL 标准的体系结构

2002 年 11 月，北约在美军 1991 年制定的《CDL 波形规范》的基础上，发布了北约图像系统互操作数据链标准 STANAG AR7085 的第 1 版，2004 年 1 月发布了该标准的第 2 版。

此外，北约组织也发布了一系列适用于 ISR 系统的标准化协议。现行主要的 NATO STANAG 标准可大致分为 4 类：数据标准、接口标准、通信标准、控制标准，如表 11.1 所示。互操作标准化协议的工作流程图如图 11.6 所示。

表 11.1　NATO STANAG 标准及分类

标准类型	标准名称	
数据标准	通用、标准	STANAG 4545《北约二次影像格式》
		STANAG 4559《北约标准影像库接口》
		STANAG 4607《北约地面运动目标指示数据格式》
		STANAG 4609《北约数字式运动图像标准》
		STANAG 7023《北约空中侦察原始图像格式》
	强制使用标准	STANAG 3809《数字地形高程数据地理信息交换标准》
		STANAG 5500《北约报文格式化系统联合数据出版物》
		STANAG 7074《数字地理信息交换标准》
	推荐使用标准	STANAG 3377《空中侦察情报报表》
		STANAG 4250《北约开放系统互联标准件》

续表

标准类型	标准名称
接口标准	STANAG 7024 《空中侦察情报报表》
	STANAG 4575 《北约高级数据存储接口》
通信标准	包括 STANAG 7085 《成像系统互操作数据链路》
控制标准	包括 STANAG 4586 《北约无人机控制系统（UCS）接口标准》

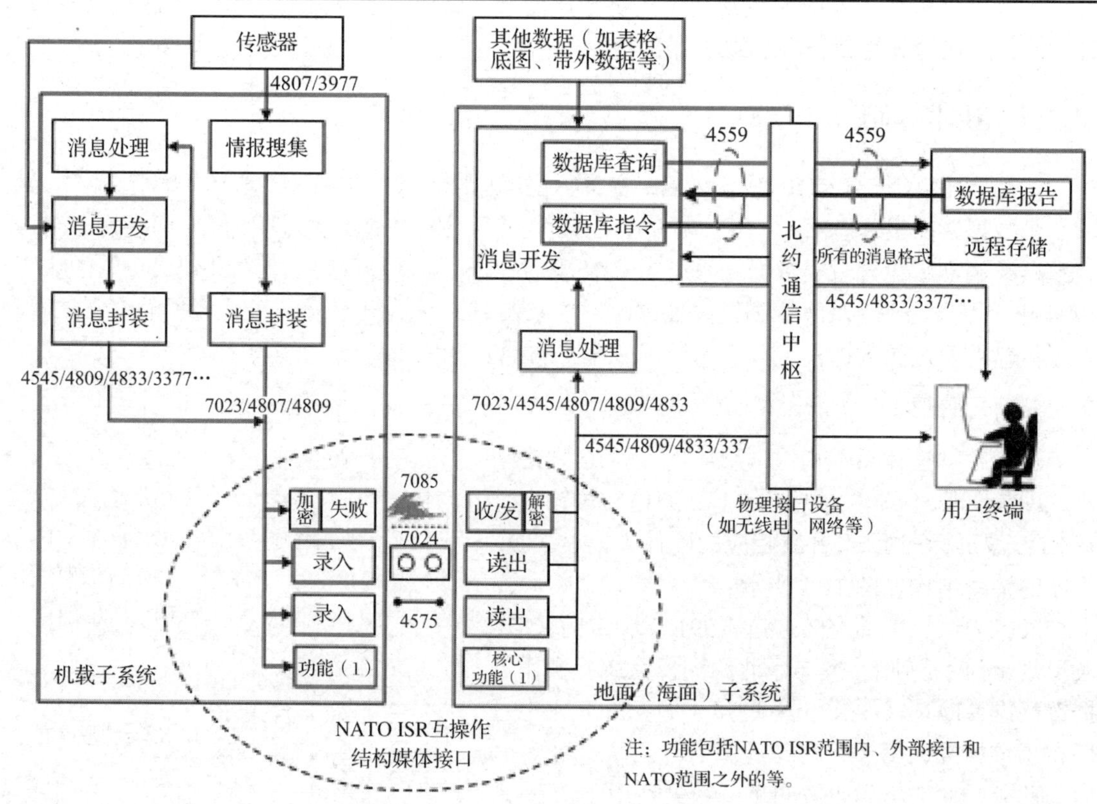

图 11.6 互操作标准化协议的工作流程图

对于指控链，主要传输来自地面站的侦察系统管理数据和链路控制数据。数据由地面终端的图像层输入，从机载终端的图像层输出，包括给图像层传感器的命令、平台管理和链路管理 3 类。虽然指控链路输入数据的格式不会影响互操作性，但必须给出输入数据的定义，例如：平台和图像层实体命令数据段的位置、链路管理数据的形式和数据段的位置，以及要采用的数据率，包括猝发传输速率等参数。如果采用中继，则必须对返回链路和指控链路在使用实时中继时的平台参数做出相关的具体规定。

2. CDL 波形规范

在美军的 CDL 数据链体系架构中，按照应用领域的不同将 CDL 系列数据链划分为 5 类，同时 CDL 标准中还定义了 4 种基准波形，包括标准 CDL 波形（STD-CDL）、先进 CDL 波形（A-CDL）、扩展型卫星 CDL 波形（SE-CDL）和组网 CDL 波形（N-CDL），以此来支持其定义的 5 类链路（见表 11.2）。美军目前开发的各种 CDL 系列数据链系统都是以这 4 种波形为基础的。

表 11.2　标准定义的 5 类 CDL 及其性能

类　别	名　称	下行速率/（Mbit/s）	应　用
I	CDL	10.71	陆基平台与空中平台（2.3*Ma* 以下，80 000 ft*以下）
II	A-CDL	21.42	陆基平台与空中平台（5*Ma* 以下，150 000 ft 以下）
III	MP-CDL	44.73	陆基平台与空中平台（5*Ma* 以下，500 000 ft 以下）
IV	SE-CDL	137.088	陆基平台与卫星（轨道高度 750 nmile 以下）
V		274.176	轨道高度更高的中继卫星

* 1 ft=0.3 048 m。

1）标准型 CDL

标准型 CDL 设计用于将机载侦察平台所获取的海量侦察情报传送给地（海）面处理站，同时让地（海）面用户也能够向机载平台发送信息。标准型 CDL 的上下行链路为非对称链路，上行链路有 2 种标准的可选传输速率 200 kbit/s 和 10.71 Mbit/s（最高可达 45 Mbit/s，但目前一般还只实现了 2 Mbit/s）；而下行链路则有 10.71 Mbit/s、137 Mbit/s 和 274 Mbit/s，以及近期新增的 2 Mbit/s 和 45 Mbit/s 共 5 种标准可选速率（也支持他们之间的速率如 22 Mbit/s）。上下行链路的数据传输速率仍将进一步提高。目前上行 200 kbit/s 和下行 10.71 Mbit/s 具备保密、抗干扰能力。

标准型 CDL 是 CDL 系列数据链及其他衍生的 CDL 数据链实现互操作的基础，也是目前应用最广泛的 CDL 类型，目前已经实现的标准型 CDL 系统包括能力受限的通用数据链（LCCDL）、TIGDL、MIST、MIDL 和通用高宽带数据链（CHBDL）等。其中 LCCDl、MIST、TIGDL 和 MIDL 都是最早一批宽带数据链研究计划的研究成果，在将 CDL 确立为宽带数据链的标准之后，它们也成了最早符合 CDL 标准的宽带数据链。而 CHBDL 是海军采用 MIST 技术实现的海军所用的宽带数据链，主要装备于大型舰船上，它既可以工作在 X 波段，也可以工作在 Ku 波段，并且支持所有标准 CDL 的数据传输速率。

2）先进 CDL

先进 CDL 是标准型 CDL 的扩展，其链路的可靠性比标准型 CDL 更高。先进 CDL 是一种自适应数据率且支持 IP 协议的 CDL 数据链，主要用于实现空中平台之间的高速数据交换，并且支持空中平台之间进行超视距中继，中继队列最多可达 12 个传感器平台。先进 CDL 不仅可提供高速、定向通信能力，而且还具有抗干扰能力；其上行链的传输速率一般在 200 kbit/s～68 Mbit/s 之间，下行链的传输速率一般在 10 kbit/s～274 Mbit/s 之间。目前已经开发出的先进 CDL 系统是机载信息传输系统（ABIT）。它是一种自适应速率、抗干扰的空空数据链，其传输速率最高可达 548 Mbit/s。ABIT 数据链系统在 2001 年 7 月的一次模拟战术任务中，成功地演示了其宽带图像的传输能力和中继功能。

3）组网 CDL

组网 CDL 是为了适应未来信息化战争海量信息分发需求而诞生的产物。严格来说，它已经与标准 CDL 有着本质的区别，因为它具有了标准点对点 CDL 所不具备的多址访问和共享带宽能力，支持广播式数据传输结构，最多可同时向 50 个机载或地面节点广播数据。但组网 CDL 仍是基于 CDL 实现的一种宽带数据链，可以与其他宽带数据链基于标准 CDL 实现互操作。更重要的是通过组网 CDL 可以实现 CDL 系列数据链组网。

组网 CDL 链路包括输出链路（广播站至用户站的链路）和输入链路（用户站至广播站的

链路）。输出链路采用 Bi-BIT/SK 波形，同时支持单点和多点 IP 广播；而输入链路则采用 TDMA 机制共享访问信道，传输速率可达 50 kbit/s～68 Mbit/s。

目前，美军正在研制的 MP-CDL 是典型的组网 CDL。MP-CDL 是一种高效的视距、空对空和空对地、一点对多点和点对点的网络化宽带数据链。它是美军首个网络化的 CDL，用于为大量机载和地（海）面平台提供传感数据，并且也同时向多个机载和地面站分发传感器数据。未来，MP-CDL 还将具备数据中继能力，以实现超视距通信。MP-CDL 具备两种工作模式，即广播模式和点对点模式。广播模式支持将传感器数据分发给多个用户节点（既可以是空中用户节点也可以是地面用户节点）；而点对点模式则只支持在两个平台之间进行数据传输。另外，未来的 MP-CDL 还将具备同时支持点对点和网络化的广播链路或是同时支持两个不同的网络化广播链路的能力。

MP-CDL 经历了一个螺旋式的开发过程，其目标是支持未来的集成式 ISR 网络。MP-CDL 的初始应用是支持各种平台的多平台雷达技术改进计划（MP-RTIP），这些平台包括“全球鹰”、MP-RTIP 广域监视飞机、E-8 战场联合监视机和陆军分布式通用地面站（DGGS-A）。MP-CDL 系统能够使安装有新型雷达的平台向其他较老的系统传输数据。MP-CDL 预计也会成为以网络为中心的协同目标发现（NCCT）计划、多任务指挥与控制群（MC2C）、已部署的战区信息栅格（DGIG）和全球信息栅格（GIG）的实现技术。美空军还希望能够将 MP-CDL 安装在未来有人驾驶地面移动目标指示飞机上。MP-CDL 项目组的首选机型为多任务指挥与控制、情报、侦查飞机，简称 MMA 或通用宽体飞机。MP-CDL 也可为自适应联合 C^4ISR 节点应用，C^4ISR 节点也称为机载通信节点。

美陆军基于 MP-CDL 技术提出了针对陆军作战平台的多任务战术公用数据链（MR-TCDL）。但为了确保 MP-CDL 与 MR-TCDL 的兼容性，美军很可能将二者合二为一。预计 MP-CDL 将主要装备于 RC-135“联合铆钉”信号情报侦察飞机、E-8C 雷达型侦察飞机、E-3 预警机、RQ-4“全球鹰”无人侦察机、“护栏”侦察机地面站、陆军“分布式公用地面站”和空军“分布式公用地面站”等平台上。北约也十分有“兴趣”将 MP-CDL 安装在其未来的地面移动目标侦察飞机上。

4）扩展型卫星 CDL

扩展型卫星 CDL 是一种多平台通用的星对空对地数据链，上行链路的传输速率为 200 kbit/s～2 Mbit/s，下行链路的传输速率有 3 种，即 274 Mbit/s、50 Mbit/s 和 3.088 Mbit/s 等。目前，已有 2 种卫星 CDL 系统投入了使用，分别是 Senior Span 和 Senior Spur。Senior Span 采用国防卫星通信系统（DSCS）II/III 的 SPAN 机载数据链系统（见表 11.3）。

表 11.3 SPAN 机载数据链系统

名 称	最小、最大指挥链路速率	最小、最大返回链路速率
机载数据链系统 3	750 bit/s、6 kbit/s	386 kbit/s、3.088 Mbit/s
机载数据链系统 4	750 bit/s、6 kbit/s	386 kbit/s、3.088 Mbit/s
机载数据链系统 5	6 kbit/s、24 kbit/s	3.088 Mbit/s、12.352 Mbit/s

Senior Spur 为了获得更宽的带宽，工作在 Ku 频段。这两种系统虽然已投入使用，但仍无法满足美军的应用需求。因此美军仍在加紧开发更高性能的扩展型卫星 CDL 波形，预计会在以后的通用数据链规范修订版中发布。按计划，MP-CDL 未来也将具备扩展型卫星 CDL 的能力，以实现超视距通信。预计将装备扩展型卫星 CDL 的侦察平台主要包括 U2 侦察飞机、“全

球鹰”高空无人侦察机、“捕食者”中高空无人侦察机等。

美国海军已经在 1999 年 8 月和 11 月的测试中，证明了可以使用同一部相位阵列天线同时进行卫星通信与 CDL 的传输。测试时，CDL 工作在 9.7～10.5 GHz 的 X 波段，军用卫星通信使用 2.2～2.3 GHz 的 S 波段与 7.25～8.4 GHz 的 X 波段，商用卫星通信则使用 10.95～14.5 GHz 的 Ku 波段。美空军在 2000 年的 Linked Seas 00 演习中，经“全球鹰”无人机由 CDL 将雷达图像数据同时传给岸上的陆军“战术应用系统”与海上乔治•华盛顿航母上的终端。美海军也测试了由海上舰艇经由 CDL 使用 CHBDL-ST（AN /USQ-123）的 2 个直径为 1 m 的天线，同时下载与发送合成孔径雷达图像，经处理后，再将图像传送给 F/A-18 战斗机。

应用于空对地数据交换的标准型 CDL、应用于空对空数据交换的先进 CDL、用于实现多点数据分发和 CDL 系列数据链组网的组网 CDL、用于实现星对空对地数据交换的扩展型卫星 CDL，以及由 CDL 衍生出的 TCDL 等就构成了美军的 CDL 体系，通用宽带数据链体系结构如图 11.7 所示。

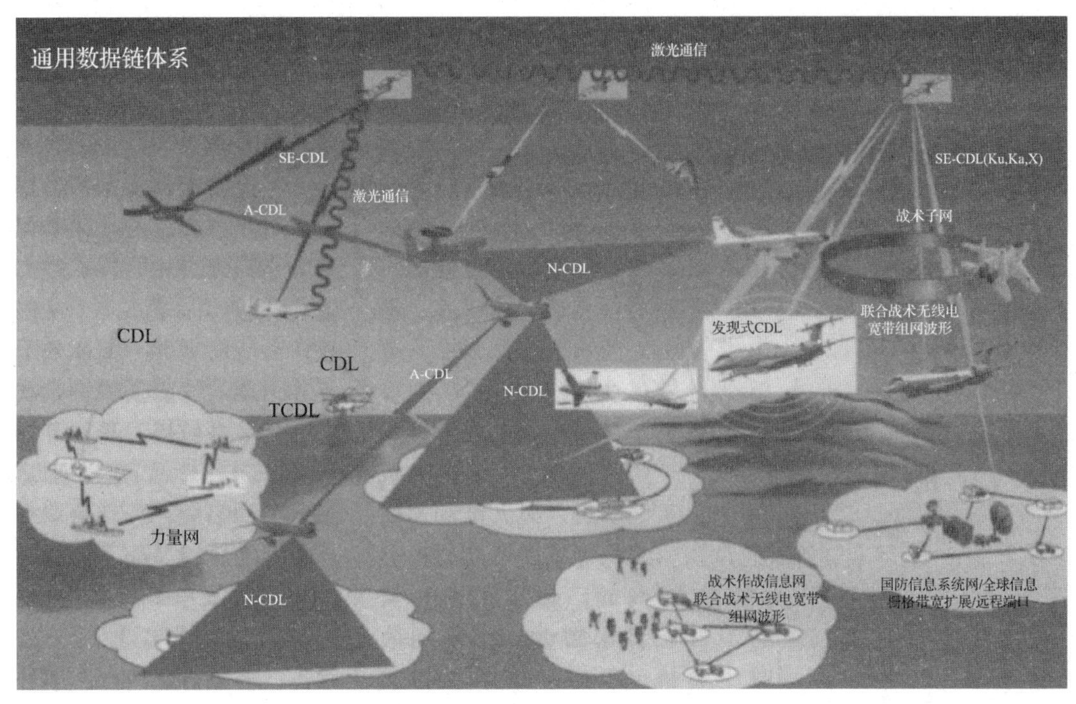

图 11.7　通用宽带数据链体系结构

11.1.5　无人机 CDL

20 世纪 60 年代，美国率先把无人机（Unmanned Aerial Vehicles，UAV）应用于军事侦察。战术无人机先后在越南战争、中东战争、海湾战争、科索沃战争、阿富汗战争，以及近期的俄乌冲突中发挥了重要作用。无人机的特点是受气候条件影响小、昼夜可用、无人员损耗、风险小、成本低、能进入危险地区长时间实施监视与侦察、能获取情报信息。

随着无人机的兴起，为其配备一种能够将无人机载传感器获得的侦察情报数据传回地面站的宽带数据链成了无人机发展的首要问题。虽然 CDL 系列数据链能够满足无人机的数据传输需求，但是标准 CDL 数据链终端的质量、体积、功耗及成本都是无人机平台所无法承担的。

为此美军便以标准型 CDL 数据链系统为基础，专门针对无人机这类小型平台的应用需求开发了简化版的 CDL 即 TCDL，无人机 CDL 如图 11.8 所示。TCDL 在适应无人机平台的同时，还能保持与 CDL 系列数据链互操作。TCDL 地面终端如图 11.9 所示。

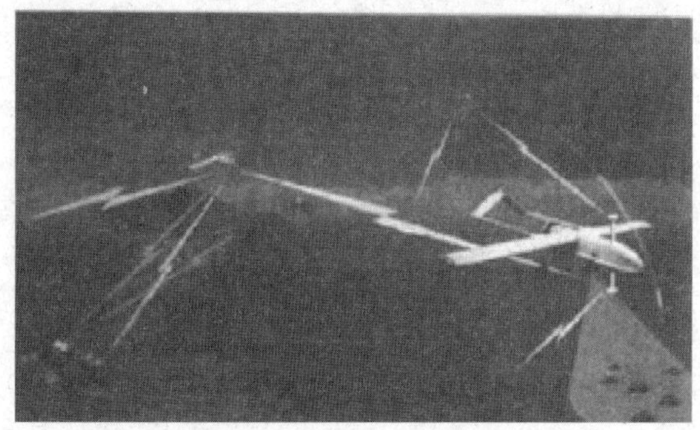

图 11.8　无人机 CDL

图 11.9　TCDL 地面终端

在图 11.10 所示的 TCDL 战场应用场景中，TCDL 将无人或有人驾驶飞机上传感器获取的侦察数据数据传送到舰载或地面终端，以供战场战术分析和其他应用。通过地面遥控视频终端可控制无人机及其情报数据的接收。

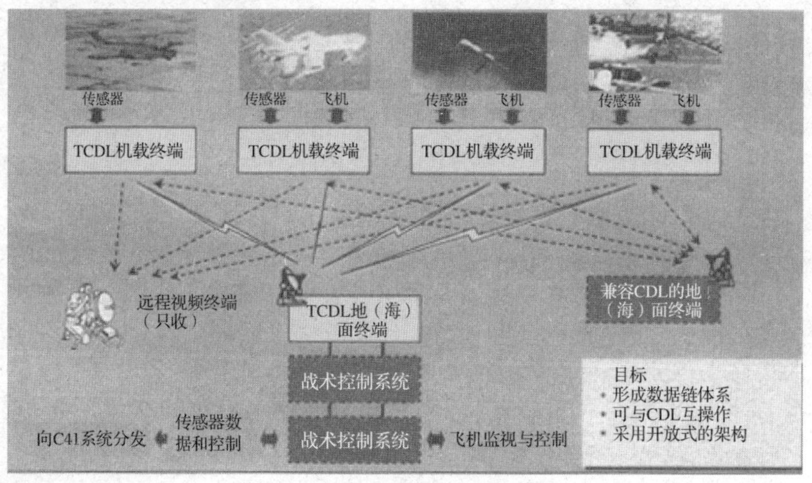

图 11.10　TCDL 战场应用场景

TCDL 的主要战术指标如下。

1）机载终端

（1）功率：165 W/28 V（DC）。

（2）误码率：1×10^{-6}（加密），1×10^{-8}（不加密）。

（3）Ku 频段频率范围：上行 15.15～15.35 GHz；下行 14.40～14.83 GHz。

（4）信息速率：上行 200 kbit/s；下行 45（Mbit/s）/10.71（Mbit/s）。

2）地面终端

（1）功率：1000 W/120 V。

（2）误码率：1×10^{-6}（加密），1×10^{-8}（不加密）。

（3）天线：40 dBi（91.44 cm 直径）+全向天线（近场）；

360°方位，−15°～85°俯仰角，10（°）/s 扫描速度。

自 2003 年起，“捕食者”无人机系统和“影子 200”无人机系统所用的视距数据链都已更换为 TCDL。伊拉克战争中使用的“捕食者”“全球鹰”等无人机均装备有 TCDL。无人机系统除作为侦察、监视系统使用外，还将作为武器系统和通信中继系统使用。作为其通信技术，除高速传输信息的性能外，还需要有自动形成/保持网络功能和战区通信中继/信息通道功能。

HIDL 是英国海军根据北约的通用宽带数据链标准 STANAG 7085 为其无人机研制的一种通用宽带数据链，具有如下特点：可使用任何可用的射频信道，即使信道不连续；具有组网功能，支持多用户同时工作；采用时间分集和频率分集来提供抗干扰能力；具有与空中交通管制员进行通信所用的话音通道；具有中继能力，可进行超视距通信；数据传输速率可变，范围从 3 kbit/s～20 Mbit/s；可与 CDL 系列的 CDL 进行互操作。

无人机 CDL 特性及应用如表 11.4 所示。

表 11.4　无人机 CDL 特性及应用

名称	频段	前向速率	反向速率	组网方式	用途	应用
CDL	X/Ku	200 kbit/s	10.7 Mbit/s 137 Mbit/s 274 Mbit/s	点对点	无人机与地面处理中心间 ISR 信息传输	“捕食者” “全球鹰”
TCDL	Ku	200 kbit/s	10.7 Mbit/s	点对点	将无人机雷达或其他传感器图像传输至舰艇	“猎人”
HIDL	UHF	200 kbit/s	100 kbit/s	广播	无人机与海上舰艇传输间的全双工链	英海军 无人机

1. 无人机测控系统技术体制

数据链是无人机系统的重要组成部分，且无人机数据链路是一种测控与信息传输系统，其均用于完成对无人机的遥控、遥测、跟踪定位及传感器信息的传输。无人机数据链路分上行线路和下行线路。上行线路主要传输数字式遥控信号、任务载荷的命令信号、无人机的飞行路线控制信号；下行线路主要传送无人机状态信号和侦察信号。

无人机无线电测控系统主要完成对无人机的遥控、遥测、侦察信息传输及对无人机的跟踪定位，使无人机能在特定的条件下完成规定的任务。对于无人机测控系统而言，数据链包括了无人机遥控指令和遥测信息等数据流产生、发射、传输、接收处理等各个过程。

“捕食者”无人机的通信系统如图 11.11 所示。

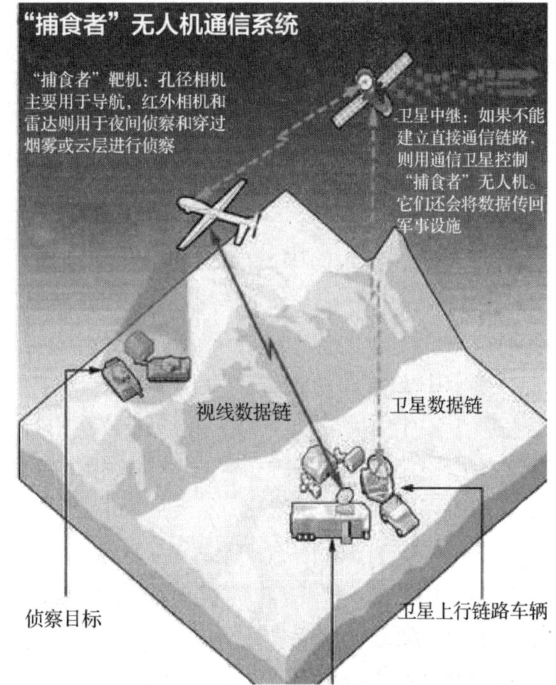

图 11.11　“捕食者”无人机的通信系统

1）跟踪、测控、通信一体化信道综合技术

早期的无人机数据链大都采用分离体制，遥控、遥测、视频传输和跟踪定位用各自独立的信道，设备复杂。为了简化设备和节约频率资源，20 世纪 80 年代后无人机大量采用先进的统一载波综合体制，根据需求和可能来进行不同程度的信道综合，构成不同形式的无人机综合数据链。无人机常用的信道综合体制是“三合一”和“四合一”信道综合体制。

所谓“三合一”综合信道体制是指集跟踪定位、遥测和遥控为一体的统一载波体制，即利用遥测信息进行跟踪测角，利用遥测和遥控测距，而利用另外的单独下行信道进行传感器信息的传输。

所谓“四合一”综合信道体制是指集跟踪定位、遥测、遥控和信息传输为一体的统一载波体制，即传感器等信息与遥测共用一个信道进行传输，利用传感器信息和遥测信号进行跟踪测角，利用遥测和遥控测距。传感器信息与遥测共用信道的方式包括两种，一种是传感器信息与遥测数据副载波频分传输，另一种是数字化的传感器信息与遥测复合数据传输体制。采用“四合一”综合信道体制，就是要解决直接接收宽带调制信号的天线高精度自跟踪问题。

“四合一”综合信道体制的信道综合程度最高，在现代无人机数据链路中得到了广泛的应用，但“三合一”综合信道体制将宽带与窄带信道分开，从某种角度来说具有一定的灵活性。

2）传感器信息数字化压缩传输技术

传感器信息数字化压缩传输技术也是无人机地空数据链中的一项关键技术。无人机任务传感器信息，尤其是视频信息的传输是无人机数据链的重要功能，也是解决无人机数据链规模的重要因素。图像信号是任务传感器视频信息的主要形式。将视频图像信号进行数字压缩编码有利于减小传输带宽和节约频率资源，也有利于采用数字加密和抗干扰措施。存储开销低（适合机载条件）、实时性强（时延小）、恢复图像质量好（失真小）的高倍视频图像数字压缩技术，需要根据无人机的使用特点来研究。

3）测控与通信数据抗干扰传输技术

抗干扰能力是无人机数据链的重要指标。无人机的测控链路常用的抗干扰方法有抗干扰编码和直接序列扩频、跳频、扩跳结合，既要不断提高上行链路（如遥控数据）的抗干扰能力，又要解决好下行宽带数据（如侦察图像和遥测等信息）的抗干扰问题。此外还要解决好恶劣环境下的抗多径干扰的问题。

4）超视距中继传输技术

当无人机超出了地面测控站的无线电视距范围时，数据链必须采用中继方式。根据中继设备所处的空间位置，可分为地面中继、空中中继和卫星中继等。

地面中继方式的中继转发设备置于地面，一般架设在地面测控站与无人机之间的制高点上。由于地面中继转发设备与地面测控站的高度差别有限，因此这种中继方式主要用于克服地形阻挡，适用于近程无人机系统。

空中中继方式的中继转发设备置于某种合适的航空器（空中中继平台）上。空中中继平台和任务无人机采用定向天线，并通过数字引导或自跟踪方式确保天线波束彼此对准。这种中继方式的作用距离与地面中继作用距离相比有了大幅度提升，但其受到中继航空器高度的限制，适用于中程无人机平台。

卫星中继方式的中继转发设备是通信卫星（或数据中继卫星）上的转发器。无人机上要安装一定尺寸的跟踪天线，机载天线采用数字引导指向卫星，采用自跟踪方式实现对卫星的跟踪。这种中继方式可以实现远距离的中继测控，适用于大型的中程和远程无人机系统，其作用距离受卫星无线波束覆盖范围的限制。

5）多信道多频点收发设备的电磁兼容

无人机数据链有上/下行信道，除需要考虑多机多系统兼容工作和必要时的中继转发外，还要考虑安装空间的限制，因此多信道多频点收发设备的电磁兼容问题十分突出。需要根据这些特点，在频段选取和频道设计上进行周密考虑，并采取必要的滤波和隔离措施。

无人机机载设备的小型化是无人机系统始终追求的目标。随着无人机测控系统性能的提高，设备小型化的要求越来越高，应根据无人机的使用特点，解决好机载设备的耐温和抗震问题，不断研究机载设备小型化综合设计技术，使高性能的复杂设备的规模控制在允许范围内。

为了发挥无人机系统使用机动灵活的优势，一般要求地面测控站能车载机动，某些简单小型测控站还能便携使用。这就要求地面设备也尽量小型化，既要符合车载或便携设备的相关规范，又要根据无人机地面控制站和地面数据终端的设备特点，解决好设备的材料、结构和工艺问题，以满足耐温、抗震、防雨等环境适应性要求，并便于操作、使用、维护和运输携带。

2. TCDL 接口

1）任务设备接口

机载数据链设备与机载任务设备的接口主要是数据链与载机上各种传感器的接口。任务设备接口是指机载任务设备输出的数据接口，无人机上使用的任务设备有光电平台、合成孔径雷达、高分辨率相机等，其输出的高速数据通过接口电路送到数据链。目前，实现高速数据传输的接口主要有 LVDS 高速数据同步接口、ATM 接口、以太网接口和高速串口等。

2）同步数据接口

任务设备将获取的数据按照一定帧长进行打包，每个帧都有帧头和帧尾标志，然后通过同步数据方式送到数据链进行传输；机载数据链设备接收该数据，在复接器内将数据包分割成要传输的数据包，并加上包头和校验进行传输；在接收端，数据链进行反变换恢复传感器数据包，并通过同步数据接口送出到地面控制站进行侦察信息的恢复和处理。同步数据的数据速率一般在 50 bit/s～30 Mbit/s 甚至 50 Mbit/s。高速的同步数据容易受到干扰，所以一般采用目前适合高速数据传输的电平协议——LVDS 电平协议。

3）ATM 接口

ATM 技术是一种高速数据网络技术，它采用面向连接的传输方式，将数据分割成固定长度的信元，通过虚连接进行交换。在机载设备上还可利用 ATM 技术将任务设备和数据链连接起来传输高速信息。

任务设备将获取的数据转换成 ATM 信元并经过 ATM 接口发送到机载数据链；机载数据终端接收 ATM 数据并在复接器内完成传输帧的处理，然后送到无线信道进行传输；在接收端，数据链进行反变换恢复成 ATM 接口信号，并传输到地面控制站进行侦察信息的恢复和处理。ATM 接口的数据传输速率较高，通常可达数百兆比特每秒。

4）以太网接口

任务设备将获取的数据转换成以太网数据包，并经过网络接口发送到机载数据链；机载数据终端接收以太网数据包并在复接器内完成传输帧的处理，然后送到无线信道进行传输；接收端接收后，将传输帧解析为以太网数据包，再送任务设备解析出任务数据，并通过以太网接口送到地面控制站进行侦察信息的恢复和处理。以太网接口的数据速率根据使用以太网类型可以支持几兆比特每秒到上百兆比特每秒的数据传输。

5）高速串口

机载任务设备与机载数据链还可采用高速同步串口和高速异步串口。机载任务设备的状态回报、控制的信息可通过高速串口互连。通常接口采用 RS485、RS422、高速数据同步或异步接口。由于控制信息非常重要，因此采用此种具有很强的抗干扰传输性能的接口。

6）飞控设备接口

飞控设备接口是指数据链与所在的飞行器平台的管理控制设备之间的通信接口，机载管理控制器接口主要有异步串行接口、ARINC-429 总线接口、STD-1553B 总线接口等。

（1）异步串行接口。

异步串行接口是最为常见的接口形式，一般机载管理控制计算机通过异步串行接口和机载数据链终端进行上/下行信息的交换。信息格式通常与平台的联系比较密切，但仍可以通过标准化的工作进行统一。

（2）ARINC-429 总线接口。

AR1NC-429 总线接口是一种航空总线标准，它是早期速率较低的一种航空总线标准，通过 ARINC-429 总线可以实现平台管理控制计算机和机载数据链终端的信息交换。

（3）STD-1553B 总线接口。

STD-1553B 总线接口是一种航空总线标准，它是一种传输协议为命令/响应方式的总线，在许多大型飞机中应用十分广泛。通过 STD-1553B 总线可以实现平台管理控制计算机和机载数据链终端的信息交换。

由于数据链和不同的飞行器平台及传感器的互联接口类型和品种较多，还包含一些离散接口。为了适应各类接口，需要将各类接口进行规范，以便互连互通。各类接口协议的制定要具有科学性和开放性，以便和新的管理控制平台接口形式相适应。

7）保密设备接口

数据链设备与保密设备的接口通常采用同步的 RS485 接口或以太网接口，采用内嵌方式时，也可以采用 ISA/CPCI 局部总线连接。数据链设备将获取的数据按照一定帧长进行打包，每个帧都有帧头和帧尾标志，然后送到保密设备。保密设备接收到数据后，依照流密码加密或分组加密等方式，对数据进行加/解密，然后将加/解密数据送回数据链设备。

11.1.6 作战应用

1. 美空军应用

美空军是最早研究通用宽带数据链的军种，也是装备通用宽带数据链最多、发展最为成熟的军种。空军的 U-2 侦察机是最早配备通用宽带数据链的作战平台，利用通用宽带数据链，U-2 可以更加及时地将其获得的侦察情报传送回地面站，进而大大提高了侦察情报的利用效率。除 U-2 侦察机外，HC-135“联合铆钉”信号情报侦察飞机、E-3 预警机、E-8 侦察机、F-16 战斗机“战区机载侦察系统”吊舱等美空军有人作战飞机也都配备了通用宽带数据链系统，而很多在研的作战飞机也计划配备。除有人驾驶作战飞机外，空军的无人机也都广泛采用了 TCDL 通用宽带数据链系统，如“全球鹰”无人侦察机。随着无人机在战争中的作用越来越突出，无人机机载通用宽带数据链的作用还将越来越重要。

2. 美海军应用

美海军所用的 CDL 即 CDL-N［也被称为通用高宽带数据链（CHBDL）海基终端］是海军首个投入使用的通用宽带数据链系统（2001 年首次交付），它主要用于在舰船和机载传感器之间进行全双工的数字数据通信。CDL-N 除可以与其他通用宽带数据链进行互操作外，还可以与航母战斗群所使用的先进战术机载侦察系统和战斗群无源视距扩展系统协同工作，使这些系统可以在半径为 300 nmile 的范围内，向航母战斗群提供完全的侦察覆盖。为了适应网络中心作战的需求，美海军正积极推广 CDL-N 的应用，预计将为海军战斗群、两栖作战大队及联合特遣部队配备该数据链，使它们可以接收海空军侦察平台所获取的侦察情报和其他信息。

海军除配备 CDL-N 外，其部分无人机、直升机（如 SH-60R“海鹰”反潜直升机）、反潜机（如 S-3 舰载反潜机）及 P-3C 侦察机也配备了 TCDL 系列的通用宽带数据链，它极大地促进了这些海军作战平台与其他平台间的互通，如 P-3C 侦察机利用通用宽带数据链可以与海基和岸基联合特遣部队指挥中心进行互通。

随着通用宽带数据链在美国海军的进一步推广，它必将对海军的 ISR 作战产生极大的积极影响，将大大提高海军战术机载侦察资源的利用效率。

3. 美陆军应用

美陆军目前投入使用的通用宽带数据链系统包括 MIST、TIGDL 及 TCDL 等。美陆军的通用宽带数据链系统主要用于将获得的情报在地面站之间进行高速传送，此外，陆军“护栏”等传感器平台也配备了传输情报数据的通用宽带数据链系统。

除地面站外，美陆军的无人机也已开始配备 TCDL 系列的通用宽带数据链系统，而单兵则有望在不久的将来配备手持式 TCDL 系统。这将使美陆军的情报获取和分发能力获得大幅提升，并且大大增强适应未来网络中心作战的能力。

11.2 卫星广播分发系统

为满足情报系统向高机动、移动和固定平台用户分发实时情报的需要，美军利用 MOUS 战术移动通信卫星（UHF 频段）、WGS 全球宽带通信卫星（SHF 频段）、AEHF 抗干扰通信卫星（EHF 频段）开发了综合情报广播服务分发（IBS）系统。其中，UHF 窄带分发系统使用 J 系列消息，向作战飞机情报分发速率可达 19.2 kbit/s；SHF 宽带分发系统，按情报标准向车辆、舰船宽带情报分发速率可达 274 Mbit/s；EHF 抗干扰情报分发速率可达 8 Mbit/s。后续，美军又利用 UHF 频段后续星（UFO）和 WGS，发展了全球广播服务（GBS）系统，UHF 窄带分发系统向高机动用户提供实时情报服务，宽带分发系统向机动用户提供高速多媒体通信及非实时信息服务。

11.2.1 IBS 系统

IBS 是美国防部用于在全球范围内以 UHF 等频段广播传输多源情报信息的卫星通信网络。IBS 的开发主要是用于消除美军早期的烟囱式情报分发数据链系统，提高美军战场情报收集、处理和分发的效率，按需为战术、战区和战略级作战提供相应的情报支持，实现战场情报在各作战单元间的及时共享，为美军的战斗管理规划提供了强有力的支持。IBS 系统服务体系如图 11.12 所示，IBS 负责向战术及其他用户近实时地分发各类实时情报和信息，包括威胁规避、威胁告警、目标定位、机动、部队防护、目标跟踪、目标/态势感知与指示等信息。作战人员和决策者可以通过 IBS 进行 ISR 数据分发、实现态势感知、指示和告警等功能。

IBS 是一种战区定制的信息与情报传输系统，具有全球连接能力，使用标准化通用数据格式和通用战术终端。为了更加高效地为用户提供情报分发服务，IBS 把用户分为较小型、高速机动的战术用户和较大型、固定、移动或可运输的系统用户。前一类用户只需要较小的带宽，而后一类用户则需要较大的带宽。针对这两类用户的需求，IBS 将窄带通信系统（如 UHF 卫星通信）主要提供给高机动战术用户，主要使用 CIB、IW 等波形，消息格式与 J 系列共用数据元素字典，遵循 MIL-STD-1553B、MIL-STD-6018 等标准；而高容量的卫星通信系统（如 SHF、EHF 频段卫星）和地面通信系统则主要提供给更高级用户，并在此基础上将用户、任务和情报数据流重新规划后形成了综合化的 IBS 体系。

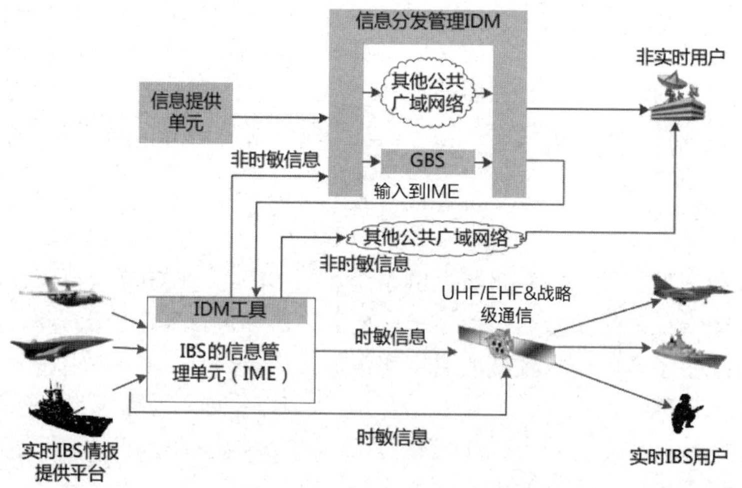

图 11.12 IBS 系统服务体系

11.2.2 GBS 系统

GBS 是美国军事空间体系的重要组成部分，是基于商用卫星技术的情报分发高速卫星通信系统，与全球指挥与控制系统（Global Command and Control System，GCCS）等重要国防信息基础设施互联。GBS 的出现，使绝大多数关键信息能在数秒内发送。GBS 广播分发业务主要通过两种类型的军用卫星进行广播，即 UFO 和 WGS，前者为小型、高速机动的战术用户提供实时情报服务，后者为前沿部署、机动中及驻防部队提供高速多媒体通信服务。GBS 网络体系架构与应用视图如图 11.13 所示。

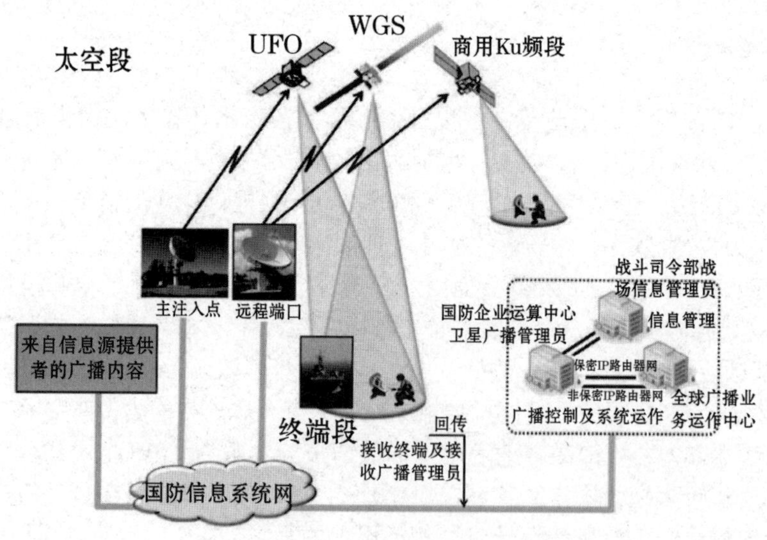

图 11.13 GBS 网络体系架构与应用视图

11.3　侦察卫星情报实时传输系统

为使天基情报资源直接服务于战术应用，美军建立了快速作战响应空间卫星 ORS-1 光学成像侦察卫星，战场作战部队可通过战区的战术地面站（TGS），使用星地 CDL 链路向侦察卫星定制成像任务和接收图像数据，接收速率为 10～274 Mbit/s，并将数据集成到 DCGS 系统之中进行进一步处理和分发。

天基情报侦察是一个国家战略情报侦察能力的基础。目前，美国在网络中心化的现代化战场上，以及网络使能的联合与协同作战模式中，越来越多地接入了天基情报侦察资源，将天基情报资源直接接入战术战场，提供及时的情报服务，使战斗力得到成倍的增长。作为实战应用系统，ORS-1 卫星通过虚拟任务控制中心（VMOC）和分布式通用地面系统（DCGS）完全融入了美军的 ISR 网络体系，从战场指令下达到完成数据下传的时间最快可达 6.5 min。战场作战部队可通过战区的战术地面站制定卫星成像任务和接收图像数据，并将数据集成到 DCGS 之中进行进一步处理和分发。而对于常规任务，空间操作中心（SOC）可通过美国本土的 CDL 地面站制定成像任务和接收图像数据，生成图像情报产品，并通过 SIPRNET 向作战用户分发下传原始数据、制作数据产品、接收数据产品。

从图 11.14 中可以看出，用于直接支援战场战术行动的天基情报侦察信息主要包括通信情报信息、信号情报信息、电子侦察情报信息、战场态势信息、地形/地域/目标图像、威胁目标方位/地理位置/航迹信息等。它们通过战术地面站都能够在最小 OODA 环路的各个阶段插入提示，用于为作战用户战场情报准备、作战计划制定、作战图像生成、作战指挥决策、威胁目标指示与精确交战引导，以及战斗效果评估等提供支撑。

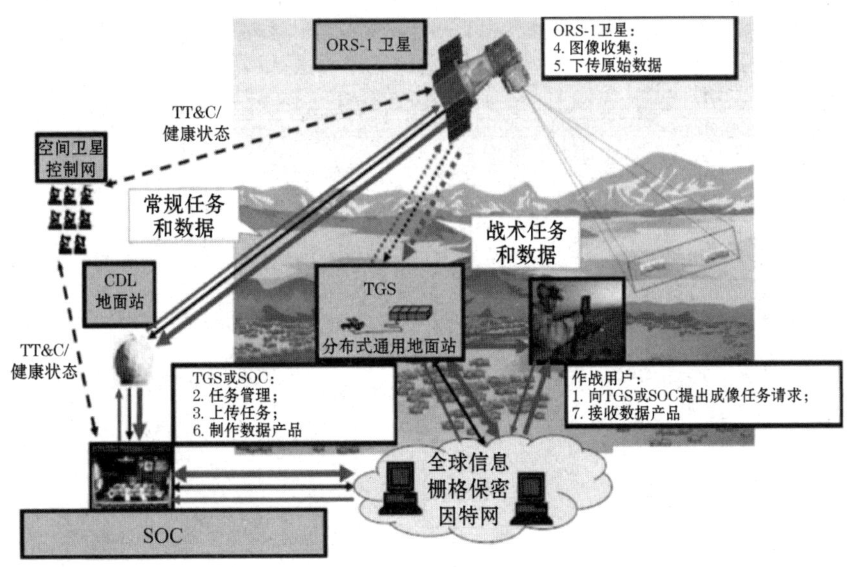

图 11.14　ORS-1 卫星战术行动作战视图

本章小结

本章主要介绍了支持图像、视频和高速数据流等侦察情报信息传输的航空数据链系统。本章讲述了通用宽带数据链的基本概念、发展过程、系统功能及其作战应用，介绍了宽带数据链和无人机通用数据链的体系结构、波形规范、接口等技术体制。

思考与练习

11-1 阐述 CDL 数据链的主要战术功能。

11-2 对比战术数据链，说明宽带数据链的性能特点。

11-3 列举宽带数据链主要类型及其应用。

11-4 简述 TCDL 的主要性能和应用范围。

11-5 试举例分析无人机应用中对宽带数据链的性能需求。

参考文献

[1] 骆光明，杨斌，邱致和，等. 数据链：信息系统连接武器系统的捷径[M]. 北京：国防工业出版社，2008.

[2] 朱衍波，王志鹏，郭凯，等. L 波段数字航空通信系统技术发展现状与挑战[J]. 航空学报，2024，45（10）：6-20.

[3] 张沛，王志国，王震. 美国空军数据链体系发展现状及建设方向[J]. 指挥信息系统与技术，2023，14（1）：8-14.

[4] EGG B J. Quad band relay Common Data Link system and method: US202016774634[P]. US10998985B1[2024-08-22].

[5] PARK J S，SONG Y H，CHOI H G，et al．Coverage predection for aerial relay systems based on the common data link using ITU models[J]．The Korea Institute of Electronic Communication Sciences，2020，15:21-30.

[6] EVERSTINE B．USAF hiking spending on VC-25A upgrades amid VC-25B delays[J]．Aerospace Daily & Defense Report，2023，284（13）：1-2.

[7] EVERSTINE B．USAF hiking spending on air force one VC-25A upgrades[J]．Aviation daily, 2023.

第 12 章　数据链的发展

数据链系统是一个综合系统，其技术和应用研究已发展成为军事信息通信领域的一个重要分支。新的作战理念、新的应用需求不断对数据链的系统功能和技术性能提出新的发展要求，也带来了具有挑战性的新问题。

网络化、互联互通和空天地一体是数据链的基本发展趋势，以更为有效地服务于 OODA 跨域作战闭环。信息网络、大数据、云计算、人工智能技术的迅速发展，为数据链的演进创新提供了新的技术支撑。本章将介绍网络化驱动下的数据链新技术和新型军事应用，对航空网络概念及其相关航空自组网技术、航空集群作战及其相关软件定义网络技术，以及隐身通信技术进行重点介绍。

12.1　数据链的演进

数据链的演进

20 世纪 50 年代至今，在信息通信技术与作战需求的相互促进下，数据链不断发展演进，链接的平台规模不断增多，支持的任务功能不断丰富，极大地提升了战场体系作战效能，并催生了网络中心战和随后的空海一体战、多域战、马赛克战等一系列新型作战理念和作战概念。纵观世界各国数据链演进历程，作战理念经历了平台中心战→战术数字化作战→网络中心战三个阶段，相应的任务功能经历了指挥控制→态势共享→态势与指挥控制综合+侦察监视→目标瞄准/武器控制，对应的数字化战场经历了从 C2→C^4ISR→C^4KISR→C^4KISTAR 的演变。

1. 平台中心战理念阶段（20 世纪 50 年代之前）

该阶段是传统空战阶段，空中平台主要依靠自身功能和性能，独立或以编队形式实施作战任务。该阶段处于模拟通信技术应用时期，平台间主要通过模拟通信链路，以话音通信方式实现指挥控制功能，形成 C2（Command & Control）作战战场。技术原因使该阶段尚无数据链概念。

2. 战术数字化作战理念阶段（从 20 世纪 50 年代至 90 年代）

该阶段是数字化战场逐步建立、作战模式开始向信息化作战转变的阶段。为了实现战场态势共享和高效指挥控制，基于数据通信技术，涌现了战术数据链、宽带数据链及其他专用数据链等大量数据链系统，初步形成了区域的、离散的 C^4ISR 数字化战场，战场覆盖广度得到了扩展，作战效率得到了提升，在不同作战域开始出现信息化作战。

战术数据链在该阶段的发展演进极具代表性地反映出了数字化战场的形成及逐步扩大的过程。

（1）20 世纪 50 年代末，为解决航母与舰载机之间的舰机协同问题，美军研制了 Link-4 数据链，实现了舰船对作战飞机的数字化指挥，并在后期对其功能进行了增强和拓展，研制了具备舰机双向通信能力的 Link-4A 数据链，以及战斗机间协同并具备了抗干扰能力的 Link-4C 数据链。

（2）20 世纪 60 年代，为解决军兵种内平台间的作战协同问题，美军研制了 Link-11 数据链，实现了单一军种地/海面及空中作战平台的态势共享，以及数字化指挥的引导。

（3）20 世纪 70 年代末，为解决不同军兵种的联合作战问题，满足高速信息交互、抗干扰等需求，美军着手研制了支持三军联合作战的 Link-16 数据链，并于 1994 年开始装备使用，实现了陆海空作战平台间的信息分发和数字/话音指挥引导，通信性能和战术功能较 Link-4 数据链和 Link-11 数据链有了大幅提升。

（4）20 世纪 80 年代，为提升 Link-11 数据链技战术性能，以美国为首的北约国家启动了 NILE（NATO Improved Link Eleven），基于 Link-16 数据链技术的改进型 Link-11 数据链研制了 Link-22 数据链。该数据链具有较强的保密性和抗干扰能力，对复杂战场环境的适应能力强于 Link-11 数据链。

战术数据链建立起了基于态势信息共享和指挥引导功能的数字化战场，该阶段同期研制的 CDL 系列宽带数据链建立起了基于侦察监视功能的战场数字化链路。基本型 CDL 数据链较多采用卫星通信技术，以点对点的工作模式，使用远高于战术数据链的通信带宽，实现图像、视频、信号等大容量侦察信息的高速、远程通信。针对 CDL 终端的互操作问题，美军进一步研制具有广播和点对点两种工作模式的 MP-CDL，广播模式下可同时向 32 个（最多 50 个）用户发送信息，实现了 CDL 的网络化。

3. 网络中心战理念阶段（从 20 世纪 90 年代至今）

该阶段是数字化战场扩大和作战模式向协同精打转变的阶段，网络化特征逐步凸显，该阶段正处于新概念新技术不断涌现和火热研究的状态。

战术数据链、宽带数据链等数据链的多年使用及其突出的战场应用效果，推动作战理念发生从量到质的变革，美军于 20 世纪 90 年代提出了网络中心战（Network Centric Warfare，NCW）理念，希望将整个战场所有作战单元融合为一个统一高效的系统，在更大的覆盖范围构建数字化战场，真正实现战场网络化。在网络中心战思想的指导下，C^4KISR 数字化战场逐步形成，战场的覆盖广度和交联深度进一步扩大，更注重时敏目标的精确打击，开始涵盖并贯通整个作战环节，向 C^4KISTAR 战场迈进。

网络中心战层次结构如图 12.1 所示，分为联合计划网（Joint Project Network，JPN）、联合数据网（Joint Data Network，JDN）、联合复合跟踪网（Joint Composite Tracking Network，JCTN）三个概念层，各层由不同数据链构成。其中，JDN 实现了较大作战区域内平台间准实时的战术信息分发，使各平台获得作战范围内统一的战场态势图，从而实施精确高效的战场指挥控制。JDN 层的网络规模要求相对较大（用户数<500），可以满足数百个平台战场态势的统一共享和联合指挥。JCTN 是最接近交战前端的一层网络，可以实现对武器/火力的精确打击控制。JCTN 层的网络规模要求小（用户数<100），但信息时效性、信息精确性、信息可靠性等要求相对最高。联合计划网要求实现大数量、多种类、广域分布的网络用户间的信息互通，网络规模最大。

由图 12.1 可知：经过平台中心战和战术数字化作战两个阶段的发展，基于 Link 系列战术数据链，已基本完成网络中心战 JDN 这一级的构建，实现了作战区域准实时的战术级信息分发和指挥控制。而 JCTN 和 JPN 两级的构建处于大力研制和开放研究中，其中针对 JCTN，20 世纪 90 年代之后研发了满足隐身飞机作战需求的 IFDL/MADL、满足精确制导需求的 WDL、满足火力协同作战需求的 TTNT 和 CEC 数据链；针对 JPN 提出了满足航空作战网络化需求的航空网络等。目前看来，针对网络中心战理念的战场实现，一方面需要大量数据链新技术、新概念的突破，另一方面还需要持续的战场网络新技术新系统应用研究。

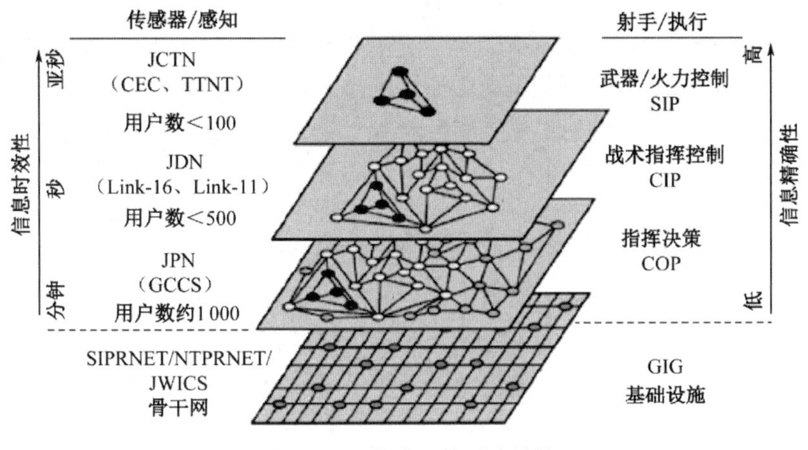

图 12.1 网络中心战层次结构

12.2 航空网络

1997 年美海军作战部部长杰伊·约翰逊上将首次提出网络中心战概念，称“从平台中心战到网络中心战是一个根本性转变”，强调作战的中心将由传统平台转向网络。网络中心战作为一种使能力量，使地理分散的战斗群能够获得高度共享的战场感知，用来达到战略、战役和战术目标。该目标的实现需要一个全球的、端到端的、鲁棒的、无缝的、提供安全信息（数据、语音、图像、视频）服务的网络，网络中综合战斗人员、决策者、平台、武器、传感器和决策支持。

2006 年美国国防部首席信息官格里梅斯签发《国防部首席信息官战略计划》，美军网络中心战进入全面发展阶段。随着美军战场的组织原则转向网络中心战，网络化通信的体系结构和支撑技术的研究逐渐兴起，先后提出了多个相关计划项目，典型代表项目如美国国防部的 GIG。GIG 拟通过整合各种信息资源，将各军种现有的“烟囱式”数据链系统融合为一个可共享全球战场多维信息、互联互通互操作的大型复杂网络，作为美军网络中心战的神经枢纽，以极大地增强美军的全球作战能力。任何地域的作战单元只要接入 GIG，便可无缝地在全球领域通过网络传输获取所需的军事信息，不受地域限制，真正实现即插即用功能。

GIG 按照作战区域，划分出空间、空中和陆地三个基本作战域，其组成如图 12.2 所示，横向分别建立空间网络、航空网络及地面网络，并且三个网络以一定方式纵向互联，从而构建成一个大型复杂网络，作战信息在各自域内及域间交互，形成战术信息在全球战场中的按需无缝流转。

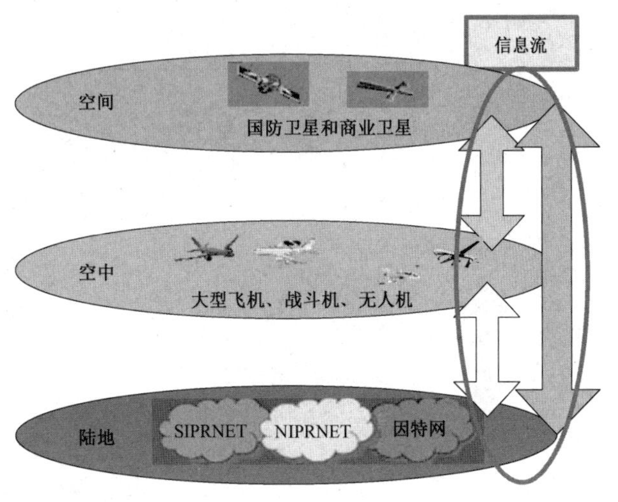

图 12.2 GIG 组成

12.2.1 航空网络概述

GIG 空中作战域部分的主要作战单元为一定数量、多种类型的空中飞行器，如无人机、快速移动的战斗机、相对固定的空中加油机、慢速移动的运输机以及各类传感器等。GIG 的航空网络（Airborne Network，AN）设想为这些空中作战单元提供一种新型空中移动战术网络，使空战信息能够在作战单元间按需无缝流转，同时与其他两个作战域保持互通。请注意在很多文献中，也将 Airborne Network 翻译为机载网络，而在本节所描述的概念范畴内，航空网络和机载网络含义相同。

GIG 设想航空网络基于 IP 网络和基于 Web 服务，由多个配置于空中平台的 IP 网络节点组成，成为全球作战网络的空中信息基础结构。IP 网络化为作战单元和系统间交互信息提供标准的互操作方式，便于空间、空中和陆地网络的互联互通。美国国防部相应部署了一系列研究计划，包括 JTRS、FAB-T（Family of Advanced Beyond line-of-sight Terminals）、MP-CDL 及 TC（Transfor- national Communications），探索“航空网络”的技术实现。

2004 年 10 月，美国空军 AN SIG（Airborne Network Special Interest Group）制定了《航空网络系统通信描述和技术体系结构轮廓》1.1 版，其将航空网络定义为“向至少一个具有飞行能力平台的节点提供通信传输服务的基础结构”。航空网络不仅连接空中平台，而且提供与空间网络和陆地网络的连接。

图 12.3（a）所示为航空网络的基本构想：某一场景中的各种空中飞行器通过无线链路相互连接，形成基于 IP 的移动网络，由动态、异构的陆地、空中和空间通信子网络和节点组成。

一些航空网络空中飞行器通过视距无线链路连接到地面站点，可直接与空军地面站点连接，或者通过地面 SIPRNET（the Secret Internet Protocol Router Network）连接空军地面站点，也可利用海军平台作为中继接入海军地面站点。

一些航空网络空中飞行器通过卫星链路进行连接，如商用卫星 INMARSAT 和军用卫星。对于美国国防部的卫星 IP 网络化服务，TSAT（Transformational Satellite System）计划在其卫星星座范围内提供网络路由。

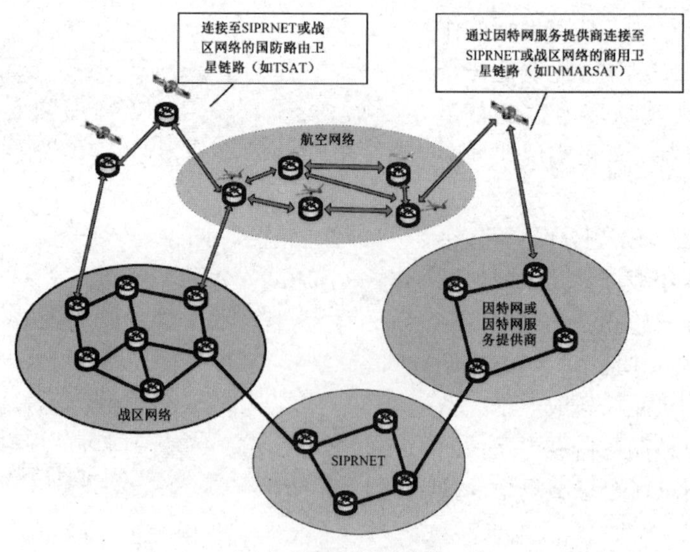

（a）航空网络基本构想

图 12.3 航空网络设想

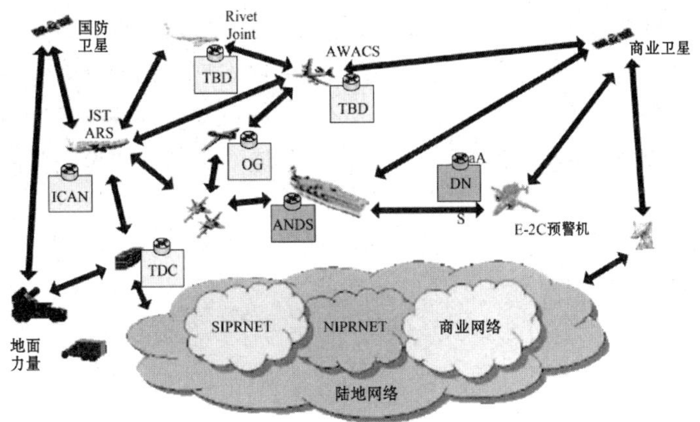

（b）航空网络通信连接概念示意图

图 12.3　航空网络设想（续）

图 12.3（b）所示为航空网络通信连接概念示意图，该图采用概念化的航行器、概念化的场景和概念化的通信。其中，商业网络和 NIPRNET（Non-classified Internet Protocol Router Network）作为陆地网络的组成部分，负责提供非保密信息的接入和交换。

12.2.2　航空网络体系结构

航空网络体系结构

航空网络的服务对象是全球广域作战的空中平台，服务贯穿整个 OODA 作战过程，因此航空网络并非简单的某一种或某一类通信系统，而是由多种类不同通信系统组成的集合，不同系统完成各自的战略、战役或战术任务，多个系统采用一定的体系结构建立空基信息传输基础结构。

1. 航空网络子系统

航空网络构想的实现，不仅需要已有的各类数据链系统，还需要从网络设计角度出发的新研数据链系统，以及将这些系统有机组合的新技术。表 12.1 所示为构建航空网络的部分子系统，一些子系统是 JTRS、FAB-T、MP-CDL、TC 等项目计划的研究成果。请注意，航空网络的组成系统仍在不断发展更新。

表 12.1　构建航空网络的部分子系统

序　号	子系统名称
1	Tactical Targeting Network Technologies (TTNT) System
2	Wideband Networking Waveform (WNW) System
3	Network Common Data Link (N-CDL)
4	INMARSAT Swift Broadband Service
5	Joint Surveillance and Target Attack Radar System Aircraft (JSTARS, E-8)
6	Airborne Warning and Control System Aircraft (AWACS, E-3)
7	Combined Air Operations Center (CAOC)
8	Theater Network (A "Generic" Network within the local Theater of Operation)

航空网络组成系统中，最重要的一个就是 JTRS 项目研究相应的多个子系统。JTRS 系统能够在运行大量现役波形的同时，向战术单元提供移动 IP 网络化。特别地，WNW 也被该软

件定义电台所采用，提供基于IP的战术移动网络化能力。通过扩展网络服务能力，JTRS系统既能支持早期采用的“窄带”通信能力，也能支持全频段新型视距电台和SATCOM终端WNW的通信能力。JTRS系统的另一个重要特点是具有为目前在用的数据链提供网关服务的能力，包括在用数据链（如Link-16数据链等）与WNW互连的路由、重传服务，以及基于IP的相关传输机制。

组成航空网络的另一个主要系统，是先进超视距终端家族FAB-T项目研究相应的多个子系统。FAB-T系统提供类似于JTRS系统的传输能力，但工作频段更高并使用定向天线。更高的通信频段提供接入商用和军用SATCOM服务的能力，以及更高容量的视距通信服务。一种FAB-T系统是空中激光通信终端，为某些空中平台提供与空间网络的自由空间光连接。

2. 体系结构

航空网络的体系结构对规划航空网络服务功能、航空网络系统组合方式，以及航空网络战术任务实施效果都有影响。由于航空网络成员、任务、组成的复杂性，针对航空网络概念提出以下三种航空网络体系结构，分别从不同视角丰富网络中心战概念、指导航空网络的实现。

1）基于空间视角的航空网络体系结构

按照空中平台的飞行空域、任务功能、平台类型，并结合对外通信需求，提出基于空间视角的航空网络体系结构，如图12.4所示。该体系结构将航空网络划分为三个层级，通信卫星及其通信链路形成最高层，高空无人机、运输机、加油机等大型航空平台及其通信链路形成中间层，战斗机、无人机等小型航空平台及其通信链路形成最低层；并给出了三个层级与地面网络的信息交互方式、最低层与最高层的信息交互方式。

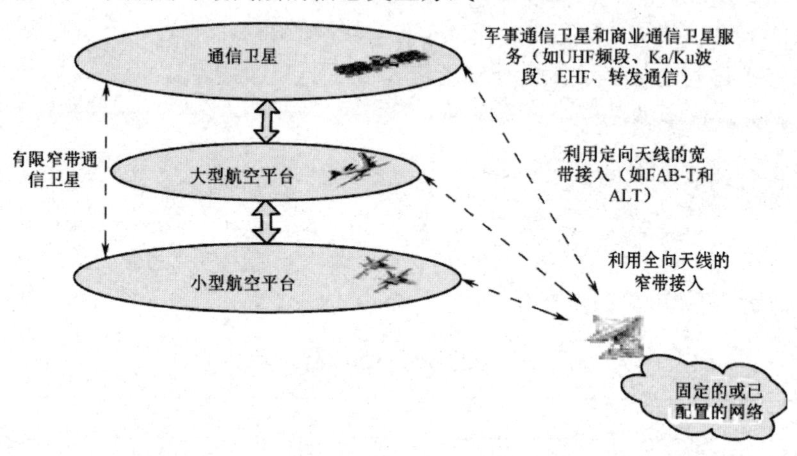

图12.4 基于空间视角的航空网络体系结构

2）基于距离视角的航空网络体系结构

空中平台间通信链路的覆盖范围、通信带宽和支持IP网络化的能力是有差别的。对于覆盖范围，有视距通信链路和SATCOM链路；对于链路通信带宽，有宽带通信链路和窄带通信链路，其中宽带链路主要采用方向性天线（如机械式随动天线或相控阵天线），而窄带链路多采用全向天线；对于是否具有IP网络化能力，分为现有通信链路和网络化通信链路，其中现有链路需要网关转换以连接到基于IP的基础结构，而网络化链路在设计阶段就已整合IP网络通信能力。

为了能够覆盖不同通信距离，采用不同通信链路，形成基于距离视角的航空网络体系结构，如图 12.5 所示，覆盖范围由大到小分为全球空间网络、区域宽带视距网络、窄带视距网络、平台网络四个层级。

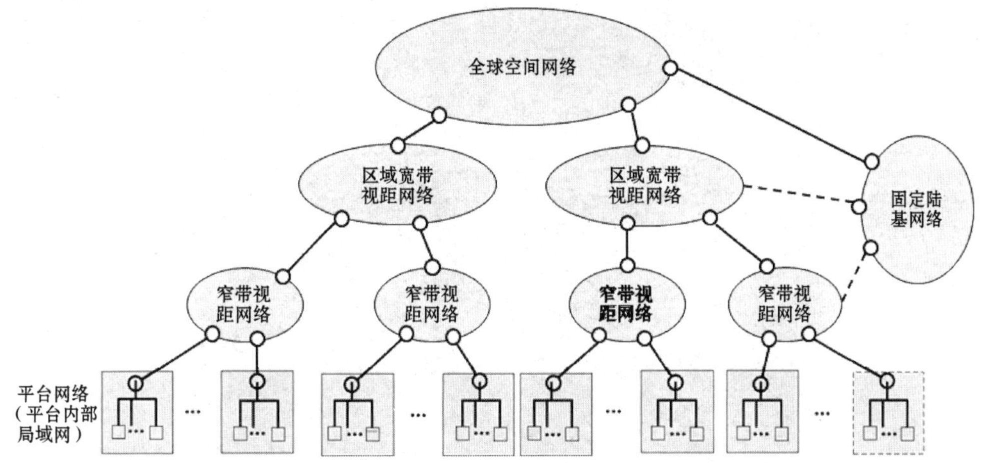

图 12.5　基于距离视角的航空网络体系结构

对于远距离通信，全球空间网络旨在实现全球通信覆盖，主要通过卫星通信链路构建，星间激光链路、高/中/低轨卫星通信系统为其典型子系统。全球空间网络对下承接多个区域宽带视距网络，每个宽带网络实现一定视距覆盖范围内空中平台的大容量业务传输和交互，主要通过定向链路构建，宽带数据链系统为其典型子系统。区域宽带视距网络对下承接多个窄带视距网络，每个窄带网络实现视距范围内的战术业务传输和交互，主要通过全向数据链路构建，战术数据链系统、协同数据链系统为其典型子系统。最下层平台网络为每个空中平台的内部局域网络，实现作战平台所配属各种任务系统之间的信息传输和交互，通过平台内部有线/无线链路构建，机载航电网络为其典型子系统。

图 12.5 中，平台网络通过战术、协同数据链或其他通信设备，通过接入窄带视距网络实现平台信息的传输和交互；多个窄带视距网络以一定方式接入某区域宽带网络，通过该宽带网络实现业务的汇聚和窄带网络间信息的交互；区域宽带数据链以一定方式接入全球空间网络，实现相应视距网络业务的远距离传输；全球空间网络、区域宽带视距网络、窄带视距网络均可以一定方式接入地面网络。请注意，不同层间的接入方式目前尚未明确统一，会涉及不同类型通信链路接入、处理转发等问题，网关是其中一种处理方式。

3）基于任务视角的航空网络体系结构

无论是 OODA 循环理论的观察、判断、决策和行动四个基本作战阶段，还是杀伤链的发现、定位、跟踪、瞄准、交战和评估（Find Fix Track Target Engage Assess，F2T2EA）6 个目标打击链条环节，一次完整的空中作战是有阶段环节明确划分的。不同阶段环节由不同类型的空中作战平台和不同的数据链系统组织实施。

为了适应不同阶段、不同环节确定或随机出现的作战任务，可以采用骨干网和战术边缘子网概念，形成基于任务视角的航空网络体系结构，如图 12.6 所示。

骨干网（Backbone Network）通过大型空中平台（如 AWACS、Joint STARS、Rivet Joint、Global Hawk 等）及大容量定向通信链路（如 TCDL、激光视距链路等）构建。大型空中平台资源丰富、处理能力强，航时长，区域规律运动，能够在平台间提供高带宽、低时延、低抖动的 IP 连接。骨干网拓扑结构相对稳定，链路连通性相对较好，带宽相对较高，通常覆盖较大战场区域范围。骨干网实现航空网络的主干通信功能，作为战术边缘子网的接入网，汇聚各子网战术信息，提供指挥中心与作战平台间无缝的高带宽连接，并提供战术边缘子网间的相互连接。

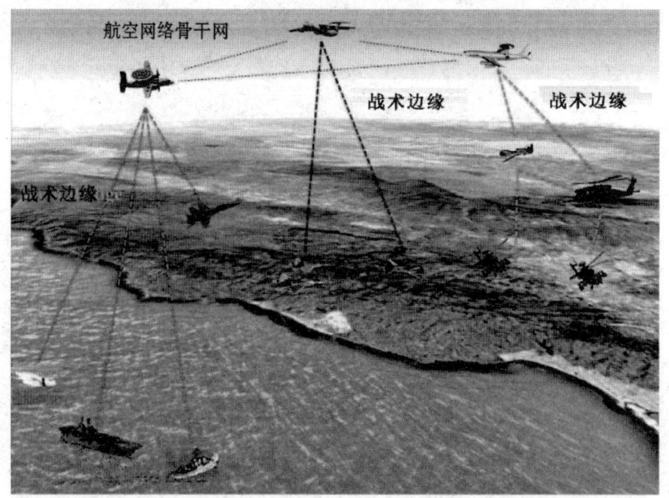

图 12.6 基于任务视角的航空网络体系结构

根据作战阶段、作战环节的任务要求，战斗机、航空武器、无人机等空中作战平台动态组网，构建战术边缘子网。相比骨干网的大型空中平台，战术边缘子网的作战平台资源和处理能力有限，但其在作战区域内可以随机、快速地移动。与骨干网特性明显不同，战术边缘子网随作战任务要求不同而随机建立，建网时间、持续时间不定，从而拓扑变化相对频繁，链路连通性相对变化较大，带宽相对较低，通常覆盖较小作战区域。战术边缘子网实现 OODA、F2T2EA 相应阶段、环节任务实施过程中子网内战术平台的信息交互功能，支持相应任务的协同实施。战术边缘子网采用现有数据链或新技术数据链。一次完整的空战将有多个动态组织的战术边缘子网。

在图 12.6 中，战术边缘子网利用接入设备接入骨干网，通过骨干网，汇聚各子网战术信息，向相关子网分发战术信息，以及子网间交互战术信息。骨干网可接入空间网络和地面网络，形成空-天-地宽带骨干网。

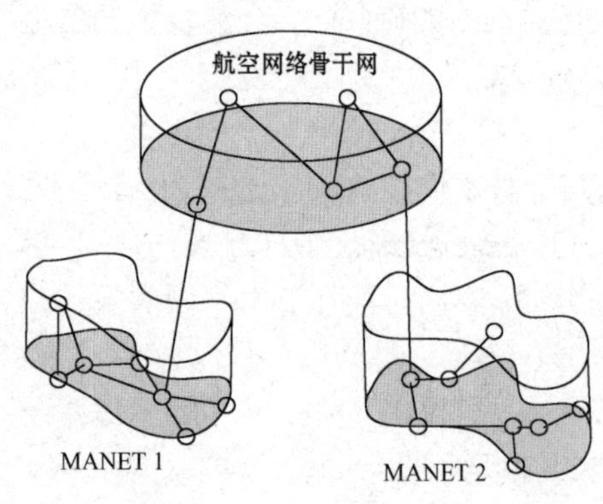

图 12.7 互连 MANET

美军针对基于任务视角的航空网络体系结构设计进行了概念和技术的评估。其在相关文献资料中指出，航空网络的骨干网至少包含 1 个空中节点，骨干网中的节点采用更高带宽的链路连接，同时节点在空中，高度更高，具有更远的视距通信范围，可以增强相互间的连接概率。而战术边缘子网由于具有较大的网络动态性，采用移动 ad hoc 网络。航空网络骨干网将对大量独特、孤立、MANET 提供相互可见性，即骨干网在 MANET 之间提供高带宽的连接。图 12.7 示例通过航空网络骨干网连接两个孤立的战术边缘 MANET，在两个网之间交互信息。相关文献还指出，必然有一些节点作为网关，既属于骨干网又属于战术边缘子网。2006 年 8 月麻省理工学院林肯实验室的空中骨干网飞行测试 AN06（Airborne Network flight experiments），采用已有 TCDL 定向无线链路组成 3 节点空中 IP 骨干网，对许多航空网络原型概念进行了验证。

需要强调的是，航空网络的战场实施经过一段时期的研究，虽然对网络体系结构、网络功能等概念内涵已逐步清晰，但由于其复杂多样性，网络中什么平台完成什么角色、承载什么连接并不能按照统一模式完全确定，需要结合实际场景、应用需求而灵活设计。另外，美军开发了许多实现航空网络功能的实例，如 JTRS、FAB-T 项目计划，但也发现还会涉及一些新的或正在出现的技术领域，因此存在大量技术挑战，需要不断解决技术挑战，逐步实现并完善航空网络功能。这是一个循序渐进的过程。

12.2.3　航空网络特点

节点固定与节点移动的通信环境、地面作战与空中作战的战场环境差异，使航空网络与陆地网络、空间网络存在不同特点。

1. 动态性

航空网络的动态性可以从节点动态、链路动态和网络拓扑动态三个方面体现，这会对航空网络的链路稳定性、网络鲁棒性、网络连通性造成影响。

（1）节点动态：空中作战平台以各种类型的飞行器为主，具有低、中、高速不同运动状态，且运动轨迹相对机动性强，因此航空网络中的节点动态。

（2）链路动态：空中作战单元在机动过程中，平台间的相对位置关系发生变化，存在超出有效通信范围的情况，导致链路中断。另外，战场环境中的强信号干扰，影响链路通信质量，严重情况下导致链路无法正常传输战术信息。

（3）网络拓扑动态：航空网络针对特定地理区域中的某个给定任务或一系列任务而存在。它不是一个永久网络，因为任务结束后相关的空中平台将着陆，网络将消失。不同的运行场景对应不同的航空网络，类似于由不同 NPG 构成的 Link-16 网络。

高速飞行的航空器使网络拓扑快速改变（见图 12.8），而网络拓扑影响航空网络特性，从而直接影响飞行器通过网络获得信息的能力。

另外，随着任务需求的变化，网络中将加入或移除节点或系统，要求网络功能和拓扑能够自适应并随之调节，而且操作环节最小化。

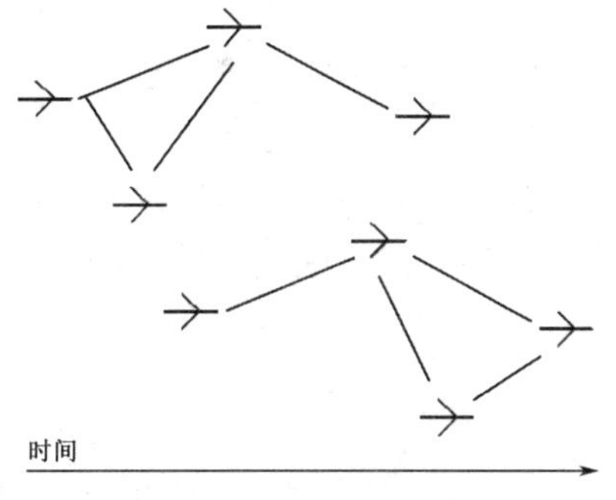

图 12.8　网络拓扑变化

2. 通信广域性

美军网络中心战、GIG 的目标是全球互联、全球作战，其中的作战平台大范围分布，各组成网络的通信范围一定是广域的。这里的广域，不仅包括经纬度地理分布的广域，还包括高度分布的广域。航空网络需要具有远距离、超视距、跨域的通信传输能力。

航空网络在三维空间（从树高以上到轨道空间飞行器限高以下）运行，必须考虑该空间内平台具有的“空中平台行为”，即航向、速度和航迹（Heading，Speed，Flight-path，HSF）。为了维持网络拓扑的连续性，需要传输相应的信息：平台类型（航行器、无人机甚至太空船），平台出现的时间与地点，平台穿越方向（一定时间内一些平台将在指定空域“徘徊”，按照预定轨迹飞行），平台飞行速度（几米每秒至超声速），以及指定空域的平台数量（如 0 到多个）。多种信息类型和大量参数将使网络变得复杂。

3. 带宽有限性

与有线网络相比，航空网络的信道带宽有限。同时还将遭受人为干扰，进一步限制了可用带宽。

4. 业务综合性

航空网络所连接的空中作战平台，类型、功能是多样的，如传感器侦察监视、指挥平台决策控制、武器系统拦截打击等不同战术功能，在不同时段、不同区域产生情报、探测、指挥控制、作战协同、目标打击等战术信息，需要航空网络具有综合传输能力，满足不同类型战术信息的 QoS 需求。

5. 任务连续性

与某一种数据链系统不同，航空网络需要支持探测—定位—跟踪—打击等一系列任务，形成杀伤链，实现完整的作战闭环，而不是仅支持作战环节中的某个阶段。这种任务的连续性，使得航空网络应具有不同于单一数据链的网络结构，采用比单一数据链更为复杂的波形、组网、消息处理等技术。

6. 链路多样性

不同类型的空中平台，其通信能力不同；在某些情况下，甚至同系列平台间的通信能力都不同。通信能力的多样性增加了将它们组织到一个航空网络中的复杂度。基于空中平台的通信能力差异性包括如下。

（1）仅数据通信或仅话音通信。

（2）射频或激光视距通信、超视距通信。

（3）通信流量从百比特每秒到兆比特每秒。

（4）多级别的通信安全性。

（5）子网无线电台各异，子网间通过网关通信。

为了完成多样的作战任务，航空网络的传输链路必然具有多样性。如针对通信距离，有支持空中作战平台间视距通信的链路，有支持空中作战平台接入空间网络进行超视距通信的链路；针对通信带宽，有全向窄带通信链路，有定向宽带通信链路；对应有多种通信频段的链路。

7. 多网异构性

航空网络由多个异构的通信链路和网络组成，其通信范围、波形、数据传输方式、信息确认机制、QoS、可靠性等不同。另外，航空网络要包括现有的“烟囱式”数据链、商业网络及早期基于软件的无线电台等多种通信网络，因此它必然是异构网络。

12.2.4 技术挑战

技术挑战

美空军航空网络演进设想图如图 12.9 所示，从单纯采用数据链技术的同构航空网络，逐步向采用数据链技术、定向宽带通信技术、MANET 技术、卫星通信技术等多技术综合的异构分层航空网络演进，形成空间骨干网、空中骨干网和不同空中战术子网，为各类空中作战平台提供战术信息传输服务，并支持机载用户获得 GIG 所提供的多种通信服务。

图 12.9 中所反映出的演进技术非常有限。如前所述，航空网络愿景的实现，需要开展大

量技术探索、应用研究及试验验证，是一个长期、迭代发展的系统性工程，致力于不断解决各种各样的技术问题。在此仅对可能涉及的技术进行参考性列举，并不代表全部研究内容。

（1）定向宽带通信技术。

（2）MANET 技术。

（3）MESH 网络技术。

（4）卫星通信组网技术。

（5）航空网络路由技术。

（6）异构网络互联技术。

（7）智能网络管理技术。

（8）航电网络技术。

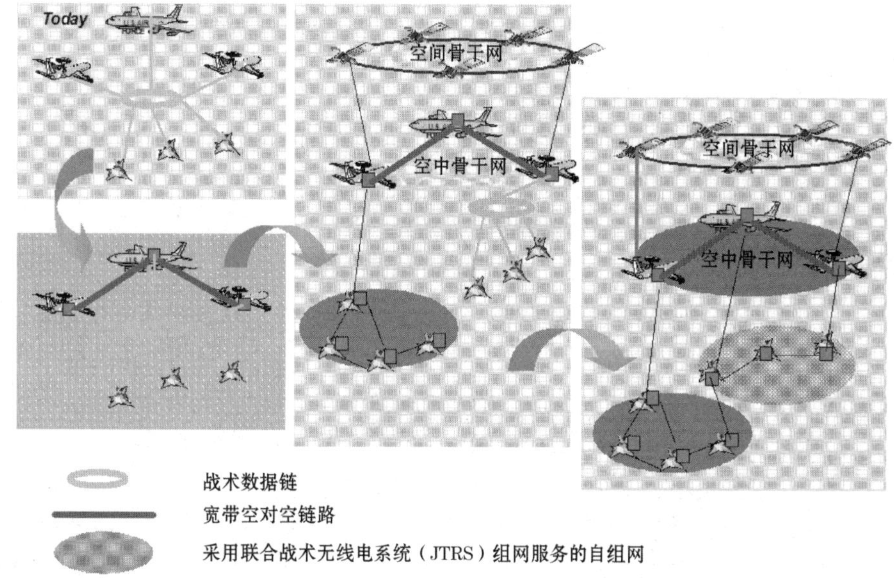

图 12.9　美空军航空网络演进设想图

实际上，航空网络是一个大型且复杂的网络，应用研究过程中一直在提出计划研制项目、研究开发关键技术、解决工程实际问题。战场机载通信节点（Battlefield Airborne Communication Node，BACN）是美军建设发展航空网络的重点项目之一。

1998 年，DARPA 提出机载通信节点（Airborne Communication Node，ACN）研制计划，目标是为美军及其盟军提供战区空中中继通信服务。2002 年，DARPA 扩大 ACN 计划，提出自适应 C^4ISR 节点（Adaptive Joint C^4ISR Node，AJCN）计划。AJCN 是一种基于模块化、可裁剪架构的多任务、多功能、可配置的 C^4ISR 负载，提供通信中继和桥接功能，在战术数据链、宽带数据链等宽/窄带通信系统基础上，增加了信号情报和电子战信息接入能力。2005 年，美空军提出了 BACN 演示验证项目，继承 AJCN 的主要功能特点，研制共用链路综合处理器（Common Link Information Processor，CLIP），增强多链路信息桥接能力。2015 年 6 月，美空军将基于“全球鹰”无人机的 EQ-4B 无人机作为战场机载通信节点，支持广域空战场、异构战术子网、各类空中平台间的信息互通和联合作战，如图 12.10 所示。近年来，美军开始了隐身无人 BACN、分布式 BACN 的研究。

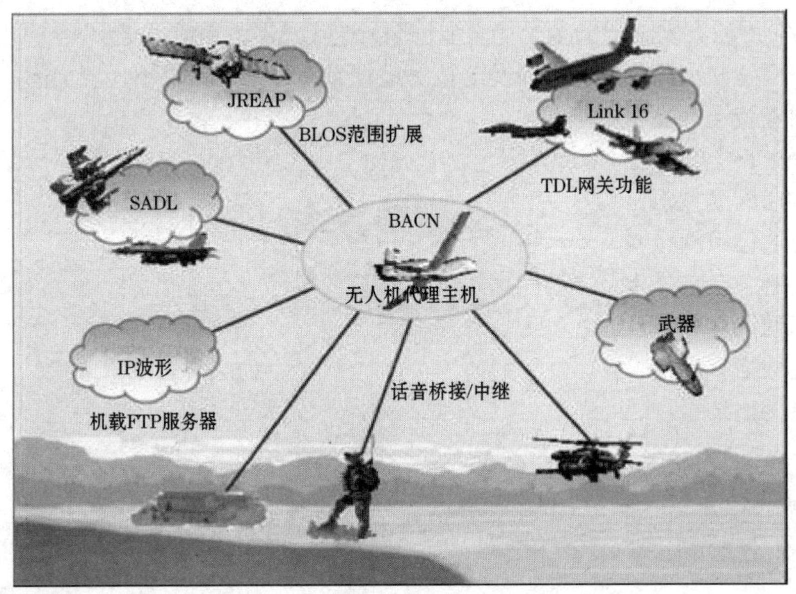

图 12.10　美军战场机载通信节点的多系统互联功能

12.3　航空自组网

航空自组网技术

以战术数据链为代表的早期数据链系统，其作战场景、作战任务是确定的，作战范围通常限定在视距通信距离内，对数据链网络的组网能力、网络容量、抗毁自愈、路由转发等方面没有过的高要求。随着联合作战、全域作战等作战样式的发展，数据链系统需要较高的灵活性和抗毁性，网络规模应能根据实际需要方便快捷地扩大和缩小，需要实现更大范围战场中的多维信息共享。

20 世纪末，ad hoc 网络技术开始兴起，其自组织、易扩展、可自愈的灵活组网特点使其在众多领域中得到应用，如车联网、无线传感器网、移动会议、灾难救援等。在航空领域，适应航空网络特点，研究人员提出将 MANET 技术应用于航空网络的航空自组网（Aeronautical Ad Hoc Network，AANET）概念，即以有人飞机或无人机作为信息发送、接收或转发的通信节点，以节点间的无线多跳链路构建动态拓扑、无中心的新型网络，确保现代空战场网络化作战的实施。

12.3.1　MANET

Ad hoc 网络是由一组带有无线收发装置的移动终端组成的一个多跳临时性自治系统，其中移动终端具有路由功能，可通过无线连接构成任意的网络拓扑结构，能够在没有固定通信基础设施的情况下进行通信。Ad hoc 网络可独立工作，也可与因特网或蜂窝无线网络连接。Ad hoc 是拉丁语，意思是专门为某一特定目的形成的或与某一特定目的有关的。MANET 也称为多跳网络（Multiple-hop Network）、无固定基础设施的网络（Infrastructureless Network）、自组织网（Self-organized Network）或分组无线网（Packet Radio Network）。

1. MANET 概述

MANET 的网络节点是移动的，这些移动节点不依赖于预先设定的通信基础设施，而是在需要时临时构建无线移动通信网络。网络节点带有无线收发信机，具有无线网络接口，同时具有通信主机和路由器的功能；节点利用自身的无线设备与通信范围内的其他节点直接交换信息，不在通信范围内的节点借助于其他节点进行路由或中继，实现多跳通信，如图 12.11 所示。

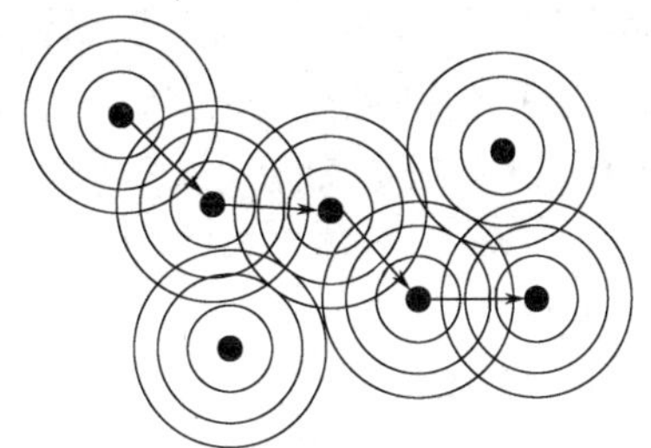

图 12.11 MANET

在合适时间提供合适信息的需求带来大量的基础性网络新问题，如前所述，针对战场边缘战斗人员灵活可靠通信连接的 MANET 应用研究和设计已展开，MANET 技术的战场应用得到推广。针对战术边缘环境，满足作战需求的网络协议优化正在发展，新的网络化电台技术正在推动新的功能和实现方法。

1）网络节点

MANET 中的节点是通信主机与路由器的统一体。一个节点可以与其通信覆盖范围内的其他节点实现直接通信，这些节点称为该节点的一跳邻节点；如果一个节点要与不在通信范围内的另一个节点进行通信，则必须经过其他节点的信息中继转发，构成信息的多跳传输，源节点与目的节点的路径距离也就达到了 n 跳（$n>1$）。

一个 MANET 节点至少包括一部无线电台和一个路由器，可能还有一个主机或多个主机及网关功能，如图 12.12 所示。无线电台用于节点任意移动时维持节点间的连接。由于节点并非总是彼此连接或总是与 MANET 网关节点连接，因此必须包括路由功能，使超过 1 跳的节点相互通信。网关节点允许与其他网络通信。一些节点至少包括一个主机设备供应用程序使用 MANET 资源。不具备主机设备的节点用于网络中继。

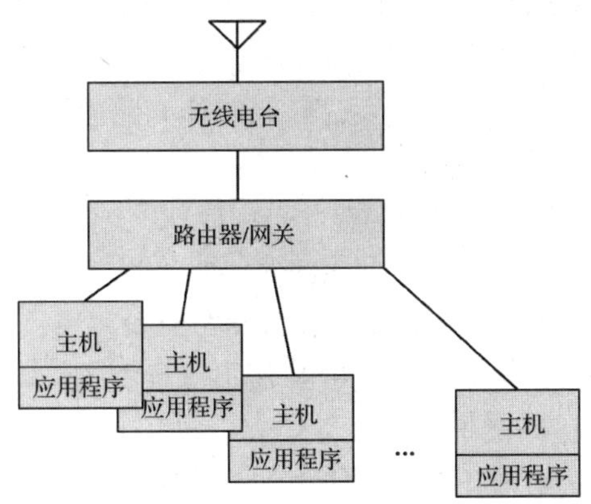

图 12.12 节点功能组件

理想的 MANET，对可快速配置节点的移动性没有限制，假设构建网络的全部基础设施能够进行自配置以提供所需的服务。然而受目前网络技术架构的限制，通常采取集中式服务和节点预先配置的配置方式。如此虽然简化了实现方式，但由于节点必须预先配置或与网络中心服务器连接，因此对节点的移动性提出了约束。

2）无线通信链路

MANET 提供了节点在移动中建立无线通信链路的能力，但无线电台的通信频段拥挤，并且需要承受己方和对方的无线信号干扰，容量有限的通信链路使设计者面临许多挑战；而且受高误比特率影响的信息重传使链路容量问题更为严峻。通常情况下，MANET 中的无线电台仅具有视距通信能力，所有的超视距通信由网络提供，将业务通过中间节点转发到目的节点。多跳链路下的可靠转发，需要设计相对复杂的网络协议。

3）网络特性影响参数

影响 MANET 特性的参数主要如下。

（1）网络尺寸，即节点数量和节点地理密度。

（2）网络连通性，即节点连接的平均邻节点数。

（3）拓扑变化率，即拓扑变化的速度。

（4）链路容量，即每个无线链路的带宽。

（5）单向链路比例，即单向链路在所有链路中所占比例。

（6）流量图，即通过网络的帧头载荷和应用数据的分布。

（7）休眠节点数，即进入休眠状态和休眠周期的节点数量。

2. MANET 的特点

与其他通信网络相比，MANET 是一类特殊的无线网络，具有无中心、自组织、拓扑动态、多跳组网、带宽有限、分布式控制、扩展性不强、存在单向无线信道、生存周期相对短暂等特征。

（1）自组织性：MANET 的自组织性，体现在网络的构建和运行不受时间、地点及网络设施的约束，即网络是自组织、自生成和自管理。网络中各节点相互协调地遵循一种自组织原则，自动探测网络的拓扑信息，自动选择传输路由，自动进行控制，把网络中的所有节点组成一个有机整体；即使网络发生动态变化或某些节点严重受损，仍可快速调整其拓扑结构，以保持必要的通信能力。由于 MANET 具有自组织能力，一方面不但可以简化网络的管理，提高其稳健性和灵活性；另一方面，它能在动态环境下（如节点位置不固定等）使资源得到有效利用。

（2）多跳性：MANET 单跳通信距离较近，在目前研究中大多假设不超过几千米，通过中间节点参与分组转发（多跳）实现大范围的网络通信，从而有效降低无线传输设备的设计难度和设计成本。节点作为主机运行相关应用程序，同时作为路由器运行相关的路由协议，进行路由发现、路由维护等，对分组进行转发。

（3）拓扑结构的动态性：在 MANET 中，各节点可以以任意速度和任意方式移动，加上发送功率变化、无线信道干扰、地形等综合因素的影响，以及节点本身工作状态的改变（例如，从通信工作状态进入休眠，甚至关闭电源等），都将导致移动节点间通过无线信道形成的网络拓扑结构的随时变化，而且变化的方式和速度都是不可预测的。其具体体现就是拓扑结构中网络节点的增加或减少，无线链路的增多或失效等。

（4）网络结构的分布性：MANET 与其他移动无线网络的主要区别，就是不存在类似于基站、接入访问点等的中心控制节点，其中网络节点的功能、地位相互平等，采用分布式控制，因此具有很强的鲁棒性和抗毁性。在某些情况下，网络可以根据需要选择某节点充当控制中心。在 MANET 中，任何节点均有担任中心节点的能力，并可根据实际情况自动更换。

（5）信道资源的有限性：无线信道本身的物理特性，决定了网络的理论网络带宽比有线信道要低得多。另外，因竞争共享无线信道而产生的碰撞及信号衰减、噪声干扰、信道间干扰等，使得所得到的实际带宽要远远小于理论上的最大带宽值。

（6）链路的单向性：在 MANET 中，由于节点间通信采用无线通信，因此发射功率及地形、地势等环境因素必将造成网络节点间单向链路的存在。

（7）较差的安全性：作为一种分布式的无线移动网络，MANET 更容易受到被动窃听、主动入侵、拒绝服务、阻止“休眠”（终端无法正常切换至休眠状态）、伪造等各种网络攻击。

3. MANET 的拓扑结构

MANET 的拓扑结构包括平面结构和层次结构两种。

1）平面结构

平面结构如图 12.13（a)所示，其中所有网络节点地位平等，不存在任何的等级和层次差异，因此这种结构有时也称为对等式结构。平面结构的网络相对比较简单，无须进行任何结构的维护工作。通过源节点与目的节点之间存在的多条路径，不仅可以均衡负载，而且还可以针对不同的业务，提供不同的路由。网络节点的平等地位，不易产生瓶颈效应，因此具有较好的稳健性。同时网络中节点的覆盖范围相对较小，也就相对较安全。然而，该结构网络的最大缺点在于网络规模受限；由于每一个节点都必须保持到达所有节点的路由，随着节点的加入、退出及节点本身的移动特性，需要大量的控制消息来维护网络的动态变化，因此网络规模越大，拓扑维护的开销也就越大。

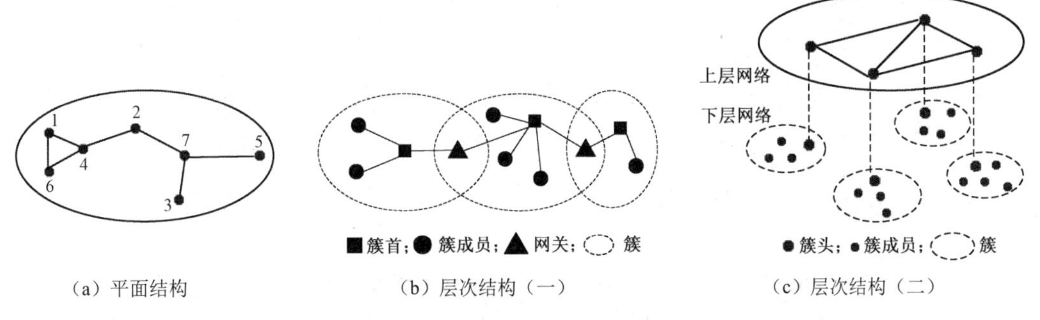

图 12.13 MANET 的拓扑结构

2）层次结构

与平面结构对应的是层次结构，如图 12.13（b）和（c）所示。这种分层的网络，由于其中节点间存在等级差异，因此也称为分级网络。这种网络一般以簇的形式存在。所谓簇，就是具有某种关联的网络节点组成的集合。在簇内，通常有一个按一定规则选举产生的、被称为簇首的节点，用于管理或控制这些关联节点集合。除簇首节点外，簇内的其他节点可以被称为成员节点，簇首节点与成员节点相比，具有较高的等级。当然，多个簇的簇首节点形成了高一级的网络；在高一级的网络中，又可以再次分簇，形成更高一级的网络，直至最高级。在层次结构的网络中，簇首节点负责簇间数据的转发：簇 1 中的成员节点如果要发送数据至簇 2 中的成员节点，则首先将数据传输至簇 1 的簇首节点，通过该节点的中继转发至簇 2 的簇首节点；接收数据后，簇 2 的簇首节点根据数据包中的目的地址进行检测，如果该数据的目的地址为本簇的成员节点，则将数据发送至目的节点，否则继续寻找目的簇进行中继转发。

在 MANET 的层次结构中，根据通信频率的不同，还可以划分为单频分层网络[见图 12.13（b)] 和多频分层网络［见图 12.13（c)]。在单频分层网络中，只有一个通信频率，所有的网络节点都使用该频率进行数据通信。为了实现簇首间的通信，必须依赖网关节点的支持，簇首节点与网关形成了更高一级的网络，被称为虚拟骨干网。这里的网关节点同时隶属于不同的簇。在多频分层网络中，针对层次级别的不同，相应的通信频率则不同。

与平面结构相比，具有层次结构的 MANET 具有以下突出特点。

（1）网络的可扩充性好，必要时可以通过增加簇的个数或层数来提高网络的容量。这种分层结构使路由信息呈现局域化，簇内节点无须知道其他簇的拓扑结构，这无疑大大减小了路由控制报文的开销。尽管簇首节点相对复杂（因为它不仅需要维护到达其他簇首的路由，还要知道节点与簇的隶属关系），但总的来说，相同网络规模下路由开销要比平面结构小得多。

（2）在平面结构的网络中，如果想定位某节点，则必须在全网中执行查询操作。而在层次结构的网络中，节点定位要相对简单。由于簇首掌握其簇内成员的定位信息，因此只要查询簇首就可以获得该节点的位置信息。同时，具有层次结构的网络可通过移动性管理来实现序列寻址，按照节点与簇的关系为节点分配逻辑序列地址，由簇首充当类似于 HLR 和 VLR 功能的位置管理服务器，就可以简单地实现节点的定位和寻址。

（3）具有层次结构的 MANET，可以看成基于有中心结构和无中心结构网络的综合体，因此可以采用这两种结构的技术优势。虽然采用层次结构后有了相对的控制中心——簇首，但簇首与其成员是动态变化的，节点依然是动态组网的。分层后的网络被分成了相对独立的簇，每个簇都拥有控制中心，因此基于有中心的 TDMA、CDMA 和轮询等技术都可以在这种结构的网络中改进后应用，基于有中心控制的路由、移动性管理和网络管理技术也可以移植到 MANET 中来。美国的 WAMIS 项目为了实现多媒体信息的传输而采用层次结构，并使用 TDMA、CDMA 等信道接入技术。

随着对 MANET 中 QoS 要求的提高，采用基于有中心的技术可能是最佳的选择；因此随着应用的增加，MANET 将逐渐呈现出层次化的趋势。

12.3.2 航空网络与航空自组网

近年来，MANET 除应用于传统的地面低速移动终端外，还在向着更广阔的领域发展应用。例如，将其应用于行驶车辆之间构成的车载自组网（Vehicle Ad hoc Network，VANET），应用于水下节点构成的水声自组网（Underwater Acoustic Ad hoc Network，UWAAN），应用于飞机之间构成的航空自组网，应用于无人机蜂群构成的无人机自组网[Unmanned Aerial Vehicle (UAV) ad hoc Network，UAV Network]等。

航空自组网也称空中自组网或机载自组网，是 MANET 在航空通信领域的应用。其基本思想是：一定范围内的航空飞行器之间可以互相转发控制指令信息，交换各自的飞行状态、感知信息等数据，并自动地连接建立起一个 MANET。在该网络中，每个飞行器不仅是一个收发器，而且还是一个路由器，可采用多跳的方式把数据转发给更远的飞行器，其概念图如图 12.14 所示。

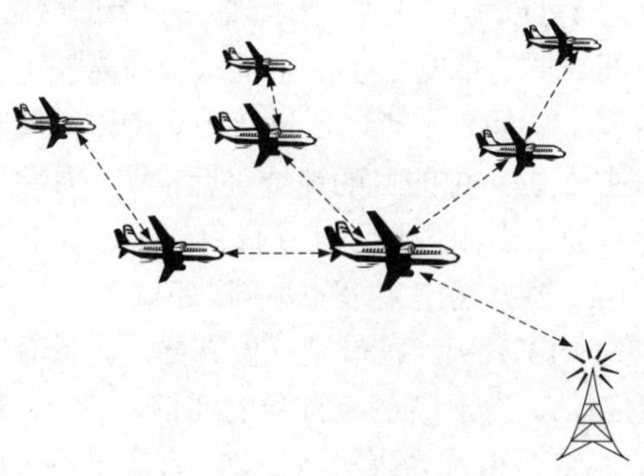

图 12.14 航空自组网概念图

航空自组网采用动态组网、动态路由和无线中继等技术，将航空飞行器互连互通，具备自组织、自修复的能力和快速、高效组网的优势，可满足特定条件下的军、民航通信的需求。航空自组网是由一组带有无线收发设备的航空节点组成的无线移动通信系统，它不依赖于预设的基础设施而临时组建，网络中节点利用自身的无线收发设备交换信息，当相互之间不在彼此的通信范围内时，可借助其他节点路由中继转发来实现多跳通信。

航空自组网采用基于 IP 体系的 ad hoc 网络架构，具有临时、快速地自组成网和网络自修复的能力，无须复杂的预规划，可扩展性非常强，飞机可随遇退网、入网。在通信功能上，空中各个节点的地位平等，既是一个通信终端，也是一种路由器。网络中某个节点可以通过其他节点的路由中继功能和视距以外的节点进行多跳的多媒体业务通信，利用网络多跳路由功能支持超视距通信，可以实现多个飞机编队的大空域组网应用。

12.3.3　应用与技术挑战

1. 航空自组网的特点

航空自组网是一类特殊的 MANET，不仅具有一般 MANET 所固有的特点，如多跳、自组织、无中心等，而且也具有自身的独特性。主要特点包括如下。

（1）场景的大尺度和三维性。在航空自组网中，单跳通信半径可达数百千米，网络分布的地理范围很广阔，甚至可能建立于洲际或大洋的范围上。同时，由于飞机在三维空间内飞行，因此该网络具有三维特性。

（2）拓扑的高动态性。民航班机的飞行速率大约在 500～1 000 km/h，而军用飞机速率的变化范围更大，最高速率可达 3.5*Ma*。节点的高速移动会造成网络拓扑的快速变化，从而对网络连通性、MAC 协议、路由协议等方面产生严重影响。

例如，快速移动战斗机之间建立的网络，因临时任务的特殊性，网络持续时间可能并不长，通过大型飞机为一定区域内的临时任务网络创造连通的可能性。如图 12.15 所示，大型飞机按照预定的轨迹飞行，在其他独立任务的 MANET 间建立链路。

（3）信道质量的不稳定性。航空自组网主要采用 VHF 频段进行视距通信。在空对空通信中，信道质量主要受多普勒频移的影响，在地对空通信中还存在显著的多径效应，信道衰落比较严重。

（4）节点分布的稀疏性。在航空自组网中，由于场景广阔、节点稀少，导致节点密度小，可能出现网络不连通的情况，因此其组网可行性和网络连通性是研究的首要问题。

（5）多质异构性。航空自组网中可能存在多种不同类型的节点，如航空飞行器、地面网关、卫星，以及临近空间平台等，其通信功能等方面存在一定的差异；同时航空自组网多采用分层分布式网络体系结构，因此该网络具有多质异构性。

例如，航空自组网空中骨干网节点的无线链路支持更远通信距离、更高带宽，链路可以使用点对点技术（如采用定向天线的 CDL 或 TCDL），也可使用网络化技术（如采用全向天线的 TTNT 无线电台），图 12.16 所示为具有定向天线和全向天线的航空自组网节点功能组件。

（6）临时性。受民航航班飞行时刻的影响，在每天不同时段特定空域内飞机数量的变化很大，而军用飞机作战、训练飞行的不确定性更大。因此相比传统的 MANET，航空自组网具有更强的临时性。

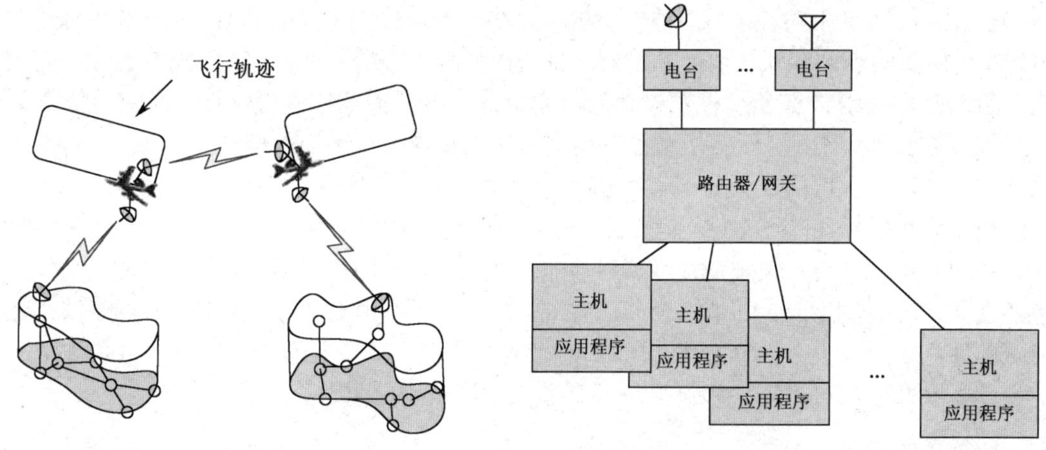

图 12.15 航空自组网的连通性　　图 12.16 具有定向和全向天线的航空自组网节点功能组件

2. 航空自组网的典型应用

航空自组网应用于军、民航通信具有组网灵活、高效，可扩展性强，无须网络基础设施等优势，其典型应用包括如下。

（1）弥补 V/UHF 频段的远程和低空通信盲区。V/UHF 作为目前军事航空通信的主用频段，采用视距通信方式，地球曲率、发射电台功率及信道衰落等因素的影响使该频段存在低空和远距离通信覆盖空白。航空自组网可以通过多跳的通信方式，扩大通信覆盖范围，如图 12.17 所示。

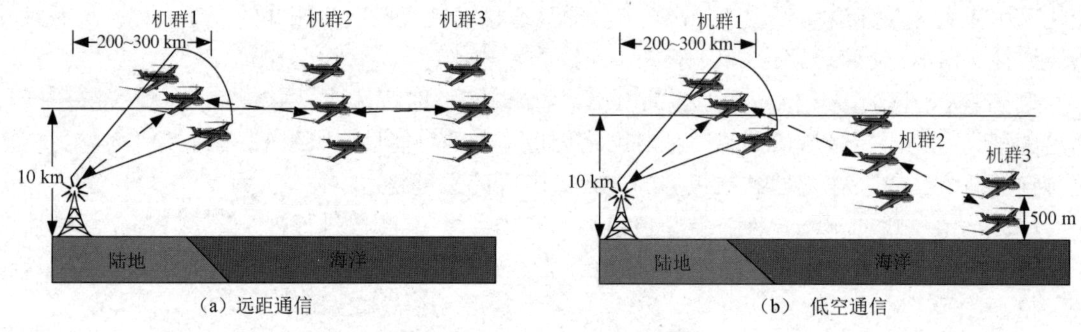

图 12.17 航空自组网应用示例

（2）提高军事航空通信系统的抗毁性。在战场上，当某一网络节点遭敌破坏、通信受阻时，航空自组网可以利用网络的自愈性重新快速地建立路由，保证网络连通，也使网络对地面站的依赖程度减小。

（3）支持编队战术协同。航空自组网可以使空中多个飞机连接成一个整体，快速交换战场态势信息，实现协同作战，使各个作战平台发挥最大的战术效能。

（4）为空中交通管理提供新技术手段。未来航空通信的发展趋势是实现飞机的自由飞行。在航空自组网中飞机之间可以互相通信、分发各类态势信息，可提高飞行安全性，有助于实现自由飞行。

（5）为偏远地区空域（如极地和大洋上空）飞行的航班提供有效的通信保障。目前国际航班在跨洲、大洋飞行时，缺乏地面站的通信保障，一般通过短波或卫星通信来保障飞机的安全飞行。但由于短波通信带宽小、传输速率低、信道质量差，卫星通信时延大、经济费用高，因此二者都不是理想的通信方式。航空自组网能够克服以上问题，为远距离航空通信提供了一种有效的方式。图 12.18 所示为航空自组网应用于北大西洋空中走廊时的场景。

图 12.18　航空自组网应用于北大西洋空中走廊场景示意图

（6）为乘客提供视频和因特网等服务。在航空自组网中飞机可通过多跳方式接入地面因特网网关，构建一个空中因特网，可接入各种业务，满足乘客的需求，示意图如图 12.19 所示。

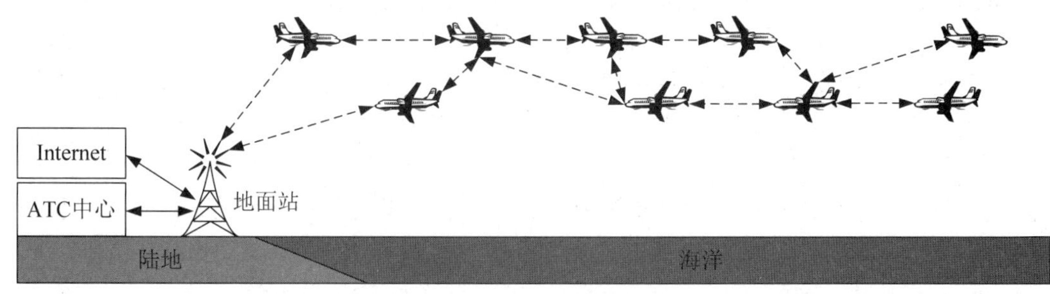

图 12.19　航空自组网应用于空中因特网场景示意图

12.3.4　航空自组网关键技术

在航空环境下，航空自组网物理层要能适应航空通信链路快速变化的特性，解决衰落、多普勒频移及功率控制等航空通信遇到的问题；MAC 层要能够有效减少信息传输冲突，提供公平的接入机制，在共享的无线链路中实现数据有效可靠地传输；网络层需要在通信链路快速变化和带宽受限的情况下，分发路由信息，维护路径的有效性，还要实现与地面通信网络、卫星通信网络等其他网络的兼容和互联；应用层要考虑协议栈各个层次的紧密协作，以适应网络条件和应用需求的变化。航空自组网的设计需要综合考虑分簇算法、信道接入、路由和跨层设计等多方面问题。

1. 分簇算法

在航空自组网中，飞机的运动通常具有群组特征，分簇体系结构是最有效的控制和管理方法。分簇体系结构就是利用分群算法把整个网络中的所有节点划归到多个相连的以群首为中心的群组，由群首负责群组内的控制和管理。航空自组网常用的分簇体系结构如图 12.20 所示。分簇算法是基于节点的运动特征，解决如何收集、运用拓扑信息，快速建立预定的分簇结构，以实现高速移动环境下的动态稳定保持。常用的分簇算法包括基于节点 ID 的分簇算法、最高邻接度分簇算法、最低节点移动性分簇算法、考虑簇头负载和簇稳定度的分簇算法、调节簇大小的分簇算法等。

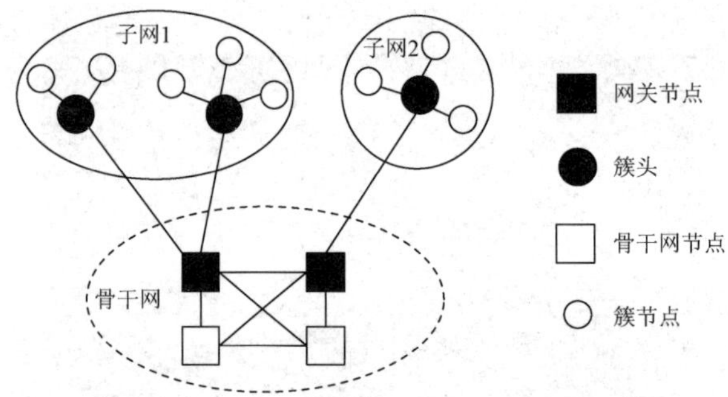

图 12.20 航空自组网常用的分簇体系结构

2. MAC 协议

航空自组网的无线信道是多跳共享的多点信道，MAC 协议控制节点如何接入信道，对网络性能起着至关重要的作用。研究表明，CSMA/CA 等竞争类的 MAC 协议并不适用于大尺度、大规模的航空自组网，因为 CSMA/CA 协议中 RTS/CTS 信息的传输有较大时延，会严重影响网络性能。因此，航空自组网的研究主要采用了两类 MAC 协议，即 TTNT 所采用的 SPMA 协议和其他多数项目所采用的 TDMA 协议。研究人员为航空自组网设计了多种 TDMA 协议，时隙分配方式包括固定分配和动态分配。在固定分配方式中，可以给每架飞机分配一个时隙，每个时隙分为两部分，第一部分包含数据信息、飞机的 ID、所处位置、油量储备状态，以及天气信息等，第二部分用来发送 ACK/NACK 信息，网络中最多可容纳 256 架飞机。在分布式动态 TDMA 协议中，设计时隙时将控制接入和数据传输分开，每架飞机在帧的开始部分竞争时隙，能够实现时隙的动态预留，还可以利用竞争失败和空闲的先前时隙，从而提高了时隙利用率。

3. 路由协议

现有 MANET 路由协议难以适应航空通信环境下频繁的路由变化，AODV、DSR 等按需路由协议应用于航空自组网会出现路由发现的时延较大，而 DSDV 等先验路由协议会产生大量的网络开销，而且收敛速度慢。航空自组网的路由协议需要适应节点高速移动、网络拓扑频繁变化，以及链路寿命短暂等特点。目前航空自组网中使用的路由协议大致可以分为四类：按需路由协议，如 MUDOR 等；先验路由协议，如 OSPF 等；混合路由协议，如 LANMAR 等；基于地理位置信息的路由协议，如 GLSR 等。

AANET 项目提出了一种基于控制分组多普勒频移的路由 MUDOR（Multipath Doppler Routing），该协议以分组的多普勒频移量作为衡量飞机间通信链路稳定性的标准，通过选取多普勒频移量最小的链路构建路由，从而维护了路径的稳定性，降低了路由开销。此后，该项目在 MUDOR 协议的基础上又提出了支持 QoS 的多径多普勒路由协议 QoS-MUDOR，该算法除了通过多普勒频移量来选择路由，还引入了转发最优请求（Forward Best Request，FOBREQ）策略，只转发最优的分组，其余的都被丢弃，从而防止了过多的泛洪请求。此后，又针对 AANET 中链路寿命较短、控制开销较高的问题提出了 ROMSP（Receive On Most Stable Path）路由算法，通过非分离路径发现来寻找更稳定的路由，从而进一步减少了控制开销。

Minuteman 工程提出了 LANMAR 协议。LANMAR 协议是一种适用于大规模、高动态异构 MANET 的混合路由协议，网络中每个群动态地选举出一个节点作为路标，路标之间使用一种距离矢量机制来传播路由信息，而群内部则采用一种平面先验路由协议（如 FSR 协议），在本群范围内交换群内成员的路由信息。

ATENAA 工程提出了 ARPAM（Ad hoc Routing Protocol for Aeronautical Mobile Ad hoc Network）协议，其基于 AODV 和 TBRPF 协议，以节点间的最短距离和最小跳数为原则选取路由，同时引入了按需路由保持机制和错误报告机制。该协议还利用 ADS-B（Automatic Dependent Surveillence-Broadcast）系统的广播信息取代了协议中的 Hello 信息。

基于地理位置信息的路由协议在航空自组网中也得到了广泛应用。各类飞行器可以很方便地通过 GPS 设备获取自身的地理位置信息，而且此类协议可以避免路由探测分组的盲目泛洪广播，进行有效的路由发现和路由维护。NEWSKY 项目提出了地理负载共享路由（Geographic Load Share Routing，GLSR）协议，其源于 GPSR（Greedy Perimeter Stateless Routing）协议，并提出了一种拥塞解决策略，以前进速度（前进量与队列时延的比值）为度量，满足了离目的节点最近和最短队列（Join the Shortest Queue，JSQ）的原则。iNET 项目提出的 AeroRP 也是一种基于地理位置信息的路由，采用拥塞指示（Congestion Indicator）的策略。

此外，航空自组网中利用 ADS-B 系统取代路由协议周期性广播的策略也引起了研究人员的重视。研究人员提出了一种将 GPSR 协议和 ADS-B 系统相结合的路由策略，即利用 ADS-B 的周期性广播取代 GPSR 中的 Hello 信息，可大大降低网络开销。

航空自组网路由协议的横向比较如表 12.2 所示。

表 12.2　航空自组网路由协议的横向比较

项目或机构	提出的路由协议	类型	节点定位	周期性广播	QoS	扩展性	顽健性
AANET	MUDOR	按需路由	×	×	×	√	×
AANET	QoS-MUDOR	按需路由	×	×	√	√	×
AANET	ROMSP	按需路由	×	×	×	√	×
ATENAA	ARPAM	混合路由	√	√	√	×	×
Minuteman	LANMAR	混合路由	×	×	√	√	√
TTNT	OSPF	先验路由	√	√	√	√	√
NEWSKY	GLSR	地理路由	√	√	√	√	√
iNET	AeroRP	地理路由	√	√	√	√	√

4. 跨层协议设计

网络协议跨层设计方法自提出以来就受到了广泛重视。航空自组网的多个项目也采用了跨层设计的方案。NEWSKY 工程中 GLSR 协议采用了一种基于定向天线和 TDMA 协议的跨层设计方案，iNET 工程提出了高动态机载网络协议栈体系 ANTP（Airborne Network Telemetry Protocol），其中包括传输层协议 AeroTP、网络层 AeroNP、路由协议 AeroRP，以及 iNET TDMA MAC 协议，该协议栈体系可通过网关来实现与 TCP/UDP/IP 的互操作。

5. 容延容断网络

容延容断网络（Delay/Disruption Tolerant Network，DTN）技术在星际网络、野生动物检测传感网络、车载自组网，以及战术通信网等节点稀疏、网络拓扑高动态变化、数据传输时延较大的网络中有广泛应用。由于航空自组网也具有节点稀疏、拓扑高动态变化等特点，因此研究人员将 DTN 技术应用于航空自组网中，将航班作为 DTN 中的信息传输载体，用于构建全球性大规模网络或为偏远地区的航班提供通信方式。在 DTN 中，由于节点间的链路具有间歇性连接的特点，“存储—运载—转发”是其最基本的路由策略，研究人员在此基础上提出了一种基于时延容忍策略的移动性感知路由协议 MARP/MDP+DTN，根据航空节点预先指定的运动轨迹选择时延最小的路由。

12.4 航空集群

随着计算机、网络、移动通信等信息技术的广泛应用，以及人工智能、大数据、云计算等新兴信息技术的迅猛发展，人类迎来了信息爆炸的时代。信息技术在方便人类日常生活的同时，也被广泛应用于军事领域，推动着作战理念和作战方式的不断发展，使信息化战争成为现在及未来战争的主要形态。

12.4.1 航空集群概念

在自然界中，许多动物为了觅食、迁徙、筑巢、抵御外敌等，往往群体行动，即生物集群，如图 12.21（a）所示。这些动物虽然个体能力弱小，但当它们为同一目的而协同工作时，会涌现出远超个体能力的复杂行为特征，可以完成极其复杂的工作，体现出对自然环境极强的适应能力。航空集群［见图 12.21（c）］这一概念来源于生物集群，是由一定数量的单功能和多功能有人或无人航空平台共同组成，以航空网络为信息交互“纽带”，能够高效执行作战任务，灵活适应作战环境，整体具有能力涌现与演化特点的空中移动作战系统。航空集群强调对独立、分散的航空作战资源进行集中调度和运用，确保在不失个体灵活性的基础上，实现航空作战资源的高效共享。航空集群更强调以网络为中心，依托数据链网络的高效信息交互能力，实现快速的反应能力、超强的决策能力、灵活的自组织能力和高效的协同能力，从而以网络优势为基础，依托体系优势，克服航空平台自身作战效能的局限性。

（a）生物集群

（b）无人机集群

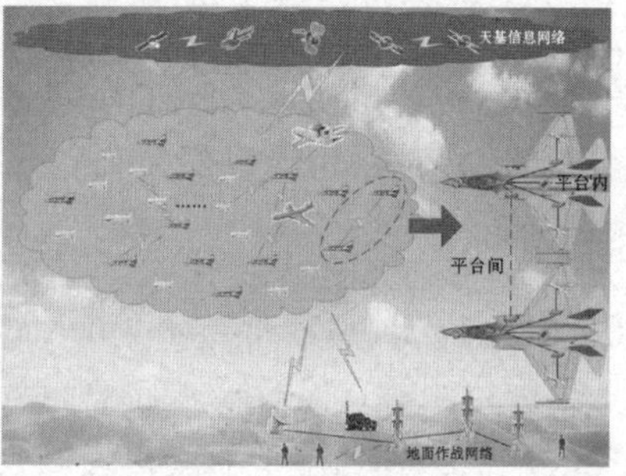

（c）航空集群

图 12.21 集群示例

可以预见，面对越来越复杂、多变的航空作战任务和战场环境，航空集群基于航空平台间高效、灵活、紧密的协同，将为未来空中战场提供优势，其部署应用将带来未来空战模式的全新变革。当前对航空集群的研究逐渐展开，还存在许多亟待解决的科学问题。

12.4.2　航空集群相关研究

目前，公开资料和文献中有关航空集群概念及其应用的表述较少，但从各国的相关报道及其航空装备发展路线规划中可以看出，以美国为代表的世界主要国家在集群理论及其在航空作战中的应用等方面已进行了较多的前期研究工作，以无人机集群［见图 12.15（b）］为代表的航空集群雏形已成为当前军事航空领域各国竞争的新高地。

美军的集群作战思想最早体现在“网络中心战”理念中。网络中心战强调作战中心由平台向网络转变，使作战单元能够实时共享作战态势，提高作战指挥效率。网络中心战的核心理念是强调作战单元的信息共享及信息及时送达，体现出作战单元在信息层面的一种密切的协同关系。

根据 2010 年美国战略与预算评估中心研究报告《空海一体战的初步概念》中所述，“空海一体战”强调空海军相互支持作战，主要内容包括：通过反太空作战致盲敌方天基海洋监视系统，保证美国海军拥有海上机动自由；海军平台将支援空军的反太空作战，支援空军完成太空控制任务；空军通过远程渗透打击作战，摧毁敌方陆基远程海上监视系统和远程弹道导弹阵地，扩大海军机动自由和减少敌方对美国及盟国基地和设施的打击；海军航母舰载机通过逐步消灭敌方的监视与侦查平台及战斗机，来支援空军加油机和其他支援飞机的前方作战行动等。

由此可见，“网络中心战”及“空海一体战”都强调作战平台或体系间的作战协同，既有明确分工又有密切配合地进行战场态势感知、智能化决策、协同防御与打击，共同完成作战任务，这正是集群作战的基本思想。

《2011 年世界空军战斗机发展综述》中记叙：美军为其 F/A-22 战斗机制定了至 2020 年左右的“增量 3.2”改进升级路线图，主要目标是提升 F/A-22 战斗机的空地作战能力，为 F/A-22 战斗机加装 MADL，以确保 F/A-22 战斗机、F-35 战斗机和 B-2 轰炸机之间的信息高效共享。另外日本提出了代号为“i3”的第六代战斗机研发计划，其中，“云攻击”和“群控制”是 i3 战斗机需要突破的重点关键技术，而这两项技术也正是航空集群的重要关键技术。

包含航空集群思想的部分项目如图 12.22 所示。

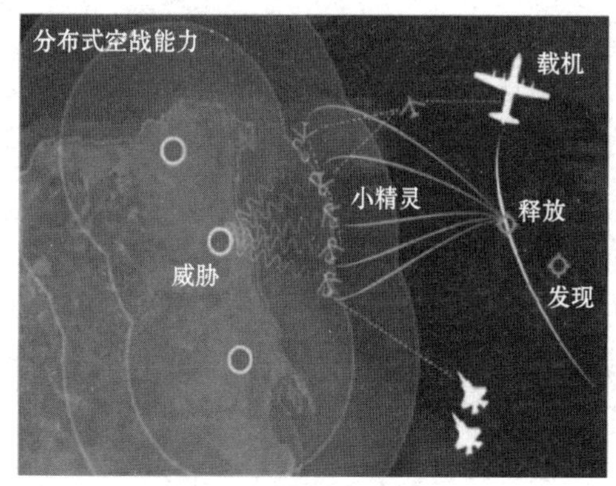

（a）Gremlins 项目

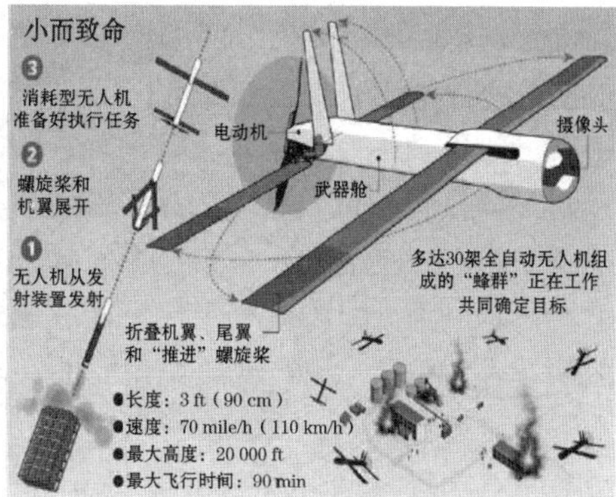

（b）LOCUST 项目

图 12.22　包含航空集群思想的部分项目

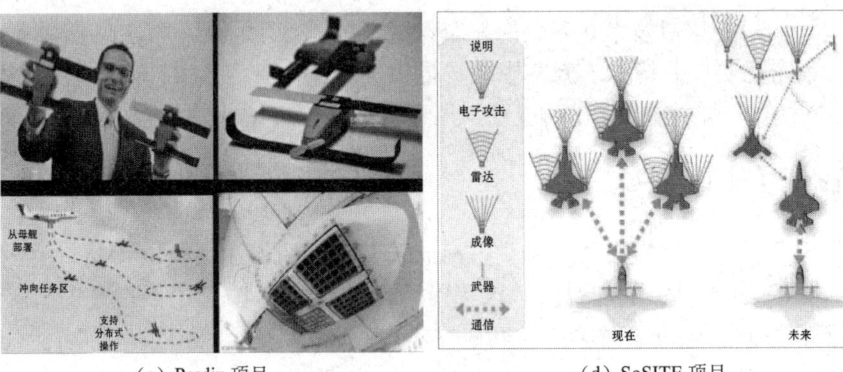

（c）Perdix 项目　　（d）SoSITE 项目

图 12.22　包含航空集群思想的部分项目（续）

2000—2016 年，美国公布了多个无人机发展路线图及发展规划，在其中明确了实现无人机集群战场认知和完全自主协同的目标，透露出了其发展无人机集群的愿景。2002 年，美国联合部队司令部“阿尔法计划”实验室就已经对无人机集群的作战效能进行了验证评估，结果表明，无人机集群作战能够有效提升任务完成率。2005 年，美国空军实验室提出了协同空域作战的概念，强调实现有人/无人航空平台间的同步调协同，使各类型平台组成一个逻辑整体来完成赋予的任务使命。美国波音公司于 2011 年 8 月中旬宣布其基于生物集群智能控制原理，完成了异构无人机的自主通信飞行的验证实验。2014 年，DAPRA 启动了体系综合技术和试验（System of Systems Integration Technology and Experimentation，SoSITE）项目，着手开展分布式航空作战体系研究，以保持美国空军在对抗环境下的空中优势。该项目的目的是将组成“杀伤链”的各项功能分布于不同的有人/无人航空平台上，通过平台间的协同，动态按需组成新的“杀伤链”，以降低体系作战成本并实现远超出成本预期的作战效能。DAPRA 于 2015 年 8 月宣布启动“小精灵”（Gremlins）项目，旨在探索小型无人机集群空中发射和回收的可行性。同年，美国海军研究办公室启动了低成本无人机集群技术（Low-Cost UAV Swarming Technology，LOCUST）研究项目，希望通过大量小型无人机的自适应组网和协同，实现对战场关键区域的全方位侦察和对重点目标的破坏，并于 2016 年 5 月进行了陆上验证性试验。在美国国防部战略能力办公室主导的“山鹑”（Perdix）项目的支持下，2017 年 1 月，美国海军 3 架 F/A-18F 战斗机以 0.6 *Ma* 的速度投放了 103 架 Perdix 无人机，这些无人机均基于自主协同和决策完成了编队飞行。

无人机集群的巨大优势和极高的作战效能也引起了国内相关研究机构的关注。2017 年 6 月，中国电子科技集团有限公司联合清华大学等单位成功完成了 119 架固定翼无人机集群飞行试验，刷新了此前 2016 年 11 月在珠海航展 67 架固定翼无人机集群的试验记录，这也奠定了我国在无人集群控制领域的领先地位。

围绕航空集群作战思想，军事航空领域正逐渐兴起一场聚焦集群、智能、协同、体系等关键词的全新技术变革。结合研究工作可以看出，现阶段，国内外对航空集群的研究均处于概念探索与前期技术验证阶段，实现航空集群的实战部署还有大量亟待解决的问题，针对航空集群关键技术研究正逐步深入展开。

12.4.3　航空集群网络

航空集群成员通过高效、灵活、紧密的协同可实现航空集群能力的涌现与演化，在此过程中，集群成员的协同行为及集群作战体系的维持与运行，对集群成员间的信息共享具有高度依赖性，为航空集群构建一个满足其信息交互需求的航空集群网络，是使航空集群发挥其体系作战优势并展现其应有作战效能的刚性需求。

1. 现有数据链网络面临的挑战

从航空数据链到航空自组网，数据链网络的技术和性能演进，有力地推动了空中战场的网络化作战能力，为进一步以网络为中心的航空作战研究奠定了技术基础。但是，面对航空集群这一新型空战模式，现有数据链网络仍面临不少问题。

（1）目前应用的航空数据链系统，大多针对特定场景及作战需求设计，以完成确定的战术功能。面对多类型平台、多作战阶段、多作战任务的航空集群作战，航空数据链系统灵活性、开放性、互操作性明显不足，主要表现如下。

① 封闭化。现有数据链系统大都采用了封闭式设计，内部集成了大量复杂协议，技术标准多样，缺乏开放的系统访问接口，导致系统运行细节对外不透明，灵活性、开放性很差，且系统的管控与配置复杂、僵化，难以实现可持续的性能提升。

② 定制化。不同数据链系统针对特定需求设计，工作于不同频段，采用不同的波形和组网技术，难以实现互操作，这使得网络仅能支持有限任务背景下模式固定的信息交互需求，难以支撑航空集群成员间的灵巧作战协同。

（2）航空自组网技术的相关研究主要还是以编队协同体系为应用背景，未考虑航空集群作战对机载战术网络的复杂组网需求，若直接使用于航空集群应用场景会存在一些问题，具体如下。

① 高动态的网络拓扑特征要求节点具备根据网络状态实时管控路由的功能，而大规模的移动节点使得航空自组网必须进行更为频繁和复杂的路由信息维护，显著增加了路由协议开销，导致网络中存在大量冗余信息，严重影响网络性能。

② 网络拓扑和用户业务（类型、流量、流向）的时变性和不确定性造成航空自组网的性能随着节点数量的增加呈指数级下降，难以满足大规模航空集群网络低时延、高容量的数据传输需求。

2. 航空集群网络能力需求

航空集群网络与现有数据链网络都是服务于航空通信的无线通信网络，其基本特征在很多方面存在共同性，如大尺度的分布场景、较远的通信距离、不稳定的链路质量、高动态的网络拓扑、显著的异构性等。但与此同时，航空集群网络的网络规模相对更大，网络节点的类型更为多样，网络所承载的信息内容也更为丰富。由于目前还没有真正实际部署的航空集群网络，因此无法较好地对其特征进行系统总结，但可以明确，为满足未来航空集群作战通信需求，航空集群网络应当具备如下基本能力。

1）提供灵活耦合任务通信需求的定制化网络服务

航空集群作战过程中，集群成员间的协同关系会随着任务使命和战场环境的改变而快速动态变化，不同任务背景下集群成员间差异化的协同关系往往有着差异化的通信需求。因此，要求航空集群网络必须能够提供灵活耦合任务通信需求的定制化网络服务，即根据不同协同关系所交互业务的需求和特点，通过对网络进行合理配置，为集群成员间多样化的作战协同提供有针对性的通信保障，从而使数据链网络有限的通信资源发挥最大的通信效能。以图 12.23 为例，当协同关系 1 中无人机 A 的视频数据流和协同关系 2 中无人机 F 的火控数据流均通过无人机 E 进行路由转发时，由于传输火控数据流所需的 QoS 和传输视频数据流的所需的 QoS 存在明显差异（火控数据流对传输可靠性和实时性有更加苛刻的要求），当 E 的传输能力受限且对两类数据流无差别转发时，将可能导致这两个数据流的 QoS 需求均无法得到满足，造成集群成员间协同效能的大幅下降。因此，需要通过针对性分配信道资源或重新选择数据流路由路径等措施，为两个数据流的传输提供定制化的通信服务。

然而，现有数据链网络大都未充分考虑不同协同关系通信需求的差异性，部分数据链网络虽然考虑了这一差异性，并可支持有针对性地进行网络规划（如 Link-16 数据链可按网络参与组对时隙资源进行划分），但其网络规划结果是固化的，不支持动态调整，无法做到灵活耦合。

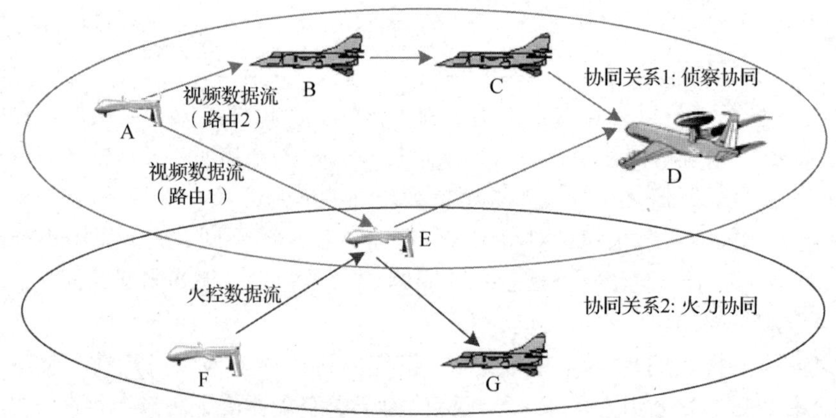

图 12.23　航空集群协同示例

2）支持灵活高效的网络配置

航空集群网络相对较大的网络规模、多样化的承载业务、明显的异构性等特征，使航空集群网络在提供通信服务时需要考虑大量的网络配置对象和内容；同时，航空集群动态多样的通信需求与通信环境要求使网络状态能够快速契合通信需求与通信环境的变化，甚至能够做到预先收敛。因此，要求航空集群网络必须支持灵活高效的网络配置，以实现网络通信服务的按需快速生成。依然以图 12.23 所示为例，在协同关系 2 建立之前，协同关系 1 中的无人机 A 通过路径 A→E→D 将视频数据流回传到预警机 D，而在协同关系 2 建立后，火控数据流的优先级高于视频数据流，无人机 E 将优先对火控数据流进行转发，这将可能导致视频数据流的排队时延明显增加，进而影响视频质量。此时，若选择路径 A→B→C→D 传输视频数据流可能更好，但这就要求在协同关系 2 建立前或建立后对网络相关节点的路由转发规则进行快速重新配置。

然而，现有数据链网络的网络管控逻辑分布式地集成于各网络设备中，对网络进行重新配置常常伴随着复杂的网络协商过程，甚至需要专门人员利用专门工具对网络设备进行一一操作，造成现有数据链网络的网络配置过程相对复杂和僵化，难以实现对网络状态的灵活调整。

3）支持异构网络技术间的无缝互操作

随着未来战场通信需求和通信环境的复杂化、不确定化，不同网络技术在不同应用背景下往往各有优势，但又各有缺陷。如 TTNT 采用了全向通信模式，能够较为方便和高效地满足态势信息的分发需求，但却牺牲了航空平台通信过程中的 LPD（Low Probability of Deception）和 LPI（Low Probability of Interception）性能；MADL 为确保信息交互过程的 LPD 和 LPI，采用了定向通信模式，但天线对准难度较大，这使得航空平台在高速机动时的信息分发与获取变得更加困难。由此可知，要使航空集群网络能够较好地支撑航空集群多变的作战通信需求，航空集群网络需要能够整合具有不同特点和优势的网络技术，并依据通信需求和通信环境，灵活地选择或编排最为适合的网络技术来提供最优质量的通信保障。

然而，现有数据链网络的网络技术在实现上与具体设备严格绑定，航空平台上往往装备具有不同技术特点的多种异构网络设备，而这些异构网络设备间难以实现互通互控，互操作能力较差，限制了航空平台间信息共享的灵活性与多样性。

4）支持新兴网络技术的简单快速部署

随着作战理念的不断革新和军事技术的不断发展，航空集群的组织形态和作战运用模式将持续演进，拥有全新技术特征和技术优势的网络技术也将不断涌现。支持新兴网络技术的简单快速部署是实现航空集群网络性能持续提升，以及支撑航空集群演进发展的总要基础。

然而，现有数据链网络采用了封闭集成的实现方式，当新的网络技术需要部署时，需要对每一个平台的网络设备进行全面调整和升级，开销大、周期长，限制了新通信服务能力的快速生成，难以适应航空集群组织形态和作战运用模式的快速演进。

3. 相关技术研究

基于各类分立的数据链系统，目前航空网络以一种“烟囱式”“一站式”的方式实现了指挥引导信息、态势信息、监视侦察信息，以及部分传感器/武器协同信息的共享，基本能够满足当前空战模式下航空平台间的信息交互需求。然而，这些数据链系统均是针对特定时期的特定战术通信需求而设计的，且各自组建的数据链网络大都工作于不同频段，采用不同的波形和组网技术，形成了难以互操作的专用子网。此外，现有数据链系统设备均采用封闭式设计，缺乏开放的访问接口，系统配置和管理往往需要专用工具进行人工化的参数加载。随着航空作战模式的不断演进，面对全新通信服务能力的需求，目前航空网络在灵活性、开放性、互操作性和创新性上不足的问题显得愈发突出，也牵引着航空网络相关研究工作的广泛展开。

DRAPA 于 2014 年和 2015 年分别启动了 C2E（Communications in Contested Environments）项目和 DyNAMO（Dynamic Network Adaptation for Mission Optimization）项目。C2E 项目的目的是为航空平台构建一个自适应的通信系统，以此融合不同航空平台上的异构通信需求。该通信系统基于模块化的硬件架构设计，能够在不进行大规模系统升级的情况下，灵活、按需地配置通信系统的通信资源。而 DyNAMO 项目则以 C2E 项目的研究成果为支撑，强调依据任务需求对数据链网络设备的各种参数进行动态优化调整，并引入信息中心网络的相关技术，来桥接不同的异构网络，提升信息交互过程的针对性，增强网络的灵活性和互操作性。

麻省理工学院林肯实验室的航空网络组于 2014 年发表论文“Design Considerations for Next Generation Airborne Tactical Network”，该文以 TCP/IP 协议栈模型为参考并结合航空网络的特点，分别从物理层、链路层和网络层阐述了对如何设计下一代航空网络的思考。论文指出在物理层方面，要在充分权衡 SWaP（Size, Weight, and Power）的基础上促进新物理层技术的应用；在链路层设计信道接入控制协议时需要充分考虑物理层技术的特点，以及航空网络在传播时延、链路稳定性等方面的特殊性；在网络层以标准化、模块化设计的方式收敛网络层功能，以改善航空网络的互操作性。当前航空网络的研究思路与上述思路基本对应，相关研究多以 ad hoc 网络范式为参考［如航空自组网、FANET（Flying Ad hoc Network）］，从 TCP/IP 协议栈各层功能入手，不断改进优化航空网络的通信性能。

在网络层，某文献将 AODV、OLSR 和 OSPF-MDR 路由协议应用于节点低速移动的航空网络环境中，以路由开销、端到端时延和分组交付率等性能指标为依据对这些协议在航空网络中应用的性能及可行性进行分析。某文献利用任务规划阶段空中任务指令（Air Tasking Order，ATO）信息来优化网络性能，通过分析 ATO 中所包含的航迹信息预测航空网络相关节点的运行轨迹，从而为节点选择更为可靠和稳定的传输路由。某文献为航空网络提出一种基于多 QoS 参数的路由协议 MQSPR（Multiple Quality of Service Parameters based Routing），MQSPR 在路由选择时综合考虑了路径维持时间、路径负载及路径延迟，从而提升了空中节点与地面节点的通信性能。某文献针对定向分层航空网络，利用生物启发算法实现了高吞吐量、低延迟的分层路由。某文献对 FANET 的无状态三维地理路由性能进行了全面的比较和分析，为不同三维地理路由协议在不同 FANET 场景下的适用性提供了重要参考。

在链路层，某文献为采用定向通信的航空网络提出了 LODMAC（Location Oriented Directional Multiple Access Control）协议，LODMAC 通过对邻居节点进行位置估计，有效地解决了航空网络定向传输的“聋”问题。某文献针对航空网络中使用载波侦听机制来判断信道忙闲状态的方式易导致网络传输时延大、信道利用率低的问题，提出了一种结合自回归预测的信道忙闲识别机制 LS-AR（L-Steps-Revise Auto Regressive），实现了对信道忙闲状态更为准确的预测，降低了消息碰撞概率，提升了航空网络的链路传输可靠性。某文献为分层航空网络提出了一种异构多址接入协议，该协议一方面基于可变长度的收发时隙，约束距离较远、分布稀疏的航空平台（组成高层航空网络）的信道访问，另一方面则使用改进 CSMA（Carrier Sense Multiple Access）协议来约束距离较近、分布密集的航空平台（组成底层航空网络）的信道访问，并利用基于压缩感知的轮询协议来实现高层航空网络与底层航空网络的信息交互，使得分层航空网络具备了较为优异的链路传输性能。

在物理层，某文献将纠错编码技术应用于航空网络的波形设计中，极大地提升了航空网络的链路传输可靠性。某文献将 MIMO（Multiple-Input Multiple-Output）技术应用于航空网络，通过对天线系统进行创新设计实现了航空通信环境下的空间复用增益。在德国开展的 DODfast（Demonstration of Optical Data link fast）项目中，德国宇航中心利用激光通信技术在“狂风”战斗机与地面移动节点间建立了通信链路，实现了 1.25 Gbit/s 的链路传输速率，链路传输距离不小于 50 km。

除针对航空网络的不同网络层次功能进行研究外，为了更好地优化航空网络的通信性能，也有不少研究工作关注于航空网络的跨层性能优化、拓扑控制、信道建模等问题。例如，某文献针对 FANET 中的实时路由、速率分配和功率控制问题，提出了一种异步分布式跨层优化方法，有效地提升了网络吞吐量，减少了数据分组的超时率和网络功率消耗。某文献为航空网络提出了一种支持移动感知的拓扑控制方案 MAToC（Mobility Aware Topology Control），该方案利用航空平台的运动信息来创建一个优化的拓扑结构，并优化信道资源的使用和传输功率以减少平台间的传输干扰。为了优化作为空中基站的无人机的通信覆盖能力，某文献深入研究了无人机网络部署问题，一是出于公平考虑，旨在最小化所有无人机的最大部署延迟；二是出于效率考虑，旨在最小化无人机的整体部署延迟，实现了较为优异的无人机通信覆盖性能。

通过以上研究内容可以看出，当前航空网络的研究工作主要通过设计和改进网络协议，引入新的波形与信号处理技术，提升航空网络软/硬件的模块化与综合化程度，增加统一且开放的网络接口，对网络进行更为合理的规划与部署等手段来进一步提升航空网络的通信性能。总的来看，这些研究工作多是为解决航空网络在某一特殊应用环境下存在的某一特殊问题而提出的一种针对性解决方案，是一种“打补丁”式的网络性能提升方式，将不可避免地使网络变得更加臃肿和复杂，加之受平台载荷、电磁兼容、集成技术等因素的制约，难以实现航空网络性能的可持续提升。面对航空集群能力涌现与能力演化的通信需求，需要探索航空网络设计发展的新思路、新模式，以从根本上为构建满足航空集群作战通信需求的航空网络提供必要的范式参考和技术支撑。

总的来看，现有数据链集成的航空网络虽然在传输可靠性、端到端时延、传输速率等网络性能指标上，能够支撑现有作战模式下一定数量航空平台的协同，但其本质上并非是针对航空集群作战场景设计的，在面对未来航空集群作战所提出的新的网络能力需求时，如具备高效的网络资源分配与利用能力、异构网络技术间的互操作能力，以及灵活高效的网络配置能力等，当前航空网络的服务能力明显不足。因此，为了构建满足航空集群作战需求的航空集群网络，我们必须寻求新的研究思路，而软件定义网络（Software-Defined Networking，SDN）的出现为其研究提供了全新的方向。

12.5 SDN

软件定义网络

当前互联网采用的是一种垂直集成的网络架构，各类网络设备由专门设计的具有特定功能的集成电路和芯片组成，网络的控制平面和数据平面被捆绑在网络设备内，它们基于各设备内部运行的分布式网络控制逻辑以数据分组的形式来对数据流进行传输，从而链接分布在世界各地的网络用户。经过几十年的发展和演进，尽管当前互联网的业务承载能力已有了质的提升，但由于其垂直集成和以硬件为中心的网络架构制约，使得当前互联网已变得相当复杂且难以管理，同时缺乏足够的灵活性、开放性、互操作性和创新性，这阻碍了网络服务和网络基础设施的创新和发展。例如，在互联网中运行一个新的路由协议，往往需要 5～10 年的时间来进行全面的设计、评估和部署。除网络配置复杂外，当前互联网几乎不具备自动重构和快速响应的能力，这导致其难以有效地应对网络流量负载的变化和网络异常。在此背景下，SDN 的提出为解决当前互联网的发展困境提供了新的契机。

软件定义网络是由美国斯坦福大学 Clean State 研究组提出的一种新型网络创新架构，可通过软件编程的形式定义和控制网络，具有控制平面和数据转发平面分离、开放性可编程、集中化网络控制等特点，被认为是网络领域的一场革命，为新型互联网体系结构研究提供了新的实验途径，也极大地推动了下一代互联网的发展。

可编程网络允许数据包携带用户程序并由网络设备自动执行，同时用户可通过编程方式动态配置网络等思想及相关研究，为 SDN 的产生提供了参考。4D 架构将可编程的决策平面（控制层）从数据平面分离，使控制平面逻辑中心化与自动化的设计思想，促使 SDN 控制器雏形产生。借鉴计算机系统的抽象结构，未来网络结构将存在转发抽象、分布状态抽象和配置抽象这三类虚拟化概念。其中，转发抽象剥离传统交换机的控制功能，将控制功能交友控制层来完成，并在数据层和控制层之间提供标准接口，确保交换机完成识别转发数据的任务。控制层需要将设备的分布状态抽象成全网视图，以便众多应用能够通过全网信息进行网络的统一配置。配置抽象进一步简化了网络模型，用户仅需通过控制层提供的应用接口对网络进行简单配置，就可自动完成沿路径转发设备的统一部署。因此，网络抽象思想解耦了路径依赖，成了数据控制分离且接口统一架构（SDN）产生的决定因素。

12.5.1 SDN 架构

SDN 的基本网络架构如图 12.24 所示，主要由应用平面、控制平面和数据平面三个平面构成，包含北向接口、南向接口和东西向接口三种接口。

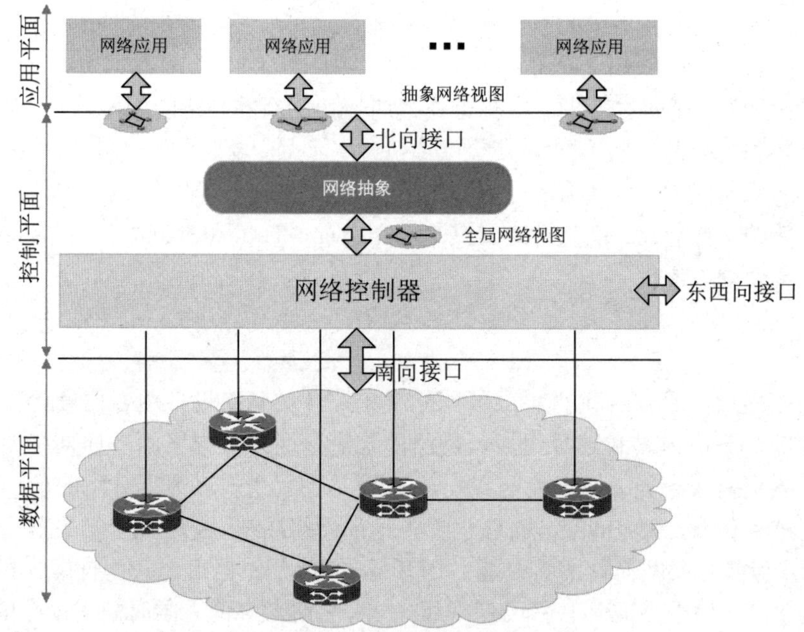

图 12.24 SDN 的基本网络架构

数据平面由若干网络设备（路由器、交换机等）组成，这些网络设备主要承担以下两个功能：①收集网络拓扑、流量状态等网络状态信息，并将其上报给控制平面；②按照控制平面下发的网络配置策略对数据流进行相应处理。

控制平面利用南向接口和北向接口桥接数据平面和应用平面，一方面将应用平面的网络管控请求映射到具体的网络设备上，另一方面为应用平面提供底层网络的抽象模型。

应用平面包含了满足用户需求的各种网络应用，这些网络应用利用控制平面提供的可编程接口访问和调度数据平面的各种网络资源，服务于业务传输需求。北向接口对底层网络视图和控制平面的控制功能进行抽象，使用户能够灵活调度网络资源和开发所需的网络应用。东西向接口用于实现不同控制器间的信息交互和功能协调。

SDN 的核心思想是将网络的数据平面与控制平面相分离，并将控制平面集中到一个逻辑集中的网络控制器上集中管理。SDN 将网络的控制逻辑与底层数据流的处理与转发行为进行了严格的分离，从而打破了传统网络垂直集成的网络架构。网络交换机或路由器成了简单的数据流处理和转发设备，不再集成有复杂的网络管控协议；网络管控逻辑在逻辑集中的网络控制器中执行，通过灵活的可编程接口对网络进行集中统一管控，极大地简化了网络的管理与配置，方便了网络服务的快速按需部署，促进了网络的发展和创新。

SDN 使网络控制平面与数据平面分离，采用逻辑上集中的控制器基于开放的编程接口和全局网络视图对数据转发设备进行统一管理，简化了网络的管理与配置流程，为网络的研究与发展带来了更为灵活开放的环境，有利于创新应用的部署及网络架构的演进。

12.5.2 相关研究

当前，SDN 已成为网络创新与发展的重要推动力，并已实现在校园网、数据中心网、广域网等网络领域中的成功部署。凭借其在灵活性、开放性、可编程性和创新性上的特有优势，SDN 的应用范围已不局限于传统互联网，相关研究表明，SDN 在 5G 网络、物联网、车载网等新兴网络领域同样具有巨大的应用价值和广阔的应用前景，基于 SDN 构建军用通信网络的相关探讨和研究也已逐渐展开。

1. 早期研究

其实早在 SDN 提出之前，学术界已有不少关于网络数据平面与控制平面分离，以及集中式网络管控方面的研究工作。

IETF 在 2004 年提出了一个名为 ForCES（Forwarding and Control Element Separation）的标准 RFC3746。ForCES 把网络设备分为网络控制设备（Control Equipment，CE）和转发设备（Forwarding Equipment，FE）。CE 与 FE 之间使用 ForCES 协议进行通信。由于 ForCES 是一个开放式的体系架构，网络中的 CE 与 FE 相互独立，因此增加了网络部署和升级的灵活性。

对于传统网络设备，网络控制逻辑和数据流处理转发硬件紧密耦合，造成了网络设备结构复杂、难以升级的问题。为解决这个问题，相关学者提出了一个名为 4D 的网络架构。在 4D 网络架构中，网络的数据平面与控制平面相分离，控制平面利用全局网络视图进行路由计算，指导数据平面的信息交互行为，从而实现对异构网络的高效管理。

为解决边界网关协议存在的扩展性弱和路由环路问题，研究人员提出了一个集中式的路由管控平台（Routing Control Platform，RCP）。该平台通过一个路由管控服务器来收集全网拓扑信息，并利用该信息为边界网关提供路由决策。利用了全局网络拓扑信息可使 RCP 所给出的路由决策有效避免路由环路。

近年来，为了加快推动网络技术的创新发展，研究者建设了一系列大规模的网络实验基础平台，希望在这些平台上运行新的协议进行网络创新。出于这些动机，2005 年，美国国家自然科学基金会（National Science Foundation，NSF）资助并启动了全球网络创新实验环境（Global Environment Networking Innovations，GENI）计划。与此同时，为了更好地实现网络控制与转发的分离并加快网络创新，2006 年由斯坦福大学主导，联合 NSF 及多个工业界厂商共同启动了 Clean-Slate 项目，该项目旨在重塑互联网，摒弃传统渐进叠加和向前兼容的网络设计发展原则，并在最初选择了网络体系架构、异构应用、异构物理层技术、安全、经济与政策 5 个关键研究方向。在此项目支持下，斯坦福大学的研究生 Martin Casado 等人于 2007 年 SIGCOMM 会议上，发表了一篇名为“Ethane: Taking Control of the Enterprise”的论文，引起了学术界的广泛关注。在 Ethane 架构中，网络的控制平面与数据平面完全解耦，网络控制器通过 Pol-Ethane 语言向交换机分发策略。可以说，Ethane 就是 SDN 的雏形。

2007 年，Martin Casado 联合 Nick Mckeown 和 Scott Shenker 等人共同创建了一个致力于网络虚拟化技术创新的公司——Nicira，并最早提出了 SDN 的概念。紧接着在 2008 年，Nick Mckeown 在 SIGCOMM 会议上发表文章“OpenFlow: Enabling Innovation in Campus Networks”，首次提出了将 OpenFlow 协议应用于校园网络的试验创新。OpenFlow 协议是为简化 Ethane 项目中的交换机设计而被提出的，它是一个控制平面和数据平面之间的交互协议，它使得网络的控制平面与数据平面完全分离。OpenFlow 协议使网络具备了高度的灵活性，以及强大的可编程能力，是 SDN 备受关注的核心技术之一。

2. 应用研究

在 SDN 提出之后，通过与不同的网络环境相结合，从最初应用的校园网逐步扩展到数据中心网、广域网、无线网等全新网络领域，充分展现了其在灵活性、开放性、可编程性和创新性等方面的优势，为各领域网络的发展与创新注入了全新的生机与活力。

1）软件定义校园网

正如前文所述，SDN 最初就是为面向校园网络提出的。斯坦福大学的 McKeown 教授等人首先将 OpenFlow 协议引入校园网络中，实现了校园网络的 SDN 改造，为学校的科研人员提供了一个可以测试和部署的新的网络协议的平台，以及实现了基本的网络管理和安全控制功能。目前，已有包括斯坦福大学、北京邮电大学、清华大学等在内的多所高校部署了基于 OpenFlow 的软件定义校园网络。

斯坦福大学计算机系大楼部署了一个基于 OpenFlow 的服务器负载平衡系统 Plug-n-Serve。该系统使用 OpenFlow 协议跟踪网络状态变化并管控路由，使得该系统可以根据网络中的计算请求情况，以最短的时间动态地增加和移除计算资源，并协调网络中各台服务器上的负载，从而有效地减少使用廉价商品硬件构建的非结构化网络中 Web 服务的响应时间。

校园网络的安全性在很大程度上通常依赖主机的自身安全和中间件进行被动防御，需要不同协议和系统之间进行复杂的交互，可能会导致行为错误和对网络攻击响应缓慢。考虑到在网络层嵌入动态访问控制机制可以解决这些问题，佐治亚理工大学在校园内部署了一套基于 OpenFlow 的动态接入控制系统 Resonance。该系统在路由层之上部署了安全策略和分布式监控系统，以此来提供细粒度的分布式安全保障。

北京邮电大学在校内多个教学楼的多个实验室之间搭建了基于 SDN 的试验平台 C-Lab，并且开发了具有自主知识产权的 SDN 网络控制器、虚拟化管控平台及试验平台整体控制框架。该试验平台采用了面向接入用户的设计理念，重点关注试验网的校园覆盖能力，一方面可以为网络试验引入真实的用户流量，另一方面也可以面向接入用户快速部署新的网络服务。

清华大学基于 OpenFlow 协议在其信息楼内搭建了网络安全系统 LiveSec。该系统在传统以太网之上，通过无线接入技术和虚拟化技术引入了基于 OpenFlow 协议的控制层，显著降低了系统的构建成本，提升了网络安全设备的可扩展性；同时，该系统提供了安全节点到网络控制器的信息交换通路，针对安全事件设计了一套信息交换协议，实现了全网点对点安全控制。

2）软件定义数据中心网

作为云计算的核心基础设施，数据中心近年来得到了迅速的发展，同时作为连接数据中心大规模服务器进行大型分布式计算的信息“桥梁”的数据中心网络，成了当前网络领域的研究热点。在当前数据中心，用户的虚拟机需要通过频繁地迁移来实现负载均衡等目的，而这对数据中心网络的网络管控提出了更高的要求。SDN 能够为数据中心网络提供高效的网络管控能力，降低负载均衡代价，提高网络中数据交换的效率。在此背景下，软件定义数据中心网很快成了 SDN 应用的主要范式。

相关文献将 NOX 控制器和 OpenFlow 协议应用于数据中心网络中，实现了 PordLand 和 VL2 两种典型数据中心网络的寻址和路由机制，证明了 NOX 网络控制器能够较好地满足数据中心网络的网络管控需求，并指出基于 OpenFlow 协议的软件定义数据中心网络能够提供较为灵活的网络管控能力。

数据中心网络的快速发展需要进行交换机升级、虚拟机迁移等各种网络更新，其中一个重要的难点就在于如何将更新情况同步到不同的网络设备中，以避免导致不可预见的瞬时链路拥塞。针对这一问题，研究人员基于 SDN 提供的灵活网络资源调度能力提出了 Zupdate，用于在异步交换和流量矩阵变化的情况下执行无拥塞的网络更新。

研究人员将 SDN 技术嵌入虚拟数据中心网络中，使用 BGP 配置和创建虚拟网络拓扑，允许将其高效地映射到支持 OpenFlow1.3 协议的物理网络，并在控制平面设计了一种基于数据平面状态的网络资源分配算法，实现了在不同流量特征下较好的网络负载均衡和更高的网络资源利用率。

对于数据中心这样的云基础设施，其计算资源与网络资源难以协同管控，针对这一问题，某文献基于 SDN 范式提出了一个基于 OpenStack 和 OpenDaylight 开发的管控平台 SDCon。SDCon 可以在单个设备上完成虚拟机的放置和迁移、网络流量调度和带宽分配、计算和网络资源的实时监控，以及基础设施的功耗测量，为云基础设施中的计算资源与网络资源提供了一种集成的灵活管控手段。

3）软件定义广域网

广域网的主要功能是将用户连接到数据中心所托管的各类应用中，通常采用专用的 MPLS（Multi-Protocol Label Switching）线路用于确保连接的安全性和可靠性。但随着云服务的广泛部署，传统广域网尚未准备好迎接云技术所带来的前所未有的流量激增，极大地增加了广域网的网络管控复杂性，导致数据中心的应用性能不可预测，将出现数据漏洞和用户体验较差等问题。因此，传统广域网已不能很好地适用于以云为中心的网络应用环境。软件定义广域网作为一种全新的广域网范式，可以有效降低网络运营成本，提高站点的资源利用率，并在不降低安全性或数据隐私性的前提下较大幅度地提高数据中心所托管应用的服务能力。

在 2013 年 SIGCOMM 会议上，Google 首次将其如何利用 SDN 解决数据中心之间流量问题的广域网方案通过论文公之于众——“B4: Experience with a Globally- Deployed Software Defined WAN”；并在 2018 年的 SIGCOMM 会议上就 B4 网络再次发表论文“B4 and After: Managing Hierarchy, Partitioning, and Asymmetry for Availability and Scale in Google Software-Defined WAN”，进一步详细描述了 B4 的演进历程。B4 采用了定制的 OpenFlow 交换机，网络控制器可以基于全局网络视图为不同优先级流量动态地分配所需要的带宽，并可在交换机和链路产生故障的情况下动态地重启路由。由于 B4 在 SDN 控制平面依然保留了传统路由协议，因此当集中式的流量管控模式完全失效的情况下，依然可以保持网络的可用性。网络的实际运行结果表明，B4 在基于较低网络管控开销的前提下可以实现近 100%的带宽利用率，增加约 70%的链路使用时长。当前，B4 部署在全球的站点数已由 2012 年的 12 个扩展到 2018 年的 33 个，其作为 SDN 实际部署的一个成功的商业案例，证明了，针对传统网络架构所面临的一系列棘手问题，SDN 具有解决这些问题的能力，极大地增强了业界对于 SDN 可行性的信心。

依然是针对链接数据中心的广域网带宽利用率不高的问题，Microsoft 提出了 SWAN。SWAN 是基于 SDN 范式设计的，其通过协调业务的发送速率和集中配置网络数据平面，在数据中心之间建立了高效、灵活的信息交互网络，可以比传统广域网多承载约 60%的流量。考虑到为了维持网络性能而需要依据实时网络状态和用户通信需求频繁地进行网络更新的情况，SWAN 实现了仅在传输链路和交换机内存上保留少量临时容量的前提下，便可快速完成网络更新，且不会出现链路拥塞或中断。

对于软件定义广域网，单一网络控制器可能存在较大的网络管控延迟，难以及时满足数据流的转发需求，并可能造成数据流处理规则的混乱。针对这一问题，某文献为软件定义广域网提出了一种分层网络管控架构 WA-SDN，降低了软件定义广域网的网络管控延迟和网络管控开销，实现了对 SD-WAN 更加精准和细粒度的网络管控。

4）软件定义无线网

虽然 SDN 最初是为有线网络服务一种网络范式，但鉴于其在灵活性、开放性、互操作性和创新性等方面的优势，以及其在校园网、数据中心网和广域网的成功部署与应用，将 SDN 拓展应用到无线蜂窝网、无线传感器网、车载网等无线网络领域成了近年来网络领域新的研究趋势和研究热点。

OpenRoads 是最早将 SDN 概念扩展到无线网络的平台。OpenRoads 作为一个移动网络测试与开发的开源平台，它支持开发者通过一个扩展的 OpenFlow 协议对无线设备进行控制，提供了灵活的网络管控、虚拟化和高层抽象能力，使得研究人员可以在 OpenRoads 上对自己修改的无线网络协议和算法按需进行测试。某文献为 5G 网络提出了一种新的网络体系架构 SoftAir。SoftAir 的数据平面由支持 SDN 技术的接入网基站和核心网交换机组成，SoftAir 的控制/应用平面则由网络管理工具和定制的网络应用组成。SoftAir 支持高效的网络虚拟化和流量分类，并且能够以较低成本促进无线传输技术的演进。某文献基于 SDN 范式为无线蜂窝网提出了 SDWN（Software-Defined Wireless Networking）架构，虽然该架构在形式上与 OpenRoads 相似，但其可通过动态的流量调度和利用无线接入网的可编程性来提高网络的 QoS 和用户的 QoE。某文献为 4G/5G 移动网络提出了一种集成 NFV（Network Function Virtualization）、SDR（Software-Defined Radio）和 SDN 的网络架构，并在深入研究现有技术标准的基础上，给出了实现所提出架构而需进行的必要扩展工作。某文献讨论了 SDN 如何为 5G 网络的传输网和接入网带来良好的可编程性，在此基础上，设计了一个分层、模块化、可编程的网络控制与编排平面，介绍了两个基于 SDN 的 5G 传输网与接入网编排应用案例，并通过实验验证了 SDN 给 5G 网络管控所带来的优势。

针对无线传感器网络中异构传感器难以实现统一管控和信息共享的问题，某文献首次将 SDN 概念扩展到无线传感器网络中，利用网络控制器和 OpenFlow 协议实现了对传感器节点信息交互行为的统一管控，延长了整个网络的生存时间。某文献从传感器激活、任务映射和任务调度三个方面入手，为软件定义传感器网络设计了一种节能的基于局部优化的传感器调度与管理策略，在较低的重调度时间和控制开销的前提下，实现了接近全局优化性能的网络能量效率。某文献还提出了一种基于 SDN 的无线传感器网络体系架构 SDSense，在将网络功能分解为慢变化（如拓扑控制）和快变化（如拥塞控制）两部分的基础上，提出了一种基于 SDN 的新的无线传感器网络设计方法；此外，其还给出了一个网络效用最大化框架，以实现对无线传感器网络资源更为合理的分配。

为了更好地满足智能交通系统的信息交互需求，某文献首次将 SDN 与车载网相结合，提出了软件定义车载网络的体系结构，对软件定义车载网络所能提供的网络服务进行了介绍，并通过路由仿真实验，证明了软件定义车载网络的架构优势。此外，某文献还提出了一种结合 5G 移动通信技术和 SDN 的新型车载网络体系架构，并利用雾计算实现了对车辆的灵活通信覆盖，避免了车辆与 RSU（Road Side Units）之间的频繁交接。为了给车辆提供低延迟、高可靠的通信服务，某文献基于 SDN 提出了一种支持移动边缘计算（Mobile Edge Computing，MEC）的车载网网络架构，利用 MEC 能够大幅减少延迟敏感应用的数据传输时间这一优势，在满足特定应用需求的前提下，使得车载网具备了良好的可扩展性和快速响应能力。某文献提出了一种基于 SDN 的空天地一体化网络体系结构，为地面车辆提供了高效的通信服务。该架构采用了网络切片技术来区分卫星、空中和地面的网络服务，并将网络中所有可用资源放入一个通用的、动态的空天地资源池中，由分层的网络控制器进行管理，以无缝、高效、经济的方式为地面车辆提供通信服务。

为提升战场通信网络的灵活性和可编程性，某文献将 SDN 与战场通信网络相结合，提出了软件定义战场网络架构，促进了战场网络异构网络技术间的互操作，并更加有针对性地满足了战场网络不同数据流在 QoS 和安全性方面的差异化需求。为了更好地满足战术边缘网络的通信需求，某文献将 SDN 概念与 DTN（Delay Tolerant Network）概念相结合，提出了 SDN-DTN 网络架构。SDN-DTN 定义了 DTN 编排器，并要求其与 SDN 网络控制器彼此交换信息，从而使得 DTN 编排器可以根据 SDN 网络控制器提供的全局网络视图信息，有效地调度 DTN 节点之间的数据传输，以提升战术边缘网络的通信服务能力。某文献提出了将 SDN 应用于 MANET 从而构建 SMANETs（SDN-Enabled Mobile ad hoc Networks）的设想与相关方案，分析了 SDN 为战术 MANET 所能带来的优势及所面临的挑战。

随着航空产业规模的不断扩展、无人飞行器的普及，以及 SDN 应用范围的不断拓展，近年来将 SDN 范式应用于航空网络的情况已开始受到关注，并为航空网络的性能提升和未来发展提供了全新的研究思路。某文献研究指出，不同无人机网络往往针对不同的通信需求与应用环境设计，由于协议栈实现上的差异，同样的无人机网络在不同环境下可能无法正常工作。SDN 可为无人机网络提供可编程的网络管控手段，这让在无人机网络中部署和管理新的网络服务变得更加便捷，同时可实现对网络行为的灵活调整及对网络性能的按需优化。同时，还对将 SDN 应用到无人机网络中存在的问题进行了简单分析，并给出了无人机网络需求与 SDN 优势的对比，从而进一步说明了 SDN 在无人机网络中较好的应用前景。某文献指出 SDN 是构建柔性无人机网络的重要技术，具有较强的灵活性和伸缩性，提供了一个以可编程方式管控无人机网络的技术手段，可以有效简化无人机网络的配置和管理。同时，对 SDN 给无人机网络所带来的优势进行了总结，并对当前基于 SDN 范式构建无人机网络的相关研究工作进行了简单的综述。

机载网络的动态特性常常导致频繁且持续较长时间的链路中断，导致网络性能下降。考虑到可以利用与网络运行环境相关的可用信息来优化网络管控决策，某研究提出了一个基于 SDN 的机载网络原型系统，该系统利用空中节点航迹知识来预测未来的网络事件，尤其是链路中断事件，从而减轻了链路中断对网络性能造成的不利影响。为实现高效、健壮的无人机端到端数据中继，某文献提出了一种基于 SDN 的无人机网络架构 SD-UAV，并使网络控制器在考虑无人机通信干扰的前提下为无人机之间的信息交互计算多条传输路径，使得无人机之间的平均端到端中断率降低了 18%，平均端到端延迟降低了 12%。某文献提出了一种基于 SDN 的空地一体化移动边缘计算框架，通过利用无人机和车载平台所具备的高机动性和灵活的计算资源分配能力，提升了用户与边缘计算资源间的通信连接性能。某文献为无人机网络提出了一种基于 SDN 的网络架构，为无人机网络提供动态和灵活的网络管控能力，同时讨论了在无人机网络中引入 SDN 技术的相关挑战。

12.6 LPI 通信技术

射频隐身技术

从国内外作战飞行器的发展方向来看，隐身化已经成为一个主流趋势。美军在隐身技术的发展中处于绝对优势，到目前已经研发了几代隐身技术。以 F-22 战斗机为代表的第四代作战飞机更是将飞机的隐身能力与气动性能完美结合，成为目前最强大的空中优势战斗机，现已装备美军并形成战斗力；美军对另一种隐身战斗机 F-35 的研发已进入尾声，很快也将正式进入北约部队服役。在美军的未来发展规划中，隐身技术将在无人机、直升机、巡航导弹等平台上大量应用，从而打造一体化的隐身部队。

隐身不是一项单一的技术，而是许多技术的综合（如多光谱、红外、射频、声波等），这些技术使得系统更难以被探测和攻击。在这些隐身技术中，射频隐身是其中的一项核心技术。国外的射频隐身研究起步较早，美国的 DARPA 早在 20 世纪 70 年代中期就开始了相应的研究工作，并在此基础上研发了 F-117、B-2 等早期的隐身飞机。在较早的研究中主要关注通过使用吸波材料和对飞机外形进行修整来降低雷达散射截面（RCS），对于有源射频特征缩减的研究在 20 世纪 90 年代初才深入开展。从目前的资料分析，F-22 战斗机中使用的 AN/APG-77 有源相控阵雷达、ICNIA（综合通信、导航与识别系统）、IFDL、TTNT 等系统中大量使用了有源射频特征缩减技术。

飞机的射频特征分为无源特征和有源特征。无源特征主要用对雷达照射所产生的 RCS 来衡量，减小无源特征的技术称为低可探测性（LO）技术；有源特征是指由平台电子设备发出的各种射频信号，其中最主要的是有源雷达信号和通信信号，减小有源特征的技术称为低可截获（LPI）技术。射频信号依旧是下一代飞机进行目标获取和信息共享的主要方式，射频隐身发展的水平直接关系到新一代飞机的隐身能力。

12.6.1 LPI 通信概述

LPI 通信包括 LPD、LPI、LPE（Low Probability of Exploitation）等含义，是指通信系统发射的射频信号不易被敌方的截获设备所感知，使敌方不易从接收到的信号中提取有用的参数信息，因此其具有良好的抗测向能力。从波形来看，LPI 通信与抗干扰通信有许多相似之处，而在需求方面又有差别，具体实现时要根据实际需要进行设计。一个理想的 LPI 通信波形，对于现有的通信信号截获方法来说应具有较低的截获概率。

1. LPI 通信含意

LPI 通信的主要目的是降低通信信号的检测概率，从而可以对抗敌无源目标探测。实现 LPI 通信系统的技术总体上分为三类，即天线技术、低可截获波形和功率管控。窄波束、超低旁瓣天线技术可以大大降低通信信号的空间截获概率；通信发射机通过发射 LPI 波形，使截获接收机更难探测到发射信号；在满足通信质量要求的情况下，合作的通信双方可以使用最小的功率发射信号，通过对功率进行精确的管控可以有效地阻止敌方对通信信号的截获。

总的来说，从 20 世纪 80 年代开始，美军 LPI 通信经过了三个阶段的发展，并最终设计了实用化的 CS^3 信号波形。目前面向隐身战斗机的 LPI 通信技术已受到美军的高度关注，在 TTNT 数据链中明确提出其波形要具备 LO/LPI 特性。

在进行 LPI 通信系统设计时，除要通过各种手段降低信号的可检测特征外，还要兼顾通信效率。现代战争中对通信带宽的需求越来越高，这会对通信的 LPI 特性产生不利的影响，如何在二者之间取得一个平衡也是需要探讨的一个问题。

2. LPI 通信与抗干扰通信的对比

传统的抗干扰通信系统经过 50 年的发展，相对来说已经比较成熟，而 LPI 通信提出较晚，二者在需求方面几乎完全相反。

抗干扰通信并不要求隐藏发射信号，对抗检测能力也没有特别要求；而 LPI 通信则不希望敌方接收机检测到发射信号，要求发射信号能够隐藏在环境中。在复杂电磁环境下，提高信号发射功率是抗干扰通信系统保证通信可靠性的一种有效手段；而对于 LPI 通信而言，复杂电磁环境可以降低信号的截获概率。抗干扰通信需要通过将较高的发射功率集中在较窄的频段内，以此来补偿干扰带来的性能损失；而 LPI 通信系统的信号波形通过将较小的发射功率分布到尽可能宽的频带内，使信号具有非常低的功率谱密度，以此来躲避敌方侦察。抗干扰通信系统发射的信号通过在宽频段内高速跳变来躲避干扰，减小进入信号内的干扰功率；而 LPI 通信系统一般情况下不希望使用跳频。消除信号波形中的所有可检测特征是 LPI 通信系统的最终目标，而抗干扰通信则对此并无特别要求。抗干扰通信系统通过对所传输的数据进行加密来保证安全性，而 LPI 通信则通过实现发射信号的不可检测性来保证通信安全。抗干扰通信系统发射的信号在敌方接收机处信噪比通常大于 1，而 LPI 通信系统希望信号在敌方接收机处的信噪比远远小于 1。截获 LPI 通信波形时对信号发射持续时间非常敏感，而截获抗干扰信号时对此并不敏感。

3. LPI 通信链路方程

为了方便描述，将本节中所用到的参数及其含义列于表 12.3 中。

表 12.3 LPI 通信常用参数及其含义

参 数	参 数 含 义	参 数	参 数 含 义
R_C	通信距离	G_{CP}, G_{IP}	通信接收机和截获接收机处理增益
R_i	截获接收机到发射机的距离	G_I	截获接收机天线增益
R_I	截获距离	G_C	通信接收机天线增益
λ	发射信号波长	L_C	通信链路总路径损耗
P_R	通信接收机所接收到的信号功率	L_I	发射机与截获接收机之间的损耗
G_{TC}	发射机在接收机方向上的天线增益	P_I	截获接收机探测所需的功率
G_{TI}	发射机在截获接收机方向的增益	P_i	截获检测器接收到的功率
P_T	发射机的发射功率		

通信接收机信号检测器输入功率为

$$P_R = \frac{P_T G_{TC} G_C G_{CP} L_C \lambda^2}{(4\pi)^2 R_C^2} \tag{12.1}$$

截获接收机信号检测器输入功率为

$$P_i = \frac{P_T G_{TI} G_I G_{IP} L_I \lambda^2}{(4\pi)^2 R_i^2} \tag{12.2}$$

1）截获功率关系和 LPIS 灵敏度

在给定通信距离 R_C 的情况下，为了达到接收机性能的要求，发射机的发射功率为

$$P_T = \frac{K_C {R_C}^2}{G_{TC}} \tag{12.3}$$

式中，K_C 为通信接收机灵敏度，它取决于模式和任务，其定义为

$$K_C = \frac{(4\pi)^2 P_R}{\lambda^2 G_C G_{CP} L_C} \tag{12.4}$$

在给定发射机功率和截获接收机与发射机之间距离的情况下，截获接收机接收到的功率为

$$P_{\mathrm{i}} = J_{\mathrm{I}} \frac{P_{\mathrm{T}} G_{\mathrm{TI}}}{R_{\mathrm{i}}^{2}} \tag{12.5}$$

式中，J_{I} 是截获接收机灵敏度，它取决于截获接收机的模式和任务，其定义为

$$J_{\mathrm{I}} = \frac{G_{\mathrm{I}} G_{\mathrm{IP}} \lambda^{2} L_{\mathrm{I}}}{(4\pi)^{2}} \tag{12.6}$$

由式（12.3）和式（12.5）可得

$$P_{\mathrm{i}} = J_{\mathrm{I}} K_{\mathrm{C}} \frac{R_{\mathrm{C}}^{2} G_{\mathrm{TI}}}{R_{\mathrm{i}}^{2} G_{\mathrm{TC}}} \tag{12.7}$$

假设截获接收机所接收到的信号功率等于最小截获功率，即 $P_{\mathrm{i}}=P_{\mathrm{I}}$，且截获接收机在发射天线的主瓣内（与通信接收机在同一方向），即 $G_{\mathrm{TI}}=G_{\mathrm{TC}}$，则可得到截获距离公式为

$$R_{\mathrm{I}} = \sqrt{J_{\mathrm{I}} K_{\mathrm{C}} \frac{R_{\mathrm{c}}^{2} G_{\mathrm{TI}}}{P_{I} G_{\mathrm{TC}}}} = J_{\mathrm{I}}^{1/2} K_{\mathrm{C}}^{1/2} \frac{R_{\mathrm{C}}}{P_{\mathrm{I}}^{1/2}} \tag{12.8}$$

由式（12.8）可知，为了减小信号的截获距离，LPI 系统需要降低 K_{C}，最终目标是使 K_{C} 最小化。

2）通信距离与截获距离方程

对于通信接收机，在给定所需的接收功率 P_{R} 的情况下，通信距离为

$$R_{\mathrm{C}}^{2} = \frac{P_{\mathrm{T}} G_{\mathrm{TC}} G_{\mathrm{C}} G_{\mathrm{CP}} L_{\mathrm{C}} \lambda^{2}}{(4\pi)^{2} P_{\mathrm{R}}} = \frac{P_{\mathrm{T}} G_{\mathrm{TC}}}{K_{\mathrm{C}}} \tag{12.9}$$

对于截获接收机，在给定截获信号所需功率 P_{I} 的情况下，截获距离为

$$R_{\mathrm{I}}^{2} = \frac{P_{\mathrm{T}} G_{\mathrm{TI}} G_{\mathrm{I}} G_{\mathrm{IP}} L_{\mathrm{I}} \lambda^{2}}{(4\pi)^{2} P_{\mathrm{I}}} = \frac{P_{\mathrm{T}} G_{\mathrm{TI}} J_{\mathrm{I}}}{P_{\mathrm{I}}} \tag{12.10}$$

由式（12.9）和式（12.10）可得

$$\frac{R_{\mathrm{C}}^{2}}{R_{\mathrm{I}}^{2}} = \frac{G_{\mathrm{TC}} G_{\mathrm{C}} G_{\mathrm{CP}} L_{\mathrm{C}} P_{\mathrm{I}}}{G_{\mathrm{TI}} G_{\mathrm{I}} G_{\mathrm{IP}} L_{\mathrm{I}} P_{\mathrm{R}}} = \frac{G_{\mathrm{TC}} G_{\mathrm{C}}}{G_{\mathrm{TI}} G_{\mathrm{I}}} \cdot \frac{P_{\mathrm{I}}}{P_{\mathrm{R}}} \cdot \frac{G_{\mathrm{CP}}}{G_{\mathrm{IP}}} \cdot \frac{L_{\mathrm{C}}}{L_{\mathrm{I}}} \tag{12.11}$$

在信道为加性高斯白噪声（AWGN）信道的情况下，有

$$P_{\mathrm{I}} = \mathrm{SNR}_{\mathrm{I}} B_{\mathrm{I}} \mathrm{NF}_{\mathrm{I}} kT\text{；}\quad P_{\mathrm{R}} = \mathrm{SNR}_{\mathrm{C}} B_{\mathrm{C}} \mathrm{NF}_{\mathrm{C}} kT \tag{12.12}$$

式中，$\mathrm{SNR}_{\mathrm{I}}$ 和 $\mathrm{SNR}_{\mathrm{C}}$ 分别为截获接收机和通信接收机信噪比；B_{I} 和 B_{C} 分别为截获接收机和通信接收机噪声带宽；NF_{I} 和 NF_{C} 分别为截获接收机和通信接收机噪声系数；k 为玻耳兹曼常数；T 为等效的接收机热噪声温度。

由天线增益公式可得

$$G_{\mathrm{TC}} = \frac{4\pi A_{\mathrm{eTC}}}{\lambda^{2}}\text{；}\quad G_{\mathrm{I}} = \frac{4\pi A_{\mathrm{eI}}}{\lambda^{2}}\text{；}\quad G_{\mathrm{TI}} = \frac{4\pi A_{\mathrm{eTI}}}{\lambda^{2}}\text{；}\quad G_{\mathrm{C}} = \frac{4\pi A_{\mathrm{eC}}}{\lambda^{2}} \tag{12.13}$$

式中，A_{eTC} 为发射机天线通信方向有效面积；A_{eTI} 为发射机天线在截获接收机方向的有效面积；A_{eC} 为通信接收机天线有效面积；A_{eI} 为截获接收机天线有效面积。将式（12.12）和式（12.13）代入式（12.11），可得

$$\frac{R_{\mathrm{C}}^{2}}{R_{\mathrm{I}}^{2}} = \frac{A_{\mathrm{eTC}} A_{\mathrm{eC}}}{A_{\mathrm{eTI}} A_{\mathrm{eI}}} \cdot \frac{\mathrm{SNR}_{\mathrm{I}} B_{\mathrm{I}} \mathrm{NF}_{\mathrm{I}}}{\mathrm{SNR}_{\mathrm{C}} B_{\mathrm{C}} \mathrm{NF}_{\mathrm{C}}} \cdot \frac{G_{\mathrm{CP}}}{G_{\mathrm{IP}}} \cdot \frac{L_{\mathrm{C}}}{L_{\mathrm{I}}} \tag{12.14}$$

在实际应用中，希望式（12.14）左边具有较大的值，由等式右边可知此比值与天线、信号波形、处理增益和传播环境有关。其中，天线和传播环境与工作方式和地理位置等因素有关；

而信号波形和处理增益由通信系统体制决定，是一种固有属性，它通常与信号调制方式、处理方式、频谱扩展方式、功率控制方式等因素有关。

12.6.2　LPI 通信波形特点

理想的 LPI 通信波形应具有以下特点。

（1）具有非常低的瞬时功率谱密度，将信号能量分散到尽可能宽的信号带宽内。

（2）理想的 LPI 波形是非冗余的并且具有随机噪声的特点，可使信号隐藏在环境热噪声和干扰能量中。

（3）理想的 LPI 波形没有固有的可检测特征，如数据速率、直序扩频码片速率、跳频/跳时速率、调制方式、载波等。

（4）理想的 LPI 波形不需要为使通信接收机快速、可靠地接收所发送的消息而进行任何形式的连续发射，或者发送同步信息、消息样式等信息。

（5）理想 LPI 波形在每个数据比特中使用尽可能多的码片，使非线性截获接收机的积分时间最小化，从而降低截获接收机的敏感性和可用性。

（6）LPI 波形可检测能力应该尽可能与发射的数字数据速率无关，以使消息发射时间和发射功率最小化。

（7）理想的 LPI 波形是最不可检测的波形，不管通信频率、带宽和潜在的截获接收机能力如何。

以上特点并不是 LPI 波形标准，但可以用来评估一个通信信号波形抗截获能力，作为 LPI 通信波形的设计参考。

12.6.3　LPI 通信系统性能参数

衡量 LPI 通信系统性能的参数主要有截获概率、截获距离、质量因子和通信效率。这几种参数是对 LPI 通信系统不同方面的评估，它们相互之间联系密切。

截获概率反映了截获接收机对射频信号的截获能力，一个通信信号的截获与时域、频域和空域的截获概率有关。在一个实际的 LPI 通信系统中，假定截获接收机天线的主瓣始终指向通信发射机，则空域参数由发射机天线技术决定，如天线增益、主瓣功率、旁瓣功率、主瓣宽度等。当然在进行计算时，还应考虑截获接收机天线指向通信发射机的概率。

对一个通信信号的截获还与截获接收机和通信发射机之间的距离有关。在满足一定截获概率的要求下，截获接收机与通信发射机之间的最大距离称为截获距离，可以通过通信系统的链路方程进行计算。

1989 年 L. L. Gutman 和 G. E. Prescott 提出了 LPI 通信系统质量因子的概念，将其定义为通信距离与截获距离之比。针对目前的截获接收机，工程人员可以通过这一概念对通信系统的 LPI 性能进行评估。在质量因子应用中，根据研究的问题可以将其进行分解，相关文献中给出了一种在 LPI 波形中使用调制质量因子的方法。通信系统通常以组网方式工作，其网络参数也会对信号的截获造成影响。例如，截获接收机区分对不同发射机发射的信号能力受到组网方式的影响。R. F. Mills 和 G. E. Prescott 在相关文献中对使用宽带辐射计和信道化辐射计的情况下使用跳频多址技术网络的检测能力进行了评估，对两个截获接收机性能通过 LPI 网络质量因子进行了比较；截获接收机性能是 LPI 信号参数的函数，通过这些比较，对如何进行最优化

LPI 性能的波形设计给出了建议。在相关文献中，还对多址 LPI 网络的检测模型进行了分析：假设截获接收机主要关注于网络工作状态，以便建立 LPI 网络性能质量因子，而并不区分不同的发射机信号。其分析结果给出了信道数和网络负载对检测距离的影响。

通信带宽需求的增长要求在进行 LPI 通信系统设计时，必须同时考虑其通信效率问题。LPI 波形通常与通信效率是相互矛盾的，如直扩波形具有较好的隐蔽性，但其频谱利用率较低，因此在进行波形设计时需要在二者间权衡。

1. 截获概率

截获接收机成功截获信号的概率称为截获概率。截获概率是一个复杂的多维函数，受到多种因素制约；代表这些因素的变量可能是一个随机过程，也可能是一个确知函数。总结起来，与截获概率相关的因素主要如下。

（1）截获接收机处的 LPI 系统信号的信噪比。

（2）LPI 信号的辐射时间。

（3）通信信号特征参数。

（4）功率管理策略。

（5）截获接收机密度及搜索时间。

（6）天线的方向性。

（7）工作环境和工作方式。

要提高信号的 LPI 特性，其中最重要的是降低截获接收机处的信噪比，这与信号波形和功率控制策略有关。为了阻止截获设备对通信信号进行分析从而获得有用的信号特征信息，需要对信号的波形进行精心设计，最大限度地消除信号的一阶或高阶成分，使其看起来更接近于噪声。从波形来看，长时间的信号发射会使信号被截获的可能性大大增加，因此压缩信号的发射时间，提高占空比也是一个改善系统 LPI 性能的手段。当然，信号的持续时间与所发送的数据量有关，也与通信节点在网络中承担的职责有关（如中继节点）。另外，组网方式也会对系统的 LPI 性能产生影响。例如，如果网络中节点之间需要频繁地交换组网信息，则会使信号的截获概率显著提高，这也是 LPI 网络设计需要考虑的问题之一。

对于截获接收机来说，除了要考虑截获概率，还要考虑虚警概率，这二者之间存在相互制约的关系。对同一个截获设备而言，较高的截获概率要求也会使虚警概率提高，因此需要在二者之间进行平衡。一个理想的截获接收机所需的最小信噪比，由截获概率、虚警概率、信号持续时间及信号的带宽决定。

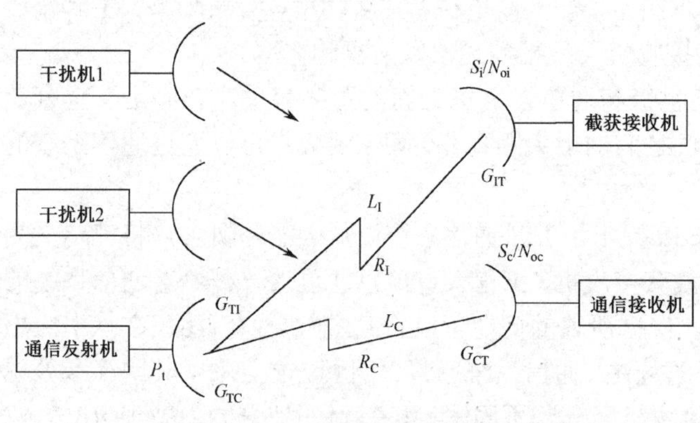

图 12.25　通信信号截获场景示意图

2. LPI 质量因子

图 12.25 所示为通信信号截获场景示意图。

利用通信链路方程，参考式（12.11）和图 12.25 可得

$$\left(\frac{R_{\mathrm{C}}}{R_{\mathrm{I}}}\right)^2=\frac{G_{\mathrm{CT}}G_{\mathrm{TC}}}{G_{\mathrm{TI}}G_{\mathrm{IT}}}\cdot\frac{L_{\mathrm{I}}}{L_{\mathrm{C}}}\cdot\frac{N_{\mathrm{oi}}}{N_{\mathrm{oc}}}\cdot\frac{S_{\mathrm{i}}/N_{\mathrm{oi}}}{S_{\mathrm{c}}/N_{\mathrm{oc}}}M \tag{12.15}$$

式中，R_{C} 和 R_{I} 分别为通信距离和截获距离。

在通信接收机处，所需的信噪比通常比实际收到的信噪比要小，用因子 M 表示，$M>1$。定义 LPI 质量因子为

$$Q_{\mathrm{LPI}}=\left(\frac{R_{\mathrm{C}}}{R_{\mathrm{I}}}\right)^2 \tag{12.16}$$

用分贝表示为

$$[Q_{\mathrm{LPI}}]_{\mathrm{dB}}=20\lg\left(\frac{R_{\mathrm{C}}}{R_{\mathrm{I}}}\right) \tag{12.17}$$

$[Q_{\mathrm{LPI}}]_{\mathrm{dB}}$ 的值越大，对通信接收机越有利。与通信接收机相比，截获接收机需要在更近的距离上截获信号，或者具有更低的截获概率。

定义天线因子为

$$[Q_{\mathrm{ATN}}]_{\mathrm{dB}}=10\lg\left(\frac{G_{\mathrm{CT}}G_{\mathrm{TC}}}{G_{\mathrm{TI}}G_{\mathrm{IT}}}\right) \tag{12.18}$$

式（12.18）说明，通信发射机天线在接收机方向的增益越大，在截获接收机方向的增益越小，则天线质量因子值就越大。因此，发射机天线的主瓣要求尽可能窄，增益 G_{TC} 尽可能高，而旁瓣增益 G_{TI} 要尽可能小。对于截获接收机来说，接收天线增益 G_{IT} 越大，对天线质量因子造成的不利影响就越大；但是，如果截获接收机天线的波束过窄，则会使其空间截获概率大大降低。

定义链路损耗因子为

$$[Q_{\mathrm{ATM}}]_{\mathrm{dB}}=10\lg\left(\frac{L_{\mathrm{I}}}{L_{\mathrm{C}}}\right) \tag{12.19}$$

式（12.19）中链路损耗因子（包括通信链路和截获链路）对于不同的使用场景，其表达方式有所不同，取决于信道的衰落特性，多数情况下是一个时变的非平稳随机过程。由于通信双方是协作方式，因此信道的衰落特性对截获接收机是不利的。

如果只考虑大气吸收的情况，则通信链路的损耗和截获链路的损耗可以分别表示为

$$\begin{aligned}[L_{\mathrm{C}}]_{\mathrm{dB}}&=\xi_{\mathrm{C}}R_{\mathrm{C}}\\ [L_{\mathrm{I}}]_{\mathrm{dB}}&=\xi_{\mathrm{I}}R_{\mathrm{I}}\end{aligned} \tag{12.20}$$

式中，ξ_{C} 和 ξ_{I} 分别为截获链路和通信链路的平均路径损耗因子，这主要是由大气中的水蒸气、降雨和氧气对电磁波的吸收所致。此时，链路损耗因子可以表示为

$$[Q_{\mathrm{ATM}}]_{\mathrm{dB}}=\xi_{\mathrm{I}}R_{\mathrm{I}}-\xi_{\mathrm{C}}R_{\mathrm{C}} \tag{12.21}$$

定义调制因子为

$$[Q_{\mathrm{MOD}}]_{\mathrm{dB}}=10\lg\left(\frac{S_{\mathrm{i}}/N_{\mathrm{oi}}}{S_{\mathrm{c}}/N_{\mathrm{oc}}}M\right) \tag{12.22}$$

截获接收机所需的最小信噪比是由可以接受的检测概率 P_{d} 和虚警概率 P_{fa} 来决定的；通信接收机所需的最小信噪比是由可接受的误比特率 P 来决定的。调制因子的大小取决于通信信号

的产生和处理方式，通过对通信信号波形的精心设计，可以使截获接收机为了达到指标要求所需的信噪比更高。

定义干扰抑制因子为

$$[Q_{\mathrm{ADA}}]_{\mathrm{dB}} = 10\lg\left(\frac{N_{\mathrm{oi}}}{N_{\mathrm{oc}}}\right) \tag{12.23}$$

式中，N_{oi} 和 N_{oc} 分别为截获接收机和通信接收机收到的干扰功率，由热噪声和干扰信号组成。通信接收机和截获接收机的干扰抑制方式决定了 $[Q_{\mathrm{ADA}}]_{\mathrm{dB}}$ 的大小，$[Q_{\mathrm{ADA}}]_{\mathrm{dB}}$ 取值越大，对截获接收机越不利。

综上所述，LPI 通信系统的质量因子可以表示为

$$[Q_{\mathrm{LPI}}]_{\mathrm{dB}} = [Q_{\mathrm{ANT}}]_{\mathrm{dB}} + [Q_{\mathrm{ATM}}]_{\mathrm{dB}} + [Q_{\mathrm{ADA}}]_{\mathrm{dB}} + [Q_{\mathrm{MOD}}]_{\mathrm{dB}} \tag{12.24}$$

在给定条件下，通信系统希望使质量因子最大化，则天线因子、链路损耗因子、干扰抑制因子、调制因子必须同时达到最大值。

由式（12.24）可得

$$[Q_{\mathrm{LPI}}]_{\mathrm{dB}} - [Q_{\mathrm{ATM}}]_{\mathrm{dB}} = [Q_{\mathrm{ANT}}]_{\mathrm{dB}} + [Q_{\mathrm{ADA}}]_{\mathrm{dB}} + [Q_{\mathrm{MOD}}]_{\mathrm{dB}}$$

式中右边与链路损耗无关。定义系统质量因子 $[Q_{\mathrm{s}}]_{\mathrm{dB}} = [Q_{\mathrm{ANT}}]_{\mathrm{dB}} + [Q_{\mathrm{ADA}}]_{\mathrm{dB}} + [Q_{\mathrm{MOD}}]_{\mathrm{dB}}$，并且通常认为截获接收机与通信接收机所处的环境相同，即 $\xi = \xi_{\mathrm{C}} = \xi_{\mathrm{I}}$，则有

$$[Q_{\mathrm{s}}]_{\mathrm{dB}} = [Q_{\mathrm{LPI}}]_{\mathrm{dB}} - [Q_{\mathrm{ATM}}]_{\mathrm{dB}} = 20\lg\left(\frac{R_{\mathrm{C}}}{R_{\mathrm{I}}}\right) + \xi R_{\mathrm{C}}\left(1 - \frac{R_{\mathrm{I}}}{R_{\mathrm{C}}}\right) \tag{12.25}$$

LPI 质量因子、系统质量因子与路径损耗关系如图 12.26 所示，说明：随着通信链路损耗的增加，LPI 质量因子减小，信号的截获距离增加。若通信链路损耗增加，则当 $[Q_{\mathrm{LPI}}]_{\mathrm{dB}} > 0$ 时，系统质量因子 $[Q_{\mathrm{s}}]_{\mathrm{dB}}$ 增加；当 $[Q_{\mathrm{LPI}}]_{\mathrm{dB}} < 0$ 时，$[Q_{\mathrm{s}}]_{\mathrm{dB}}$ 减小。

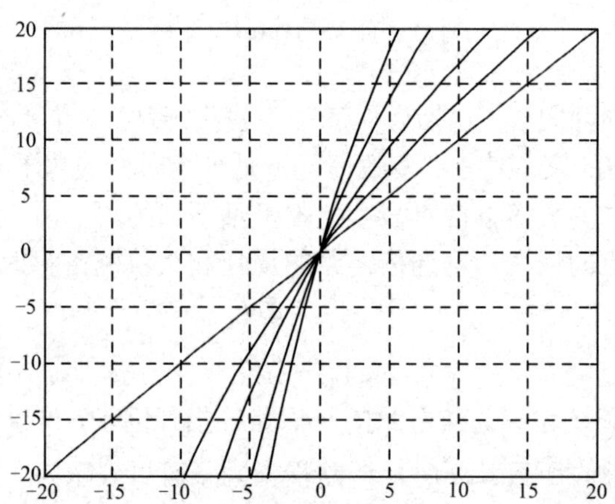

图 12.26 LPI 质量因子、系统质量因子与路径损耗关系

3. 通信效率

通信效率 η（bit/Hz）通常用频带利用率来衡量，其表达式为

$$\eta = R_{\mathrm{b}} / W \tag{12.26}$$

式中，R_{b} 为发送信息的比特速率。通信效率与所采用的编码方式、调制方式和扩频方式有关。

通信系统通常需要综合采用编码技术、调制技术和频谱扩展等手段来提高 LPI 性能，一般

情况下 LPI 要求与通信效率是相互矛盾的。例如，采用 DSSS 技术的 LPI 通信系统，其扩频增益为

$$G_{\mathrm{p}} = \frac{S_{\mathrm{o}} / N_{\mathrm{o}}}{S_{\mathrm{i}} / N_{\mathrm{i}}} = \frac{W}{\Delta F} \tag{12.27}$$

式中，$S_{\mathrm{o}} / N_{\mathrm{o}}$ 为解扩器输出信噪比；$S_{\mathrm{i}} / N_{\mathrm{i}}$ 为解扩器输入信噪比；W 为解扩器输入信号带宽；ΔF 为解扩器输出信号带宽。由此可见，越高的扩频增益对信号的 LPI 性能越有利，但信号的效率越低。

12.6.4　信道损耗对 LPI 通信的影响

1. 损耗信道中的 LPI 质量因子方程

发射机发射 n 比特的消息，发送速率为 R_{b}，则信号带宽 W 依赖于调制类型、编码速率和扩频方式。假设为了获得所需的误比特率，比特能量和噪声功率谱密度之比 $E_{\mathrm{b}} / n_{\mathrm{c}}$ 的门限为 η，则接收机噪声为热噪声。为了保持通信性能，接收机最小输入功率为

$$P_{\mathrm{c}} = \eta n_{\mathrm{c}} R_{\mathrm{b}} \tag{12.28}$$

在此，进一步假设截获接收机是一个宽带能量辐射计，该辐射计调谐到信号工作频段 W 且与消息发送时间 $T = n / R_{\mathrm{b}}$ 同步，则截获接收机的截获信号所需的最小信号能量与噪声功率谱密度之比为

$$E / n_{\mathrm{I}} = \sqrt{2TW}(\beta - \xi), \quad TW \gg \max(\beta^2, \xi^2) \tag{12.29}$$

式中，当信道为高斯信道时 $\beta = \mathrm{erfc}^{-1}(2P_{\mathrm{fa}})$，$\xi = \mathrm{erfc}^{-1}(2P_{\mathrm{d}})$；$P_{\mathrm{fa}}$ 和 P_{d} 分别为虚警概率和检测概率；n_{I} 是辐射计输入的热噪声功率谱密度，为了能够截获信号，最小的辐射计输入功率应满足下式要求，即

$$P_{\mathrm{I}} = \sqrt{2}(\beta - \xi)\sqrt{\frac{WR_{\mathrm{b}}}{n}}\, n_{\mathrm{I}} \tag{12.30}$$

假设通信接收机和截获接收机使用相同的天线，工作在相同的噪声温度下，则由式（12.28）和式（12.30）可得

$$\frac{P_{\mathrm{I}}}{P_{\mathrm{c}}} = \sqrt{2}\,\frac{(\beta - \xi)}{\eta} \cdot \sqrt{\frac{G_{\mathrm{U}}}{n}} \tag{12.31}$$

式中，F_{I} 和 F_{C} 分别为截获接收机噪声系数和通信接收机噪声系数；$G_{\mathrm{U}} = W / R_{\mathrm{b}}$ 是通信系统的无编码处理增益。若编码比率 $r = R_{\mathrm{b}} / R_{\mathrm{s}}$，$R_{\mathrm{s}}$ 为符号速率，可得

$$G_{\mathrm{U}} = \frac{W}{R_{\mathrm{b}}} = \frac{W}{R_{\mathrm{s}}} \cdot \frac{R_{\mathrm{s}}}{R_{\mathrm{b}}} = \frac{G}{r} \tag{12.32}$$

在此 $G = W / R_{\mathrm{s}}$ 定义为编码处理增益。

将式（12.31）、式（12.32）代入式（12.15），并且令 $D = 10\lg(L_{\mathrm{C}} / L_{\mathrm{I}})$，整理可得

$$D = 10\lg\left(\sqrt{2}\,\frac{(\beta - \xi)}{\eta}\,\frac{G_{\mathrm{TC}}}{G_{\mathrm{TI}}}\,\frac{G_{\mathrm{RC}}}{G_{\mathrm{RI}}}\,\frac{F_{\mathrm{I}}}{F_{\mathrm{C}}}\sqrt{\frac{G}{nr}}\right) \tag{12.33}$$

式中，G 为天线增益；下标 T 表示发射；下标 R 表示接收；下标 C 表示通信方向；下标 I 表示截获方向。

假设使用下面的信道传播损耗模型（用 dB 表示的信道输入输出功率之比），并且通信接

收机和截获接收机使用相同的天线和相同的损耗模型，则有

$$L = \text{const} + 10\gamma \lg R + AR \tag{12.34}$$

式中，常量 const 由发射频率决定；γ 代表自由传播模型吸收损耗系数（自由空间传播损耗为 2，地面传播损耗 > 2）；R 代表距离；A 是吸收损耗因子，通常用 dB/km 表示。

为了表达方便，令 K 为 LPI 质量因子，即

$$K = Q_{\text{LPI}} = \frac{R_{\text{C}}}{R_{\text{I}}} \tag{12.35}$$

式中，R_{C} 表示最大通信距离；R_{I} 表示最大截获距离。结合式（12.33）、式（12.34）和式（12.35）可得质量因子方程为

$$AR_{\text{C}}(1-\frac{1}{K}) + 10\gamma \lg K = D \tag{12.36}$$

从式（12.36）可知，不论是截获接收机和通信接收机，为了达到接收门限，都需要通信发射机发射足够的信号功率。观察式（12.36），可以得到以下三种情况。

（1）$D > 0 \Rightarrow K > 1$：在此情况下通信系统占有优势。

（2）$D = 0 \Rightarrow K = 1$：在此情况下通信系统和截获接收机相同。

（3）$D < 0 \Rightarrow 0 < K < 1$：在此情况下截获接收机占有优势。

2. 信道损耗对质量因子的影响

将（12.36）式对 D 取导数可得

$$\begin{aligned} & AR_{\text{C}}\frac{K'}{K^2} + 10\gamma\,(\lg \text{e})\frac{K'}{K} = 1 \\ & K' = \frac{K^2}{10\gamma(\lg \text{e})K + AR_{\text{C}}} > 0 \end{aligned} \tag{12.37}$$

对式（12.37）两边取导数可得到

$$\begin{aligned} K'' &= \frac{2KK'[10\gamma(\lg \text{e})K + AR_{\text{C}}] - 10\gamma(\lg \text{e})K^2K'}{[10\gamma(\lg \text{e})K + AR_{\text{C}}]^2} \\ &= \frac{10\gamma(\lg \text{e})K^2K' + 2AR_{\text{C}}KK'}{[10\gamma(\lg \text{e})K + AR_{\text{C}}]^2} > 0 \end{aligned} \tag{12.38}$$

式（12.38）说明，K 是 D 的单调凸函数。利用单调凸函数性质，在此对 $D = 0$，$K = 1$ 附近 K 的变化进行分析，则有

$$K'(0) = \frac{1}{10\gamma(\lg \text{e}) + AR_{\text{C}}} \tag{12.39}$$

假设信号的吸收损耗为 0（$A = 0$），在 $D = 0$ 处，γ 的增加导致 K 导数减小，K 的变化更加平坦。例如，$\gamma > 2$，这就意味着在 $D = 0$ 点附近 K 变化缓慢。也就是说，对于较大的γ值，通信系统加大质量因子 K 更加困难（通过增加 D 值来使 K >1），而截获接收机减小质量因子 K 值也更加困难（通过减小 D 值，即使 $D < 0$ 来使 K >1）。由式（10.39）可知，吸收损耗的增加使 K 的变化趋于平坦。例如，如果 $\gamma = 2$，10 dB 的吸收损耗会使 $K'(0)$ 减小 2.15。更进一步，对于任何固定 D 值，有

$$\lim_{AR_{\text{c}} \to \infty} K' = 0 \tag{12.40}$$

也就是说，大的信道损耗使 $K \approx 1$。图 12.27 所示为 K 与 D 的函数关系曲线。

接下来对 K 的下限进行推导，在这个边界条件的帮助下，我们可以对质量因子作为 D 和信道损耗参数的函数的变化规律更加清晰。由式（12.36）和边界条件：

$$1-\frac{1}{x}\leqslant\frac{\lg x}{\lg \mathrm{e}},\quad 0<x<\infty \tag{12.41}$$

可得

$$D\leqslant 10\gamma\lg K+\frac{AR_{\mathrm{C}}\lg K}{\lg \mathrm{e}}=(10\gamma+\frac{AR_{\mathrm{C}}}{\lg \mathrm{e}})\lg K \tag{12.42}$$

因此有

$$K\geqslant 10^{\frac{D\lg \mathrm{e}}{10\gamma\lg \mathrm{e}+AR_{\mathrm{C}}}},\quad 0<D<\infty \tag{12.43}$$

在 $D=0$ 处，边界条件的导数与 K 的导数相等；如果 A=0，则下限函数与 K 与 D 的关系函数相同。

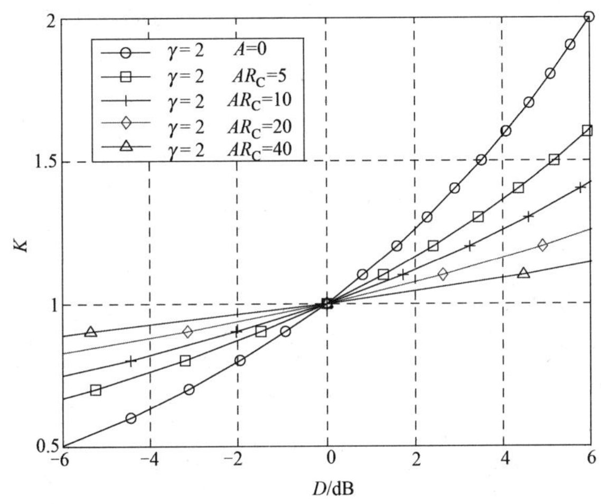

图 12.27 K 与 D 的函数关系曲线

3. 影响质量因子的系统参数

1）信道编码

在连续波干扰条件下（对固定 W 和 R_{b} 的通信系统），信道编码可以降低解调器的信噪比门限，但是编码后的比特速率也会有所提高，从而降低了处理增益，使编码带来的 LPI 性能提高部分被抵消。因此，需要综合考虑编码增益和处理增益，找到在连续波干扰情况下综合性能良好的高效率编码，以降低通信门限值 η。

与截获接收机相比，编码对 LPI 通信系统而言在性能上更有利。如式（12.32）～（12.34）所示，由于 D 依赖于非编码处理增益，编码降低了接收门限 η，从而改善了 LPI 通信系统的性能。

2）处理增益

式（12.32）表明，LPI 性能的改善仅与 G 的平方根有关，这与抗窄带干扰有着本质的区别。例如，假设两种干扰情况：对于两种情况下的固定场景（相同距离、相同通信性能），如果 CW 干扰机天线增益增加 10 dB（在通信接收机方向），则为了克服干扰，通信系统需要增加 10 dB 增益；然而，在 LPI 通信情况下，对一固定场景（相同距离、相同通信性能、相同截获接收机性能），如果宽带辐射计天线增益增加 10 dB（通信发射机方向），则通信系统需要增加 20 dB 处理增益来进行克服。

3）消息长度

通信系统一次发送的消息长度数值过大会对系统的 LPI 能力造成损害。例如，即使一个 0.1 KB 的较小消息长度，也能削弱约 30 dB 的处理增益。这将使网络中担任中继功能、连续工作的无线终端的检测复杂化。

本章小结

本章介绍了适应未来作战需求的新型数据链网络化演进和集群作战形态发展。本章简要总结了平台中心战、战术数字化和网络中心战三个不同作战理念阶段的数据链作战应用特点，及其网络化、多域互联互通的基本发展趋势，描述了航空网络的基本构想和不同视角下的体系架构，列出了航空网络的技术挑战；阐述了航空集群概念，分析了集群作战的网络能力需求和数据链技术挑战；以 MANET、航空自组网、SDN 和 LPI 通信技术为代表，选择性地介绍了数据链领域的相关新技术。

思考与练习

12-1 举例说明数据链演进各阶段的战术应用和数据链特点。

12-2 与其他无线网络相比，航空网络有什么特点？

12-3 对比不同视角地航空网络体系结构。

12-4 简述 MANET 技术的特点。

12-5 画图描述 MANET 的拓扑结构。

12-6 从技术和应用角度阐述什么是航空自组网。

12-7 分析航空集群网络与数据链网络的异同。

12-8 简述 SDN 的创新特点。

12-9 画图说明 SDN 架构。

12-10 什么是 LPI 通信？它主要有什么战术用途？

12-11 简述 LPI 通信波形特点。

参考文献

[1] 骆光明，杨斌，邱致和，等．数据链：信息系统连接武器系统的捷径[M]．北京：国防工业出版社，2008．

[2] 盛敏．移动 Ad Hoc 网络关键技术研究[D]．西安：西安电子科技大学，2003．

[3] 郑少仁，王海涛，赵志峰，等．Ad Hoc 网络技术[M]．北京：人民邮电出版社，2005．

[4] 于宏毅．无线移动自组织网[M]．北京：人民邮电出版社，2005．

[5] WANG Y，ZHAO Y．Fundamental issues in systematic design of airborne networks for aviation[J]．IEEE Aerospace Conference．New York：IEEE，2006．

[6] EPSTEIN B，MEHTA V．Free space optical communications routing performance in highly dynamic airspace environments[C]．IEEE Aerospace Conference．New York：IEEE，2004．

[7] 宁晓燕，李书凯，孙志国，等．信息跳时架构下分层捷变低截获概率通信波形[J]．哈尔滨工程大学学报，2023，44（04）：664-672．

[8] 宁晓燕，李书凯，王震铎，等．时变参数下信息映射 LPI 通信波形[J]．系统工程与电子技术，2023，45

（5）：1526-1534．

[9] SHI C，WANG Y，WANG F，et al．LPI Performance Optimization Scheme for a Joint Radar-Communications System[C]//2020 IEEE 11th Sensor Array and Multichannel Signal Processing Workshop (SAM)．New York：IEEE，2020．

[10] 车宇轩．软件定义的航空集群网络特点及前景探讨[J]．中国新通信，2020，22（9）：65．

[11] 翁建勋．基于无监督学习的软件定义网络异常流量检测技术[J]．科技创新与应用，2024，14（24）：32-38．

[12] 张俊茸．软件定义网络（SDN）技术分析[J]．数字通信世界，2024，（6）：115-117．

[13] 卢俊，李斌，韩昀，等．基于 SDN 与 NFV 的航空信息网虚拟化体现结构研究[J]．信息记录材料，2024，25（1）：209-212．

[14] 张俊茸．软件定义网络安全框架分析[J]．软件，2023，44（11）：163-165．

[15] 李波，侯鹏，牛力，等．基于软件定义网络的云边协同架构研究综述[J]．计算机工程与科学，2021，43（2）：242-257．

[16] 董仕．软件定义网络安全问题研究综述[J]．计算机科学，2021，48（3）：295-306．

[17] 付钰，王坤，段雪源，等．面向软件定义网络的异常流量检测研究综述[J]．通信学报，2024，45（3）：208-226．

[18] 汪硕，黄玉栋，黄韬，等．基于软件定义的时间敏感网络跨域调度机制[J]．通信学报，2021，42（10）：1-9．

[19] 刘台，朱超，程意，等．基于 SDN 的战术通信网络架构研究[J]．电信科学，2022，38（10）：120-130．

[20] 罗定福，龙望晨，孔繁华．软件定义网络技术发展探究[J]．科技创新与应用，2020（14）：66-68．

[21] ENHOS K，DEMIRORS E，UNAL D，et al. Software-defined visible light networking for bi-directional wireless communication across the air-water interface[C]//2021 18th Annual IEEE International Conference on Sensing，Communication，and Networking（SECON）．New York：IEEE，2021：1-9．

[22] 余福荣，张艳，蒋雪，等．武器协同数据链发展趋势及关键技术[J]．火力与指挥控制，2021，46（3）：179-185．

[23] 王博，仲维彬．外军数据链发展趋势[J]．现代导航，2022，13（2）：134-137，142．

[24] 张盼华，张伟涛．军事战术数据链信息传输技术研究[J]．火力与指挥控制，2020，45（3）：167-170．

[25] 雷鹏勇，刘胜春，贺岷珏，等．电子战数据链的需求分析与发展趋势[J]．电子信息对抗技术，2020，35（2）：44-47．

[26] 郝向新，韩伟．超远距离数据链信息传输技术在无人机上的应用[J]．内蒙古电力技术，2020，38（4）：57-63．

[27] CHOI H K，YOON C B，HONG S J．Design of Airborne Terminal System for Joint Tactical Data Link System Complete Data-link[J]．Journal of Positioning，Navigation，and Timing，2020，9（2）：139-147．

[28] HWANG J E，LEE K，JUNG S H．A study on the multi-tactical data link data management[J]．The Journal of the Korea institute of electronic communication sciences，2020，15（3）：457-464．